Projectirung und Ausführung von Kleinbahnen.

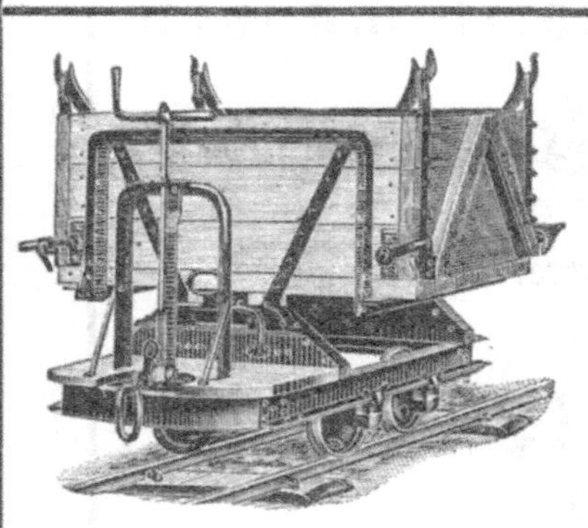

Das Eisenbahn-Bauwesen

für

Bahnmeister und Bauaufseher

als Anleitung für den praktischen Dienst
und zur Vorbereitung für das Bahnmeister-Examen

gemeinfaßlich dargestellt

von

weil. A. J. Susemihl,
Großherzoglich Mecklenburg-Schwerin'schem Baumeister,
Vorsteher der Hinterpommerschen Eisenbahn-Bauinspection zu Stargard.

Sechste umgearbeitete Auflage.

Nach des Verfassers Tode weiter bearbeitet und herausgegeben

von

Ernst Schubert,
Königlich Preußischem Eisenbahn-Direktor.

Erste Abtheilung.

Mit 68 Holzschnitten und 3 lithographirten Tafeln.

I Eintheilung der Maaße, Gewichte und Münzen, II Mathematik, III Naturwissenschaft, IV. Mechanik, V. Geometrische Aufgaben, VI. Baumaterialien, VII Bauconstruction.

Wiesbaden.
Verlag von J. F. Bergmann.
1899.

ISBN 978-3-642-50548-5 ISBN 978-3-642-50858-5 (eBook)
DOI 10.1007/978-3-642-50858-5

Softcover reprint of the hardcover 6th edition 1899

Vorwort zur fünften Auflage.

Die bedeutenden Veränderungen, welche auf dem Gebiete des Eisenbahn-Oberbaues in den letzten 10 Jahren sich vollzogen haben, ließen es nicht angängig erscheinen, den Abschnitt Eisenbahnbau in Susemihl's Eisenbahn-Bauwesen beizubehalten oder zu ergänzen, da manche der früheren Oberbauweisen fallen gelassen und andere an deren Stelle getreten waren. Es erschien vielmehr richtiger eine von Grund aus neue Darstellung vorzunehmen, dabei das Veraltete fortzulassen und die jetzt gebräuchlichen Anordnungen in neu geordneter Weise aufzunehmen.

Die Auswahl der letzteren mußte sich, dem Wirkungskreise dieses Buches entsprechend, auf die Bauweisen der größeren Deutschen Eisenbahn-Verwaltungen und auf einige der größeren Oesterreichischen Eisenbahnen beschränken. Als Unterlagen dienten die in den Jahrgängen 1888—1890 des Organs für die Fortschritte des Eisenbahnwesens erschienenen Mittheilungen, sowie die von den einzelnen Eisenbahn-Verwaltungen auf mein Ansuchen mir gütigst zur Verfügung gestellten Zeichnungen und Beschreibungen, so daß damit in gedrängter Form ein richtiges Bild über die in Deutschland und Oesterreich zur Zeit gebräuchlichen Oberbauarten dargestellt wird.

In einem Abschnitte über den Bau und die Unterhaltung des Gleises also diejenigen Arbeiten, welche als die wichtigsten für die Thätigkeit des Bahnmeisters anzusehen sind, wurde besonders Werth darauf gelegt, die einzelnen Arbeitsvorgänge eingehend und der Reihenfolge nach zu besprechen. Daran reihen sich die Berechnungen der Weichen der preußischen Staats-Eisenbahn-Verwaltungen, nebst den zugehörigen Materialien-Nachweisen, sowie Erläuterungen der sonst auf den Bahnhöfen und der Strecke vorkommenden Anlagen.

Neu eingeschaltet wurde ferner ein Abschnitt über die Anordnung der Stationen.

Ich kann diese Zeilen nicht schließen ohne noch einige Worte über die praktische Ausbildung des zukünftigen Bahnmeisters nachzufügen. Nach den Preußischen Prüfungs-Vorschriften soll der Aspirant 12 Monat im Bahnmeisterdienst bei der Unterhaltung des Oberbaues beschäftigt werden. Diese Zeit ist knapp bemessen.*) Mag sie auch für die genügen, welche zuvor bei einem Eisenbahn-Regiment gedient haben; diejenigen Aspiranten, denen eine solche militärisch-technische Ausbildung nicht zur Seite steht, werden nur mit außerordentlichem Fleiß sich die nöthigen praktischen Kenntnisse erwerben können. Leider haben die schriftlichen Arbeiten bei den Bahnmeistereien jetzt fast überall einen so bedeutenden Umfang angenommen, daß die Aspiranten, zumal wenn sie dem ausbildenden Bahnmeister als Hülfskraft beigegeben sind, häufiger dadurch von der Thätigkeit auf der Strecke, mehr als zulässig, abgezogen werden Durch ein solches Verfahren können aber keine tüchtigen Bahnmeister herangezogen werden, denn der Bahnmeister ist in erster Linie nicht Büreaubeamter, sondern ein Beamter der Strecke, der für die Sicherheit des Betriebes in seinem Bezirk verantwortlich ist. Deshalb ist es unbedingt nothwendig, daß der angehende Bahnmeister hauptsächlich der Strecke sich widmet, selbst einige Zeit in der Rotte mit arbeitet, darauf sie als Vorarbeiter führt, selbst einem Gleiseumbau bewirkt, auch die auf dem Bahnhofe vorkommenden Weichenbauarbeiten selbst in die Hand bekommt. Denn nur auf diese Weise kann er in das Wesen des Bahnerhaltungsdienstes eindringen, um später als Bahnmeister zum Nutzen seiner Verwaltung und sich selbst zur Ehre und Freude eine Bahnmeisterei selbständig zu verwalten.

Diesen praktischen Standpunkt im Auge zu halten, bin ich bei der Ausarbeitung des vorliegenden Buches bemüht gewesen Möge dasselbe auch in seiner neuen Gestalt sich Freunde erwerben und es nur tüchtige Bahnmeister heranbilden, die der Verantwortlichkeit ihres Amtes und ihrer Stellung bewußt, durch ihre Leistungen stets bestrebt sein mögen, die Sicherheit des Eisenbahnbetriebes hoch zu halten und dadurch das ihrem Stande gebuhrende Ansehen zu wahren!

Sorau, im Juni 1892.

Der Verfasser.

*) Durch den Erlaß des Preußischen Herrn Ministers der öffentlichen Arbeiten vom 31. Juli 1893 wurde die Zeit der Beschaftigung der Bahnmeister-Aspiranten bei der Unterhaltung des Oberbaues auf 18 Monate ausgedehnt.

Vorwort zur sechsten Auflage.

Im ersten Theile der neuen Auflage haben nur die Abschnitte „Naturwissenschaft“ und „Mechanik“ theilweise Erweiterungen und Umarbeitungen erfahren. Der zweite Theil mußte jedoch wieder einer durchgehenden Neu-Bearbeitung unterzogen werden, da seit dem Erscheinen der vorigen Auflage fast sämmtliche Eisenbahn-Verwaltungen Deutschlands und Oesterreichs wesentliche Verstärkungen und Verbesserungen ihres Oberbaues hatten eintreten lassen. Die neuesten Gleisanordnungen für Schnellzuglinien, wie für die Nebenbahnen, wurden dabei in erster Linie beschrieben, jedoch auch noch die älteren Bauweisen besprochen und erläutert, da letztere sich doch noch eine Reihe von Jahren im Gleise befinden und unterhalten werden und deshalb auch dem angehenden Bahnmeister bekannt sein müssen.

Auch die Abschnitte über Einbau und Unterhaltung des Gleises wurden unter Berücksichtigung der neuesten Erfahrungen und Forschungen erweitert.

Die in Preußen in neuester Zeit eingeführten Weichen mit Schienen Nr. 6d wurden ebenfalls mit aufgenommen, wobei die Verzeichnisse der Weichentheile ausführlich wiedergegeben wurden.

Sorau, im August 1898.

E. Schubert.

Inhaltsverzeichniß der ersten Abtheilung.

I. Eintheilung der Maaße, Gewichte und Münzen.

a. Maaße.

1. Längenmaaße.

Meter = 1 m
Centimeter = $^1/_{100}$ Meter = 1 cm
Millimeter = $^1/_{1000}$ Meter = 1 mm
Kilometer = 1000 Meter = km.

2. Flächenmaaße.

Quadratmeter = 1 □m = 1 qm
Quadratcentimeter = $^1/_{10000}$ Quadratmeter = 1 □cm = 1 qcm
Quadratmillimeter = $^1/_{1000000}$ Quadratmeter 1 □mm = 1 qmm
Ar = 100 Quadratmeter = 1 a
Hectar = 10000 Quadratmeter = 1 ha.

3. Körpermaaße.

Kubikmeter = 1 cbm
Kubikcentimeter = $^1/_{1000000}$ cbm = ccm
Liter = $^1/_{1000}$ Kubikmeter = 1 l
Hectoliter = 100 Liter = $^1/_{10}$ Kubikmeter = 1 hl
Scheffel = 50 Liter.

4. Verwandlung metrischer Maaße in alte preußische Maaße.

a) **Meter in Fuß.** 1 m = 3,1862′.
b) **Ar in Quadratruthen.** 1 a = 7,0499 □°.
c) **Quadratmeter in Quadratfuß.** 1 □m = 10,1519 □′.
d) **Kubikmeter in Schachtruthen.** 1 cbm = 0,2246 S.-R.
e) **Kubikmeter in Kubikfuß.** 1 cbm = 32,3459 cb′.

5. Verwandlung alter preußischer Maaße in Metermaaße.

a) Ruthen in Meter. $1^0 = 3{,}7662$ m.

Rth.	—	1	2	3	4	5	6	7	8	9
—	0	3,77	7,53	11,30	15,06	18,83	22,60	26,36	30,13	33,90
10	37,66	41,43	45,19	48,96	52,73	56,49	60,26	64,03	67,79	71,56
20	75,32	79,09	82,86	86,62	90,39	94,16	97,92	101,69	105,45	109,22
30	112,99	116,75	120,52	124,29	128,05	131,82	135,58	139,35	143,12	146,88
40	150,65	154,42	158,18	161,95	165,71	169,48	173,25	177,01	180,78	184,55

b) Fuß und Zoll in Meter. $1' = 0{,}3138$ m.

Fuß	—	1″	2″	3″	4″	5″	6″	7″	8″	9″	10″	11″
—	0	0,026	0,052	0,078	0,105	0,131	0,157	0,183	0,209	0,235	0,262	0,288
1	0,314	0,340	0,366	0,392	0,418	0,445	0,471	0,497	0,523	0,549	0,575	0,602
2	0,628	0,654	0,680	0,706	0,732	0,758	0,785	0,811	0,837	0,863	0,889	0,915
3	0,942	0,968	0,994	1,020	1,046	1,072	1,098	1,125	1,151	1,177	1,203	1,229
4	1,255	1,282	1,308	1,334	1,360	1,386	1,412	1,438	1,465	1,491	1,517	1,542
5	1,569	1,595	1,622	1,648	1,674	1,700	1,726	1,752	1,779	1,805	1,831	1,857
6	1,883	1,909	1,935	1,962	1,988	2,014	2,040	2,066	2,092	2,119	2,145	2,171
7	2,197	2,223	2,249	2,275	2 302	2,328	2,354	2,380	2,406	2,432	2,459	2,485
8	2,511	2,537	2,563	2,589	2,615	2,642	2,668	2,694	2,720	2,746	2,772	2,799
9	2,825	2,851	2,877	2,903	2,929	2,955	2,982	3,008	3,034	3,060	3,086	3,112
10	3,139	3,165	3,191	3,217	3,243	3,269	3,295	3,322	3,348	3,374	3,400	3,426
11	3,452	3,479	3,505	3,531	3,557	3,583	3,609	3,635	3,662	3,688	3,714	3,740
12	3,766	3,792	3,819	3,845	3,871	3,897	3,923	3,949	3,975	4,002	4,028	4,054
13	4,080	4,106	4,132	4,159	4,185	4,211	4,237	4,263	4,289	4,315	4,342	4,368
14	4,394	4,420	4,446	4,472	4,499	4,525	4,551	4,577	4,603	4,629	4,655	4,682
15	4,708	4,734	4,760	4,786	4,812	4,839	4,865	4,891	4,917	4,943	4,969	4,996
16	5,022	5,048	5,074	5,100	5,126	5,152	5,179	5,205	5,231	5,257	5,283	5,309
17	5,336	5,362	5,388	5,414	5,440	5,466	5,492	5,519	5,545	5,571	5,597	5,623
18	5,649	5,676	5,702	5,728	5,754	5,780	5,806	5,832	5,859	5,885	5,911	5,937
19	5,963	5,989	6,016	6,042	6,068	6,094	6,120	6,146	6,172	6,199	6,225	6,251

Fuß	Meter	Fuß	Meter	Fuß	Meter	Fuß	Meter	Fuß	Meter	Fuß	Meter
20	6,277	38	11,926	56	17,576	74	23,225	92	28,875	1100	345,239
21	6,591	39	12,240	57	17,890	75	23,539	93	29,188	1200	376,624
22	6,905	40	12,554	58	18,204	76	23,853	94	29,502	1300	408,010
23	7,219	41	12,868	59	18,517	77	24,167	95	29,816	1400	439,395
24	7,532	42	13,182	60	18,831	78	24,481	96	30,130	1500	470,780
25	7,846	43	13,496	61	19,145	79	24,794	97	30,444	1600	502,166
26	8,160	44	13,810	62	19,459	80	25,108	98	30,758	1700	533,551
27	8,474	45	14,123	63	19,773	81	25,422	99	31,071	1800	564,936
28	8,788	46	14,437	64	20,087	82	25,736	100	31,385	1900	596,322
29	9,102	47	14,751	65	20,400	83	26,050	200	62,771	2000	627,707
30	9,416	48	15,065	66	20,714	84	26,364	300	94,156	2100	659,092
31	9,729	49	15,379	67	21,028	85	26,678	400	125,541	2200	690,478
32	10,043	50	15,693	68	21,342	86	26,991	500	156,927	2300	721,863
33	10,357	51	16,007	69	21,656	87	27,305	600	188,312	2400	753,248
34	10,671	52	16,320	70	21,970	88	27,619	700	219,697	2500	784,634
35	10,985	53	16,634	71	22,284	89	27,933	800	251,083	2600	816,019
36	11,299	54	16,948	72	22,597	90	28,247	900	282,468	2700	847,404
37	11,613	55	17,262	73	22,911	91	28,561	1000	313,853	2800	878,790

c) Zoll in Centimeter. 1″ = 2,6154 cm.

Zoll	—	1	2	3	4	5	6	7	8	9
—	0	2,61	5,23	7,85	10,46	13,08	15,69	18,31	20,92	23,54
10	26,15	28,77	31,38	34,00	36,62	38,23	41,85	44,46	47,08	49,69
20	52,31	54,92	57,54	60,15	62,77	65,39	68,00	70,62	73,23	75,85
30	78,46	81,08	83,69	86,31	88,92	91,54	94,16	96,77	99,39	102,00
40	104,62	107,23	109,85	112,46	115,08	117,70	120,31	122,93	125,54	128,16

d) Quadratruthen in Quadratmeter. 1 □° = 14,1846 qm.

□R.	—	1	2	3	4	5	6	7	8	9
—	0	14,2	28,4	42,6	56,7	70,9	85,1	99,3	113,5	127,7
10	141,8	156,0	170,2	184,4	198,6	212,8	227,0	241,1	255,3	269,5
20	283,7	297,9	312,1	326,2	340,4	354,6	368,8	383,0	397,2	411,4
30	425,5	439,7	453,0	468,1	482,3	496,5	510,6	524,8	539,0	553,2
40	567,4	581,6	595,8	609,9	624,1	638,3	652,5	666,7	680,9	695,0

e) Quadratfuß in Quadratmeter. 1 □′ = 0,0985 qm.

□′	—	1	2	3	4	5	6	7	8	9
—	0	0,099	0,197	0,296	0,394	0,493	0,591	0,690	0,788	0,887
10	0,985	1,084	1,182	1,281	1,379	1,478	1,576	1,675	1,773	1,872
20	1,970	2,069	2,167	2,266	2,364	2,463	2,561	2,660	2,758	2,857
30	2,955	3,054	3,152	3,251	3,349	3,448	3,546	3,645	3,743	3,842
40	3,940	4,039	4,137	4,236	4,334	4,433	4,531	4,630	4,728	4,827

f) Quadratzoll in Quadrat-Centimeter. 1 □″ = 6,8406 qcm.

□″	—	1	2	3	4	5	6	7	8	9
—	0	6,84	13,68	20,52	27,36	34,20	41,04	47,88	54,72	61,57
10	68,41	75,25	82,09	88,93	95,77	102,61	109,45	116,29	123,13	129,97
20	136,81	143,65	150,49	157,33	164,17	171,01	177,85	184,70	191,54	198,38
30	205,22	212,06	218,90	225,74	232,58	239,42	246,26	253,10	259,94	266,78
40	273,62	280,46	287,30	294,14	300,98	307,83	314,67	321,51	328,35	335,19

g) Schachtruthen in Kubikmeter. 1 S.-R. = 4,4519 cbm

S.-R.	—	1	2	3	4	5	6	7	8	9
—	0	4,45	8,90	13,36	17,81	22,26	26,71	31,16	35,62	40,07
10	44,52	48,97	53,42	57,87	62,33	66,78	71,23	75,68	80,13	84,59
20	89,04	93,49	97,94	102,39	106,85	111,30	115,75	120,20	124,65	129,10
30	133,56	138,01	142,46	146,91	151,36	155,82	160,27	164,72	169,17	173,62
40	178,08	182,53	186,98	191,43	195,88	206,83	204,79	209,24	213,69	218,14

h) Kubikfuß in Kubikmeter. 1 cb′ = 0,0309 cbm.

cb′	—	1	2	3	4	5	6	7	8	9
—	0	0,0309	0,0618	0,0927	0,1237	0,1546	0,1855	0,2164	0,2473	0,2782
10	0,3092	0,3401	0,3710	0,4019	0,4328	0,4637	0,4947	0,5256	0,5565	0,5874
20	0,6183	0,6492	0,6801	0,7111	0,7420	0,7729	0,8038	0,8347	0,8656	0,8966
30	0,9275	0,9584	0,9893	1,0202	1,0511	1,0821	1,1130	1,1439	1,1748	1,2057
40	1,2366	1,2695	1,2985	1,3294	1,3673	1,3912	1,4221	1,4530	1,4840	1,5149

6. Verwandlung verschiedener Fuß- und Zoll-Maaße in Metermaaß und umgekehrt.

		Fuß in m	Zoll in cm	□′ in qm	□″ in qcm	cb′ in cbm	cb″ in ccm	m in Fuß	cm in Zoll	qm in □′	qcm in □″	cbm in cb′	ccm in cb″
Schweiz.	1	0,300	3,00	0,090	9,00	0,027	27,0	3,33	0,333	11,1	0,111	37,0	0,037
	2	0,600	6,00	0,180	18,00	0,054	54,0	6,67	0,667	22,2	0,222	71,1	0,071
	3	0,900	9,00	0,270	27,00	0,081	81,0	10,00	1,000	33,3	0,333	111,1	0,111
	4	1,200	12,00	0,360	36,00	0,108	108,0	13,33	1,333	44,4	0,444	148,1	0,148
	5	1,500	15,00	0,450	45,00	0,135	135,0	16,67	1,667	55,6	0,556	185,2	0,185
	6	1,800	18,00	0,540	54,00	0,162	162,0	20,00	2,000	66,7	0,667	222,2	0,222
	7	2,100	21,00	0,630	63,00	0,189	189,0	23,33	2,333	77,8	0,778	259,3	0,259
	8	2,400	24,00	0,720	72,00	0,216	216,0	26,67	2,667	88,9	0,889	296,3	0,296
	9	2,700	27,00	0,810	81,00	0,243	243,0	30,00	3,000	100,0	1,000	333,3	0,333
England.	1	0,305	2,54	0,093	6,45	0,028	16,4	3,28	0,394	10,76	0,155	35,3	0,061
	2	0,610	5,08	0,186	12,90	0,057	32,8	6,56	0,787	21,53	0,310	70,6	0,122
	3	0,914	7,62	0,279	19,35	0,085	49,2	9,84	1,181	32,29	0,465	105,9	0,183
	4	1,219	10,16	0,372	25,81	0,113	65,5	13,12	1,575	43,06	0,620	141,3	0,244
	5	1,524	12,70	0,464	32,26	0,142	81,9	16,40	1,969	53,82	0,775	176,6	0,305
	6	1,829	15,24	0,557	38,71	0,170	98,3	19,69	2,362	64,59	0,930	211,9	0,366
	7	2,134	17,78	0,650	45,16	0,198	114,7	22,97	2,756	75,35	1,085	247,2	0,427
	8	2,438	20,32	0,743	51,61	0,227	131,1	26,25	3,150	86,11	1,240	282,5	0,488
	9	2,743	22,86	0,836	58,06	0,255	147,5	29,53	3,543	96,88	1,395	317,8	0,549
Schweden.	1	0,297	2,47	0,088	6,12	0,026	15,1	3,37	0,404	11,3	0,163	38,2	0,066
	2	0,594	4,95	0,176	12,24	0,052	30,3	6,74	0,808	22,7	0,327	76,4	0,132
	3	0,891	7,42	0,264	18,36	0,079	45,4	10,10	1,213	34,0	0,490	114,6	0,198
	4	1,188	9,90	0,353	24,49	0,105	60,6	13,47	1,617	45,4	0,653	152,8	0,264
	5	1,485	12,37	0,441	30,61	0,131	75,7	16,84	2,021	56,7	0,817	191,0	0,330
	6	1,781	14,84	0,529	36,73	0,157	90,9	20,21	2,425	68,1	0,980	229,3	0,396
	7	2,078	17,32	0,617	42,85	0,183	106,0	23,58	2,829	79,4	1,144	267,5	0,462
	8	2,375	19,79	0,705	48,97	0,209	121,2	26,95	3,234	90,8	1,307	305,7	0,528
	9	2,672	22,27	0,793	55,09	0,236	130,3	30,31	3 638	102,1	1,470	343,9	0,594

7. Maaße verschiedener Länder.

Belgien: Metermaaß.

Dänemark: wie früher in Preußen.

Deutschland: Metermaaß.

England: 1 Fuß = 12 Zoll = 0,3048 m. 1 Yard = 3 Fuß = 0,9144 m. 1 Ruthe = $5^1/_2$ Yard. 1 Meile = 1609,315 m. 1 Acre = 160 Quadratruthen. 1 Gallon = 4,5435 l. 1 Pfund = 453,6 g. 1 Centner = 112 Pfund. 1 Tonne = 20 Centner.

Frankreich: Metermaaß.
Italien: Metermaaß.
Niederlande: Metermaaß.
Oesterreich: Metermaaß.
Rußland: 1 Fuß wie in England = 0,3048 m. 1 Saſhen = 2,1336 m. 1 Werſt = 1066,78 m.
Schweden: 1 Fuß = 0,2969 m. 1 Meile = 10688,436 m.
Schweiz: 1 Fuß = 0,3 m. 1 Ruthe = 10 Fuß. 1 Maaß = 1,5 l.
Spanien: Metermaaß.
Vereinigte Staaten: wie in England.

b. Gewichte.

Kilogramm = 1 kg = Gewicht eines Liters deſtillirten Waſſers = 1000 Gramm.
Gramm = $^1/_{1000}$ Kilogramm = 1 g.
Centigramm = $^1/_{100}$ Gramm = 1 cg.
Milligramm = $^1/_{1000}$ Gramm = 1 mg.
Centner = 50 Kilogramm.
Tonne = 1000 Kilogramm = 1 t.

8. Tabelle des durchſchnittlichen Eigengewichts einiger Körper.

Bezeichnung der Körper	Kilogramm pro cbm.
Asphalt	1160
Blei	11360
Beton	2470
Eichenholz (trocken)	750
Eiſen (Schmiede)	7700
Eiſen (Guß)	7200
Erde und Lehm (Boden) trocken	1600
Granit	2750
Kalkſtein	2700
Kupfer	8900
Kies	1850
Mauerwerk aus Bruchſteinen	2450
Desgleichen aus Ziegeln	1600
Nadelholz	470
Sand (trocken)	1600
Sandſtein	2300
Schiefer	2600
Steinkohle	1300
Waſſer	1000

c. Münzen.

Mark = 1 ℳ, 2 Mark = 2 ℳ, 5 Mark = 5 ℳ
Krone = 10 Mark = 10 ℳ
Doppelkrone = 20 Mark = 20 ℳ
Pfennig = $^1/_{100}$ Mark = 0,01 ℳ
2 Pfennig = $^1/_{50}$ Mark = 0,02 ℳ
5 Pfennig = $^1/_{20}$ Mark = 0,05 ℳ
10 Pfennig = $^1/_{10}$ Mark = 0,10 ℳ
20 Pfennig = $^1/_5$ Mark = 0,20 ℳ
50 Pfennig = $^1/_2$ Mark = 0,50 ℳ

9. Münzen verschiedener Länder.

Belgien: 1 Franc à 100 Centimes	0,80	ℳ
Dänemark: 1 Krone à 100 Oere	1,125	„
England: 1 Schilling à 12 Pence	1,00	„
1 Pfund Sterling Gold à 20 Schilling	20,43	„
Frankreich: 1 Franc à 100 Centimes	0,80	„
Italien: 1 Lira à 100 Centesimi	0,80	„
Niederlande: 1 Gulden à 100 Cents	1,70	„
Oesterreich: 1 Gulden Silber à 100 Kreuzer	2,00	„
Rußland: 1 Silber=Rubel à 100 Kopeken	3,22	„
Schweden: 1 Krone à 100 Oere	1,125	„
Schweiz: 1 Franc à 100 Centimes	0,80	„
Spanien: 1 Peseta à 100 Cents	0,864	„
Vereinigte Staaten: 1 Gold=Dollar à 100 Cents . . .	4,19	„
1 Silber=Dollar	4,00	„

II. Mathematik.

a. Arithmetik und Algebra.

1. Erklärung.

§ 1. Aus dem Gebiete der Mathematik kommen hier nur 2 Zweige in Frage, die Arithmetik und die Geometrie; erstere handelt von den Zahlengrößen, letztere von den räumlichen Größen.

§ 2. Sind 2 Größen einander gleich, so wird dies durch das Gleichheitszeichen ausgedrückt, z. B. $a = b$.

Diese Verbindung heißt Gleichung; die durch das Gleichheitszeichen verbundenen Ausdrücke nennt man Seiten der Gleichung und zwar a die linke, b die rechte Seite der Gleichung. Sind 2 Größen ungleich, so ist die eine stets größer oder kleiner als die andere. Ist a größer oder kleiner als b, so schreibt man $a > b$ oder $b < a$ d. h. a größer als b oder b kleiner als a. Diese Verbindung nennt man Ungleichung.

§ 3. Um die Gesetze der Zahlen-Größen als allgemein gültig darzustellen, wendet man die Buchstabenrechnung an. Unter jedem der Buchstaben kann man dann eine beliebige Zahl verstehen, jedoch mit der Beschränkung, daß derselbe Buchstabe in einer und derselben Rechnung stets dieselbe Zahl bedeutet. Die Gesetze werden durch Formeln dargestellt, d. h. durch eine Verbindung von Größen in Form einer Gleichung.

§ 4. Unter dem Ausdruck Rechnen versteht man eine Verbindung mehrerer Zahlengrößen in der Weise, daß daraus eine neue Zahlengröße hervorgeht.

§ 5. Die einzelnen Größen werden durch Rechnungszeichen verbunden $+$, $-$, $.$, $:$, plus, minus, mal, dividirt durch.

§ 6. Sollen mehrere Größen zusammen als eine Größe angesehen werden, so deutet man dies durch Klammern an, z. B. $a - (b + c)$, der Ausdruck $(b + c)$ ist als eine Größe zu betrachten.

2. Von den Summen, Differenzen, Producten und Brüchen.

§ 7. Sollen 2 Ausdrücke a und b *addirt* werden, so nennt man a und b die *Summanden*, $(a+b)$ die *Summe*.

§ 8. Eine Summe aus 2 Summanden heißt ein 2*gliedriger* Ausdruck, aus mehreren Summanden ein *mehrgliedriger* Ausdruck.

§ 9. Soll ein Ausdruck b von einem andern a *subtrahirt* oder abgezogen werden, so heißt a *Minuend*, b *Subtrahend*, $(a-b)$ *Differenz*.

§ 10. Einen Ausdruck a mit einem andern b *multipliciren*, heißt den Ausdruck a so oft addiren, als b Einheiten hat. Man nennt a und b *Factoren*, a *Multiplicandus*, b *Multiplicator* und $a . b$ *Product*. Statt $a . b$ schreibt man auch einfach $a b$; es ist also $a b$ nicht mit $a+b$ zu verwechseln. Ein Product ist stets ein 1gliedriger Ausdruck. Kommt im Product derselbe Factor mehrmals vor, so schreibt man z. B. statt $a a$ kürzer a^2, statt $a a a$ kürzer a^3 u. s. w., man sagt dann a Quadrat, a zur 3ten Potenz, a zur 4ten Potenz u. s. w. a nennt man *Dignand*, die Zahl 2, 3 u. s. w. *Exponent* und den ganzen Ausdruck *Potenz*.

§ 11. Einen Ausdruck a durch einen andern b *dividiren*, heißt b so oft von a nehmen als es angeht, man schreibt dann $\frac{a}{b}$ oder $a:b$. Es heißt a *Zähler*, b *Nenner*, $\frac{a}{b}$ *Bruch* oder *Quotient*.

§ 12. Sollen mehrere Ausdrücke addirt oder subtrahirt werden, so löst man zunächst die etwa vorkommenden Klammern auf; steht vor der Klammer das Pluszeichen $+$, so bewirkt man die *Auflösung* dadurch, daß man die Klammern fortläßt und die Vorzeichen der einzelnen Ausdrücke nicht verändert; steht vor der Klammer das Minuszeichen $-$, so löst man dieselbe auf, indem man die Klammer fortläßt und dann die Vorzeichen aller Ausdrücke, die in den Klammern standen, umkehrt d. h. $+$ in $-$ und $-$ in $+$ verwandelt. Ist z. B. der Ausdruck $a+(b+c)$ gegeben, so löst man die Klammer auf, indem man sie einfach fortläßt, und keine weiteren Veränderungen vornimmt; es ist also $a+(b+c)=a+b+c$; bei dem Ausdrucke $a-(b+c-d)$ löst man die Klammer, weil $-$ davor steht, auf, indem man sie fortläßt, und dann alle Vorzeichen, welche *innerhalb* der Klammer stehen, umkehrt; es ist also $a-(b+c-d)=a-b-c+d$.

Ebenso ist $a+b-(d+e)+(g+f-h)=a+b-d-e+g+f-h$.

Ferner $a-(b-c+d-e)-(g+h)+(l+m)=a-b+c-d+e-g-h+l+m$.

§ 13. Steht in einem mehrgliedrigen, eingeklammerten Ausdruck ein Ausdruck, der ebenfalls eingeklammert ist, so löst man zunächst den innern auf und dann erst den äußern, z. B.

$$a - [b + c - (d + e) + f] =$$
$$a - (b + c - d - e + f) =$$
$$a - b - c + d + e - f.$$

§ 14. Ein 1gliedriger Ausdruck kann verschieden zusammengesetzt sein, z. B.

$$a,\ 2a,\ ab,\ a^2,\ a^2b,\ ab^2,\ 4a^2b$$

sind sämmtlich 1gliedrige Ausdrücke. Die Buchstaben in den einzelnen Ausdrücken nennt man die Hauptgröße; haben die Buchstaben Exponenten, so gehören diese zur Hauptgroße, der Zahlen-Factor, mit dem die Hauptgröße multiplicirt werden soll, heißt Coefficient; es ist also in

$2a$	die Hauptgröße	$= a$,	der Coefficient	$= 2$
$4ab$	„	$= ab$,	„	$= 4$
$4a^2b$	„	$= a^2b$,	„	$= 4$

Ausdrücke, deren Hauptgrößen einander vollständig gleich sind, heißen gleichnamig.

§ 15. Hat man nun bei der Addition oder Subtraction mehrerer Ausdrücke zunächst die Klammern aufgelöst, so ordne man die einzelnen Glieder so, daß die gleichnamigen zusammenstehen, addire die Coefficienten der gleichnamigen Hauptgrößen und multiplicire die entstandenen Summen der Coefficienten mit den dazu gehörigen Hauptgrößen. Die Reihenfolge der einzelnen Factoren einer Hauptgröße ist gleichgültig; es sind also z. B. die Hauptgrößen ab und ba gleichnamig.

Steht bei einer Hauptgröße kein Coefficient, so ist stets als Coefficient die Zahl 1 anzunehmen; also a ist $= 1a$; es ist daher $a + a = 2a$; $a + 4a = 5a$. Sind die nachstehenden geordneten Ausdrücke $2ab + 3ab - ab$ gegeben, so würde man diese nach der vorher aufgestellten Regel zusammenziehen können, indem man die Coefficienten addirt, also $2 + 3 - 1 = 4$ und dann die Summe 4 mit der Hauptgröße ab multiplicirt, also $2ab + 3ab - ab = 4ab$. Es werden häufig im Anfang beim Zusammenziehen gleichnamiger Ausdrücke mit dem Minuszeichen Fehler gemacht, so z. B. ist man geneigt $- 6a - 4a = 2a$ zu berechnen, während es $= - 10a$ ist.

Beispiele.

1) $a + 2b + (a + f) - (b + b^2)$,

Klammern aufgelöst:

$$a + 2b + a + f - b - b^2,$$

die gleichnamigen Ausdrücke geordnet:

$$a + a + 2b - b + f - b^2,$$

die Coefficienten addirt:

$$2a + b + f - b^2,$$

oder da man gewöhnlich die einzelnen Glieder nach der alphabetischen Reihenfolge der Hauptgrößen ordnet:

$$2a + b - b^2 + f.$$

2) $2a - 10a - 6a^2 + 6b - 4b + c - (6a^2 - 2c) =$

$2a - 10a - 6a^2 + 6b - 4b + c - 6a^2 + 2c =$

$\underbrace{2a - 10a}_{-8a} - \underbrace{6a^2 + 6a^2}_{-12a^2} + \underbrace{6b - 4b}_{+2b} + \underbrace{c + 2c}_{+3c} =$

$-8a - 12a^2 + 2b + 3c.$

3) $3a + 4b + 6c - (2b - d) - [4a + b - (a + b] =$

$3a + 4b + 6c - 2b + d - [4a + b - a - b] =$

$3a + 4b + 6c - 2b + d - 4a - b + a + b =$

$\underbrace{3a - 4a + a}_{0} + \underbrace{4b - 2b - b + b}_{+2b} + 6c + d =$

$0 + 2b + 6c + d = 2b + 6c + d.$

In der Regel schreibt man die gleichnamigen Glieder untereinander, z. B.:

4) $a - (a + b) - b + cd - (a + 2bc) =$

$a - a - b - b + cd - a - 2bc =$

$$\left\{\begin{array}{l} a - b + cd - 2bc \\ -a - b \\ -a \end{array}\right.$$

$-a - 2b + cd - 2bc.$

Zur Uebung mögen noch folgende Beispiele dienen:

5) $3a - (6b + 2a) - [4a + b - (c + d)] = -3a - 7b + c + d.$

6) $6 - 5a + 10b - (a + 13) = -6a + 10b - 7.$

7) $a^3 - (3a^2b - 3ab^2) + 6ab^2 + 6a^2b + a^3 = 2a^3 + 3a^2b + 9ab^2.$

8) $a + b - [b + c - (c + d) - (e + f)] = a + d + e + f.$

§ 16. Sollen 2 Ausdrücke mit einander multiplicirt werden, so ist in Bezug auf das Vorzeichen (+ und —) Folgendes zu merken: Gleiche Vorzeichen geben +; ungleiche Vorzeichen geben —, z. B.:

$$(+a).(-b) = -ab; \quad (-a).(+b) = -ab$$
$$(+a).(+b) = +ab; \quad (-a).(-b) = +ab.$$

Sollen 2 eingliedrige Ausdrücke multiplicirt werden, so fügt man dem Product der Coefficienten das der Hauptgrößen als Factor hinzu, z. B. $5a.7a = 35a^2$. man verwechsle dies aber nicht mit $5a + 7a = 12a$.

$$4ac.8b = 32abc; \quad 3ab.9abc = 27a^2b^2c.$$

Ein mehrgliedriger Ausdruck wird mit einem eingliedrigen multiplicirt, wenn man jedes Glied des mehrgliedrigen Ausdrucks mit dem eingliedrigen Ausdruck multiplicirt, z. B.:

1) $(a + b) . a = a^2 + ab$, man verwechsle dies nicht mit $(ab) . a = a^2 . b$.

2) $4b . (c + d) = 4b . c + 4b . d = 4bc + 4bd$.

3) $- 3a . (e - f) = - 3a . e - 3a (- f) = - 3ae + 3af = - (3ae - 3af)$.

4) $(2a + 3b + 4c) . 4a = 8a^2 + 12ab + 16ac$.

Zwei mehrgliedrige Ausdrücke werden mit einander multiplicirt, wenn man alle Glieder des einen mit allen Gliedern des andern multiplicirt, z. B.:

$(a + b) . (a + b) = aa + ab + ba + bb = a^2 + 2ab + b^2$.

Es sei hier bemerkt, daß $ab = ba$ ist, da die Ordnung der Factoren gleichgültig ist.

Besteht ein Product aus mehr als 2 Factoren, so multiplicirt man erst 2 Factoren mit einander, dann das Product mit dem 3. Factor u. s. w., wie z. B.:

$(a + b) . (a + b) . (a + b)$

zuerst $(a + b) . (a + b) = a^2 + 2ab + b^2$, dann

$$(a^2 + 2ab + b^2) . (a + b) =$$

$$\begin{array}{r|l} +a & a^3 + 2a^2b + ab^2 \\ +b & \quad + a^2b + 2ab^2 + b^3 \\ \hline & a^3 + 3a^2b + 3ab^2 + b^3 \end{array}$$

§ 17. Mehrgliedrige Ausdrücke, deren Glieder einen Factor gemein haben, werden häufig als Producte dargestellt, z. B.:

$$ab + ac = a (b + c)$$
$$ab - ac = a (b - c).$$

Löst man die Klammern auf, so erhält man wieder die ursprünglichen Ausdrücke. Eine solche Umwandlung der Ausdrücke kommt namentlich häufig bei Auflösung der Gleichungen vor.

Beispiele:

1) $(2 + 4a + \frac{3}{4} x) . 3x =$

$2 . 3x + 4a . 3x + \frac{3}{4} x . 3x =$

$6x + 12ax + \frac{9x^2}{4}$

2) $(3 - 2x + x^2) . (5 - x) =$

$$\begin{array}{r|l} +5 & 15 - 10x + 5x^2 \\ -x & \quad - 3x + 2x^2 - x^3 \\ \hline & 15 - 13x + 7x^2 - x^3 \end{array}$$

3) $\left(4+\frac{1}{3}x+\frac{1}{2}x^2\right).\left(4-\frac{x}{3}\right)=$

$$\begin{array}{r|l} +4 & 16+\frac{4}{3}x+\frac{4}{2}x^2 \\ -\frac{x}{3} & \quad -\frac{4}{3}x-\frac{1}{9}x^2-\frac{1}{6}x^3 \\ \hline & 16+\frac{17}{9}x^2-\frac{1}{6}x^3 \end{array}$$

4) $(a+b+c).(a-b-c)=$

$$\begin{array}{r|l} +a & a^2+ab+ac \\ -b & \quad -ab \qquad -b^2-bc \\ -c & \qquad\quad -ac \qquad -bc-c^2. \\ \hline & a^2-b^2-2bc-c^2 \end{array}$$

Zur Uebung mögen noch folgende Beispiele dienen:

5) $(1+2x+3a+4d.(-2a)=-2a-4ax-6a^2-8ad$

6) $\left(\frac{1}{2}-\frac{1}{3}x\right).\left(\frac{1}{4}+\frac{1}{5}x\right)=\frac{1}{8}+\frac{1}{60}x-\frac{1}{15}x^2$

§ 18. Sind bei der Addition und Subtraction mehrerer Ausdrücke Glieder vorhanden, welche Producte aus mehrgliedrigen Factoren sind, so löst man die Klammern auf, indem man die Factoren mit einander multiplicirt und so einfache Producte erhält.

Beispiele:

1) $2a^2+4b\ (c+d)-3a\,(e-f)=$
$2a^2+4bc+4bd-3ae+3af$

2) $9a^2-2ab\,(+3a+b).(5a-2b)$

Klammern aufgelöst (§ 18) und (§ 16)

$(3a+b).(5a-2b)=$

$$\begin{array}{r|l} +5a & 15a^2+5ab \\ -2b & \qquad -6ab-2b^2 \\ \hline & 15a^2-ab-2b^2 \end{array}$$

$15a^2-ab-2b^2$ dies eingesetzt

$9a^2-2ab+(15a^2-ab-2b^2)$

Klammer aufgelöst giebt (§ 12)

$9a^2-2ab+15a^2-ab-2b^2$

die gleichnamigen Ausdrücke geordnet (§ 15)

$9a^2-15a^2-2ab-ab-2b^2=$

$24a^2-3ab-2b^2$

$$3)\ a + b - c.(e + f) + a - (b + c).(d + e)$$

zuerst werden durch Multipliciren einfache Producte hergestellt $c.(e + f) = ce + cf$, ferner $(b + c).(d + e) =$

$$bd + dc + eb + ec$$

beide Ausdrücke eingesetzt giebt:

$$a + b - (ce + cf) + a - (bd + dc + eb + ec)$$

jetzt die kleinen Klammern aufgelöst, giebt:

$$a + b - ce - cf + a - bd - dc - eb - ec$$

die gleichnamigen Ausdrücke geordnet, giebt:

$$a + a + b - ce - ec - cf - bd - dc - eb =$$

$$2a + b - 2ce - cf - bd - cd - eb.$$

Zur ferneren Uebung noch folgende Beispiele:

$$4)\ b + c - d(f + g) + b - (c + d).(e + f) = 2b + c - 2df - dg - ce - ed - cf$$

$$5)\ (a + b).(c + d) + (e + f).(g + h) = ac + cb + ad + db + eg + gf + eh + hf$$

$$6)\ (a - b).(c - d) - (e - f).(g - h = ac - bc - ad + bd - eg + fg + eh - hf$$

§ 19. Beim Dividiren gilt in Bezug auf die Vorzeichen dieselbe Regel wie beim Multipliciren. Gleiche Vorzeichen geben $+$, ungleiche Vorzeichen geben $-$.

2 eingliedrige Ausdrücke dividirt man durch einander, indem man dem Bruch ihrer Coefficienten den Bruch der Hauptgrößen als Factor hinzufügt, z. B.:

$$15ab : 3cd = \frac{15}{3} . \frac{ab}{cd} = 5 \frac{ab}{cd}$$

$$\frac{32abc}{8b} = \frac{4abc}{b} = 4ac \text{ (vergl. § 20).}$$

Soll ein mehrgliedriger Ausdruck durch einen eingliedrigen Ausdruck dividirt werden, so dividirt man seine Glieder einzeln durch denselben, z. B.:

$$(10a + 6ab + 4c)\ 2d =$$

$$\frac{10a}{2d} + \frac{6ab}{2d} + \frac{4c}{2d} = \frac{5a}{d} + \frac{3ab}{d} + \frac{2c}{d}$$

Die selten vorkommende Division mehrgliedriger Ausdrücke mag an einem Beispiele gezeigt werden: $(a^3 + a^2b - ab^2 - b^3) : (a - b)$.

Man suche zuerst den Quotienten aus dem ersten Gliede des Divisors a in das erste des Dividenden $a^3 = a^2$ und bilde das Product dieses Quotienten mit dem ganzen Divisor, welches vom Dividenden abgezogen wird.

$$\begin{array}{llll} & (a^3 + & a^2b - & ab^2 - b^3 : (a - b) = a^2) \\ a^2(a - b) = & a^3 - & a^2b & \\ \hline & a^2b - (-a^2b) - & & ab^2 - b^3 = \\ & 2a^2b - & & ab^2 - b^3 \end{array}$$

Man bestimme wieder den Quotienten des ersten Divisorgliedes in das erste Glied des gebliebenen Restes $= 2ab$, bilde das Product dieses Quotienten mit dem ganzen Divisor und subtrahire dasselbe vom obigen Reste:

$$(2a^2b - \quad ab^2 - b^3) : (a - b) = 2ab$$

$$2ab\,(a - b) = 2a^2b - \quad 2ab^2$$

$$\overline{- ab^2 - (- 2ab^2) - b^3 =}$$

$$+ \quad ab^2 - b^3$$

Die Fortsetzung des zwei Male wiederholten Verfahrens giebt:

$$(ab^2 - b^3) : (a - b) = b^2$$

$$b^2 . (a - b) \qquad ab^2 - b^3$$

$$\overline{\quad 0 \quad}$$

Summe des Quotienten $a^2 + 2ab + b^2$

Als Uebungsbeispiele dienen:

$[a^2 (15 - 18b) + 2ab (1 + 6b) - 8b^2] : (3a - 2b) = 5a + 4b - 6ab$

$(a^3 + 3a^2b + 3ab^2 + b^3 : (a^2 + 2ab + b^2) = a + b$

§ 20. Wenn Zähler und Nenner eines Bruches einen oder mehrere gemeinschaftliche Factoren haben, so kann man diese gemeinschaftlichen Factoren weglassen. Man nennt dies Aufheben, z. B.:

$$\frac{4a}{7a} = \frac{4}{7}, \text{ weil man a aufheben kann.}$$

§ 21. Der Werth eines Bruches verändert sich nicht, wenn man Zähler und Nenner durch dieselbe Zahl dividirt, oder mit derselben Zahl multiplicirt, z. B.:

$$\frac{a}{b} = \frac{a.c}{b.c}; \quad \frac{a}{b} = \frac{a/c}{b/c}; \quad \frac{4}{5} = \frac{4.3}{5.3} = \frac{12}{15} = \frac{4}{5}; \quad \frac{4}{6} = \frac{4/2}{6/2} = \frac{2}{3} = \frac{4}{6}.$$

§ 22. Brüche mit gleichem Nenner werden addirt oder subtrahirt, wenn man ihre Zähler addirt oder subtrahirt; sollen Brüche mit ungleichem Nenner addirt werden, so muß man zuvor dieselben auf den Generalnenner bringen, d. h. man muß einen Nenner suchen, in welchem alle gegebenen Nenner aufgehen. Die Verwandlung der einzelnen Brüche geschieht nach § 21, z. B.:

$$\frac{a}{c} + \frac{b}{c} = \frac{a + b}{c}; \quad \frac{a}{c} - \frac{b}{c} = \frac{a - b}{c}; \quad \frac{a}{b} + \frac{c}{d}$$

muß zunächst auf den Generalnenner gebracht werden, derselbe ist $= b\,d$, weil beide Nenner hierin aufgehen; es muß also der Zähler und Nenner des Bruches $\frac{a}{b}$ mit d, des Bruches $\frac{c}{d}$ mit b multiplicirt werden, da beide Brüche hierdurch gleichen Nenner bekommen, ohne daß der Werth der Brüche verändert wird, also

$$\frac{a.d}{b.d} + \frac{c.b}{d.b} = \frac{ad + cb}{bd}$$

§ 23. Ein Bruch wird mit einer Zahl multiplicirt, wenn man den Zähler mit der Zahl multiplicirt, er wird dividirt, wenn man den Nenner mit der Zahl multiplicirt, z. B.:

$$\frac{a}{b} . c = \frac{a . c}{b}; \; \frac{a}{b} : c = \frac{a}{b . c}; \; \frac{4}{3} x = \frac{4x}{3}$$

§ 24. Zwei Brüche werden mit einander multiplicirt, wenn man Zähler mit Zähler und Nenner mit Nenner multiplicirt, z. B.:

$$\frac{a}{b} . \frac{c}{d} = \frac{a . c}{b . d}$$

§ 25. Eine ganze Zahl oder ein Bruch wird durch einen Bruch dividirt, wenn man den Bruch umkehrt und dann multiplicirt, z. B.:

$$a : \frac{b}{c} = a . \frac{c}{b}; \; \frac{a}{b} : \frac{c}{d} = \frac{b}{a} . \frac{d}{c}.$$

Beispiele:

1) $$\left(\frac{4a}{3b} + 3d + \frac{5b}{6c}\right) . 6b =$$

ausmultiplicirt

$$\frac{4a . 6b}{3b} + 3d . 6 . b + \frac{5b . 6 . b}{6c} =$$

aufgehoben

$$4a . 2 + 3 . 6 . bd + \frac{5b . b}{c} = 8a + 18bd + \frac{5b^2}{c}$$

2) $$\left(\frac{3b}{c} + \frac{6a}{b} + \frac{4c}{b}\right) . \frac{bc}{3a}$$

ausmultiplicirt

$$\frac{3b . bc}{c . 3a} + \frac{6a . bc}{b . 3a} + \frac{4c . bc}{b . 3a}$$

geordnet

$$\frac{3b^2c}{3ac} + \frac{6abc}{3ab} + \frac{4bc^2}{3ab}$$

aufgehoben

$$\frac{b^2}{a} + 2c + \frac{4c^2}{3a}$$

3) $$\left(4a^2 + 3ab + \frac{2a}{b}\right) : 8ab$$

jedes Glied dividirt

$$\frac{4a^2}{8ab} + \frac{3ab}{8ab} + \frac{2a}{8ab^2}$$

aufgehoben

$$\frac{a}{2b} + \frac{3}{8} + \frac{1}{4b^2}$$

4) $\left(\frac{6a}{4b} + 2b + \frac{2b}{6a}\right) : \frac{2a}{3b}$

Bruch umgekehrt und ausmultiplicirt

$$\frac{6a \,.\, 3b}{4b \,.\, 2a} + \frac{2b \,.\, 3b \,.}{2a} + \frac{2b \,.\, 3b}{6a \,.\, 2a} = \frac{9}{4} + \frac{3b^2}{a} + \frac{b^2}{2a^2}$$

5) $\frac{a}{2b} + \frac{3}{8} + \frac{1}{4b^2}$ soll auf den Generalnenner gebracht werden. Der Generalnenner ist $8b^2$, weil jeder der gegebenen Nenner in demselben aufgeht. Um nun die einzelnen Glieder auf den Generalnenner zu bringen, dividirt man mit jedem Nenner einzeln in den Generalnenner hinein und multiplicirt mit dem Resultat den Nenner und den dazu gehörigen Zähler; also

$$\frac{8b^2}{2b} = 4b; \quad \frac{8b^2}{8} = b^2; \quad \frac{8b^2}{4b^2} = 2$$

$$\frac{a \,.\, 4b}{2b \,.\, 4b} + \frac{3 \,.\, b^2}{8 \,.\, b^2} + \frac{1 \,.\, 2}{4b^2 \,.\, 2} = \frac{4ab}{8b^2} + \frac{3b^2}{8b^2} + \frac{2}{8b^2} = \frac{4ab + 3b^2 + 2}{8b^2}.$$

Zur Uebung folgende Beispiele:

6) $3d + \frac{5e}{2f} + \frac{3g}{7h}$ soll in einen Bruch verwandelt werden $=$

$$\frac{42dfh + 35eh + 6fg}{14fh}$$

7) $\left(\frac{c}{d} + \frac{2e}{3f} + 4 + \frac{3g}{8h}\right) : 6cg = \frac{1}{6dg} + \frac{e}{9cfg} + \frac{2}{3cg} + \frac{1}{16ch}$

8) $\left(a + \frac{b}{c} + \frac{3d}{4g}\right) \cdot \frac{9cd}{2ab} = \frac{9cd}{2b} + \frac{9d}{2a} + \frac{27cd^2}{8abg}$

9) $\left(2d + \frac{3e}{5f}\right) : \frac{3d}{2f} = \frac{4f}{3} + \frac{6e}{15d}$

10) $\frac{2a}{3b} + 5c + 7d$ soll in einen Bruch verwandelt werden $=$

$$\frac{2a + 15bc + 21bd}{3b}$$

3. Von den Decimalbrüchen.

§ 26. Decimalbruch nennt man einen Bruch, dessen Nenner eine Potenz (s. § 10) von 10 ist. Geschrieben wird ein Decimalbruch so, daß man nur den Zähler hinschreibt und von demselben von rechts nach links so viele Ziffern durch ein Komma abstreicht, als der Nenner Nullen hat; stehen dann vor dem Komma noch Zahlen, so sind dies Ganze; stehen keine Zahlen vor dem Komma, so wird eine Null davor geschrieben, zum Zeichen, daß keine Ganzen vorhanden sind.

$$\frac{482}{100} = 4{,}82; \quad \frac{769}{1000} = 0{,}769; \quad \frac{7983564}{1000000} = 7{,}983564.$$

Ein Decimalbruch ist also gleich einem gemeinen Bruche, der als Zähler sämmtliche Ziffern des Decimalbruchs hat und als Nenner eine 1 mit so vielen Nullen als Ziffern hinter dem Komma von links nach rechts stehen. Der Decimalbruch 0,5 wird gelesen: Null Komma 5, oder Null Ganze und 5 Zehntel; 4,3 = Vier Komma 3, oder 4 Ganze und 3 Zehntel. Die Ziffern hinter dem Komma bezeichnet man mit dem Namen Decimalstellen in der Weise, daß die erste Ziffer hinter dem Komma die erste Decimalstelle, die zweite Ziffer die zweite Decimalstelle u. s. w. bedeutet.

$$\frac{635}{1000} = 0{,}635; \quad \frac{52}{100} = 0{,}52.$$

Hat der Zähler weniger Ziffern als der Nenner Nullen hat, so ersetzt man die fehlenden Ziffern durch Nullen, welche unmittelbar hinter dem Komma, also vor den übrigen Ziffern zu stehen kommen und schreibt dann noch eine Null vor das Komma, z. B.:

$$\frac{6}{100} = 0{,}06; \quad \frac{52}{10000} = 0{,}0052.$$

§ 27. Ein Decimalbruch wird mit 10 multiplicirt, wenn man das Komma um eine Ziffer von links nach rechts rückt; durch 10 dividirt, wenn man das Komma um eine Ziffer von rechts nach links rückt, z. B.:

$$0{,}8 \,.\, 10 = 8{,}0 \text{ nämlich } \frac{8}{10} \,.\, 10 = \frac{8 \,.\, 10}{10} = 8$$

$$4{,}325 \,.\, 10 = 43{,}25$$

$$45{,}23 : 10 = 4{,}523$$

$$0{,}8 : 10 = 0{,}08 \quad \left(\frac{8}{10} : 10 = \frac{8}{10 \,.\, 10} = \frac{8}{100}\right)$$

§ 28. Ein Decimalbruch verändert seinen Werth nicht, wenn man an der rechten Seite eine oder mehrere Nullen anhängt oder fortläßt, z. B.:

$$0{,}8 = 0{,}80 \left(\frac{8}{10} = \frac{80}{100}\right)$$

$$0{,}435 = 0{,}4350 = 0{,}43500.$$

§ 29. Man verwandelt einen gemeinen Bruch in einen Decimalbruch, indem man mit dem Nenner in den Zähler dividirt, z. B.:

$\frac{3}{4}$; statt des Zählers 3 schreibt man 3,00 . ., wodurch der Werth von 3 nicht verändert wird; das Anhängen der Nullen erfolgt so lange, bis die Division aufgeht. Das Resultat, welches man durch das Dividiren bekommt (= Quotient), erhält so viele Decimalstellen, als man dem Zähler Nullen angehängt hat; oder man schneidet von rechts nach links vom Quotienten so viele Ziffern durch das Komma ab, als dem Zähler Nullen angehängt sind.

```
4 | 3,00 | 0,75          5/8;  8 | 5,000 | 0,625
    28                            48
    --                            --
     20                            20
     20                            16
     --                            --
                                    40
                                    40
                                    --
```

```
27/32;  32 | 27,00000 | 0,84375
             256
             ---
             140
             128
             ---
              120
               96
              ---
              240
              224
              ---
               160
               160
               ---
```

Bei den meisten Brüchen geht die Rechnung nicht auf; wie weit man auch die Rechnung fortsetzt, es bleibt immer ein Rest. Man bricht dann die Rechnung an irgend einer Stelle ab und bekommt einen Näherungswerth des gemeinen Bruches. Der Fehler ist um so kleiner, je größer die Anzahl der Decimalstellen des Näherungswerthes genommen wird. Hierin liegt der Grund, weshalb bei Rechnung mit Decimalen eine absolute Richtigkeit in den meisten Fällen *nicht* erzielt wird; für die Praxis ist dies jedoch unwesentlich, da man in den Fällen, wo eine möglichst absolute Richtigkeit wünschenswerth ist, mit möglichst vielen Decimalstellen rechnen kann.

```
6/7;  7 | 6,0000000 | 0,857142857 ....
          56
          --
           40
           35              20
           --              14
            50             --
            49              60
            --              56
             10             --
              7              40
             --              35
             30              --
             28               50
             --
              2
```

Von der 2ten 8 wiederholen sich die Ziffern bis in's Unendliche.

$\frac{2}{3}$; 3 | 2,000000 | 0,6666 . . .
18
———
20

$\frac{1}{6}$; 6 | 1,000 | 0,1666 . . . .
6
———
40
36
———
40

§ 30. Decimalbrüche werden addirt oder von einander subtrahirt wie ganze Zahlen, wenn man die Zahlen so unter einander schreibt, daß Komma unter Komma steht und durch Anhängen von Nullen die Anzahl der Decimalstellen gleich macht.

```
   4,67      767,345      4,500
   1,23       10,200      3,760
  -----     --------     12,456
   5,90      777,545     ------
                         20,716

   1654,3567       89,4500
  — 1,4300       — 3,0675
  ---------      --------
   1652,9267       83,3825
```

§ 31. Decimalbrüche werden wie gewöhnliche Zahlen multiplicirt ohne Rücksicht auf das Komma; erst nachdem die Multiplication ausgeführt, streicht man von rechts nach links so viel Decimalstellen durch das Komma ab, als beide Factoren zusammen Decimalstellen haben, z. B.:

```
4,62 ——————————————— 2 Decimalstellen,
1,3  ——————————————— 1        „
----                 -----------------
1386                 3 Decimalstellen.
 462
-----
6,006  es werden 3 Stellen durch das Komma abgestrichen.
```

```
   345,61
    23,45
---------
   172805
  138244
 103683
 69122
---------
8104,5545
```

weil obige Factoren zusammen 4 Decimalstellen haben, werden auch von dem Product 4 Stellen durch das Komma von rechts nach links abgestrichen.

§ 32. Bevor man 2 Decimalbrüche durch einander dividirt, bringt man dieselben durch Anhängung von Nullen auf gleiche Anzahl von Decimalstellen. Ist dies geschehen, so dividirt man wie mit ganzen Zahlen ohne Rücksicht auf das Komma im Zähler und Nenner wie bei der Verwandlung eines gemeinen Bruchs in einen Decimalbruch (s. § 29), z. B.:

$$\frac{4,804}{1,2} = \frac{4,804}{1,200} = \frac{4804}{1200} =$$

1200 | 4804 | 4,0033 . . .
4800
 4000
 3600
  4000

$$\frac{35,402}{1,01} = \frac{25,402}{1,010} = \frac{35402}{1010} =$$

1010 | 35402 | 35,051 . . .
3030
 5102
 5050
  5200
  5050
   1500
   1010 u. s. w.

Das Komma wird gesetzt, sobald das Dividiren in die ganzen Zahlen aufhört und man den Resten Nullen anhängen muß, um weiter dividiren zu können, oder mit anderen Worten: der Quotient erhält so viel Decimalstellen, als bei der Division den Resten Nullen angehängt sind.

$$\frac{0,054}{0,0967} = \frac{0,0540}{0,0967} = \frac{540}{967}$$

967 | 540,0 | 0,558 . . . .
4835
 5650
 4835
  8150
  7736
   414 u. s. w.

4. Von dem Potenziren und Wurzelausziehen.

§ 33. Die Potenz a^m ist ein Product aus m gleichen Factoren, deren jeder = a ist, a heißt Dignand, m Exponent.

Die Rechnung mit Potenzen soll nachstehend nur in Formeln angeführt werden.

1) $(a \,.\, b)^m = a^m \,.\, b^m$ z. B.:

$(a \,.\, b)^4 = a^4 \,.\, b^4$ also $(2 \,.\, 3)^2 = 2^2 \,.\, 3^2 = 36$

2) $\left(\frac{a}{b}\right)^m = \frac{a^m}{b^m}$ z. B.:

$\left(\frac{a}{b}\right)^4 = \frac{a^4}{b^4}$ also $\left(\frac{2}{4}\right)^3 = \frac{2^3}{4^3} = \frac{8}{64} = \frac{1}{8}$

3) $a^m . a^n = a^{m+n}$ z. B.:

$a^4 \,.\, a^2 = a^{4+2} = a^6$ also nicht wie die Anfänger gewöhnlich glauben $a^{4 \cdot 2} = a^8$

$2^3 \,.\, 2^2 = 2^5 = 32 = 2 \,.\, 2 \,.\, 2 \,.\, 2 \,.\, 2$

4) $\frac{a^m}{a^n} = a^{m-n}$ z. B.:

$\frac{a^5}{a^2} = a^{5-2} = a^3$ also $\frac{2^5}{2^2} = 2^3 = 8$

5) $(a^m)^n = ^{m.n}$

$(a^4)^2 = a^{4.2} = a^8$ (s. Nr. 3) also $(2^3)^2 = 2^6 = 64$

Beispiele:

1) $(5a^3b^2 + 7ab^4) . 3ab^2 =$

$15a^{3+1}b^{2+2} + 21a^{1+1}b^{4+2} = 15a^4b^4 + 21a^2b^6$

2) $\frac{25a^4b^9}{15a^3b^7c} = \frac{5a^{4-3}b^{9-7}}{3c} = \frac{5ab^2}{3c}$

3) $\frac{10a^2b^2}{5ab} = 2ab$

§ 34. Die häufigste Anwendung findet die 2te Potenz. Die Regeln für die Rechnung ergeben sich aus vorstehenden Formeln. Wird ein 2gliedriger Ausdruck in's Quadrat erhoben, so genügt es nicht, jedes Glied in's Quadrat (zur 2ten Potenz) zu erheben, sondern der ganze Ausdruck muß mit sich selbst ausmultiplicirt werden, z. B.:

$(a + b)^2$ ist nicht $= a^2 + b^2$, sondern die nachstehende Rechnung zeigt $= a^2 + 2ab + b^2$ nämlich

$$\begin{array}{r|l} & (a + b) . (a + b) = \\ \hline +a & a^2 + ab \\ +b & \quad + ba + b^2 \\ \hline & a^2 + 2ab + b^2 \end{array}$$

$$(a - b)^2 = a^2 - 2ab + b^2$$

$$\begin{array}{r|l} & (a - b) . (a - b) \\ \hline +a & a^2 - ab \\ -b & \quad - ba + b^2 \\ \hline & a^2 - 2ab + b^2 \end{array}$$

Aus Vorstehendem geht hervor, daß das Quadrat eines 2gliedrigen Ausdruckes aus 3 Theilen besteht, aus dem Quadrate des ersten Gliedes, dem doppelten Producte beider Glieder und dem Quadrate des letzten Gliedes.

Auf diesem Lehrsatz beruht die Methode des numerischen Ausziehens der Quadratwurzel, s. § 37.

§ 35. Unter Quadratwurzel einer Zahl versteht man diejenige Zahl, welche in's Quadrat erhoben die gegebene Zahl giebt. Statt Quadratwurzel aus a schreibt man $\sqrt{a}$. Es ist z. B. $a = \sqrt{a^2}$, weil a in's Quadrat erhoben den unter dem Wurzelzeichen befindlichen Ausdruck giebt. Die dritte Wurzel aus einer

Zahl ist diejenige Zahl, welche 3mal mit sich selbst multiplicirt die gegebene Zahl giebt. Soll eine dritte Wurzel ausgezogen werden, so deutet man dies dadurch an, daß man eine 3 oberhalb des Wurzelzeichens schreibt, also

$$\sqrt[3]{a} = \text{dritte Wurzel aus a.}$$

§ 36. Die Rechnung mit Wurzeln soll in nachstehenden Formeln angeführt werden.

1) $\sqrt{a^2} = \sqrt{a} \,.\, \sqrt{a} = a$ also $\sqrt{4^2} = 4$

2) $\sqrt{a^2 \,.\, b^2} = \sqrt{a^2} \,.\, \sqrt{b^2} = ab$ also $\sqrt{4^2} \,.\, \sqrt{2^2} = 4 \,.\, 2 = 8$

3) $\sqrt{\frac{a^2}{b^2}} = \frac{\sqrt{a^2}}{\sqrt{b^2}} = \frac{a}{b}$ also $\sqrt{\frac{4^2}{2^2}} = \frac{4}{2} = 2$

4) $\frac{a}{\sqrt{a}} = \frac{\sqrt{a} \,.\, \sqrt{a}}{\sqrt{a}} = \sqrt{a}$ also $= \frac{16}{\sqrt{16}} = \sqrt{16}$

5) $\frac{\sqrt{a}}{a} = \frac{\sqrt{a}}{\sqrt{a} \,.\, \sqrt{a}} = \frac{1}{\sqrt{a}}$ also $\frac{\sqrt{16}}{16} = \frac{1}{\sqrt{16}} = \frac{1}{4}$

6) $\sqrt{a \,.\, b} = \sqrt{a} \,.\, \sqrt{b}$ also $\sqrt{16 \,.\, 4} = \sqrt{16} \,.\, \sqrt{4} = 4 \,.\, 2 = 8$

§ 37. Das numerische Ausziehen der Quadratwurzel geschieht nach folgender Regel.

Man theile die gegebene Zahl von rechts nach links in Klassen zu je 2 Stellen (falls es eine ganze Zahl mit Decimalstellen ist, vom Komma ab), suche dann eine Zahl, deren Quadrat möglichst nahezu den Zahlenwerth der 1ten Klasse links hat, subtrahire das Quadrat der Zahl von der 1ten Klasse links. Die Zahl selbst ist der 1te Theil der Wurzel. Zu dem Rest der 1ten Klasse zieht man die 1te Zahl der 2ten Klasse herunter und dividirt dann mit dem doppelt genommenen 1ten Theil der schon erhaltenen Wurzel hinein; die Zahl, welche man erhält, ist die 2te Ziffer der Wurzel. Zu dem Rest der Division zieht man die 2te Ziffer der 2ten Klasse herunter und zieht dann das Quadrat der 2ten Ziffer der Wurzel ab. Dann ziehe man die 1te Zahl der 3ten Klasse herunter und dividire hinein mit dem Doppelten der bis jetzt gefundenen Wurzel u. s. w., z. B.:

$$1)\ \sqrt{29,81\,16} = 546$$

$$\begin{array}{lrl}
a^2 = & & 25 \\
\hline
2a = 2 \,.\, 5 = & 10 \mid & 48 \text{ giebt } b = 4 \\
2ab = 2 \,.\, 5 \,.\, 4 = & & 40 \\
\hline
 & & 81 \\
b^2 = 4 \,.\, 4 = & & 16 \\
\hline
2a = 2 \,.\, 54 = & 108 \mid & 651 \text{ giebt } b = 6 \\
2ab = 2 \,.\, 54 \,.\, 6 = & & 648 \\
\hline
 & & 36 \\
b^2 = 6 \,.\, 6 & & 36
\end{array}$$

2) $\sqrt{5|79|65|37|76} = 24076$

```
      4
  4 | 17
      16
       19
       16
 48 |  36
```

dies geht Null mal, es wird also hinter die Zahl 4 in der Wurzel 0 geschrieben, dann wird die 2te Ziffer der 3ten und die 1te Ziffer der 4ten Klasse heruntergezogen, ferner statt 48 480 gesetzt, also:

```
 480 | 3653
       3360
        2937
          49
4814 | 28887
       28884
          36
          36
```

Geht die Rechnung nicht auf, so kann man die Wurzelausziehung fortsetzen, wenn man hinter der letzten Zahl der Wurzel ein Komma setzt und dann den Resten Nullen anhängt. Dasselbe Verfahren wird angewandt, wenn aus einem Decimalbruch die Quadratwurzel ausgezogen werden soll. Man setzt dann den ersten Theilungsstrich durch das Komma und theilt nach beiden Seiten ein. Die Nullen pflegt man nicht der Zahl unter dem Wurzelzeichen anzuhängen, sondern dieselben während der Rechnung nur den einzelnen Resten beizufügen, z. B.:

3) $\sqrt{27} = 5{,}196\ldots$

```
       25
  10 | 20
       10
       100
         1
 102 | 990
       918
        720
         81
1038 | 6390
        6228
        1620
          36
        1584 u. s. w.
```

Bei der vorstehenden Division von 10 in 20 ist nicht 2, sondern nur 1 als Quotient angegeben, weil der Rest der Division stets noch so groß bleiben muß, daß man das Quadrat des Quotienten davon abziehen kann. Wäre als Quotient 2 genommen, so wäre der Rest = 0 gewesen, man hätte also 2^2 nicht abziehen können; wird hingegen als Quotient 1 genommen, so bleibt als Rest 10 und nach Anhängen einer Null 100; man kann also $1^2 = 1$ abziehen.

4) $\sqrt{3,|57|90|} = 1{,}891\ldots$

$$\begin{array}{r|l}
 & 1 \\ \hline
2 & 25 \\
 & 16 \\ \hline
 & 97 \\
 & 64 \\ \hline
36 & 339 \\
 & 324 \\ \hline
 & 150 \\
 & 81 \\ \hline
378 & 690 \\
 & 378 \\ \hline
 & 3120 \\
 & 1 \\ \hline
 & 3119
\end{array}$$

u. s. w.

5) $\sqrt{0,00|00|06|80} = 0{,}002607\ldots$

$$\begin{array}{r|l}
 & 4 \\ \hline
4 & 28 \\
 & 24 \\ \hline
 & 40 \\
 & 36 \\ \hline
520 & 4000 \\
 & 3640 \\ \hline
 & 3600 \\
 & 49 \\ \hline
 & 3551
\end{array}$$

u. s. w.

6) $\sqrt{1|01,|08|40} = 10{,}05$

$$\begin{array}{r|l}
 & 1 \\ \hline
200 & 01084 \\
 & 1000 \\ \hline
 & 840 \\
 & 25 \\ \hline
 & 815
\end{array}$$

u. s. w.

§ 38. Das Ausziehen der Kubikwurzel.

Erhebt man $a + b$ zur dritten Potenz $= (a + b)^3$, so kann man dafür schreiben $(a + b)^2 . (a + b)$ oder nach § 34 $(a^2 + 2ab + b^2) . (a + b)$, ausmultiplicirt =

$$\begin{array}{l} +a \\ +b \end{array}\left\{\begin{array}{l} a^3 + 2a^2b + ab^2 \\ \quad + a^2b + 2ab^2 + b^3 \\ \hline a^3 + 3a^2b + 3ab^2 + b^3 \end{array}\right.$$

Es kann also das Ausziehen einer Kubikwurzel nach der Formel $\sqrt[3]{a^3 + 3a^2b + 3ab^2 + b^3} = a + b$ erfolgen, d. h. man sucht die Zahl, welche zur dritten Potenz erhoben, d. h. 3 Male mit sich selbst multiplicirt die gegebene Zahl ergiebt.

Um die Kubikwurzel aus einer ganzen Zahl zu ziehen, theile man diese von rechts her in Gruppen von je 3 Ziffern, dann stellt die grösseste aus der ersten Gruppe zu ziehende Kubikwurzel das a obiger Formel dar:

$$
\begin{array}{rll}
 & \sqrt[3]{50|653} = 3 & 3 = a \\
a^3 = & 27 & \\
3a^2 = 27 & |\,236 & b = 7 \\
 & 189 & \\
\hline
 & 475 & \\
3ab^2 = 3\,.\,3\,.\,7^2 = & 441 & \\
\hline
 & 343 & \\
b^3 = 7^3 = & 343 & \\
\hline
\end{array}
$$

Da die gegebene Zahl 2 Gruppen hatte, muss die Kubikwurzel 2 Stellen haben, in der That ist also $a = 30$ $b = 7$ und die Kubikwurzel ist somit 37.

Ein weiteres Beispiel:

$$
\begin{array}{rll}
 & \sqrt[3]{28|318|276{,}000} & a = 3 \\
a^3 = 27 & 27 & \\
3a^2 = 27 & |\,13 & b = 0 \\
 & 0 & \\
\hline
 & 131 & \\
3ab^2 = 3\,.\,3\,.\,0^2 = & 0 & \\
\hline
 & 1318 & \\
b^3 = 0^3 = & 0 & \\
3a^2 = 2700 & |\,13182 & \text{nun } a = 30 \\
 & 10800 & b = 4 \\
\hline
 & 23827 & \\
3ab^2 = 3\,.\,30\,.\,4^2 = & 1440 & \\
\hline
 & 223876 & \\
b^3 = 4^3 = & 64 & \\
3a^2 = 277248 & |\,2238120 & \text{nun } a = 340 \\
 & 2217984 & b = 8 \\
\hline
 & 201360 & \\
3ab^2 = 3\,.\,340\,.\,8^2 = & 58368 & \\
\hline
 & 1429920 & \\
b^3 = 8^3 = & 512 & \\
\hline
 & 1429408 & \text{und } a = 304{,}8\ldots \text{ u. s. w.}
\end{array}
$$

Die Kubikwurzel aus der obigen Zahl ist also annähernd: 304,8 . . ., dass sie 3 Stellen links vom Komma haben muss, folgt aus der Eintheilung der gegebenen Zahl in 3 Gruppen.

Soll die Kubikwurzel aus einem Decimalbruche gezogen werden, so hänge man diesem rechts so viele Nullen an, daß die Anzahl der Stellen rechts vom Komma durch 3 theilbar wird, theile dann von rechts her Gruppen von je 3 Ziffern ab und verfahre wie oben. Die Wurzel hat dann links vom Komma so viele Stellen, wie die gegebene Zahl links vom Komma Gruppen hat, wobei die linke Gruppe auch dann voll mitgezählt werden muß, wenn sie nur 1 oder 2 Ziffern enthält.

$$\begin{array}{rll}
 & \sqrt{4|125,|369|700} & a = 1 \\
a^3 = 1^3 = & 1 & \\
3a^2 = 3 \cdot 1 = 3 \mid & 31 & b = 6 \\
 & 18 & \\
 & 132 & \\
3ab^2 = 3 \cdot 1 \cdot 6^2 & 108 & \\
 & 245 & \\
b^3 = 6^3 = & 216 & \\
3a^2 = 3 \cdot 16^2 = 768 \mid & 293 & \text{nun } a = 16 \\
 & 0 & b = 0 \\
 & 2936 & \\
3ab^2 = 3 \cdot 16 \cdot 0 & 0 & \\
 & 29369 & \\
b^3 = 0^3 = & 0 & \\
3a^2 = 3 \cdot 160^2 = 76800 \mid & 293697 & \text{nun } a = 160 \\
 & 230400 & b = 3 \\
 & 632970 & \\
3ab^2 = 3 \cdot 160 \cdot 3^2 = & 4320 & \\
 & 6286500 & \\
b^3 = 3^3 = & 27 & \\
 & 6286473 & \text{nun } a = 1603 \text{ u. s. w.}
\end{array}$$

Die Kubikwurzel aus 4125,3697 ist also annähernd = 16,03 . . ., da die Zahl links vom Komma 2 Gruppen hat.

5. Von den Proportionen.

§ 39. Das Verhältniß zweier Zahlen wird durch den Quotienten derselben ausgedrückt.

Zwei gleiche Verhältnisse bilden eine Proportion; man kann eine solche daher als eine Gleichung zweier Verhältnisse ansehen, z. B.:

$$a : b = c : d$$

Man schreibt auch $\frac{a}{b} = \frac{c}{d}$

a und c nennt man Vorderglieder, b und d Hinterglieder; auch heißen a und d die äußeren, b und c die inneren Glieder. Eine Proportion, deren innere Glieder gleich sind, heißt **stetig**, jedes der inneren Glieder heißt die **mittlere Proportionale**.

Die Regeln für die Proportionen sollen in nachstehenden Formeln aufgeführt werden.

1) Wenn sich verhält a zu b wie c zu d (man schreibt dies $a : b = c : d$), dann ist $a . d = b . c$ oder das Product der äußeren Glieder ist gleich dem der inneren Glieder, z. B.;

wenn $2 : 6 = 4 : 12$
ist $2 . 12 = 6 . 4$

2) Umgekehrt wenn $a . d = b . c$ ist, so verhält sich stets $a : b = c : d$ oder, wenn 2 Producte einander gleich sind, so läßt sich stets daraus eine Proportion bilden, indem man die Factoren des einen Productes als innere, die des anderen Productes als äußere Glieder setzt, z. B.:

wenn ist $3 . 8 = 4 . 6$ so verhält sich
$3 : 4 = 6 : 8$

3) Wenn sich verhält $a : b = c : d$ so verhält sich auch
$a : c = b : d$ oder in jeder Proportion lassen sich die Mittelglieder vertauschen, z. B.:

wenn $3 : 4 = 6 : 8$
ist auch $3 : 6 = 4 : 9$

4) Wenn $a : b = c : d$
ist auch $b : a = d : c$ oder es lassen sich auch die Vorder- und Hinterglieder einer Proportion vertauschen, z. B.:

wenn $3 : 4 = 6 : 8$
ist auch $4 : 3 = 8 : 6$

5) Wenn $a : b = c : d$
ist auch $d : b = c : a$ oder es lassen sich auch die äußeren Glieder einer Proportion vertauschen, z. B.:

wenn $3 : 4 = 6 : 8$
ist auch $8 : 4 = 6 : 3$

6) Wenn $a : b = c : d$
ist auch $a + b : b = c + d : d$
ebenso $a - b : b = c - d : d$, z. B.

wenn $4 : 3 = 8 : 6$
ist auch $7 : 3 = 14 : 6$
ebenso $1 : 3 = 2 : 6$

7) Wenn $a : b = c : d$
ist auch $(a + c) : (b + d) = a : b$
ebenso $(a - c) : (b - d) = a : b$, z. B.
wenn $12 : 9 = 4 : 3$
ist auch $16 : 12 = 4 : 3$
ebenso $8 : 6 = 4 : 3$

8) Sind nur die 3 ersten Glieder einer Proportion gegeben, so ist das 4te unbekannte Glied, welches wir mit x bezeichnen wollen, = dem Product der beiden inneren Glieder dividirt durch das erste Glied, d. h.

wenn $a : b = c : x$

ist $x = \frac{b \cdot c}{a}$

Hierauf beruht die Regeldetri der gemeinen Rechenkunst.

6. Von den Gleichungen.

§ 40. Die Gleichungen zerfallen in analytische und algebraische. Analytische Gleichungen nennt man solche, in denen man den sämmtlichen darin vorkommenden Buchstaben beliebige von einander unabhängige Werthe beilegen kann, z. B.:

$$(a + b)^2 = a^2 + 2ab + b^2$$

diese Gleichung ist immer richtig, was auch a und b bedeuten. In den algebraischen Gleichungen dagegen ist mindestens eine Größe vorhanden, deren Werth von den übrigen Größen abhängig ist, und welche einen bestimmten Werth erhält, sobald die übrigen Größen bestimmt sind. Diese Größe nennt man die Unbekannte und bezeichnet sie meistens mit den Buchstaben x oder y oder z, z. B.:

$$3x = 12 \text{ oder } a + 3b + 2x = c$$

Den durch die übrigen Größen bestimmten Werth der Unbekannten nennt man die Wurzel der Gleichung, man findet dieselbe, wenn man die Gleichung auflöst.

§ 41. Die allgemeinen Grundsätze, welche bei Auflösung der Gleichungen angewendet werden, sind folgende:

1) Gleiches zu Gleichem addirt, giebt gleiche Summen:
wenn $a = b$, ist auch $a + c = b + c$;

2) Gleiches von Gleichem subtrahirt, giebt gleiche Differenzen:
wenn $a = b$, ist auch $a - c = b - c$;

3) Gleiches mit Gleichem multiplicirt, giebt gleiche Producte:
wenn $a = b$, ist auch $a \cdot c = b \cdot c$;

4) Gleiches durch Gleiches dividirt, giebt gleiche Quotienten:

wenn $a = b$, ist auch $\frac{a}{c} = \frac{b}{c}$

Aus diesen 4 Grundsätzen folgt:

5) Gleiche Glieder, welche auf beiden Seiten der Gleichung mit demselben Vorzeichen stehen, heben sich einander auf:

ist $a + b = c + b$ so ist auch $a = c$

ist $a - b = c - b$ so ist auch $a = c$

6) Glieder, welche auf einer Seite der Gleichung stehen, können auf die andere Seite gesetzt werden, wenn man das Vorzeichen umkehrt:

statt $a + b = c$ kann man schreiben

$a = c - b$

Man nennt dies Transponiren.

7) Eine Gleichung bleibt richtig, wenn man die Vorzeichen der sämmtlichen Glieder auf beiden Seiten umkehrt:

statt $a + b = c$ kann man schreiben

$-a - b = -c$

8) Den einen Factor eines Productes kann man dadurch beseitigen, daß man jedes Glied der Gleichung durch denselben dividirt:

statt $ab + c = d$ kann man schreiben

$$a + \frac{c}{b} = \frac{d}{b}$$

9) Den Nenner eines Bruches kann man dadurch beseitigen, daß man jedes Glied der Gleichung mit demselben multiplicirt:

statt $\frac{a}{b} + c = d$ kann man schreiben

$a + b \cdot c = bd$

§ 42. Eine Gleichung von der Form $x = b$ heißt eine Gleichung vom 1ten Grade.

Eine Gleichung von der Form $x^2 + bx = c$ heißt eine Gleichung vom 2ten Grade oder eine quadratische Gleichung.

Das Ordnen einer Gleichung heißt, dieselbe auf eine der angegebenen Formen zu bringen.

§ 43. Das Ordnen und Auflösen der Gleichungen vom 1ten Grade mit einer Unbekannten wird aus nachstehenden Beispielen ersichtlich werden.

1) $4 \cdot x + 8 = 5 \cdot x + 5$

Um diese Gleichung auf die Form $x = b$ zu briugen, muß man sämmtliche Glieder mit x auf die eine Seite und die Glieder ohne x auf die andere Seite bringen (nach § 40 Nr. 6). Ob die Glieder mit x auf die rechte oder linke Seite zu stehen kommen, ist gleich; man wählt gewöhnlich die Seite, auf welcher die Summe der x positiv wird. Die Gleichung verwandelt sich dann in nachstehende:

$$8 - 5 = 5x - 4x; \text{ zusammengezogen}$$
$$3 = x$$

Es ist also $x = 3$ die Wurzel der Gleichung; setzen wir in Gleichung 1) statt x den Werth desselben ein, so erhalten wir

$$4 \,.\, 3 + 8 = 5 \,.\, 3 + 5 \text{ oder}$$
$$20 = 20$$

Aus der wirklichen Gleichheit beider Seiten ergiebt sich die Richtigkeit der Wurzel.

2) $5x + 10 = 4x + 15$
$5x - 4x = 15 - 10$ oder $x = 5$

3) $9x + 3 = 10x - 1$ oder $9x - 10x = -1 - 3$ oder $-x = -4$
oder nach § 40 Nr. 7 $x = 4$

4) $6x + 3 - 2x = 3x + 5$ oder
$6x - 2x - 3x = 5 - 3$ oder $x = 2$

5) $10 + 5x - 3x = x + 13$ oder
$5x - 3x - x = 13 - 10$ oder $x = 3$

6) $13x - 8 = 9x + 4$; transponirt
$13x - 9x = 4 + 8$; zusammengezogen $4x = 12$, jetzt kommt es darauf an den Factor 4 fortzuschaffen, man erreicht dies, wenn (nach § 40 Nr. 8) jedes Glied der Gleichung durch 4 dividirt wird: also

$$x = \frac{12}{4} = 3$$

Probe: $13 \,.\, 3 - 8 = 9 \,.\, 3 + 4$ oder
$$31 = 31$$

7) $10x + 3 - 2x + 1 = 2x + 3x + 19$
$$x = 5$$

8) $10x + 5 - 12x = 11 + 4x$
$$x = -1$$

9) $6x + 10 - 2x = 14x - 5 - 4x$
$$x = 2\frac{1}{2} = 2{,}5$$

10) $0{,}5x + 3{,}5 + 0{,}25x = x + 1{,}5$

Es kommt zunächst darauf an, die Brüche fortzuschaffen; zu diesem Zweck bringt man dieselben zunächst auf den Generalnenner (§ 22). Dieser ist 4, weil sämmtliche Nenner in 4 aufgehen:

$$\frac{2x+14+x}{4}=\frac{4x+6}{4}$$ oder nach § 40 Nr. 9

$$2x+14+x=4x+6,$$ transponirt:

$$14-6=4x-2x-x,$$ zusammengezogen:

$$8=x$$

11) $\frac{3}{4}x-2x-\frac{3}{5}x+\frac{1}{2}x=-9$

Brüche fortgeschafft mit dem Generalnenner = 20

$$\frac{3}{4}x\,.\,20-2x\,.\,20-\frac{3}{5}x\,.\,20+\frac{1}{2}x\,.\,20=-9\,.\,20$$

$15x-40x-12x+10x=-180$, zusammengezogen:

$$-27x=-180$$

die Vorzeichen umgekehrt (§ 40 Nr. 7)

$$27x=180$$

alle Glieder durch 27 dividirt

$$x=\frac{180}{27}=6^2/_3$$

12) $6x+6{,}5+\frac{1}{3}x+\frac{1}{4}x=5x+\frac{1}{4}x+\frac{1}{6}x+20{,}5$ oder

$$x=12$$

13) $6+\frac{1}{3x}+\frac{4}{9}+\frac{3}{x}=7$

Generalnenner 9x; Brüche fortgeschafft:

$$6\,.\,9x+\frac{1}{3x}\,.\,9x+\frac{4}{9}\,.\,9x+\frac{3}{x}\,.\,9x=7\,.\,9x$$

$$54x+3+4x+27=63x$$

transponirt $30=5x$

durch 5 dividirt $6=x$

14) $\frac{1}{x}+\frac{1}{2x}+\frac{1}{3x}=\frac{11}{12}$

Generalnenner $=12x$; $x=2$

15) $5+3(2+x)+\frac{3}{4}(1+2x)=8x+1{,}25$

Zunächst müssen die Klammern aufgelöst werden (§ 18):

$$5+6+3x+\frac{3}{4}+\frac{6}{4}x=8x+1{,}25$$

Brüche fortgeschafft durch Generalnenner 4

$$20+24+12x+3+6x=32x+5$$

transponirt $20+24+3-5=32x-12x-6x$

zusammengezogen $42=14x$

durch 14 dividirt $3=x$

16) $4x + 9(3 + x) - 3\left(\frac{1}{2} - x\right) = 20{,}5x + 21$

$$4x + 27 + 9x - \frac{3}{2} + 3x = \frac{41}{2}x + 21$$

$$8x + 54 + 18x - 3 + 6x = 41x + 42$$

$$54 - 3 - 42 = 41x - 8x - 18x - 6x$$

$$9 = 9x$$

$$1 = x$$

17) $10x + \frac{1}{6}\left(\frac{1}{2}x + \frac{1}{3}x\right) = x + \frac{1}{3}(30 + 10x) + 7 + \frac{5}{12}$

$$x = 3$$

Nachstehende Beispiele mögen die Behandlung solcher Gleichungen 1ten Grades mit einer Unbekannten, in denen außer der Unbekannten noch andere Buchstaben vorkommen, zeigen.

18) $a + x + b = c$

$$x = c - a - b$$

19) $d + bx + e = f$

$$bx = f - d - e$$

$$x = \frac{f - d - e}{b}$$

20) $a + bx + cx + d = e$

$$bx + cx = e - a - d$$

Statt $bx + cx$ kann man schreiben $(b + c)x$, denn löst man diese Klammer auf, erhält man wieder $bx + cx$ (§ 17).

$$(b + c)x = e - a - d$$

$$x = \frac{e - a - d}{b + c}$$

21) $\frac{x}{a} + 2b - \frac{3x}{4b} = d$

Man bringt jedes Glied auf den Generalnenner (§ 22) $= 4ab$.

$$\frac{x}{a} \cdot \frac{4b}{4b} + 2b \cdot \frac{4ab}{4ab} - \frac{3x}{4b} \cdot \frac{a}{a} = d \cdot \frac{4ab}{4ab} \text{ oder}$$

$$\frac{4bx + 8ab^2 - 3ax}{4ab} = \frac{4abd}{4ab} \text{ oder}$$

$$4bx + 8ab^2 - 3ax = 4abd$$

transponiren $4bx - 3ax = 4abd - 8ab^2$

x herausziehen (Beispiel 20)

$$(4b - 3a)x = 4abd - 8ab^2$$

durch $4b - 3a$ dividiren $x = \frac{4abd - 8ab^2}{4b - 3a}$

22) $\frac{x-2}{a}+\frac{3b-5x}{c}=\frac{3-2x}{d}$

Zunächst Wegschaffen der Brüche, indem man jedes Glied auf den Generalnenner = acd bringt:

$$\left(\frac{x-2}{a}\right)\frac{cd}{cd}+\left(\frac{3b-5x}{c}\right)\frac{ad}{ad}=\left(\frac{3-2x}{d}\right)\frac{ac}{ac} \text{ oder}$$

$$\frac{(x-2)\,cd+(3b-5x)\,ad}{acd}=\frac{(3-2x)\,ac}{acd} \text{ oder}$$

$$(x-2)\,cd+(3b-5x)\,ad=(3-2x)\,ac$$

Klammern aufgelöst (§ 18)

$$cdx-2cd+3abd-5adx=3ac-3acx$$

transponirt $cdx-5adx+2acx=3ac+2cd-3abd$

x herausgezogen $(cd-5ad+2ac)\,x=3ac+2cd-3abd,$

durch den Factor von x dividirt

$$x=\frac{3ac+2cd-3abd}{cd-5ad+2ac}$$

§ 44. Die praktische Anwendung des Vorstehenden möge sich aus folgenden Beispielen ergeben.

Es sei vorweg bemerkt, daß manche Lösungen nur Naheungswerthe enthalten, die jedoch für die Praxis genügen. Dies hängt mit dem im § 29 Gesagten zusammen.

1) Wenn ich zu einer gedachten Zahl 16 addire und die Summe durch 3 dividire, erhalte ich die gedachte Zahl. Welche Zahl ist dies?

Es sei die gedachte Zahl = x, dann ist der Aufgabe gemäß $\frac{x+16}{3}=x$; den Werth von x findet man, wenn man die Gleichung nach x auflöst.

Multiplicirt man jedes Glied der Gleichung mit dem Generalnenner = 3, so ergiebt sich $\left(\frac{x+16}{3}\right).\,3=x\,.\,3$ oder $x+16=3x$; transponirt $16=2x$; durch 2 dividirt $8=x$.

2) Die Entfernung zwischen 2 Eisenbahnstationen A und B betrage 17 km; in welcher Zeit erreicht ein von A fahrender Personenzug die Station B, wenn der Zug in jeder Minute 950 m zurücklegt?

Nehmen wir an, daß die gesuchte Zeit = x Minuten sei, so muß x . 950 = der Entfernung zwischen A und B sein. Wir können also die Gleichung x . 950 = 17000 aufstellen und daraus x berechnen.

$$x = \frac{17000}{950} = 17\frac{85}{95}$$

$$950 \mid 17000 \mid = 17\frac{850}{950}$$

```
950 | 17000 | = 17 850/950
       950
      ----
      7500
      6650
      ----
       850
```

Die Station B wird also erreicht in $17\frac{850}{950}$ oder $17\frac{85}{95}$ Minuten; verwandeln wir $\frac{85}{95}$ in einen Decimalbruch

```
95 | 85,000 | = 0,89 ...
     760
     ---
     900
     855
     ---
     450 u. s. w.
```

Die gesuchte Zeit würde also sein $17,89 = 17\frac{89}{100}$ Minuten. Einfacher wären wir zu diesem Resultate gekommen, wenn wir die obige Division weiter ausgeführt hätten, also:

```
950 | 17000 | =17,89 ...
       950
      ----
      7500
      6650
      ----
       8500
       7600
       ----
        9000
        8550
        ----
         450
```

Will man die Decimalen der Minuten durch Secunden ausdrücken, so macht man dies ebenso, als wenn man ganze Minuten in Secunden umwandelt, d. h. man multiplicirt die Anzahl der Minuten mit 60, also:

```
 0,89
   60
-----
53,40
```

Die gesuchte Zeit ist hiernach $= 17$ Minuten $53\frac{4}{10}$ Secunden.

3) Wie lange wird ein Güterzug zwischen A und B fahren, wenn derselbe in jeder Minute 750 m zurücklegt? Die gesuchte Zeit sei x, dann ist $x \,.\, 750 = 17000$

$$x = \frac{17000}{750} = 22{,}66 \text{ Minuten}$$

$$\text{oder } 22 \text{ Minuten } 39\frac{6}{10} \text{ Secunden.}$$

4) Wenn die Strecke zwischen A und B 2gleisig ist, und wenn der Personenzug von A in der Richtung nach B und der Güterzug von B in der Richtung nach A gleichzeitig abfahren, wie viel Zeit wird vergehen, bis sie sich begegnen, und wie weit wird die Begegnungsstelle von A entfernt sein?

Um zunächst zu bestimmen, nach wie viel Minuten die Begegnung eintritt, nehmen wir wieder an, daß dies nach x Minuten eintreten solle; nach x Minuten hat der Personenzug einen Weg von x . 950 m und der Güterzug einen Weg von x . 750 m zurückgelegt. Diese Meter-Anzahl zusammengerechnet, muß gleich der Entfernung zwischen A und B sein, weil der eine Zug von A, der andere Zug von B abgefahren ist. Hieraus ergiebt sich die Gleichung

$$x . 950 + x . 750 = 17000,$$

x herausgezogen $x\,(950 + 750) = 17000$

durch 17000 dividirt $x = \frac{17000}{1700} = 10$

also nach 10 Minuten begegnen sich die Züge. Die Entfernung von A bis zur Begegnungsstelle ist gleich dem Weg, den der Personenzug bis dahin macht; da dieser 10 Minuten fährt, so beträgt der zurückgelegte Weg 10 . 950 = 9500 m und dies ist zugleich die gesuchte Entfernung.

5) Wie viel Minuten nach Abfahrt des Personenzuges werden sich die Züge begegnen, wenn der Güterzug 5 Minuten später als der Personenzug abfährt?

Die gesuchte Minutenzahl sei = x. Es fährt also der Personenzug bis zur Begegnung x Minuten, der Güterzug, der 5 Minuten später abfährt, (x — 5) Minuten.

Der Personenzug legt also einen Weg = 950 . x m zurück, der Güterzug = 750 . (x — 5) m; die Summe der Meter ist = der Entfernung zwischen beiden Stationen. Wir haben also die Gleichung

$$950 . x + 750\,(x - 5) = 17000,$$

Klammern aufgelöst (§ 12)

$$950 . x + 750 . x - 750 . 5 = 17000,$$

transponirt $950 . x + 750 . x = 17000 + 3750,$

x herausgezogen $1700\,x = 20750$

durch 1700 dividirt $x = \frac{20750}{1700} = \frac{2075}{170} = 12{,}2$

Also nach 12,2 Minuten werden sich die Züge begegnen.

6) Dieselbe Aufgabe wie 5, nur seien die bestimmten Zahlenwerthe durch Buchstaben ausgedrückt, nämlich die Entfernung zwischen beiden Stationen sei gleich e.

Der Personenzug fahre in jeder Minute a m, der Güterzug b m; ferner fahre der Güterzug c Minuten später ab.

Die gesuchte Minuten-Anzahl wird wieder = x gesetzt. Der Personenzug fährt also x Minuten, der Güterzug (x — c) Minuten; der Personenzug fährt also bis zur Begegnung a . x m, der Güterzug b (x — c) m; hieraus ergiebt sich

die Gleichung: $a \cdot x + b(x - c) = e$,

Klammern aufgelöst $a \cdot x + b\,x - bc = e$,

transponirt $a \cdot x + b \cdot x = e + bc$,

x herausgezogen $(a + b)\,x = e + bc$,

durch (a + b) dividirt $x = \frac{e + bc}{a + b}$

Wäre jetzt dieselbe Aufgabe wie 5 gestellt, jedoch mit andern Zahlenwerthen, so würde, nachdem die Aufgabe 6 gelöst, eine specielle Ausrechnung nicht mehr erforderlich sein, sondern wir hätten nur nöthig die neuen Zahlenwerthe in die eben gefundene Formel $x = \frac{e + bc}{a + b}$ einzusetzen. Es sei z. B. die Aufgabe 5 nochmals gestellt, jedoch mit der Abänderung, daß die Entfernung der beiden Stationen = 10,76 km betrage.

Was wir in der Aufgabe 6 mit e bezeichneten, soll also = 10760 m sein, a = 950 m; b = 750 m; c = 5 Minuten. Diese Werthe werden nun in die Formel $x = \frac{e + bc}{a + b}$ eingesetzt, also

$$x = \frac{10760 + 750 \cdot 5}{950 + 750} = \frac{14510}{1700} = \frac{1451}{170} = 8{,}53$$

die gesuchte Zeit beträgt also:

8 Minuten $31\frac{8}{10}$ Secunden.

7) Mehrere Arbeiter haben in 8 Tagen 268,80 ℳ verdient; die Hälfte derselben haben pro Tag 1,50 ℳ, die andern 1,30 ℳ erhalten. Wie groß war die Anzahl der Arbeiter?

Setzen wir die Anzahl der Arbeiter = x, so hat die Hälfte an einem Tage verdient $\frac{x}{2} \cdot 1{,}50$; die andere Hälfte $\frac{x}{2} \cdot 1{,}30$, also sämmtliche Arbeiter $\frac{x}{2} \cdot 1{,}50 + \frac{x}{2} \cdot 130$; also in 8 Tagen $8\left(\frac{x}{2} \cdot 1{,}50 + \frac{x}{2} \cdot 1{,}30\right)$ und dieser Verdienst ist = 268,80 ℳ

Wir haben also die Gleichung

$$8\left(\frac{x}{2}.1{,}50+\frac{x}{2}.1{,}30\right)=268{,}8$$

Klammern aufgelöst $6x+5{,}2x=268{,}8$

x herausgezogen $x(6+5{,}2)=268{,}8$

durch 11,2 dividirt $x=24$

8) Es haben 8 Arbeiter in Accord in 8 Tagen 128 ℳ verdient, die Hälfte der Arbeiter hat jedoch jeden Tag 12 Stunden, die andere Hälfte 10 Stunden gearbeitet. Wie viel erhält jeder Arbeiter pro Tag?

Wenn x den Lohnsatz derjenigen Arbeiter bezeichnet, welche täglich 12 Stunden thätig waren, so würden diese mithin pro Stunde $\frac{1}{12}x$ als Lohn bekommen, es ist also der Lohnsatz der übrigen Arbeiter pro Tag $=\frac{10}{12}x$; 4 Arbeiter verdienen also an einem Tage $4x$. ℳ, die übrigen $4.\frac{10}{12}x$, also alle zusammen an einem Tage $=4.x+4.\frac{10}{12}x$, oder in 8 Tagen =

$$8.\left(4.x+4.\frac{10}{12}x\right)=128$$

Klammern aufgelöst $8.4x+8.4.\frac{10}{12}x=128$

mit dem Generalnenner = 12 multiplicirt

$$12.8.4x+8.4.10.x=12.128$$

$$384x+320x=1536$$

x herausgezogen $x(384+320)=1536$

durch 704 dividirt $x=2{,}1818\ldots$

oder genau genug $x'=2.182$

also erhalten die 4 ersten Arbeiter pro Tag jeder 2 ℳ 18,2 Pfennig,

die übrigen Arbeiter erhalten $\frac{10}{12}x$ also

$2{,}182.\frac{10}{12}=\frac{21{,}82}{12}=1{,}818$ oder 1 ℳ 81,8 Pfennig.

9) Dieselbe Aufgabe, wie 8, nur allgemein: a Arbeiter haben in Accord in b Tagen c ℳ verdient, g der Arbeiter haben jeden Tag d Stunden, die andern (a — g) Arbeiter e Stunden gearbeitet. Wie viel erhält jeder Arbeiter pro Tag?

x = Lohnsatz der Arbeiter, welche d Stunden täglich gearbeitet haben; dann ist der Lohnsatz der übrigen Arbeiter $x.\frac{e}{d}$; g Arbeiter verdienen demnach an einem Tage $g \,.\, x$ ℳ, $(a - g)$ Arbeiter $(a - g) \,.\, x \,.\, \frac{e}{d}$ ℳ, also alle zusammen an einem Tage $= g \,.\, x + (a - g) \,.\, x \,.\, \frac{e}{d}$ also in b Tagen $= b\left[g \,.\, x + (a - g) \,.\, x \,.\, \frac{e}{d}\right]$ und dieser Verdienst soll $= c$ ℳ sein. Wir haben diese Gleichung

$$b\left[g \,.\, x + (a - g) \,.\, x \,.\, \frac{e}{d}\right] = c$$

Kleine Klammern aufgelöst:

$$b\left[g \,.\, x + a \,.\, x \frac{e}{d} - g \,.\, x \frac{e}{d}\right] = c$$

Große Klammern aufgelöst:

$$b \,.\, gx + \frac{a \,.\, b \,.\, e}{d} \,.\, x - \frac{b \,.\, e \,.\, g}{d} x = c$$

auf gleichen Generalnenner $= d$ gebracht

$$b \,.\, d \,.\, g \,.\, x + a \,.\, b \,.\, e \,.\, x - b \,.\, e \,.\, g \,.\, x = cd$$

x herausgezogen

$$x\,(b \,.\, d \,.\, g + a \,.\, b \,.\, e - b \,.\, e \,.\, g) = cd$$

durch den Factor von x dividirt

$$x = \frac{c \,.\, d}{b \,.\, d \,.\, g + a \,.\, b \,.\, e - b \,.\, e \,.\, g}$$

diese Formel gilt allgemein, welchen Werth man auch für die Buchstaben setzen mag; z. B.: die Aufgabe 8 kann jetzt einfach dadurch gelöst werden, daß man die dort angenommenen Werthe statt der Buchstaben in diese Formel einsetzt; nämlich

Anzahl der Arbeiter	$= a = 8$
„ „ Tage	$= b = 8$
Verdienst	$= c = 128$ ℳ
Anzahl der Arbeitsstunden	$= d = 12$
„ „ „	$= e = 10$
Anzahl der Arbeiter	$= g = 4$

Setzen wir also die vorstehenden Werthe statt der Buchstaben in die Formel ein, so müssen wir dasselbe Resultat wie bei Aufgabe 8 erhalten, nämlich

$x = 2{,}182$. In der That ist:

$$x = \frac{128 \,.\, 12}{8 \,.\, 12 \,.\, 4 + 8 \,.\, 8 \,.\, 10 - 8 \,.\, 10 \,.\, 4}$$

$$x = \frac{1536}{384 + 640 - 320} = \frac{1536}{704}$$

$$x = 2{,}182$$

10) 24 Arbeiter haben in Accord in 6 Tagen 263 ℳ verdient, 14 dieser Arbeiter haben täglich 11 Stunden gearbeitet, die übrigen 10 nur 8 Stunden. Wie viel erhält jeder Arbeiter pro Tag?

Diese Aufgabe kann nach der allgemeinen Formel der Aufgabe 9 gelöst werden, weil die Aufgaben im Allgemeinen gleich sind. Setzen wir die

Anzahl der sämmtlichen Arbeiter $= a = 24$

Anzahl der Tage $= b = 6$

Verdienst $= c = 263$ ℳ

größere Anzahl der täglichen Arbeitsstunden $= d = 11$

kleinere " " " " $= e = 8$

Anzahl der Arbeiter, welche täglich d Stunden gearbeitet $= g = 14$

diese Werthe in die in Aufgabe 9 berechnete Formel

$$x = \frac{c \,.\, d}{b \,.\, d \,.\, g + a \,.\, b \,.\, e - b \,.\, e \,.\, g}$$

eingesetzt, giebt

$$x = \frac{263 \,.\, 11}{6 \,.\, 11 \,.\, 14 + 24 \,.\, 6 \,.\, 8 - 6 \,.\, 8 \,.\, 14}$$

$$x = \frac{2893}{924 + 1152 - 672}$$

$$x = \frac{2893}{1404} = 2{,}06$$

also erhalten die 14 Arbeiter jeder pro Tag 2,06 ℳ, die übrigen 10 jeder $\frac{8}{11} x = 1{,}499$ ℳ

11) Die Wittwe eines Streckenarbeiters soll durch die aus 21 Mann bestehende Colonne mit 30 ℳ unterstützt werden. Von diesen Arbeitern erhalten 12 einen Lohnsatz von 1,60 ℳ, 9 einen Lohnsatz von 1,30 ℳ Jeder soll einen Beitrag im Verhältniß seines Lohnsatzes leisten, wie groß ist der Beitrag?

Der Beitrag der Arbeiter mit 1,60 ℳ Lohn sei $= x$; dann ist der Beitrag der anderen Arbeiter $= \frac{1{,}30}{1{,}60}$

denn es verhält sich $\quad x : x \,.\, \frac{1{,}30}{1{,}60} = 1{,}60 : 1{,}30$

es soll also sein $\quad 12 \,.\, x + 9 \,.\, x \frac{1{,}30}{1{,}60} = 30$

jedes Glied mit Generalnenner $= 1{,}60$ multiplicirt

$$12 \,.\, x \,.\, 1{,}60 + 9 \,.\, x \,.\, 1{,}30 = 30 \,.\, 1{,}60$$

x herausgezogen

$$x\,(12 \,.\, 1{,}60 + 9 \,.\, 1{,}30) = 30 \,.\, 1{,}60$$

$$x = \frac{48}{30{,}9} = 1{,}553$$

die Arbeiter mit 1,60 ℳ Lohn bezahlen also jeder = 1,553 ℳ; die übrigen $\frac{1{,}553 \,.\, 1{,}30}{1{,}60} = 1{,}262$ ℳ

12) Es soll ein Graben von 480 m Länge gezogen werden. 2 Arbeiter haben bereits 4 Tage daran gearbeitet und 75 m Graben hergestellt. Es wird nun bestimmt, daß der Graben in ferneren 5 Tagen fertig sein soll. Wie viele Arbeiter müssen angestellt werden?

Setzen wir die Arbeiterzahl = x, so sollen in 5 . x Arbeitertagen (480 — 75) m Graben hergestellt werden.

In 8 Tagen sind 75 m hergestellt, also in 1 Tag $\frac{75}{8}$ m; es würden also in 5 . x Tagen $5 \,.\, x \,.\, \frac{75}{8}$ m Graben fertig sein, und diese Anzahl soll = 480 — 75 = 405 m sein. Wir haben also die Gleichung

$$5 \,.\, x \,.\, \frac{75}{8} = 405 \text{ oder}$$

$$x = \frac{405 \,.\, 8}{5 \,.\, 75} = 8{,}64$$

Es sind also im Ganzen erforderlich 5 . 8,64 = 43,2 Arbeitertage.

13) Ein Vorarbeiter hat mit 10 Arbeitern in 11 Tagen 305 ℳ verdient; diese sollen vertheilt werden im Verhältniß der den Arbeitern bewilligten Tagelohnsätze (Vorarbeiter = 2,5 ℳ, Arbeiter = 1,5 ℳ).

Wie viel erhält der Vorarbeiter und wie viel die Arbeiter?

Wenn der Vorarbeiter x ℳ bekommt, dann erhalten die Arbeiter $x \,.\, \frac{1{,}5}{2{,}5}$ also $x + x \,.\, \frac{1{,}5}{2{,}5} \,.\, 10 = 305$

Brüche fortgeschafft

$$2{,}5 \,.\, x + x \,.\, 1{,}5 \,.\, 10 = 305 \,.\, 2{,}5$$

x herausgezogen

$$(2{,}5 + 1{,}5 \,.\, 10) \,.\, x = 305 \,.\, 2{,}5$$

dividirt

$$x = \frac{305 \,.\, 2{,}5}{2{,}5 + 1{,}5 \,.\, 10} = \frac{762{,}5}{17{,}5} = 43{,}57 \text{ ℳ}$$

die Arbeiter erhalten mithin 305 — 43,57 = 261,43 ℳ

14) Ein Wasserbehälter kann durch 2 Pumpen gefüllt werden, die eine füllt denselben in 2 Stunden 11 Minuten, die andere in 3 Stunden 15 Minuten. Wie viel Zeit vergeht bis zur Füllung, wenn beide Pumpen gleichzeitig arbeiten?

Inhalt des Wasserbehälters sei $= A$, die gesuchte Zeit $= x$ Minuten, die eine Pumpe pumpt pro Minute $= \frac{A}{131}$, in x Minuten also $x \cdot \frac{A}{131}$, denn 2 Stunden 11 Minuten = 131 Minuten, die andere Pumpe pumpt pro Minute $= \frac{A}{195}$, in x Minuten also $x \cdot \frac{A}{195}$, denn 3 Stunden 15 Minuten = 195 Minuten, beide Pumpen zusammen pumpen mithin in x Minuten $x \cdot \frac{A}{131} + x \cdot \frac{A}{195}$ wir haben also die Gleichung

$$x \cdot \frac{A}{131} + x \cdot \frac{A}{195} = A$$

Brüche fortgeschafft

$$x \cdot A \cdot 195 + x \cdot A \cdot 131 = A \cdot 131 \cdot 195$$

x herausgezogen

$$x (A \cdot 195 + A \cdot 131) = A \cdot 131 \cdot 195$$

dividirt

$$x = \frac{A \cdot 131 \cdot 195}{A \cdot 195 + A \cdot 131} = \frac{A \cdot 131 \cdot 195}{A \cdot (195 + 131)}$$

A aufgehoben

$$x = \frac{131 \cdot 195}{326} = 78{,}36 \ldots \text{ Minuten}$$

$x = 1$ Stunde 18 Minuten 21,6 Secunden; die Zeit ist also nicht, wie man anfangs glauben könnte, $\frac{131 + 195}{2} = 163$ Minuten.

15) Ein Wasserbehälter, dessen Fassungsvermögen = 6 cbm und 61 l, kann durch eine Pumpe in 1 Stunde 41 Minuten gefüllt werden. Wenn nun in jeder Minute, während der gepumpt wird, 10 l ausgefüllt werden, wie viel Zeit vergeht dann, bis der Behälter vollständig gefüllt ist?

Wenn in 101 Minuten 6061 l gepumpt werden, so kommen auf eine Minute $\frac{6061}{101}$; wenn dabei in jeder Minute 10 l ausgefüllt werden $\frac{6061}{101} - 10$; also in x Minuten $x\left(\frac{6061}{101} - 10\right)$;

wir haben also die Gleichung

$$x\left(\frac{6061}{101} - 10\right) = 6061$$

Klammern aufgelöst

$$x \frac{6061}{101} - 10 \cdot x = 6061$$

Brüche fortgeschafft

$$x \cdot 6061 - 10 \cdot x \cdot 101 = 6061 \cdot 101$$

x herausgezogen

$$x(6061 - 10 \cdot 101) = 6061 \cdot 101$$

dividirt

$$x = \frac{6061 \cdot 101}{6061 - 10 \cdot 101} = 121{,}19$$

x = 2 Stunden 1 Minute 11,40 Secunden.

16) Es sollen 701 m Schienen verladen werden, von denen der Meter 36,64 kg wiegt, und eben so viele, von denen der Meter 29,73 kg wiegt. Jeder Wagen soll mit einer gleichen Anzahl Meter der beiden Sorten und zwar so beladen werden, daß alle Wagen gleichmäßig belastet sind. Zur Verfügung stehen Wagen mit 200 Centner Tragkraft. Wie viel Wagen sind erforderlich, und mit wie viel Meter Schienen wird jeder Wagen beladen?

Das Gewicht, was überhaupt verladen werden soll, beträgt: $\frac{701 \cdot 36{,}64 + 701 \cdot 29{,}73}{50}$ Centner = 930,507 Centner; dazu sind erforderlich 5 Wagen, von denen jeder mit 186,101 Centner beladen werden muß. Wenn nun die Anzahl der Meter von jeder Schienensorte mit x bezeichnet wird, so ergiebt sich die Gleichung $\frac{x \cdot 36{,}64 + x \cdot 29{,}73}{50} = 186{,}101$

Brüche fortgeschafft und x herausgezogen

$$x(36{,}64 + 29{,}73) = 50 \cdot 186{,}101$$

dividirt

$$x = \frac{50 \cdot 186{,}101}{36{,}64 + 29{,}73} = 140{,}195 \text{ m.}$$

§ 45. Nach § 39 können die algebraischen Gleichungen auch mehrere unbekannte Größen haben. Nachstehend soll nun die Auflösung der Gleichungen ersten Grades mit 2 Unbekannten gezeigt werden.

Solche Gleichungen nennt man geordnet, wenn sie die Form haben $ax + by = c$. Eine Gleichung mit 2 Unbekannten kann nur gelöst werden, wenn 2 Gleichungen gegeben sind. Beide Gleichungen verbindet man dann so, daß daraus eine Gleichung mit 1 Unbekannten entsteht, welche man nach den früher gegebenen Regeln auflöst. Es giebt 3 Methoden, nach denen man die beiden Gleichungen in eine zusammenzieht, und zwar die Substitutionsmethode, welche immer anwendbar ist, die Combinationsmethode und die Additionsmethode.

Das Substitutionsverfahren ist folgendes. Es seien die Gleichungen gegeben:

$$\begin{cases} 2x + 3y = 13 \\ 5x + 2y = 16 \end{cases}$$

lösen wir die 1te Gleichung nach x auf, so ist $x = \frac{13 - 3y}{2}$; setzen wir diesen Werth von x in die 2te Gleichung (substituiren), so erhält man eine 3te Gleichung, in der nur noch die Unbekannte y vorkommt, nämlich:

$$5 \cdot \left(\frac{13 - 3y}{2}\right) + 2y = 16$$

Klammern aufgelöst

$$\frac{65 - 15y}{2} + 2y = 16$$

Brüche fortgeschafft

$$65 - 15y + 4y = 32$$

transponirt

$$65 - 32 = 15y - 4y$$
$$33 = 11y$$
$$3 = y$$

Die Combinationsmethode ist folgende:

$$\begin{cases} 2x + 3y = 13 \\ 5x + 2y = 16 \end{cases}$$

Man löse beide Gleichungen nach x auf

$$2x = 13 - 3y \text{ oder } x = \frac{13 - 3y}{2}$$

$$5x = 16 - 2y \text{ oder } x = \frac{16 - 2y}{5}$$

durch Gleichsetzung der Resultate erhält man die 3te Gleichung mit einer Unbekannten, nämlich $\frac{13 - 3y}{2} = \frac{16 - 2y}{5}$

Brüche fortgeschafft durch Generalnenner $2 \cdot 5 = 10$

$$5\,(13 - 3y) = 2\,(16 - 2y)$$

Klammern aufgelöst

$$65 - 15y = 32 - 4y$$

transponirt

$$65 - 32 = 15y - 4y$$
$$3 = y$$

Die Additionsmethode ist folgende:

$$\begin{cases} 2x + 3y = 13 \\ 5x + 2y = 16 \end{cases}$$

Man multiplicire jede der beiden Gleichungen mit einem solchen Factor, daß die Coefficienten der einen Unbekannten in beiden Gleichungen dieselben sind. Dies erreicht man bei vorstehendem Beispiel, wenn man die 1te Gleichung mit 5, die 2te mit 2 multiplicirt, nämlich:

$$10x + 15y = 65$$
$$10x + \;\;4y = 32$$

Kehrt man nun die Vorzeichen der 2ten Gleichung um, und addirt dann beide Gleichungen, so fällt die Unbekannte x fort, nämlich:

$$\begin{array}{r} 10x + 15y = 65 \\ -10x - 4y = -32 \\ \hline 11y = 33 \end{array}$$

und hieraus ergiebt sich:

$$y = 3$$

Welche von diesen beiden Methoden man zur Bildung der 3ten Gleichung anwendet, ist gleichgültig, doch sei bemerkt, daß bei manchen Beispielen die eine Methode, bei manchen die andere Methode leichter zum Ziel führt.

Hat man die eine Unbekannte, wie eben gezeigt, gefunden, so erhält man die 2te dadurch, daß man den Werth der gefundenen Unbekannten in eine der ursprünglichen Gleichungen einsetzt und diese Gleichung, welche dann ebenfalls nur eine Unbekannte hat, auflöst. In dem vorstehenden Beispiele setzt man also für y in eine der beiden Gleichungen 3 ein, nämlich:

$$2x + 3 \,.\, 3 = 13$$

$$\text{transponirt } 2x = 13 - 9$$

$$x = \frac{1}{2}(13 - 9)$$

$$x = 2$$

Beispiele:

$$1) \left\{ \begin{array}{l} 16x + 3y = 22 \\ 4x + 8y = 20 \end{array} \right.$$

Man multiplicire die 2te Gleichung mit 4, kehre dann die Vorzeichen um, und addire sie zu der ersten:

$$\begin{array}{r} 16x + 3y = 22 \\ -16x - 32y = -80 \\ \hline -29y = -58 \end{array}$$

Vorzeichen umgekehrt

$$29y = 58 \text{ oder } y = 2$$

dies eingesetzt in die 1te Gleichung

$$16x + 3 \,.\, 2 = 22 \text{ oder } 16x = 22 - 6$$

$$x = \frac{1}{16}(22 - 6)$$

$$x = 1$$

$$2) \left\{ \begin{array}{l} x + \frac{4}{3}y + 3x = 2x + 8y - 10 \\ x + y = 8 \end{array} \right.$$

Man ordne zunächst die 1te Gleichung

$$x + 3x - 2x + \frac{4}{3}y - 8y = -10 \text{ oder}$$

$$2x - \frac{20}{3}y = -10 \text{ oder}$$

$$3 \,.\, 2x - 20y = -3 \,.\, 10 \text{ oder}$$

$$6x - 20y = -30$$

aus der 2ten Gleichung ergiebt sich $x = 8 - y$; dies in die letzte Gleichung eingesetzt

$$6 \,.\, (8 - y) - 20y = -30 \text{ oder}$$

$$48 - 6y - 20y = -30 \text{ oder}$$

$$-26y = -78 \text{ oder } 26y = 78$$

$$y = \frac{78}{26} \text{ oder } y = 3$$

$$x + y = 8 \text{ oder } x + 3 = 8 \text{ oder } x = 5.$$

3) $\begin{cases} y = 5x + 4 \\ y + 3 = 3x + 9 \end{cases}$

aus der 2ten Gleichung folgt

$$y = 3x + 6$$

dies verbunden mit der 1ten Gleichung giebt:

$$5x + 4 = 3x + 6 \text{ oder } 2x = 2 \text{ oder } x = 1$$

dieser Werth von x in die 1te Gleichung eingesetzt

$$y = 5 \,.\, 1 + 4 \text{ oder } y = 9$$

§ 46. Die practische Anwendung zeigen die folgenden Beispiele.

1) Es soll eine 4eckige ebene Fläche abgesteckt werden, bei der die Summe zweier zusammentreffender Seiten = 10,24 m, die Differenz = 2,04 m ist. Bezeichnen wir Länge mit x und Breite mit y, so soll sein:

$$x + y = 10{,}24$$

$$x - y = 2{,}04$$

addiren wir beide Gleichungen, so ist

$$2x = 12{,}28 \text{ also } x = 6{,}14$$

und zufolge der 1ten Gleichung

$$6{,}14 + y = 10{,}24 \text{ oder}$$

$$y = 10{,}24 - 6{,}14 \text{ oder } y = 4{,}10$$

2) Es sind 2 gleiche Gräben zu ziehen, dieselben sollen zu gleicher Zeit angefangen und zu gleicher Zeit vollendet werden. Der eine Graben ist 585 m, der andere 225 m lang. Zur Verfügung stehen 18 Mann, wie müssen diese vertheilt werden? Anzahl der Arbeiter bei dem 1ten Graben sei = x, bei dem 2ten Graben = y; also $x + y = 18$.

Die Arbeiteranzahl muß im Verhältniß stehen zur Länge des Grabens, also

$$\frac{585}{225} = \frac{x}{y} \text{ oder}$$

$$585 \, . \, y = 225x$$

wir haben also die beiden Gleichungen:

$$x + y = 18$$

$$585y = 225x$$

die 1te Gleichung ergiebt

$$x = 18 - y$$

dies in die 2te Gleichung eingesetzt

$$585y = 225 \, . \, (18 - y) \text{ oder}$$

$$585y = 225 \, . \, 18 - 225y \text{ oder}$$

$$585y + 225y = 225 \, . \, 18 \text{ oder}$$

$$y \, (585 + 225) = 225 \, . \, 18 \text{ oder}$$

$$y = \frac{225 \, . \, 18}{585 + 225} = \frac{4050}{810} = 5$$

$y = 5$ in die 1te Gleichung eingesetzt, giebt $x + 5 = 18$, also $x = 13$.

Es müssen also bei dem 1ten Graben 13, bei dem 2ten 5 Arbeiter beschäftigt werden.

3) Dieselbe Aufgabe allgemein gehalten.

Die Länge des einen Grabens sei a
" " " anderen " " b
" Anzahl der Arbeiter " c

wir haben dann die Gleichungen

$$x + y = c$$

$$a \, . \, x = b \, . \, y$$

aus Gleichung 2 folgt $x = \frac{b}{a} \, . \, y$

dies in Gleichung 1 eingesetzt, giebt

$$\frac{b}{a} \, . \, y + y = c$$

Brüche fortgeschafft

$$b \, . \, y + a \, . \, y = a \, . \, c \text{ oder}$$

$$y \, . \, (b + a) = a \, . \, c \text{ oder}$$

$$y = \frac{a \, . \, c}{b + a}$$

dies in Gleichung 1 eingesetzt

$$x + \frac{a \, . \, c}{b + a} = c \text{ oder}$$

$$x = c - \frac{a \, . \, c}{b + a} = c - y$$

4) Es sind 2 verschiedene Böschungen zu planiren, von denen die eine 4200 qm, die andere 1800 qm groß ist. Diese Arbeit soll von 10 Arbeitern so ausgeführt werden, daß die Planirung gleichzeitig beendigt ist. Wie müssen die Arbeiter vertheilt werden?

Diese Aufgabe fällt mit der allgemeinen Aufgabe Nr. 3 vollständig zusammen, so daß man zur Lösung derselben nur nöthig hat, in die Formel die bestimmten Werthe einzusetzen.

Es entspricht nämlich dem a hier 4200 qm; dem b hier 1800 qm.

$$c = 10$$

$$y = \frac{a \,.\, c}{b + a} = \frac{4200 \,.\, 10}{6000} = 7$$

$$x = c - y = 10 - 7 = 3$$

Für die größere Fläche sind also 7 Arbeiter, für die kleinere 3 Arbeiter erforderlich.

§ 47. Die Regeln für das Auflösen einer quadratischen Gleichung ergeben sich aus folgender Betrachtung.

Nach § 34 ist $(a + b)^2 = a^2 + 2ab + b^2$; nach § 36 ist $\sqrt{a^2} = a$; also auch $\sqrt{(a + b)^2} = a + b$ folglich auch $\sqrt{a^2 + 2ab + b^2} = a + b$.

Hat man nun eine quadratische Gleichung auf folgende Form gebracht:

$$x^2 + 2xb + b^2 = c$$

so würde man, um dieselbe aufzulösen, zunächst auf beiden Seiten der Gleichung die Wurzel ausziehen

$$\sqrt{x^2 + 2xb + b^2} = \sqrt{c}$$

und dies ist nach dem eben Gesagten

$$x + b = \sqrt{c} \text{ also}$$

$$x = \sqrt{c} - b$$

Den Ausdruck $x^2 + 2xb + b^2$ kann man auch schreiben $x^2 + 2bx + b^2$; vergleicht man nun das Glied ohne x und den Coefficienten des Gliedes mit x $(= 2b)$, so findet man, daß das Glied ohne x = ist dem Quadrat des halben Coefficienten von x also $b^2 = \left(\frac{2b}{2}\right)^2 = b^2$; $(a - b)^2$ ist gleich $a^2 - 2ab + b^2$ oder $\sqrt{a^2 - 2ab + b^2} = a - b$ also auch $\sqrt{x^2 - 2bx + b^2} = x - b$; das Glied ohne x unter dem Wurzelzeichen ist auch hier = dem Quadrat des halben Coefficienten von x.

Man bringe daher allgemein die quadratische Gleichung auf die Form $x^2 + px = q$ oder auf die Form $x^2 - px = q$, addire auf beiden Seiten das Quadrat des halben Coefficienten von x hinzu, also bei $x^2 + px = q$

$$x^2 + px + \left(\frac{p}{2}\right)^2 = q + \left(\frac{p}{2}\right)^2$$

und ziehe dann die Wurzel aus, also

$$x + \frac{p}{2} = \sqrt{q + \left(\frac{p}{2}\right)^2} \text{ oder}$$
$$x = \sqrt{q + \left(\frac{p}{2}\right)^2} - \frac{p}{2}$$

Da $(+4) \cdot (+4) = 16$, und ebenso auch $(-4) \cdot (-4) = 16$ ist, so hat die Quadratwurzel einer Zahl stets 2 Werthe, welche entgegengesetzte Vorzeichen haben, im übrigen aber gleich sind; also $\sqrt{16} = +4$ und -4 oder ± 4, wie man gewöhnlich schreibt. Ebenso hat die Quadratwurzel $\sqrt{q + \left(\frac{p}{2}\right)}$ 2 Werthe und man schreibt daher die obige Formel $x = \pm\sqrt{q + \left(\frac{p}{2}\right)^2} - \frac{p}{2}$

Beispiele:

1) $x^2 - 6x = -8$

Der Coefficient von x ist $= (-6)$ die Hälfte $= -3$; dies zum Quadrat erhoben, also $= (-3) \cdot (-3) = +9$; dies auf beiden Seiten der Gleichung hinzuaddirt $x^2 - 6x + \left(\frac{6}{2}\right)^2 = -8 + \left(\frac{6}{2}\right)^2$ oder

$$x^2 - 6x + 9 = 1$$

Wurzel ausgezogen

$$x - 3 = \pm 1 \text{ also}$$
$$x = \pm 1 + 3 \text{ also}$$
$$x = 4 \text{ oder } 2$$

2) $x^2 - 5x = -6$

hinzuaddirt $\left(-\frac{5}{2}\right)^2 = +\frac{25}{4}$

$$x^2 - 5x + \frac{25}{4} = -6 + \frac{25}{4} \text{ oder}$$
$$x^2 - 5x + \frac{25}{4} = \frac{1}{4}$$

Wurzel ausgezogen $x - \frac{5}{2} = \pm\frac{1}{2}$ oder

$$x = \frac{5}{2} \pm \frac{1}{2} = 3 \text{ oder } 2$$

3) $x^2 + 6x = 7$

hinzuaddirt $\left(\frac{6}{2}\right)^2$

$$x^2 + 6x + 9 = 7 + 9 \text{ oder}$$
$$x^2 + 6x + 9 = 16$$

Wurzel ausgezogen $x + 3 = \pm 4$

$$x = \pm 4 - 3 = +1 \text{ oder } -7$$

4) Es ist für einen Einschnitt ein Schneezaun*) zu berechnen, der an der Kante des Einschnitts aufgestellt und einen Ablagerungs-Querschnitt für den Schnee von F Quadratmeter Fläche schaffen soll. Wie hoch muß der Zaun sein?

Der Schnee lagert sich vor und hinter einer dichten Wand, wie in Abb. 1

Abb 1.

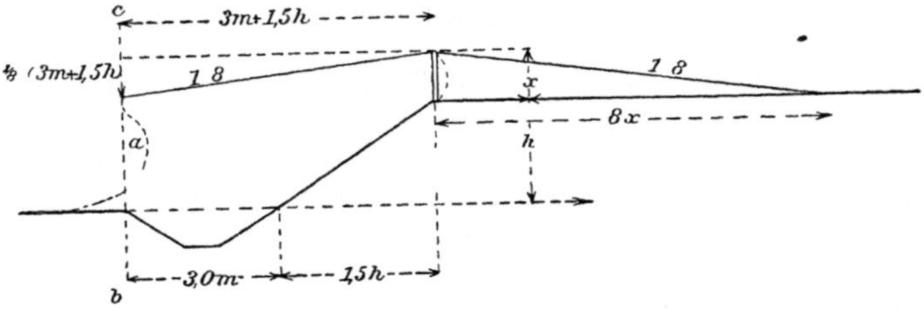

angegeben ist und zwar so, daß die Oberfläche des Schnees sich nach beiden Seiten in einer Neigung von durchschnittlich 1 : 8 abdacht. Wenn man den Bahngraben nicht mitrechnet, hingegen annimmt, daß die Schneeablagerung bis zur Planumskante vorschreiten kann und man die Unterwulstung a voll rechnet, so erhält man:

Die Fläche innerhalb des Zaunes $= \frac{3 + 3 + 1{,}5h}{2} \,.\, h + (3 + 1{,}5h)\,x$

weniger das durch die Abdachung gebildete Dreieck $= \frac{(3 + 1{,}5h)\,(3 + 1{,}5h)}{2\,.\,8}$;

dazu die Fläche außerhalb des Zaunes $= 8x\,\frac{x}{2}$. Nach der Zusammenstellung und einigen Umformungen erhält man die Gleichung für die ganze Ablagerurgs-fläche F $\quad F = 3h + {}^3/_4 h^2 + 3x + 1{,}5hx + 4x^2 - \frac{(3 + 1{,}5h)^2}{2\,.\,8}$

die Glieder mit x auf die eine Seite gebracht:

$$4x^2 + 3x + 1{,}5hx = F + \frac{(3 + 1{,}5h)^2}{2\,.\,8} - 3h - {}^3/_4 h^2$$

durch 4 getheilt und die Glieder mit x zusammengefaßt

$$x^2 + ({}^3/_4 + {}^3/_8 h)\,x = \frac{F}{4} + \frac{(3 + 1{,}5h)^2}{64} - {}^3/_4 h - {}^3/_{16} h^2.$$

Wird jetzt zur Lösung der quadratischen Gleichung auf beiden Seiten das Quadrat der Hälfte des Factors von x, also $\left(\frac{{}^3/_4 + {}^3/_8 h}{2}\right)^2$ addirt, so erhält man auf der linken Seite ein volles Quadrat

$$(x + {}^3/_8 + {}^3/_{16} h)^2 = ({}^3/_8 + {}^3/_{16} h)^2 + \frac{F}{4} + \frac{(3 + 1{,}5h)^2}{64} - {}^3/_4 h - {}^3/_{16} h^2.$$

---

*) „Schneewehen und Schneeschutzanlagen". Ein Beitrag zur theoretischen Entwickelung und praktischen Lösung der Schneeschutzfrage. Mit 51 Figuren im Text und 7 Tafeln. Preis 3,60. (Verlag von J. F Bergmann in Wiesbaden)

Auf beiden Seiten die Wurzel ausgezogen, für x aufgelöst und die Größen unter dem Wurzelzeichen geordnet ergiebt

$$x = -\frac{3 + 1{,}5h}{8} + \sqrt{\frac{F}{4} + 0{,}28 - 0{,}47h - 0{,}117h^2}$$

als Lösung der quadratischen Gleichung.

Wird in diese Gleichung $h = 0$, was am Ende des Einschnittes der Fall ist, so erhält man die Höhe des Zaunes daselbst zu $x = -{}^3/_8 + \sqrt{\frac{F}{4} + 0{,}28}$.

Will man jedoch die Tiefe des Einschnittes berechnen, bei welcher kein Zaun mehr nöthig ist, so muß man in der ersten Gleichung $x = 0$ setzen und dann die Gleichung für h auflösen. Dann erhalt man

$$0 = -\frac{3 + 1{,}5h}{8} + \sqrt{\frac{F}{4} + 0{,}28 - 0{,}47h - 0{,}117h^2}$$

das negative Glied auf die linke Seite gebracht und quadrirt

$$\frac{9 + 9h + 2{,}25h^2}{64} = \frac{F}{4} + 0{,}28 - 0{,}47h - 0{,}117h^2$$

ausgerechnet und transponirt

$$0{,}61h + 0{,}152h^2 = \frac{F}{4} + 0{,}14$$

durch den Factor von h^2 getheilt

$$h^2 + 4h = 1{,}64F + 0{,}92$$

2^2 auf jeder Seite addirt

$$(h + 2)^2 = 1{,}64F + 4{,}92 \text{ und endlich}$$

$$h = -2 + \sqrt{1{,}64F + 4{,}92}$$

Ist also z. B. $F = 20$ □m, so ergiebt sich nach vorstehender Formel $h = -2 + 6{,}14 = 4{,}14$ m d. h. also bei einem Ablagerungs-Querschnitt von 20 □m ist an den Stellen, wo der Einschnitt 4,14 m und tiefer ist, ein Zaun nicht mehr erforderlich.

Abb. 2.

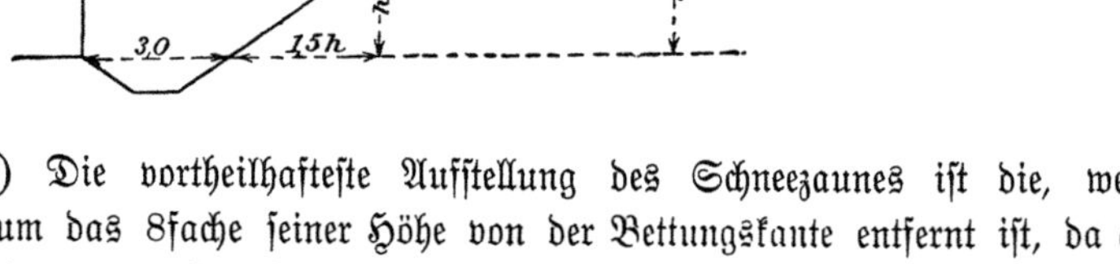

5) Die vortheilhafteste Aufstellung des Schneezaunes ist die, wenn der Zaun um das 8fache seiner Höhe von der Bettungskante entfernt ist, da alsdann der Ablagerungs-Querschnitt für die betreffende Zaunhöhe am größten wird.*)

*) Siehe Seite 43 des voraufgeführten Werkes.

Es ist die Höhe eines solchen Zaunes zu berechnen, wenn h die Tiefe des Einschnittes und F den geforderten Ablagerungs-Querschnitt bedeutet. Nach Abb. 2 ergiebt sich

$$F = \frac{3,0 + 3,0 + 1,5h}{2} . h + 8x \frac{x}{2} + 8x \frac{x}{2}$$

$$F = 3h + {}^3/_4 h^2 + 8x^2 \text{ und hieraus}$$

$$x = \sqrt{\frac{F}{8} - \left(\frac{3h + 0,75h}{8}\right)^2}$$

b. Planimetrie.

1. Erklärung.

§ 1. Derjenige Theil der Mathematik, der von den räumlichen Größen handelt, heißt Geometrie. Ist ein Theil des Raumes allseitig begrenzt, so nennt man ihn Körper. Ein Körper wird von Flächen begrenzt, eine Fläche von Linien, eine Linie von Puncten. Mit den räumlichen Größen in einer ebenen Fläche (Ebene) beschäftigt sich die Planimetrie

2. Von den Linien und Winkeln.

§ 2. Die kürzeste Verbindungslinie zwischen 2 Puncten heißt grade Linie oder Grade. Zieht man aus einem Puncte nach verschiedenen Richtungen 2 grade Linien, so entsteht zwischen diesen Linien ein Winkel. Der Punct, von dem die Linien ausgehen, heißt Scheitel, auch Winkelpunct, die Linien heißen die Schenkel des Winkels. Die Bezeichnung des Winkels geschieht durch Einschreiben eines griechischen Buchstaben am Scheitel (Fig. 1, Tafel I) $\angle \alpha =$ Winkel alpha; $\angle \beta =$ Winkel beta; $\angle \gamma =$ Winkel gamma; oder durch 3 Buchstaben (Fig. 2), von denen der mittelste an den Scheitel, die andern an die Enden der Schenkel des zu bezeichnenden Winkels gesetzt werden. $\angle$ bac.

§ 3. In Bezug auf die Größe unterscheidet man mehrere Arten Winkel. Weichen die beiden Schenkel so sehr auseinander, daß sie eine grade Linie bilden, so heißt der Winkel ein gestreckter (Fig. 3, Tafel I); die Hälfte desselben heißt ein rechter Winkel (Fig. 4); ist der Winkel kleiner als ein rechter, so ist er spitz (Fig. 5); liegt die Größe zwischen einem rechten und gestreckten Winkel, so ist er stumpf (Fig. 6).

§ 4. Für besondere Arten von Winkeln sind besondere Bezeichnungen eingeführt. Verlängert man den einen Schenkel eines Winkels über den Scheitel hinaus, so entsteht ein zweiter Winkel (Fig. 7, Tafel I), beide Winkel nennt man Nebenwinkel. Aus der Entstehung der Nebenwinkel geht hervor, daß zwei zusammengehörige stets gleich einem gestreckten oder zwei rechten Winkeln sind.

Verlängert man beide Schenkel über den Scheitel hinaus, so entstehen 4 Scheitelwinkel, von denen je 2 zusammengehören, nämlich $\angle$ bac und $\angle$ dae, ferner $\angle$ bad und $\angle$ cae (Fig. 8). Zusammengehörige Scheitelwinkel sind stets gleich groß.

§ 5. Zwei grade Linien, die stets einen gleichen Abstand von einander behalten, wie weit man sie auch verlängern mag, sind parallel. gh $\|$ cd (Fig. 9) heißt: die Linie gh ist parallel der Linie cd. Werden 2 parallele Linien von einer Graden durchschnitten, so entstehen 8 Winkel. Je ein äußerer und ein innerer Winkel an derselben Seite der schneidenden Linie sind gleich und heißen Gegenwinkel, also

$$\angle \text{bac} = \angle \text{afh}$$
$$\angle \text{fac} = \angle \text{efh}$$
$$\angle \text{bad} = \angle \text{afg}$$
$$\angle \text{daf} = \angle \text{gfe}$$

Je 2 äußere und je 2 innere Winkel an verschiedenen Seiten der schneidenden Linie sind ebenfalls gleich und heißen Wechselwinkel, also

$$\angle \text{bad} = \angle \text{hfe}$$
$$\angle \text{bac} = \angle \text{gfe}$$
$$\angle \text{daf} = \angle \text{afh}$$
$$\angle \text{caf} = \angle \text{afg}$$

§ 6. Zur Messung der Winkel dient die Kreislinie, indem man den Umfang eines Kreises in 360 Theile (Grade, bezeichnet mit 360^0) theilt. Bei der Messung setzt man den Mittelpunct des Kreises auf den Winkelpunct (§ 2) des Winkels; die Entfernung der beiden Theilstriche des Kreises, welche dann mit den Schenkeln des Winkels zusammenfallen, geben die Größe des Winkels in Graden an. Hiernach hat ein gestreckter Winkel $180^0 = 180$ Grad, ein rechter Winkel 90^0. Für die feinere Messung der Winkel theilt man wieder jeden Grad in 60 Minuten (60′) und jede Minute in 60 Secunden (60″).

Man kann die Winkel auch durch das Verhältniß zwischen den Längen des Bogens und des zugehörigen Halbmessers messen; die Größe des Winkels wird dann durch eine Verhältnißzahl angegeben. Betrüge beispielsweise die Bogenlänge eines Winkels α 0,112 m und die Länge des zugehörigen Halbmessers 5 m, so wäre $\angle \alpha = \frac{0,112}{5,000} = 0,0224$. In rechtwinkligen Dreiecken mit einem sehr kleinen Winkel kann man die Größe desselben annähernd dadurch bezeichnen, daß man sich die den kleinen Winkel bildenden Seiten als Halbmesser und die dem kleinen Winkel gegenüberliegende Seite als zugehörigen Bogen denkt und den Winkel gleich dem Quotienten (IIa § 11) aus der dem Winkel gegenüberliegenden Seite und einer der dem Winkel anliegenden Seiten setzt. Wäre z. B. in Fig. 28 $\angle$ ieh sehr klein und die Seite ih = 1 m, die Seite eh = 10 m, so wäre annähernd $\angle ieh = \frac{1}{10} = 0{,}1$.

Von einem Punct aus nach einer graden Linie eine grade Linie so ziehen, daß 2 rechte Winkel entstehen, heißt eine Normale, oder, wenn die grade Linie horizontal gedacht wird, Senkrechte fällen; diese Linie steht dann normal oder senkrecht auf der ersten. Zieht man von einem Puncte einer Linie eine andere Linie, so daß sich zwei rechte Winkel bilden, so errichtet man eine Senkrechte. Statt Senkrechte sagt man auch Loth.

3. Von den ebenen Flächen.

§ 7. Die Gestalt der ebenen Flächen kann unendlich verschieden sein; die bekannteren bezeichnet man mit dem Namen: Dreieck, Viereck u. s. w., Vieleck (Polygon) und Kreis.

§ 8. Ein Dreieck ist eine Fläche, welche von 3 graden Linien (Seiten) begrenzt wird. Man unterscheidet gleichseitige (Fig. 10, Tafel I), gleichschenklige (Fig. 11) und ungleichseitige Dreiecke (Fig. 12). Gleichschenklig nennt man Dreiecke, bei denen 2 Seiten gleich groß sind. Bezeichnet man irgend eine Seite eines Dreiecks als Grundlinie (bei den gleichschenkligen Dreiecken ist dies die den beiden andern ungleiche Seite), so nennt man den dieser Linie gegenüberliegenden Winkelpunct die Spitze des Dreiecks. Man unterscheidet ferner noch rechtwinklige, spitzwinklige und stumpfwinklige Dreiecke, je nachdem die Dreiecke unter ihren 3 Winkeln einen rechten, nur spitze, oder einen stumpfen Winkel haben. Im rechtwinkligen Dreieck nennt man die beiden Seiten, welche den rechten Winkel einschließen, Catheten, die dritte Seite Hypotenuse.

§ 9. Ein Viereck ist eine ebene Fläche, welche von 4 graden Linien (Seiten) begrenzt wird.

Man unterscheidet 3 Hauptklassen:

1. Parallelogramm, d. h. ein Viereck, in welchem je 2 gegenüberliegende Seiten parallel sind. (Fig. 13.)
2. Trapez, d. h. ein Viereck, in welchem nur 2 Seiten parallel sind. (Fig. 14.)
3. Trapezoid, d. h. ein Viereck, in welchem gar keine Seiten parallel sind. (Fig. 15.)

Die Parallelogramme theilt man wieder in 4 Klassen:

a. Quadrat (4 gleiche Seiten und 4 rechte Winkel). (Fig. 16.)
b. Rechteck (je 2 gleiche Seiten und 4 rechte Winkel). (Fig. 17.)

c. Rhombe (4 gleiche Seiten und je 2 gegenüberliegende spitze und stumpfe gleiche Winkel). (Fig. 18.)

d. Rhomboide (je 2 gleiche Seiten und 2 gegenüberliegende spitze und stumpfe gleiche Winkel). (Fig. 19.)

Eine Linie, welche 2 gegenüberliegende Winkelpuncte mit einander verbindet, heißt Diagonale. (Fig. 20.)

§ 10. Eine ebene Fläche mit einer krummen Begrenzungslinie, deren einzelne Puncte von einem bestimmten Puncte der Fläche sämmtlich gleiche Entfernung haben, heißt ein Kreis. (Fig. 21.)

Den bestimmten Punct a nennt man Mittelpunct des Kreises, die krumme Begrenzungslinie Umfang oder Peripherie. Eine gerade Linie bc von einem Punct der Peripherie durch den Mittelpunct a des Kreises bis zur entgegengesetzten Seite der Peripherie gezogen, nennt man Durchmesser des Kreises; eine Linie ac, ab, ad, welche von einem Punct der Peripherie bis zum Mittelpunct des Kreises geht, heißt Halbmesser oder Radius des Kreises.

Eine von Außen an den Kreis gezogene Linie ef, welche denselben auch bei ihrer Verlängerung nur in einem Punct d berührt, heißt Tangente. Eine Linie gh, welche 2 Puncte der Peripherie mit einander verbindet, heißt Sehne.

4. Vom Dreieck.

§ 11. In jedem Dreieck (Fig. 22) ist die Summe zweier Seiten größer als die dritte $ab + bc > ac$.

Beträgt also bei einem 3eckigen Stück Pachtland die Länge der einen Seite 12 m, so muß unter allen Umständen die Länge der beiden andern Seiten zusammen mehr als 12 m betragen.

§ 12. In jedem Dreieck beträgt die Summe der drei Winkel stets 180^0; denn zieht man durch die Spitze des Dreiecks (Fig. 23) eine Linie de parallel zur Grundlinie ac, so bilden sich 3 Winkel, welche zusammen gleich einem gestreckten Winkel sind $= 180^0$; diese 3 Winkel sind = den 3 Winkeln im Dreieck, weil die an der Parallele liegenden Winkeln dba und ebc als Wechselwinkel den Winkeln an der Grundlinie des Dreiecks bac und bca gleich sind.

Sind also 2 Winkel eines Dreiecks bekannt, z. B. der eine $= 50^0$, der andere $= 70^0$, so ist der dritte $= 180^0 - (70^0 + 50^0) = 60^0$.

§ 13. Verlängert man eine Seite eines Dreiecks über den Winkelpunct hinaus (Fig. 24, Tafel I), so bildet sich ein Winkel, den man Außenwinkel nennt; da dieser Außenwinkel mit dem daranliegenden Winkel des Dreiecks 180^0 beträgt, so ist derselbe so groß wie die beiden andern Winkel des Dreiecks zusammen (§ 12). $\angle dab = \angle abc + \angle acb$.

§ 14. In jedem gleichseitigen Dreieck sind die Winkel einander gleich, mithin jeder $= \frac{180}{3} = 60^0$.

§ 15. In jedem gleichschenkligen Dreieck sind die den gleichen Seiten gegenüberliegenden Winkel an der Grundlinie gleich; ist daher ein Winkel im gleichschenkligen Dreieck bekannt, so sind auch die beiden andern bekannt. Beträgt der Winkel an der Spitze 40^0, so betragen die beiden Winkel an der Grundlinie nach § 12 $= 180 - 40 = 140^0$, und da diese Winkel gleich sind, jeder 70^0. Wäre ein Winkel an der Grundlinie $= 50^0$, so würde der Winkel an der Spitze $= 180^0 - (2 . 50) = 80^0$ betragen.

§ 16. Um nun ein Dreieck zeichnen und abstecken zu können, braucht man nicht alle 3 Seiten und alle 3 Winkel zu kennen, es genügt vielmehr, wenn man 3 Theile kennt, unter denen mindestens eine Seite ist; es ist dadurch ein Dreieck vollständig bestimmt, bis auf den Fall, daß 2 Seiten und 1 Winkel gegeben sind, wenn dieser Winkel der kleinern der gegebenen Seiten gegenüber liegt.

Ein Dreieck läßt sich also zeichnen oder abstecken, wenn gegeben ist:

1. alle 3 Seiten oder
2. 2 Seiten und der eingeschlossene oder der der größern gegenüberliegende Winkel oder
3. 1 Seite und 2 Winkel.

Hieraus folgt auch, daß 2 Dreiecke gleich groß und von gleicher Form sind, wenn von 6 gleichliegenden Theilen (Seiten und Winkel) 3 eine gleiche Größe haben, jedoch muß unter diesen eine Seite, und, wenn 2 Seiten gegeben sind, der der größern gegenüberliegende, oder der eingeschlossene Winkel sein.

§ 17. In jedem gleichschenkligen und gleichseitigen Dreieck (Fig. 25, Taf. I) steht eine Linie, welche die Mitte der Grundlinie mit der Spitze des Dreiecks verbindet, auf der Grundlinie senkrecht und halbirt den Winkel an der Spitze. Dies ist aber nicht der Fall in einem ungleichseitigen Dreieck. Beispiel: Es sei auf einem Felde (Fig. 26) durch die Puncte b, a und c ein Winkel bestimmt, man will die Richtung der Halbirungslinie dieses Winkels ohne Winkelinstrument abstecken. Zu diesem Zweck fluchtet man in gleicher Entfernung von a zwischen ab und ac die Fluchtstangen d und f ein, dann zwischen d und f genau in der Mitte die Stange e, so geben die Stangen a, e und g die Richtung derjenigen Linie an, welche den Winkel bac halbirt.

§ 18. Wenn man in einem Dreieck (Fig. 27) zu einer Seite eine Parallele zieht, so bilden die dadurch entstehenden Theile der beiden andern Seiten Verhältnisse, welche einander gleich sind, oder mit andern Worten, so werden die beiden andern Seiten in proportionale Theile getheilt (§ 39 der Arithmetik), d. h. wenn $de \parallel ac$ so ist $ad : db = ce : eb$ oder $\frac{ad}{db} = \frac{ce}{eb}$.

Wie man aus dieser Proportion noch andere Proportionen herleiten kann, zeigt § 39 der Arithmetik, doch ist zu bemerken, daß dort die Größen durch einen Buchstaben, hier aber die Längen der Linien durch die beiden an die Enden der Linie gesetzten Buchstaben ausgedrückt sind. Aus obiger Proportion ergiebt sich darnach (s. § 39, Nr. 6)

$(ad + db) : db = (ce + eb) : eb$ oder da nach der Figur

$(ad + db) = ab$, und $(ce + eb) = cb$ ist

$ab : db = cb : eb$

§ 19. Dreiecke heißen ähnlich, wenn deren gleichliegende Winkel gleich groß sind. In ähnlichen Dreiecken sind die gleichliegenden Seiten proportionirt. Da nun in den beiden Dreiecken deb und abc (Fig. 27) die Winkel wegen der parallelen Grundlinien gleich groß und mithin die Dreiecke ähnlich sind, so verhält sich $ab : db = cb : eb$,

was wir schon im § 18 durch Rechnung fanden, ebenso verhalten sich auch die beiden Grundlinien wie zwei gleichliegende Seiten, also

$$de : db = ac : ab$$

Beispiele. 1) Zwei parallele Gleise (Fig. 28), welche 4,50 m von Mitte zu Mitte entfernt liegen, sollen durch ein Gleise verbunden werden, dessen Weichen Herzstücke 1 : 11 haben. Wie groß ist die Entfernung zwischen den Schnittpuncten der Gleismitten in der Richtung des einen parallelen Gleises gemessen?

ab und cd seien die Mitten der parallelen Gleise, ei die Mitte des Verbindungsgleises; ein Loth von dem Schnittpunct i auf die Gleismitte cd gefällt, trifft diese in h; ih ist = 4,50 m, gesucht wird die Länge von eh. Wenn Herzstücke 1 : 11 angewandt werden sollen, so muß stets die an beliebiger Stelle errichtete Senkrechte $gf = \frac{1}{11}\, eg$ sein, also wenn man von e 11 m bis g absteckt und in g ein Loth errichtet, so muß die Länge dieses Lothes 1 m betragen.

Nun sind die beiden Dreiecke egf und ehi einander ähnlich, da die 3 Winkel gleich sind; es ist nämlich der Winkel an der Spitze gemeinsam, sodann ist $\angle fge = \angle ihe = 90^0$, weil fg und ih auf cd senkrecht stehen. Es verhält sich also nach § 19

$$eh : ih = eg : gf \text{ oder}$$

$$\frac{eh}{ih} = \frac{eg}{gf}$$

In dieser Gleichung ist eh allein unbekannt, wenn wir also die Gleichung nach eh auflösen (s. § 42 der Arithmetik), so bekommen wir den Werth von eh. Es ist

$$eh = \frac{eg}{gf} \,.\, ih$$

nun ist $eg = 11$; $gf = 1$; $ih = 4{,}50$

also $eh = \frac{11}{1} \,.\, 4{,}50 = 49{,}50$ m.

2) Man will die Entfernung zwischen 2 Puncten a und c (Fig. 29) messen, ein directes Messen ist nicht möglich, da zwischen beiden Puncten ein Haus liegt. Winkelinstrument ist nicht vorhanden.

Man wähle sich einen von a und c aus zugänglichen Punct b, stecke dann eine Linie ed parallel der Linie ca ab, dann ist

$$ac : ab = de : db \text{ oder}$$

$$\frac{ac}{ab} = \frac{de}{db} \text{ oder } ac = \frac{de}{db} . ab$$

Man habe ab = 15 m 12 cm, cb = 11 m 25 cm gemessen, das Verhältniß beider Seiten ist also $\frac{15,12}{11,25}$, soll nun de ∥ ac werden, so muß $\frac{db}{eb} = \frac{15,12}{11,25}$ sein (§ 28); wenn wir also eb beliebig = 3 m abstecken, so muß db = $\frac{15,12}{11,25} . 3 = 4,032$ sein.

Man stecke also von b aus in der Richtung auf c 3 m, in der Richtung auf a 4,032 m ab und messe dann die Entfernung de möglichst genau. Die Messung ergebe nun de = 2,17 m.

Wie vorhin ausgerechnet, ist

$$ac = \frac{de}{db} . ab$$

oder wenn wir die eben gefundenen Werthe einsetzen

$$ac = \frac{2,17}{4,032} . 15,12 = 8,137$$

Die Puncte a und c liegen also 8,137 m von einander entfernt.

3) Die Höhe eines Thurmes soll möglichst annähernd ohne Winkelinstrument bestimmt werden.

Die Linie df (Fig. 30) stelle den Thurm vor; in einiger Entfernung vom Thurm nivellire man den Punct g in der Höhe des Punctes f ein und bringe darüber ein im Puncte a vertical drehbares Lattengestell so an, daß ac wagerecht ist, nun drehe man die Latte ab um a so viel, daß, wenn man in der Richtung ab visirt, in diese Visirlinie die Spitze des Thurmes d fällt. Nachdem der Winkel bac möglichst unverschiebbar befestigt ist, ziehe man etwa mit einem Holzwinkel von 90^0 eine Senkrechte auf ac, welche die Visirlinie ab in b schneidet und messe dann möglichst genau die Länge von cb.

Nach § 19 verhält sich

$$de : bc = ea : ca \text{ oder}$$

$$\frac{de}{bc} = \frac{ea}{ca} \text{ oder } de = \frac{ea}{ca} . bc$$

Aus dieser Gleichung ist ed leicht zu berechnen, denn die Längen ea, ca und bc lassen sich direct messen.

Hat man durch Messung gefunden $ea = 36,43$ m; $ac = 1$ m; $cb = 1,143$ m, so ist $de = \frac{36,43}{1} . 1,143 = 41,639 \ldots$, läge nun die wagerechte Latte ac 1,75 m über g, so würde die gesuchte Höhe des Thurmes $= 41,639 + 1,75 = 43,389$ m sein.

Wäre die Höhe des Thurmes bekannt gewesen und man hätte die Entfernung eines Punctes von demselben messen wollen, die man aus irgend einem Grunde nicht direct messen konnte, so würde das Verfahren dasselbe gewesen sein; man hätte dann nur die Proportion $de : bc = ea : ca$ nach ea auflösen müssen, also

$$\frac{de}{bc} = \frac{ea}{ca} \quad \text{oder} \quad \frac{de}{bc} . ca = ea$$

und hätte dann in diese Gleichung die durch Messung gefundenen Werthe eingesetzt.

5. Vom Viereck.

§ 20. In jedem Viereck ist die Summe aller Winkel = 4 rechten Winkeln = 4 R. Zieht man eine Diagonale (Fig. 31), so entstehen 2 Dreiecke, deren Winkel je 180^0 (§ 12), also zusammen $360^0 = 4$ R. sind; die Winkel des Vierecks sind aber gleich den Winkeln der beiden Dreiecke.

§ 21. Zieht man in einem Parallelogramm (Fig. 32) eine Diagonale, so entstehen 2 Dreiecke, welche gleich groß sind und gleiche Form haben.

§ 22. Aus den Erklärungen im § 9 ergiebt sich Nachstehendes:

Ein Quadrat läßt sich zeichnen oder abstecken, wenn eine Seite gegeben ist; ein Rechteck, wenn zwei Seiten, ein Rhombus, wenn eine Seite und ein Winkel, ein Rhomboid, wenn zwei Seiten und ein Winkel gegeben sind.

§ 23. Zieht man in einem Parallelogramm (Fig. 33) beide Diagonalen, so ist der Durchschnittspunct auch der Halbierungspunct der Diagonalen.

6. Von der Ausmessung ebener Flächen.

§ 24. Um ebene Flächen auszumessen, nimmt man als Maaß das Quadratmeter. Höhe eines Parallelogramms (Fig. 34 u. 35) ist die lothrechte Entfernung zwischen Grundlinie oder Verlängerung derselben und der dieser gegenüberliegenden Seite; Höhe eines Trapezes (Fig. 36) ist die lothrechte Entfernung der beiden parallelen Seiten; Höhe eines Dreiecks (Fig. 37 u. 38) ist die lothrechte Entfernung zwischen Spitze und Grundlinie des Dreiecks oder Verlängerung derselben. Drückt man die Längen der Seiten und Höhen nachstehender ebener Flächen in Metern aus, so ist

a) Flächeninhalt (= I) eines jeden Parallelogramms gleich Product aus Grundlinie (= g) und Höhe (= h); also $I = g . h$ qm. Z. B. Fig. 34 sei $ab = 6$ m und $ac = h = 4$ m, dann ist der Flächeninhalt von $abcd = I = 6 . 4 = 24$ qm, oder Fig. 35 sei $ab = 2$ m und $ef = h = 4$ m, dann ist der Flächeninhalt von $abcd = I = 2 . 4 = 8$ qm.

b) Flächeninhalt (= I) eines jeden Dreiecks gleich dem halben Product aus Grundlinie (= g) und Höhe (= h); also $I = \frac{g \cdot h}{2}$ qm. Z. B. Fig. 37 u. 38 sei ab = 2 m und h = 5 m, dann ist der Flächeninhalt von $abc = \frac{2 \cdot 5}{2} = 5$ qm.

c) Flächeninhalt (= I) eines jeden Trapezes gleich dem Product aus der halben Summe der parallelen Seiten $\left(\frac{g + a}{2}\right)$ und Höhe (= h); also $I = \left(\frac{g + a}{2}\right) \cdot h$ qm, z. B. Fig. 36 sei ab = 5 m, dc = 3 m und h = 2 m, dann ist der Flächeninhalt von $abcd = I = \frac{5 + 3}{2} \cdot 2 = 8$ qm.

d) Den Inhalt eines Dreiecks, von dem nur die 3 Seiten = a, b und c gegeben sind, berechne man nach folgender Formel in der p die halbe Summe der 3 Seiten, a, b und c bezeichne $I = \sqrt{p \cdot (p - a) \cdot (p - b) \cdot (p - c)}$. Es seien in einem Dreieck die 3 Seiten = 15 m, 12 m und 11 m gemessen, man soll den Inhalt berechnen; dann ist

$$p = \frac{15 + 12 + 11}{2} = 19$$

$$p - a = 19 - 15 = 4$$

$$p - b = 19 - 12 = 7$$

$$p - c = 19 - 11 = 8 \text{ also}$$

$$I = \sqrt{19 \cdot (4) \cdot (7) \cdot (8)} = \sqrt{19 \cdot 4 \cdot 7 \cdot 8} = 65{,}238 \text{ qm.}$$

e) Vielecke von unregelmäßiger oder regelmäßiger Gestalt lassen sich stets in einfache Figuren (Dreiecke oder Vierecke) zerlegen; die Berechnung des Flächeninhalts derselben ergiebt sich also aus dem Vorhergehenden (s. Geometrische Arbeiten § 2).

§ 25. Aus § 24 folgt, daß Parallelogramme mit gleicher Grundlinie und gleicher Höhe gleichen Flächeninhalt haben; dies ist der Fall bei den Parallelogrammen (Fig. 39 u. 40).

§ 26. Ein Dreieck, das mit einem Parallelogramm gleiche Grundlinie und Höhe hat, enthält den halben Flächeninhalt desselben (Fig. 41 u. 42).

§ 27. Dreiecke von gleicher Grundlinie und Höhe sind einander gleich (Fig. 43 u. 44).

Beispiele:

1) Ein Garten in Form eines Dreiecks (Fig. 45), der nur von der Seite ca aus zugänglich ist, soll in 3 gleiche Theile getheilt werden. Man theile ac in 3 gleiche Theile und verbinde die Theilpuncte d und e mit der Spitze des Dreiecks, so entstehen 3 Dreiecke, welche alle gleiche Grundlinien und gleiche Höhen haben, also nach § 27 einander gleich sind.

2) Ein Stück Land, welches die Form eines Trapezes hat (Fig. 46), dessen Grundlinie doppelt so groß als die Parallele derselben ist, soll in 2 Theile getheilt werden, von denen der eine doppelt so groß als der andere ist.

Man verbinde den Punct e mit der Mitte der Grundlinie ac, so ist das Dreieck dce = der Hälfte des Parallelogramms abed, weil beide gleiche Grundlinie und gleiche Höhe haben.

§ 28. In jedem rechtwinkligen Dreiecke (Fig. 47) ist das Quadrat über der Hypotenuse gleich der Summe der Quadrate über beiden Catheten. (Pythagoräischer Lehrsatz.)

Also wenn $\angle abc = 90^0 = 1$ R., dann ist $(ab)^2 + (bc)^2 = (ac)^2$ oder

$$ac = \sqrt{(ab)^2 + (bc)^2}$$

Wären also die Längen der beiden Catheten eines Dreiecks bekannt = 3 m und 4 m, so kann man daraus die Länge der Hypotenuse berechnen, denn es ist

$$ac = \sqrt{4^2 + 3^2} = \sqrt{25} = 5$$

Wäre z. B. im § 19 Nr. 1 noch die Frage gestellt, wie lang ist die Mittellinie des Verbindungsgeleises = ei, so würde dies, wie eben gezeigt, berechnet werden können; nämlich

$$ei = \sqrt{(ih)^2 + (eh)^2} = \sqrt{4{,}50^2 + 49{,}50^2} = \sqrt{2470{,}50} = 49{,}704 \text{ m.}$$

§ 29. Wenn man in einem rechtwinkligen Dreieck (Fig. 48) aus dem Scheitel des rechten Winkels ein Loth auf die Hypotenuse fällt, so ist das Quadrat des Lothes gleich dem Rechteck aus den beiden Abschnitten der Grundlinie; also $(bd)^2 = ad \cdot dc$.

7. Vom Kreise.

§ 30. Wenn man auf der Mitte zweier Sehnen (§ 10) eines Kreises (Fig. 49) Lothe errichtet, so ist der Durchschnittspunct der Lothe der Mittelpunct des Kreises.

§ 31. Verbindet man den Berührungspunct einer Tangente (§ 10) mit dem Mittelpunct des Kreises (Fig. 50), so steht diese Linie senkrecht auf der Tangente.

§ 32. Ein Winkel, dessen Scheitel der Mittelpunkt eines Kreises ist, und dessen Schenkel Radien dieses Kreises sind (Fig. 51), heißt Centriwinkel. Ein Winkel, dessen Scheitel in der Kreisperipherie liegt und dessen Schenkel Sehnen dieses Kreises sind (Fig. 52), heißt Peripheriewinkel. Man sagt, der Centriwinkel resp. Peripheriewinkel steht auf dem Bogen ab.

Centriwinkel auf gleichen Bogen (Fig. 51) sind gleich. Ist also Bogen ab = de, dann ist $\angle arb = \angle dre$.

Peripheriewinkel auf gleichen Bogen (Fig. 54) sind gleich; also $\angle adb =$ Bogen $\angle aeb$.

Centriwinkel, die auf denselben Bogen stehen wie Peripheriewinkel, sind doppelt so groß als diese Peripheriewinkel. Also $\angle$ acb = 2 . $\angle$ afb. Fig. 53.

Hieraus folgt, daß jeder Peripheriewinkel auf einem Durchmesser = 90^0 = 1 R ist, also (Fig. 54) $\angle$ adb = $\angle$ aeb = $\frac{1}{2}$ $\angle$ acb = 90^0 = 1 R.

§ 33. Die Größe der Peripherie eines Kreises steht in einem bestimmten Verhältniß zum Durchmesser und zwar erhält man die Länge der Peripherie, wenn man die Länge des Durchmessers mit der Zahl 3,1416 .. multiplicirt; diese Zahl bezeichnet man mit dem griechischen Buchstaben π (sprich Pi), welche annähernd genau = 355 : 113 = 3,14159 ... gesetzt werden kann. Die Zahl ist danach leicht zu behalten, da man nur die Zahlen 1, 1, 3, 3, 5, 5 in obiger Weise zu gruppiren braucht. Für gewöhnliche Fälle genügt es, π = 3,14 zu setzen.

Ist also der Durchmesser eines Kreises = 6 m, so ist die Peripherie des Kreises = 6 . π = 6 . 3,1416 .. = 18,8496 m.

§ 34. Der Flächeninhalt eines Kreises ist, wenn man den Radius desselben mit r bezeichnet, stets = $r^2 . \pi$.

Ist also der Durchmesser des Kreises = 6 m, so ist der Flächeninhalt = 3^2 . 3,1416 .. = 28,2744 qm.

§ 35. Die Peripherien zweier Kreise verhalten sich wie die Radien.

Die Flächen zweier Kreise verhalten sich wie die Quadrate der Radien.

Beispiele:

1) Ein kreisrunder Wasserstations-Bottich hat einen Durchmesser = 1 m; es soll ein neuer Bottich gebaut werden, dessen Kreisumfang doppelt so groß wie der des alten ist. Wie groß muß der Durchmesser dieses Bottichs sein?

Die Kreisumfange sollen sich also verhalten wie 1 : 2; folglich müssen auch nach § 35 die Radien sich wie 1 : 2 verhalten, d. h. der Durchmesser des neuen Bottichs ist doppelt so groß = 2 m zu nehmen.

2) Dieselbe Aufgabe, nur mit dem Unterschied, daß die Kreisfläche des neuen Bottichs doppelt so groß wie die des alten Bottichs sein soll.

r sei = Radius des alten Bottichs = 0,50 m
R „ = „ „ neuen „

Die Kreisflächen sollen sich verhalten wie 1 : 2; folglich ist nach § 35

$$1 : 2 = r^2 : R^2 \text{ oder}$$

$$\frac{1}{2} = \frac{r^2}{R^2} \text{ oder}$$

$$R^2 = 2r^2 \text{ oder}$$

$$R = \sqrt{2 . r^2} = \sqrt{2 . 0{,}5^2} = \sqrt{0{,}50} = 0{,}7071 \text{ m} = R$$

Der Durchmesser des neuen Bottichs ist also = 1,414 m zu machen.

§ 36. Bezeichnet d den Durchmesser eines Kreises, so ist nach § 33 die Länge der Peripherie $= d \,.\, \pi$, oder man kann auch sagen die Länge eines Bogens zu einem Centriwinkel von 360^0 ist gleich $d \,.\, \pi$. Hieraus folgt, daß die Länge eines Bogens zu einem Centriwinkel von 1 Grad der 360ste Theil von $d \,.\, \pi$, also $= \frac{d \,.\, \pi}{360}$ ist, oder allgemein, daß die Länge eines Bogens zu einem Centriwinkel von α Grad $= d \,.\, \pi \,.\, \frac{\alpha}{360}$ ist.

Es sei beispielsweise die Länge des (Fig. 53) skizzirten Bogens ab zu berechnen, wenn der Radius $= 0{,}5$ m und der Winkel acb $= 30^0$ ist. Nach dem Vorhergehenden ist dann

$$\text{Bogen ab} = \frac{2 \,.\, 0{,}5 \,.\, 3{,}1416 \,.\, 30}{360} = 0{,}2618 \text{ m}$$

Es sei in vorstehendem Falle der $\angle$ acb $= 30^0\ 15'\ 12''$ gegeben.

Bevor die Bogenlänge berechnet werden kann, müssen die Secunden und Minuten zu Graden gemacht werden. Wie bekannt, erhält man die Anzahl Minuten, wenn man in die Anzahl der Secunden mit 60 hineindividirt, also 60 | 12 | = 0,2. Wir erhalten also jetzt $30^0\ 15{,}2'$ oder indem wir wieder mit 60 in 15,2 hineindividiren

```
60 | 15,2 | 0,2533 . .
     120
     ---
      320
      300
      ---
       200
       180
       ---
       200
```

$$ac = \frac{2 \,.\, 0{,}5 \,.\, 3{,}1416 \,.\, 30{,}2533}{360} = 0{,}2641 \text{ m}$$

Beispiel:

Es soll die Anzahl der erforderlichen Ausgleichschienen für ein in einem Bogen mit 500 m Halbmesser liegendes Eisenbahngleise mit normaler Spur berechnet werden, wenn der Centriwinkel des Bogens $= 40^0\ 30'$ groß ist und die innere Schiene des Gleises genau nach diesem Bogen gelegt werden soll. Die Länge der normalen Schiene sei = 12 m, die der Ausgleichschiene 11,96 m.

Wenn die innere Schiene im Bogen mit 500 m verlegt ist, so muß der Kreis für die äußere Schiene um 1,5 m (d. i. die Entfernung von Mitte bis Mitte Schiene) größer, mithin = 501,5 m groß sein.

Die Länge des inneren Stranges ergiebt sich

$$\frac{L}{2 \,.\, 500 \text{ m} \,.\, 3{,}1416} = \frac{40^1/_2{}^0}{360^0}\,;\ L = 353{,}43 \text{ m}$$

diejenige des äußeren Stranges ist

$$\frac{L_1}{2 \,.\, 501{,}5 \,.\, 3{,}1416} = \frac{40^1/_2{}^0}{360^0} = 354{,}48 \text{ m}$$

Der innere Strang ist mithin 1,05 m kürzer als der äußere, so daß bei 4 cm geringerer Länge der Ausgleichschienen $\frac{105}{4} = 26$ Stück derselben erforderlich werden.

§ **37.** Ein Kreisausschnitt ist eine Fläche, welche von 2 Radien und dem zwischenliegenden Bogen begrenzt wird (Fig. 53 abc). Theilt man die Kreisfläche in 360 Kreisausschnitte, so daß jeder Centriwinkel 1^0 beträgt, so ist jeder Kreisausschnitt $= \frac{1}{360}$ der Kreisfläche oder $= r^2 \,.\, \pi \,.\, \frac{1}{360}$; daraus folgt, daß ein Kreisausschnitt, dessen Centriwinkel α^0 beträgt, einen Inhalt $= r^2 \,.\, \pi \,.\, \frac{\alpha}{360}$ hat. Ohne Rücksicht auf den Centriwinkel kann man auch den Kreisausschnitt als ein Dreieck ansehen, dessen Höhe der Radius und dessen Grundlinie der Bogen ist; es ist danach der Inhalt des Kreisausschnittes = Bogen mal Radius dividirt durch 2. Drückt man den Bogen nach § 36 aus, so ist also $I = 2r \,.\, \pi \frac{\alpha}{360} \,.\, \frac{r}{2} = r^2 \pi \,.\, \frac{\alpha}{360}$ wie vorher. Es sei z. B. $r = 6$ m und der Bogen = 2 m gemessen, dann ist $I = \frac{2 \,.\, 6}{2} = 6$ qm.

§ **38.** Ein Kreisabschnitt wird durch eine Sehne und den zugehörigen Bogen begrenzt (Fig. 55, Tafel II). Der Flächeninhalt ist = dem Kreisausschnitt weniger der Fläche des durch die Sehne und die Radien gebildeten Dreiecks. Bezeichnet man die Sehne mit s und die Pfeilhöhe des Abschnitts mit h (Fig. 55, Tafel II), so ist unter der Voraussetzung, daß h im Verhältniß zu s klein ist, annähernd der Inhalt des Abschnitts $I = \frac{2}{3} \,.\, s \,.\, h$.

§ **39.** Eine Ringfläche (Fig. 60, Tafel II) findet man, indem man die kleinere Kreisfläche von der größeren abzieht.

Figuren, deren Begrenzungen aus geraden und gekrümmten Linien zusammengesetzt sind, zerlegt man in solche kleinere Figuren, deren Flächenberechnung sich aus dem Vorhergehenden ergiebt.

c. Ueber die trigonometrischen Linien.

§ **1.** Die Größe eines Winkels wird gemessen durch den Kreisbogen, der mit dem Halbmesser 1 über ihn geschlagen wird. Der ganze Winkel um den Mittelpunkt eines Kreises wird in 360 Theile getheilt, die Grade genannt werden. Jeder Grad wird in 60 Minuten und jede Minute in 60 Secunden getheilt.

Kreisumfang = 360° zu je 60′ zu je 60″. Den vierten Theil eines ganzen Winkels um den Mittelpunct nennt man einen Rechten R = 90°, zwei rechte Winkel aneinander gelegt ergeben einen gestreckten = 180°. Da es in vielen Fällen nicht ausführbar ist, den Winkel durch den Kreisbogen ab Abb. 3 zu messen, so wendet man ein anderes Verfahren an, um die Größe des Winkels α zu bestimmen. Man mißt ein rechtwinkliges Dreieck acd aus und berechnet dann aus den Verhältnißzahlen der Seiten die Größe des Winkels.

§ 2. Ein rechtwinkliges Dreieck kann man zeichnen, sobald eine Seite desselben und einer der spitzen Winkel bekannt ist; ebenso ist ein rechtwinkliges Dreieck zu zeichnen, wenn außer einer ihrer Länge nach bekannten Seite noch das Verhältniß gegeben ist, in welchem beliebige 2 Seiten des Dreieckes zu einander stehen. Ist beispielsweise in einem Dreieck abc, Abb. 4, die Seite bc ihrer Länge nach bekannt und außerdem gesagt, daß die Hypotenuse z. B. doppelt so groß ist, als bc, so trägt man an bc, Abb. 5, bei c den rechten Winkel an, verlängert den Schenkel und schlägt mit ab = 2 . b . c im Zirkel um b einen Kreis. Wo derselbe die Senkrechte trifft, ist der 3. Eckpunkt a des Dreieckes.

Abb. 3

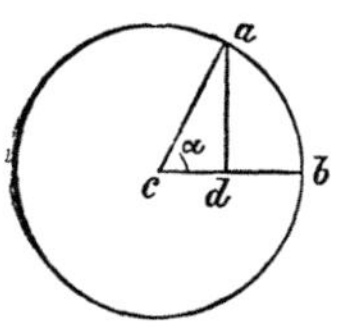

Abb. 4.

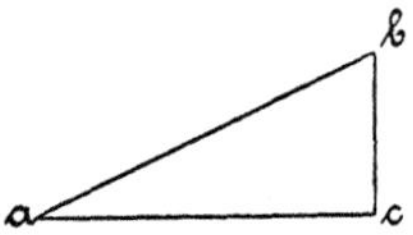

Abb 5.

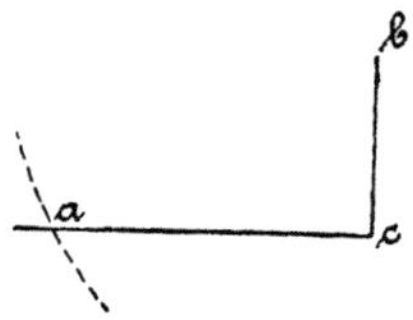

Abb. 6.

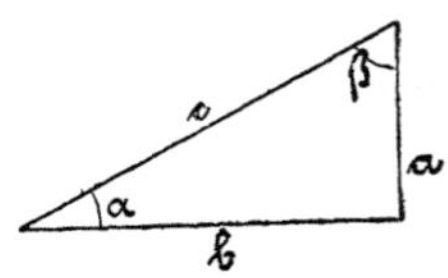

Ist außer der Hypotenuse das Verhältniß bekannt, in welchem die beiden Catheten zu einander stehen, so kann man die wirkliche Größe der Catheten berechnen. Im Dreieck abc, Abb. 4, sei die Seite ab der Länge nach bekannt, etwa = 10, und ferner gegeben, daß sich $\frac{bc}{ac}$ verhalte, wie 1 : 3, so erhält man, wenn zunächst die unbekannte Länge der Seite bc mit x bezeichnet wird, die Seite bc zu 3x. Nach Pythagoras ist aber

$$ac^2 + bc^2 = ab^2$$

oder die vorstehenden Werthe eingesetzt:

$$(3\,x)^2 + x^2 = 10^2$$

$$10\,x^2 = 10^2;\; x^2 = 10;\; x = 3{,}16\ldots$$

§ 3. In dem rechtwinkligen Dreieck, Abb. 6, mögen abc die 3 Seiten desselben bezeichnen und derjenige Winkel, welcher der Seite a gegenüber liegt, α (alpha), derjenige, welcher der Seite b gegenüber liegt, β (beta) benannt werden.

Das Verhältniß der Seiten $\frac{a}{c}$ d. h. der Seite, welche dem Winkel α gegenüber liegt, zu der Hypotenuse nennt man den sinus des Winkels α und schreibt $\frac{a}{c} = \sin \alpha$. Hierbei, wie bei allen folgenden Betrachtungen, wird die Länge der Hypotenuse als stets gleichbleibend und zwar = 1 angenommen. Das Verhältniß der anliegenden Seite b zur Hypotenuse c, $\frac{b}{c}$ nennt man cosinus des Winkels α und schreibt $\frac{b}{c} = \cos \alpha$ und endlich wird das Verhältniß der dem Winkel α gegenüberliegenden Seite a zu der anliegenden Seite b, $\frac{a}{b}$ die Tangente des Winkels α genannt und geschrieben $\frac{a}{b} = \operatorname{tg} \alpha$. Ist der Winkel α klein, Abb. 7, so ist auch das Verhältniß $\frac{a}{c} = \sin \alpha$ klein, und zwar ist $\frac{a}{c}$ um so kleiner, je kleiner der Winkel α ist. Wenn α = Null wird, also die

Abb. 7.

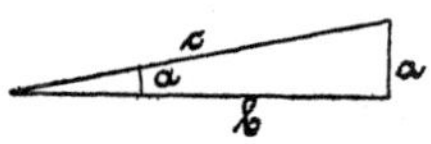

Abb. 8.

Abb. 9.

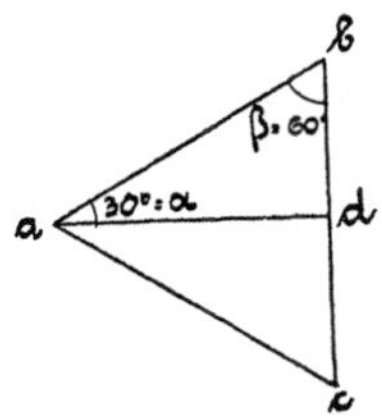

Linien c und b zusammenfallen, so wird auch a = 0 und der sinus α ist = $\frac{a}{c} = \frac{0}{c} = 0$. Wird hingegen α größer, Abb. 8, so wächst auch a und somit das Verhältniß $\frac{a}{c}$; ist $\alpha = 90^0$, so fällt a mit c zusammen, und ist seiner Länge nach auch = c, das Verhältniß $\frac{a}{c}$ ist dann = 1, d. h. der sinus $90^0 = 1$. Der sinus aller Winkel von 0 bis 90^0 liegt somit zwischen den Zahlenwerthen 0 und 1. Der sinus des Winkels von 30^0 berechnet sich beispielsweise wie folgt. Ist abc, Abb. 9, ein gleichseitiges Dreieck, so ist jeder Winkel desselben = 60^0, mithin auch Winkel bac = 60^0. Halbirt man diesen Winkel durch ad, so ist bd = dc und Winkel adb ist ein rechter. Der Winkel bad ist = 30^0 geworden. Der sinus dieses Winkels ist $= \frac{bd}{ab} = \sin 30^0$; da nun bd gleich der Hälfte von ab ist, so ergiebt sich $\sin 30^0 = \frac{1/_2}{1} = \frac{1}{2}$.

§ 4. Während der sinus eines kleiner werdenden Winkels kleiner wurde, nimmt der cosinus bei kleiner werdendem Winkel zu; wird der Winkel α, Abb. 7, $= 0$, so fällt b mit c zusammen und b ist eben so groß wie c, d. h. also der cos eines Winkels von 0 Grad ist $= \frac{b}{c} = \frac{1}{1} = 1$. Wird hingegen der Winkel α größer, so wird die Seite b, Abb. 5, kleiner, ist $\alpha = 90^0$ geworden, so ist $b = 0$ und der cos 90 ist somit $= \frac{0}{c} = 0$.

Betrachtet man wiederum ein Dreieck, wie Abb. 9, in welchem der eine Winkel $bad = \alpha = 30^0$, der andere $abd = \beta = 60^0$ und $bd = \frac{ab}{2}$ ist, so erhält man

$$\cos\beta = \cos 60^0 = \frac{bd}{ab} = \frac{1}{2}.$$

Der cosinus eines Winkels von 60^0 ist also gleich dem sinus eines Winkels von 30^0.

§ 5. Betrachten wir schließlich noch die Tangenten bezüglich ihrer Größenverhältnisse bei kleinerem und bei größerem Winkel. Je kleiner der Winkel α wird, desto kleiner wird die Cathete a, Abb. 7, und desto größer die Seite b, das Verhältniß beider zu einander $\frac{a}{b}$ wird somit kleiner, als bei größerem Winkel. Ist der Winkel $\alpha = 0$, so fällt c mit b zusammen, a ist $= 0$ geworden und $b = c = 1$. Das Verhältniß $\frac{a}{b}$ ist somit $= \frac{0}{1} =$ Null, d. h. die Tangente eines Winkels von Null Grad ist = Null. Wird hingegen der Winkel α größer, Abb. 6, so nimmt die Seite a zu, während b kleiner wird, das Verhältniß $\frac{a}{b}$ wird somit größer. Nimmt man an, daß für einen bestimmten Winkel α, Abb. 6, die Seite b nur $^1/_m$tel so groß sei wie a, also $= {}^1/_m a$ sei, so erhält man $\frac{a}{b} = \operatorname{tg}\alpha = \frac{\alpha}{^1/_m a} = \frac{1}{^1/_m}$. Wird nun α noch größer, so wird der Bruch $^1/_m$ immer kleiner, d. h. die Zahl im Nenner immer größer und ist endlich $\alpha = 90^0$ geworden, so fällt a mit c zusammen und wird $= c$, während $b = {}^1/_m a$ immer kleiner d. h. m immer größer geworden ist, und zwar muß bei $b = 0$, der Werth m gleich unendlich groß geworden sein. Der Werth der Tangente α ist dann

$$\operatorname{tg} 90^0 = \frac{a}{b} = \frac{a}{^1/_m a} = \frac{1}{^1/_m} = m$$

d. h. = unendlich groß; man schreibt $\operatorname{tg} 90^0 = \infty$. Die Tangente eines Winkels zwischen 0 und 90^0 liegt somit zwischen Null und Unendlich.

Bei einem gleichschenkeligen rechtwinkligen Dreieck, Abb. 10, ist der Winkel $\alpha = 45^0$, die Seiten a und b sind einander gleich, es ist daher $\operatorname{tg}\alpha = \frac{a}{b} = \frac{1}{1} = 1$.

§ 6. Das Verhältniß der anliegenden Seite b, Abb. 6, zur gegenüberliegenden a nennt man cotangente und schreibt

$$\text{cotg}\ \alpha = \frac{b}{a}$$

Abb. 10.

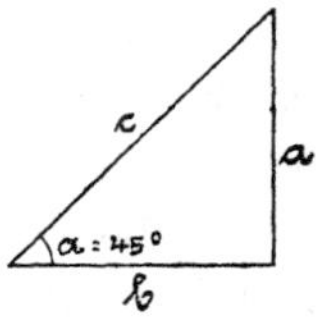

Dieses Verhältniß ist nun aber $= \text{tg}\ \beta$.

Da nun $\alpha + \beta = 90$, $\beta = (90 - \alpha)$ ist, so ergiebt sich

$$\text{tg}\ \alpha = \text{cotg}\ (90 - \alpha) \text{ und}$$
$$\text{cotg}\ \alpha = \text{tg}\ (90 - \alpha)$$

und ebenso ist

$$\sin \alpha = \cos (90 - \alpha)$$
$$\cos \alpha = \sin (90 - \alpha).$$

Man braucht somit nur die Werthe des sinus, cosinus und Tangenten für die Winkel von 0 bis 45° zu berechnen, um dieselben für die größeren Winkel ohne Weiteres ermitteln zu können; denn es ist z. B.

$$\sin 10^0 = \cos (90 - 10) = \cos 80^0$$
$$\sin 80^0 = \cos (90 - 10) = \cos 10^0$$
$$\text{tg}\ 20^0 = \text{cotg}\ (90 - 20) = \text{cotg}\ 70^0$$
$$\text{tg}\ 50^0 = \text{cotg}\ (90 - 50) = \text{cotg}\ 40^0$$

§ 7. Die Werthe der sinus, cosinus und Tangenten hat man nun für alle Winkel von 0° bis 45° berechnet und zwar nicht allein für die ganzen Grade, sondern auch für die zwischenliegenden Minuten und Secunden. Dieselben sind in Tabellen zusammengestellt und unter den Namen „Tabellen der trigonometrischen Linien" oder „trigonometrischen Zahlen" im Buchhandel zu haben. Heusingers Kalender für Eisenbahn-Techniker enthält diese Zahlen gleichfalls für alle Winkel von 10 zu 10 Minuten.

Bei der Berechnung der Weichen der preußischen Staatsbahnen werden eine Anzahl von derartigen Werthen gebraucht und mögen diese hier gleich nachgefügt werden:

sin 0° 33′ = 0,009599	cos 1° 53′ 45,118″ = 0,999452
sin 5° 42′ 38,13″ = 0,099504	cos 2° 51′ 19,065″ = 0,998759
sin 2° 51′ 19,065″ = 0,049813	cos 2° 18′ 19,065″ = 0,999191
sin 2° 18′ 19,065″ = 0,040224	cos 2° 4′ 56,63″ = 0,999340
sin 2° 4′ 56,63″ = 0,036337	tg 0° 38′ 9,183″ = 0,011098
sin 89° 13′ 47,57″ = 0,999910	tg 2° 51′ 19,07″ = 0,049876
cos 0° 33′ = 0,999954	tg 2° 4′ 56,63″ = 0,036361
cos 5° 42′ 38,13″ = 0,995038	

d. Stereometrie.

1. Erklärung.

§ 1. Stereometrie wird derjenige Theil der Geometrie genannt, der sich mit Berechnung der Körper beschäftigt.

Ein Körper ist ein Theil des Raumes, der allseitig durch Flächen begrenzt ist. Ebenso wie es grade und krumme Linien giebt, giebt es auch gerade und krumme Flächen. Die Durchschnittslinien dieser Flächen werden die Kanten des Körpers genannt. Die einen Korper einschließenden Flächen können daher ebenfalls sowohl grade als krumm sein.

Zwei Flächen nennt man parallel, wenn die entsprechenden Puncte derselben alle gleich weit von einander entfernt sind. Schneidet man einen Körper quer durch, so nennt man die neue Fläche, welche den abgeschnittenen Körper begrenzt, den Querschnitt des Körpers. Der Querschnitt eines Körpers wird in der Regel rechtwinklig zur Längsrichtung des Körpers genommen, ein Schnitt in der Längenrichtung heißt Längenschnitt.

2. Inhalts-Berechnung verschiedener Körper.

§ 2. Wenn man ein Dreieck oder Viereck oder überhaupt eine gradlinige Fläche parallel zu ihrer anfänglichen Lage im Raume bewegt, so nennt man den Raum, welcher so von der Fläche beschrieben wird, ein Prisma. Das Prisma ist also ein Körper, begrenzt von 2 parallelen gradlinigen Flächen und soviel Parallelogrammen, als die gradlinige Fläche Seiten hat (Fig. 56, 57, 58, Tafel II). Die beiden parallelen Flächen heißen Grundflächen, die übrigen die Seitenflächen, dem entsprechend unterscheidet man Grundkanten und Seitenkanten. Schneidet man von einem vierkantigen Bauholz ein Stück so ab, daß die Schnittflächen parallel sind, so entsteht ein vierseitiges Prisma. Bilden die Grundkanten mit den Seitenkanten rechte Winkel, so heißt das Prisma ein grades, sonst ein schiefes. Ein Prisma, dessen Grundflächen Parallelogramme sind, heißt Parallelepipedon und zwar ein rechtwinkliges, wenn die Grundflächen rechtwinklig sind. Ein rechtwinkliges Parallelepipedon, dessen Kanten sämmtlich gleich sind, heißt Würfel oder Cubus.

Um den Inhalt der Körper zu berechnen, dient als Maaß ein Cubus, und zwar der Cubikmeter, d. h. ein Cubus, dessen Kanten 1 m lang sind.

Der Körper-Inhalt (I) eines jeden Prisma ist gleich dem Product aus der Grundfläche (F) multiplicirt mit der Höhe des Prisma (h), d. h. mit der senkrechten (s. Fig. 57) Entfernung der beiden Grundflächen. $I = F \cdot h$.

Beispiele:

1) Ein Stück Bauholz, welches auf beiden Seiten rechtwinklig zur Längsrichtung abgeschnitten ist, sei $\frac{15\ \mathrm{cm}}{17\ \mathrm{cm}}$ stark und habe eine Länge von 4,51 m; dann

ist der cubische Inhalt = 0,15 . 0,17 (Grundfläche) . 4,51 (Höhe) = 0,0255 . 4,51 = 0,115005 cbm.

2) Es ist ein 3 eckiger Mauerklotz, dessen Seiten = 0,78 m lang sind, 4,52 m hoch aufgeführt. Wie groß ist der cubische Inhalt?

Die Grundfläche dieses Mauerklotzes bildet, weil alle Seiten gleich lang sind, ein gleichseitiges Dreieck abc (Fig. 59), dessen Flächeninhalt = halbe Grundlinie mal Höhe (§ 24 der Planimetrie), also = ad . bd ist; bd ist zwar nicht unmittelbar gegeben, läßt sich aber berechnen, denn in dem rechtwinkligen Dreieck abd ist Seite ad und auch $dc = \frac{1}{2} ac$ bekannt; folglich ist nach § 28 der Planimetrie $bd^2 + ad^2 = ab^2$ oder $bd = \sqrt{ab^2 - ad^2}$ oder

$$bd = \sqrt{0{,}78^2 - \left(\frac{0{,}78}{2}\right)^2} = \sqrt{0{,}78^2 - 0{,}39^2} =$$

$$\sqrt{0{,}6084 - 0{,}1521} = \sqrt{0{,}4563} = 0{,}6755$$

also die Dreiecksfläche ist gleich

$$\frac{0{,}78}{2} \,.\, 0{,}6755 = 0{,}263445$$

also der Körperinhalt ist gleich

$$0{,}263445 \,.\, 4{,}52 = 1{,}1907714 \text{ oder rund } = 1{,}1908 \text{ cbm.}$$

§ 3. Wenn man einen Kreis parallel mit sich im Raume so bewegt, daß der Mittelpunct eine gerade Linie beschreibt, so nennt man den Raum, welcher von der Kreisfläche beschrieben wird, einen Cylinder. Bewegt man in der angegebenen Weise statt des Kreises irgend eine andere krummlinig begrenzte Fläche, so erhält man einen Cylinder im weiteren Sinne. Der untere und obere Kreis, welche den Cylinder begrenzen, heißt die untere und obere Grundfläche, die krumme Fläche, welche den Cylinder begrenzt, heißt Mantel des Cylinders. Eine Linie, welche die Mittelpuncte der beiden Grundflächen verbindet, heißt Axe, und eine auf dem Mantel gezogene gerade Linie zwischen beiden Grundflächen parallel zur Axe heißt Seite des Cylinders. Steht die Axe senkrecht zur Grundfläche, so heißt der Cylinder gerade, im andern Fall schief.

Der cubische Inhalt eines Cylinders ist ebenso wie bei dem Prisma = dem Product aus einer Grundfläche und der Höhe. $I = F \,.\, h$.

Ueberhaupt alle Körper, welche dadurch beschrieben werden, daß man ihre beliebig gestaltete Grundfläche parallel mit sich im Raume bewegt, haben einen cubischen Inhalt = dem Product aus Grundfläche und Höhe.

Beispiele:

1) Ein cylindrischer Baumstamm, der an beiden Enden rechtwinklig zur Axe abgeschnitten ist, hat einen Durchmesser = 0,23 m und eine Länge = 3,45 m, wie groß ist der cubische Inhalt?

Zunächst ist die Kreisfläche zu berechnen nach § 34 der Planimetrie, diese ist $= r^2 . \pi = \left(\frac{0,23}{2}\right)^2 . 3,1416 = 0,115^2 . 3,1416 = 0,013225 . 3,1416 = 0,04154766$, wofür wir als genügenden Näherungswerth 0,04155 setzen können. Die Grundfläche ist also 0,04155 qm, mithin der cubische Inhalt $= 0,04155 . 3,45 = 0,1433475$ oder genau genug $= 0,1433$ cbm.

2) Es soll angegeben werden, wieviel Gußeisen ein gußeisernes Rohr enthält, welches 0,10 m lichten Durchmesser und 0,015 m Wandstärke hat bei einer Länge von 3,5 m (Fig. 60). Denken wir uns zunächst, daß das Rohr ein voller Cylinder ist und berechnen den Inhalt; sodann berechnen wir einen Cylinder mit 0,10 m Durchmesser, d. h. den Luftraum zwischen den Rohrwandungen; ziehen wir nun den cubischen Inhalt des letzten Cylinders vom ersten ab, so erhalten wir, wieviel Cubikmeter Gußeisen das Rohr enthält.

Das Rohr als voller Cylinder gedacht hat einen Durchmesser $= 0,015 + 0,10 + 0,015 = 0,13$ m, also einen Radius $= 0,065$ m, also Inhalt $= 0,065^2 . \pi . h = 0,004225 . 3,1416 . 3,5 = 0,04646$ cbm.

Der Luftraum hat einen Inhalt $= 0,05^2 . \pi . h = 0,0025 . 3,1416 . 3,5 = 0,02749$ cbm,
also das Rohr enthält an Gußeisen $= 0,04646 - 0,02749 = 0,01897$ cbm.

3) Ein Granitblock ist nach dem Querschnitt (Fig. 61) behauen, welchen cubischen Inhalt hat derselbe bei 1,5 m Länge?

Die Fläche des Querschnitts multiplicirt mit der Länge des Granitblocks würde den cubischen Inhalt geben. Die Querschnittsfläche läßt sich nun in zwei Theile zerlegen, nämlich in einen Halbkreis mit dem Durchmesser = 0,05 m und ein Parallelogramm mit der Grundlinie = 0,32 m und der Höhe = 0,12 m; berechnen wir die Flächen einzeln und addiren die Resultate, so erhalten wir die gesuchte Querschnittsfläche.

Die Halbkreisfläche ist $= \frac{r^2 . \pi}{2} = \frac{0,025^2}{2} . 3,1416 = 0,025^2 . 1,5708 = 0,00098175$ qm. Die Fläche des Parallelogrammes ist $= 0,32 . 0,12 = 0,0384$ qm, also beide Flächen zusammen $= 0,00098175 + 0,0384 = 0,03938175$ qm, also der cubische Inhalt des Blocks $= 0,03908175 . 1,5 = 0,059072625$ cbm.

4) Es soll der cubische Inhalt einer 5 m langen Eisenbahnschiene berechnet werden, von der die Querschnittsfläche = 42 qcm bekannt ist. Der cubische Inhalt ist gleich der Querschnittsfläche mal der Länge der Schiene. Nun kann man nicht multipliciren 42 . 5, denn die Zahl 42 giebt qcm an, die Zahl 5 dagegen m; man muß vielmehr die Zahlen zunächst auf dieselbe Maaßeinheit bringen. Wir machen also in dem vorliegenden Falle qcm zu qm. Da nun

nach I a. 2 ein Quadratcentimeter $= \frac{1}{10000} = 0{,}0001$ qm ist, so sind 42 qcm $= 0{,}0042$ qm. Der cubische Inhalt ist also $= 0{,}0042 \,.\, 5 = 0{,}021$ cbm.

§ 4. Eine Pyramide nennt man einen Körper, dessen Grundfläche irgend eine beliebige geradlinige Fläche ist und dessen Seitenkanten von den Winkelpuncten der Fläche aus in einen einzigen Punct außerhalb der Ebene der Fläche zusammenlaufen. Der Körper wird daher begrenzt durch die Grundfläche und so viele 3eckige Seitenflächen, als die Grundfläche Seiten hat. Der Vereinigungspunct der Seitenkanten heißt Spitze der Pyramide, und das Loth von der Spitze aus auf die Ebene der Grundfläche gefällt: die Höhe.

Je nach der Anzahl der Seitenflächen hat man 3seitige, 4seitige u. s. w. Pyramiden. Hat die Grundfläche gleiche Seiten und gleiche Winkel und sind auch die Seitenkanten gleich lang, so nennt man die Pyramide eine gerade. Schneidet man eine Pyramide parallel zur Grundfläche durch, so heißt der untere Theil abgestumpfte Pyramide, der obere Theil die Ergänzungspyramide. Es kommen vielfach Körper vor, welche als abgestumpfte Pyramiden erscheinen, thatsächlich jedoch keine solchen sind, weil die verlängerten Seitenkanten nicht in einen einzigen Punct zusammenlaufen. Verwendet man bei solchen Körpern die Formeln der abgestumpften Pyramide, so begeht man erhebliche Fehler, und man hat sich daher vor Benutzung der Formel stets erst zu überzeugen, ob sich die Kanten des als abgestumpfte Pyramide erscheinenden Körpers auch wirklich in der Verlangerung in einem Puncte treffen.

Der cubische Inhalt einer Pyramide ist stets der dritte Theil von dem Inhalt eines Prisma von gleicher Grundfläche und Höhe, also gleich dem Product aus Grundfläche und Höhe dividirt durch drei; $I = \frac{F \,.\, h}{3}$. Bezeichnet aber h den Abstand der parallelen Endflächen einer abgestumpften Pyramide und f die obere Fläche, so ist der cubische Inhalt

$$I = \frac{h}{3}(F + \sqrt{F \,.\, f} + f)$$

Beispiele:

1) Man soll den cubischen Inhalt einer geraden 4seitigen Pyramide (Fig. 62) finden, deren Grundfläche ein Quadrat von 3,15 m Seite und deren Höhe = 3 m ist.

$$F = 3{,}15^2 = 9{,}9225, \text{ also}$$

$$I = \frac{9{,}9225 \,.\, 3}{3} = 9{,}9225 \text{ cbm.}$$

2) Bei einer gleichen Pyramide sei gegeben die Seite des Quadrats = 2 m und die Seitenkante = 4 m; wie groß ist der cubische Inhalt? Die Höhe = h ist also nicht gegeben, wir können dieselbe aber aus den gegebenen Stücken berechnen.

In der (Fig. 62) perspectivisch gezeichneten Pyramide sei abcd die quadratische Grundfläche, die in der Zeichnung als schiefe erscheinenden Winkel sind also thatsächlich rechte Winkel und die Seiten sind gleich; fe sei die Höhe, diese steht senkrecht auf der quadratischen Fläche, weil die Pyramide eine gerade ist. Betrachten wir das Dreieck afe; es ist nach dem eben Gesagten rechtwinklig, und zwar ist ae die Hypotenuse, und weil die Pyramide gerade ist, ist $ae = be = ce = de = 4$ m; ferner ist nach § 28 der Planimetrie $ae^2 = af^2 + fe^2$ oder $ae^2 - af^2 = fe^2$ oder $fe^2 = \sqrt{ae^2 - af^2}$; $fe = h$; $ae = 4$ m; wäre nun auch af bekannt, so wäre die Höhe h gefunden; af ist nun $= \frac{1}{2}$ ac und ac ist die Hypotenuse des rechtwinkligen Dreiecks abc, also ist $ac = \sqrt{ab^2 + bc^2}$ oder da die Seiten des Quadrats $= 2$ m gegeben sind, $ac = \sqrt{4 + 4} = \sqrt{8} = 2{,}8284$, also $\frac{1}{2}\,ac = 1{,}4142 = af$, also wie oben $fe = \sqrt{ae^2 - af^2} = \sqrt{4^2 - 1{,}4142^2} = \sqrt{16 - 2} = \sqrt{14}$, oder nahezu $h = 3{,}7417$.

Nachdem wir h gefunden, ist $I = \frac{F \,.\, h}{3} = \frac{2^2 \,.\, 3{,}7417}{3} = 4{,}9889$ cbm.

3) Es ist ein Mauerkörper in Form einer abgestumpften geraden 4 seitigen Pyramide aufgeführt. Die Grundflächen sind Quadrate von 2 m und 1,5 m Seite, die Höhe der abgestumpften Pyramide ist 6 m; wie groß ist der cubische Inhalt?

Die untere Grundfläche F ist $= 2^2 = 4$; die obere Grundfläche f ist $= 1{,}5^2 = 2{,}25$; h ist gegeben $= 6$.

Setzen wir die Werthe in die Formel $I = \frac{h}{3} \,.\, (F + \sqrt{F \,.\, f} + f)$ ein, so erhalten wir $I = \frac{6}{3} \,.\, (4 + \sqrt{4 \,.\, 2{,}25} + 2{,}25) = 2 \,.\, (4 + \sqrt{9} + 2{,}25) = 2 \,.\, (4 + 3 + 2{,}25) = 18{,}5$, also $I = 18{,}5$ cbm.

Fig. 11

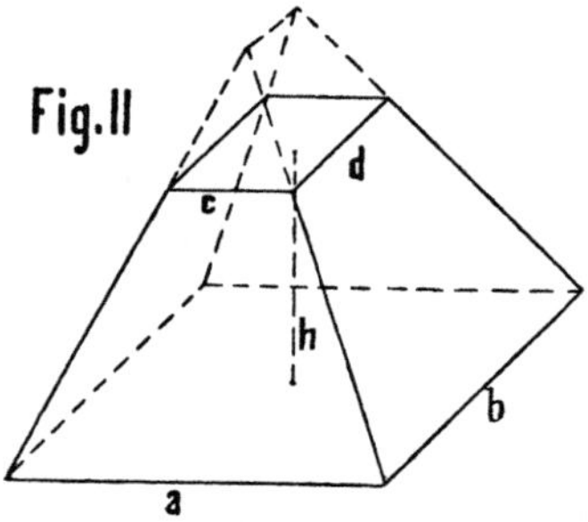

§ 5. Obelisk nennt man einen Körper, der mit parallelen End- und trapezförmigen Seitenflächen versehen ist, deren Kanten jedoch sich nicht wie bei der abgestumpften Pyramide in einem Puncte schneiden. Fig. 11.

Wenn a und b die Seiten der unteren und c und d die der oberen Endfläche darstellen und h der Abstand zwischen beiden bezeichnet, so ist der körperliche Inhalt des Obelisken

$$I = \frac{h}{6}\,[(2\,a + c)\,b + (a + 2\,c)\,d]$$

Beispiel:

Der Inhalt eines Kieshaufens von $a = 36$ m, $b = 7$ m, $c = 30$ m und $d = 1$ m; $h = 2$ m ist danach

$$I = \frac{2}{6}\left[(72 + 30)\,7 + (36 + 60)\,1\right] = 270 \text{ cbm.}$$

§ 6. Ein Kegel (Conus) ist ein Körper, dessen Grundfläche ein Kreis ist und dessen krumme Seitenfläche beschrieben wird, wenn man von einem Punct aus außerhalb der Ebene der Grundfläche eine gerade Linie an die Peripherie des Kreises legt und diese Linie so auf der Peripherie des Kreises herumbewegt, daß dieselbe stets durch den eben genannten Punct geht. Die Bezeichnungen Spitze, Höhe, Axe, gerader Kegel, schiefer Kegel entsprechen den Bezeichnungen bei der Pyramide. Man kann die Kegel auch als Pyramiden ansehen, deren Grundfläche eine Figur von unendlich vielen Seiten und gleichen Winkeln ist. Die Inhaltsberechnung ist daher dieselbe, wie bei der Pyramide, nämlich $I = \frac{F\,.\,h}{3}$ es wird hier nur F anders berechnet, weil es eine Kreisfläche ist. Ebenso gilt für einen abgestumpften Kegel dieselbe Formel wie für eine abgestumpfte Pyramide, nämlich $I = \frac{h}{3}\,.\,(F + \sqrt{F\,.\,f} + f)$.

Die Mantelfläche des geraden Kegels kann man als ein Dreieck ansehen, welches die Länge der Peripherie als Grundfläche und die Länge der Seite des Kegels (= s) (Verbindungslinie zwischen Spitze und irgend einem Punct der Peripherie) als Höhe hat; ist also M = Mantelfläche, so ist

$$M = \frac{2\,.\,r\,.\,\pi\,.\,s}{2} = r\,.\,\pi\,.\,s.$$

Beispiele:

1) Es soll ein abgestumpfter gerader Kegel aufgeschüttet werden, dessen untere Grundfläche 6 m Durchmesser und dessen obere Grundfläche 1 m Durchmesser hat, die Höhe soll 2,5 m betragen. Wie viel Boden wird erforderlich (abgesehen vom Sackmaaß)?

$$I = \frac{h}{3}\,(F + \sqrt{F\,.\,f} + f)$$

$$F = r^2\pi = 3^2\,.\,3{,}1416 = 28{,}2744$$

$$f = r^2\,.\,\pi = 0{,}5^2\,.\,3{,}1416 = 0{,}7854$$

$$\sqrt{F\,.\,f} = \sqrt{28{,}2744\,.\,0{,}7854} = 4{,}7124, \text{ mithin}$$

$$I = \frac{2{,}5}{3}\,(28{,}2744 + 0{,}7854 + 4{,}7124)$$

$$I = \frac{2{,}5}{3}\,(33{,}7722) = 28{,}1333.$$

Es werden also erforderlich 28,133 cbm Boden.

2) Es ist in Form eines geraden Kegels ein Blechmantel ausgeführt, dessen unterer Durchmesser 2 m und dessen Seite 2,5 m beträgt. Dieser Mantel ist im Aeußern von einem Maler angestrichen. Wie viel qm kann der Maler in Rechnung stellen?

$$M = r \,.\, \pi \,.\, s, \text{ also}$$
$$M = 1 \,.\, 3{,}1416 \,.\, 2{,}5 = 7{,}854 \text{ qm.}$$

§ 7. Ein Körper, der von einer krummen Fläche so begrenzt wird, daß jeder Punct auf dieser Fläche von einem Punct im Innern gleichen Abstand hat, heißt Kugel. Der Punct im Innern heißt Mittelpunct, und jede Linie, welche 2 Puncte der Kugelfläche so verbindet, daß sie durch den Mittelpunct geht, heißt Durchmesser der Kugel.

Durchschneidet man eine Kugel so, daß der Schnitt durch den Mittelpunct geht, so entstehen 2 Halbkugeln; geht der Schnitt nicht durch den Mittelpunct, so entstehen 2 Kugelabschnitte, deren krumme Begrenzungsfläche Calotte heißt; macht man 2 parallele Schnitte, so entstehen 2 Kugelabschnitte und ein Körper, dessen krumme Begrenzungsfläche Kugelzone heißt.

Die Kreisflächen, welche bei den Kugelschnitten entstehen, heißen Kugelkreise und zwar größte Kugelkreise, wenn der Schnitt durch den Mittelpunct geht. Den Durchmesser einer Kugel kann man auch als ihre Höhe ansehen.

Der Flächeninhalt der krummen Oberfläche einer Kugel, einer Calotte und einer Zone ist stets = dem Product aus dem größten Kugelkreise und der Höhe des Körpers, also:

Oberfläche einer Kugel $= 2 \,.\, r \,.\, \pi \,.\, 2 \,.\, r$

" " Calotte $= 2 \,.\, r \,.\, \pi \,.\, h$

" " Zone $= 2 \,.\, r \,.\, \pi \,.\, h$

Bezeichnet man den Radius der unteren Kreisfläche einer Calotte mit c, so ist die Oberfläche einer Calotte auch $= O = (c^2 + h^2)\,\pi$.

Die Formel für den Inhalt einer Kugelfläche schreibt man auch $O = 4r^2\pi$.

Den cubischen Inhalt einer Kugel findet man, wenn man die Oberfläche der Kugel mit $\frac{r}{3}$ multiplicirt, also $I = O \,.\, \frac{r}{3} = 2 \,.\, r \,.\, \pi \,.\, 2 \,.\, r \,.\, \frac{r}{3}$ oder $I = \frac{4}{3} r^3 \,.\, \pi$.

Bezeichnet man wieder den Radius der unteren Kreisfläche eines Kugelabschnittes mit c, so ist der cubische Inhalt eines Kugelabschnittes =

$$I = \frac{h \,.\, \pi}{6} \,.\, (3c^2 + h^2)$$

Beispiele:

1) Wie groß ist die Oberfläche einer Kugel von 2 m Durchmesser?
$O = 2 \,.\, r \,.\, \pi \,.\, 2 \,.\, r = 2 \,.\, 1 \,.\, 3{,}1416 \,.\, 2 \,.\, 1 = 12{,}5664$. Also $O = 12{,}5664$ qm.

2) Wie groß ist der cubische Inhalt derselben Kugel?

$$I = O \cdot \frac{r}{3} = 12{,}5664 \cdot \frac{1}{3} = 4{,}1888 \text{ cbm.}$$

3) Wie groß ist der cubische Inhalt eines Kugelabschnitts, dessen Höhe = 0,5 m ist und dessen untere Kreisfläche einen Durchmesser = 3 m hat?

$$I = \frac{h \cdot \pi}{6} \cdot (3c^2 + h^2) \text{ oder}$$
$$= \frac{0{,}5 \cdot 3{,}1416}{6} \cdot (3 \cdot 1{,}5^2 + 0{,}5^2)$$
$$= 0{,}2618 \cdot (6{,}75 + 0{,}25)$$
$$= 0{,}2618 \cdot 7 = 1{,}8326, \text{ also}$$
$$I = 1{,}8326 \text{ cbm.}$$

4) Wie groß ist die Calotte desselben Abschnitts?

$$O = (c^2 + h^2)\pi = (1{,}5^2 + 0{,}5^2) \cdot 3{,}1416, \text{ also}$$
$$O = 7{,}854 \text{ qm.}$$

§ 8. Berechnung der Gewölbe und Gewölbeflächen läßt sich wie folgt ausführen:

Kappengewölbe. Man berechnet nach § 36 der Planimetrie die Bogenlänge und multiplicirt das Resultat mit der Länge des Gewölbes, so erhält man die Gewölbefläche; diese mit der Gewölbestärke multiplicirt, giebt den cubischen Inhalt des Gewölbes.

Tonnengewölbe werden wie Kappengewölbe berechnet.

Da Kreuzgewölbe aus 4 Theilen von Tonnengewölben mit dreieckigem Grundrisse bestehen, so erhält man die Fläche, wenn man die Länge zweier zusammenstoßender Stirnbogen mit den Abständen dieser Stirnbögen vom Scheitel multiplicirt und die beiden Producte addirt: der cubische Inhalt folgt aus der Multiplication der Oberfläche mit der Wolbestarke

Kuppelgewölbe. Der Inhalt ergiebt sich aus der Multiplication der Kuppelfläche mit der Wölbestarke.

§ 9. Sollen solche Körper ausgemessen werden, von denen im Vorhergehenden nicht die Rede gewesen, so zerlegt man diese in mehrere Körper von solcher Form, welche sich nach den gegebenen Formeln messen lassen und addirt dann die Inhalte der einzelnen Körper zusammen.

Verschiedene Beispiele.

(Siehe Tabelle des Eigengewichtes einiger fester Körper auf Seite 5.)

1) Wie schwer ist ein Cubus von Gußeisen, dessen Seite 11 cm lang ist?

Der cubische Inhalt ist = 0,11 . 0,11 . 0,11 = 0,001331 cbm. Ein Cubikmeter Gußeisen wiegt 7200 kg, also wiegt der Cubus 0,001331 . 7200 = 9,5832 kg.

2) Wie schwer ist ein 4kantiger Balken von Fichtenholz bei 5,21 m Länge und $\frac{20 \text{ cm}}{24 \text{ cm}}$ Stärke?

Der cubische Inhalt ist $= 5{,}21 \,.\, 0{,}20 \,.\, 0{,}24 = 0{,}25008$ cbm. Ein cbm Fichtenholz wiegt 470 kg, also der Balken $0{,}25008 \,.\, 470 = 117{,}54$ kg.

3) Wie schwer ist eine konische 3 m lange Welle von Eichenholz, deren oberer Durchmesser 30 cm und deren unterer Durchmesser 36 cm beträgt?

Die Welle ist ein abgestumpfter Kegel, der cubische Inhalt also

$$= \frac{h}{3}(F + f + \sqrt{F \,.\, f}); \text{ h ist} = 3 \text{ m}$$

$$f = 0{,}15^2 \,.\, \pi = 0{,}15^2 \,.\, 3{,}1416 = 0{,}07069 \text{ qm}$$
$$F = 0{,}18^2 \,.\, \pi = 0{,}18^2 \,.\, 3{,}1416 = 0{,}10179 \text{ qm}$$
$$\sqrt{F \,.\, f} = \sqrt{0{,}10179 \,.\, 0{,}07069} = 0{,}08489 \text{ qm},$$

mithin der cubische Inhalt =

$$\frac{3}{3}(0{,}10179 + 0{,}07069 + 0{,}08489) = 0{,}25737 \text{ cbm}.$$

1 cbm Eichenholz wiegt 750 kg, also die Welle $= 0{,}25737 \,.\, 750 = 193{,}03$ kg.

4) Wie schwer ist ein Gefäß von Kupfer, welches in Form einer Halbkugel aus 2 mm starkem Kupferblech gefertigt ist, wenn der Durchmesser 75 cm beträgt?

Die Oberfläche einer Kugel ist $= 4r^2 \,.\, \pi$, also die krumme Oberfläche einer Halbkugel $= 2r^2 \,.\, \pi$, also die Oberfläche des Gefäßes $= 2 \,.\, 0{,}375^2 \,.\, 3{,}1416 = 0{,}88358$ qm.

Die Oberfläche des Gefäßes beträgt also 0,88358 qm, die Stärke des Kupferbleches ist 2 mm oder 0,002 m; der Kupferinhalt des Gefäßes ist also =

$$0{,}88358 \,.\, 0{,}002 \text{ cbm} = 0{,}0017672 \text{ cbm}.$$

1 cbm Kupfer wiegt 8900 kg, also das Gefäß $= 0{,}0017672 \,.\, 8900 = 15{,}728$ kg.

5) Ein halbhochbordiger Eisenbahnwagen soll mit trocknem Kies beladen werden, der Wagen ist 6,434 m lang, 2,564 m breit und hat eine Tragkraft von 10 t. Wie hoch darf der Wagen beladen werden?

1 cbm Kies wiegt 1850 kg. Es ist zunächst zu ermitteln, wieviel Cubikmeter Kies ein Gewicht von 10 t = 10000 kg haben. Also

$$1 : 1850 = x : 10000 \text{ oder}$$

$$\frac{1}{1850} = \frac{x}{10000} \text{ oder } x = \frac{10000}{1850} = 5{,}405.$$

Der Wagen darf also mit 5,405 cbm Kies beladen werden. Bezeichnen wir nun die unbekannte Höhe, in der der Wagen beladen werden darf, mit x, so ist der cubische Inhalt des Kieses auf dem Wagen $= 2{,}564 \,.\, 6{,}434 \,.\, x$ und dieser soll, wie oben gefunden, $= 5{,}405$ cbm sein; wir haben also die Gleichung

$$2{,}564 \,.\, 6{,}434 \,.\, x = 5{,}405 \text{ oder}$$

$$x = \frac{5{,}405}{2{,}564 \,.\, 6434} = 0{,}327 \text{ m},$$

der Wagen darf also nur 32,7 cm hoch beladen werden.

6) Ein kreisrunder Wasserstations-Bottich aus Eisenblech von 3 mm Stärke hat einen lichten Durchmesser von 1 m und eine Höhe von 1,70 m. Wie stark wird die Balkenlage des Wasserstations-Gebäudes belastet, wenn der Bottich ganz mit Wasser angefüllt ist?

Es ist zunächst das Gewicht des Bottichs ohne Wasser zu berechnen.

Die Bodenfläche ist $= r^2\pi = 0{,}5^2 \,.\, 3{,}1416 = 0{,}7854$ qm.

Die Seitenfläche ist $= 2r\pi \,.\, h = 2 \,.\, 0{,}5 \,.\, 3{,}1416 \,.\, 1{,}70 = 5{,}3407$ qm.

Es ist also im Ganzen $0{,}7854 + 5{,}3407 = 6{,}1261$ qm Eisenblech vorhanden, dasselbe ist 3 mm stark, hat also einen cubischen Inhalt von $6{,}1261 \,.\, 0{,}003$ cbm $= 0{,}0184$ cbm.

1 cbm Schmiedeeisen wiegt 7700 kg, also der Bottich $= 0{,}0184 \,.\, 7700 = 141{,}68$ kg.

Der cubische Inhalt des Wassers beträgt $r^2\pi \,.\, h = 0{,}7854 \,.\, 1{,}70 = 1{,}3352$; 1 cbm Wasser wiegt 1000 kg, also das Wasser im Bottich $= 1{,}3352 \,.\, 1000 = 1335{,}2$ kg.

Die Balkenlage wird also belastet mit $1335{,}2 + 141{,}68 = 1476{,}9$ kg.

7) Wieviel Liter Wasser faßt ein Kessel, dessen oberer Durchmesser 0,90 m, dessen unterer Durchmesser 0.76 m ist, und dessen Boden die Form einer Calotte von 0,05 m Höhe hat? Die ganze Tiefe des Kessels beträgt 0,65 m.

Die Form des Kessels ist eine zusammengesetzte und zwar bildet der Inhalt desselben einen abgestumpften Kegel und einen Kugelabschnitt; man hat also den cubischen Inhalt dieser beiden Körper einzeln zu berechnen und die Resultate zu addiren.

Abgestumpfter Kegel hat einen Inhalt =

$$I = \frac{h}{3}(F + f + \sqrt{F \,.\, f})$$

$$h = 0{,}65 - 0{,}05 = 0{,}60 \text{ m, also } \frac{h}{3} = 0{,}20 \text{ m}$$

$$F = 0{,}45^2 \,.\, 3{,}1416 = 0{,}63617 \text{ qm}$$

$$f = 0{,}38^2 \,.\, 3{,}1416 = 0{,}45365 \text{ qm}$$

$$\sqrt{F \,.\, f} = \sqrt{0{,}63617 \,.\, 0{,}45365} = 0{,}53721 \text{ qm, mithin}$$

$\frac{h}{3}(F + f + \sqrt{F \,.\, f}) = 0{,}20 \,.\, 1{,}62703 = 0{,}325406 =$ Inhalt des abgestumpften Kegels.

Der Inhalt des Kugelabschnittes ist nach § 6 =

$$\frac{h \cdot \pi}{6} \cdot (3c^2 + h^2) = I'.$$

Im vorliegenden Fall ist h = 0,05 m und $c = \frac{0,76}{2} = 0,38$ m, also

$$I' = \frac{0,05 \cdot 3,1416}{6} (3 \cdot 0,38^2 + 0,05^2) = 0,011407.$$

Also der Inhalt des Kessels $= I + I' =$

$$0,336813 \text{ cbm} = 336,813 \text{ l}.$$

III. Naturwissenschaft.

1. Erklärung.

§ 1. Die Naturwissenschaft handelt von den Naturkörpern und von den Naturgesetzen, denen diese Körper unterworfen sind.

Alles, was Raum einnimmt, ist ein Naturkörper. Auf alle Körper wirken die Kräfte der Natur und kein Körper kann sich der Einwirkung dieser Kräfte entziehen. Will man sich die Kräfte der Natur nutzbar machen, so kommt es einmal darauf an, die Art und Weise kennen zu lernen, wie sich die Kräfte äußern und welche Einwirkung sie auf die Körper haben, andererseits ist nothwendig, daß man die Eigenschaften der Körper kennen lernt.

2. Allgemeine Eigenschaften der Körper.

§ 2. Ausdehnung und Undurchdringlichkeit. Jeder Körper hat das Bestreben sich auszudehnen; zwei Körper können nicht gleichzeitig denselben Raum einnehmen, sie sind undurchdringlich. Zum Messen der Ausdehnungen eines Körpers dient als Längeneinheit das Meter.

Ein Meter ist eine Länge, die fast genau gleich ist dem 40millionsten Theile des Erdumfanges.

§ 3. Theilbarkeit, Cohäsion und Adhäsion. Jeder Körper ist aus einzelnen Theilen, Atomen, zusammengesetzt, welche auf einander eine anziehende Kraft ausüben. Man nennt diese Eigenschaft Cohäsion. Sie ist am stärksten bei den festen Körpern. Die zwischen den benachbarten Theilen zweier verschiedener einander berührender Körper wirkende Anziehungskraft heißt Adhäsion. Daß die in der Luft schwebenden Tropfen rund sind, ist eine Folge der Cohäsion. Das Leimen, Löthen, Verzinnen u. s. w. ist nur möglich vermöge der Adhäsion. Die

Adhäsion zwischen festen und flüssigen Körpern ist sehr verschieden. Ein mit Fett bestrichener Körper wird vom Wasser nicht benetzt; Glas wird vom Wasser benetzt, aber nicht vom Quecksilber. Hält man eine möglichst enge Glasröhre in Quecksilber, so steht das Quecksilber in der Röhre tiefer als im Gefäß, hält man die Röhre dagegen in Wasser, so steigt das Wasser in der Röhre in die Höhe, und zwar um so höher, je enger die Röhre. Diese Erscheinung nennt man Haarröhrchen-Anziehung oder Capillarität.

Eine Mauer, welche nicht vom Erdboden isolirt ist, wird vermöge der Capillarität feucht; ein Stein wird durch einen trockenen Holzkeil vermöge der Capillarität gesprengt, wenn man das Holz anfeuchtet. Das Aufsteigen des Oels, Petroleums u. s. w. in den Dochten der Lampen beruht auf demselben Gesetze.

§ 4. Aggregatzustände. Alle Naturkörper lassen sich, je nach dem Zusammenhange ihrer einzelnen Theile — Aggregatzustand — unterscheiden in feste, flüssige und gasförmige. Die festen Körper haben einen bestimmten Umfang und Gestalt, die flüssigen haben einen bestimmten Rauminhalt, aber keine selbstständige Gestalt, da geringe Kraft hinreicht, um eine Formveränderung hervorzurufen. Die luftförmigen Körper haben keinen bestimmten Rauminhalt, sie sind bestrebt, jeden ihnen zu Gebote stehenden Raum zu erfüllen.

§ 5. Elasticität und Dehnbarkeit. Jeder Körper, der in Folge Einwirkung einer äußeren Kraft seine ursprüngliche Gestalt geändert hat, ist bestrebt, nach Aufhörung dieser Einwirkung zu seiner Anfangsgestalt wieder zurückzukehren. Diese Eigenschaft nennt man die Elasticität. Die Grenze bis zu welcher eine Aenderung der ursprünglichen Gestalt eintreten kann, ohne daß eine dauernde Aenderung in der Lage der einzelnen Körpertheile eintritt, heißt die Elasticitätsgrenze. Wird diese Grenze überschritten, so wird der Körper sich entweder bleibend ausdehnen oder zerreißen oder brechen.

§ 6. Festigkeit. Unter Festigkeit versteht man den Widerstand, den ein Körper der gänzlichen Trennung seiner Theile entgegensetzt. Je nach der Verschiedenartigkeit der Einwirkung der äußeren Kraft unterscheidet man:

1. Absolute oder Zugfestigkeit = Widerstand gegen Zerreißen,
2. Rückwirkende Festigkeit = Widerstand gegen Zerdrücken,
3. Relative Festigkeit = Widerstand gegen Durchbiegung,
4. Schubfestigkeit = Widerstand gegen seitliche Verschiebung, Abscheerung,
5. Torsionsfähigkeit = Widerstand gegen Verdrehen.

Bei baulichen Ausführungen darf die Belastung die Elasticitätsgrenze nicht erreichen.

In nachstehender Tabelle sind für einige Materialien die Zahl der Kilogramme angegeben, denen jedes Quadratcentimeter des Querschnitts dieser Materialien auf Zug und Druck mit hinreichender Sicherheit widersteht.

Bezeichnung des Materials	Zulässige Kilogramme auf Quadratcentimeter auf	
	Zug	Druck
Schmiedeeisen	750	750
Eisendraht	1200	—
Gußeisen	250	500
Gewöhnlicher Stahl	1500	1500
Gußstahl	2500	2500
Hartes Holz in der Faserrichtung	90—120	65—90
Weiches Holz in der Faserrichtung	60—90	50—65
Basalt	—	60—80
Granit	5—6	50—70
Sandstein	2—3	25 35
Kalkstein	3	25—35
Ziegel, gute	1—2	10—15
" gewöhnliche	—	6—10
Cement	2	20—30
Cementmörtel, 1 Cement, 4 Theile Sand	1	11
Kalkmörtel	—	7
Beton	1,8	9
Die Belastung eines guten Baugrundes nimmt man nicht höher an als	—	2

§ 7. Dichtigkeit und specifisches Gewicht. Das Wasser hat bei einer Wärme von 4° Celsius die größte Dichtigkeit, ein Cubikmeter desselben wiegt dann 1000 Kilogramm. Die Dichtigkeit eines anderen Körpers im Vergleich zu der des Wassers bei 4° Celsius nennt man dessen specifisches Gewicht.

Nachfolgende Tabelle enthält die specifischen Gewichte einiger Baumaterialien; man erhält das wirkliche Gewicht, wenn man das specifische Gewicht mit 1000 multiplicirt.

Bezeichnung des Materials	Specifisch. Gewicht	Bezeichnung des Materials	Specifisch. Gewicht
Antimon	6,758	Glas	3,035
Basalt	2,857	Gold, gegossen	19,379
Birke, frisch = 0,919, lufttrocken	0,664	Granit	2,781
Blei	11,326	Grauwacke	2,700
Buchenholz, frisch = 0,98, lufttrocken	0,721	Kalkmortel	1,748
Dachschiefer	3,085	Kalkstein	2,360
Diorit (Grünstein)	2,895	Kupfer	8,765
Eichenholz, frisch = 0,973, lufttrocken	0,785	Messing	8,275
Eisen, Stabeisen	7,60	Sand, fein und trocken	1,518
" Gußeisen	7,1—7,5	Sandstein	2,30
" Gußstahl	7,872	Silber	10,560
Kiefernholz, frisch = 0,9, lufttrocken	0,613	Ziegelsteine	1,935
		Zink	7,075
		Zinn	7,315

3. Chemische Grundbegriffe.

§ 8. Sämmtliche Körper sind entweder einfache Stoffe, d. h. solche, welche sich nicht weiter zerlegen lassen, oder zusammengesetzte Stoffe, d. h. solche, welche in mehrere einfache Stoffe zerlegt werden können. Einfache Stoffe sind sämmtliche Metalle, ferner Sauerstoff, Wasserstoff, Stickstoff, Kiesel, Kohlenstoff, Schwefel u. s. w.; die Zahl derselben ist sehr begrenzt. Stoffe, welche man im gewohnlichen Leben für einfache hält, sind in Wirklichkeit zusammengesetzte; z. B. ist Wasser eine Verbindung von Wasserstoff und Sauerstoff. Unter den zusammengesetzten Körpern unterscheidet man solche, welche aus 2 einfachen Stoffen zusammengesetzt sind und nennt sie eine Verbindung der 1ten Ordnung, sowie solche, welche aus 2 Verbindungen der 1ten Ordnung zusammengesetzt sind, die Verbindungen der 2ten Ordnung genannt werden.

§ 9. Unter den zusammengesetzten Körpern der 1ten Ordnung muß man vorzugsweise 2 Arten unterscheiden, die Säuren und die Basen; beide Arten verbinden sich mit einander und geben dann einen Körper 2ter Ordnung, die Salze. Die nicht metallischen einfachen Stoffe sind es vorzugsweise, welche in Verbindung mit Sauerstoff Säuren bilden, z. B. eine Verbindung von Kohle und Sauerstoff giebt Kohlensäure. Zu den Basen gehören die sogenannten Alkalien (Kali, Natron u. s. w.), dieselben bilden mit Oelen in Wasser lösliche Seifen; ferner gehören dazu die Verbindungen der schweren Metalle mit Sauerstoff, welche man Metalloxyde nennt.

§ 10. Sauerstoff ist ein farbloses Gas, welches im Gemenge mit Stickstoff die atmosphärische Luft bildet. Ohne Sauerstoff ist ein Verbrennen der Körper nicht möglich; je mehr Sauerstoff beim Verbrennen zugeführt wird, desto lebhafter ist die Verbrennung; die Luft enthält ungefähr $^1/_5$ Sauerstoff und $^4/_5$ Stickstoff; brennt daher ein Feuer in einem von der Luft abgeschlossenen Raum, so ist der Sauerstoff in diesem Raum bald verbraucht, und das Feuer erlischt, führt man dagegen einen lebhaften Luftstrom ins Feuer, so ist man im Stande, eine große Hitze zu erzeugen. Die Anwendung des Blasebalgs und der Gebläse überhaupt beruht hierauf; ebenso hat man bei allen Feuerungsanlagen besonders darauf zu sehen, daß ein kräftiger Luftstrom dem Feuer zugeführt wird, man erreicht dies durch entsprechende Bauart der Essen oder Schornsteine. In reinem Sauerstoffgas ist man im Stande Körper zu verbrennen, welche in der Luft nicht brennen, z. B. Stahl.

Die Verbindungen des Sauerstoffes mit den einfachen Stoffen nennt man Oxyde, resp. Säuren.

Das Anlaufen des Bleies und das Rosten des Eisens besteht in einer Verbindung des Bleies und des Eisens mit Sauerstoff und es entstehen Bleioxyd und Eisenoxyd (Rost). Daß das Eisen im Wasser starker rostet, als in der

Luft, liegt darin, weil im Wasser ein größerer Sauerstoffgehalt als in der Luft ist; das Wasser enthält nämlich $^1/_3$ Sauerstoff und $^2/_3$ Wasserstoff. Eine Verbindung der nicht metallischen einfachen Stoffe mit Sauerstoff giebt meistens Säuren; z. B. Kiesel mit Sauerstoff giebt Kieselsäure, Schwefel mit Sauerstoff giebt Schwefelsäure.

§ 11. Kiesel kommt in der Natur nie rein, sondern stets mit Sauerstoff verbunden als Kieselsäure oder Kieselerde vor. Wird ein Gemenge von Thon und Kalk mit Kieselsäure verbunden, so enthält dann der entstehende Cement die Eigenschaft, unter Wasser zu erhärten (s. § 9 der Baumaterialien). Glas ist ebenfalls eine Verbindung der Kieselsäure, nämlich Kieselsäure mit Alkalien (Kali, Natron); man erhält das Glas durch Zusammenschmelzen von Sand, Pottasche und Kalk; die verschiedenen Farben entstehen durch Zusatz von Metalloxyden.

§ 12. Der Kohlenstoff kommt in verschiedenen Aggregatzustanden (s. § 2) vor, rein nur in Diamanten; außerdem kommt er vor in Graphit (Bleifeder), in Holz- und Stein-Kohle, sowie in allen thierischen und Pflanzen-Körpern, welche letztere sämmtlich eine Verbindung des Kohlenstoffs, Sauerstoffs, Wasserstoffs und Stickstoffs sind. Die aus den letztgenannten Körpern hergestellte Kohle besitzt die Eigenschaft, Farbestoffe und faule übelriechende Stoffe aufzusaugen; sie wird daher vielfach angewandt, um sowohl Luft als Wasser zu reinigen; untrinkbares Wasser wird dadurch, daß es durch Kohle filtrirt wird, trinkbar gemacht.

Die Brennkraft unserer Brennmaterialien ist eine Folge des Kohlenstoffs, je mehr Kohlenstoff dieselben enthalten, desto mehr Hitze entwickeln sie. Ebenso ist die Leuchtkraft der Gase, welche eine Verbindung von Kohlenstoff und Wasserstoff sind, nur eine Folge des Kohlenstoffs. Tritt eine unvollkommene Verbrennung ein, so daß nicht alle Kohle verbrennt, z. B. in Folge eines zu geringen Luftzutritts, so werden ganz feine Kohlentheilchen durch die heiße Luft emporgetrieben; man nennt diese im gewöhnlichen Leben Rauch.

Eine weitere Verbindung geht der Kohlenstoff mit dem Eisen ein, das je nach seinem Kohlenstoff-Gehalt Gußeisen, Stahl oder Schmiedeeisen genannt wird (s. § 12 der Baumaterialien).

4. Von der Wärme.

§ 13. Eine Erklärung der Begriffe Wärme und Kälte ist schwer zu geben, wir erkennen dieselben nur durch ihre Wirkungen; auch durch die Wirkungen werden unsere Sinne verschieden erregt, was einem warm erscheint, erscheint einem anderen vielleicht kalt. Auf sämmtliche Körper wirkt die Wärme in der Weise, daß sie dieselben ausdehnt und zwar um so mehr, je größer die Wärme. Den

Grad dieser Ausdehnung hat man benutzt, um einen Maaßstab für die Wärme zu erhalten.

§ 14. Die gewöhnlichen Thermometer, mit denen wir die Wärme messen, enthalten irgend eine Flüssigkeit, welche in Folge der Ausdehnung durch die Wärme in einer Glasröhre steigt oder fällt. Für die Eintheilung der Röhre hat man 2 feste Puncte angenommen, nämlich den Gefrierpunct, auf welchen die Flüssigkeit zeigt, wenn das Thermometer in schmelzendem Schnee steht, und den Siedepunct, welchen die Flüssigkeit anzeigt, wenn das Thermometer in kochendem Wasser steht; den Abstand dieser Puncte hat man in eine bestimmte Anzahl gleicher Theile getheilt und zwar nach Reaumur dem älteren Gebrauch gemäß in 80 Theile oder Grade; in neuerer Zeit geschieht die Theilung der Thermometer nach Celsius in 100 Grade.

§ 15 Die Wärme pflanzt sich fort durch Leitung, Strömung und Ausstrahlung. Wird ein Körper erwärmt, so vertheilt sich die Wärme allmälig gleichmäßig durch den ganzen Körper, auch pflanzt sie sich in andere Körper fort, welche mit dem erwärmten in unmittelbare Berührung kommen. Das Verhalten der Körper, auf welche die Wärme einwirkt, ist verschieden; es giebt Körper, welche die Wärme rasch in sich aufnehmen, und Körper, welche die Wärme schwer in sich aufnehmen Die ersteren nennt man gute Wärmeleiter, die letzteren schlechte Wärmeleiter. Gute Wärmeleiter sind alle Metalle, schlechte Wärmeleiter sind Luft, Holz, Federn, Haare, Kohle; zwischen beiden stehen Stein, Ziegel, Thon, Wasser, Glas. Diese Eigenschaft der Köiper spielt in der Technik eine große Rolle. Soll ein Raum hergestellt werden, in dem sich die Wärme lange hält, so umgiebt man ihn mit schlechten Wärmeleitern, man führt also z. B. die Mauern so auf, daß innerhalb derselben ein hohler Raum bleibt, die in diesem Raum enthaltene Schicht bildet dann eine Isolirschicht, durch welche die Wärme schwer dringt; auch füllt man den hohlen Raum mit Asche u. s. w. aus.

Eiskeller werden ebenfalls in dieser Weise hergestellt und dann möglichst dick mit Rohr eingedeckt, die äußere Wärme dringt dann schwer in den inneren Raum durch die aus schlechten Wärmeleitern hergestellten Wände. Das Material, aus welchem wir unsere Oefen construiren, wird je nach dem Zweck des Ofens aus guten oder weniger guten Wärmeleitern gewählt; soll ein Ofen möglichst schnell Hitze abgeben, so nimmt man eiserne Oefen; soll dagegen ein Ofen nachhaltiger und nicht so rasch heizen, so wählt man Kacheln.

§ 16. Bei flüssigen und luftförmigen Körpern, welche von unten erwärmt werden, pflanzt sich die Wärme auch durch Strömung fort. Nach § 19 werden die Körper sämmtlich durch die Wärme ausgedehnt, ein gleicher Raumtheil wird also in Folge der Wärme leichter. Hierdurch entsteht bei flüssigen und luftförmigen Körpern eine Strömung, indem die erwärmten Theilchen nach oben, die kälteren nach unten strömen. Oeffnet man z. B. die Thür zwischen einer kalten und warmen Stube, so fließt die kalte Luft ähnlich wie Wasser in die warme Stube durch die untere Thüröffnung und lagert sich über dem Fußboden, während die warme Luft durch die obere Thüröffnung in die kalte Stube strömt und sich hier an der Decke lagert. Auf der Strömung der flüssigen und luftförmigen Körper beruhen die Anordnungen der Wasser- und Luftheizungen. Man denke sich in einem Heizraum ein mehrfach gewundenes Rohr; von dem oberen Ende desselben geht eine Rohrleitung ab, welche durch die höher gelegenen Räume, die erwärmt werden sollen, geführt wird; aus diesen Räumen führt die Rohrleitung nach unten zurück und wird verbunden mit dem unteren Ende der in dem Heizraum befindlichen Rohrschlange. Ist nun die ganze Rohrleitung mit Wasser gefüllt, und wird die Rohrschlange im Heizraum erwärmt, so steigt das erwärmte Wasser nach oben durch das Steigrohr, während das kältere Wasser durch das Rücklaufrohr in die Rohrschlange fließt, hier erwärmt wird und dann ebenfalls nach oben strömt; das Wasser bewegt sich auf diese Weise fortwährend kreisförmig in der Rohrleitung. Die Räume werden so durch die ausstrahlende Wärme der Rohrleitung erwärmt. — Der Grundgedanke der Luftheizung ist folgender. In einer Heizkammer wird die Luft erwärmt und steigt dann durch gemauerte Canäle innerhalb der Wände unmittelbar in die zu erwärmenden Räume.

§ 17. Eine Folge der Strömung ist auch der Zug in den Feuerungsanlagen und Schornsteinen. Dadurch, daß die Luft innerhalb der Feuerungsanlagen und Schornsteine wärmer als die äußere Luft ist, steigt dieselbe nach oben und es entsteht der Zug. Der Zug ist um so stärker, je größer der Wärmeunterschied und je hoher die Schornsteine.

§ 18. Die Wärme pflanzt sich von einem Körper zum andern fort, auch wenn dieselben sich nicht berühren und zwar in Folge der Ausstrahlung. Alle Körper strahlen Wärme aus und zwar um so mehr, je größer die Temperatur derselben ist. Auch die Beschaffenheit der Oberfläche ist von Einfluß auf die Ausstrahlung, polirte Metalle strahlen am schwächsten aus, Kienruß am stärksten. Die strahlende Wärme wird theilweise von den getroffenen Körpern zurückgeworfen, theilweise verschluckt.

§ 19. Es ist bereits im § 13 gesagt, daß die Wärme sämmtliche Körper ausdehnt und zwar ist die Ausdehnung um so größer, je größer die Temperatur. Beim Verlegen von Eisenbahnschienen muß man z. B. besondere Rücksicht darauf nehmen, daß zwischen 2 Schienen der zum Ausdehnen derselben nöthige Spielraum bleibt; je nach der äußeren Lufttemperatur muß man diesen Spielraum größer oder kleiner machen Ebenso muß bei sammtlichen Bauwerken aus Eisen darauf Bedacht genommen werden, daß das Eisen sich ohne nachtheilige Folgen ausdehnen kann. — Während alle Körper beim Erkalten sich zusammenziehen, macht das Wasser einige Grade vor dem Gefrierpunct eine Ausnahme; dasselbe dehnt sich nämlich aus. Hieraus erklärt sich das Zerfrieren einzelner Baumaterialien und das Auffrieren des Bodens, sobald Wasser sich darin befindet, das Springen der Wasserleitungsrohren durch den Frost u. s. w.; das Wasser dehnt sich nämlich beim Gefrieren aus und sprengt dann die Hülle, von welcher es umgeben wird.

§ 20. Eine weitere Wirkung der Wärme auf die Körper ist die Veränderung des Aggregatzustandes (s. § 2). Wird einem festen Körper eine entsprechende Wärme zugesetzt, so verwandelt er sich in einen flüssigen Körper; der flüssige Körper ist also zusammengesetzt aus dem festen Körper und einer Menge Wärme; wird einem flüssigen Körper eine entsprechende Wärme zugesetzt, so verwandelt sich derselbe in einen luftförmigen Körper; der luftförmige Körper ist also zusammengesetzt aus dem flüssigen Körper und einer Menge Wärme. Diese Wärme, welche in den flüssigen und luftförmigen Körpern enthalten ist, nennt man gebundene Wärme; geht ein luftförmiger Körper wieder in den flüssigen Zustand über, oder ein flüssiger Körper in den festen Zustand, so muß er die gebundene Wärme wieder abgeben; man sagt dann: die Wärme wird wieder frei. Verwandelt sich z. B. Wasser in Eis, so wird die Wärme frei, welche nöthig war, um den Körper flüssig zu erhalten. Wird gebrannter Kalk mit Wasser gelöscht, so tritt eine starke Erhitzung des Wassers ein; dieselbe läßt sich dadurch erklären, daß der Kalk mit einem Theil des Wassers eine feste Verbindung eingeht; dies kann nur geschehen, wenn dieser Theil des Wassers die Wärme abgiebt, welche zu seinem flüssigen Zustand erforderlich war; diese frei werdende Wärme erhitzt nun das übrig bleibende Wasser.

§ 21. Geht das Wasser in den luftförmigen Zustand über, so entsteht Dampf; entzieht man dem Dampf eine entsprechende Wärme oder übt man einen starken Druck auf denselben aus, so verdichtet man ihn zu Wasser, d. h. man condensirt ihn. Auch Gase lassen sich condensiren, doch muß die Wärmeentziehung oder der Druck sehr groß sein. Der Dampf ist sehr elastisch und übt, wenn derselbe in einem eingeschlossenen Raume stark erzeugt wird, einen großen Druck durch seine Spannung aus. Die Spannung des Dampfes benutzt man als bewegende Kraft bei den Dampfmaschinen; eine nähere Beschreibung derselben überschreitet die Grenzen dieses Buches.

IV. Mechanik.

1. Einleitung.

§ 1. Unter Mechanik versteht man die Lehre von der Ruhe und von der Bewegung der Körper (Statik und Dynamik). Ein Körper ist in Ruhe, so lange er die ihm im Raum gegebene Lage beibehält, er ist in Bewegung, wenn er dieselbe verläßt.

2. Bewegungslehre.

§ 2. Beharrungsvermögen. Alle Körper haben die Eigenschaft in demselben Bewegungszustande, d. h. in Ruhe oder in Bewegung zu beharren. Man nennt diese Eigenschaft Beharrungsvermogen oder Trägheit. Eine Aenderung in dem Bewegungszustande kann nur durch Einwirken äußerer Ursachen oder Kräfte eintreten.

§ 3. Arten der Bewegung. Gleichförmige Bewegung. Bei der Bewegung unterscheidet man die Richtung und die Bewegungsart. Ein Körper bewegt sich gradlinig, wenn er seine Anfangsrichtung unverändert beibehält; seine Bahn, d. h. der von ihm zurückgelegte Weg, ist krummlinig, wenn er die Anfangsrichtung ändert. Legt ein Körper in gleichen Zeitabschnitten gleiche Strecken zurück, so bewegt er sich gleichförmig, im anderen Falle ist seine Bewegung eine ungleichförmige. Der in der Zeiteinheit von einer Secunde zurückgelegte Weg heißt Geschwindigkeit.

Beispiel: Wenn ein Körper nach 10 Secunden 50 m, nach 20 Secunden 100 m und nach 30 Secunden 150 m zurückgelegt hat und bewegt er sich hierbei gleichförmig, so hat er sich mit einer Geschwindigkeit von $\frac{50}{10} = \frac{100}{20} = \frac{150}{30}$ $= 5$ m in der Secunde fortbewegt.

§ 4. Beschleunigte Bewegung. Wenn auf einen sich gleichformig bewegenden Körper eine neue äußere Kraft einwirkt, so wird die ursprüngliche Geschwindigkeit vermindert oder vermehrt, je nachdem die neu auftretende Kraft der Bewegungsrichtung des Körpers entgegen wirkt oder nicht. Die in der Zeiteinheit hervorgerufene Aenderung der Geschwindigkeit heißt Beschleunigung und die dadurch hervorgerufene Bewegung heißt eine gleichmäßig oder ungleichmäßig beschleunigte, je nachdem sich die Geschwindigkeit in gleichen Zeiten um dasselbe Maaß ändert oder nicht.

§ 5. Der freie Fall. Der freie Fall ist eine gleichmäßig beschleunigte Bewegung; er ist eine Wirkung der Anziehungskraft der Erde, welche man Schwerkraft nennt und die das Bestreben hat, alle Körper nach dem Mittelpuncte der

Erde hinzuziehen. Wenn also ein Körper in Ruhe ist, so muß eine zweite Kraft auf ihn wirken, die gleich groß wie die Schwerkraft und ihr entgegengesetzt ist. Bei dem frei fallenden Körper kann die Schwerkraft fortwährend mit gleicher Stärke wirken, sie erzeugt daher in gleichen Zeiten einen gleich großen Zuwachs an Geschwindigkeit und zwar beträgt die nach der ersten Secunde erlangte Geschwindigkeit (im luftleeren Raume) = 9,81 m. Dieses Maaß, die Erdacceleration genannt, wird allgemein mit g bezeichnet. Für die Berechnung der Fallbewegung sind von Galilei folgende Fallgesetze bewiesen worden.

Es bezeichne v die nach t Secunden erlangte Endgeschwindigkeit eines Körpers, der in dieser Zeit einen Raum von s Meter durchfallen hat, so ist

$$v = gt; \quad s = \frac{gt^2}{2}; \quad v = \sqrt{2\,gs}.$$

Beispiel: In welcher Zeit ist ein Körper 80 m tief gefallen und welche Endgeschwindigkeit hat er dabei erreicht?

Da s = 80 m und g = 9,81 m, so können aus obigen Gleichungen gefunden werden:

$$80 = \frac{9{,}81\,t^2}{2}; \quad 2\,.\,80 = 9{,}81\,t^2 \text{ und } t = \sqrt{\frac{2\,.\,80}{9{,}81}} = 4{,}038 \text{ Secunden.}$$

Die Geschwindigkeit v = gt ergiebt sich dann =

$$v = 9{,}81\,.\,4{,}038 = 39{,}61 \text{ m.}$$

3. Mechanik fester Körper.

a) Darstellung der Kräfte.

§ 6. Die auf einen Körper wirkende Kraft kann man bildlich durch eine grade Linie darstellen, deren Endpunct der Angriffspunct der Kraft ist und deren Länge und Richtung der Größe und Richtung der Kraft entspricht. Zu dieser Darstellung bedient man sich eines Maaßstabes — Kräftemaaßstab genannt — auf dem eine bestimmte Länge, z. B. 1 cm eine bestimmte Kraft z. B. 1 kg darstellt. Wenn ein Körper durch eine Kraft P in einer Secunde um die Strecke l fortbewegt wird, so nennt man das Product aus Kraft mal Weg = Pl die Kraftwirkung, die Bewegungsgröße oder die geleistete Arbeit und bezeichnet dieses Product, wenn P in Kilogramm und l in Meter angegeben ist mit Pl kg/m. Wenn z. B. zwei Arbeiter eine Schwelle von 80 kg Gewicht in 20 Secunden auf eine Strecke von 15 m fortbewegen, so leisten sie hierbei eine Arbeit von $\frac{80\,.\,15}{20} = 60$ kg/m oder jeder von ihnen = 30 kg/m. Während bei kleineren Leistungen das kg/m als Maaßeinheit für geleistete Arbeit genommen wird, wendet man bei größeren Kraftwirkungen diejenige Kraft als Einheit an, welche ein Gewicht von 75 kg in einer Secunde 1 m hoch zu heben vermag und nennt diese, da sie ungefähr der Leistung eines Pferdes entspricht, eine Pferdekraft = 75 kg/m.

§ 7. Zusammensetzung mehrerer Kräfte. Wenn auf einen Körper mehrere Kräfte wirken, so ist es stets möglich, an deren Stelle eine einzige Kraft (Mittelkraft, Resultante) zu setzen, welche den Einzelkräften in ihren Wirkungen gleichkommt. Wirken z. B. auf den Punct a (Fig. 12) zwei Kräfte P_1 und P_2 in derselben Richtung, so kann man dieselben ersetzen durch eine Kraft, die gleich der Summe der beiden $= P_1 + P_2$ ist und in derselben Richtung ba wirkt. Wirken die beiden Kräfte zwar in derselben Richtung, aber einander entgegen (Fig. 13), so ist die Mittelkraft aus beiden, sofern P_1 größer ist als P_2, $P_1 - P_2$, mit welcher Kraft dann der Punct a in der Richtung P_1 weiter bewegt wird. Ist $P_1 = P_2$, so heben sich beide Kräfte auf und der Körper verbleibt in Ruhe, im Gleichgewicht.

Fig. 12.

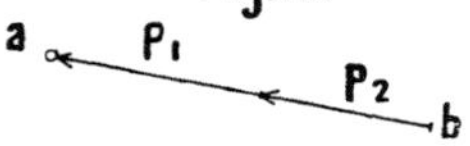

Fig. 13

Fallen zwei auf einen Punct a einwirkende Kräfte in ihrer Richtung nicht zusammen, so kann man sie durch eine Mittelkraft ersetzen, welche durch die Diagonale eines Parallelogramms dargestellt wird, dessen Seiten die Größen und Richtungen der zwei Kräfte darstellen. Dieses ist der Satz vom Parallelogramm der Kräfte. Wirken beispielsweise an einem Körper K (Fig. 62a) Tafel II 2 Kräfte unter einem Winkel von 90°, von denen die eine = 3, die andere = 4 kg sei, so würde man aus 2 Seiten, deren Länge im Verhältniß von 3 : 4 steht, ein Parallelogramm construiren; die darin gezogene Diagonale würde die Richtung der Mittelkraft angeben, deren Winkel mit der einen oder anderen Seite sich mit Hülfe der Trigonometrie leicht berechnen läßt. Die Größe der Mittelkraft würde ebenfalls durch die Größe der Diagonale im Verhältniß zu den Seiten sich ergeben; diese läßt sich ebenfalls aus der Zeichnung abgreifen oder durch Rechnung leicht finden. Im vorliegenden Beispiel ist das Parallelogramm rechtwinklig, in den entstandenen Dreiecken sind die Catheten die gegebenen Kräfte, die Hypotenuse die Mittelkraft, also die letztere $= \sqrt{3^2 + 4^2} = \sqrt{9 + 16} = \sqrt{25} = 5$ kg.

Greifen die beiden Kräfte P_1 und P_2 nicht an demselben Angriffspuncte, sondern wie in Fig. 14 angegeben, so verlängere man ihre Richtungen bis zum Schnittpuncte h. Die Kräfte kann man dann unbeschadet ihrer Wirkungen in ihrer Richtung nach h hin verlegen und hier ihre Mittelkraft R aus dem Parallelogramm der Kräfte bestimmen.

Wirken die Kräfte P_1 und P_2 an verschiedenen Angriffspuncten a und b desselben Körpers in parallelen Richtungen, so erhält man die Mittelkraft auf folgende Weise. (Fig. 15.) Man bringe in a und b gleich große, jedoch entgegengesetzt wirkende Kräfte P_3 an, so wird dadurch keine Aenderung hervorgerufen. Alsdann bilde man in a aus den Kräften P_1 und P_3 ein Parallelogramm und bestimme die Mittelkraft R_1, in gleicher Weise verfahre man bei b, indem man aus P_2 und P_3 die Mittelkraft R_2 findet. Dann verlängere man beide Richtungen R_1 und R_2 bis zum Schnittpuncte e und construire hier aus R_1 und R_2 ein Parallelogramm, dessen Diagonale die gesuchte Mittelkraft R nach Richtung und Größe ergiebt.

Fig. 14

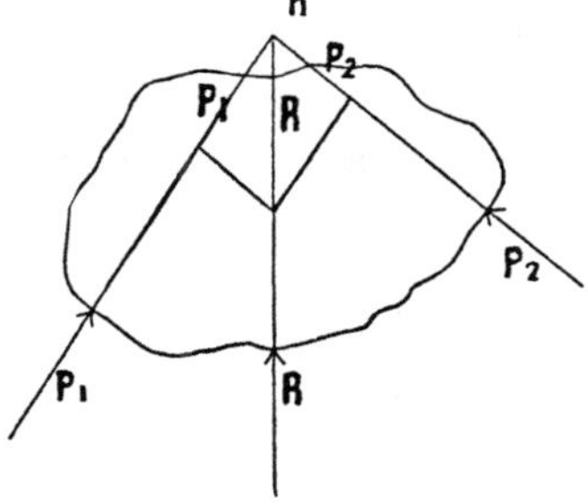

Fig. 15

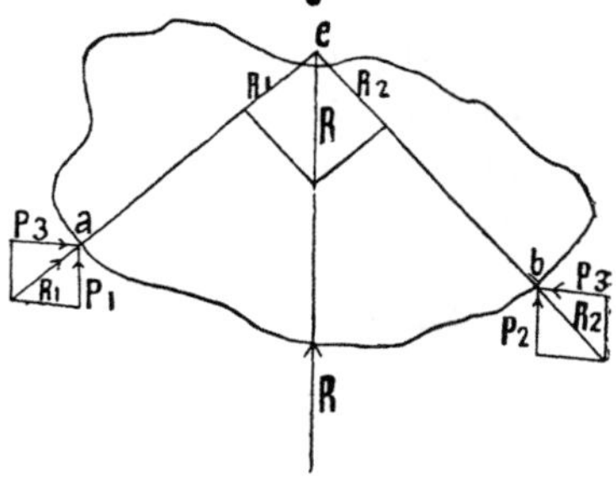

§ 8. Zerlegung einer Kraft nach mehreren Richtungen. In umgekehrter Weise ist es möglich, eine Kraft in mehrere nach gleichen oder verschiedenen Richtungen zu zerlegen. Die gegebene Kraft ist dabei als Diagonale des Parallelogramms anzusehen, während die unbekannten Nebenkräfte durch die Seiten dargestellt werden. Die Kraft P (Fig. 16) sei gegeben und gesucht werden deren Componenten in der Richtung ac und ad. Man zeichne a — b = P, ziehe durch b eine Parallele zu I bis zum Schnittpuncte mit Richtung II, ebenso durch b eine Parallele zu I, so geben ac und ad die gesuchten Componenten nach Größe und Richtung.

Fig. 16

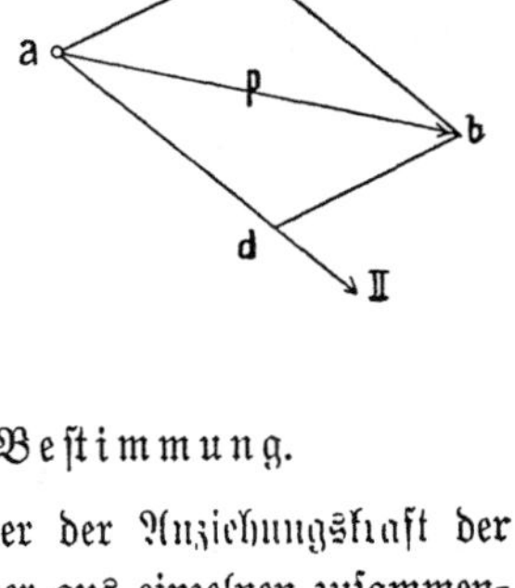

b) Der Schwerpunct und dessen Bestimmung.

§ 9. Wie oben bereits erwähnt, ist jeder Körper der Anziehungskraft der Erde, der Schwerkraft, unterworfen. Da nun jeder Körper aus einzelnen zusammengefügten Theilen besteht und auf jeden dieser einzelnen Theile die Schwerkraft wirkt, diese Kräfte aber als parallel wirkend angesehen werden können, so kann man auch all' die einzelnen Kräfte nach der im § 7 angegebenen Methode in eine Mittelkraft vereinigen und deren Angriffspunct bestimmen. Dieser Angriffspunct, dessen Länge in Bezug auf den Körper stets dieselbe ist, heißt der Schwerpunct und die Mittelkraft selbst das Gewicht des Körpers.

Soll ein Körper in Ruhe, d. h. im Gleichgewicht sich befinden, so muß der auf ihn wirkenden Schwerkraft eine andere gleich große Kraft entgegengesetzt auftreten. Die Richtung dieser Kraft ist lothrecht und geht durch den Schwerpunct. Der Angriffspunct kann über, unter oder im Schwerpunkt liegen und unterscheidet man demnach: stabiles, labiles und indifferentes Gleichgewicht.

§ 10. Schwerpunctsbestimmungen. Die Lage des Schwerpunctes von Linien, Flächen und Körpern kann durch Zeichnung oder Rechnung bestimmt werden.

Der Schwerpunct einer Graden liegt in ihrer Mitte.

Der Schwerpunct eines Dreieckes liegt in dem Schnittpunct der von den 3 Ecken nach den Mitten der gegenüber liegenden Seiten gezogenen Diagonalen in S (Fig. 17).

Fig. 17

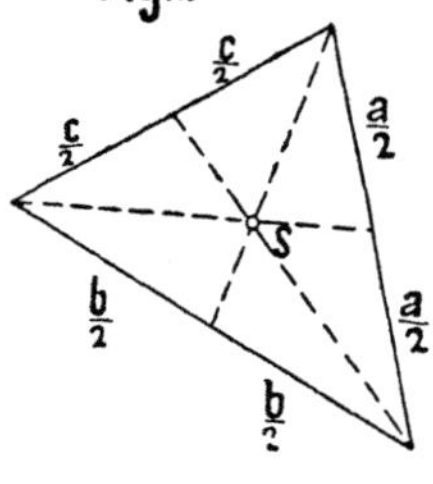

Fig. 18

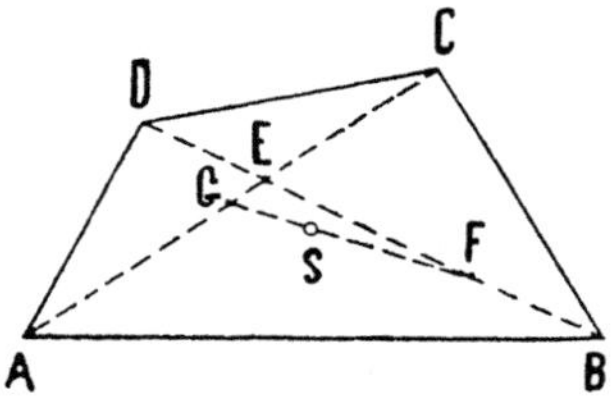

Den Schwerpunct eines Vierecks ABCD (Fig. 18) findet man, wie folgt. Man ziehe AC und DB; trage B . F = D . E ab, halbire AC und verbinde diesen Punct G mit F, mache endlich G . S = $^1/_3$ FG, so ist S der gesuchte Schwerpunct.

Fig. 19

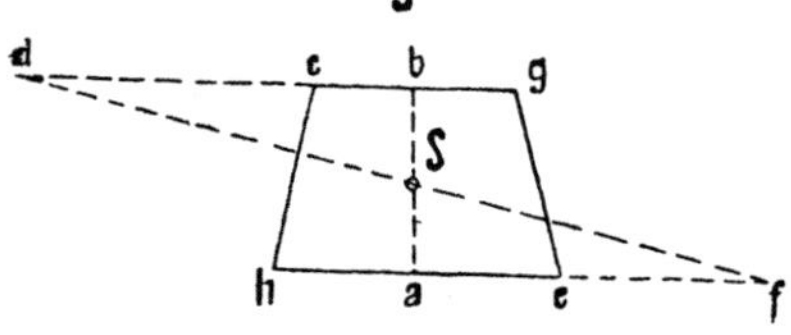

Den Schwerpunct eines Parallel-Trapezes (Fig. 19) erhält man durch folgende Construction: cg und he seien die parallelen Seiten. Man verlängere c bis d, so daß cd = he werde und he über e hinaus bis ef = cg, verbinde f mit d. Ebenfalls verbinde man die Mitten der parallelen Seiten b und a miteinander und man erhält in Schnittpunkt S den gesuchten Schwerpunct.

Der Schwerpunct eines Kreises liegt im Mittelpunct

Der Schwerpunct eines Cylinders und eines Prismas mit parallelen Grundflächen liegt in der Mitte der Linie, welche die Schwerpuncte der Grundflächen verbindet.

Der Schwerpunct einer Kugel liegt im Mittelpunct; derjenige von Pyramide und Kegel im rechtwinkligen Abstande $\frac{h}{4}$ von der Grundfläche auf einer Linie, welche die Spitze mit dem Schwerpuncte der Grundfläche verbindet, wobei h die Gesammthöhe des Körpers ist.

c) Anwendung der Gesetze auf die einfachen Maschinen.

§ 11. Unter einer Maschine versteht man eine Vorrichtung, welche zur Uebertragung einer Kraftwirkung von einem Körper auf einen anderen dient. Man unterscheidet einfache und zusammengesetzte Maschinen; zu ersteren gehören Hebel, Rolle, Wellrad, schiefe Ebene, Keil, Schraube.

§ 12. Der Hebel. Unter einem Hebel versteht man einen meist länglich gestalteten Körper, der sich um einen festen Unterstützungspunct, seinen Drehpunct, drehen kann. Man unterscheidet ein- und zweiarmige Hebel; bei dem einarmigen liegt der Unterstützungspunct an dem einen Ende des Hebels a (Fig. 66, Tafel II), bei dem zweiarmigen zwischen den beiden Enden a (Fig. 67, Tafel II). Wirkt an einem Hebel eine Kraft, so nennt man den senkrechten Abstand dieser Kraft vom Drehpuncte den Hebelarm der Kraft. Z. B. ist a—b (Fig. 66, Tafel II) der Hebelarm der Kraft L und a—c der Hebelarm der Kraft P. Das Product aus Kraft mal Hebelarm nennt man das Moment der Kraft, so ist L . ab (Fig. 66) das Moment der Kraft L, bezogen auf den Drehpunct a; P . ac = das Moment der Kraft P. Soll Gleichgewicht herrschen, so müssen die auf einen Hebel wirkenden Momente einander gleich und entgegengesetzt gerichtet sein. Zur Unterscheidung der Richtung nennt man alle die Momente, welche eine Rechtsdrehung, d. h. eine Drehung in der Richtung des Zeigers der Uhr, hervorzurufen bestrebt sind, positive, L . ab (Fig. 66) ist also ein positives Moment, alle entgegengesetzt wirkenden Momente hingegen negative, z. B. P . ac (Fig. 66). Die Gleichgewichtsbedingung für den Hebel (Fig. 66) ist somit $+ L . ab - P . ac = o$ oder $L . ab = P . ac$.

Für den zweiarmigen Hebel (Fig. 67, Tafel II) gilt dieselbe Regel. P wirkt positiv, L negativ. Die Gleichgewichtsbedingung lautet mithin $+ P . ac - L . ab = o$ oder $P . ac = L . ab$. In gleicher Weise lassen sich die Gleichgewichtsbedingungen aufstellen, wenn mehrere Kräfte beiderseits des Hebels wirken. Für Fig. 69, Tafel II gilt die Gleichung:

$$+ P_2 . cd + P_3 . ce + P_4 cf - P_1 cb - P . ac = o \text{ und daraus}$$
$$P_2 . cd + P_3 ce + P_4 cf = P_1 cb + P . ac.$$

An der Aufstellung der Gleichgewichtsbedingung ändert sich auch nichts, wenn Kräfte nach oben oder nach unten wirken; so gilt für Fig. 70, Tafel II:

$$+ P_2 . cd + P_3 . ce + P_1 . bc - P . ac - P_4 . cf = o \text{ oder}$$

$$P_2 . cd + P_3 . ce + P_1 bc = P . ac + P_4 cf.$$

Beispiel: Ein Schlagbaum aus Nadelholz (Fig. 71) habe einen quadratischen Querschnitt von 10 cm Seite, der Drehpunct liege von einem Ende 1 m, vom andern Ende 4 m entfernt. Der Schlagbaum soll so an dem einen Ende belastet werden, daß er dadurch im Gleichgewicht gehalten wird; wie groß muß die Belastung sein?

Nennen wir die unbekannte Last = L und denken uns das Gewicht der beiden Hebelarme in der Mitte wirkend, so muß Gleichgewicht vorhanden sein, wenn wir das Gewicht der Hebelarme mit G und G_1 bezeichnen, wenn:

$$L . 1 + G . 0{,}5 = G_1 . 2, \text{ oder}$$

$$L = G_1 . 2 - G . 0{,}5.$$

G und G_1 können wir berechnen, da nach der Tabelle auf Seite 5 1 cbm Nadelholz = 470 kg wiegt. Der cubische Inhalt des kürzeren Hebelarms ist 0,10 . 0,10 . 1 = 0,0100 cbm, also das Gewicht = 0,0100 . 470 = 4,7 kg = G; der cubische Inhalt des längeren Hebelarms ist 0,10 . 0,10 . 4 = 0,0400, also das Gewicht = 0,0400 . 470 = 18,8 kg = G_1. Setzen wir diese Werthe in die obige Gleichung $L = G_1 . 2 - G . 0{,}5$, so erhalten wir

$$L = 18{,}8 . 2 - 4{,}7 . 0{,}5 = 35{,}25 \text{ kg}.$$

Soll also der Schlagbaum ins Gleichgewicht gebracht werden, so muß der kürzere Hebelarm am Ende mit 35,25 kg belastet werden.

Fig.20

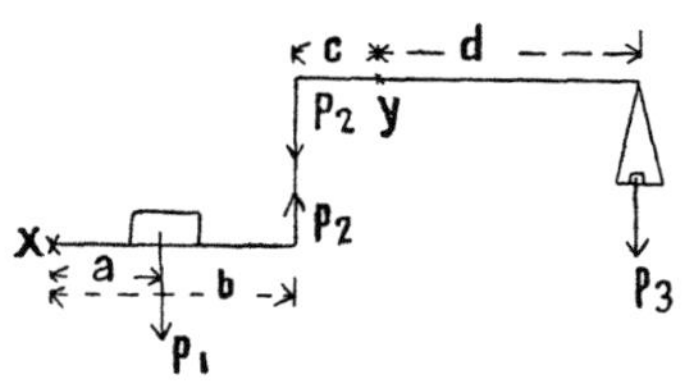

Beispiel: Ein einarmiger Hebel sei bei x (Fig. 20) festgelagert, ein zweiarmiger bei y; beide Hebel seien, wie in der Figur angegeben, mit einander durch Gelenkstangen verbunden. Auf dem ersteren liege im Abstande a von x ein Körper vom Gewicht p_1, es soll ermittelt werden, welches Gewicht der am langen Ende des anderen Hebels aufgelegte Körper haben muß, um Gleichgewicht zu erzeugen.

Für den einarmigen Hebel lautet die Gleichgewichtsbedingung $p_1 . a - p_2 b = o$, $p_2 = \frac{p_1 . a}{b}$. Diese Kraft p_2 wird durch die Stangenverbindung auf das kurze Ende des anderen Hebels übertragen, für welchen die Gleichgewichtsbedingung lautet:

$$p_3 . d - p_2 . c = o, \text{ für } p_2 \text{ den obigen Werth eingesetzt}$$

$$p_3 d - \frac{p_1 a}{b} . c = o, \text{ woraus der Werth für } p_3 \text{ sich entwickelt } p_3 = \frac{p_1 a . c}{b . d}$$

Ist z. B. $a = 3$, $b = 6$, $c = 1$ und $d = 5$, so ist $p_3 = \frac{p_1 . 3 . 1}{6 . 5} = \frac{p_1}{10}$. Das Gewicht p_3 braucht somit, wie bei einer Decimalwaage, nur $^1/_{10}$ so groß zu sein, als p_1, um ihm das Gleichgewicht zu halten.

§ 13. Die Rolle. Die Rolle ist eine kreisrunde um ihren Mittelpunct drehbare Scheibe, um deren Umfang ein biegsamer Faden geschlungen ist. Wenn die Rolle an ihrem Mittelpunct fest aufgehängt ist und an jedem Ende des Fadens ein Gewicht angehängt wird, so herrscht Gleichgewicht, wenn beide Gewichte genau gleich schwer sind, da jedes von ihnen an einem Hebelarme, gleich dem Halbmesser der Rolle, wirkt. Eine Krafterſparung tritt also bei einer festen Rolle nicht ein, es wird lediglich der Kraft eine andere Richtung gegeben. Anders verhält es sich bei der losen Rolle. Um die Rolle b (Fig. 75, Tafel II) sei ein Seil geschlungen, das bei a befestigt ist und an dem bei c eine Kraft wirkt. An der Achse der Rolle hänge eine Last Q. Stellt man jetzt die Gleichgewichtsbedingung auf, so muß man bedenken, daß die Drehung der Rolle gegen die Verticale des in a befestigten Seiles erfolgt, weshalb der Hebelarm für das Gewicht Q der Halbmesser der Rolle ist, für die am gegenüber liegenden Umfange wirkende Kraft c hingegen der Durchmesser. Wird ersterer mit r bezeichnet, so ergiebt sich

$$Q . r - c . 2r = o, \text{ mithin } c = \frac{Q}{2}.$$

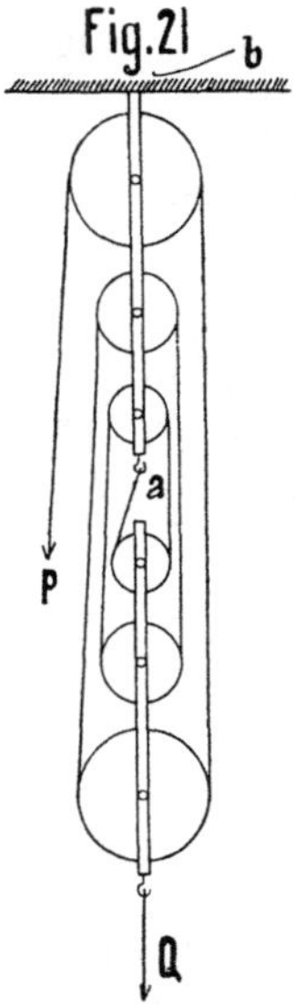

Bei Anwendung einer losen Rolle braucht man zum Heben einer Last nur eine Kraft, welche halb so groß ist als die Last. Es ist deshalb von Vortheil zum Heben großer Lasten mehrere feste und bewegliche Rollen mit einander zu verbinden. Eine solche Vorrichtung nennt man einen Flaschenzug. Der Flaschenzug besteht aus gleich vielen festen und beweglichen Rollen, welche in einem festen und einem beweglichen Kloben zusammengehalten werden. Das Seil ist befestigt an dem festen Punct a (Fig. 21) des oberen in b aufgehängten Klobens, geht von hier nach der obersten Rolle des beweglichen Klobens, um diesen herum und weiter nach der untersten Rolle des festen Klobens und so fort bis schließlich über die oberste Rolle desselben hinweg. Die zu befördernde Last Q wird am beweglichen Kloben aufgehängt, während die befördernde Kraft in P angreift. Wenn jeder Kloben n Rollen enthält, so berechnet sich die zum Heben einer Last Q erforderliche Kraft P nach der Formel $P = \frac{Q}{2\,n}$. In dem Falle Fig. 21 ist $P = \frac{Q}{2 . 3} = \frac{Q}{6}$. Um an Platz zu sparen werden die Rollen des Flaschenzuges neben- und nicht übereinander angebracht.

§ 14. Das Wellrad. Unter einem Wellrade versteht man zwei Rollen von verschiedenem Durchmesser, die auf gemeinsamer Achse befestigt sind. Um die Umfänge beider Rollen sind in entgegengesetzter Richtung Seile geschlungen, an deren Enden die Kräfte P und Q (Fig. 22) wirken mögen. Der Halbmesser der großen Rolle sei a, der der kleinen b. Soll Gleichgewicht herrschen, so muß die Momentengleichung bezogen auf den festen Mittelpunct c lauten:

Fig.22

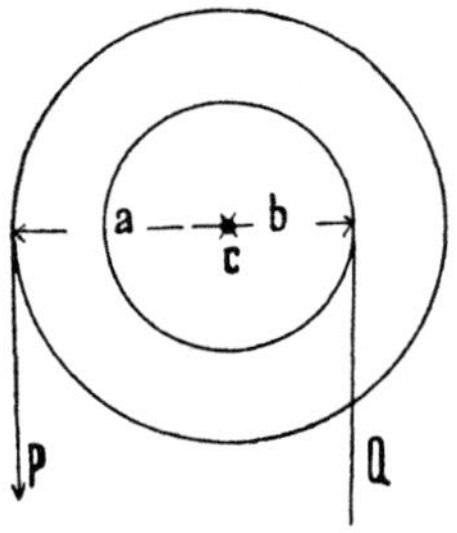

$$-P \,.\, a + Q b = o, \text{ oder } P a = Q b \text{ oder } \frac{P}{Q} = \frac{b}{a}$$

d. h. die Kräfte stehen im umgekehrten Verhältniß der Halbmesser beider Rollen. Das Prinzip des Wellrades findet unmittelbar Anwendung beim sog. Differential=Flaschenzuge, wie auch bei allen Winden. Von letzteren mögen noch einige näher besprochen werden.

Die Wagenwinde ist ein im Eisenbahnbetriebe vielfach vorkommendes Geräth, weshalb deren Berechnung unter Benutzung der Fig. 23 erfolgen möge.

P sei die Kurbel, an der der Arbeiter wirke, dieselbe sitzt fest auf der Achse des Zahnrades r_1, dessen Zähne in ein größeres Zahnrad R eingreifen, das mit einem kleineren Rade r auf einer gemeinsamen Welle festsitzt. Die Zähne des Rades r fassen in eine Zahnstange, durch welche endlich die Last Q gehoben wird. Für die erste Rolle mit Kurbel gilt die Gleichgewichtsgleichung, bezogen auf Punct a,

Fig.23

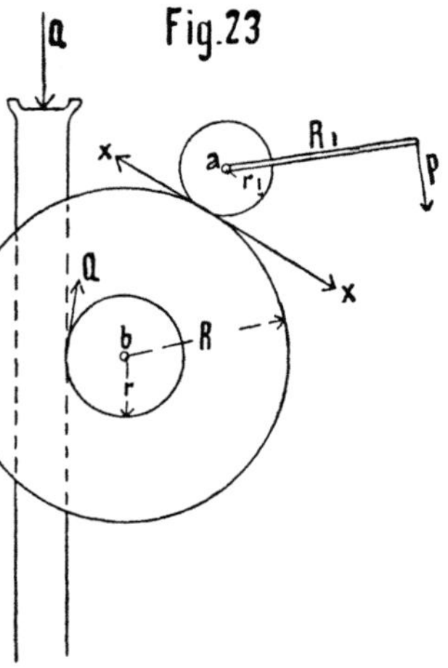

$$P \,.\, R_1 = x \,.\, r_1 \text{ oder } x = \frac{P \,.\, R_1}{r_1}$$

Zur Ermittelung der Gleichgewichtsbedingung für das andere Räderpaar, bezogen auf den Drehpunct b, wobei man x nach der entgegengesetzten Richtung wirkend ansehen muß, ist $x R = Q \,.\, r$ und hieraus $Q = \frac{x R}{r}$, hierin den Werth von x aus voriger Gleichung eingesetzt ergiebt $Q = \frac{P \,.\, R \,.\, R_1}{r \,.\, r_1}$.

Die Gleichgewichtsbedingung einer einfachen Winde (Fig. 72, Taf. II) ergiebt sich $P \,.\, ba =$ Gewicht $.\, cd$ und die einer Winde mit einfachem Vorgelege nach Fig. 73, Taf. II, wenn G das Gewicht, hi der Halbmesser der Windetrommel und P die in g angreifende Kraft ist, in derselben Weise wie vorstehend für die Wagenwinde berechnet wurde. $G = \frac{P \,.\, fg \,.\, ac}{ed \,.\, hi}$.

Bei einer Winde mit doppeltem Vorgelege ergiebt sich die Größe der treibenden Kraft P (Fig. 24) aus folgender Berechnung:

Die Gleichgewichtsbedingungen für die 3 Wellen a, b und c lauten:

für a $P \,.\, R = x r$ mithin 1) $P = \frac{x \,.\, r}{R}$

„ b $x \,.\, R_1 = y r_1$ „ 2) $x = \frac{y \,.\, r_1}{R_1}$

„ c $y R_2 = Q r_2$ „ 3) $y = \frac{Q r_2}{R_2}$

Der Werth von y aus Gleichung 3 in 2 eingesetzt giebt $x = \frac{Q r_2 \,.\, r_1}{R_1 R_2}$

und dieser für x in 1 eingesetzt ergiebt endlich $P = \frac{Q r \,.\, r_1 \,.\, r_2}{R \,.\, R_1 \,.\, R_2}$

Fig. 24

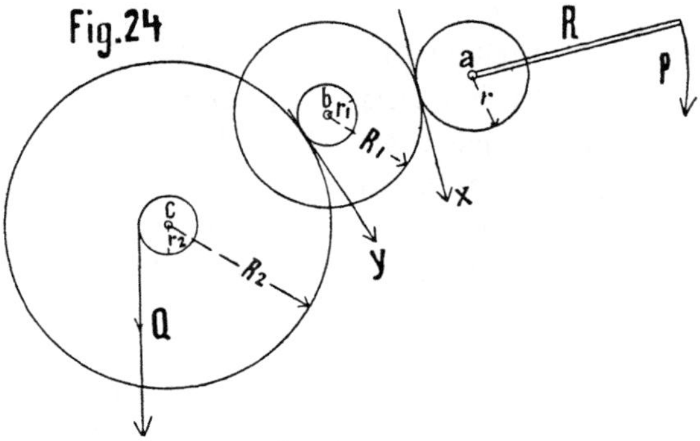

§ 15. Die schiefe Ebene. Unter einer schiefen Ebene versteht man eine gegen den Horizont geneigte grade Fläche. Die Größe der Neigung wird durch die Größe des Winkels SMN (Fig. 74, Taf. II) gekennzeichnet. Auf der schiefen Ebene MS befinde sich ein Körper A, auf den die Schwere wirke. Da er am senkrechten Fall durch die schiefe Ebene gehindert wird, so wird er auf derselben herabgleiten mit einer Kraft, die nach dem Parallelogramm der Kräfte wie folgt ermittelt werden kann. Man zerlege die senkrecht wirkende Kraft AB in die beiden Componenten AC und AD. Erstere wird durch den Gegendruck der Fläche aufgehoben und kommt nicht weiter in Betracht, letztere läßt sich wie folgt berechnen. Das Dreieck ADB ist ähnlich dem Dreieck SNM; mithin der Winkel $ABD = \sphericalangle SMN =$ dem Neigungswinkel der Ebene gegen den Horizont $= \alpha$. Es ist somit $\frac{AD}{AB} = \sin \alpha$, woraus $AD = AB \,.\, \sin \alpha$ folgt; AB stellt das Gewicht des Körpers A dar, mithin muß die Kraft $P =$ Gewicht . $\sin \alpha$ sein, um den Körper am Herabgleiten zu hindern. Eine besondere Anwendung dieses Gesetzes findet bei der Schraube statt.

§ 16. Der Keil ist ein dreiseitiges Prisma, dessen Querschnitt meistens ein gleichschenkliges Dreieck bildet (Fig. 25). Wirkt auf die Basis d e eine Kraft Q von der Größe a b, so kann man dieselbe in zwei Seitenkräfte zerlegen, die senkrecht zu den Seitenflächen des Keiles d f und f e stehen und erhält so das Kräfte-Parallelogramm a g b h, in welchem a g und a h die Größe und Richtung dieser Seitenkräfte angeben. Das Dreieck a b g ist nun ähnlich dem Keildreieck e d f, deshalb verhalten sich $\frac{ab}{ag} = \frac{de}{ef}$ oder da $ab = Q$ und $ag = ah = P_1 = P_2$ ist, so kann man auch schreiben

Fig. 25

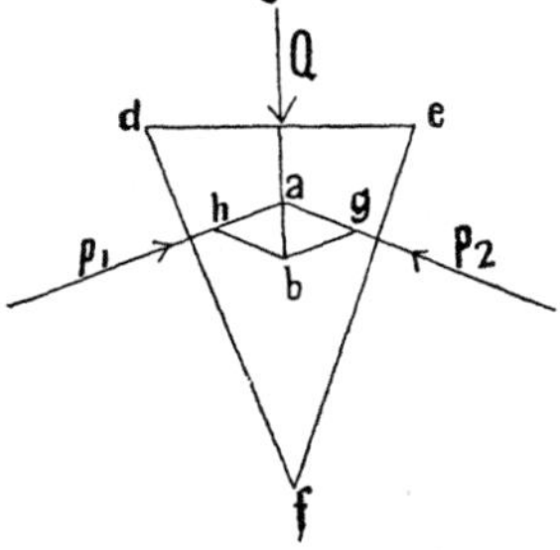

$$\frac{Q}{P_1} = \frac{de}{ef} \quad \text{oder} \quad \frac{Q}{P_2} = \frac{de}{ef}$$

d. h. die auf den Kopf des Keils d e ausgeübte Kraft verhält sich zu dem Druck, der dadurch auf die Seitenflächen ausgeübt wird, wie die Kopfbreite des Keiles zur Seitenlänge. Je spitzer daher der Keil ist, d. h. je kleiner der Winkel d f e, desto günstiger ist das Verhältniß von Kraft zur Wirkung. Ist z. B. e f doppelt so lang als d e und Q z. B. = 50 kg, so ist P_1 wie auch P_2 jede = 100 kg. Man erkennt hieraus, welch' große Wirkung man mit spitzen Keilen ausüben kann.

§ 17. Die Reibung. Unter Reibung bezw. Reibungswiderständen versteht man die Verzögerung in der Bewegung eines Körpers, die er durch Berührung mit seinem Nachbarkörper erleidet.

Ueber die Reibung gelten folgende Sätze: Je größer der Druck, mit welchem 2 Körper auf einander gepreßt werden, desto größer die Reibung. Die Reibung ist unabhängig von der Größe der Berührungsfläche Je rauher die Oberfläche, desto größer die Reibung. Die Reibung ist, bevor die Bewegung eintritt, größer als während der Bewegung.

Man unterscheidet vorzugsweise gleitende Reibung und rollende Reibung; die erstere ist der Widerstand gegen das Gleiten der Körper, die zweite gegen das Rollen der Körper. Die rollende Reibung ist wesentlich geringer als die gleitende Reibung, weshalb man unter schwere zu bewegende Stücke gern Rollen legt. Man vermindert die Reibung durch Schmiermittel.

Die Kraftberechnungen, welche vorher bei den einzelnen Maschinen angestellt sind, erzielen deshalb weit günstigere Ergebnisse, als sie in der Wirklichkeit vorkommen, weil wir die Reibung nicht berücksichtigt haben.

d) Von den zusammengesetzten Maschinen.

§ 18. Aus der Vereinigung verschiedener einfacher Maschinen entstehen die zusammengesetzten Maschinen. Berechnet man die Leistung solcher Maschinen ohne Rücksicht auf die Hindernisse der Bewegung und die verloren gehende Kraft, so erhält man die theoretische Leistungsfähigkeit; unter Nutzeffect einer Maschine versteht man die wirkliche Leistung derselben, welche stets geringer ist, als die theoretische Leistungsfähigkeit.

Wirkungsgrad einer Maschine nennt man das Verhältniß ihrer wirklichen Leistung zu ihrer theoretischen Leistung. Man drückt den Wirkungsgrad einer Maschine in Procenten aus; sagt man also z. B. der Wirkungsgrad der gewöhnlichen Pumpen ist = 80 %, so heißt dies: Von je 100 Cubikeinheiten, welche die gewöhnlichen Pumpen nach der theoretischen Berechnung fördern sollen, fördern dieselben in Wirklichkeit nur 80 Cubikeinheiten. Von den zusammengesetzten Maschinen sollen im Nachstehenden nur die Pumpen betrachtet werden.

§ 19. Die Bauart der Pumpen ist auf den Druck der atmosphärischen Luft zurückzuführen, wie im § 29, S. 110 näher erläutert werden wird. Man unterscheidet vorzugsweise Saugpumpen, Druckpumpen und vereinigte Saug- und Druckpumpen.

Die Saugpumpe (Fig. 76, Tafel II) besteht aus dem Saugerohr A und dem Kolbenrohr oder Pumpenstiefel B. Diese beiden Rohre sind getrennt durch ein Ventil a, welches sich nur nach oben hin öffnen kann, es führt den Namen Saugventil. Der Kolben b, welcher sich im Kolbenrohr auf und nieder bewegt, muß möglichst dicht an die Wandungen des Kolbenrohrs anschließen, derselbe ist durchbohrt und die Durchbohrung kann geschlossen werden durch das Kolbenventil c, welches sich ebenfalls nur nach oben hin öffnen kann. Der Kolben sitzt am untern Ende der Kolbenstange d, welche mit dem Pumpenschwengel in Verbindung steht. Wenn sich nun der Kolben aufwärts bewegt, so wird das Ventil c der Durchbohrung des Kolbens durch den Druck des oberhalb des Kolbens stehenden Wassers geschlossen, das Wasser wird dadurch gehoben und fließt aus der Ausgußröhre der Pumpe. Beim Aufgang des Kolbens preßt nun der äußere Luftdruck das Wasser in der Sauteröhre in die Höhe, wodurch das Ventil a geöffnet wird, und sich der Raum unterhalb des Kolbens mit Wasser anfüllt. Bewegt sich nun der Kolben nach unten, so drückt das Wasser auf das Ventil a und schließt dasselbe; in Folge dessen wird das Wasser in die Durchbohrung des Kolbens hineingepreßt und öffnet das Ventil c, so daß sich der Raum oberhalb des Kolbens mit Wasser anfüllt u. s. w. Die Fig. 77 und 78 zeigen die Stellung der Ventile beim Aufgang und beim Niedergang des Kolbens. Die Höhe, welche der Kolben beim Auf- und Abbewegen zurücklegt, nennt man Hubhöhe. Bewegt sich nun der Kolben einmal auf und nieder, so wird dadurch eine Wassermenge gefördert, die gleich ist dem Querschnitt des Pumpenstiefels multiplicirt mit der Hubhöhe. Bezeichnen wir nun mit n die Anzahl der Auf- und Niedergänge des Kolbens in einer Minute, mit h die Hubhöhe und mit d den Durchmesser des Pumpenstiefels, so würde die Wassermenge Q, welche eine Pumpe in einer Minute fördern kann, sein:

$$Q = \frac{d^2 . \pi}{4} . h . n,$$

d. h. = Querschnitt des Pumpenstiefels multiplicirt mit der Hubhöhe und der Anzahl der Auf- und Niedergänge des Kolbens. Diese Wassermenge giebt indessen nur die theoretische Leistungsfähigkeit der Pumpe an; in Wirklichkeit liefert die Pumpe nicht so viel Wasser, weil die Ventile und der Kolben nicht vollständig luftdicht schließen. Wie schon im § 15 gesagt, haben die gewöhnlichen Pumpen meistens einen Wirkungsgrad = 80 %, es muß mithin die obige Formel noch mit 0,80 multiplicirt werden, so daß der Nutzeffect der Pumpen in einer Minute ist:

$$Q = \frac{d^2 . \pi}{4} . h . n . 0{,}80.$$

Bei eisernen Pumpen, die sorgfältig gearbeitet sind, erreicht man auch wohl einen Wirkungsgrad = 90 %.

§ 20. Beispiele. 1) Der Pumpenstiefel einer Pumpe habe 20 cm Durchmesser, die Hubhöhe betrage 50 cm und die Anzahl der Hübe in einer Minute sei 10, dann wird in einer Minute durch die Pumpe die Wassermenge Q gefördert:

$$Q = \frac{0{,}20^2 . 3{,}14}{4} . 0{,}50 . 10 . 0{,}80 = 0{,}1256 \text{ cbm}.$$

2) Es sei in einfachen Linien angedeutet (Fig. 79) ef das Saugerohr der Pumpe, bei e beginne das Kolbenrohr, d sei der Ausguß der Pumpe und liege 5,5 m über f; b sei der Drehpunct des 2armigen Hebels ac, mit dem die Kolbenstange bei c verbunden ist, in a greife die Kraft an, welche das Wasser fördern soll, und zwar bei ab = 1,5 m und bc = 15 cm. Wie groß muß die Kraft sein, welche das Wasser fördern soll?

Die Last, welche an c wirkt, setzt sich zusammen aus dem Gewicht der Wassersäule, deren Höhe df ist, und dem Gewicht des Kolbengestänges Der cubische Inhalt der Wassersäule ist

$$= \frac{d^2 \pi}{4} . h, \text{ oder } =$$

$$\frac{0{,}20^2 . 3{,}14}{4} . 5{,}5 = 0{,}1727 \text{ cbm}.$$

Es wiegt nun ein Cubikdecimeter Wasser = 1 kg oder 1 cbm = 1000 kg, also 0,1727 cbm = 0,1727 . 1000 = 172,7 kg. Rechnen wir das Gewicht des Kolbengestänges zu 12,3 kg, so wäre die zu hebende Last = 172,7 kg + 12,3 kg = 185 kg.

Bezeichnen wir nun die erforderliche Kraft mit P, so wird Gleichgewicht am Hebel stattfinden, wenn ist

$$P \,.\, ab = L \,.\, bc, \text{ oder}$$

$$P = \frac{185 \,.\, 0{,}15}{1{,}5} = 18{,}5.$$

Also eine Kraft von 18,5 kg würde die Wassermasse im Gleichgewicht halten; soll das Wasser also gehoben werden, so muß die Kraft etwas größer sein, wenn wir nun zugleich mit Rücksicht auf die Reibung des Kolbens und der Wassersäule an der Rohrwandung 15 % aufschlagen, so erhalten wir: $P = 18{,}5 \,.\, 1{,}15 = 21{,}275$, oder rund ist die erforderliche Kraft = 21 kg.

3) Es soll eine Pumpe entworfen werden, welche in einer Minute 0,1256 cbm fördert; die Hubhöhe betrage 0,50 m, die Anzahl der Hübe pro Minute 10. Wie groß ist der Durchmesser des Pumpenstiefels zu wählen?

Nach § 16 ist $Q = \frac{d^2 \,.\, \pi}{4} \,.\, h \,.\, n \,.\, 0{,}80$, also $\frac{Q \,.\, 4}{\pi \,.\, h \,.\, n \,.\, 0{,}80} = d^2$ oder

$$d = \sqrt{\frac{4 \,.\, Q}{\pi \,.\, h \,.\, n \,.\, 0{,}80}} = \sqrt{\frac{4 \,.\, 0{,}1256}{3{,}14 \,.\, 0{,}50 \,.\, 10 \,.\, 0{,}80}}$$

$$= \sqrt{0{,}04} = 0{,}20,$$

d. h. der Durchmesser muß 20 cm sein.

§ 21. In Bezug auf die Abmessungen der einzelnen Theile einer Saugpumpe sei Folgendes bemerkt.

Die Länge des Saugerohres darf nach § 29, Seite 110 höchstens zu 8 m angenommen werden, bei gewöhnlichen Pumpen geht man selten über 6 bis 7 m.

Die Länge des Kolbenrohres ist lediglich abhängig von der zu Gebote stehenden Kraft. Den Durchmesser des Pumpenstiefels berechnet man nach § 20, 3.

Den Durchmesser der Saugröhren macht man ungefähr = $^2/_3$ des Kolbendurchmessers, der gleich dem Durchmesser des Pumpenstiefels ist. Die freie Durchströmungsöffnung der Ventile macht man gleich dem Querschnitt der Saugrohren.

§ 22. Soll das Wasser nicht gehoben, sondern in die Höhe gedrückt werden, so wird der Kolben massiv ohne Ventil hergestellt und dann nahe am Boden des Kolbenrohrs seitwärts ein sogenanntes Druckrohr B (Fig. 80) angebracht; dies Rohr ist durch ein Ventil abgeschlossen, welches sich nur in das Druckrohr hinein öffnen kann. Geht der Kolben in die Höhe, so schließt sich dies Ventil, dagegen öffnet sich das Saugeventil und das Wasser tritt durch dasselbe in das Kolbenrohr; geht der Kolben herunter, so schließt sich das Saugeventil und das Wasser im Kolbenrohr wird durch das obere Ventil in das Druckrohr hineingedrückt.

Den Durchmesser des Druckrohrs nimmt man gleich dem Durchmesser des Saugerohrs. Liegt nun das Wasser, aus dem die Pumpe schöpft, mindestens eben so hoch als das Saugeventil, so nennt man diese Pumpe Druckpumpe, liegt das Wasser aber tiefer, so daß es erst durch das Saugerohr in die Höhe gezogen werden muß, so nennt man diese Pumpe vereinigte Saug- und Druckpumpe. Druckpumpen sind beispielsweise die Pumpen der hydraulischen Presse und der Feuerspritze.

Die Berechnungen dieser Pumpen ergeben sich aus § 20.

Es sei (Fig. 81) in Linien angedeutet eine Vereinigung von 2 Saug- und Druckpumpen; ab sei der Wasserspiegel des Brunnens, C das gemeinschaftliche Saugerohr, A und B die Stiefel der beiden Pumpen, in denen sich die Kolben abwechselnd auf- und niederbewegen; die Ventile sind durch Striche angedeutet; D ist das gemeinschaftliche Druckrohr, durch welches das Wasser in den Behälter E gelangt.

Während der Kolben im Stiefel B in die Höhe geht, schließt sich das zugehörige Druckventil und das Saugeventil öffnet sich; das aufgesogene Wasser strömt durch dasselbe in den Stiefel B. Gleichzeitig geht der Kolben im Stiefel A nieder, das Saugeventil wird geschlossen, das Druckventil geöffnet und das Wasser, welches im Stiefel A war, wird durch das Druckventil in das Druckrohr gepreßt, von wo es in den Behälter E gelangt. Beim Aufgang dieses Kolbens geht der Kolben im Stiefel B nieder und preßt das hier befindliche Wasser in das Druckrohr.

Es seien die Kolbenstangen mit einer Kurbeleinrichtung so verbunden, daß bei einer Kurbelumdrehung der Kolben in jedem Stiefel einmal auf und nieder geht. Der Durchmesser der Stiefel sei 0,12 m, die Hubhöhe = 0,24 m. Der kreisrunde Bottich habe 1,96 m Durchmesser.

Es soll der Wirkungsgrad dieser Pumpe berechnet werden.

Zu diesem Zweck hat man zu ermitteln, um wie viel das Wasser im Bottich bei einer beliebig angenommenen Anzahl von Kurbelumdrehungen steigt. Angenommen, das Wasser wäre bei 90 Kurbelumdrehungen von cd bis ef = 0,15 m gestiegen, so wäre ein Wasserquantum gepumpt worden $= \frac{1{,}96^2 \,.\, 3{,}1416}{4} \,.\, 0{,}15$ = 0,45258 cbm, und dies wäre die wirkliche Leistung in 180 Hüben.

Die theoretische Leistungsfähigkeit der Pumpe ergiebt sich aus folgender Rechnung. Der Inhalt des Pumpenstiefels beträgt $\frac{0{,}12^2 \,.\, 3{,}1416}{4} \,.\, 0{,}24 = 0{,}002714$ cbm.

In 90 Kurbelumdrehungen werden 180 Pumpenstiefel gefüllt, mithin wäre die theoretische Leistung im vorliegenden Fall = 180 . 0,002714 = 0,48852 cbm.

$$\text{Wirkungsgrad} = \frac{\text{wirkliche Leistung}}{\text{theoretische Leistung}} = \frac{0{,}45258}{0{,}48852} = 0{,}92643,$$

oder rund = 93 Procent.

e) Festigkeits- und Biegungslehre.

§ 23. Absolute und rückwirkende Festigkeit. Wird mit K_1 die Zahl der Kilogramme bezeichnet, welche jedes Quadratcentimeter des Querschnitts eines Körpers mit Sicherheit tragen kann, womit also der Querschnitt belastet werden darf, so findet man den Querschnitt eines Körpers, der P kg tragen kann oder mit P kg belastet werden kann, wenn man P durch K_1 dividirt. Also

$$\frac{P}{K_1} = \text{gesuchter Querschnitt.}$$

Beispiele:

1) An eine Stange von Eichenholz sollen 9000 kg gehängt werden, wie groß muß die Seite des quadratischen Querschnitts gewählt werden?

$\frac{P}{K_1} = \frac{9000}{120}$, weil K_1 für den Zug beim Eichenholz nach Tabelle Seite 80 höchstens = 120 ist. $\frac{9000}{120} = 75$ qcm, also die Seite $= \sqrt{75} = 8{,}66$ cm oder 0,0866 m, also ungefähr 8,5 cm.

2) Ein kurzer Pfahl von Nadelholz soll mit 9000 kg belastet werden, wie groß muß der Durchmesser des runden Querschnittes gewählt werden?

Der Pfahl soll auf Druck in Anspruch genommen werden; nach der Tabelle ist K_1 für Druck beim Nadelholz = im Durchschnitt 60 kg, also

$$\frac{P}{K_1} = \frac{9000}{60} = 150 \text{ qcm.}$$

Die Kreisfläche ist $= r^2\pi$, also $r^2\pi = 150$ oder $r^2 = \frac{150}{3{,}1416}$ oder

$r = \sqrt{\frac{150}{3{,}1416}} = 6{,}9099$, also der Durchmesser $= 2 \cdot 6{,}9099 = 13{,}82$ cm oder 0,1382 m.

3) Es sollen 300 kg an einem Eisendraht aufgehängt werden, wie groß ist der Durchmesser desselben zu wählen?

$$\frac{P}{K_1} = \frac{300}{1200} = 0{,}25 \text{ qcm}$$

$$r^2 \cdot \pi = 0{,}25 \text{ oder } r = \sqrt{\frac{0{,}25}{3{,}1416}}$$

= 0,2821, also der Durchmesser = 0,5642 cm oder 0,005642 m, also ungefähr = 5,5 mm.

4) Es soll berechnet werden, welche Tragfläche einem Auflagerquader einer Löschgrube zu geben ist, wenn die Mauer aus gewöhnlichen Ziegeln in Kalkmörtel hergestellt und die Unterlagsplatte, auf der die Schiene ruht, auf dem aus

Sandstein bestehenden Quader gelagert ist. Der Raddruck der Locomotive werde zu 7000 kg angenommen. Nach der Tabelle kann der Sandstein durchschnittlich 30 kg auf den □cm tragen. Zur Aufnahme einer Last von 7000 kg sind somit nöthig $\frac{7000}{30} = 233$ □cm; d. h. also die Unterlagsplatte zwischen Schiene und Stein muß mindestens diese Größe haben, also bei quadratischer Form 16 cm breit und 16 cm lang sein. Das unter dem Quader befindliche Ziegelmauerwerk kann nach der Tabelle nur eine Last von 7 kg auf den Quadratcentimeter aufnehmen. Zum Tragen der Last von 7000 kg sind somit $\frac{7000}{7} = 1000$ □cm erforderlich, d. h. der Werkstein muß wenigstens diese Auflagerfläche haben, also bei quadratischem Querschnitt mindestens eine Seitenlänge von $\sqrt{1000} = 32$ cm haben. Denkt man sich, der Quader ruhe auf einem Pfeiler und dieser sei auf einem guten Baugrunde, der auf den □cm 2 kg tragen darf, gegründet. Wie viel Querschnitten müßte der Pfeiler im Fundament haben?

Abb. 26.

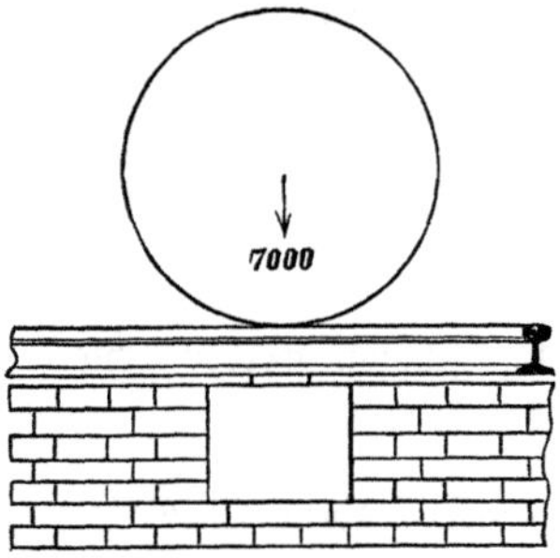

Abb. 27.

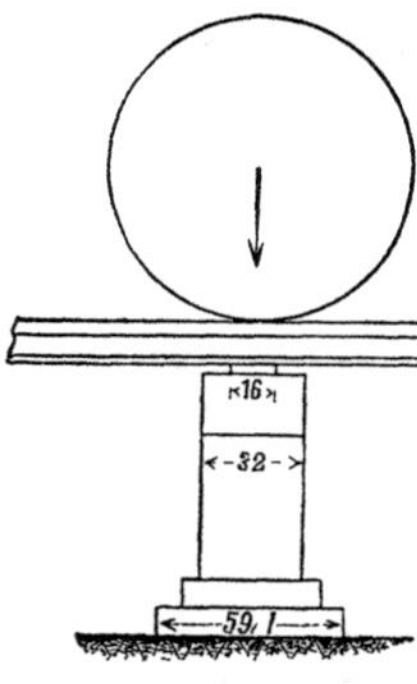

$\frac{7000 \text{ kg}}{2 \text{ kg}} = 3500$ □cm = F und bei quadratischem Querschnitt $\sqrt{3500} = 59{,}1$ cm.

Es sind dieses die geringst zulässigen Maaße. In der Praxis nimmt man dieselben mit Rücksicht auf die Stöße und sonst unvorhergesehenen Fälle jedoch größer.

§ 24. Relative oder Biegungsfestigkeit.

Die Biegungsfestigkeit eines Balkens richtet sich danach, wie er gelagert und unterstützt ist, d. h. sie ist abhängig vom Querschnitt des Balkens, sowie davon, wie weit er frei zu tragen hat. Nachstehend sollen 2 Fälle betrachtet werden, nämlich erstens der Fall, in welchem der Träger oder Balken an einem Ende befestigt (eingemauert) ist und mit dem andern Ende frei in der Luft schwebt, und zweitens der Fall, in welchem der Träger auf zwei Stützen frei aufliegt Wenn der Balken mit seinen Enden nicht frei aufliegt, sondern dieselben eingeklemmt oder eingemauert sind, so wird nach der Theorie seine Tragkraft doppelt so groß, doch kann man in der Praxis eine so feste Einklemmung, wie sie die Theorie annimmt, nicht erreichen und soll daher dieselbe nicht erst in Rechnung gezogen werden. Das Eigengewicht der Träger möge bei der Rechnung unberücksichtigt bleiben, auch mögen nur Träger von rechteckigem oder rundem Querschnitt betrachtet werden.

Wenn ein einseitig eingemauerter Balken belastet und dadurch gebogen wird, so werden die oberen Theile ab, Abb. 28, gezogen und verlängert, hingegen die unteren Theile cd gedrückt und verkürzt, wie man es genau beobachten kann, wenn man ein Stück Löschgummi biegt. Zwischen den beiden äußeren Faserschichten ab und cd befindet sich eine Schicht, die weder gezogen noch gedrückt wird, die also in der Länge unverändert bleibt. Diese Schicht nennt man die neutrale Faser.

Abb. 28.

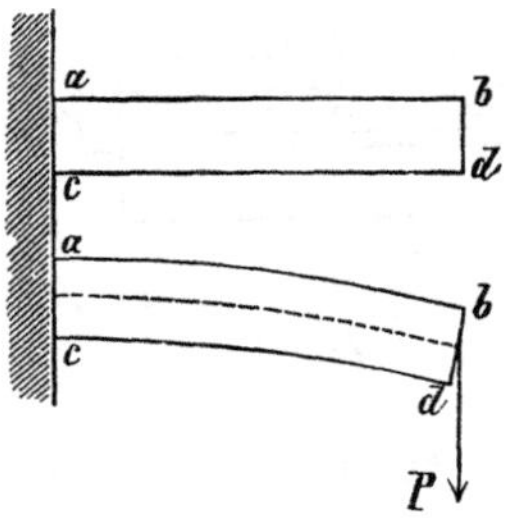

Bei der Berechnung der Balken kommt es nun darauf an, daß die Spannung in den äußersten Faserschichten nicht größer wird, als es das Material, aus dem der Balken besteht, vertragen kann, d. h. daß also bei weichem Holz der Zug in der oberen Faserschicht und der Druck in der unteren Faserschicht nicht größer wird, als es in der Tabelle im § 7, Seite 80 angegeben ist. Ersterer darf also nicht größer als 90 kg und letzterer nicht größer als 65 kg auf den Quadratcentimeter werden. Diese größte zulässige Spannung der äußeren Faser soll in der folgenden Rechnung mit S bezeichnet werden. Die Tragfähigkeit des Balkens hängt ferner ab von einer Zahlengröße, die man das Widerstandsmoment nennt und mit W bezeichnet. Die Größe dieses Widerstandsmomentes hängt ab von dem Querschnitt des betreffenden Balkens. Bei einem Balken mit rechteckigem Querschnitt ist dasselbe $= \frac{bh^2}{6}$, worin b die Breite und h die Höhe des Balkens bedeutet. Man ersieht daraus, daß das Widerstandsmoment in gleichem Verhältniß zur Breite, aber im quadratischen Verhältniß zur Höhe wächst. Ein Balken auf hohe Kante gestellt, trägt also bedeutend mehr, als wenn er flach liegt.

Bei einem Träger mit kreisformigem Querschnitt ist das Widerstandsmoment $W = \frac{d^3\pi}{32}$ oder annähernd $= \frac{d^3}{10}$.

Gehen wir jetzt zur Berechnung der Träger selbst über.

a. Ein Balken ist einseitig eingemauert und steht auf eine Länge l frei über, Abb. 29. An seinem freien Ende hängt ein Gewicht P. Man nennt nun das Product aus Kraft mal Hebelarm Pl das Biegungsmoment und bezeichnet es mit M. Dieses Biegungsmoment ist nach den Lehren der Mechanik gleich der äußersten Faserspannung multiplicirt mit dem Widerstandsmoment; im vorliegenden Falle Pl = SW, bei einem rechtwinkligen Balken also $Pl = S\frac{bh^2}{6}$ und bei einem Balken mit kreisförmigem Querschnitt $= Pl = S\frac{d^3}{10}$.

Abb. 29.

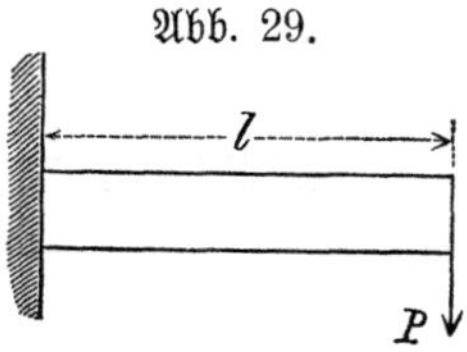

b. Hat der Balken auf jeden Centimeter seiner Länge eine Last von p kg zu tragen (gleichförmig vertheilte Last), so ist das dasselbe, als ob die ganze Last pl in ihrem Schwerpuncte, d. h. in der Mitte des Balkens anfaßte.

Abb. 30.

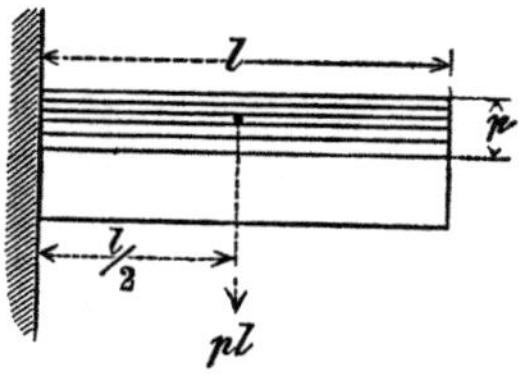

Das Biegungsmoment ist alsdann, da der Hebelarm nur $\frac{1}{2}$ ist $= pl \frac{1}{2}$. Die Gleichung für die Berechnung des Balkens ist mithin $M = pl \frac{1}{2} = SW$ und für W die Werthe eingesetzt: bei rechteckigen Balken $\frac{pl^2}{2} = S \frac{bh^2}{6}$ und bei kreisförmigen $\frac{pl^2}{2} = S \frac{d^3}{10}$.

c. Wenn der Balken auf zwei Stützen aufliegt und in der Mitte durch ein Gewicht P belastet ist, so vertheilt man erst die Last auf die beiden Auflagerpuncte. Da P in der Mitte des Balkens angreift, so kommt offenbar auf jede Stütze gleich viel Last, nämlich $\frac{P}{2}$ und zwar muß diese Kraft, um der Last von

Abb. 31.

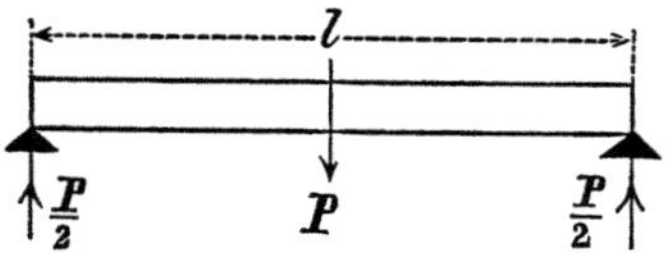

Abb. 32.

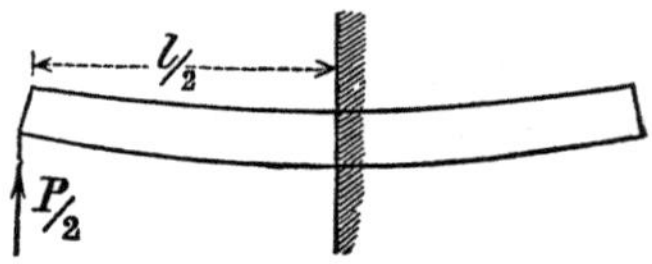

oben das Gleichgewicht zu bieten, von unten nach oben wirken. Denkt man sich nun den belasteten Träger in der Mitte eingemauert und nur den Auflagerdruck von unten nach oben wirkend, so hat man denselben Fall, wie beim einseitig eingemauerten Träger.

Das Biegungsmoment ist dann $\frac{P}{2} \cdot \frac{1}{2}$ und dieses gleich SW gesetzt ergiebt die Gleichung $\frac{Pl}{4} = SW$ oder beim rechteckigen Balken $\frac{Pl}{4}. = S \frac{bh^2}{6}$ und beim Balken mit kreisförmigem Querschnitt $\frac{Pl}{4} = S \frac{d^3}{10}$.

Abb. 33.

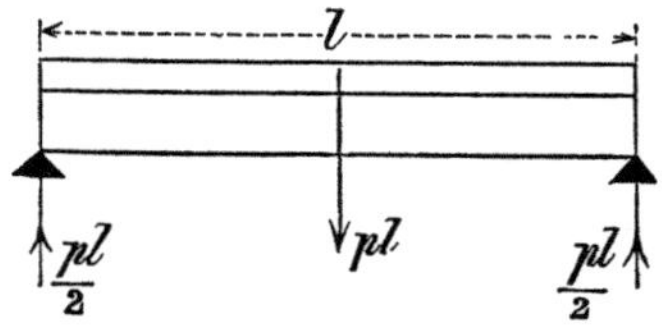

d. Ist eine Last von p kg auf den lfd. cm gleichmäßig über den Balken vertheilt, so hat man ebenfalls zunächst die Auflagerdrucke zu ermitteln. Dieselben sind, da die ganze Belastung pl beträgt, für jedes Auflager $= p \frac{l}{2}$. Denkt man sich wiederum den Balken in der Mitte eingemauert und die äußeren Kräfte auf ihn wirkend, so tritt nicht nur der Auflagerdruck in einer Stärke von $\frac{pl}{2}$ Hebelarm mit dem $\frac{l}{2}$ auf, sondern es kommt auch noch die halbe gleichmäßig auf dem Balken ruhende Last $\frac{pl}{2}$ mit dem in ihrer Mitte liegenden Angriffspunct zur Geltung. Während erstere nach **oben** wirkt, wirkt letztere nach **unten**, erstere am Hebelarm $\frac{l}{2}$ letztere am Hebelarm $\frac{l}{4}$. Unsere Gleichung lautet somit

Abb. 34.

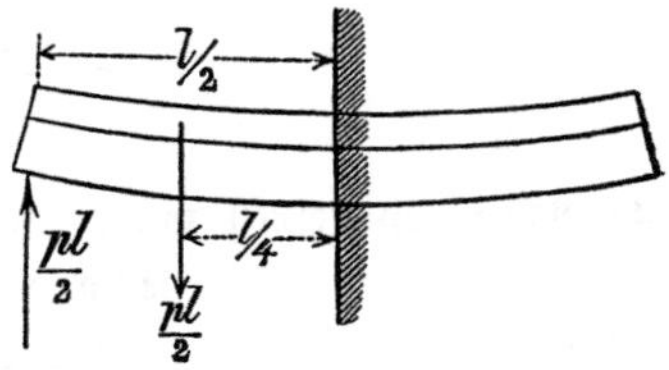

$$M = \frac{pl}{2} \cdot \frac{l}{2} - \frac{pl}{2} \cdot \frac{l}{4} = S\,W \text{ und hieraus } \frac{pl^2}{8} = S\,W.$$

Bei einem Balken mit rechteckigem Querschnitt erhalten wir sonach $\frac{pl^2}{8} = S\,\frac{bh^2}{6}$ und beim runden $\frac{pl^2}{8} = S\,\frac{d^3}{10}$.

Beispiele:

1) In einem Gebäude soll ein Balken von Kiefernholz so eingemauert werden, daß er mit einer Länge von 1,75 m frei in der Luft schwebt. Der Balken soll so stark sein, daß man an dem freien Ende 750 kg anhängen kann. Die Höhe des Balkens soll 26 cm sein, es ist die Breite zu berechnen. Die Momentengleichung ist nach Fall a

Abb. 35.

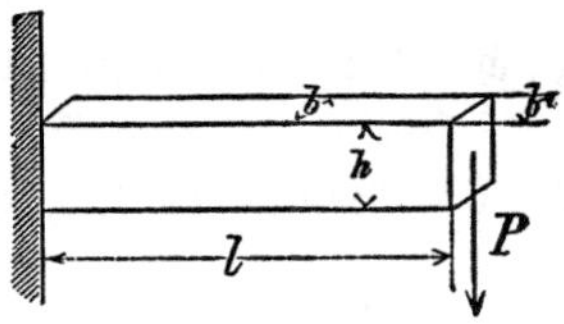

$$M = 750 \,.\, 175 = S\,W = S\,\frac{bh^2}{6},$$

die größte Faserspannung zu 60 angenommen und $h = 26$ eingesetzt, ergiebt für b aufgelöst

$$b = \frac{750 \,.\, 175 \,.\, 6}{60 \,.\, 26 \,.\, 26} = 19{,}3 \text{ cm}.$$

2) Soll man einen Balken von 20 cm Breite verwenden und danach die Höhe berechnen, so erhält man

$$750 \,.\, 175 = 60 \,.\, \frac{20 \,.\, h^2}{6} \text{ und hieraus}$$

$$h = \sqrt{\frac{750 \,.\, 175 \,.\, 6}{60 \,.\, 20}} = 25{,}6 \text{ cm}.$$

3) Soll man berechnen, wieviel ein vorhandener einseitig eingemauerter Balken von 175 cm Länge, 25 cm Höhe und 18 cm Breite an seinem Ende tragen kann, so ist nach derselben Gleichung unter a. die Last P zu ermitteln.

$$M = Pl = S\frac{bh^2}{6} \text{ Werthe eingesetzt}$$

$$P \,.\, 175 = 60 \,.\, \frac{18 \,.\, 25^2}{6} \text{ und hieraus}$$

$$P = \frac{60 \,.\, 18 \,.\, 25 \,.\, 25}{6 \,.\, 175} = 642{,}8 \text{ kg.}$$

4) Man will einen Erker an einem Hause anbringen, der 1,20 m vorstehen und der gleichmäßig mit 6 kg pro lfd. cm belastet werden soll. Wie stark muß der aus Kiefernholz herzustellende Balken sein? Es berechnet sich nach Fall b. die Gesammtlast = pl = 720 kg, welche in der Mitte angreift. Die Gleichung ist daher M = 720 . 60 = S W. Für S würde 60 kg eingesetzt und für W aufgelöst ergiebt

Abb. 36.

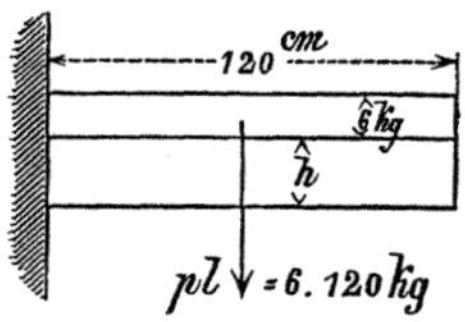

$$W = \frac{720 \,.\, 60}{60} = 720 = \frac{bh^2}{6} \text{ oder } bh^2 = 4320.$$

Man hat nun die Wahl, eins der beiden Maaße des Balkens anzunehmen, dieses einzusetzen und danach das andere zu berechnen. Wird b = 15 cm angenommen, so erhält man $h = \sqrt{\frac{4320}{15}} = 16{,}9$; nimmt man hingegen h z. B. gleich 16 cm an, so ergiebt sich $b = \frac{4320}{16 \,.\, 16} = 16{,}88$ cm.

5) Ein Balken von Eichenholz, 6,0 m lang, der an beiden Enden unterstützt ist, soll in der Mitte eine Last von 3600 kg tragen. Die Breite des Balkens wird zu 0,30 m angenommen, wie groß muß die Höhe sein? Es kömmt hier die Formel unter c zur Anwendung:

Abb. 37.

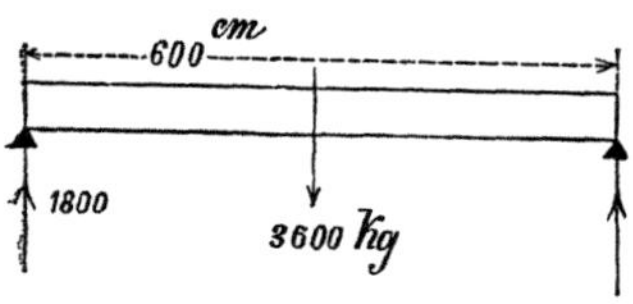

$$M = \frac{Pl}{4} = SW$$

$$\frac{3600 \,.\, 600}{4} = S \,.\, \frac{bh^2}{6};\; b = 30 \text{ cm}$$

S = 90 kg eingesetzt und für h aufgelöst

$$h = \sqrt{\frac{6 \,.\, 3600 \,.\, 600}{4 \,.\, 90 \,.\, 30}} = 34{,}64 \text{ cm.}$$

6) Ein Balken von Kiefernholz, 20 cm breit und 25 cm hoch, liegt auf 2 Mauern, die 5 m von einander entfernt sind. Wie groß darf die Last sein, die man bei gleichmäßiger Vertheilung auf den Balken bringen darf? Es kommt

die Formel unter d zur Anwendung und ist die Größe p der gleichmäßig vertheilten Last zu suchen.

$$M = \frac{pl^2}{8} = S\,W.$$

Abb. 38.

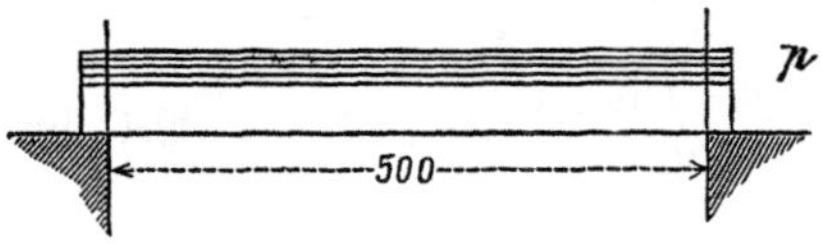

Für S werde 60 kg, dieses sowie die sonst gegebenen Werthe eingesetzt

$$\frac{p\,.\,500^2}{8} = 60\ \frac{20\,.\,25^2}{6}$$ und für p aufgelöst

$$p = \frac{8\,.\,60\,.\,20\,.\,25\,.\,25}{6\,.\,500\,.\,500} = 4\ \text{kg}.$$

Es darf also der Balken auf den laufenden Centimeter mit 4 kg belastet werden.

7) Es soll eine Nothbrücke von 2,5 m Spannweite in einen Eisenbahnkörper gebaut werden. Die aus Kiefernholz zu verwendenden rechteckigen Balken müssen das Gewicht einer in der Mitte stehenden schweren Güterzug-Locomotivachse von 14000 kg mit Sicherheit tragen können. Wie stark müssen dieselben sein? Es kommt die Formel unter c zur Anwendung und erhält man, wenn man die bekannten Werthe einsetzt, auch für S wieder 60 annimmt

Abb. 39.

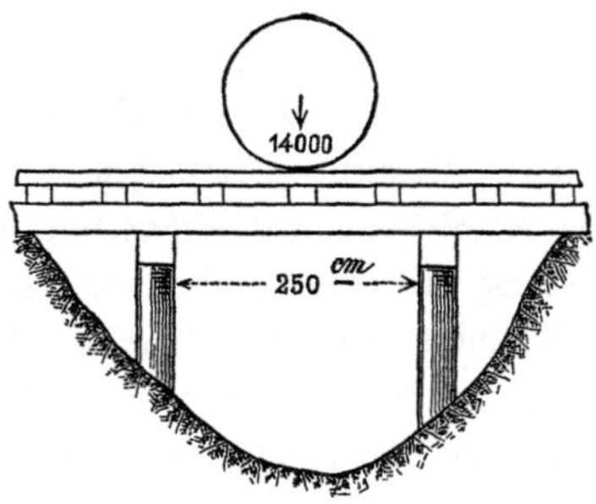

$$M = \frac{Pl}{4} = SW;\ \frac{14000\,.\,250}{4} = 60\,.\,W.$$ Hieraus das Widerstandsmoment

$$W = \frac{14000\,.\,250}{4\,.\,60} = 14583 = \frac{bh^2}{6}.$$ Wählt man nun Balken von 30 cm Höhe, so ergiebt sich die Gesammtbreite derselben zu

$$\frac{b\,.\,30^2}{6} = 14583;\ b = \frac{14583\ \ 6}{30\,.\,30} = 97{,}22\ \text{cm}.$$

Die Balken müssen also eine Gesammtbreite von 0,9722 m haben, und wird man daher unter jede Schienenreihe zwei Balken von je 25 cm Breite legen.

8) Wie weit dürfen zwei benachbarte Schwellen höchstens auseinander gelegt werden, damit die Schiene die Last einer schweren Locomotivachse noch mit Sicherheit zu tragen vermag?

Abb 40.

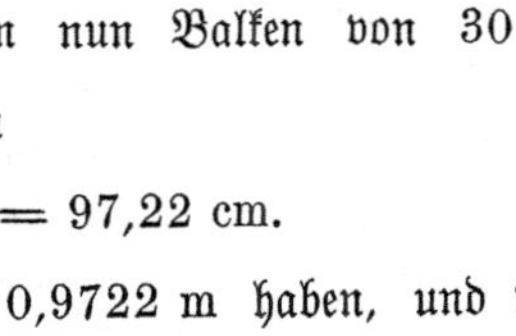

Der Raddruck einer Locomotivachse ist = 7000 kg, die Entfernung der Schwellen von Mitte bis Mitte sei = l. Das Widerstandsmoment W der Preußischen Normalschiene vom Jahre 1885 ist bei einer neuen Schiene = 154, bei einer Schiene, die

10 mm abgefahren ist, = 120,3. Die zulässige Faserspannung ist bei Gußstahl = 2500. Setzt man diese Werthe in die Gleichung unter c ein, so erhält man $\frac{7000 \cdot l}{4} = 2500 \cdot 154$ bei neuen Schienen und hieraus $l = \frac{2500 \cdot 154 \cdot 4}{7000} \doteq 220$ cm. Bei einer um 10 mm abgefahrenen Schiene mit W = 120,3

$$l = \frac{2500 \cdot 120{,}3 \cdot 4}{7000} = 172 \text{ cm.}$$

4. Mechanik flüssiger Körper.

§ **25.** Die flüssigen Körper unterscheiden sich dadurch von den festen Körpern, daß sie keine bestimmte Gestalt haben. Die Oberfläche derselben wird durch die Anziehungskraft der Erde hergestellt in der Weise, daß jeder Punct der Oberfläche vom Mittelpunct der Erde gleich weit entfernt ist; bei großer Ausdehnung der Oberfläche ist daher diese nach dem Halbmesser der Erde gekrümmt. Kleinere Oberflächen kann man als gerade Ebenen ansehen, auf welchen die Richtung der Schwerkraft senkrecht steht. Es bildet also eine kleinere Wasserfläche stets eine Horizontalebene.

Verbindet man 2 Gefäße mit Wasser durch eine Röhre, so stellt sich das Wasser in beiden Gefäßen gleich hoch; eine Linie durch die beiden Wasserspiegel gelegt ist also horizontal; die Größe der Gefäße ist nicht von Einfluß. Dasselbe findet statt, wenn man in eine U-förmig gebogene Röhre Wasser gießt; die Röhren können schief und krumm gebogen sein, das Wasser stellt sich stets in beiden Schenkeln in gleicher Höhe. Es ist dies das Gesetz der communicirenden Röhren; dasselbe findet Anwendung bei der Canal-Wasserwaage, welche beim Nivelliren gebraucht wird. Auf diesem Gesetz beruhen ferner alle Wasserleitungsanlagen. Hat man eine U-förmig gebogene Röhre, deren Schenkel von verschiedener Länge sind, so sucht das Wasser des kürzeren Schenkels so hoch zu steigen, als es in dem längeren Schenkel steht, man erhält daher einen Wasserstrahl, der so hoch springen würde als Wasser im höheren Schenkel steht, wenn er nicht durch den Widerstand der Luft an seiner Höhe verlieren würde. Die Springbrunnen sind weiter nichts als communicirende Röhren, deren Schenkel verschiedene Höhe haben, ebenso wie die artesischen Brunnen von der Natur hergestellte Springbrunnen sind.

§ **26.** Die leichte Verschiebbarkeit der einzelnen Wassertheilchen bewirkt, daß ein Druck, welcher auf eine Wasserfläche ausgeübt wird, sich gleichmäßig nach allen Seiten hin verbreitet. Man denke sich 2 durch eine Röhre verbundene Cylinder von verschiedenem Durchmesser, in welchem je ein dicht anschließender Kolben sich auf und nieder bewegen kann; die Cylinder seien mit Wasser so gefüllt, daß die unteren Kolbenflächen den Wasserspiegel berühren, die untere Kolbenfläche des einen Cylinders sei doppelt so groß wie die des andern Cylinders; belastet man den kleineren Kolben mit 10 kg, so wird der größere Kolben mit einer Kraft emporgetrieben, die doppelt so groß ist, d. h. mit 20 kg. Der Grund liegt darin, daß nach dem erst angeführten Gesetz jede Fläche, welche im Cylinder mit der unteren kleinen Kolbenfläche gleich groß ist, denselben Druck erleidet, welchen die Kolbenfläche ausübt, jede größere oder kleinere Fläche erleidet einen nach Verhältniß ihrer Größe größeren oder kleineren Druck; eben solchen Druck erleiden auch die Wände des Gefäßes. Man wird also in dem angeführten Beispiel mit 10 kg 20 kg heben können. Wählt man nun die beiden Kolbendurchmesser möglichst verschieden, so wird man mit geringer Kraft eine bedeutende Wirkung ausüben können.

Hätte die kleinere Kolbenfläche einen Durchmesser = 5 mm, die größere Kolbenfläche einen Durchmesser = 10 cm, so wären die Flächen $= 0{,}0025^2 . \pi$ und $= 0{,}05^2 . \pi$ oder = 0,000019635 qm und = 0,007854 qm, d. h. die beiden Flächen verhalten sich wie 1 : 400; würde man nun den kleineren Kolben mit 25 kg belasten, so würde auf den größeren Kolben ein Druck von 25 . 400 = 10000 kg ausgeübt; man würde also hiernach im Stande sein, mit 25 kg 10000 kg zu heben. In Wirklichkeit wird nun allerdings ein solches Resultat in dem vorliegenden Beispiel nicht erreicht werden, weil in Folge der Reibung zwischen Kolben und Cylinder viel Kraft verloren geht; rechnet man indessen, daß $^1/_4$ der Kraft verloren geht, so wird man doch noch immer mit 25 kg in dem vorliegenden Fall 7500 kg heben können.

Die soeben beschriebene Vorrichtung bildet einen wesentlichen Bestandtheil der *hydraulichen Presse*, welche in der Praxis die mannigfachsten Anwendungen findet.

Es sei noch bemerkt, daß Flüssigkeiten, auch wenn sie einem noch so starken Druck ausgesetzt wären, ihren Rauminhalt nur in einem sehr geringen Maaße vermindern.

5. Mechanik luftförmiger Körper.

§ 27. Die luftförmigen Körper unterscheiden sich von flüssigen Körpern wesentlich durch ihre große Elasticität. Es soll im Nachstehenden nur von der atmosphärischen Luft die Rede sein. Der ganze Erdball wird in einer Höhe von ca. 80000 km von Luft umgeben in der Weise, daß die Luftdichtigkeit und somit der Luftdruck mit der Höhe abnimmt. Man ist im Stande, durch Beobachtung des Luftdrucks die Höhenlage der Berge u. s. w. genau zu bestimmen. Die Luft drückt auf alle Puncte der Erde und zwar ist dieser Druck in der Meereshöhe auf jeden Quadratcentimeter 1 kg. Man nennt diesen Druck einen *Atmosphärendruck* und mißt auch den Dampfdruck nach dieser Einheit.

Würde also in einem Dampfkessel 1 qcm mit 5 kg durch die Dampfspannung gedrückt, so sagt man, der Kessel hat einen Dampfdruck von 5 Atmosphären. Füllt man eine etwa 80 cm lange Glasröhre, welche an einem Ende luftdicht geschlossen ist, mit Quecksilber und taucht dieselbe dann mit dem andern Ende, welches man mit einem Finger schließt, in ein Gefäß mit Quecksilber, so bleibt das Quecksilber, wenn man den Finger entfernt, in der Röhre in einer Höhe von 76 cm stehen. In dem oberen Ende der Röhre entsteht ein luftleerer Raum, das Quecksilber hat mithin von oben keinen Luftdruck, die Luft drückt aber auf das Quecksilber im Gefäß und dieser Druck verursacht, daß das Quecksilber in der Röhre nicht tiefer sinken kann. Wäre die Röhre mit Wasser gefüllt und entsprechend länger, so würde das Wasser in der Röhre 10,336 m hoch durch den Luftdruck erhalten, weil Wasser so viel leichter als Quecksilber ist.

§ 28. Eine ∩förmig gebogene Röhre, deren Schenkel verschieden lang sind, kann man benutzen, um aus einem Gefäß eine Flüssigkeit durch den Luftdruck herauspressen zu lassen. Hält man nämlich die Röhre, welche man Heber nennt, mit dem kurzen Schenkel in ein Gefäß und saugt die Flüssigkeit anfangs durch den langen Schenkel in die Röhre hinein, so wird der ganze Inhalt des Gefäßes vermöge des Luftdrucks durch die Röhre hinausgepreßt; es muß jedoch stets die Oeffnung des äußeren Schenkels tiefer liegen als der Spiegel der Flüssigkeit. Eine fernere Erscheinung des Luftdrucks ist der Stechheber; wenn man eine an beiden Seiten offene Röhre in eine Flüssigkeit taucht und dann das obere Ende mit dem Finger schließt, so bleibt ein großer Theil der Flüssigkeit in der Röhre, wenn man dieselbe aus der Flüssigkeit herauszieht.

§ 29. Die Wirkung der Saugepumpen beruht ebenfalls auf dem Luftdruck. Hat man eine Röhre, in welcher ein dicht anschließender Kolben auf und nieder bewegt werden kann, so kann man, wenn das untere Ende derselben in Wasser getaucht wird, durch ein Aufziehen des Kolbens Wasser in die Röhre hinauf saugen, und zwar wird das Wasser bis zu einer Höhe von 10,336 m aufgesogen werden können, weil, wie vorher erwähnt, der Luftdruck im Stande ist, einer solchen Wassersäule das Gleichgewicht zu halten. Diese Höhe würde erreicht werden, wenn der Kolben luftdicht an die Röhrenwandung anschlösse; da dies nun in der Praxis nicht ausführbar ist, so wird man in Wirklichkeit auch nur eine Wassersäule von etwa 8 m erreichen, weil sich über dieser Wassersäule kein ganz luftleerer Raum herstellen läßt. Die Länge der Saugrohre bei den Pumpen ist hierdurch begrenzt. Die Bauart und Berechnung der Pumpen ist in § 19, Seite 97 erörtert worden.

§ 30. Im § 27 wurde darauf hingewiesen, daß die Luft sehr elastisch sei; d. h. sie läßt sich stark zusammenpressen, dehnt sich jedoch bei nachlassendem Druck sofort wieder aus. Eine Flasche sei halb mit Wasser gefüllt und durch einen dicht anschließenden Pfropfen verschlossen, durch diesen Pfropfen gehe ein Röhrchen, das nach oben spitz zuläuft und unten bis auf den Boden der Flasche reicht. Bläst man in dies Röhrchen hinein, so verdichtet sich die Luft in der Flasche so, daß dieselbe, wenn das Blasen aufhört, vermöge ihrer Elasticität einen bedeutenden Druck auf das in der Flasche befindliche Wasser ausübt und dasselbe durch die Röhre in feinem Strahl austreibt; der Strahl ist um so höher, je mehr Luft in die Flasche geblasen ist.

Eine ähnliche Vorrichtung, wie die eben beschriebene, befindet sich an den Feuerspritzen, Pumpenanlagen u. s. w. und heißt hier Windkessel. Durch 2 Druckpumpen wird in den Windkessel Wasser hineingedrückt und dadurch die in dem Windkessel befindliche Luft verdichtet und zwar in solchem Maaße, daß der Druck der verdichteten Luft das Wasser mit Heftigkeit durch das Mundstück des angeschraubten Schlauches treibt.

V. Geometrische Arbeiten.

1. Erklärung.

§ 1. Die geometrischen Arbeiten bestehen vorzugsweise darin, Flächen der Erdoberfläche auszumessen und die Ergebnisse dieser Messungen durch Zeichnungen zu veranschaulichen. Für solche Zeichnungen wird ein verjüngter Maaßstab gewählt, der ein Bruchtheil des wirklichen Maaßes ist. Wäre dieser Bruchtheil beispielsweise $\frac{1}{1000}$, so würde jede Abmessung in der Wirklichkeit tausendmal größer, als auf der Zeichnung sein. Auch die Höhenlage der einzelnen Puncte einer Fläche wird durch Messung gefunden und durch Zeichnung veranschaulicht.

2. Meßinstrumente.

§ 2. Jede Messung läuft darauf hinaus, einzelne Puncte einzumessen und deren gegenseitige Lage festzustellen. Die einzumessenden Puncte werden vorher durch Pflöcke von Holz bezeichnet. Soll ein Lageplan aufgenommen werden, so werden diese Pflöcke etwa 30 cm lang und $\frac{2\text{ cm}}{5\text{ cm}}$ stark, nach unten zugespitzt gemacht (Merkpflöcke). Um Bogen auszustecken, benutzt man Bogenpfähle 50 cm lang; für die Winkelpuncte, Tangentenpuncte u. s. w. nimmt man größere Pfähle. Soll die Hohenlage einzelner Puncte bestimmt werden, so werden in den betreffenden Puncten Höhenpfahle eingeschlagen so tief, daß sie fest stehen; in der zu messenden Höhe schneidet man dieselben ab und setzt nebenbei einen Nebenpfahl, um den Punct kenntlich zu machen. Sollen Puncte nur vorübergehend bezeichnet werden, so nimmt man zum Abstecken Fluchtstangen (Absteckstäbe, Baken). Es sind dies cylindrische Stäbe von Holz 2 bis 3 m lang und 3 bis 4 cm stark, unten mit eisernem spitzen Schuh beschlagen. Um die Stangen sichtbarer zu machen und sie zugleich bei Längenmessungen benutzen zu können, streicht man sie von 50 zu 50 cm abwechselnd roth und weiß oder schwarz und weiß an. Soll in einer Linie, die durch 2 Stäbe bezeichnet ist, ein dritter Stab eingerichtet werden, d. h. in der Verlängerung der Linie oder in der Linie zwischen den beiden Stäben aufgestellt werden, so wird der Stab zunächst möglichst in der Richtung von einem Arbeiter zwischen zwei Fingern so gehalten, daß er vermöge seiner Schwere senkrecht hängt; dann stelle man sich selbst etwa 3 Schritt vor dem ersten Stab auf, fluchte nach dem zweiten, und gebe dem Arbeiter die Zeichen zur Bewegung nach rechts und links, bis die 3 Stäbe sich decken. Man prüft dies, indem man ein Auge schließt und dann abwechselnd rechts und links sich neigend sieht, ob die Kanten der Stäbe in eine Linie fallen. Besser ist es noch, wenn man mit beiden Augen gleichzeitig fluchten kann, da man dann sicherer und auch rascher arbeitet. Man muß sich dabei gewöhnen die Augen auf die hinterste Fluchtstange zu richten. Nach einiger Uebung wird man hierin schon die nöthige Fertigkeit erlangen. Die Fluchtstangen müssen sämmtlich gerade und von gleicher Stärke sein. Ist die Linie in unebenem Gelände abzustecken, so nimmt man häufig ein Bleiloth zu Hülfe. Bei längeren Messungen werden einzelne Puncte mit besonders hohen, festen Signalen gekennzeichnet, die noch in größerer Entfernung sichtbar sind.

§ 3. Sollen gerade Linien unmittelbar gemessen werden, so nimmt man hierzu Meßstäbe, Meßketten oder Meßbänder. Die Meßstäbe sind in der Regel 5 m lang und bei abgerundetem Querschnitte etwa $\frac{5 \text{ cm}}{8 \text{ cm}}$ stark aus trocknem Holz gefertigt, mit Oelfarbe gestrichen und in Meter, an den Enden in Decimeter eingetheilt. An den Enden sind sie mit Eisen oder Messing beschlagen. Zum Messen sind zwei Stäbe erforderlich, welche abwechselnd aneinander gelegt werden, wobei besonders darauf zu achten ist, daß stets die Stäbe in der Richtung der zu messenden und vorher ausgesteckten Linie liegen, und daß nicht beim Vorlegen einer Latte die liegende zurückgestoßen wird. Man erreicht dies am leichtesten, wenn der zu legende Stab am hinteren Ende angefaßt und auf das vordere Ende des liegenden der Fuß gesetzt wird. Jeder Stab wird erst beim Aufnehmen laut gezählt. Bequemer zum Messen sind die Meßketten. Dieselben bestehen aus Gliedern von Eisendraht, 0,50 m lang, durch Ringe mit einander verbunden; je ein Meter und jedes fünfte Meter sind besonders bezeichnet. In die Endringe werden Kettenstäbe, etwa 1,5 m lange, cylindrische, mit eisernen spitzen Schuhen beschlagene Stäbe aus Holz gesteckt, zum Ausspannen und Einrichten der Kette. Die Länge der Kette pflegt 20 m zu sein. Für den Gebrauch sind noch erforderlich 10 Zählstäbe (Sticken) aus Draht 30 cm lang. Ist die Kette im Anfang der zu messenden Linie eingerichtet und angespannt, so steckt der Vordermann in das Loch des Kettenstabes einen Zählstab. Demnächst wird die Kette weitergezogen, bis der Hintermann an dem Zählstabe, den er aufnimmt und zu sich steckt, angekommen ist; er setzt nun genau den Kettenstab in das Loch ein, richtet den Vordermann ein, läßt die Kette anspannen und demnächst weiter ziehen, nachdem der Vordermann wieder einen Zählstab in das Loch des Kettenstabes eingesetzt hat. Dies wiederholt sich, bis der Vordermann auch den zehnten Zählstab weggegeben hat, dann werden die Stäbe sämmtlich zurückgegeben und dafür eine 10 malige Länge der Kette vermerkt. Folgende Puncte sind bei der Kettenmessung besonders zu beachten.

Der Hintermann muß den Kettenstab genau und unverrückbar fest einsetzen. Der Kettenstab des Vordermanns ist genau einzurichten, wobei die Kettenstäbe genau senkrecht gestellt werden. Die Kettenlange muß öfters geprüft und berichtigt werden.

Da sich häufig die Kettenglieder verschlingen, so wendet man jetzt vielfach Stahl-Meßbänder an. Gebrauch derselben, wie bei der Kette.

§ 4. Von der Beschreibung der vielen und theilweise nicht einfachen Instrumente, zur Aufnahme und zum Abstecken von Winkeln, müssen wir absehen und uns darauf beschränken, nur zwei Geräthe, welche zum Abstecken rechter Winkel dienen und welche sehr häufig Verwendung finden, näher zu erläutern. Es sind dies der Winkelspiegel und der Winkelkopf. Nachfolgende Abb. 41 und 42 zeigen den Grundriß und die Ansicht des Winkelspiegels. Das Instrument besteht aus einem Messinggehäuse abcd, welches nach der Seite ad offen ist. Die Seitenwände ab und cd sind so gestellt, daß ihre Verlängerungen einen Winkel von 45° bilden. An beiden Wänden ist je ein Spiegel angebracht und unter diesen Spiegeln ist in jeder Wand eine Oeffnung vorhanden. Zur bequemen Handhabung ist an der Unterfläche ein Griff H. Für den Gebrauch haben wir 2 Fälle zu unterscheiden: 1) Es soll in dem Puncte e einer Linie OP eine Linie rechtwinklig abgesteckt werden. 2) Es soll von dem Puncte S auf eine Linie OP eine Senkrechte gefällt werden. In dem ersten Fall wird das Instrument lothrecht über dem Punct e so aufgestellt, daß man eine in P aufgestellte Stange durch die Oeffnung der Seitenwand cd sieht der Art, daß auch das Auge sich in der Linie OP befindet. Es wird nun eine Stange S so gehalten, daß deren Bild im Spiegel der Wand ab bei f erscheint und von diesem Spiegel auf den Spiegel der Wand cd nach g zurückgeworfen wird, wo es dem von O sehenden Auge sichtbar wird. Nun wird die Stange S parallel mit OP vorwärts oder rückwärts bewegt, bis das Bild derselben (im Grundriß g, in der Ansicht S) in dem Spiegel der Wand cd genau in der Verlängerung der unmittelbar gesehenen Stange P erscheint. Ist dies der Fall, so ist PeS ein rechter Winkel. Soll von S aus eine Senkrechte auf OP gefällt werden, so stellt man sich mit dem Instrument in der Linie OP auf und geht so lange in dieser Linie vorwärts oder rückwärts, bis die Stange P und die im Spiegel der Wand cd erscheinende Stange S eine gerade Linie bilden. Die Hauptöffnung ad des Gehäuses wird stets so gehalten, daß sie dem Auge und

Abb 41.

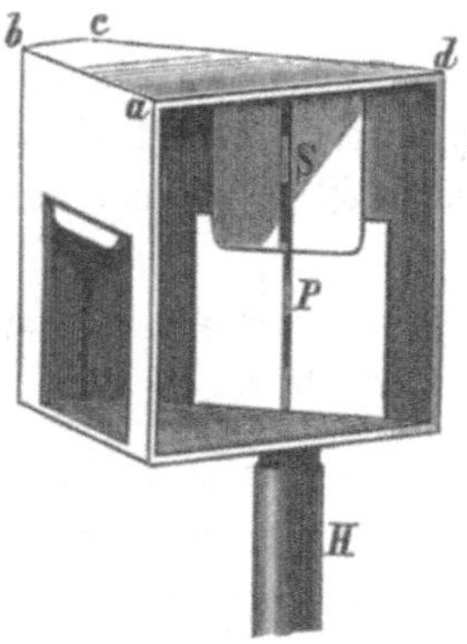

Abb. 42.

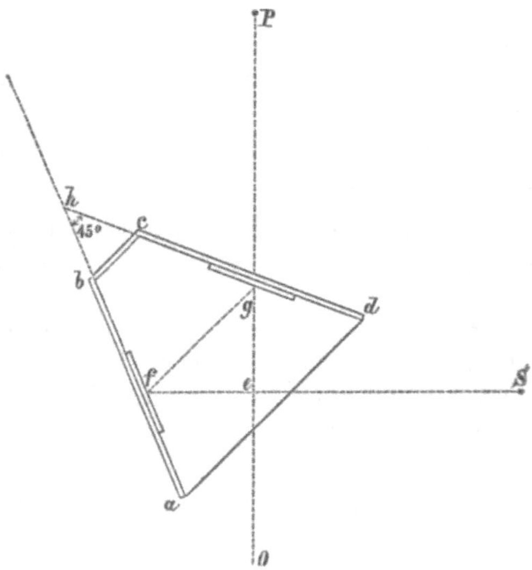

der Stange S zugekehrt ist. Jeder Winkelspiegel hat eine Vorrichtung, mit Hülfe deren man die Stellung beider Spiegel zu einander nöthigenfalls berichtigen kann, so daß genau ein Winkel von 45° eingeschlossen wird. Bezüglich der Spiegelung wird bemerkt, daß jeder Strahl in demselben Winkel, in welchem er auf den Spiegel fallt, auch zurückgeworfen wird; es ist also ∠efa = ∠ gfb, ∠egd = ∠ fgc, und es ist stets ∠ gef = ∠ SeO = dem doppelten Winkel zwischen den Spiegelflächen = 2 ∠ ghf. Wird also ghf = 45° gemacht, so muß ∠ SeO stets = 90° sein. Der Griff an der Unterplatte wird meist als Hülse mit Schraubengewinde ausgebildet, welche auf das obere Ende eines unten mit eiserner Spitze versehenen Holzstabes geschraubt wird. Man kann diesen

Stab, wie eine Bake, genau in die Linie einrichten und so eine genauere Stellung erreichen, als wenn man den Apparat nur in der Hand hält.

Der Winkelkopf oder die Winkeltrommel besteht aus einem hohlen, inwendig geschwärzten Cylinder Abb. 43, oder achtseitigen Prisma, in deren Wandungen senkrechte Schlitze a, b, c und d eingearbeitet, die genau 90⁰, also um einen rechten Winkel gegen einander versetzt sind. Von den Schlitzen sind c und a sehr schmal, während die anderen d und b breiter und in der Mitte mit einem senkrechten Faden versehen sind. Beim Gebrauch des Werkzeugs stellt man dasselbe genau in den Punct e Abb. 42 der Linie, über welchem ein rechter Winkel zu errichten ist, fluchtet den einen Schlitz genau in die Linie OP, sieht dann durch den zugehörigen, rechtwinkelig dazu stehenden Schlitz und richtet dann den Punct S ein.

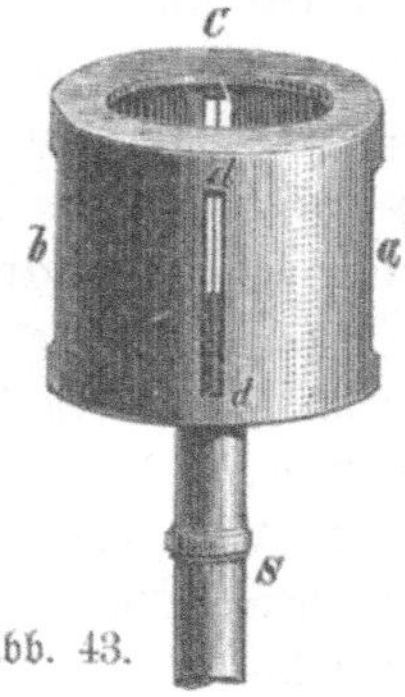

Abb. 43.

Man kann den rechten Winkel auch mit einfacher Längenmessung festlegen. Ist (Fig. 48, Tafel I) das Loth db auf ac zu errichten, so messe man in d die Lange von 3 m oder 6 m aus, die bis c reiche, schlage um d einen Kreis mit der Länge 4 m oder 8 m = db und um c einen mit der Länge von 5 m oder 10 m = cb, der Schnittpunct b beider Kreise liegt auf dem Lothe in d, das somit durch die Puncte d und b festgelegt ist.

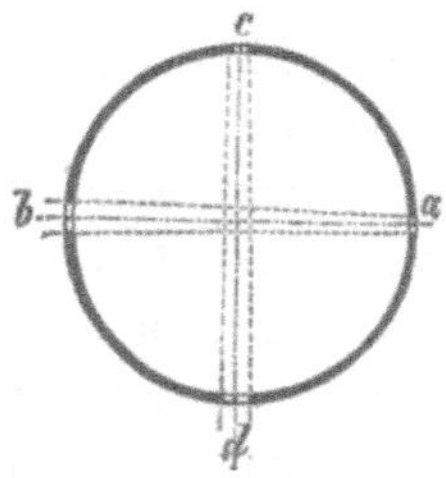

3. Feldmessen.

§ 5. Um eine Fläche so aufzumessen, daß man von derselben eine Zeichnung nach verjüngtem Maaßstabe anfertigen kann, ist es nöthig, dieselbe in einfache Figuren zu zerlegen, d. h. in solche, deren Flachenberechnung in der Planimetrie gezeigt ist; man mißt dann diejenigen Seiten oder Winkel dieser Figuren, deren Größe zum Aufzeichnen bekannt sein muß. Die Längen der Seiten mißt man unmittelbar mit den Staben, der Kette oder dem Bande; die Größe der Winkel ermittelt man durch ein besonderes Dreieck, indem man (Fig. 26, Tafel I) auf den Schenkeln ac und ab beliebige Längen af und ad absteckt, und die Entfernung df mißt. Aus diesen 3 Längen kann man den Winkel stets wieder auftragen. Die Eintheilung der Flächen ist je nach den Verhältnissen verschieden; man theilt entweder die ganze Fläche in Dreiecke, oder man legt eine beliebige Linie durch die ganze Flache und mißt von dieser Linie im rechten Winkel nach den Umgrenzungen der Fläche, oder man verbindet beide Methoden Bevor man mißt, zeichnet man ein ungefähres Bild der Fläche ins Notizbuch unter

8*

Angabe der Eintheilung der Fläche, welche man wählt; in diese Skizze werden die Maaße im Laufe der Messung eingeschrieben.

Es sei die Fläche abcd (Fig. 82, Tafel II) auszumessen Man kann in diesem Falle so verfahren, daß man mit Hülfe des Winkelspiegels die Puncte e und f ermittelt, in denen die Lothe von d und b auf ac treffen, und die Höhen ed und bf unmittelbar mißt.

Eine Eintheilung der aufzumessenden Flächen in Dreiecke wird man vorzugsweise wählen, wenn die Begrenzung der Fläche geradlinig ist; besteht die Begrenzung aus unregelmäßigen gekrümmten Linien, wie bei Figur 83, so legt man eine Hauptlinie durch die Figur und zieht von dieser aus rechtwinklig Nebenlinien nach den Ecken und Knicken der Begrenzungslinie, die Krümmungen denkt man sich durch eine Anzahl gerader Linien ersetzt, welche möglichst mit der krummen Linie zusammenfallen. Die Längen, welche man auf der Hauptlinie messen muß, also Aa, Ab, Ac u. s. w., heißen Abscissen, die Längen der Nebenlinien a 1, b 2, c 3 u. s. w. heißen Ordinaten. Der Inhalt einer solchen unregelmaßigen Fläche ist gleich der Summe der Inhalte der einzelnen leicht auszumessenden Flächen.

Hat man größere unregelmäßige Flächen auszumessen, so verbindet man die eben angegebenen Methoden, d. h. man begrenzt die Fläche durch gerade Linien, welche sich der unregelmaßigen Begrenzung einigermaßen anschließen, und betrachtet dann diese geraden Linien als Hauptlinien, von denen aus man die Ordinaten nach den einzelnen Ecken und Knicken der Begrenzung mißt; die von den Hauptlinien eingeschlossene Fläche theilt man in Dreiecke nach der ersten Methode. Die Fig. 84 wird dies klar machen. Liegen nun innerhalb der Fläche noch Gebäude u. s. w., welche ebenfalls aufgemessen werden sollen, so läßt sich dies, wie in der Skizze angedeutet ist, in der Weise machen, daß man eine der Theilungslinien als Hauptlinie ansieht und von dieser aus Ordinaten nach den Ecken der Gebäude mißt; selbstverständlich müssen auch die Puncte auf der Hauptlinie, von denen die Ordinaten abgehen, d. h. die Abscissen durch Messung festgestellt werden.

§ 6. Sind die Hauptlinien sehr lang, so ist man, wie auch in andern Fällen, gezwungen, zwischen 2 festen Puncten in gerader Linie noch mehrere Puncte festzulegen; es geschieht dies vermittelst Fluchtstangen, welche hintereinander so aufgestellt werden, daß sie sich decken. Soll von einer geraden Linie aus eine andere Linie rechtwinklig so abgesteckt werden, daß ihre Verlangerung einen bestimmten Punct trifft, so geschieht dies auf einfache Weise durch den Winkelspiegel, dessen Gebrauch im § 4 beschrieben ist. Hat man keinen Winkelspiegel zur Hand, so kann man mit Hülfe der pythagoräischen Zahlen 3, 4 und 5 oder ihrer Vielfachen ($3^2 + 4^2 = 5^2$ vergl. § 28 der Planimetrie) in der in § 4 beschriebenen Weise ein Loth durch Längenmessung errichten.

4. Aufsuchen und Festlegen der Linie einer Eisenbahn oder Straße.

§ 7. Soll eine Chaussee oder eine Eisenbahn gebaut werden, so wird zunächst die Baurichtung derselben im Allgemeinen festgestellt und nachdem dies geschehen, die Linie genau abgesteckt, d. h. es wird die Mittellinie des Erdkörpers durch Pfähle bezeichnet, welche in Entfernungen von 50 m eingeschlagen werden. Den doppelten Abstand der Pfähle, gleich 100 m, nennt man eine Station. Da nun die Linie (Trace) niemals ganz gerade durchgeführt werden kann, sondern sich aus längern und kürzern Strecken zusammensetzt, die unter verschiedenen Winkeln zusammentreffen, so muß man die Knicke in den Polygonecken durch Abstecken von krummen Linen (Curven) vermitteln, die gewöhnlich als Kreislinien mit verschiedenen Halbmessern ausgebildet werden (s. § 5). Es soll hier nur die Methode der Absteckung durch Coordinaten von der Tangente aus berücksichtigt werden. Die Bogen werden so abgesteckt, daß die beiden in einander überzuführenden Geraden Tangenten werden (vgl. § 10 der Planimetrie); der Punct der Geraden, in welchem der Bogen anfängt, heißt der Tangentenpunct. Der Bogen wird in der Weise ermittelt, daß einzelne Puncte desselben bestimmt werden und zwar so, daß man die Tangente als Hauptlinie ansieht und von derselben aus rechtwinklig Ordinaten absteckt, welche für die verschiedenen Abscissenlängen und für die verschiedenen Halbmesser berechnet werden.

Beim Aufsuchen einer Bahnlinie steckt man zunächst nur gerade Linien ab, welche sich je nach ihrer gegenseitigen Richtung unter einem größeren oder kleineren Winkel schneiden. Der Schnittpunct dieser geraden Linien heißt der Winkelpunct, und der Winkel, den diese Geraden bilden ecd (Fig. 87, Tafel II) heißt der Tangentenwinkel. Werden die beiden sich schneidenden Linien durch einen Bogen verbunden, so ist die Entfernung vom Winkelpunct bis Anfangspunct des Bogens auf beiden Linien stets gleich, oder mit andern Worten, die beiden Tangenten sind stets gleich lang.

Soll nun ein Bogen von einem bestimmten Halbmesser zwischen 2 sich schneidenden Linien eingelegt werden, so kommt es zunächst darauf an, durch Rechnung die Tangentenpuncte, in welchen der Bogen anfängt, zu finden. Es seien (Fig. 87) ac und bc zwei sich im Winkelpuncte c schneidende Linien, dieselben sollen durch einen Bogen, dessen Halbmesser = R ist, verbunden werden. Wie weit vom Winkelpunct c muß der Bogen beginnen, oder mit anderen Worten, wie groß ist die Tangente ac. Man verlängere den einen Schenkel und trage die Linie cg etwa = 5 m so ab, daß der Winkel dce halbirt wird; je größer man diese Länge nimmt, desto genauer wird die Rechnung. Es verhält sich dann stets die halbe Entfernung zwischen beiden Schenkeln am Ende von cg und rechtwinklig dazu gemessen zu der Länge cg wie die Tangente zum Radius, weil Dreieck cgd und fac einander ähnlich sind; also $\frac{eg}{cg} = \frac{ac}{R}$.

Zur Uebung mögen die folgenden Beispiele dienen:

1) Die beiden (Fig. 88) skizzirten Geraden ac und bc sollen durch eine Curve von 400 m Halbmesser mit einander verbunden werden. Man stecke eine Halbirungslinie des Winkels ecd = cg = 5 m ab, messe die Entfernung ed etwa = 0,46 m, also eg = 0,23, dann ist

$$0{,}23 : 5 = T : R, \text{ oder}$$

$$\frac{0{,}23 \,.\, R}{5} = T = \frac{0{,}23 \,.\, 400}{5} = 18{,}4 \text{ m} = ac.$$

Also in einer Entfernung = 18,4 m, von c aus nach a gemessen, beginnt der Bogen.

2) Die beiden Geraden ac und bc (Fig. 88) sollen durch einen Bogen verbunden werden und zwar so, daß die Tangenten 15 m lang sind; wie lang ist der Halbmesser R des gesuchten Verbindungsbogens? cg (Fig. 88) sei gleich 5 m abgesteckt und die Länge der Linie de = 0,54 m gemessen, also eg = 0,32. Dann ist $0{,}32 : 5 = T : R$, also $R = \frac{5 \,.\, T}{0{,}32} = \frac{5 \,.\, 15}{0{,}32} = 234$ m.

3) Ist der Winkel größer und muß man deshalb mit größerer Genauigkeit arbeiten, so mißt man zunächst auf c bis e ein Maaß von 20 m ab. In gleicher Weise von c bis d, verbindet die beiden Puncte d und e mit einander und mißt deren Entfernung. Dieselbe sei im vorliegenden Falle z. B. = 13,33 m. Dann theilt man die Linie ed in zwei gleiche Theile, verbindet die Mitte g mit dem Winkelpuncte c und mißt auch diese Entfernung. — Dieselbe sei = 18,52 m, so heißt unsere Proportion $\frac{eg}{cg} = \frac{ac}{R}$. Wenn man die Werthe einsetzt und R z. B. = 800 m wählt, so wird $\frac{6{,}665}{18{,}52} = \frac{ac}{800}$. Daraus erhält man dann

$$ac = \text{Tangentenlänge} = \frac{800 \,.\, 6{,}665}{18{,}52} = 287{,}90 \text{ m}.$$

§ 8. Nachdem man nun die Tangentenlänge und damit den Anfangspunct des Bogens ermittelt hat, kann zur Absteckung desselben geschritten werden. Dieses geschieht in der Weise, daß man nach Fig. 89, Tafel II vom Anfangspuncte ausgehend bestimmte Entfernungen 5, 10, 15 u. s. w. auf der Tangente abmißt und dann im folgenden ermittelten Uebermaaße 5a, 10b, 15c u. s. w. absteckt. Diese Zahlenwerthe (Ordinaten genannt) werden wie folgt berechnet.

Der Punct C des Kreisbogens (Abb. 44) soll durch Berechnung der Längen AB und BC festgelegt werden. AB nennt man die Abscisse des Punctes C und bezeichnet sie mit x BC wird die Ordinate desselben genannt und mit y bezeichnet.

Da $AB = CD$ und $BC = DA$ ist, so ist im rechtwinkligen Dreieck OCD $OC^2 = OD^2 + DC^2$ oder

$$R^2 = (R - y)^2 + x^2$$

$$R^2 = R^2 - 2Ry + y^2 + x^2,$$

R^2 auf beiden Seiten subtrahirt

$$x^2 = 2\,Ry - y^2$$

und endlich $x = \sqrt{2\,Ry - y^2}$.

Abb. 44.

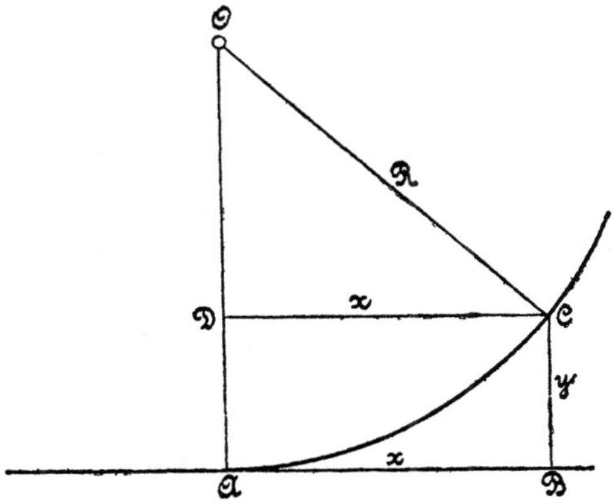

Will man die Gleichung für y auflösen, so ist aus

$$R^2 = (R - y)^2 + x^2$$

$$(R - y)^2 = R^2 - x^2$$

$$R - y = \sqrt{R^2 - x^2}$$

$$y = R - \sqrt{R^2 - x^2}.$$

Je nachdem man nun für y oder für x bestimmte Werthe einsetzt, auch für R die anzuwendende Größe in Rechnung bringt, erhält man die dazu gehörigen Werthe für x und y.

Soll beispielsweise für $R = 100$ aus Formel

$$x = \sqrt{2\,Ry - y^2}$$

die Länge x berechnet werden, an welcher der Abstand y der Curve $= 2{,}0$ m ist, so erhält man durch Einsetzung der Werthe

$$x = \sqrt{2 \,.\, 100 \,.\, 2{,}0 - 2{,}0^2}$$

$$= \sqrt{400 - 4}$$

$$= \sqrt{396} = 19{,}899 \text{ m}.$$

Will man, was am meisten gebräuchlich ist, aus der Formel $y = R - \sqrt{R^2 - x^2}$ den fraglichen Curvenpunct bestimmen, so muß, außer dem gegebenen Halbmesser R, die Länge der Abscisse angenommen und eingesetzt werden. Wird dieselbe in Uebereinstimmung mit dem Resultat des vorigen Beispieles $x = 19{,}899$ und $R = 100$ gewählt, so ist nach der Einsetzung

$$y = 100 - \sqrt{100^2 - 19{,}899^2}$$

$$= 100 - \sqrt{1000 - 396}$$

$$= 100 - 98$$

$$y = 2{,}00.$$

Für gewöhnlich setzt man nun für x abgerundete Zahlen, wie 5, 10, 15, 20 u. s. w. ein, desgleichen wird auch für R meistentheils ein runder Werth angenommen und danach die Ordinate y berechnet. Um noch einige Beispiele zu geben, mögen für den Halbmesser der Weichen mit Herzstückneigung 1 : 10, $R = 245$, die folgenden Ordinaten berechnet werden.

$x = 5{,}0 \qquad R = 245$ eingesetzt

$y = 245 - \sqrt{245^2 - 5^2}$

$= 245 - 244{,}95$

$y = 0{,}05$ m.

$x = 10{,}0$ gewählt,

ergiebt für $y = 245 - \sqrt{245^2 - 10^2}$

$= 245 - 244{,}795$

$y = 0{,}205$;

wird ferner $x = 15$ angenommen, so ist

$y = 245 - \sqrt{245^2 - 15^2}$

$= 245 - 244{,}54$

$y = 0{,}46$.

Für $x = 20$

ist $y = 245 - \sqrt{245^2 - 20^2}$

$y = 245 - 244{,}182$

$y = 0{,}818$ u. s. w.

In den nachstehenden Tabellen (S. 121 u. 122) sind für die im Eisenbahn- und Wegebau gebräuchlichen Halbmesser die Abscissen x und die Ordinaten y berechnet. Zur Erläuterung wird nachgefügt, daß beispielsweise bei einem Halbmesser von 190 m und der Abscissenlänge 30 m die Größe der Ordinate = 2,383 m ist.

§ 9. Hat man die Tabellen nicht zur Hand und handelt es sich nicht um große Genauigkeit, so kann man die Ordinaten auch auf einfachere Weise nach der Formel $y = \frac{x^2}{2r}$, worin x die Abscissen und y die Ordinaten bedeuten, finden.

Soll z. B., wie dieses auf den Bahnhöfen häufiger vorkommt, im Punct o (Fig. 86, Tafel II) ein Bogen abgehen, dessen Halbmesser = 180 m beträgt, so steckt man auch wieder auf der Tangente gleiche Längen 1, 2, 3, 4, im vorliegenden Falle z. B. je einen Meter auseinander ab. Die zugehörigen Ordinaten erhält man durch Einsetzung der entsprechenden Werthe in die obige Gleichung:

$$1a = y = \frac{x^2}{2r} = \frac{1^2}{2 \,.\, 180} = \frac{1}{360} = 0{,}0028 \text{ m}$$

$$2b = y = \frac{x^2}{2r} = \frac{2^2}{2 \,.\, 180} = \frac{4}{360} = 0{,}011 \text{ m}$$

$$3c = y = \frac{x^2}{2r} = \frac{3^2}{2 \,.\, 180} = \frac{9}{360} = 0{,}025 \text{ m}$$

$$4d = y = \frac{x^2}{2r} = \frac{4^2}{2 \,.\, 180} = \frac{16}{360} = 0{,}044 \text{ m}$$

$$5e = y = \frac{x^2}{2r} = \frac{5^2}{2 \,.\, 180} = \frac{25}{360} = 0{,}069 \text{ m u. s. w.}$$

Tabelle zum Abstecken von der Tangente aus.

Abscissen.	Ordinaten fur einen Halbmesser von:									
	10	15	20	25	30	35	40	45	50	55
2,5	0,317	0,209	0,157	0,125	0,105	0,090	0,078	0,069	0,063	0,057
5	1,340	0,858	0.635	0,505	0,420	0,359	0,314	0,279	0,251	0,228
7,5	3,386	1,992	1,456	1,150	0,952	0,813	0,709	0,629	0,566	0,514
10	10,000	3,820	2,679	2,087	1,716	1,459	1,270	1,125	1,010	0,917
12,5		6,113	4,287	3,32	2,717	2,303	2,001	1,770	1,588	1,493
15		15,000	6,771	5,00	4,019	3,377	2,919	2 574	2,303	2,085
20			20,000	10,00	7,639	6,277	5,359	4,689	4,174	3,765
25				25,00	13,417	10,505	8,775	7,583	6,699	6,010
30					30,000	16,972	13,542	11,459	10,000	8,902
35						35,000	20,635	16,716	14,293	12,574
40							40,000	24,385	20,000	17,251
45										23,377

Abscissen.	60	65	70	75	80	85	90	95	100	110
2,5	0,052	0,048	0,045	0,042	0,039	0,037	0,035	0,033	0,031	0,028
5	0,209	0,193	0,179	0,167	0,156	0,147	0,139	0,132	0,125	0,114
7,5	0,471	0,434	0,403	0,376	0,353	0,332	0,313	0,297	0,282	0,256
10	0,839	0,774	0,718	0,670	0,627	0,590	0,557	0,528	0,501	0,455
12,5	1,317	1,213	1,125	1,049	0,983	0,924	0,872	0,827	0,784	0,713
15	1,905	1,754	1,626	1,515	1,419	1,334	1,259	1,192	1,131	1,028
20	3,431	3,153	2,918	2,716	2,540	2,386	2,250	2,129	2,020	1,833
25	5,456	5,000	4,617	4,289	4,007	3,760	3,542	3,349	3,175	2,879
30	8,038	7,337	6,754	6,261	5,838	5,470	5,147	4,861	4,606	4,170
35	11,266	10,228	9,378	8,668	8,063	7,540	7,084	6,682	6,325	5,717
40	15,279	13,765	12,554	11,557	10,718	10,000	9,377	8,832	8,348	7,531
45	20,314	18,096	16,381	15,000	13,856	12,889	12,058	11,334	10,697	9,626
50	26,83	23,467	21,010	19,098	17,550	16,261	15,167	14,223	13,398	12,020
55				24,010	21,905	20,193	18,761	17,540	16,484	14,737
60				30,00	27,08	24,792	22,918	21,345	20,000	17,805
65				37,58	33,36	30,23	27,75	25,72	24,01	21,259

Abscissen.	120	130	140	150	160	170	180	190	200	250
5	0,104	0,096	0,089	0,083	0,078	0,074	0,069	0,066	0,063	0,050
10	0,417	0,385	0,358	0,334	0,313	0,294	0,278	0,263	0,250	0,200
15	0,941	0,868	0,806	0,752	0,705	0,663	0,626	0,593	0,563	0,450
20	1,678	1,548	1,436	1,339	1,255	1,181	1,115	1,056	1,003	0,801
25	2,633	2,427	2,250	2,098	1,965	1,848	1,745	1,652	1,569	1,253
30	3,810	3,509	3,252	3,031	2,838	2,668	2,518	2,383	2,263	1,807
35	5,218	4,800	4,446	4,140	3,875	3,642	3,436	3,252	3,086	2,462
40	6,863	6,307	5,836	5,432	5,081	4,773	4,501	4,258	4,041	3,221
45	8,757	8,037	7,429	6,909	6,458	6,064	5,716	5,406	5,128	4,083
50	10,913	10,000	9,233	8,579	8,013	7,519	7,084	6,697	6,351	5,051
[illegible]	[illegible]	[illegible]	[illegible]	[illegible]	[illegible]	[illegible]	[illegible]	[illegible]	[illegible]	[illegible]
60	16,077	14,674	13,509	12,523	11,676	10,940	10,294	9,722	9,212	7,307
65	19,129	17,417	16,004	14,815	13,798	12,917	12,146	11,464	10,857	8,598
70	22,532	20,455	18,756	17,335	16,125	15,081	14,169	13,365	12,650	10,000
75	26,33	23,82	21,784	20,096	18,667	17,439	16,369	15,429	14,595	11,515
80			25,11	23,11	21,536	20,000	18,755	17,663	16,697	13,146
85			—	—	—	—	21,334	20,074	18,961	14,894
90			32,76	30,00	27,71	25,78	24,12	22,67	21,394	16,762
95			—	—	—	—	—	—	—	18,753
100			42,02	38,20	35,10	32,52	30,33	28,45	24,79	20,871

Abscissen	Ordinaten für einen Halbmesser von:									
	300	400	500	600	700	800	900	1000	1100	1200
10	0,167	0,125	0,10	0,083	0,072	0,062	0,056	0,05	0,045	0,042
20	0,667	0,50	0,40	0,333	0,286	0,25	0,222	0,20	0,182	0,167
30	1,504	1,127	0,901	0,75	0,643	0,563	0,50	0,45	0,409	0,375
40	2,679	2,005	1,603	1,335	1,144	1,001	0,889	0,80	0,728	0,667
50	4,196	3,137	2,506	2,087	1,788	1,564	1,39	1,251	1,137	1,042
60	6,061	4,526	3,613	3,008	2,576	2,253	2,002	1,802	1,638	1,501
70	8,281	6,173	4,924	4,097	3,509	3,068	2,726	2,453	2,23	2,043
80	10,863	8,082	6,442	5,357	4,586	4,01	3,563	3,205	2,913	2,67
90	13,818	10,256	8,167	6,789	5,81	5,079	4,511	4,058	3,688	3,38
100	17,157	12,702	10,102	8,392	7,18	6,275	5,573	5,013	4,555	4,174
110	20,894	15,422	12,25	10,17	8,697	7,599	6,747	6,068	5,514	5,052
120	25,05	18,424	14,614	12,123	10,362	9,051	8,036	7,226	6,565	6,015
130	29,63	21,71	17,196	14,253	12,177	10,633	9,438	8,486	7,709	7,062
140	34,67	25,30	20,00	16,562	14,143	12,345	10,956	9,848	8,946	8,195
150	40,19	29,19	23,03	19,053	16,26	14,188	12,588	11,314	10,275	9,412
160	46,23	33,39	26,29	21,727	18,531	16,163	14,336	12,883	11,699	10,715
170	52,82	37,92	29,79	24,59	20,957	18,271	16,201	14,556	13,216	12,103
180	60,00	42,79	33,52	27,64	23,54	20,513	18,184	16,333	14,827	13,577
190	67,84	48,01	37,51	30,88	26,28	22,89	20,284	18,216	16,533	15,137
200	76,39	53,59	41,74	34,31	29,18	25,40	22,50	20,204	18,335	16,784
210			46,24	37,95	32,24	28,05	24,84	22,30	20,231	18,518
220			51,00	41,79	35,47	30,84	27,30	24,50		20,339

Abscissen	1300	1400	1500	1600	1700	1800	1900	2000	2500	3000
10	0,038	0,036	0,033	0,031	0,029	0,028	0,026	0,025	0,02	0,017
20	0,154	0,143	0,133	0,125	0,118	0,111	0,105	0,100	0,08	0,067
30	0,346	0,321	0,30	0,281	0,265	0,250	0,237	0,225	0,18	0,150
40	0,616	0,572	0,533	0,500	0,471	0,444	0,421	0,400	0,32	0,267
50	0,962	0,893	0,834	0,781	0,735	0,695	0,658	0,625	0,50	0,417
60	1,385	1,286	1,20	1,125	1,059	1,00	0,948	0,90	0,72	0,60
70	1,886	1,751	1,634	1,532	1,442	1,362	1,29	1,225	0,98	0,825
80	2,464	2,288	2,135	2,001	1,883	1,779	1,685	1,601	1,28	1,067
90	3,119	2,896	2,702	2,533	2,384	2,251	2,133	2,026	,621	1,35
100	3,852	3,576	3,337	3,128	2,944	2,78	2,633	2,502	2,001	1,667
110	4,662	4,328	4,039	3,786	3,563	3,364	3,187	3,027	2,421	2,017
120	5,55	5,152	4,808	4,506	4,242	4,004	3,793	3,603	2,882	2,401
130	6,516	6,049	5,644	5,29	4,978	4,701	4,453	4,229	3,382	2,818
140	7,56	7,018	6,548	6,137	5,775	5,453	5,165	4,906	3,923	3,268
150	8,683	8,059	7,519	7,074	6,631	6,261	5,93	5,633	4,504	3,752
160	9,884	9,173	8,558	8,02	7,546	7,125	6,749	6,41	5,125	4,27
170	11,163	10,36	9,664	9,057	8,521	8,046	7,621	7,238	5,787	4,821
180	12,522	11,62	10,839	10,157	9,556	9,023	8,545	8,116	6,488	4,405
190	13,960	12,953	12,082	11,321	10,651	10,056	9,524	9,045	7,23	6,023
200	15,477	14,359	13,393	12,549	11,806	11,146	10,556	10,025	8,013	6,674
210	10,074	15,84	14,773	13,841	13,02	12,292	11,641	11,056	8,836	7,359
220	18,751	17,394	16,221	15,197	14,295	13,495	12,78	12,137	9,699	8,078
230	20,508	19,022	17,738	16,618	15,631	14,755	13,972	13,269	10,603	8,829
240		20,725	19,324	18,102	17,026	16,072	15,219	14,452	11,547	9,615
250			20,98	19,652	18,483	17,445	16,519	15,686	12,531	10,435
260				21,266	20,00	18,877	17,874	16,972	13,557	11,288
270						20,365	19,282	18,309	14,623	12,175
280							20,745	19,697	17,729	13,095
290								21,137	16,877	14,049
300									18,065	15,038
310									19,294	16,059
320									20,565	17,115

$$\text{bei } x = 10;\; y = \frac{10^2}{2\,.\,180} = \frac{100}{360} = 0{,}28 \text{ m}$$
$$x = 15;\; y = \frac{15^2}{2\,.\,180} = \frac{225}{360} = 0{,}625 \text{ m}$$
$$x = 20;\; y = \frac{20^2}{2\,.\,180} = \frac{400}{360} = 1{,}11 \text{ m u. s. w.}$$

§ 10. Das vorstehend beschriebene Verfahren der Bogen-Absteckung zwischen 2 Geraden ist in manchen Fällen nicht anzuwenden, weil häufig die Ordinaten zu lang werden, oder die Puncte auf den Tangenten unzugänglich sind. Für die einfacheren Fälle wird man indessen damit auskommen, so daß die übrigen Methoden hier übergangen werden sollen. Es sei nur noch eine Art, welche bei sehr flachen Bogen anwendbar ist, erwähnt.

Sind die Anfangspuncte A und B und der Halbmesser R nebenstehender Abbildung eines flachen Bogens gegeben, so ist annähernd die Pfeilhöhe $h = \frac{(^1/_2\,AB)^2}{2\,R} = \frac{1\,AB^2}{8\,R}$. Verbindet man nun A mit C so ist die Pfeilhöhe für die Sehnen AC und CB $= h_, = {}^1/_4\, h$; ebenso ist $h_{,,} = {}^1/_4\, h$, u. s. w. Man erhält auf solche Weise eine Anzahl Puncte, welche den Bogen ziemlich genau bestimmen. Sind also bei flachen Bogen Anfang, Ende und Mitte gegeben, so erhält man weitere Puncte des Bogens durch Halbiren der beiden Sehnen und Errichten von Senkrechten ($h_,$) gleich dem vierten Theil der Bogenhöhe (h).

Abb. 45.

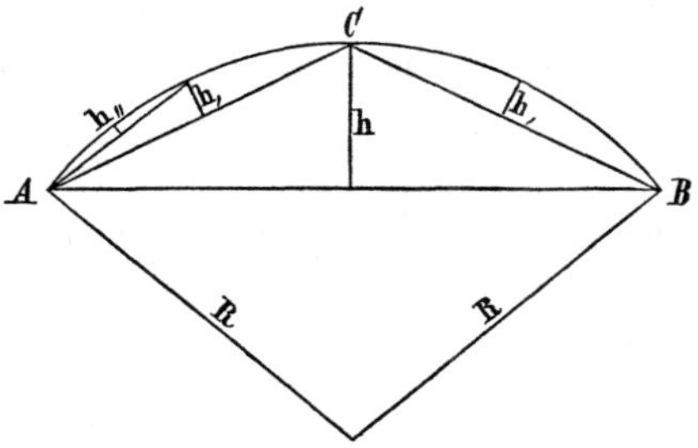

Zur Ermittelung der seitlichen Ausbiegung der in den Bögen zu verlegenden Schienen ist die Formel $h = \frac{AB^2}{8\,R}$ gleichfalls gut geeignet. Ist z. B. AB = der Schienenlänge = 9 m und R = 250 m, so berechnet sich die Pfeilhöhe $h = \frac{9^2}{8\,.\,250} = 0{,}0405$ m; bei R = 500 ist $h = \frac{9^2}{8\,.\,500} = 0{,}020$ m; R = 1000, $h = \frac{9^2}{8\,.\,1000} = 0{,}01$; R = 1500, h = 0,007; R = 2000, h = 0,005 m u. s. w.

§ 11. Es kommt vor, daß der Halbmesser eines vorhandenen Bogens unbekannt ist und durch Messung gefunden werden soll. Annäherungsweise wird derselbe wie folgt bestimmt. Man stecke eine beliebige Sehne ab (Fig. 90, Taf. II) ab, halbiere dieselbe und errichte im Halbierungspunct c ein Loth cd. Bezeichnet man nun die Pfeilhöhe cd mit y, die halbe Sehne mit x und den Halbmesser mit R, so ist $R = \frac{x^2}{2y}$ (alle Maaße in Metern ausgedrückt).

Es sei z. B. die Sehne = 80 m und die Pfeilhöhe = 50 cm gefunden, dann ist $$R = \frac{40^2}{2 \cdot 0,5} = \frac{1600}{1} = 1600 \text{ m}.$$

§ 12. Es sei hier noch erwähnt, daß die Gefällwechsel auf den Eisenbahnen niemals plötzlich auftreten dürfen, sondern daß die verschiedenen Neigungen zur Gewinnung sanfter Uebergänge stets mittelst möglichst schlanker in senkrechter Ebene gekrümmter Bögen abzurunden sind. Diese Bögen müssen mindestens einen Halbmesser von 2000 m, in Hauptbahnen für gewöhnlich von 10000 m haben; zwischen Gegengefällen und Gegensteigungen von 1 : 200 und darüber soll eine wagerechte Strecke von etwa 500 bis 600 m eingelegt werden. Das Abstecken der in senkrechter Ebene gekrümmten Kreisbögen ergiebt sich aus dem Vorhergehenden. Der Ausrundungshalbmesser = R pflegt gegeben zu sein und zwar gewöhnlich = 10000 m. Um die Entfernung vom Brechpunct bis zum Beginn der Ausrundung = T zu bestimmen, muß man drei Fälle unterscheiden:

1) die Bahn geht aus der Wagerechten in die Neigung $\frac{1}{n}$ uber; dann ist $T = \frac{R}{2} \cdot \frac{1}{n}$ z. B. für R = 10000 m und für eine Neigung 1 : 100 wäre $T = \frac{10000}{2} \cdot \frac{1}{100} = 50$ m;

2) die Bahn geht aus der Neigung $\frac{1}{n}$ in eine andere Neigung $\frac{1}{p}$ von gleichem Sinne über; dann ist $T = \frac{R}{2}\left(\frac{1}{n} - \frac{1}{p}\right)$ z. B. für R = 10000 m, für n = 200 und p = 500 wäre $T = \frac{10000}{2} \cdot \left(\frac{1}{200} - \frac{1}{500}\right) = \frac{10000}{2} \cdot \frac{3}{1000} = 15$ m;

3) die Bahn geht aus der Neigung $\frac{1}{n}$ in eine andere Neigung $\frac{1}{p}$ von entgegengesetztem Sinne über; dann ist $T = \frac{R}{2}\left(\frac{1}{n} + \frac{1}{p}\right)$ z. B. für R = 10000, für n = 100 und p = 200 wäre $T = \frac{10000}{2} \cdot \left(\frac{1}{100} + \frac{1}{200}\right) = 75$ m.

Hat man nach Vorstehendem den Tangentenpunct oder Anfangspunct der Ausrundung bestimmt, so erfolgt die Berechnung der verticalen Ordinaten nach der Formel $y = \frac{x^2}{2r}$ wie bei wagerecht liegendem Bogen.

§ 13. Auch der Uebergangsbögen bei Eisenbahnen soll noch Erwähnung geschehen; diese haben den Zweck, einen allmählichen Uebergang aus der graden in die gekrümmte Strecke zu veranlassen. Ein Fahrzeug, welches plötzlich aus der graden Richtung in eine scharfe Krümmung übergeht, erleidet stets einen Stoß. Durch Einlegen einer Parabelcurve als Uebergangscurve zwischen Grade und Kreisbogen, wie in Abb. 46 durch die Linie AB dargestellt ist, erreicht man, daß die Krümmung allmählich schärfer werdend sanft in den Kreisbogen übergeführt wird.

Abb. 46.

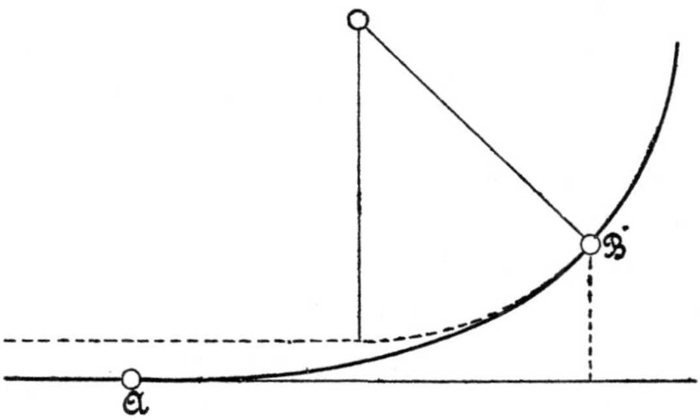

Da jedoch ein weiteres Eingehen auf diesen Gegenstand hier nicht möglich ist, so wird für diejenigen, welche denselben weiter verfolgen wollen, auf S. 14 u. f. des Taschenbuches zum Abstecken von Kreisbögen von O. Sarrazin und H. Oberbeck, Berlin, Julius Springer, verwiesen und sei hier nur noch die Einschaltung von Uebergangsbögen in bestehende Eisenbahngleise kurz besprochen.

Diese Einschaltung geschieht in der Weise, daß der ursprüngliche Bogen DC, Abb. 47, geändert wird, insofern als von C bis B ein Bogen mit kleinerem

Abb. 47.

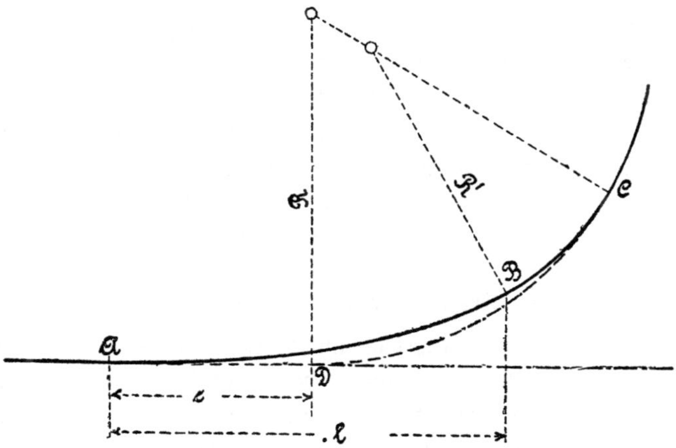

Halbmesser R' hergestellt und hieran von B bis A die allmählich flacher werdende

Uebergangslinie (Parabel) angeschlossen wird. In den folgenden Tabellen sind die zur Absteckung derartiger Uebergangsbögen erforderlichen Zahlenwerthe zusammengestellt und möge zur Benutzung derselben noch Einiges bemerkt werden.

Vom Tangentenpuncte des Kreisbogens D messe man das Stück DA = c ab, womit man alsdann den neuen Tangentenpunct A erhält. Von hier aus wird unter Benutzung der Tabellenwerthe die Uebergangscurve festgelegt. Bei einem Halbmesser von R = 300 ist beispielsweise c = 18,49 m und bei einer Länge der Ordinate von 20 m der Abstand des neuen Bogens von den Geraden = 0,111; bei 30 m Abscissenlänge ist die Ordinate = 0,375 m und bei 84,62 m vom Punct A entfernt läuft die Uebergangscurve wieder in den Kreisbogen von 300 m Halbmesser ein.

	R=300 c=18,49 e=41,38	R=400 c=13,62 e=32,0	R=500 c=10,96 e=32,0	R=600 c=9,18 e=20,87	R=700 c=8,40 e=20,00	R=800 c=8,51 e=25	R=900 c=8,60 e=20	R=1000 c=8,68 e=20
10	0,014	0,014	0,014	0,014	0,013	0,011	0,010	0,009
20	0,111	0,111	0,111	0,111	0,103	0,039	0,078	0,07
30	0,375	0,375	0,374	0,356	bei 30,82	0,289	0,255	0,228
40	0,889	0,883	0,845	bei 39,32	=0,359	bei 32,36	bei 33,80	bei 35,17
50	1,731	bei Abscisse	bei 44,4	=0,757		=0,356	=0,353	=0,351
60	2,923	51,74	=1,120					
70	4,469	=1,820						
80	6,376							
84,62	7,380							

Man sieht aus der Tabelle, daß die Uebergangscurve bei größerem Halbmesser nur wenig von den Kreisbögen abweicht, so wenig, daß eine genaue Absteckung mit den gewöhnlichen Meßgeräthen kaum möglich ist. Ein practisch erfahrener Beamter wird auch in den seltensten Fällen bei größerem Halbmesser des Bogens noch einer Absteckung der Uebergangslinie bedürfen, sondern bei gutem Augenmaaß das Gleis ohne Weiteres so einrichten, daß ein sanfter Uebergang aus der Graden in den Bogen erzielt wird. Dieserhalb ist von der Mittheilung der Ordinaten für Bögen mit größerem Halbmesser Abstand genommen.

5. Das Nivelliren oder Höhenmessen.

§ 14. Um die Höhenlage einzelner Puncte einer Fläche zu einander zu bestimmen (Nivelliren), hat man Instrumente, mit denen man wagerechte Linien feststellen kann; mißt man die senkrechten Entfernungen der betreffenden Puncte von dieser Horizontal-Linie, so sind die Höhenunterschiede bestimmt. Instrumente, welche man zum Nivelliren anwendet, sind die Setzwage, die

Canal= oder Wasserwage, die Libellenwage und das Nivellirinstrument.

1) Die Setzwage beruht darauf, daß ein frei herabhängendes Loth stets eine senkrechte Linie bildet, also eine Linie, welche stets winkelrecht zu der wagerechten steht. Zwei gut abgerichtete Lattenstücke werden in der in Abb. 48 angegebenen Weise genau winkelrecht zu einander befestigt und auf der mittleren eine Linie genau winkelrecht zu der Kante der unteren Latte aufgerissen. Im Puncte a wird ein Loth befestigt, dessen mit einem Gewicht versehenes Ende in der Aussparung der unteren Latte spielt. Daran, ob der Faden des Lothes genau auf der vorgezeichneten Linie einspielt, ist zu erkennen, ob die einzuwiegenden Puncte genau in der Wage liegen. Die Setzwage ist nur für geringe Entfernungen zu verwenden. Die Genauigkeit derselben wird durch Wind sehr beeinflußt und wird sie daher nicht viel mehr angewendet.

Abb. 48.

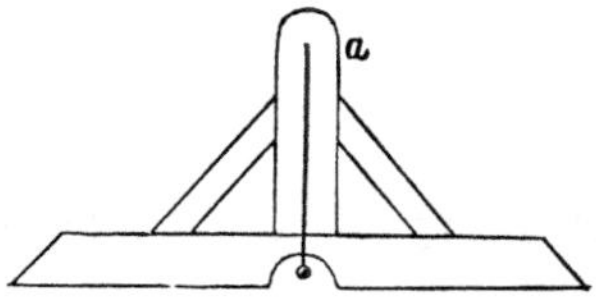

2) Die Canal= oder Wasserwage (Abb. 49) besteht aus einer $1^1/_2$—2 m langen Blechröhre, deren Enden rechtwinklig nach oben umgebogen sind und die durchsichtige Glascylinder a und b tragen. Auf einer unter der wagerechten

Abb 49.

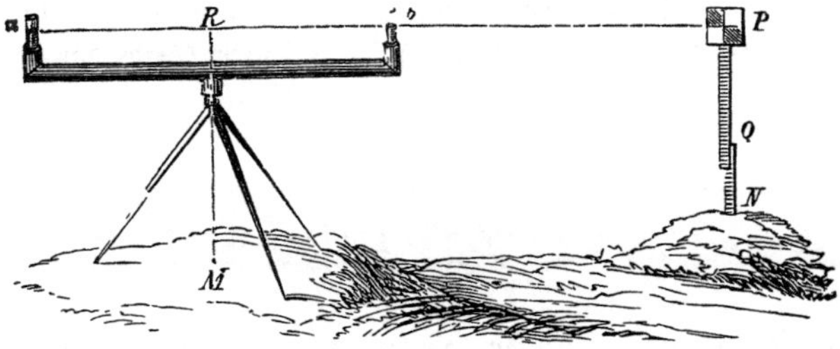

Röhre angebrachten Hülse kann das Instrument auf einen Holzstab oder auf ein Stativ gesetzt und so fest auf den Boden aufgestellt werden. Man füllt dann die Röhre bis in die Glascylinder hinauf mit Wasser, das etwas gefärbt ist. Nachdem das Wasser sich gehörig beruhigt hat, steht die Oberfläche desselben in den beiden Glasröhren genau in gleicher Höhe; es wird durch sie somit eine wagerechte Ebene a R b gebildet. Sieht man nun in der Höhe dieser Ebene an den Gläsern vorbei, so kann man in der Entfernung, auch beim Drehen der Röhre rundumsehend, alle die Gegenstande, welche in gleicher Höhe liegen, anmerken. Ueber das Verfahren beim Höhenmessen selbst s. § 15.

3) Die Libelle besteht aus einer Glasröhre, welche gebogen oder nach einem Kreisbogen innen hohl geschliffen ist. Fig. 50 giebt einen Längenschnitt einer geschliffenen Libelle. Wird ein solches Rohr mit einer leicht beweglichen Flüssigkeit (Alkohol oder Aether) so weit gefüllt, daß nur eine kleine Luftblase zurückbleibt, so hat die Luftblase stets das Bestreben, die am höchsten liegende Stelle

Abb 50.

im Rohre einzunehmen. Giebt man der Blase nun eine Einfassung von Metall oder Holz, der Art, daß die Luftblase genau in der Mitte des Rohres sich befindet, wenn die Einfassung auf einer wagerechten Fläche steht, so ist man in der Lage, mit dem Instrument andere Flächen oder einzelne Puncte in die Wage

Abb. 51.

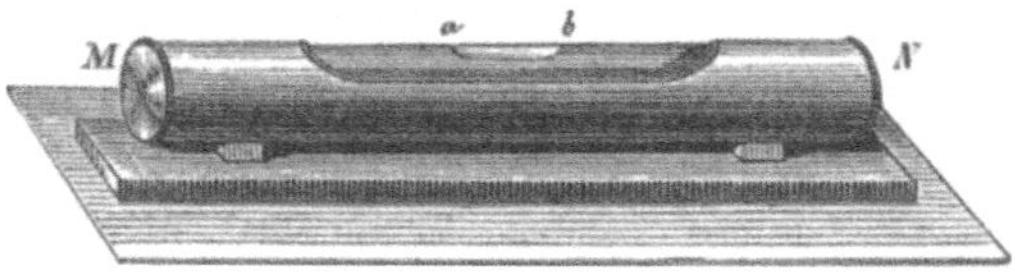

zu bringen. Fig. 51 zeigt die gewöhnliche Form der Libelle, wie sie bei Gleiseunterhaltungsarbeiten benutzt werden. Fig. 52 stellt eine solche mit Metalleinfassung und einer Einstellungsvorrichtung auf der linken Seite dar.

Abb. 52.

Um die Libelle darauf zu prüfen, ob sie genau richtig ist, wägt man mit ihr zunächst 2 Puncte ein, dreht sie dann um, so daß das linke Ende nach rechts kommt und sieht wieder zu, ob die Blase genau einspielt. Ist dieses der Fall, so ist die Libelle genau richtig. Geschieht dieses jedoch nicht, schlägt z. B. die Blase nach der Umsetzung der Libelle um 4 Striche nach einer Seite aus, so ist sie falsch und zwar um die Hälfte des Ausschlags Man muß sie alsdann berichtigen, was dadurch geschieht, daß man an der seitlichen Schraube links Abb. 52 so dreht, daß die Blase um die Hälfte zurückgeht. Dann wiegt man die Unterlagen von Neuem ein. Nach mehrmaligem Zurück- und Umsetzen, sowie Stellen an Schraube und Unterlage wird man die Libelle ganz genau bekommen.

4) Ein sehr einfaches und für den Bauplatz brauchbares Instrument ist in Abb. 53 dargestellt. Dasselbe besteht aus einer Libelle und einer darüber angebrachten Vorrichtung (Sehlinie) zum Fluchten und Ablesen. Das Instrument kann sowohl auf einen Stock gesteckt und durch Hinüber- oder Herüberneigen die Libelle zum Einspielen gebracht werden oder es wird mittels des vorhandenen Dreifußes auf einen Tisch oder ein Stativ gesetzt und durch die Stellschrauben eingestellt. Sobald man die Blase der Libelle genau in der Mitte hat, ist die Sehlinie wagerecht und man kann dann, indem man das Auge vor das kleine Loch rechts bringt und über die einspringende Ecke im Loch auf der linken Seite hinweg sieht, die Höhen einrichten oder ablesen.

Abb. 53.

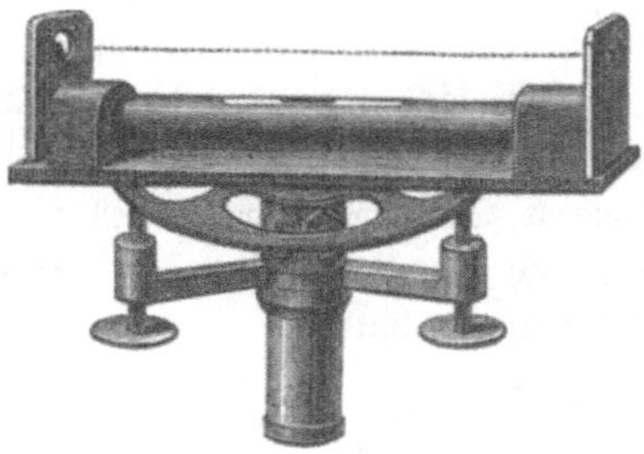

5) Das Nivellir-Instrument.

Dasselbe ist im Wesentlichen dem vorigen Instrumente gleich, nur daß an Stelle der beiden Oeffnungen zum Durchfluchten ein Fernrohr angebracht und im Uebrigen das Instrument sorgfältiger und genauer gearbeitet ist. Abb. 54

Abb. 54.

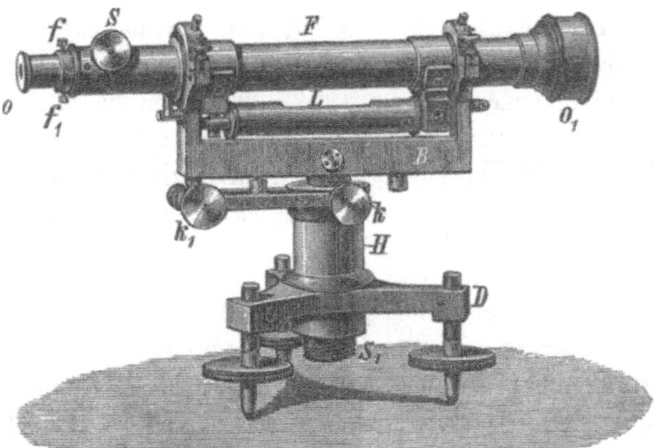

stellt ein Nivellir-Instrument mit drehbarem und umlegbarem Fernrohr dar, das in Ringlagern ruhend mit besonders einfacher Vorrichtung zum Berichtigen versehen ist. In Abb. 54 zeigt F das Fernrohr, an dem die Libelle L angehängt ist. Bei S befindet sich die Stellschraube des Fernrohrs, mit der das Fernrohr scharf eingestellt wird. Durch die Schrauben f f wird das Fadenkreuz im Innern des Fernrohrs festgehalten und auch richtig gestellt. Bei O befindet sich das Ocularglas und bei O_1 das Objectiv. Das Fernrohr mit Libelle ist in zwei Stützen gelagert, die an dem Balken B sitzen. Dieser Balken trägt eine senkrechte Achse, welche in der Hülse H steckt, und um welche der Balken mit dem Fernrohr und der Libelle im Kreise herumgedreht werden kann. k ist eine Klemmschraube und k_1 eine Stellschraube, durch die der Balken B und somit das Fernrohr festgeklemmt und eingestellt werden kann. Unterhalb der Hülse H befindet sich der Dreifuß D mit den 3 Stellschrauben, welche dazu dienen, das Instrument genau wagerecht zu stellen. Bei S′ befindet sich endlich ein Schraubengewinde, an dem das Instrument, nachdem es auf ein dreibeiniges Stativ gesetzt ist, festgeschraubt wird.

Die Wirkungs- und Arbeitsweise an dem Nivellir-Instrument beruht ebenfalls darauf, daß die Sehlinie des Fernrohrs genau wagerecht liegt, wenn die Libelle genau einspielt. Beim Einstellen wird wie folgt verfahren. Man stelle das Fernrohr zunächst genau über eine Schraube des Dreifußes und bringe dann die Libelle zum Einspielen. Dann drehe man das Fernrohr und die Libelle mit dem Träger B um einen rechten Winkel, so daß sie senkrecht zur ersten Richtung stehen, und stelle die Blase mit den beiden andern Schrauben des Dreifußes ein. Dann drehe man das Fernrohr mit Libelle wieder in die erste Lagestelle und wiederhole dieses Verfahren so lange, bis die Blase unverändert stehen bleibt. Darauf sehe man durch das Fernrohr, richte ein und lese ab, wie weiter unten beschrieben ist. Um sich davon zu überzeugen, daß das Instrument, im Besonderen die Libelle, auch richtig ist, drehe man den Balken mit Fernrohr und Libelle auch mal um 180°. Bleibtdann die Blase in der Mitte oder weicht sie nur wenig ab, so ist die Libelle richtig, wenn nicht, so sind Fehler vorhanden und muß dann das Instrument berichtigt werden. Eine Beschreibung dieses Berichtigungsverfahrens würde hier zu weit führen.

6) Die Nivellirlatte.

Die Nivellirlatte dient dazu, die Höhen an den einzuwiegenden und aufzumessenden Puncten abzulesen. Dieselbe besteht aus einer starken 2—5 m langen Latte, die aus einem Stück oder aus mehreren in einander schiebbaren Theilen besteht und welche in Metermaaß deutlich und weithin sichtbar eingetheilt ist. Abb. 55 stellt eine solche Latte dar. Dieselbe ist von Centimeter zu Centimeter durch rothe und schwarze Striche, von Decimeter zu Decimeter wechselnd, auf weißem Grunde deutlich erkennbar getheilt und wie Abb. 55 angiebt, beschrieben: Die Schrift ist v e r k e h r t ausgeführt, so daß die Zahlen auf dem Kopfe stehen. Es hat dieses seinen Grund darin, daß man sog. astronomische Fernrohre verwendet, durch die man alle Gegenstande verkehrt, also was oben ist, unten, was rechts ist, links sieht. Um Irrthümer beim Ablesen zu vermeiden, hat man deshalb die Zahlen auf die Latten verkehrt aufgeschrieben. Das Ablesen auf der Latte wird in der Weise bewirkt, daß man die Zahl abliest, auf der der wagerechte Faden des Fadenkreuzes steht. Steht z. B. der Faden an der mit x bezeichneten Stelle, so liest man ab = 0,26.

Abb. 55.

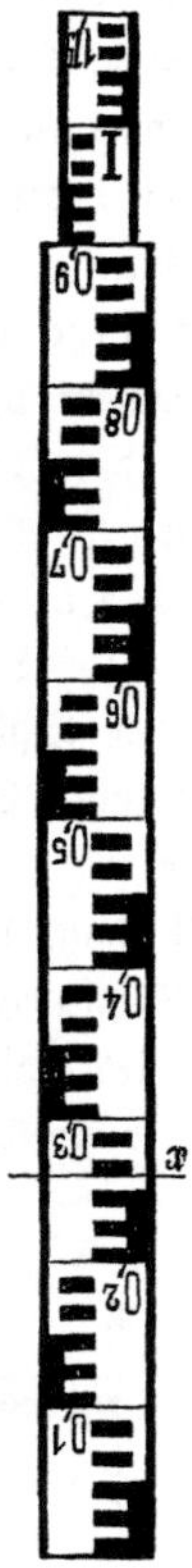

§ 15. Ueber die Ausführung der Höhenmessung selbst sei Folgendes bemerkt:

Mit der Setzwage nivellirt man nur kurze Strecken ab und verfährt dabei, wie folgt. Es sei der Hohenunterschied von A auf B (Abb 56) zu bestimmen: Man setzt bei A an, bringt das Loth zum Einspielen und mißt das Maaß h, um wie viel m' tiefer liegt, dann fährt man in gleicher Weise fort und erhalt schließlich durch Summiren der einzelnen Unterschiede ($h_I + h_{II} - h_{III} - h_{IV}$) das Endergebniß Beim Nivelliren mit den übrigen Instrumenten gilt als Regel, sich möglichst in der Mitte zwischen den einzunivellirenden Puncten aufzustellen, da dann etwaige Fehler des Instruments nicht zur Geltung kommen, auch die Genauigkeit bei der Ablesung für beide Richtungen dieselbe ist. Man vermeide es moglichst gegen die Sonne zu sehen, auch lasse man keine Sonnenstrahlen auf die Libelle fallen und die Latte stets so stellen, daß sie gut beleuchtet ist. Haupterforderniß ist ferner, daß die Latte genau lothrecht gehalten wird und zwar in beiden Richtungen. Andernfalls liest man zu große Werthe ab und erhält ein ungenaues Endergebniß. Der Vorsicht halber läßt man den Gehülfen die Latte vorn über und zurück bewegen und liest dabei den kleinsten Werth ab. Es möge jetzt an einem Beispiel das Verfahren selbst erläutert werden.

Abb. 56.

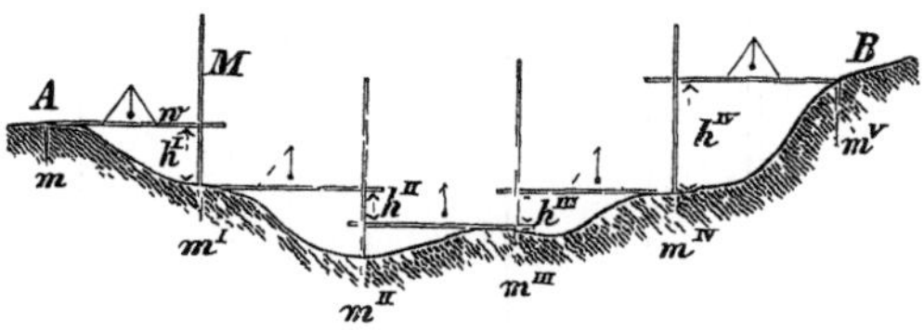

Es sei zu ermitteln, wie viel der Punct b (Fig. 91, Tafel II) höher liegt als a. Da der Höhenunterschied augenscheinlich zu groß, auch die Entfernung zu weit ist, um mit einer Aufstellung des Instruments auszukommen, so richtet man sich zu zwei Aufstellungen ein, indem man einen dazwischen liegenden Punct d als Wechselpunct ins Auge faßt. Nachdem das Instrument möglichst genau in der Mitte zwischen a und d bei c aufgestellt und es ordnungsmäßig und genau wagerecht gestellt ist, auch die Latte am Puncte a Aufstellung genommen hat, liest man das Maaß a f ab und notirt es. Dann begiebt sich der Mann mit der Latte nach d, um sie hier auf einem gehörig fest eingeschlagenen Pfahle oder sonst festem Puncte aufzustellen. Hat man z. B. das Maaß a f = 1,89 m abgelesen, so heißt das: Die Visirlinie oder das Fadenkreuz des Fernrohrs liegt 1,89 m höher, als der Punct a. Liest man nun dg z. B. = 1,35 m ab, so bedeutet dieses, daß der Pfahlkopf bei d 1,35 m tiefer liegt, als die Visirlinie. Durch Abziehen ergiebt sich, daß Punct d um 1,89 — 1,35 = 0,54 m höher liegt als Punct a. Nach der Ablesung des Maaßes d g wird das Instrument umgestellt, während die Latte bei d stehen bleibt. Den neuen Standpunct des Instruments wählt man wieder in der Mitte zwischen d und b, also bei e, stellt wieder genau ein und liest zunächst rückwärts ab. Es werde h d = 4,56 m abgelesen, d. h. also, das Fadenkreuz liegt 4,56 m höher als Punct d. Da die Lage des Punctes d zu 0,54 m höher als Punct a ermittelt war, so liegt das Fadenkreuz der neuen Aufstellung 0,54 + 4,56 = 5,10 m höher als Punct a. Zuletzt begiebt sich die Latte zum Punct b, wo das Maaß b i z. B. = 0,31 m abgelesen wird. Die Höhe des Punctes b über a erhält man, wenn man die letzte Ablesung 0,31 von 5,10 der Höhe des Fadenkreuzes abzieht zu 5,10 — 0,31 = 4,79 m.

Ueber die Art und Weise der Ausführung eines größeren Längen-Nivellements und die zweckmäßige Buchführung möge folgendes Beispiel zur Erläuterung dienen.

Abb. 57.

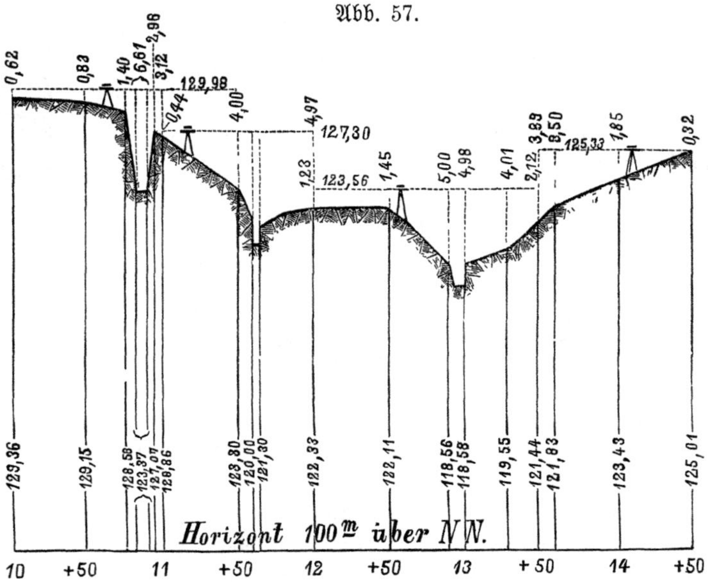

Es soll das in Abb. 57 im Langenschnitt dargestellte Gelände aufgemessen werden. Bei solchen rasch wechselnden Höhen läßt sich die Regel, das Instrument stets in der Mitte der Wechselpuncte aufzustellen, nicht durchführen und muß man daher mit einem vollständig genauen Instrument arbeiten. Das Nivellement werde in Stat. 10, dessen Höhenlage = 129,36 bekannt ist, begonnen und das Instrument zwischen Stat. 10 + 50 und 11 an der bezeichneten Stelle aufgestellt. Die Buchführung ist in der folgenden Tabelle angegeben.

Station	Rückwärts	Vorwärts	Zwischen-Puncte	Horizont	Höhe	Bemerkungen
10	0,62			129,98	129,36	
+ 50			0,83		129 15	
+ 75			1,40		128,58	
+ 82 + 90			6,61		123,37	Weg
+ 93			2,96		127,02	
11	0,44	3,12		127,30	126,86	
+ 50			4,00		123,30	
+ 60			7,30		120,00	Grabensohle
+ 65			6,00		121,30	Kante
12	1,23	4,97		123,56	122,33	
+ 50			1,45		122,11	
+ 90			5,00		118,56	Uferkante
13			4,98		118,58	
+ 28			4,01		119,55	
+ 50	3,89	2,12		125,33	121,44	
+ 62			3,50		121,83	
14			1,85		123,48	
+ 50		0,32			125,01	
	6,18	10,53				
	— 4,35					

Die Tabelle enthält in der ersten Reihe die Bezeichnung der angewogenen Stationen und sonstigen Puncte, in der zweiten die Rückwärts-, in der dritten die Vorwärts-Ablesung, d. h. also die Ablesungen, welche beim Wechsel der Aufstellung des Instruments erhalten werden. In einer folgenden Reihe sind die Zwischenpuncte, welche auf die Gesammt-Nivellements-Berechnung ohne Einfluß sind, aufgeführt. Eine weitere Reihe enthält den Horizont, d. i. die jedesmalige Höhe der Sehlinie bezw. des Fadenkreuzes und endlich die folgende Reihe die ermittelte Höhe. In einer letzten Reihe ist Platz für Bemerkungen gelassen, falls man nicht, was vorzuziehen ist, auf der linken Seite des Buches die Liste führt und die ganze rechte Seite für Bemerkungen und Skizzen sich offen halten will. Eine weitere Erläuterung dürfte kaum nöthig sein, wenn für den Anfang hinzugefügt wird, daß die Ablesung am Punct 10 = 0,62, somit die Höhe des Fadenkreuzes (der Horizont) der ersten Aufstellung = 129,36 + 0,62 = 129,98 beträgt. Die Ablesungen sind quer über das Profil übergeschrieben, also z. B. 0,83 für 10 + 50; 1,40 für 10 + 75 u. s. w. Am Puncte 11 ist die Vorwärts-Ablesung = 3,12, die Rückwarts-Ablesung vor der zweiten Aufstellung aus = 0,44. Beide Ablesungen sind der Raumersparniß und besseren Uebersicht wegen in dieselbe Reihe geschrieben. Die weitere Berechnung dürfte sich hiernach, sowie nach dem voraufgeführten Beispiel von selbst erlautern.

VI. Baumaterialien.

1. Bauholz.

§ 1. Bei jedem Baumstamm unterscheidet man Rinde, Holz und Mark. Die Rinde umkleidet den Stamm, das Holz bildet den festen und größten Theil desselben und das Mark nimmt den innersten Theil ein. Die Holzsubstanz besteht aus Bündeln von Fasern. Durch das im Winter unterbrochene Wachsthum entstehen die Jahresringe, welche bei einem quer durchschnittenen .Stamme je nach der Festigkeit des Holzes mehr oder weniger sichtbar sind und nach denen man das Alter der Bäume auszählen kann. Je näher das Holz der Rinde ist, desto saftiger und weniger fest ist dasselbe. In Bezug auf Festigkeit des Holzes unterscheidet man beim Baumstamm das Kernholz und das Splintholz; das letztere liegt näher gegen die Rinde, hat eine hellere Färbung und ist weniger fest und haltbar als das Kernholz.

§ 2. Je mehr die Jahresringe des Holzes sich einander nähern, desto fester und haltbarer ist das Holz; zeigen sich zwischen den Jahresringen Risse, so ist das Holz kernfaul oder kernschälig. Die Dauer des Bauholzes ist abhängig von der Festigkeit, von den wechselnden Feuchtigkeitsgraden und von den im Holz zurückbleibenden Saftbestandtheilen. Bauholz, welches abwechselnd naß und trocken wird, hat nur eine verhältnißmäßig geringe Dauer. Bauhölzer, welche beständig im Wasser liegen, haben eine sehr große Dauer. Wenn die im Bauholz zurückgebliebenen Saftbestandtheile in Gährung gerathen, so zerstören sie den Zusammenhang der Holzfasern und es tritt Fäulniß ein. Es ist daher für gutes Austrocknen des Holzes vor der Verwendung zu sorgen. Selbst bei Bauhölzern, welche im Winter gefällt sind, daher wenig oder gar keinen Saft enthalten. muß man noch vorsichtig zu Werke gehen, daß die Feuchtigkeit im

Holze nicht in Gährung geräth. Mittel zur Erhaltung des Holzes sind folgende:

1) Austrocknen auf gewöhnlichem Wege. Dies geschieht, wenn man die Rinde abschält und das Holz so legt, daß die Luft dasselbe möglichst ganz umstreichen kann. Nässe und Sonnenschein sind schädlich, weil dadurch ein Aufreißen des Holzes hervorgerufen wird.

2) Austrocknen durch künstliche Mittel in Trockenkammern.

3) Auslaugen der Hölzer entweder dadurch, daß das Holz im Flußwasser liegt, oder, wenn es von geringen Abmessungen ist, durch kochendes Wasser oder durch Dampf in besonderen Gefäßen.

4) Tränken der Hölzer mit Flüssigkeiten, welche die Fäulniß verhindern (Chlorzink oder Creosot).

§ 3. Das Holz verändert, je nachdem es trocken oder naß ist, seinen Rauminhalt, und zwar ist der Unterschied um so größer, je weiter die einzelnen Jahresringe des Holzes von einander entfernt sind oder je weniger dicht das Holz ist. Das Werfen, Aufreißen und Schwinden des Holzes hat hierin seinen Grund. Aus derselben Veranlassung ziehen sich Bretter, welche nicht trocken sind, krumm, und zwar wird diejenige Seite der Bretter hohl, deren Fasern der Rinde des Baumstammes am nächsten waren. Man verwendet aus diesem Grunde zu Fußböden und Bekleidungen möglichst schmale Bretter.

§ 4. Dem Vorstehenden nach wirkt der Wechsel von Trockenheit und Nässe in jeder Beziehung schädlich auf das Bauholz. Es ist daher zweckmäßig, die bereits verwandten Bauhölzer gegen diesen Einfluß zu schützen. Ein Mittel hiergegen ist das im § 2 angeführte Tränken des Holzes; ein ferneres Mittel ist der Anstrich mit Oelfarbe, heißem Theer, schwedischer Farbe, heißem Leinöl, Carbolineum u. s. w.

§ 5. Man unterscheidet Nadelhölzer und Laubhölzer. Unter den Nadelhölzern ist es die Kiefer und Fichte, unter den Laubhölzern die Stein-Eiche, welche vorzugsweise als Bauholz verwandt werden.

2. Bausteine.

§ 6. Es giebt natürliche oder gewachsene und künstliche Steine. Die natürlichen Steine kann man eintheilen in 1) Thon- und Talkgesteine. 2) Kalksteine, 3) funkengebende Steine. Zu 1 gehören Schiefer, Serpentin, Speckstein u. s. w.; zu 2 gehören Kalk, Marmor, Gyps, Alabaster u. s. w.; zu 3 gehören Sandstein, Quarz, Feuerstein, Granit, Basalt, Porphyr u. s. w. Die Steine unter 1 und 3 brausen in Säuren nicht auf; die Steine unter 2 zerfallen wieder in 2 Klassen: in die Kalksteine, welche in Säuren aufbrausen, und in gypsartige Steine, welche nicht in Säuren aufbrausen. Bei der Auswahl der Bausteine hat man darauf zu achten, daß die Steine genügende

Festigkeit haben und daß dieselben wetterbeständig und unter Umständen auch feuerbeständig sind.

Der Form nach theilt man die natürlichen Bausteine ein in Feldsteine oder Findlinge, Bruchsteine und Hausteine, von denen die letzteren durch Bearbeitung eine regelmäßige Gestalt erhalten. Die Feldsteine findet man in verschiedener Größe, vielfach so groß, daß man dieselben vor dem Gebrauch durch Spalten oder Sprengen verkleinern muß. Bruchsteine nennt man in Steinbrüchen gewonnene Steine von unregelmäßiger Gestalt; dieselben werden ohne weitere Bearbeitung meistens zu Fundamenten benutzt.

§ 7. Die künstlichen Steine zerfallen hauptsächlich in gebrannte und Luftsteine, beide werden aus Lehm oder Thon geformt, die ersteren in Ziegelöfen hart gebrannt, die letzteren an der Luft getrocknet. Die gebrannten Steine nennt man Ziegel- oder Mauersteine. Die Beschaffenheit derselben ist sehr verschieden, je nachdem sich die Thonart zur Ziegelfabrikation eignet. Ein guter Ziegel muß auch im Winter der Einwirkung der Nässe und des Frostes widerstehen, er darf daher nicht rissig sein und keine fremden Bestandtheile enthalten. Beim Anschlagen muß derselbe einen hellen Klang geben, beim Zerhauen ein gleichmäßiges Gefüge zeigen und scharfkantig brechen. Je nach der Härte der Ziegel unterscheidet man harte, mittlere und blasse Ziegel. Ziegel, welche möglichst feuerbeständig sein sollen, werden aus feuerfestem Thon hergestellt und Chamottesteine genannt. Der Form nach unterscheidet man gewöhnliche Mauersteine, Dachziegel und Formsteine. Die Mauersteine und Formsteine werden auch in der Weise angefertigt, daß im Innern hohle Räume entstehen; solche Ziegel heißen Hohlziegel und haben den Vortheil, daß sie, gleichmäßig gebrannt, leicht und durch die in ihnen befindliche Luft schlechte Wärmeleiter (s. § 21 der Naturwissenschaft) sind. Die gewöhnlichen Mauersteine sind 25 cm lang, 12 cm breit und 6,5 cm dick. Werden dieselben geformt, so sind diese Maaße größer zu nehmen, weil jeder Ziegel durch das Brennen kleiner wird oder schwindet; man muß zuvor das Schwindmaaß durch Versuche feststellen, da es bei verschiedenen Thonarten und je nach der Stärke des Brandes verschieden ist. Die Dachziegel (flache) sind meistens 365 mm lang, 155 mm breit und 12 mm dick.

Die Luftziegel verwendet man vorzugsweise nur im Innern der Gebäude.

3. Die Verbindungsmaterialien.

§ 8. Der Thon ist in seiner Farbe sehr verschieden, er wird mit Wasser angefeuchtet sehr schlüpfrig und bildet dann eine formbare Masse. Der Lehm, der gleichfalls knetbar ist, unterscheidet sich vom Thon durch seinen Gehalt an feinem Sand, sowie durch seine chemische Zusammensetzung; er giebt das Wasser leichter ab als der Thon und schwindet auch nicht so sehr beim Trocknen. Diese

Verbindungsmaterialien werden zum Vermauern von Steinen an solchen Stellen benutzt, welche der Wirkung des Feuers ausgesetzt sind, sowie zum Vermauern der Luftziegel; in gutem Mauerwerk und bei Außenwänden durfen sie aber nicht verwendet werden, weil sie der Witterung nicht widerstehen können und nicht hart werden.

§ 9. Der Kalk wird aus Kalksteinen gewonnen, wenn man diese einer starken Glühhitze aussetzt; es wird hierdurch die Kohlensäure (s. § 9 der Naturwissenschaft) und der Wassergehalt ausgetrieben. Ist die Hitze zu stark, so erfolgt ein Todtbrennen und der Kalk ist zum Mörtel nicht mehr zu verwenden. Der gebrannte Kalk, Aetzkalk genannt, muß namentlich vor feuchter Luft geschützt oder besser bald nach dem Brennen gelöscht werden. Gießt man etwas Wasser auf den gebrannten Kalk, so zerfällt derselbe unter starker Hitzeentwickelung in Staub, setzt man noch mehr Wasser hinzu, so entsteht eine breiartige Masse, gelöschter Kalk; und diesen kann man durch noch mehr Wasser in Kalkmilch verwandeln. Den gelöschten Kalk muß man ebenfalls vor Luftzutritt bewahren, wenn er nicht bald verwandt wird; es geschieht dies zweckmäßig, wenn man denselben in Gruben einlöscht und mit Erde bedeckt. Je nach der chemischen Zusammensetzung der Kalksteine erhält man Kalk von verschiedener Beschaffenheit. Man unterscheidet vorzugsweise hydraulischen Kalk und nicht hydraulischen Kalk; der erstere erhärtet unter Wasser und wird zu Wasserbauten benutzt, der andere wird vorzugsweise bei Hochbauten gebraucht; durch gewisse Zusätze (Ziegelmehl, Traßmehl) kann man indessen den letzteren Kalk ebenfalls hydraulisch machen. Den nicht hydraulischen Kalk nennt man auch fetten Kalk, derselbe vermehrt beim Löschen sein Volumen, das Gedeihen des Kalkes; 1 l gebrannter Kalk giebt 1,7 bis 2 l gelöschten Kalk. Will man den gelöschten Kalk als Bindemittel verwenden, so stellt man Mörtel aus demselben her, indem man zu 1 Theil gelöschten Kalk 2 bis 3 Theile Sand hinzusetzt und diese Mischung mit Wasser zu Brei rührt. Je nach der Verwendung des Mörtels nimmt man gröberen oder feineren Sand. Ein Gemenge von Thon und Kalk erhärtet unter Wasser, wenn in dem Gemenge noch Kieselsäure (s. § 11 der Naturwissenschaft) enthalten ist; man stellt daher auf künstlichem Wege vielfach solchen Mörtel her; diese mageren Kalke nennt man Cemente. Es giebt natürliche und künstliche Cemente. Cementmörtel darf immer nur in geringen Mengen angerührt werden, weil derselbe zu rasch erhärtet. Da die hydraulischen (thonhaltigen) Kalke unter Wasser erhärten, so darf man sie nicht naß löschen, man löscht vielmehr den gebrannten Kalk in kleinen Haufen, bedeckt diese mit Sand und gießt nur wenig Wasser mit der Brause darüber; der Kalk zerfällt dann in ein feines Pulver, das man trocken mit 2—3 Theilen Sand mischt und dann mit Wasser zu Mörtel anmacht. Dieser trocken gelöschte hydraulische (magere) Kalk muß binnen 24 Stunden nach dem Löschen verwendet sein, während der naß gelöschte Fettkalk wochenlang mit Sand bedeckt in der Grube stehen kann, ohne zu verderben.

§ 10. Durch Brennen des Gypssteines erhält man den gebrannten Gyps; der Gypsstein verliert bei diesem Vorgange sein Krystallwasser; ist die Gluth zu stark, so erhält man todtgebrannten Gyps, der nicht mehr bindet. Der gebrannte Gyps hat ein großes Bestreben, sein Krystallwasser aus der Luft wieder aufzusaugen, er muß daher vor Luft möglichst geschützt werden. Bevor der gebrannte Gyps als Bindemittel verwandt wird, muß er zu Mehl gemahlen werden. Gyps mit Wasser angerührt, erhärtet sehr rasch; man darf daher nur sehr kleine Mengen Gypsmörtel zur Zeit herstellen Der Gyps darf nur an solchen Stellen verwandt werden, welche gegen Feuchtigkeit geschützt sind. Er wird theils für sich allein, theils als Zusatz zum Kalkmörtel, theils mit Sand vermischt gebraucht.

4. Metalle.

§ 11. Die Metalle sind einfache Stoffe (s. § 8 der Naturwissenschaft) und zeichnen sich durch folgende Eigenschaften aus. Dieselben sind undurchsichtig, glänzend, im Wasser unlöslich, in der Hitze schmelzbar und leiten die Wärme gut; der größte Theil ist geschmeidig, läßt sich walzen und zu Draht ausziehen, einige sind spröde und zerspringen leicht. Eisen und Platin werden weich, ehe sie schmelzen; diese lassen sich daher schweißen, d. h. sie lassen sich erhitzt durch Hämmern gewissermaaßen zusammenkneten. Die meisten Metalle verbinden sich mit einander; diese Verbindungen heißen Legirungen.

§ 12. Das wichtigste Metall für den Techniker ist das Eisen; dasselbe wird aus Eisenerz gewonnen. Das Eisenerz ist ein Gemisch aus Eisen, Kohlenstoff (s. § 12 der Naturwissenschaft), Mangan, Schwefel, Phosphor u. s. w. Je nach der Menge des Kohlenstoffes, welchen das Eisen enthält, unterscheidet man Gußeisen, Stahl- und Schmiedeeisen. Das Gußeisen oder Roheisen erhält man durch Schmelzen der Eisenerze; es enthält am meisten Kohlenstoff, ist spröde, schweißt nicht, und schmilzt verhältnißmäßig leicht, rostet aber wenig. Das Schmiedeeisen enthält am wenigsten Kohlenstoff und wird aus Roheisen dadurch gewonnen, daß man demselben Kohlenstoff entzieht; es ist schwerer schmelzbar und läßt sich schweißen; es rostet leicht. Der Stahl enthält weniger Kohlenstoff als Roheisen, dagegen mehr als Schmiedeeisen; er verbindet in sich die Eigenschaften des Roheisens und des Schmiedeeisens mehr oder weniger, je nach seiner Menge Kohlenstoff.

§ 13. Das Gußeisen zerfällt nach der Farbe seines Bruches in weißes und graues; das weiße ist sehr spröde und für den Guß nicht geeignet. In Bezug auf die Arten des Gusses unterscheidet man Heerdguß und Kastenguß; die Formen des Heerdgusses werden aus Formsand in der Weise hergestellt, daß die obere Seite offen bleibt; dieser Guß ist leichter herzustellen, aber nicht so fein als der Kastenguß, dessen hohle Form nach allen Seiten begrenzt ist. Das

Gußeisen muß sehr dünnflüssig sein, damit es die Formen vollständig ausfüllt, nach dem Guß aber ein dichtes Gefüge ohne Blasen haben. Beim Erstarren zieht sich das Gußeisen zusammen, es schwindet; da nun diejenigen Stellen der Formen, welche von geringerem Querschnitt sind, also weniger Guß enthalten, rascher erstarren als andere Stellen, welche mehr Guß enthalten, so tritt häufiger durch schnelles Abkühlen ein Werfen und Reißen des Gusses ein. Aus diesem Grunde ist es schwierig, ein Gußstück, welches an mehreren Stellen wesentlich verschiedene Eisenmassen enthält, ohne Risse herzustellen.

Da Gußeisen spröde ist, so wird es meistens nur dann angewandt, wenn es einem senkrechten Druck widerstehen soll (Pfeiler, Säulen u. s. w.).

§ 14. Um Roheisen in Schmiedeeisen zu verwandeln, nimmt man in Frischheerden oder in Puddelöfen den sogenannten Frischproceß vor, indem man durch starke Hitze und Kneten des weichen Eisens den Kohlenstoff und die fremden Beimengungen entzieht. Das Schmiedeeisen ist weicher als Gußeisen und hat ein sehniges Gefüge, es darf nicht rothbrüchig sein, d. h. in der Rothgluhhitze beim Biegen und Hämmern nicht brechen, auch nicht kaltbrüchig, d. h. in kaltem Zustande beim Bearbeiten nicht brechen; schwefelhaltiges Eisen läßt sich schwer schweißen und ist rothbrüchig; kaltbrüchiges Eisen enthält meist Phosphor. Das Schmiedeeisen kommt in sehr verschiedenen Formen vor, Quadrateisen, Rundeisen, Flacheisen, Winkeleisen, TEisen u. s. w., je nach der Form des Querschnitts benannt. Die Formen werden durch Walzen hergestellt. Das Schmiedeeisen wird vorzugsweise dort angewandt, wo es auf Zerreißen in Anspruch genommen wird.

Neuerdings wird das Schmiedeeisen statt durch Frischen, viel durch Schmelzen des Gußeisens und Einblasen heißer Luft in Retorten hergestellt; es entsteht so das Flußeisen, von dem die früheren Stahlsorten nur Abarten bilden. Man unterscheidet daher jetzt häufig die 3 Classen

Gußeisen oder Roheisen,
Flußeisen oder Stahl,
Schweißeisen oder Schmiedeeisen.

§ 15. Die Darstellung des Stahles geschieht auf mehrfache Weise. Man bereitet Stahl aus Roheisen ebenfalls durch den Frischproceß, ähnlich wie bei der Schmiedeeisenerzeugung, jedoch wird nicht so viel Kohlenstoff entzogen. Ferner gewinnt man Stahl aus Schmiedeeisen, indem man durch Gluhen mit Kohlenpulver dem Schmiedeeisen Kohlenstoff zusetzt; man erhält hierdurch den sogenannten Cementstahl. Auch durch Zusammenschmelzen von Roheisen und Schmiedeeisen kann man Stahl erhalten; man nennt denselben Gußstahl.

Gußstahl erhält man auch durch Umschmelzen von Stahlsorten und endlich auch durch gewisse Behandlung des geschmolzenen Roheisens. Stahl ist härter als Schmiedeeisen, durch plötzliches Abkühlen des glühenden Stahls kann man den Grad der Härte vermehren. Der Stahl läßt sich schmieden, schweißen und strecken; ebenso der Gußstahl, wenn er nicht zu viel Kohlenstoff enthält.

§ 16. Der Gebrauch des Eisens in der Technik ist sehr mannigfaltig. Die Eisenbahnschienen werden in neuester Zeit nur noch aus Stahl mittelst des sog. Bessemer-Verfahrens hergestellt. Der Stahl wird in sog. Birnen durch Umwandlung von Gußeisen erzeugt, in Blöcken gegossen und dann durch Walzen verschiedener Form allmälich zu Schienen ausgewalzt, mit Sägen auf richtige Länge geschnitten und nach dem Erkalten weiter vorgerichtet. Die Länge der Schienen schwankt zwischen 9—18 m. Der Kopf der Schienen soll möglichst hart, der Fuß möglichst dehnbar sein.

§ 17. Eisendraht wird in verschiedenen Stärken hergestellt; der Bruch muß zackig sein und darf bei ungeglühtem Draht erst erfolgen, wenn derselbe winkelrecht mehrfach hin und her gebogen ist. Der Draht wird nach Nummern in Ringen verkauft. 1 Ring Nr. 23 hat 280 m Draht 1,6 mm stark. 1 Ring Nr. 24 hat 373 m Draht 1,3 mm stark. Für Eisenbahnzwecke im Besondern zu Stellwerks- und Signal-Anlagen wird ausschließlich Stahldraht von 5—7 mm Stärke verwendet. Das Eisenblech wird aus weichem Eisen gewalzt oder gehämmert; dies sogenannte Schwarzblech leidet sehr vom Rost; aus diesem Grunde stellt man es auch verzinnt her und nennt es dann Weißblech. Noch besser, als durch Verzinnung wird das Blech, wie alle Eisensorten, durch Verzinkung geschützt.

§ 18. Blei wird aus Erzen gewonnen; man benutzt es zum Vergießen von Eisenwerk, zu Wasserleitungsröhren u. s. w. Man unterscheidet Muldenblei oder Gießblei, Fensterblei und Rollenblei. Letzteres wird besonders zu Dachdeckungen verwandt. Es giebt ferner Hartblei, welches nur zum Gießen gebraucht wird, und Weichblei.

Zinn ist härter als Blei; es dient zum Löthen der Klempnerarbeiten, sowie zum Verzinnen von Eisentheilen, um dieselben gegen Rost zu schützen

Zink ist sehr spröde und bricht in Folge dessen leicht beim Biegen; durch die Temperatur wird es sehr ausgedehnt und auch wieder stark zusammengezogen; es wird zu Blech ausgewalzt, aber auch als Guß zur Herstellung von Ornamenten benutzt. Kommt es mit Eisen in feuchter Luft in Berührung, so wird es zerstört. Es wird zum Eindecken der Dächer, zu Röhren, zum Ueberzinken des Eisenblechs u. s. w. gebraucht. Die Zinkblechtafeln sind 80 cm lang, 2 m breit, doch giebt es auch andere Größen. Den verschiedenen Stärken entsprechend ist das Zinkblech mit Nummern versehen. Die Nummern 10 bis 14 werden vorzugsweise zu Bauarbeiten verwandt. Es wiegt 1 qm Zinktafel Nr. 10 = 3,95 kg; Nr. 11 = 4,52 kg; Nr. 12 = 5,27 kg; Nr. 13 = 5,86 kg; Nr. 14 = 6,62 kg. 1 cbm Zink wiegt 6800 kg.

Kupfer zeichnet sich besonders dadurch aus, daß es im kalten Zustande sehr geschmeidig und dehnbar ist; es wird vielfach bei soliden Bauten statt Zink und Weißblech verwandt. 1 cbm Kupfer wiegt 9000 kg.

Messing ist eine Legierung von Kupfer und Zink; es wird in der Maschinen-Technik vielfach benutzt zur Herstellung von Achslagern u. s. w.

5. Sonstige Baumaterialien.

§ 19. Schiefer wird vorzugsweise zur Dachdeckung benutzt, doch wendet man ihn auch in stärkeren Platten zu Treppenstufen, zu Tischbelägen und in Aborten an. Man unterscheidet deutschen und englischen Schiefer. Der deutsche Schiefer bricht nicht in so großen und regelmäßigen Platten, wie der englische Schiefer, weshalb letzterer für die Dachdeckung vielfach vorgezogen wird. Die Größen der Schiefertafeln sind sehr verschieden; vielfach im Gebrauch sind rechteckige Tafeln 35,6 cm breit und 61 cm lang.

Stroh wird ebenfalls zum Eindecken von Dächern gebraucht, das längste und gradeste Roggenstroh ist am geeignetsten. Das Krummstroh wird dem Lehm beigemischt, und mit dem so entstandenen Strohlehm werden die Windelböden und Lehmfachwände hergestellt.

Rohr wird entweder als Deckrohr oder Mauerrohr benutzt; in beiden Fällen muß es völlig reif sein. Das Mauerrohr muß vor dem Gebrauch geschält, d. h. von den Blatthülsen befreit werden, während das Deckrohr ungeschält verarbeitet wird.

Asphalt kommt vielfach in der Natur vor; derselbe ist zähe, erweicht in der Hitze und ist für Wasser undurchdringlich. Er wird verwandt zu Isolirschichten, um Feuchtigkeit abzuhalten, zur Belegung von Fußwegen und Fahrstraßen, sowie zur Herstellung von Asphaltpappe zur Dachdeckung.

Holztheer wird aus harzreichen Hölzern gewonnen, er wirkt in hohem Grad fäulnißwidrig und wird zum Theeren des Holzes angewendet, um dasselbe vor Wurmfraß und Fäulniß zu schützen. Auch zum Anstrich auf Mauern und Eisen wird Holztheer verwandt. Er muß braun und so dickflüssig sein, daß er sich zu Fäden ziehen läßt.

Steinkohlentheer, welcher als Nebenproduct in den Gasanstalten gewonnen wird, hat ähnliche Eigenschaften, wie Holztheer und wird wie dieser verwandt. Theerpappe stellt man in der Weise her, daß grobe Papiermassen mit nicht entöltem Steinkohlentheer getränkt werden.

Glas ist ein durch Schmelzung entstandenes Gemenge verschiedener, kieselsaurer Salze (s. Naturwissenschaft § 11). Zur Verglasung der Fenster verwendet man entweder das gewöhnliche grüne Glas, oder das halbweiße Fensterglas, oder das weiße rheinische Glas oder Spiegelglas. Unter dem rheinischen Glas unterscheidet man Doppelglas, ein- und einhalbfaches und einfaches Glas.

Farben. Man hat vorzugsweise zu unterscheiden Kalkfarben, Leimfarben und Oelfarben. Kalkfarben stellt man her aus farbigen Erden und Kalkmilch, diese Farbe dient namentlich zum Antünchen des Mauerwerks im Freien. Für den Anstrich von inneren Wänden nimmt man Leimfarbe, eine Zusammensetzung aus farbigen Erden und Leimwasser. Wird zu viel Leim zugesetzt, so blättert die Farbe leicht ab. Will man einen wetterbeständigen, für Wasser undurchdringlichen Anstrich herstellen, so muß man Oelfarben nehmen. Die Farbstoffe werden mit einem aus Leinöl gesottenen Firniß zusammengerieben. Sollen die Farben dünnflüssiger werden und weniger Glanz erhalten, so setzt man Terpentin hinzu. Ein Zusatz von Siccativ bewirkt ein schnelleres Trocknen der Farben. Sollen besonders glänzende und fette Ueberzüge hergestellt werden, so setzt man den Firnissen Harze zu und erhält dann die Lackfarben.

Kitte. Glaserkitt besteht aus Leinölfirniß und Schlemmkreide; Mennigkitt aus Leinölfirniß und Mennige. Leim mit Wasserzusatz in der Hitze aufgelöst dient zur Herstellung von Holzverbindungen; der Leim wird dünne aufgestrichen und die Fuge der zu verbindenden Holztheile bis zur Erhärtung des Leims fest zusammengepreßt.

VII. Bauconstruction.

1. Erdarbeiten und Pflasterungen.

§ 1. Wie bei allen Bauarbeiten, so muß auch beim Erdbau, bevor die Ausführung in Angriff genommen wird, zunächst ein Plan entworfen werden.

Hierzu sind Vorarbeiten erforderlich, welche genaue Auskunft über die Höhenverhältnisse des Geländes, über die Lagerung und Mächtigkeit der einzelnen Bodenarten, über den Wassergehalt der Schichtungen, über Tragfähigkeit des Bodens u. s. w. geben. Je sorgfältiger und gewissenhafter diese Vorarbeiten gemacht werden, desto genauer wird die Ausführung dem Entwurf entsprechen können. Eine der wichtigsten und schwierigsten Bestimmungen ist die der Massenvertheilung. Unter Umständen wird es am günstigsten sein, den Plan so festzustellen, daß Auftrag und Abtrag sich ausgleichen, d. h. daß die aus Einschnitten gewonnenen Erdmassen für die Bildung der Aufträge genügen. Es kann indessen unter Umständen auch vortheilhafter sein, Seitenentnahmen und Aussetzungen zu machen, also den aus Einschnitten geförderten Boden nicht zu den Aufschüttungen zu verwenden. In den meisten Fällen wird man beide Bauarten den Verhältnissen entsprechend mit einander verbinden. Abtragsboden, dessen Beschaffenheit zur Herstellung sicherer Dämme sich nicht eignet, muß ausgesetzt werden; desgleichen guter Abtragsboden, wenn derselbe auf zu große Entfernungen herangeschafft werden muß. Bei Berechnung der Auf- und Abtragsmassen muß Rücksicht darauf genommen werden, daß der Boden beim Abgraben sich lockert, also bei Anschüttungen einen größeren Raum als in seiner natürlichen Lagerung einnimmt. Das Auflockerungsverhaltniß ist nur annähernd zu ermitteln. Man kann annehmen, daß beim Transport von gewachsenem Boden 1 cbm Sand 1,15 cbm ergiebt, ebenso 1 cbm Lehm 1,20; 1 cbm Mergel 1,25; 1 cbm fester Thon 1,30; 1 cbm Felsen 1,40 cbm. Hat der aufgeschüttete Boden eine Zeit lang gelagert, so tritt zwar eine Wiederverdichtung ein, den ursprünglichen Dichtungsgrad erreicht der Boden indessen nicht wieder. Annahernd wird 1 cbm gewachsener Sand im wiederverdichteten Auftrag 1,01 cbm Sand ergeben; ebenso 1 cbm Lehm 1,02; 1 cbm Mergel 1,03; 1 cbm fester Thon 1,05; 1 cbm Felsen 1,09 cbm.

§ 2. Bevor die Ausfuhrung der Erdarbeiten selbst beginnt, ist es häufig nöthig, daß Rodungsarbeiten vorgenommen werden, damit der Boden nicht mit solchen Stoffen vermischt wird, welche für den Erdbau unbrauchbar sind. Für Roden und Beseitigen von 1 a Hochwald ist zu rechnen 6—12 ℳ; 1 a Unterholz 3—6 ℳ; 1 lfd. m Hecken 0,15—0,30 ℳ. Für das Lösen der Bodenmassen werden an Arbeitsstunden erforderlich: bei Kies und sandigem Lehm fur cbm 1—1,25 Stunden; bei fettem Lehm 1,5—2 Stunden; bei Gerölle 2,5—3 Stunden; bei Gestein je nach der Festigkeit 4—9 Stunden. Für das Aufladen sind 0,5—0,75 Arbeitsstunden zu rechnen. Der Transport des Bodens geschieht entweder durch Werfen mit der Schaufel, durch Schiebekarren, durch Handkippkarren, Rollwagen oder mittelst Pferde- und Locomotivkraft.

Schiebekarrentransport wendet man zweckmäßig nur bei Entfernungen bis hochstens 100 m an. Die Transportkosten eines cbm Boden auf horizontaler Strecke einschließlich der Geräthekosten ergeben sich aus der Formel:

$$k = 6 + 22\,t \text{ in Pfennigen;*)}$$

t = Transportweite zu 100 m.

Der Transport eines cbm auf 70 m kostet somit:

$$k = 6 + 22 \cdot \frac{70}{100} = 21{,}4 \text{ Pfennige.}$$

*) Formel aus Goering, „Eisenbahnbau“, Seite 41.

Bei Steigungen ergiebt sich der Zuschlag aus der Formel:

$$z = 3h + 0{,}07s; ^{*)}$$

h bedeutet die Hebung, s die Steigung auf eine Länge von 1000 m.

Wird z. B. ein cbm auf eine Transportweite von 70 m, 1,40 m hoch gefördert bei einer Steigung von 1 : 50, d. h. 20 m auf 1000 m, so beträgt der Zuschlag:

$$z = 3 \,.\, 1{,}40 + 0{,}07 \,.\, 20 = 5{,}6 \text{ Pfennige.}$$

Der Gesammtpreis ist somit $= k + z = 21{,}4 + 5{,}6 = 27$ Pfennige.

Die Schiebekarren müssen so eingerichtet sein, daß die Ladung möglichst nahe dem Rade liegt, damit der Arbeiter weniger zu tragen, sondern vorzugsweise zu schieben hat. Um das Schieben zu erleichtern, wendet man zweckmäßig Karrfahrten an, welche aus mindestens 20 cm breiten Brettern oder Bohlen hergestellt werden. Die Ladungsfähigkeit der Schiebekarren beträgt $^1/_{12}$—$^1/_{16}$ cbm gewachsenen Bodens.

Handkippkarrentransport findet zweckmäßig statt bei Entfernungen von 50—300 m. Die Transportkosten für ein cbm Boden auf horizontaler Strecke einschließlich der Gerättekosten ergeben sich aus der Formel:

$$k = 14 + 9{,}2t \text{ in Pfennigen.}$$

Der Transport eines cbm mittelst Handkippkarren auf 120 m kostet somit:

$$k = 14 + 9{,}2 \,.\, \frac{120}{100} = 25{,}04 \text{ Pfennige.}$$

Für Steigungen ergiebt sich der Zuschlag aus der Formel:

$$z = 2h + 0{,}3s;$$

Bedeutung von h und s wie vorhin.

Der Transport eines cbm auf eine Transportweite von 120 m bei 2 m Hebung und einer Steigung von 1 : 100, oder 10,0 auf 1000 m kostet somit:

$$k + z = 25{,}04 + 2 \,.\, 2 + 0{,}3 \,.\, 10{,}0 = 30{,}24 \text{ Pfennige.}$$

Der Laderaum einer Handkippkarre beträgt etwa $^1/_3$ cbm.

In neuester Zeit wendet man nicht nur bei weiten Transporten, sondern auch bei geringen Entfernungen Rollwagen mit Einrichtung zum Kippen nach der Seite wie vor Kopf an. Die Rollwagen, welche etwa 0,5 cbm fassen, werden auf leichten Schmalspurgleisen mit meist eisernen Querschwellen durch Menschen, Pferde oder Lokomotive befördert, je nach der Größe der Transportweite und der zu bewegenden Massen.

---

*) Goering, „Eisenbahnbau", Seite 41

Die Transportpreise in Pfennigen für einen cbm einschließlich Geräthekosten ergeben sich aus folgenden Formeln*), worin m die zu fördernde Masse und t die Transportweite in 100 m ist:

$$k_m = 12 + \left(2,5 + \frac{5000}{m}\right).t;$$ beim Transport durch Menschen.

$$k_p = 17 + \left(1 + \frac{6000}{m}\right).t;$$ beim Transport mittelst Pferden.

$$k_l = 20 + \left(0,5 + \frac{75000}{m}\right).t;$$ beim Transport mittelst Lokomotiven.

und die entsprechenden Steigungszuschläge sind:

$z_m = 2,5 . h + 0,25s$ beim Transport durch Menschen.

$z_p = h + 0,6s$ beim Pferdetransport.

$z_l = 0,25h + 0,75s$ beim Lokomotivtransport.

§ 3. Jeder gelockerte Boden wird, wenn er angeschüttet wird, seitlich eine gewisse Neigung zum Horizontalen annehmen, welche je nach der Art des Materials mehr oder weniger steil ist. Der größte Winkel, den die Böschung des Bodens mit den Horizontalen bilden kann, heißt Ruhewinkel. Bei Einschnitten ist der Ruhewinkel um so größer, je fester die Massen in ihrer natürlichen Lagerung zusammenhängen, man ermittelt denselben dadurch, daß man das Material möglichst senkrecht absticht, und es den Witterungseinflüssen überläßt, eine Böschung herzustellen. Für Aufträge ergiebt sich der Ruhewinkel von selbst beim Anschütten. Hat man den Ruhewinkel ermittelt, so nimmt man zur Sicherheit nur etwa $^2/_3$ desselben als Böschungswinkel.

Bei der Ausführung der Erdarbeiten hat man in erster Linie die Böschung zu beachten, denn ist die Böschung zu steil ausgeführt, so wird der Boden mit der Zeit in Bewegung kommen und selbst eine flachere Böschung herstellen, es tritt dies namentlich ein, wenn der Boden häufigen Erschütterungen ausgesetzt oder naß ist. Die Neigung der Böschung bezeichnet man durch das Verhältniß der Höhe der Böschung zu der Grundlinie der Böschung, indem man die Höhe als Einheit annimmt; man sagt z. B. eine $1^1/_2$fache Böschung und meint eine Böschung, deren Grundlinie (Fig. 92 Tafel II) $1^1/_2$mal so groß als ihre Höhe ist; bei einer 1fachen Böschung ist also Grundlinie = Höhe. In der Regel macht man die Böschungen 1fach bis $1^1/_2$fach, je nach der Bodenart.

§ 4. Die Ausführung der Erdarbeiten kann beginnen, sobald der Entwurf festgestellt ist. Man steckt dann zunächst von der Mittellinie aus nach beiden Seiten die Grenzen der Anschüttungen und der Einschnitte ab und stellt hier in geeigneten Entfernungen Profile aus Latten auf, welche den Böschungswinkel angeben. Die Erdarbeiten müssen so ausgeführt werden, daß das künftige

*) Goering, „Eisenbahnbau", Seite 41.

Planum in seiner richtigen Höhenlage möglichst gesichert wird; es ist also vorzugsweise dahin zu wirken, daß die Wände und Boschungen des Erdkörpers widerstandfähig, sowie daß dieselben gegen Wasserandrang geschützt sind. Die Herstellung der Abträge geschieht in folgender Weise. Nachdem der Mutterboden abgeräumt und zur Wiederherstellung bei Seite geschafft ist, hat man die Angriffspuncte möglichst so zu wählen, daß der Boden von Seitenwänden abgeschachtet werden kann, damit die Verladung in die Karren unmittelbar stattfinden kann. Man erreicht dies durch Anlegung eines Fördergrabens 1 m tief und von einer den Transportmitteln entsprechenden Breite. In dem Maaße, wie die Seitenwand abgeschachtet wird, muß die Karrfahrt nachgerückt werden. Ist der Fördergraben auf solche Weise genügend breit geworden, so wird eine zweite Karrfahrt, und wenn die obere Einschnittsbreite in der Tiefe des ersten Fördergrabens abgeschachtet, ein zweiter Fördergraben angelegt. Für tiefere Einschnitte entsteht so der Treppenbau. Alle Einschnitte sind möglichst nur nach aufsteigender Richtung in Angriff zu nehmen, damit weder Regen- noch Quellwasser sich in der Ausschachtung sammeln kann. Ganz besondere Sorgfalt hat man der Entwässerung zuzuwenden. Wenn das Gelände nach dem Einschnitte hin fällt, wird es vielfach nothwendig, das Wasser vor dem Einschnitt durch einen Seitengraben abzufangen. In wasserführenden Böschungen müssen Sickerkanäle angelegt und unter Umständen der Fuß der Boschungen nnd der daran stoßende Graben mit Steinpackungen versehen werden. Soweit es möglich, sind die Quellen abzufangen, so daß sie den Einschnitt nicht erreichen können. Haben die durchschnittenen Bodenschichten eine geneigte Lage, so muß ganz besonders auf Trockenlegung hingewirkt werden, damit keine Abrutschungen eintreten; ist die Trockenlegung nicht zu erreichen, so ist man häufig gezwungen, die Schichten parallel zur Rutschfläche abzutragen.

Die Bildung der Aufträge erfolgt entweder durch Lagenschüttung oder durch Kopfschüttung; erstere ist vorzuziehen, muß indessen unter Umständen aufgegeben werden. Bei Ueberschüttung von Bauwerken, Mooren 2c. ist Lagenschüttung unter allen Umständen geboten, damit ein gleichmäßiges Setzen stattfindet. Durchnäßte oder gefrorene Bodenmassen dürfen nicht als Schüttungsmaterial verwandt werden, ebensowenig alles Material, welches leicht vergänglich ist und dann Höhlungen im Dammkörper veranlaßt. Bevor mit dem Anschütten begonnen wird, muß der Mutterboden entfernt und bei Querneigung im Gelände eine breite Abtreppung im gewachsenen Boden hergestellt werden; außerdem ist dafür Sorge zu tragen, daß der Erdkörper vor Wasserandrang geschützt wird. Bei allen Auftragen muß man darauf rechnen, daß ein Setzen eintritt, da das gelockerte Schüttmaterial sich allmälig wieder verdichtet und vielfach auch der Untergrund nachgiebig ist. Man giebt daher den Dämmen entsprechende Ueberhöhung Das Sackmaaß ist schwer vorher zu bestimmen. Thon, Mergel u. s. w. etwa $^1/_{10}$ der Höhe, Sand $^1/_{50}$ der Höhe, Torf bis zu $^1/_2$ der Höhe.

§ 5. Die Befestigung der Böschungen geschieht entweder durch Ansamung, nachdem dieselbe zuvor mit Mutterboden 0,1 bis 0,2 m stark bekleidet ist, oder durch Belegen mit Rasen. Bei Böschungen, welche mit dem lockern Mutterboden sich schwer verbinden, muß man, um ein Abrutschen zu verhindern, kleine Treppen einschneiden. An diesen Treppenabsätzen, welche man bei wasserfuhrendem Boden der Länge nach mit Gefälle anlegt, findet der Mutterboden Halt. Je nach der geringeren oder größeren Steilheit der Böschungen nimmt man Flachrasen oder Kopfrasen, der erstere wird flach auf die Böschung, der letztere aus hochkant neben einander gestellten Rasenplanken an die Böschung gelegt. Man legt auch mit Flachrasen schmale sich kreuzende Streifen und samt dann die entstehenden mit Mutterboden angefüllten rhombischen Flächen an. Häufig ist man auch gezwungen, namentlich den Fuß der Böschung besonders zu befestigen, z. B. durch trocken verlegte Feldsteine oder Bruchsteine, durch Reisigbundel, durch Holzwände u. s. w.

§ 6. Die Unterhaltung der Erdarbeiten ist zum Theil sehr schwierig; Zerstörungen sind zumeist Folge von Wasserandrang. Ist z. B. bei Einschnitten, wo Böschungen im gewachsenen Boden hergestellt sind, der Boden quellig, so wird er allmälig schlüpfrig und ist dann bestrebt, eine flachere Böschung herzustellen. In solchen Fällen muß man versuchen, die Quellen abzufangen und so zu leiten, daß sie keinen Schaden verursachen können. Auch das Planum der Damme leidet häufig durch den Wassergehalt des Bodens, namentlich im Winter bei Frost durch das Auffrieren des Bodens; man kann hier durch Vertiefung der Seitenkanale helfen, sowie durch Sickerkanäle und Drainirungen, welche von der Mitte des Planums nach den Sohlen der Seitengräben gefuhrt werden; die Arbeiten laufen darauf hinaus, das Wasser im Boden auf eine Tiefe von etwa 1 m zu beseitigen, damit der Frost dasselbe nicht erreichen kann. Im Winter werden die Dämme meistens durch Schneefall vor Frost geschützt.

Die Unterhaltungsarbeiten müssen besonders sorgfältig und stets rechtzeitig ausgeführt werden, da eine Vernachlässigung in dieser Beziehung mit großen Geldopfern verknüpft ist. Bei Wiederherstellung abgerutschter Böschungen darf nur dann der alte Boden wieder verwandt werden, wenn er vollkommen trocken geworden ist. Häufig ist es nöthig, den stehen gebliebenen Theil der Böschung mit Absätzen zu versehen, damit der Boden beim Wiederanschutten mehr Halt gewinnt. Liegt die Ursache der Abrutschung darin, daß die Böschung wasserführende Schichten enthält, so müssen Sickerkanäle in der Böschung angelegt und vor Allem die Böschungen am Fuße gesichert werden. Eine wiederhergestellte Böschung ist zweckmäßig sofort mit Rasen zu bekleiden, damit keine Feuchtigkeit zwischen den neuen und alten Boden eindringen kann Wird eine Böschung dadurch zerstört, daß der Andrang des Tagewassers in Folge geneigten Geländes zu stark ist, so muß vor der Böschungskante ein Längsgraben gezogen werden, der das Wasser abfängt, bevor es die Böschung erreicht. Die Seitengräben, welche bestimmt sind, die Bettung und das Planum zu entwässern, sollten vorzugsweise gut im Stande gehalten werden, da eine Vernachlassigung derselbe andere, weit kostspieligere Arbeiten nach sich zieht. Vielfach ist die Unsitte eingerissen, Gräben, welche aus irgend einem Grunde das Wasser nicht genügend abführen, in der Weise aufzuräumen, daß man die Grabensohle durch Beseitigen der Grasnarben &c. vertieft, ohne gleichzeitig die Böschung zu reguliren. Die Folge hiervon ist, daß, da der Böschung am Fuß das Widerlager entzogen wird, Abrutschungen eintreten. Bei jeder Grabenräumung stelle man zunächst das Gefälle fest, und räume dann Sohle und Böschungen nicht nach dem Augenmaaß, sondern unter Anwendung von Visirtafeln &c.

§ 7. Je nach dem Zweck, welchem das hergestellte Planum dienen soll, wird die Oberfläche desselben mehr oder weniger befestigt werden müssen. Soll das Planum als Unterbau für Eisenbahnoberbau dienen, so erhält es eine Kies- oder Schotteraufschüttung, nachdem es mit Quergefälle versehen ist. Soll das Planum indessen von Fußgängern oder von Landfuhrwerken benutzt werden, so wird die ganze Oberfläche eine Befestigung erhalten müssen.

Die einfachste Befestigung für Fußwege besteht darin, daß eine Kiesschüttung 5—10 cm stark ausgeführt wird. Soll das Tagewasser schnell abgeführt werden, so ist es nöthig, unter der Kieslage eine Schüttung von Ziegelbrocken &c. herzustellen. Offen liegende Bahnsteige werden vielfach so befestigt. Hat der Kies wenig Bindemittel, so kann durch Ueberstreuen von Thon, jedoch nur in geringen Mengen geholfen werden. Quergefälle etwa 1 : 30 ist erforderlich. Bessere Fußwege werden gepflastert und zwar je nach den gestellten Anforderungen mit kleinen Findlingen, oder mit kleinen zerschlagenen Steinen (Mosaikpflaster), oder mit Platten aus natürlichem oder künstlichem Stein. Soll eine elastische Befestigungsdecke gebildet werden, so wählt man eine Holzbebohlung, oder Holzpflaster (Hirnholz nach oben) oder Asphaltirung. Bei der letzten Befestigung wird zunächst eine Unterlage aus einfacher oder doppelter Ziegelflachschicht oder aus Ziegelrollschicht hergestellt, und darauf der Asphaltguß ausgeführt in einer Stärke von 2—3 cm. Die Verwendung reinen groben Kieses (Erbsengröße) ist wesentliche Bedingung für eine gute Asphaltirung.

Fahrwege werden je nach der Benutzung als Kiesbahnen oder Steinbahnen hergestellt. Das größte zuverlassige Längengefälle beträgt im Flachland 1 : 40; im Hugellande 1 : 30; im Gebirgslande 1 : 24; der Querschnitt erhält in der Regel eine Wölbung (stark abgeplattete Kreislinie) und etwa ein Seitengefälle 1 : 30. Die Steinbahnen werden entweder als Steinschlagbahnen oder als Pflasterbahnen ausgeführt. Eine Unterlage aus größeren Steinen (Packlage) für den Steinschlag stellt man jetzt nur noch selten her, es wird vielmehr in den meisten

Fällen die Bahn ganz aus Steinschlag gefertigt und seitlich nur mit Bordsteinen eingefaßt. Der weniger feste Steinschlag wird zum Unterbau benutzt. Auf die Decklage bringt man Steinsplitter und feinen Kies vor der Walzung. Die Pflasterbahnen aus natürlichen Steinen bestehen entweder aus Findlingen, Rundsteinpflaster, welche gar nicht bearbeitet werden, oder aus geschlagenen Steinen, welche mehr oder weniger regelmäßig bearbeitet sind: Kopfsteinpflaster. Jede Pflasterung erhält eine Unterbettung von reinem, groben Kies, 15—30 cm stark. Die einzelnen Steine mussen möglichst gleiche Größe haben, auch dürfen die Fußflächen nicht kleiner als $^2/_3$ der Kopfflächen sein. Werden große und kleine Steine neben einander gesetzt, so werden die kleinen Steine von den Rädern der Fuhrwerke tiefer als die großen Steine eingedrückt, da bei gleicher Belastung die tragenden Grundflächen verschieden sind. Wenn irgend möglich, sind die Steine in Verband zu setzen. Beim Reihenpflaster werden einzelne Reihen rechtwinklig zur Bahnrichtung hergestellt; die Breite der verschiedenen Reihen muß möglichst gleich sein, ebenso die Höhe. Jeder Stein muß fest in Kies eingebettet sein und scharf an die Nebensteine getrieben werden. An den Seiten wird die Pflasterung durch Bordsteine, welche eine größere Höhe haben, abgegrenzt. Die Bettung muß noch etwa 15 cm über die Bordsteine hinausgehen. Das Pflaster ist überhöht zu setzen und demnächst abzurammen. Dabei zersprengte Steine sind durch andere zu ersetzen. Das fertig gerammte Pflaster ist mit einer Kiesdecke zu versehen, welche in die Fugen eingeschwemmt und gefegt wird.

2. Gründungen.

§ 8. Jedes kunstgerecht ausgeführte Bauwerk hat eine Gründung, welche mindestens so tief in die Erde hineinreicht, daß die Unterkante derselben frostfrei liegt. Die Art der Gründung selbst richtet sich nach der Beschaffenheit des Baugrundes, auf dem gebaut werden soll. Es ist daher nothwendig, daß man genau untersucht, ob der Boden genügende Tragfähigkeit besitzt; diese Untersuchung geschieht entweder durch Aufgraben, oder dadurch, daß man mittelst einer eisernen Stange oder eines Bohrers, welche in den Baugrund gestoßen werden, durch die daran haftenden Erdtheile Kenntniß von der Beschaffenheit des Erdreichs erlangt.

§ 9. Findet man einen natürlichen festen Boden vor, dessen Mächtigkeit (Stärke) der Last des Bauwerkes entspricht, und der durch den Druck des Bauwerkes nicht zur Seite ausweichen wird, so kann man, nachdem die Baugräben bis zur frostfreien Tiefe gezogen sind, ohne weitere Vorkehrungen die Grundmauer aufführen. Findet man aufgeschütteten Boden vor, so macht man die Baugräben so tief, daß der natürliche, gewachsene Boden erreicht wird. Fürchtet man, daß der Boden durch die Last des Bauwerkes so zusammengedrückt wird, daß ein starkes Setzen (Senken) desselben eintritt, so kann man die Tragfähigkeit des Bodens dadurch verstärken, daß man denselben durch Einschlagen von kleinen Pfählen oder Steinen verdichtet; man kann auch dadurch helfen, daß man die Grundmauer des Bauwerkes möglichst breit anlegt und so seine Last auf eine größere Fläche des Baugrundes vertheilt.

§ 10. Besitzt der Boden keine genügende Tragfähigkeit, so wird man, wenn in geringer Tiefe unter demselben tragfähiger Boden steht, den schlechten Boden ausheben und durch Sand ersetzen, den man schichtenweise anstampft und etwa durch Begießen mit Wasser verdichtet. Ist in solchen Fällen eine Unterspülung durch Wasser zu erwarten, so muß man außerdem die Sandschüttung durch eingerammte hölzerne Wände einfassen, die jedoch mit keinem Theile über dem tiefsten Wasserspiegel liegen dürfen, weil sie sonst verfaulen würden. Liegt der tragfähige Boden sehr tief unter dem niedrigsten Wasserspiegel, so würde eine Sandschüttung sehr kostspielig; man wählt in solchen Fällen, wenn der Baugrund kein zu schlechter ist, den liegenden Rost, d. h. man gräbt bis zum niedrigsten Wasserspiegel den Boden aus und stellt hier eine zusammenhängende Unterlage aus Holz (Bohlen oder Schwellen) her; auf diesem Rost, den man verhältnißmäßig breit macht und so anlegt, daß alle Holztheile unter dem niedrigsten Wasserspiegel bleiben, stellt man das Grundmauerwerk her.

§ 11. Findet man durch Untersuchung, daß der Baugrund gar keine Tragfähigkeit besitzt und daß der feste tragfähige Boden so tief liegt, daß ein Ausheben des schlechten Bodens nicht möglich ist, so muß man Zwischenbauwerke anwenden, welche die Last durch den schlechten Boden hindurch auf den tragfähigen Boden übertragen. Man erreicht dies auf mehrfache Weise, z. B. durch Einrammen von Pfahlen, welche bis in den festen Boden hineingetrieben werden; auf diesen Pfählen stellt man eine zusammenhängende Fläche von Holz her und hierauf wird das Grundmauerwerk errichtet. Man nennt einen solchen Zwischenbau stehenden oder Pfahl-Rost. Selbstverständlich müssen die Holztheile unter dem niedrigsten Wasserspiegel liegen. Auch senkt man einzelne feste Mauerkörper bis auf den guten Baugrund und verbindet dann dieselben durch Mauerbögen, auf denen man das Fundament aufführt; dies ist die Gründung mit Senkbrunnen.

3. Brunnenarbeiten.

§ 12. Ueber Ausführung von Brunnen, sei es zur Gewinnung von Trinkwasser oder Wasser zu gewerblichen Zwecken, möge Folgendes bemerkt werden.

Ehe man mit der Erbauung eines Brunnens beginnt, soll man, falls nicht etwa Brunnen in der Nähe des Bauplatzes vorhanden sind, deren Ergiebigkeit und Beschaffenheit des Wassers bekannt ist und deren Baugeschichte einen sicheren Schluß auf die Wasserverhältnisse des neuen Brunnens zuläßt, an der

Stelle, auf welcher man den neuen Brunnen errichten will, einen Bohrversuch machen und dadurch die Beschaffenheit und die Lagerungsverhältnisse des Untergrundes, sowie den Wasserreichthum desselben ermitteln. Dabei sind genaue Bohrregister zu führen, auch von jeder der vorkommenden Bodenarten Proben zu nehmen und ordnungsmäßig aufzubewahren. Sobald man Wasser antrifft, ist eine Probe davon zu entnehmen und dasselbe nach dem Abklären auf seine Eigenschaft zu prüfen. Dieses ist beim Eintritt in jede andere Gebirgsart zu wiederholen, da z. B. beim Antreffen von Braunkohle das Wasser meistens ungenießbar wird. Glaubt man das Bohrloch hinreichend tief getrieben und einen Wasserstand erreicht zu haben, der dem Bedürfniß genügen wird, so stellt man einen Pumpversuch an, indem man in das Bohrloch den Saugeschlauch einer kräftig wirkenden Pumpe hängt und nun Wasser herausbefördert. Aus der Menge des gewonnenen Wassers, sowie aus der Zeit, in welcher das abgepumpte Bohrloch sich wieder füllt, wird man einen Schluß auf die später zu erreichende Wassermenge ziehen und darnach die Weite des Brunnens bemessen können.

Der Bau des Brunnens geschieht bei festerem Boden und geringerem Wasserzudrange durch Abteufen eines Schachtes und Auszimmern desselben in bergmännischer Weise, worauf dann durch Aufmauern des Brunnenkessels von unten herauf der Brunnen ohne weitere Senkung fertiggestellt wird. Die Wasserhaltung wird durch Pumpen oder bei größerer Tiefe durch Ausschöpfen mittelst Kübel und Eimer bewirkt.

In sandigem Boden, schwimmendem Gebirge und bei großem Wasserzudrange verfährt man in der Weise, daß man den Boden nur bis zum Wasserspiegel oder, falls derselbe zu tief liegt, auf 2—3 m tief ausschachtet und dann den Brunnenkessel auf einen untergelegten Kranz, den Brunnenkranz, aufmauert. Der Brunnenkranz wird aus mehreren Lagen 5—8 cm starker Bohlen hergestellt, die durch Pflöcke, Nägel oder Bolzen gehörig unter einander befestigt werden. Der Querschnitt des Kranzes ist keilig, mit der Spitze nach unten gekehrt, die obere Breite ist so groß, daß das Mauerwerk darauf angesetzt werden kann. Es ist zu empfehlen, den Kranz hinten etwas über das Mauerwerk hinausstehen zu lassen. Die Stärke des Mauerwerkes des Brunnenkessels richtet sich nach der Weite. Bei einem Durchmesser von 1—2 m wählt man sog. Brunnensteine, die 15—18 cm stark sind. Zum Vermauern wird am besten Cementmörtel (1 : 3) gewählt. Das Aussetzen der Brunnenkessel aus Trockenmauerwerk mit Moos in den Fugen ist nicht zu empfehlen, da einerseits der Brunnen nur eine sehr geringe Festigkeit erhält und deshalb leicht zusammenstürzen kann, andererseits dem von oben kommenden Tagewasser Zutritt gewährt wird. Damit der Brunnen sich leicht und ohne weitere besondere Belastung senkt, sich nicht aufhängt oder gar abreißt, ist es empfehlenswerth, denselben nicht cylindrisch, sondern nach oben enger werdend mit einer Anlage von etwa 1 : 25 (Abb. 58) aufzumauern. Beim Senken muß man dann darauf halten, daß das Brunnenmauerwerk mit reinem Kies oder Sand hinterfüllt wird, damit das Ziegelmauerwerk an dem gewachsenen und nachrutschenden Boden nicht anhaften kann. Die Hinterfläche des Mauerwerkes ist aus demselben Grunde sauber glatt zu mauern, oder besser noch mit Cement zu verputzen. Bei Brunnen von größerem Durchmesser (3—6 m) wird der Kranz stärker (20—30 cm hoch) gemacht, auch wohl mit einer besonderen aus Winkel- oder T-Eisen hergestellten Schneide versehen (Abb. 59). Die

Abb. 58.

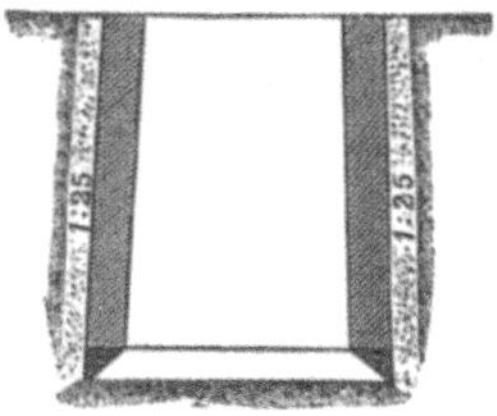

Abb. 59.

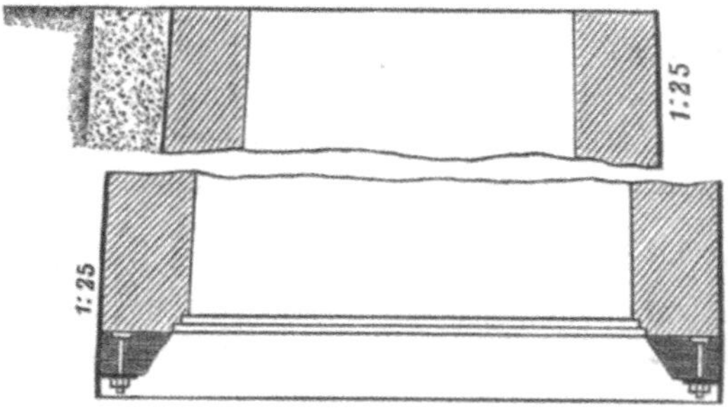

Wandung des Brunnens stellt man dann aus gewöhnlichen Ziegeln her und giebt ihr eine Stärke von $1^1/_2$ bis 2 Stein, wobei man wiederum guten Cementmörtel (1 : 3) verwendet und die Außenfläche gleichfalls sauber abputzt. Die Verjüngung nach oben (1 : 25) behält man des leichten Senkens wegen ebenfalls bei. Soweit als nöthig sind zur Bildung von Zwischendecken sowie zur späteren Aufstellung der Pumpe oder des Pulsometers die nöthigen Schienen oder eisernen Träger einzumauern. Desgleichen empfiehlt es sich, Steigeisen einzumauern. Das Senken der Brunnen wird in der Weise ausgeführt, daß man, so lange das Wasser mit Pumpen oder auf andere Weise bewältigt werden kann, den Boden mit Spaten und Schippe ausgräbt und ihn mittelst Kübel und Winden hinaus befördert. Wird der Wasserandrang jedoch größer, so bewirkt man die weitere Senkung durch Ausbaggern des Bodens unter Wasser, wozu man indische Schaufeln, Sackbagger oder Verticalbagger verwendet.

4. Mauerwerk.

§ 13. Mit Bezug auf die Art des Materials unterscheidet man Mauerwerk aus natürlichen Steinen und aus künstlichen Steinen. Bei Aufführung des Mauerwerkes kommt es auf die gegenseitige Lage der Steine zu einander und auf die Verbindung der Steine durch Bindemittel an. Je nach dem

Zweck des Mauerwerkes bestimmt man die Art der Steine und des Bindemittels. Häufig füllt man die Fugen zwischen den einzelnen Steinen mit Moos, Erde u. s. w. aus; diese Materialien haben den Zweck, den Druck des Mauerwerkes auf die Berührungsflächen gleichmäßig zu vertheilen, in den meisten Fällen nimmt man jedoch ein Bindemittel (Mörtel), durch welches die einzelnen Steine zu einem Ganzen zusammengekittet werden.

§ 14. Das Mauerwerk aus natürlichen Steinen wird entweder aus Bruchsteinen oder behauenen Steinen hergestellt.

Beim Bruchsteinmauerwerk hat man besonders darauf zu achten, daß die einzelnen Steine möglichst so in einander greifen, daß ein gegenseitiges Verschieben derselben nicht eintreten kann; runde Steine sind daher zu vermeiden und vorzugsweise eckige, längliche Steine zu verwenden. Das Mauerwerk muß in sorgfältig abgeglichenen wagerechten Schichten aufgeführt werden, deren Stärke in verschiedenen Schichten verschieden sein kann, in einer Schicht aber durchweg dieselbe bleiben muß. Um einen guten Steinverband zu erzielen, darf in zwei über einander liegenden Schichten nie Fuge auf Fuge treffen; man muß daher namentlich an der Außenseite der Mauern einzelne größere Steine anwenden, welche tiefer als die übrigen in das Mauerwerk hineingreifen, und so die einzelnen wagerechten Schichten mit einander verbinden; diese nur mit ihrer kurzen Seite sichtbar bleibenden Steine nennt man Binder. Die Fugen zwischen den einzelnen Steinen müssen möglichst klein sein und vollständig ausgefüllt werden, damit keine Nässe in die Höhlungen des Mauerwerkes dringt. Da die Fugen bei aller Sorgfalt an einzelnen Stellen immer groß ausfallen, so verzwickt man dieselben durch Einsetzen kleinerer Steine, jedoch erst nachdem sie mit Mörtel völlig gefüllt sind.

Das Versetzen von behauenen Steinen geschieht mittelst Hebevorrichtungen; man setzt dieselben entweder von vorn herein in ein Mörtelbett oder man versetzt sie trocken und bildet mittelst Holzkeilen Fugen, welche nach dem Versetzen der Steine ringsum mit Thon gedichtet und dann mit dünnflüssigem Mörtel ausgegossen werden. In Betreff des Verbandes gelten die Regeln des nachstehenden Paragraphen.

§ 15. Die künstlichen Steine sind entweder gebrannte Ziegel oder Luftsteine; das Normalformat derselben hat eine Länge von 25 cm, eine Breite von 12 cm und eine Dicke von 6,5 cm. Die wagerechten Fugen nennt man Lagerfugen, die senkrechten heißen Stoßfugen, erstere werden in der Regel 12 mm, letztere 10 mm stark ausgeführt. Die Steine, welche im Verbande nach der Länge der Mauer liegen, heißen Läufer, nach der Stärke der Mauer Binder oder Strecker; besteht eine Schicht des Mauerwerkes nur aus Läufern, so heißt sie Läuferschicht, besteht sie nur aus Bindern, so heißt sie Binderschicht. Ein Ziegel, dessen Länge $^3/_4$, $^1/_2$ und $^1/_4$ der Normal-Länge beträgt, heißt Dreiquartier, Zweiquartier und Quartier. Ein Stein, der nach der Länge halbirt ist, heißt Kopfstück.

Die Hauptregeln bei Anordnung des Steinverbandes sind folgende:

Die Stoßfugen einer Schicht müssen stets durch die darüber liegenden Steine so gedeckt werden, daß nie die Stoßfugen zweier Schichten zusammenfallen. Das Innere der Mauer muß vorzugsweise aus Bindern bestehen, die sich gegenseitig überdecken. Die in der Außenfläche sichtbaren Stoßfugen müssen als Schnittfugen durch die ganze Mauerstärke gehen. Unregelmaßige Verbandstärke (Dreiquartiere, Zweiquartiere und Einquartiere) an den Ecken müssen durch die ganze Stärke derjenigen Mauer reichen, in der sie unregelmäßige Länge zeigen. Je nach der verschiedenen Anordnung des Steinverbandes unterscheidet man Blockverband, Kreuzverband u. s. w. Die Stärken der Mauern werden nach Steinlängen angegeben; man unterscheidet also 1 Stein starke Mauern, $1^1/_2$ Stein starke Mauern u. s. w. Die gebräuchlichsten Verbände sind der Blockverband und der Kreuzverband. Beim Blockverband wechselt stets eine Läuferschicht mit einer Streckerschicht ab (Fig. 96, Tafel II). 1 und 2 in den Figuren 93, 94 und 95 stellen den Verband der beiden Schichten für verschiedene Mauerstärken dar. Die Ecken werden durch Dreiquartiere gebildet; die Läuferschicht an der einen Seite wird stets eine Binderschicht an der andern Seite. Dies ist auch der Fall bei dem Kreuzverband (Fig. 97, Tafel II). Eine Vergleichung der Figuren 96 und 97 zeigt die Verschiedenheit der sich in der Ansicht bildenden Kreuze. Zur Herstellung des Kreuzverbandes sind 4 Schichten erforderlich, wie solche in 1, 2, 3, 4 der Figuren 93, 94 und 95 für verschiedene Mauerstärken angegeben sind. Alle Binderschichten und von den Läuferschichten eine um die andere bleiben dieselben wie beim Blockverbande. Erwähnt sei noch der Gothische oder Polnische Verband, bei dem in den einzelnen Schichten stets Binder und Läufer neben einander abwechseln (Fig. 98). Bei der Aufführung von Ziegelmauerwerk hat man besonders darauf zu achten, daß alle Fugen voll mit Mörtel ausgefüllt werden, ferner, daß der Mörtel fest an den Steinen haften kann; die Steine müssen daher von allem Schmutz und Staub gereinigt sein und müssen, da sie das Wasser begierig auffaugen, vor dem Vermauern angenäßt werden. Das Mauerwerk selbst muß möglichst durchweg in gleicher Höhe aufgeführt werden, damit das Setzen, das unvermeidlich erfolgt, gleichmäßig stattfindet; führt man einzelne Theile vorweg höher auf, so treppt man dieselben nach den tiefer gelegenen Theilen hin ab; zum Theil läßt man auch eine Verzahnung stehen, d. h. an der lothrecht aufgeführten Erdkante treten die Steine vor oder zurück, sowie es der Verband giebt. Soll eine alte Mauer, die sich schon gesetzt hat, mit einer neuen verbunden werden, so darf nie in die alte Mauer eine Verzahnung eingestemmt und ein Verband zwischen beiden Mauern hergestellt werden, sondern die neue Mauer muß stumpf gegen die alte gemauert werden, damit das neue Mauerwerk ohne Hinderniß sich setzen kann; man stemmt auch wohl einen verticalen Falz von oben bis unten in das alte Mauerwerk und mauert in diesen das neue Mauerwerk stumpf hinein, um Seitenverschiebungen zu verhindern.

§ 16. In Bezug auf die Stärke der Mauern sei Nachfolgendes bemerkt. Freistehende Mauern erhalten $^1/_{12}$ bis $^1/_{10}$ der Höhe als Stärke; werden dieselben aus Bruchsteinen aufgeführt, so nimmt man $^1/_8$ der Höhe als Stärke. Futtermauern, d. h. Mauern, gegen welche von einer Langseite Erdreich drückt, werden meistens mit einseitiger Böschung ausgeführt, deren Anlage $^1/_6$ der Höhe beträgt; die mittlere Stärke solcher Mauern macht man $^2/_7$ der Höhe. Es sei z. B. die Stärke einer Futtermauer (Fig. 99, Tafel III) von 4,20 m Höhe zu bestimmen; die mittlere Stärke cd ist also $\frac{2}{7} \,.\, 4{,}20 = 1{,}20$ m; die untere Stärke ab wird durch die Böschung der Mauer bestimmt und beträgt $= gb + ga = 1{,}20\text{ m} + \frac{1}{6}$ der halben Höhe, also $= 1{,}20 + \frac{2{,}10}{6} = 1{,}20 + 0{,}35 = 1{,}55$ m; die obere Stärke hf — eh ist gleich der mittleren Stärke $- \frac{1}{6}$ der halben Höhe, also $= 1{,}20 - 0{,}35 = 0{,}85$ m.

Die Umfassungsmauern von Gebäuden macht man im oberen Stock 1 Stein stark, wenn sie höchstens auf einer Länge von 5,5 m Länge frei stehen; die Mauerstärke der unteren Stockwerke nimmt um je $^1/_2$ Stein zu; bei Wohngebäuden macht man die Umfassungsmauern zur Abhaltung der Kälte gewöhnlich nicht schwächer als $1^1/_2$ Stein; Mittelmauern, welche Balken tragen, macht man in der Regel $1^1/_2$ Stein stark. Quermauern oder Scheidemauern kann man mehrere Stock hoch 1 bis $^1/_2$ Stein stark ausführen.

5. Zimmerwerk.

§ 17. Beim Mauerwerk war das Hauptmaterial: die Steine, und das Bindemittel: der Mörtel; beim Zimmerwerk ist das Hauptmaterial: das Holz, und das Bindemittel vorzugsweise Eisenzeug. Theils wird das Holz auch ohne Bindemittel verbunden, indem die einzelnen Holzstücke so geformt werden, daß sie fest in einander greifen. Will man mehrere Hölzer zu einem Ganzen verbinden, so muß zunächst eine Verbindung zwischen den einzelnen Hölzern hergestellt werden; die Art dieser Einzelverbindungen ist je nach der Lage der Hölzer zu einander und je nach dem Zweck verschieden. Damit eine Verbindung haltbar hergestellt wird, muß zunächst klar sein, in welcher Weise diese Verbindung in Anspruch genommen wird, wenn die Hölzer zu einem Ganzen verbunden sind; die Holzverbindung muß dann so gewählt werden, daß die künftig auf dieselbe wirkenden Kräfte eine Zerstörung der Verbindung möglichst nicht herbeiführen können. Es sollen in Nachstehendem die Hauptverbindungen zwischen den einzelnen Hölzern besprochen werden.

§ 18. Bei Verlängerung wagerecht liegender im Stoße unterstützter Hölzer wendet man die in Fig. 100 und 101, Tafel III, dargestellten Verbindungen an; es ist a der stumpfe Stoß, bei dem beide Hölzer nur rechtwinklig an einander gestoßen werden. Würden auf die beiden Hölzer Kräfte wirken, welche eine Trennung derselben hervorzubringen suchen, so könnte man den Kräften durch Anbringung zweier eiserner Schienen nach b begegnen; die Schienen werden an den Enden etwas umgebogen, die so entstehenden Nasen in das Holz eingelassen und dann 4 Schraubenbolzen durch die Schienen gezogen. Fig. 102 c zeigt das gerade Blatt in perspectivischer Zeichnung auseinander genommen, c_1 verbunden in geometrischer Zeichnung. Fig. 103 d zeigt das gerade Hakenblatt. Fig. 104 e das schräge Hakenblatt. Fig. 105 f das schwalbenschwanzförmige Blatt.

§ 19. Die Verknüpfung wagerecht liegender Hölzer kann entweder bündig sein oder nicht; bündig nennt man zwei Hölzer, wenn deren Oberkanten (oder Seiten) eine ebene Fläche bilden. Diese Verbindung (auch Ueberschneidung genannt) wird durch Ueberblattung nach Fig. 106 g hergestellt oder, wenn es Eckverbindungen sind, nach h und i. Sollen die Hölzer nicht bündig liegen, so wird die Verkämmung gewählt (Fig. 107); da hierbei die Hölzer nur wenig eingeschnitten werden, so ist die Schwächung wesentlich geringer. Auch durch Verzapfung verknüpft man Hölzer nach Fig. 108, indem dem Zapfen an dem einen Holz, ein Zapfenloch von gleicher Größe in dem andern Holz entspricht; man nennt den Zapfen geächselt, wenn derselbe, wie bei Fig. 109, nicht die ganze Breite des Holzes als Länge hat. Stoßen 2 Hölzer rechtwinklig auf einander, so verbindet man dieselben auch bündig mit Versatzung nach Fig. 110 und 111.

§ 20. Die Verstärkung wagerecht liegender Hölzer bewirkt man dadurch, daß man 2 Hölzer mit Verdübelung auf einander legt und sie verbolzt nach Fig. 112; auch wendet man hierbei eine Verzahnung nach Fig. 114 an; eine noch andere Verstärkung zeigt Fig. 113 (Verschränkung).

§ 21. Die Verbreiterung wagerecht liegender Hölzer findet bei Herstellung von Holztafeln, Fußböden u. s. w. statt; man erreicht dieselbe durch Fugen nach Fig. 115, wobei die Hölzer (Bretter) stumpf gegeneinander gestoßen werden; besser durch Spunden nach Fig. 116. Bei der letzten Verbindung nennt man den eingreifenden Theil die Feder und die der Feder entsprechende Spalte die Nuth oder den Spund. Man stellt diese Verbindung auch durch die halbe Spundung nach Fig. 117 her.

§ 22. Die Verlängerung senkrechter Hölzer erfolgt entweder mit Hilfe von Eisenverbindungen oder auch durch Zapfenverbindung Die Verstärkung senkrechter Hölzer geschieht wie bei Fig. 113.

§ 23. Die Verbindung von senkrechten mit wagerechten Hölzern bewirkt man durch Ueberblattung nach Fig. 106, h und i, oder durch Verzapfung nach Fig. 108 und 109; die Verbindung schräg stehender Hölzer durch Verzapfung nach Fig. 108 mit schräg angeschnittenen Zapfen oder durch Schlitzzapfen nach Fig. 118, oder durch Versatzung nach Fig. 119, oder durch Ueberblattung nach Fig. 106 g, h und i.

§ 24. Die meisten Holzverbindungen werden außerdem noch befestigt und zwar durch Holznägel, eiserne Nägel, Bolzen, Schienen mit Bolzen u. s. w. Man ersetzt auch einzelne Hölzer durch eiserne Stangen und eiserne Stützen.

Die Verbindung mehrerer Hölzer läuft mehr oder weniger stets darauf hinaus, ein Rahmenwerk herzustellen, welches möglichst unverschiebbar ist. Dies Rahmenwerk wird je nach dem Zweck durch Holz, Steine u. s. w. ausgefüllt oder es bleibt offen. Wenn man 3 Hölzer zu einem Dreieck verbindet, so können sich die einzelnen Hölzer nicht gegen einander verschieben, wie dies z. B. der Fall ist, wenn 4 Hölzer zu einem Viereck verbunden werden. Man vereinigt daher die einzelnen Verbandstücke gern so, daß sich Dreiecke bilden.

§ 25. Die Bauhölzer theilt man ein in Ganzholz, d. h. Hölzer, welche in ihrer Mitte den Kern des Baumes vollständig enthalten, in Halbholz, d. h. Hölzer, welche durch einmaliges Trennen der Ganzhölzer entstehen und nur die Hälfte des Kerns enthalten und endlich in Kreuzhölzer, welche durch Trennen der Halbhölzer entstehen und nur den vierten Theil des Kerns enthalten. Man unterscheidet ferner Bohlen, Bretter und Latten; Bohlen sind Bretter von 6 bis 10 cm Stärke. Für die Veranschlagung trennt man das Holz noch je nach seiner Stärke und Länge in sehr starkes Bauholz 12—16 m lang und 32—36 cm stark; in starkes Bauholz 12—14 m lang und 26—32 cm stark; in Mittelbauholz 10—12 m lang und 20—24 cm stark und in schwaches Bauholz 9—11 m lang und 16—18 cm stark. Eine solche Trennung muß stattfinden, weil 1 cbm Bauholz nach der angegebenen Eintheilung verschiedene Preise hat.

6. Wände.

§ 26. Es giebt Wände aus Stein, aus einer Verbindung von Stein und Holz, und aus Holz. Die Wände aus Stein zeigen entweder nach außen den Stein und sind nur gefugt, d. h. die Fugen sind mit Mörtel verstrichen oder die ganze Wand ist mit einem Putz aus Mörtel bekleidet, der die Steine verdeckt; auch die Wände aus Stein und Holz (Fachwerkswände) sind entweder geputzt oder gefugt, so daß im letzteren Fall auch das Holz sichtbar ist.

Die Wände oberhalb des Erdbodens werden von dem mit dem Erdboden in Berührung befindlichen Mauerwerk durch eine Isolirschicht getrennt, damit die Erdfeuchtigkeit von denselben abgehalten wird. Solche Isolirschichten stellt man her durch Aufguß von Asphalt, durch Auflegen von Asphaltfilz oder auch wohl Dachpappen. Die Erdfeuchtigkeit dringt durch diese Schichten nicht hindurch und vermag so nicht in die Wände des Gebäudes aufzusteigen.

§ 27. Wände, welche aus Ziegeln ohne Putz hergestellt sind, lassen namentlich bei einer Stärke von 1 Stein den Schlagregen sehr durch; da solche schwachen Wände außerdem die Kälte schlecht abhalten, so macht man oft die Außenwände hohl, und hilft dadurch den beiden Uebelständen ab. Fig. 120 Tafel III ist der Steinverband für die schwächsten Mauern dieser Art angegeben, die Fugen sind 1 cm stark angenommen und die Maaße in Centimeter eingeschrieben. Die Mauern sind $1^1/_4$ Stein stark und haben eine senkrechte Luftschicht von $^1/_4$ Stein Breite, welche als schlechter Wärmeleiter wirkt. Außenmauern an Wohngebäuden, welche nicht geputzt und dabei nur schwach hergestellt werden, sollte man nie ohne innere Luftschicht herstellen.

§ 28. Soll eine Wand auf beiden Seiten geputzt werden, so muß dieselbe zunächst möglichst austrocknen; der Putz erhärtet nämlich sehr schnell und schließt dann die im Innern der Mauer noch vorhandene Feuchtigkeit von der äußeren Luft ab; da so die Feuchtigkeit nicht entweichen kann, bleiben die Mauern stets feucht. Das Putzen sowohl wie das Fugen der Wände darf man nur in einer Jahreszeit vornehmen, in der kein Frost zu befürchten ist, weil durch den Frost diese Arbeit besonders leicht zerstört wird. Man unterscheidet im Allgemeinen rauhen und glatten Putz; den rauhen Putz stellt man mit einem Anwurf her, während der glatte Putz mehrere Lagen enthält, von denen die letzte glatt gerieben wird. Beim Fugen und Putzen hat man noch weit mehr wie beim Mauern darauf zu sehen, daß die Flächen, welche mit dem Mörtel in Berührung kommen, vollständig staubfrei sind, ferner, daß diese Flächen dem Mörtel nicht zu viel Wasser entziehen, weil dieser sonst nicht erhärten kann. Bei Reparaturen an Fugen und Putz wird in dieser Beziehung sehr gesündigt. Bruchsteinmauerwerk wird selten geputzt, da an den glatten Flächen der harten Steine der Putz schlecht haftet; aus gleichem Grunde muß man vermeiden, die zu putzenden Flächen durch verglaste Ziegelsteine herzustellen.

§ 29. Die Wände aus Stein und Holz, Fachwerkswände genannt, bestehen aus einem Rahmenwerk von Bauholz, dessen Oeffnungen mit Mauersteinen ausgemauert werden. Die Hölzer dieses Rahmenwerkes haben verschiedene Bezeichnungen; die unteren und die oberen wagrecht liegenden Hölzer (Fig 121) heißen Schwellen a und Rahmstücke b, die in diese beiden in Entfernung von 0,75 bis 1,5 m verzapften senkrechten Hölzer heißen Stiele c, auch

Pfosten oder Ständer, die schräg gestellten Hölzer, welche den Zweck haben, dem Umfallen in der Langsrichtung der Mauer entgegenwirkende Dreiecksverbindungen herzustellen, heißen Bänder d oder Streben. Würde man nun die einzelnen Fächer, welche aus der Verbindung der eben genannten Hölzer entstehen, ausmauern, so würde das $^1/_2$ Stein starke Mauerwerk, wenn die Stiele nicht sehr kurz sind, keinen genügenden Halt haben, aus diesem Grunde zapft man noch wagerechte Hölzer, Riegel e genannt, in die Stiele und Streben, so daß die auszumauernden Fächer nur 1,5 bis 2 qm Fläche erhalten. Die Hölzer, welche man zur Herstellung von Thür- und Fensteröffnungen anbringt, heißen Thür- und Fensterriegel f und g. Die Stärke der Hölzer richtet sich nach dem Zweck des Gebaudes; die Eckstiele macht man gewöhnlich etwas stärker als die übrigen Stiele.

§ 30. Beim Austrocknen ziehen sich die Hölzer rechtwinklig zur Längsfaser zusammen, es werden also die einzelnen Fächer dann größer; dies ist der Grund, weshalb die Mauersteintafeln in Fachwerkswänden häufig so lose sind, daß sie leicht herausgestoßen werden können. Diesem Uebelstande kann etwas dadurch abgeholfen werden, daß man die Holzfläche, gegen welche man die Steine mauert, mit einer Latte oder Nuth (Fig. 122 Tafel III) versieht und die Steine entsprechend behaut. Die Bewegung des Holzes, welche durch abwechselndes Trocknen und Feuchtwerden hervorgerufen wird, hat bei Fachwerkswänden noch den Nachtheil, daß der Mörtel der Fugen oder des Putzes, welcher theils am Stein, theils am Holz haftet, leicht abgeworfen wird. Bei Fachwerkswänden, welche dem Wind und Wetter ausgesetzt sind, dringt Feuchtigkeit vorzugsweise in die Verbindungstheile der einzelnen Holzer, es tritt in Folge dessen hier leicht ein Faulen des Holzes ein. Sollen Fachwerkswände ganz mit Putz überzogen werden, so mussen zuvor die sichtbaren Holzflächen durch nebeneinander befestigte Rohrstäbchen mit einer rauhen Flache versehen werden, da der Putz am Holz selbst schlecht haftet; dies nennt man das Berohren des Holzes. Die Rohrstäbchen werden mit Draht und Nägeln befestigt. Man stellt auch durch Aufpicken des Holzes eine rauhe Flache her, doch ist das Berohren vorzuziehen.

§ 31. Wenn die Schwelle einer Fachwerkswand nicht in ihrer ganzen Länge, sondern nur an den Enden unterstützt ist, so muß man die Wände absprengen, d. h. durch Streben die Last auf die Unterstützungspunkte übertragen nach den Figuren 123 und 124, welche in einfachen Linien die Bauweise andeuten. Solche Wände nennt man Sprengwände; c sind die festen Auflager und ab nennt man die Hängesäulen, welche bei a mit der Schwelle durch Eisen verbunden sind; diese Wande müssen besonders sorgfaltig gezimmert werden, da ein Versacken selbst bei guter Ausfuhrung in Folge des Schwindens der Hölzer nicht ganz zu vermeiden ist.

§ **32.** Die Wände aus Holz errichtet man namentlich in Rußland als *Blockwände*, bei denen die Hölzer unmittelbar auf einander gelegt werden; an den Ecken und dort, wo sich Wände überschneiden, verbindet man die Hölzer durch Ueberblattung. Holzwände werden auch in der Weise hergestellt, daß man Fachwerk, statt es auszumauern auf beiden Seiten mit Brettern bekleidet und die Zwischenräume mit Torf, Asche oder einem sonstigen schlechten Wärmeleiter ausstopft. Auch aus einzelnen Brettern, welche man durch Latten zusammenhält, baut man Wände, doch ist es zweckmäßig, in solchen Fällen doppelte Bretterwände zu wählen, welche schräg übereinander genagelt durch eiserne Nägel fest zusammengehalten werden. Will man diese Holzwände noch mit Putz überziehen, so müssen dieselben zunächst ganz berohrt werden (§ 30).

7. Balkenlagen und Decken.

§ **33.** Soll über einem Raume eine wagrechte Fläche hergestellt werden, so geschieht dies durch *Ueberwölbung* oder durch Anbringung einer *Balkenlage*. Die Balkenlage besteht aus mehreren *Balken* (starken Hölzern), welche in verschiedenen Entfernungen, je nach der zu erwartenden Belastung, auf die Wände gelegt werden; sie ruhen also bei Fachwerkswänden auf den Rahmstücken, bei massiven Wänden auf der reinen Mauer oder auf schwachen Langhölzern, *Mauerlatten* genannt, welche auf dem Mauerwerk liegen. Die Stärke der Balken richtet sich nach der freitragenden Länge und nach dem Zweck der Balkenlage. Bei Wohngebäuden liegen die Balken durchschnittlich 1 m von Mitte zu Mitte; die Höhe derselben macht man, wenn l die freitragende Länge bezeichnet, gewöhnlich $= 16 + 2 \,.\, l$ cm, die Breite $= \frac{7}{10}$ der Höhe. Hierdurch würden z. B. Balken, welche 5 m frei liegen sollen, eine Höhe $= 16 + 2 \,.\, 5 = 26$ cm und eine Breite von $26 \,.\, \frac{7}{10} = 18{,}2$ cm erhalten. Steht unter einem Balken

Abb. 60.

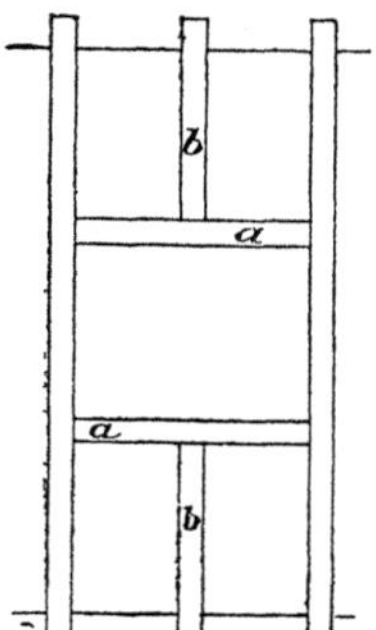

der Länge nach eine Fachwerkswand, so dient derselbe zugleich als Rahmstück und heißt dann *Bundbalken*; liegt der Balken der Länge nach auf einer massiven Scheidemauer, so heißt er *Wandbalken*; liegt der Balken neben einer massiven Mauer, so heißt er *Streichbalken*. Häufig können die Balken nicht in einer Länge durchgehen, sondern müssen z. B. der Feuerungsanlagen oder der Treppen wegen ausgeschnitten werden, man legt dann (Abb. 60) zwischen den beiden nächsten durchgehenden Balken ein Balkenstück a, das man *Wechsel* nennt, ein, und verbindet mit diesem Wechsel die ausgeschnittenen Balken b, welche dann *Stichbalken* heißen, diese Anordnung kommt namentlich zur Durchführung von

Schornsteinen durch Balkenlagen und zur Herstellung der Treppenlöcher in Anwendung. Im letzteren Falle heißt das Stück a der Treppenwechsel (Abb. 60). Die Balkenlagen, welche zur Aufstellung des Dachgerüstes dienen, nennt man *Dachgebälke*. Das Feld zwischen je 2 Balken nennt man *Balkenfach*; um die Balkenfache so schließen zu können, daß die dadurch entstehende Decke möglichst dicht wird, werden in die Balken Nuthen eingehauen und in diese entweder mit Strohlehm umwickelte Hölzer, Wellerhölzer genannt, oder nur schmale Brettstücken geschoben; die Nuthen werden etwa 8 cm unter Balkenoberkante angebracht, man nagelt auch statt derselben Latten an die Balken, auf welche die Füllhölzer gelegt werden. Den Raum oberhalb der Füllhölzer bis zur Balkenoberkannte füllt man mit einem schlechten Wärmeleiter aus, entweder mit Lehm, trockenem Mauerschutt, trockener Kohlenasche, geglühtem Sande, weniger gut mit Sägespänen, Häcksel 2c. Die Füllhölzer, welche nicht mit Strohlehm umwunden sind, müssen so weit von einander entfernt liegen, daß sie sich beim Ausquellen nicht berühren. Liegen die Wellerhölzer, wie angegeben, in der Nähe der Balkenoberkante, so entsteht der leichte, wenig warme und den Schall durchlassende *Halbe Windelboden*; besser ist es, die Balkenfache ganz zu füllen, d. h. die Wellerhölzer thunlichst nach unten zu legen; so entsteht der *Ganze Windelboden*. Dieser ist schwerer, verlangt daher stärkere Balken, ist aber in jeder Beziehung besser. Die *Unterfläche* der Balken wird gewöhnlich *verschaalt*, d. h. mit Brettern benagelt, und dann verrohrt und geputzt. Beim Verschalen dieser Decken müssen die Bretter möglichst schmal genommen und der Länge nach möglichst oft gespalten werden, damit beim Werfen der Bretter der Putz nicht abfällt. Aus gleichem Grunde müssen die Rohrstengel der zur Anbringung des Deckenputzes nothwendigen Berohrung stets senkrecht zu der Faserrichtung der Schaaldielen gelegt werden.

Man schließt die Balkenfache auch in der Weise, daß man zwischen denselben eine Wölbung aus Ziegelsteinen herstellt. Auf die Decken, welche ohne Balkenlagen ganz aus Wölbungen hergestellt werden, kann hier nicht näher eingegangen werden.

8. Dächer.

§ 34. Das Dach besteht aus 2 Theilen, dem Dachgerüst und der Deckung. Der äußeren Form nach unterscheidet man vorzugsweise *Satteldach* (Abb. 61), *Pultdach* (Abb. 62) und *Zeltdach* (Abb. 63). Die Linie,

Abb. 61.

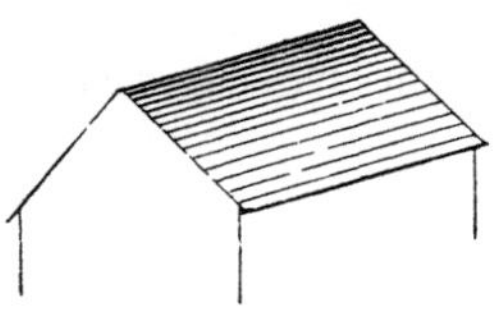

Abb. 62.

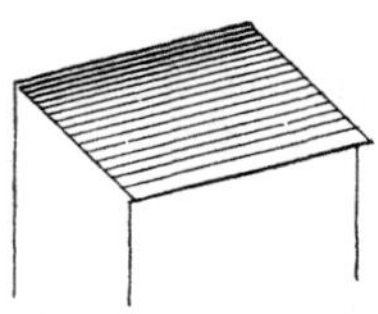

Abb. 63.

welche beim Satteldach durch die zusammentreffenden beiden Dachflächen gebildet wird, heißt First. Werden die Gebäude, wie bei Abb. 61, an beiden Enden durch grade Giebelmauern bis zur First abgeschnitten, so nennt man die Dächer Giebeldächer; Walmdächer nennt man die Formen Abb. 64 und 65 und zwar heißt die Anordnung auf der linken Seite der ganze Walm, auf der rechten Seite der halbe Walm. Die obersten Hölzer des Dachgerüstes, welche

Abb. 64.

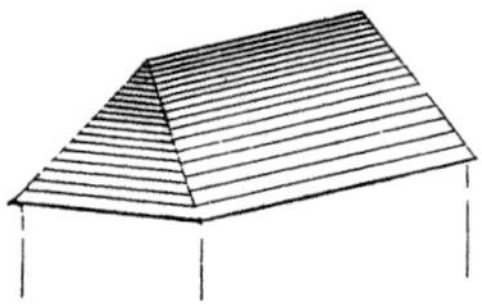

Abb. 65.

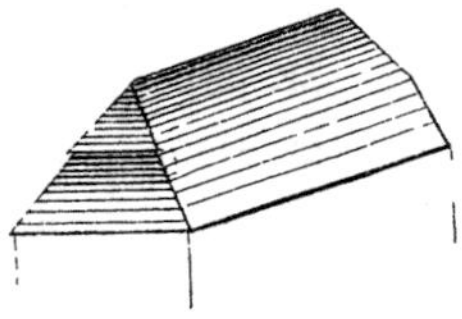

die äußere Form des Daches bilden, heißen Sparren. Die Unterstützung der einzelnen Sparren erfolgt nicht unmittelbar, sondern von sogenannten Dachbindern aus, d. h. es werden in Entfernungen von durchschnittlich 4 bis 5 m gewissermaßen Gerüste errichtet, welche durch Längshölzer (Rähme oder Fetten) mit einander verbunden werden; auf diesen Längshölzern kommen die Sparren zu liegen. Damit ein Verschieben der Hölzer gegen einander nicht eintritt, stellt man sowohl der Länge wie der Quere nach Dreiecksverbände her. Aehnlich wie bei den Balkenlagen müssen auch bei den Sparren Auswechselungen stattfinden, damit die Schornsteine durchgeführt werden können. Auf die Bauart der verschiedenen Dachgerüste näher einzugehen, würde zu weit führen; es sei nur noch erwähnt, daß je nach dem Deckungsmaterial die Neigung der Dachflächen verschieden sein muß. Legt man ein Satteldach zu Grunde, so nimmt man das Verhältniß der Höhe des Daches zur Gebäudetiefe gewöhnlich beim Pappdach wie 1 : 10 bis 1 : 16; beim Blechdach wie 1 : 6 bis 1 : 10; beim Schieferdach wie 1 : 4; beim Ziegeldach wie 3 : 8, auch wie 1 : 2; beim Strohdach wie 1 : 2, besser noch etwas steiler. Beim Pappdach, Blechdach und auch zum Theil beim Schieferdach, werden die Sparren unter der eigentlichen Deckung verschaalt. Man hat hierbei ein besonderes Augenmerk darauf zu richten, daß in allen offenen Räumen und bei den Dachüberständen die Schaalung gespundet wird, damit der Wind nicht durch die Fugen zwischen den Brettern hindurch das Deckmaterial abhebt. Ziegeldächer, Strohdächer und meistens auch Schieferdächer werden in der Weise hergestellt, daß die Sparren mit Latten benagelt werden und auf diesen Latten das Deckmaterial befestigt wird.

§ 35. Die Ziegeldächer werden entweder mit Flachziegeln, Hohlziegeln oder Falzziegeln gedeckt. Die ersteren werden eingedeckt zum

Spließdach, oder Doppeldach, oder Kronendach. Beim Spließdach beträgt die Lattenweite etwa die Hälfte der Ziegellänge. Auf jeder Latte hängt eine einfache Ziegelreihe, nur die oberste und unterste erhalten doppelte Ziegelreihen. Unter die Stoßfugen der einfachen Reihen wird ein möglichst dünnes, etwa 0,07 m breites Brettchen (Spließ) so lang wie die Ziegel gelegt. Soll das Dach dicht werden, so muß es böhmisch eingedeckt, d. h. in fetten Kalkmörtel eingelegt werden. Das Doppeldach wird dichter gelattet (14 bis 15 cm von Mitte zu Mitte); auf jeder Latte, mit Ausnahme der obersten und untersten, hängt ebenfalls nur eine einfache Ziegelreihe, doch bewirkt die enge Lattung, daß sich die Steine 2- und theils 3 fach überdecken. Vollstandig dicht wird auch dieses Dach nur, wenn es in Kalk eingedeckt ist. Das Kronen- oder Ritterdach wird weiter gelattet als das Spließdach (25—28 cm), doch erhält jede Latte eine doppelte Ziegelreihe, so daß uberall eine 2-, theilweise eine 4 fache Ueberdeckung stattfindet. Die Stoßfugen der unteren und darüber liegenden Reihe werden in Verband gelegt. Auch dieses Dach wird meistens bohmisch eingedeckt. Das Kronendach ist das schwerste und theuerste, aber auch das beste unter den Ziegeldächern. Für Hohl- und Falzziegel werden die Latten so weit genagelt, daß sich die einfachen Ziegelreihen 8 cm überdecken, die Stoßfugen in den Reihen werden durch Ineinandergreifen der Ziegel gedichtet.

Die Schieferdächer werden entweder auf deutsche oder auf englische Weise eingedeckt. Die deutschen Schiefer sind in der Regel kleiner und von unregelmäßigerer Form, als die englischen. Das deutsche Schieferdach wird meistens steiler ausgeführt. Die englischen Schiefer deckt man gewöhnlich nach Art des Doppeldaches ein, entweder auf Schaalung oder Lattung. Die Lattenweite ist etwas geringer, als die Hälfte der Länge der Schiefer. Jede Tafel wird auf der mittleren Latte mit 2 Nägeln, die verzinkt sind, oder mit 2 Kupfernageln befestigt; sämmtliche Tafelreihen werden in Verband gelegt. Die deutsche Deckung wird bei kleinen Schiefern nur auf Schaalung ausgeführt, da die Schiefer meistens von ungleicher Größe sind. Die deutschen Schiefer werden vielfach erst auf der Baustelle vom Dachdecker zugehauen. Mit Ausnahme der Traufe und First werden die Reihen in schräger Richtung aufsteigend eingedeckt. Man nennt diese Dächer auch Schuppendächer.

9. Feuerungs-Anlagen.

§ 36. Der Zweck jeder Feuerungsanlage ist Hitzeerzeugung; die Hitze wird um so größer, je vollständiger die Verbrennung der Brennstoffe stattfindet. Es ist daher nach § 16 der Naturwissenschaft nöthig, dem Feuer möglichst viel Sauerstoff zuzuführen. Man erreicht dies, indem man einen starken Luftstrom in das Feuer führt. Hiernach sind bei jeder Feuerungsanlage 3 Theile zu unterscheiden, namlich erstens der Feuerraum, die Stelle, an der das Feuerungsmaterial verbrennt, zweitens die Vorrichtung, welche die Hitze an den umgebenden Raum abgeben soll, und drittens die Anlagen, durch welche ein entsprechend starker Luftstrom erzeugt wird. Der Feuerraum muß so eingerichtet sein, daß die Luft das Feuer in senkrechter Richtung durchströmen kann; man erreicht dies durch Anbringen des Rostes, d. h. durch Herstellung einer durchbrochenen eisernen Platte, welche meistens aus einzelnen Gußstäben hergestellt wird, durch deren Spalten die Luft dem Feuer auch von unten zugeführt wird.

Die durch Verbrennung entstehende Hitze wird nun aus dem Feuerraum in Canäle geführt, welche den Raum, an welchen die Hitze abgegeben werden soll, berühren; die Länge dieser Canäle oder Züge ist so zu wählen, daß am Ende derselben die Luft noch diejenige Temperatur hat, welche zum Aufsteigen derselben im Schornstein und zur Erzielung einer starken Luftstromung erforderlich ist (s. § 3 der Naturwissenschaft). Der Schornstein hat außer der Herstellung der Luftströmung noch den Zweck, die Verbrennungsgase aufzunehmen und abzuführen. Findet die Verbrennung unvollkommen statt, so werden durch den Schornstein auch unverbrannte Kohlentheilchen abgeführt, welche dann als dunkler Rauch sichtbar werden. Die Schornsteine oder die Rauchröhren werden entweder in solcher Weite aufgeführt, daß sie besteigbar sind (42 und 45 cm weit), oder man macht den Querschnitt derselben 15 und 20 cm groß; diese letztere Art, welche man meistens bei den Wohngebäuden findet, nennt man russische Röhren. Bei der Anlage von Rauchröhren hat man besonders darauf zu achten, daß dieselben von allem Holzwerk um das gesetzlich vorgeschriebene Maaß entfernt bleiben; wie man überhaupt bei sämmtlichen Feuerungsanlagen ein besonderes Augenmerk auf die gesetzlichen und polizeilichen Bestimmungen zu richten hat.

10. Gasbeleuchtungsanlagen.

§ 37. Das Leuchtgas, gewöhnlich kurzweg „Gas“ genannt, wird aus Holz, Oel, Fett, Braunkohle und anderen Stoffen, jedoch zum allergrößten Theil aus Steinkohlen hergestellt, und zwar in der Weise, daß die Kohlen in dicht verschlossenen Retorten geglüht werden, wobei das Gas durch angebrachte Röhren entweicht, während als Rückstand der bekannte Gas-Cokes zurückbleibt. Das so gewonnene Gas wird dann noch mehrfach gereinigt, wobei sich u. A. der „Steinkohlentheer“ absondert, bis es schließlich in große Behälter, „Gasometer“ genannt, gelangt, von wo aus es in Röhren zur Verbrennungsstelle weiter geleitet wird. Das Leuchtgas besteht aus einer Verbindung von Kohlenstoff und Wasserstoff; beim Brennen wird der Kohlenstoff in fester Form ausgeschieden und in dem verbrennenden Wasserstoff zum Glühen und somit zum Leuchten gebracht.

Das Gas macht sich durch seinen Geruch bemerkbar, es ist giftig und darf deshalb nicht eingeathmet werden Es ist leichter als die Luft und deshalb ist bei einer Gasleitung an dem höchsten Puncte der größte Druck vorhanden. Wenn sich das Gas mit gewissen Mengen atmosphärischer Luft mengt, so wird die Mischung explodirbar, d. h. es erfolgt beim Entzünden die Verbrennung in plötzlich heftiger Weise (Gasexplosion).

§ 38. Die Gasleitungsrohre werden aus Gußeisen (bei größeren Weiten) oder aus Schmiedeeisen (bei geringeren Weiten) hergestellt und erstere mit Muffen versehen, die mit Theerstricken und Blei gedichtet werden. Bei den schmiedeeisernen Rohren verwendet man Muffendichtungen mit sog. Gasgewinden. Bei der Verlegung der Leitung ist darauf zu achten, daß dieselbe gleichmäßig zu liegen kommt und nicht plötzliche Einsenkungen gebildet werden, in denen sich Wasser ansammelt, das man nicht entfernen kann. Da die Bildung von Wasserniederschlägen in den Gasröhren nicht zu vermeiden ist, so dürfen die Leitungsröhren nie wagerecht, sondern müssen stets mit Gefälle (1:100 bis 1:300) angelegt werden. In die auf diese Weise absichtlich gebildeten tiefsten Puncte setzt man sog. Wassertöpfe ein, aus denen man dann nach Bedarf das Wasser auspumpt. Abb. 66 stellt einen Wassertopf im Querschnitt dar. a ist der gußeiserne cylindrische Topf mit 2 Muffen (c c), in welche die Gasleitungsröhren hineingesteckt werden. F ist das Auspumprohr, das bis zum Straßenpflaster bezw. zur Erdoberfläche hoch geführt ist und da durch eine Schraube g verschlossen wird. In den Topf a kann nun das Wasser von beiden Seiten zusammenlaufen. Steigt der Wasserspiegel bis zum Rohre c und droht den Durchfluß des Rohres zu sperren, was sich am Zucken der Flammen erkenntlich macht, so schraubt man die Schraube g heraus, setzt eine kleine Pumpe ein und pumpt das Wasser heraus.

Abb. 66.

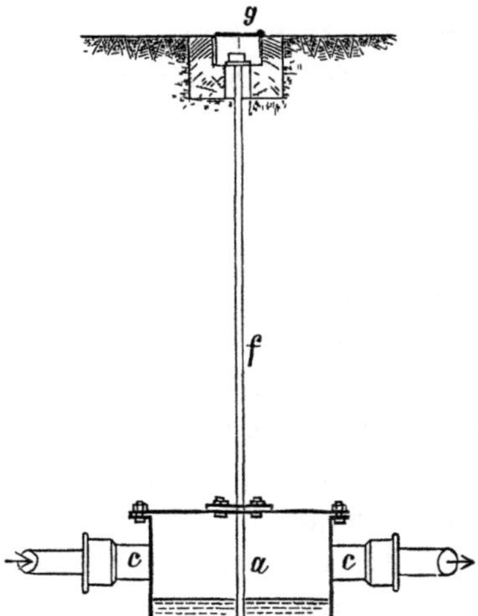

§ 39. Da das Gas, welches meist von besonderen außerhalb des zu beleuchtenden Grundstücks belegenen Gasanstalten bezogen wird, nach den verbrauchten Mengen bezahlt wird, so gebraucht man zum Messen der Gasmengen besondere Apparate, sog. Gasuhren oder Gasmesser, die meistens gleich hinter der Einmündung auf dem zu erleuchtenden Grundstücke aufgestellt werden. Man unterscheidet trockne und nasse Gasmesser. Die letzteren müssen genau wagrecht in mäßig warmen Räumen aufgestellt werden, während erstere selbst eine schiefe

Lage einnehmen und dem Frost ausgesetzt werden können. Die nassen Gasmesser werden am meisten angewendet, da deren Gehwerk einfacher ist, wie das des trocknen Gasmessers. Außerdem sind die nassen Gasmesser billiger. Bezüglich der Behandlung der nassen Gasmesser bleibt zu beachten, daß sie stets eine gute Füllung haben müssen. An frostsicheren Orten füllt man sie mit reinem Wasser. Sind die Gasmesser jedoch der Gefahr des Einfrierens etwas ausgesetzt, so nimmt man zur Füllung eine Mischung von 70 Theilen Glycerin und 30 Theilen Wasser oder füllt sie auch wohl nur mit Glycerin.

Die Gasmesser sind mit einem Zählwerk versehen, an dem man die verbrauchte Gasmenge genau ablesen kann. Die weitere Behandlung sowie auch die Füllung der Gasmesser besorgen die betreffenden Gasanstalten.

§ 40. Um etwaige Undichtigkeiten in den Gasleitungen zu ermitteln, vergleicht man den Gasverbrauch mit dem der gleichen Zeit des Vorjahres. Ist er erheblich höher, ohne daß ein besonderer Grund dazu vorliegt, so muß die Ursache in den Leitungen gesucht werden. In Gebäuden machen sich größere Undichtigkeiten durch Geruch geltend, kleinere Undichtigkeiten kann man durch Ableuchten finden. Im ersteren Falle müssen die schadhaften Theile entfernt und durch gute ersetzt werden, im letzteren kann man meistens durch Umschmieren mit Gasleitungskitt (Mennige oder Bleiweiß mit dickem Leinölfirniß zu einem steifen Brei zusammengerieben) abhelfen. Bei Untersuchung der Erdleitungen stößt man in gewissen Entfernungen Löcher in den Erdboden und prüft, ob sich Gasgeruch bemerkbar macht. Kommt man so nicht zu einem befriedigenden Ergebniß, so muß man die Leitung aufgraben und so die undichte Stelle suchen, um sie unter Verwendung von Ueberschiebern auszuwechseln. Verstopfungen in den Leitungen machen sich durch schlechtes Brennen bemerkbar. Zur Auffindung der verstopften Stelle bedient man sich des Gasdruck-Manometers. Die Versuche mit dem Manometer dürfen aber nur gemacht werden, wenn voller Druck vorhanden ist und die Flammen sämmtlich brennen. Das Manometer besteht aus einem U-förmig gebogenen Glasrohr, dessen Schenkel mit Eintheilung versehen sind und das mit Wasser gefüllt ist. Das eine Ende der Glasröhre wird mittelst eines Gummischlauches mit der Gasleitung in Verbindung gebracht (auf einen Brenner geschoben) und dann der Gashahn geöffnet, so daß man den Gasdruck durch den Unterschied im Stande des Wassers der beiden Rohrarme ablesen kann. Man mißt auf diese Weise die Druckhöhe der Reihe nach bei allen Flammen, findet man nun eine plötzliche Verringerung des Druckes, so ist daraus auf eine Verstopfung der Röhre zu schließen, und der Fehler liegt zwischen den Flammen, zwischen denen sich der Druckunterschied bemerkbar machte. Die Fehler werden beseitigt durch Anwendung der Luftpumpe, indem man die angesammelten Unreinlichkeiten bis zum nächsten Wassertopf drückt und dann auspumpt, oder durch Aufgraben und Aufnehmen der Leitung

§ **41.** Wenn Gasleitungen aus der Erde oder aus einem warmen Raume plötzlich ins Freie geführt werden, so kommt es bei starkem Frost vor, daß diese Stellen einfrieren. Das Gas enthält Wassertheile, die bei plötzlichem Wechsel der Temperatur sich an den Wandungen niederschlagen, Reif und Eis bilden und auf diese Weise das Rohr nach und nach vollständig anfüllen Man vermeidet diesen Uebelstand, wenn man es so einrichtet, daß die Leitung nach dem warmen Raume hin Gefälle hat. Bei Leitungen in Gebäuden ist außerdem nach Abb. 67 bei S ein Wassersack anzulegen, in dem das Wasser sich sammeln kann.

Abb. 67.

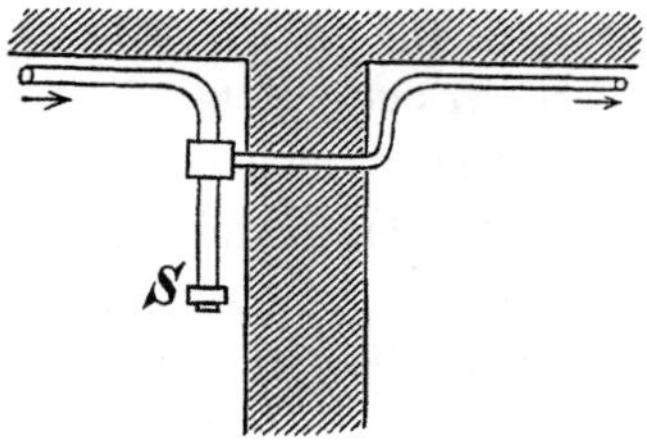

Zugereifte oder gefrorene Leitungen füllt man mit Spiritus an, der dann die gefrorenen Theile auflöst. Bei Erdleitungen verwendet man heißes Wasser (oder nicht zu hoch gespannten Dampf), das man alsdann am nächst gelegenen Wassertopf wieder auspumpt. Das Aufthauen der Rohre durch Umwickeln von Putzwolle, die mit Petroleum getränkt ist und die dann angezündet wird, ist der sonstigen Nachtheile wegen zu vermeiden.

§ **42.** Ein Haupterforderniß zur Erzielung einer hellleuchtenden und sparsamen Flamme ist der Brenner. Man unterscheidet Flachbrenner und Rundbrenner*), ersterer ohne, letzterer mit Cylinder. Die Form des Brenners, der meistens aus Speckstein hergestellt wird, kommt dabei weniger in Frage, als die Form der Flamme, welche durch den Brenner erzeugt wird. Die in Abb. 68 dargestellte Flamme, bei welcher die Höhe mindestens ebenso groß ist als die Breite,

Abb. 68.

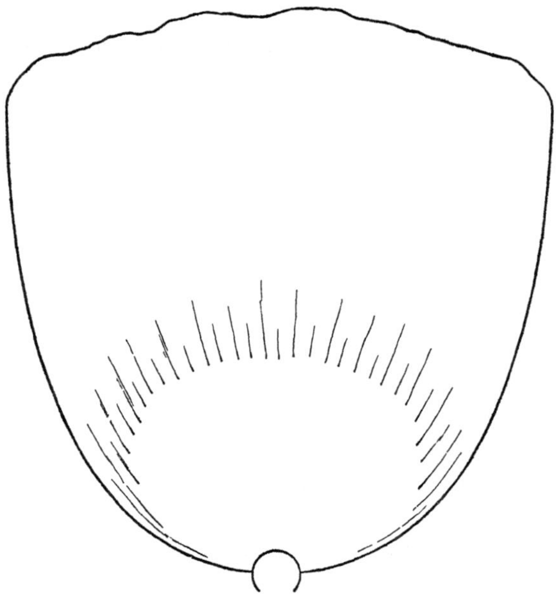

*) Näheres s. das A. B. C. des Gasconsumenten. Verlag von J. F. Bergmann, Wiesbaden.

muß als gut bezeichnet werden. Dieselbe gebraucht etwa 175 Liter in der Brennstunde.

Alle anderen Formen der offenen Gasflammen sind weniger oder mehr schlecht, geben weniger Licht und gebrauchen mehr Gas, besonders wenn die Brenneröffnung etwas verstopft und der Gasdruck zu stark ist. Abhülfe ist zu schaffen durch Verminderung des Druckes. Reinigung der Brenner.

Seit einigen Jahren hat das Gasglühlicht, nach seinem Erfinder auch Auer-Licht genannt, große Verbreitung gefunden, nicht nur wegen seiner großen Leuchtkraft, sondern auch des geringeren Gasverbrauchs wegen.

Ueber der durch einige kleine Löcher gebildeten Austrittsoffnung des Gases befindet sich ein hohlkegelförmiges strumpfartiges Gewebe, welches durch eine besondere Erdmasse inkrustirt ist. Sobald man das Gas anzündet, fängt der Strumpf an zu glühen und leuchtet dann mit großer Helligkeit. Das Strumpfgewebe kommt meistens zwar durch die Erde imprägnirt, aber nicht inkrustirt — nicht abgebrannt — in den Handel, so daß das Abbrennen kurz vor dem Gebrauch von geeigneten Bahnarbeitern besorgt wird. Die Brenndauer eines guten Strumpfes beträgt 800—1000 Brennstunden, auch wohl darüber. Die Laternen, in denen Glühlicht angewendet werden soll, müssen gegen Luftzug sicher und gehörig befestigt, auch gegen Erschütterungen geschützt sein, da die Strümpfe sehr empfindlich sind und sonst leicht zerfallen.

11. Preisangaben aus dem Hochbau.

A. Bedarf an Materialien.

a. Bruchsteine.

1 cbm volles Bruchsteinmauerwerk erfordert	1,25 cbm Bruchsteine
1 desgl. mit gewöhnlichen Fenster- und Thüröffnungen .	1,125 „ „

Größere Oeffnungen werden in Abzug gebracht.

b. Mauersteine.

Normalformat = 25 . 12 . 6,5 cm. Lagerfugen 12 mm.
Stoßfugen 10 mm.

1 cbm volles Mauerwerk erfordert	400	Steine
1 qm Fachwand $^1/_2$ Stein stark nach Abzug des Holzes . . .	35	„
1 qm Pflaster auf der flachen Seite	32	„
1 qm desgl. auf der hohen Kante	56	„
1 lfd. m Rollschicht	14	„
1 stgd. m freistehendes russisches Rohr, 20 cm im Quadrat weit, Wangen $^1/_2$ Stein stark	70	„
1 desgl. 2 Rohre nebeneinander	115	„
1 desgl. 3 Rohre nebeneinander	160	„

1 stgd. m freistehendes besteigbares Rohr, 45 cm im Quadrat weit, Wangen $1/2$ Stein stark	120	Steine
1 desgl. 2 Rohre nebeneinander	205	„
1 qm Kappengewölbe $1/2$ Stein stark (auch böhmisch)	56	„
1 qm Tonnengewölbe $1/2$ Stein stark	82	„
1 qm „ 1 Stein stark	165	„
1 qm Kreuzgewölbe $1/2$ Stein stark mit 1 Stein hohen und $1\,1/2$ Stein starken Graten	100	„

Für Bruch rechnet man außerdem noch etwa 5 %.

c. Dachsteine.

365 mm lang, 155 mm breit, 12 mm stark.

1 qm Spließdach 200 mm weit gelattet	35	Dachsteine
1 qm Doppeldach 140 mm weit gelattet	50	„
1 qm Kronendach 250 mm weit gelattet	55	„
1 lfd. m Firsteindeckung bei Firstziegeln von 40 cm Länge und 10 cm Ueberdeckung	$3\,1/3$	Firststeine.

Für Bruch hierzu etwa 5 %.

d. Kalk (gelöscht).

1 cbm Bruchsteinmauerwerk erfordert	150	Liter
1 cbm volles Ziegelmauerwerk	120	„
1000 Mauersteine	330	„
1 qm Fachwand $1/2$ Stein stark	12	„
1 qm Ziegelpflaster, hochkantig, in Mörtel	13	„
1 desgl. nur die Fugen vergossen	6	„
1 desgl. flachseitig, in Mörtel	7	„
1 desgl. nur die Fugen vergossen	4,	„
1 qm Kappengewölbe $1/2$ Stein stark	18,5	„
1 qm Tonnengewölbe $1/2$ „ „	27,0	„
1 qm „ 1 „ „	54,0	„
1 qm Kreuzgewölbe $1/2$ Stein stark	33,0	„
1 qm Putz auf massiven Wänden, 15 mm stark	8	„
1 qm Putz zu schlemmen	0,75	„
1 qm einmal zu weißen	0,25	„
1 qm Ziegelmauerwerk zu fugen	2	„
1 qm Fachwerk zu fugen	1,5	„
1000 Dachsteine böhmisch in Kalk legen	280	„
1000 Dachsteine zu verstreichen	200	„
100 Hohlziegel in Kalk legen	260	„
100 Hohlziegel zu verstreichen	180	„

e. Sand.

Bei gewöhnlichen Maurer-Arbeiten erhält man die erforderliche Menge Sand, wenn man die Anzahl der erforderlichen Liter Kalk mit 2, bei Fundamentmauerwerk mit 3 multiplicirt.

1 qm Feldsteinpflaster erfordert . . . . 0,16 cbm Sand

1 qm Mauersteinpflaster erfordert . . . . 0,10 „ „

B. Materialienpreise.*)

	Berlin ℳ
1 cbm Bruchsteine	10,00
1000 gewöhnliche Mauersteine	20—30,00
1000 bessere Mauersteine	35—44,00
1000 Dachsteine	45,00
1 cbm Kalk gelöscht	13,00
1 cbm Mauersand	2,50
1 Tonne Cement**)	7—10,00
50 kg Gyps	2,00
1 cbm Eichenholz geschnitten	80,00
1 cbm Kiefernholz geschnitten bis 9 m lang	45,00
1 desgl. bis 15 m lang	50,00
50 kg Schmiedearbeiten	25,00

C. Arbeitspreise.

a. Maurerarbeiten.

	Berlin ℳ
1 cbm Boden der Fundamentgräben auszuheben und 50 m zu karren	0,70
1 cbm Boden abzufahren (1 Fuhre = 2 cbm)	2,00
1 cbm Kellermauerwerk aus Bruchsteinen	3,50
1 desgl. aus Ziegeln	4,00
1 cbm Ziegelmauerwerk des Erdgeschosses	4,25
1 desgl der höheren Stockwerke, pro Stockwerk mehr	0,50
1 qm Fachwerk $^1/_2$ Stein stark ohne Abzug der Holzflächen	0,60
1 qm Ziegelpflaster, hochkantig in Mörtel	1,10
1 desgl. flachseitig	0,60
1 stgd. m russisches Rohr freistehend	2,25

*) Den nachfolgenden Materialien- und Arbeitspreisen sind Berliner Verhältnisse zu Grunde gelegt. Wenn die Preise auch zu verschiedenen Zeiten und an verschiedenen Orten sehr schwanken, so werden doch immer die nachstehenden Angaben als Anhaltspunkte beim Veranschlagen genügen.

**) Bezuglich der Bedingungen über Lieferung und Prüfung des Cements s. Fortschritte des Eisenbahnwesens S. 118. Verlag von J. F. Bergmann, Wiesbaden.

	Berlin M
1 qm Kappengewölbe $1/2$ Stein stark einschl. der Hintermauerung, Vorhalten der Lehrbögen und der Schaalung	2,00
1 qm Tonnengewölbe wie vor (in der Ebene gemessen)	3,50
1 qm Tonnengewölbe 1 Stein stark	5,00
1 qm Kreuzgewölbe $1/2$ Stark stark mit 1 Stein hohen und $1^1/_2$ Stein breiten Graten	4,00
1 qm Ziegelmauerwerk gewöhnlich zu fugen	0,70
1 qm glatter Putz auf massiver Wand	0,40
1 qm desgl. auf Fachwand incl. Rohr, Draht, Gyps und Nägel . .	0,70
1 qm Putz auf Holzschaalung mit einfacher Berohrung desgl. . .	1,00
1 qm desgl. mit doppelter Berohrung	1,25
1 qm Putzfläche mit Weißkalk abschlämmen	0,06

Vorhalten der Geräthe und Rüstungen, 5 % vom Arbeitslohn, Tagelohn für 10 Arbeitsstunden: Polier 7,5—10 M.; Geselle 5—6 M.; Bursche 2,5 M.; Arbeiter 3,50 M.

Für Mauerwerk in Cementmörtel ist 1—1,5 M. für den cbm Zulage zu rechnen, bei verlängertem Mörtel rechnet man 0,50—0,75 M. Zulage für den cbm.

b. Zimmer- und Staakerarbeiten.

	Berlin M
1 lfd. m Balkenlagen zuzurichten und zu verlegen	0,60
1 lfd. m Mauerlatten desgl.	0,35
1 lfd. m Kreuzholz zu Fachwerk desgl.	0,55
1 lfd. m desgl. zu Dachverbänden	0,60
1 qm Bauholz zu hobeln	0,65
1 lfd. m Bauholz von zwei Seiten abzufasen	0,50
1 qm rauhe Dachschaalung incl. Material (2,5 cm stark)	2,00
1 qm desgl. gespundet	2,40
1 qm Balkendecke mit Schaalen zu staaken, einschl. Annageln der Latten an die Balken, mit Strohlehm zu verschmieren und bis Oberkante Balken mit reinem trocknen Lehm zu verfüllen einschl. Lieferung aller Materialien	1,00—1,50

Bem.: Zur Ausfüllung der Baltenfache kann außer reinem trocknen Lehm auch trockner, am besten geglühter Sand, oder frische Coaksasche — niemals jedoch alter Bauschutt oder abgelagerter Coaks oder Steinkohlenschlacke — verwendet werden. Für die Aufnahme der Staakhölzer sind die Balken nicht mit Falzen zu versehen, sondern, wie vorstehend angegeben, mit Latten zu benageln. Zur Erzielung einer größeren Tragfähigkeit der Balkendecke empfiehlt es sich, bei gewöhnlichen Einschubdecken von Meter zu Meter kräftige Kreuzstaaken von Eichenholz anzubringen

	Berlin M.
1 qm rauhe Deckenschaalung einschl. Material (2 cm stark)	1,20
1 qm gehobelte Schaalung, 2,5 cm stark, die Fugen gestäbt, einschl. Material	4,00
1 qm rauher Fußboden, 2,5 cm stark, einschl. Material	2,25
1 qm desgl. gespundet	2,50
1 qm desgl. gehobelt und gespundet	4,00
1 lfd m gewöhnliche gekehlte Fußleisten einschl. Material	0,50
Für eine Thüröffnung in einer $1^1/_2$ Stein starken Wand die erforderlichen schwalbenschwanzförmig bearbeiteten Dübel, sowie 8—10 cm starke Ueberlagsbohlen anzuliefern, durchschnittlich	4,50
Desgleichen für eine 2 Stein starke Wand	5,00

Bem.: Thürdübel sollen nur in Wänden von $1^1/_2$ Stein Stärke und darüber angewendet werden, wenn es sich nicht um Räume handelt, bei denen auf eine lebhafte Benutzung der Thüren gerechnet werden muß. Für Thüröffnungen in Wänden von 1 Stein Stärke und darunter sind stets Bohlenzargen, für solche in Wänden von $1^1/_2$ Stein und darüber aber in der Regel Kreuzholzzargen vorzusehen.

1 Stufe einfacher eingelochter in allen sichtbaren Flächen gehobelter Treppe, Wangen 6,5 cm, Trittstufen 5 cm, Setzstufen 2,5 cm, bei 1 m Breite.	12,00
1 Stufe aufgesattelter Treppe desgl.	14,00

Vorhalten der Geräthe und Rüstungen 5 % vom Arbeitslohn.

Tagelohn für 10 Arbeitsstunden: Polier 7,5—10 M.; Geselle 5,00 bis 6,00 M.; Bursche 2,5—3,00 M.; Arbeiter 3,50.

c. Steinmetzarbeiten.

Aus Sandstein:

	M.
1 lfd. m Treppenstufe zweiseitig charrirt im Uebrigen gespitzt .	3,00—6,00
1 lfd. m desgl. ringsum charrirt	4,50—7,00
1 lfd. m Auflagerfalz als Zulage	0,50—0,70
Rohe Bindersteine 0,60 m lang, 30/30 cm stark	0,50
Bearbeitete desgl.	1,00

Aus Granit:

1 lfd. m Treppenstufe zweiseitig gestockt	4,50—8,50
1 lfd. m Geschlinge zu Einfassungen auf Senkgruben, Brunnen u. s. w. mit Falz zur Aufnahme von hölzernen Belägen . . .	6,00—10,00

	ℳ
Granitsäulen, quadratisch gespalten, 18—20 cm im Geviert zu Schranken und Zäunen	
1,60 m lang	2,00
2,00 m „	2,50
2,50 m „	3,50
Ein Bohrloch von 20—25 mm Weite in die Säulen zu arbeiten	0,25
Eine Granitsäule (Zaunsäule) wie vor 2,80 m lang, 20—23 cm stark mit 2 eingestemmten Riegellöchern und 2 eingegypsten Riegelhaltern	6,00 – 7,00

(Vorstehende Preise gelten frei Bahnwagen der dem Bruche zunächst gelegenen Bahnstation.)

d. Brunnenarbeiten.

	Berlin ℳ
1 stgd. m Brunnenkessel aufzumauern und bis aufs Wasser zu senken, für den qm Grundfläche	10,00
1 stgd. cm desgl. vom Wasserspiegel bis 6 m darunter.	12,00—15,00
Ein Brunnenkranz 1 m im Lichten weit aus doppelten 5 cm starken kiefernen Bohlen mit kräftiger Schneidekante aus kiefernem Holze, gehörig verbolzt	20,00—25,00
Ein desgl. für einen 5 m weiten Brunnen, 24 cm stark und 30 cm breit aus Kiefernholz	100,00
Die eiserne Schneidekante und Verbolzung dazu	250,00
Ein lfd. m kiefernes Brunnenrohr 30 cm im Durchmesser, oberhalb der Erde sauber gehobelt und gekehlt und mit gedrehtem Kopf versehen.	5,00—6,00
Ein lfd. m Brunnenrohr innerhalb des Brunnens	3,50 – 4,00
Eine eiserne 16 cm weite Rohrbuchse zum Verbinden der hölzernen Röhren, etwa 5 kg schwer	3,50
Ein eiserner Schwengel mit Stütze oder Klaue, eiserner Zugstange, Ringen, Bolzen, Splinten, Schrauben und gebogenem Ausguß, etwa 40 kg schwer	28,00
Ein Kolben mit Ventil und Bügel einschl. der Belederung	10,00
Ein kupfernes, innen geschliffenes Stiefelrohr 0,52 m lang, 0,12 m im Durchmesser, 2 mm Wandstärke	12—15
Für Einbohren und Anbringen des Eisenzeugs, Zusammenpassen der Röhren, sowie Aufstellen und Gangbarmachen der Pumpe	20—25

Tagelohn für 10 Arbeitsstunden: Brunnenbauer 6,00—8,00 M.; Gehülfen 5,00—6,00 M.

	Berlin ℳ
Ein Kilogramm gutes Leder zur Belederung der Kolben und Ventile	2,50—3,00
Zum Klären des Brunnenwassers verwendet man Holzkohle und Steinsalz und kosten	
100 kg Holzkohle	5,00—6,00
100 kg Steinsalz	18,00—20,00

e. Dachdeckerarbeiten incl. Material.

1 qm Strohdach	2,00
1 qm Rohrdach	2,20
1 qm Spließdach	3,10
1 qm Doppeldach	4,25
1 qm Kronendach	4,00
1 qm Falzziegeldach	4,50
1 qm Schieferdach	4,00—4,50

In Deutschland sind vom Dachschiefer folgende rechteckige Tafelgrößen üblich:

Maaße in mm	Ueberdeckung	10 qm erfordern		1000 Stück			
				decken qm		wiegen kg	kosten in Lehesten, Herzogthum Sachsen Meiningen
		einfach	doppelt	einfach	doppelt		
610 × 356	7	65	105	154,11	95,94	3650	258 Mark
610 × 305	7	79	122	126,70	82,24	2800	212 "
559 × 305	7	88	135	114,77	74,49	2600	191 "
559 × 279	7	98	147	102,35	68,29	2400	171 "
508 × 254	7	125	180	80,59	55,63	1900	135 "
457 × 254	7	141	204	71,24	49,17	1600	119 "
406 × 254	7	162	234	61,90	42,72	1400	106 "
457 × 229	7	163	226	61,41	44,26	1450	104 "
406 × 229	7	188	260	53,35	38,45	1450	92 "
406 × 203	7	224	293	44,81	34,18	1000	77 "

Schieferdächer sind stets auf einer aus schmalen Brettern hergestellten Schaalung einzudecken. Es empfiehlt sich auch, um das Durchdringen von Schnee, Staub und Ruß zu verhüten, auf die Schaalung zunächst eine Lage Dachpappe aufzubringen.

Zur Befestigung des Schiefers sind Kupfernägel oder auch gut verzinkte oder verkupferte Eisennägel zu verwenden. Englischer Schiefer ist etwa 30 % leichter als deutscher.

	Berlin ℳ
1 qm Steinpappdach, einfach	1,00
1 qm Doppeldach aus Steinpappe	1,50

	Berlin ℳ
1 qm einfaches Holzcementdach (4 Lagen Papier) mit Trauf- und Giebelkanten und Kiesleisten aus Zinkblech No. 14, sowie Umdeckung der Schornsteine und Aussteigeluken mit Zinkblech derselben Stärke (ohne Abzug der Schornsteine und Luken)	2,50
1 qm Holzcementdach als Doppeldach (eine Lage Dachpappe und 3 Lagen Papier), sonst wie vor	3,00

f. Klempnerarbeiten einschl. Material.*)

1 qm Gesimsabdeckung mit Zink Nr. 12	5,50
1 lfd. m Dachrinne, 0,50 m breit, Zink Nr. 12	3,00
1 Rinneisen	0,50
1 m Abfallrohr 30 cm im Umfang, Zink Nr. 12	2,50
1 Schelleisen	0,50
1 qm Rauchmantel, Zink Nr. 12	6,00

g. Tischlerarbeiten einschl. Material.

1 qm einfl. Fenster, 3,5 cm stark	9,00
1 qm zweifl. und mehrflüglige Fenster, 4 cm stark	10,00
1 qm desgl. 5 cm stark	13,00
1 qm Latteibrett bezw. Fensterbrett mit eingeschobenen Gratleisten (3,5 cm)	7,50
1 qm glatter Fensterladen, 2,5 cm stark mit Hirnleisten	7,00
1 qm einfache jalousieartige Thür mit Futterrahmen	12,00
1 qm Kreuzthür, 3,5 cm stark	8,00
1 qm Sechsfüllungsthür, 4 cm stark	9,00
1 qm Flügelthür, 4 cm stark	11,00
1 qm zweiflüglige Hausthür	16,00
1 m gewöhnlichen Futterrahmen	1,00
1 qm gestemmtes Futter	7,00
1 qm gekehlte Bekleidung, 2,5 cm stark	0,75
1 qm Wandbekleidung in Füllungen, 2,5 cm stark	10,00

Bem. An äußeren Thüren und Fenstern sind angeleimte oder angeschraubte Sockel, Capitäle u. dergl aus Holz oder Zink möglichst zu vermeiden; auch müssen die Wasserschenkel der äußeren Fenster mit dem unteren Rahmstück stets aus einem Stück bestehen.

*) Eingehende Bestimmungen und Vorschriften über Dachrinnen siehe: „Fortschritte des Eisenbahnwesens" Seite 127 Verlag von J F Bergmann, Wiesbaden

h. Schlosserarbeiten einschl. Material.

	Berlin ℳ
1 einfl. Fenster mit 2 Aufsatzbändern, 2 Vorreibern, 4 Ecken, 1 Aufziehknopf	2,00
1 zweifl. desgl. mit 2 Vorreibern, 4 Aufsatzbändern, 8 Ecken, 2 Knöpfen	4,00
1 zweifl. desgl. mit Basculverschluß oder Espagnoletteverschluß	5,00
2 vierfl. mit Vorreiberverschluß	5,50
1 vierfl. unten Bascul, oben Vorreiber	10,00
1 Thür mit Bändern, Ueberwurf und Krampe	3,00
1 desgl. mit Aufsatzbändern und Riegelschloß	5,00
1 desgl. mit eingestecktem oder Kastenschloß	8,00
1 desgl. mit Messingdrückern und Schildern	9,50
1 Flügelthür desgl.	16,00
1 zweifl. Hausthür desgl.	40,00

i. Glaserarbeiten einschl. Material.

1 qm halbweißes Glas $^{4}/_{4}$ = 3,00 ℳ;	$^{6}/_{4}$ = 4,00
1 qm weißes rheinisches Tafelglas, $^{4}/_{4}$ stark, je nach der Größe	3—8,00
1 qm mattes Glas, Zuschlag pro Quadratmeter	1,50
1 qm Rohgußglas von 8—14 mm Stärke zur Eindeckung von Oberlichtern, Bahnsteighallen 2c.	10—17,50
1 qm Drahtglas, 7—35 mm stark	8,5—35,00

k. Malerarbeiten einschl. Material.

1 qm Holzfläche verkitten und dreimal mit Oelfarbe streichen	0,70
1 qm desgl. weiß	0,80
1 qm desgl. und 2 mal lackiren	1,40
1 qm holzartig streichen und lackiren	1,50
1 qm Fenster außen holzartig, innen weiß streichen und lackiren	1,50
1 qm Wandputz ölen und 3 mal mit Oelfarbe streichen	1,25
1 qm Wandputz 2 mal mit Kalkfarbe streichen	0,20
1 qm Wand seifen und mit Leimfarbe streichen	0,25

l. Tapeziererarbeiten.

1 Stück Tapete auf die Wand kleben, Wand zu leimen und Bandstreifen zu befestigen	0,60
1 desgl. auf Maculatur	1,00
1 desgl. und die Maculatur mit Bimstein abzureiben	1,10
1 m Borte oder Friese kleben	0,03

m. Töpferarbeiten incl. Material.

1 bunter Ofen, $2^{1}/_{2}$ und $3^{1}/_{2}$ Kacheln, 9 Schichten hoch	100
1 halbweißer desgl.	120

	Berlin M.
1 feiner weißer desgl.	130
1 Kochherd von bunten Kacheln nebst Bratofen	120

Bem. Unter Oefen und Kochmaschinen dürfen die Dielenbeläge nicht durchgeführt werden, vielmehr sind für dieselben besondere von der Dielung unabhängige Unterbauten zu schaffen. Sofern die bezügliche baupolizeilichen Bestimmungen nicht anderes vorschreiben, müssen zu dem Zwecke in Räumen mit Balkenlagen auf oder zwischen den Balken hinlänglich starke Ausbohlungen angebracht werden, während in unterwölbten oder solchen Räumen, unter denen sich feuerfeste Decken oder der Erdboden selbst befindet, besondere Fundamente aufzumauern sind. Kachelöfen oder Kochmaschinen aus Kacheln werden auf den Unterbauten — und zwar in gedielten Räumen unter Anwendung eines hölzernen Rahmens, gegen den der später zu verlegende Fußboden stößt — unmittelbar aufgebaut. Für eiserne Oefen und Kochmaschinen sind dagegen auf den Ausbohlungen u. s. w. zunächst große Steinplatten oder Fliesen — in Räumen mit Balkenlagen unter Einbringung eines entsprechend starken Lehmschlages über den Balken u. s. w. — zu verlegen und auf diese dann die Oefen 2c. zu setzen. Eine Bekleidung der unter den Oefen befindlichen Holztheile mit Blech genügt in keinem Falle.

n. Steinsetzerarbeiten.

	Berlin M
1 qm Feldsteinpflaster umzupflastern	0,75
1 qm Kopfsteinpflaster desgl.	1,00
1 qm Pflaster von runden Feldsteinen einschl. Material zu fertigen .	2,00
1 qm desgl. von geschlagenen Feldsteinen	3,75
1 qm desgl. von Quadratsteinen	8,00

1 cbm Pflastersteine giebt 5—6 qm Pflaster.

1 cbm Pflastersteine wiegt etwa 1800 kg.

o. Asphaltarbeiten incl. Material.

1 qm Isolirschicht 1 cm stark von gegossenem Asphalt	1,50
1 qm Isolirschicht aus doppelten Isolirplatten	1,5—2,0
1 qm desgl. für Brückenabdeckungen aus doppelten Isolirfilzplatten und Asphaltüberguß	3,00—3,50
1 qm Pflaster 2,0 cm stark zu belegen	2,75
1 qm desgl. 2,5 cm	3,50

Bem. Isolirschichten zur Abhaltung der aufsteigenden Erdfeuchtigkeit sind in der Regel in einer Stärke von 1 cm und, wenn irgend thunlich, aus Gußasphalt zur Ausführung zu bringen. Fußbodenbeläge aus Asphalt sollen 1,5—2 cm stark angefertigt werden. Als Unterlage für den Asphalt empfiehlt sich entweder hochkantiges Ziegelpflaster oder eine Betonschicht von nicht unter 10 cm Stärke.

p. Gas- und Wasserleitungsanlagen.

1 lfd. m gußeiserne Gasrohrleitung einschl. der Façonstücke und des Dichtungsmaterials zu liefern und zu verlegen, jedoch ausschließl. der Erdarbeiten.

Durchmesser der Rohre in Millimeter

	40	50	65	80	105	130	155	210	265
Preis in Mark	5,00	5,50	6,10	6,75	9,50	11,60	13,80	20,50	26,00

1 lfd. m Rohrgraben bis 1,3 m tief auszuheben, wieder zuzuwerfen und festzustampfen (ohne Pflasterarbeit) je nach Beschaffenheit des Bodens 0,60—2,00

1 lfd. m schmiedeeiserne Gasrohrleitung einschl. der Façonstücke zu liefern, zu legen und zu befestigen:

Durchmesser in Millimeter

	6	9	13	16	19	25	31	38	50	75
Preis in Mark	0,90	1,05	1,25	1,30	1,50	1,90	2,35	3,00	3,80	4,50

1 lfd. m Bleizufluß-Wasserleitung zu liefern, zu verlegen und anzubringen einschl. des Dichtungsmaterials und der Façonstücke:

Durchmesser in Millimeter

	13	19	25	31	38	50 mm
Preis in Mark	1,75	2,60	3,50	4,50	6,00	7,00 ℳ

1 lfd. m Bleiabflußrohr wie vor:

38	50	63	100 mm
2,00	2,50	3,25	6,00 ℳ

1 lfd. m gußeisernes Zuflußrohr wie vor, ausschl. Erdarbeit:

38	50	63	75	100 mm
2,55	3,25	4,25	5,50	7,50 ℳ

1 lfd. m gußeisernes Abflußrohr wie vor:

63	100	125	150	200 mm
2,60	3,50	4,25	5,25	7,50 ℳ

1 m Thonrohrleitung aus innen und außen glasirten Muffenröhren zu liefern und zu verlegen ausschl. Erdarbeit.

100	125	150	200	225	250	300 mm
2,50	2,70	3,00	3,70	4,00	4,50	5,50 ℳ

	Berlin ℳ
1 kg grades Gußrohr	0,20
1 kg gußeisernes Façonrohr	0,25
1 kg desgl. mit abgedrehten Flantschen	0,30
1 kg innen verzinktes Bleizuflußrohr	0,45
1 kg Bleiabflußrohr	0,40
1 kg Theerstricke	0,60
1 kg Weißstricke	0,80
1 kg Muldenblei	0,40—0,50
1 gußeiserner Gascandelaber zu Straßenlaternen	20,00
1 Erdbock dazu	10,00
1 Satz Fußschrauben dazu	1,25
1 Laterne ausschl. der Verglasung	17,50
1 Laternenbügel mit Befestigungsschraube	2,50
1 gußeiserner Laternenarm	4,00—7,50

Alphabetisches Inhaltsverzeichniß des ersten Theiles.

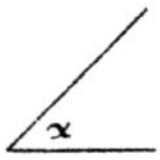

1.

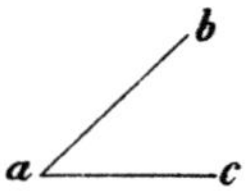

2.

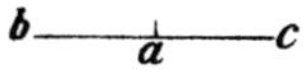

3.

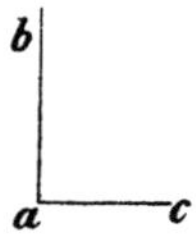

4

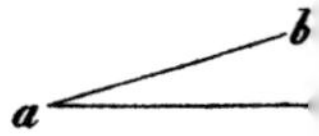

5.

13.

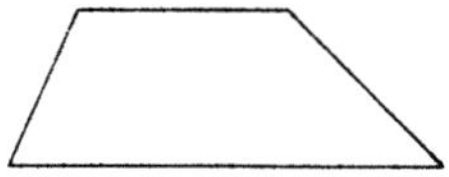

14.

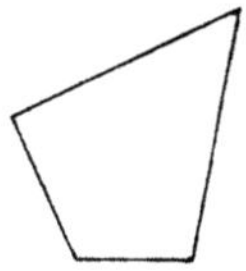

15.

16.

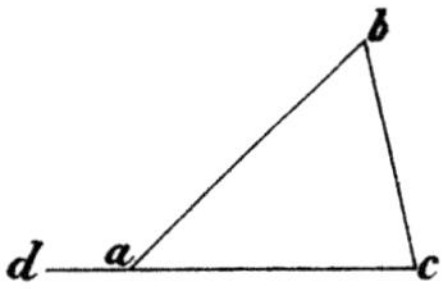

24.

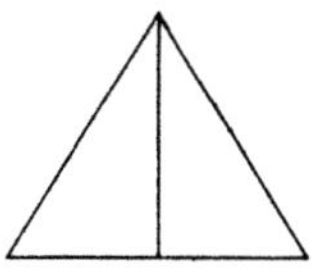

25.

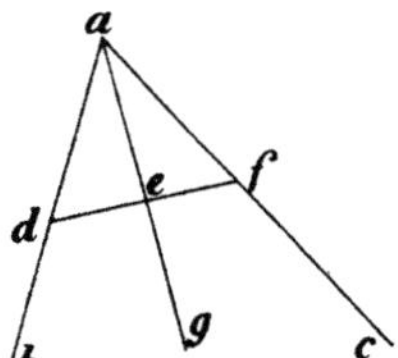

26.

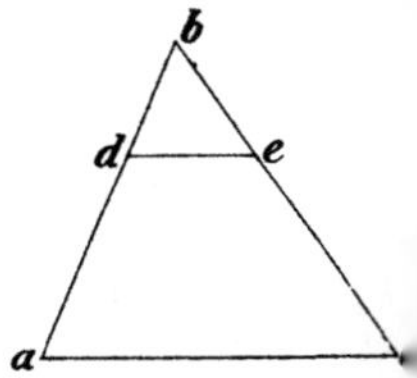

27.

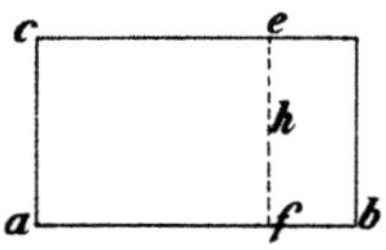

34.

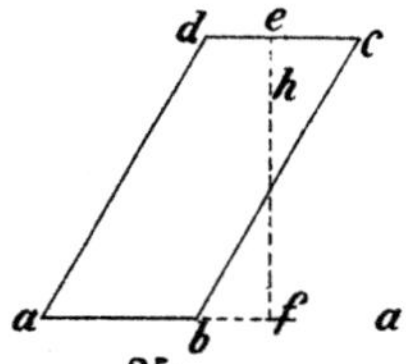

35.

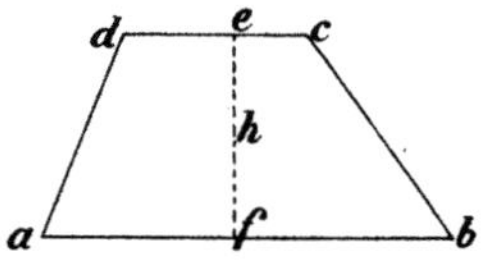

36.

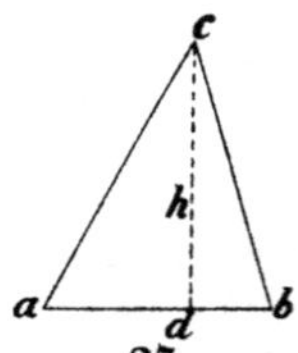

37.

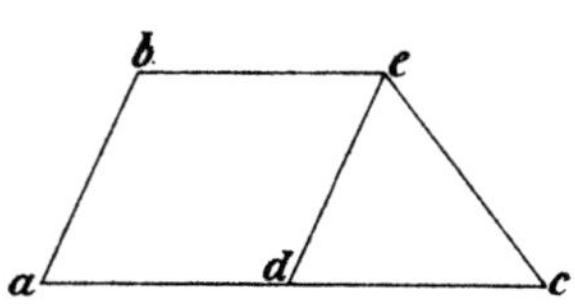

46.

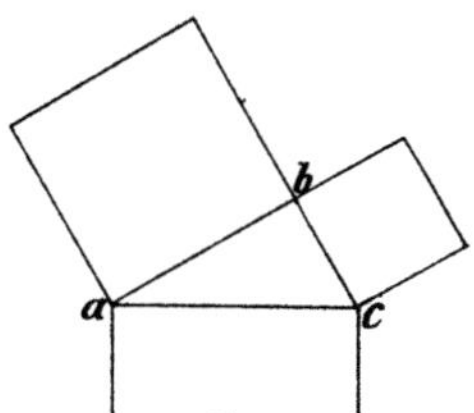

47.

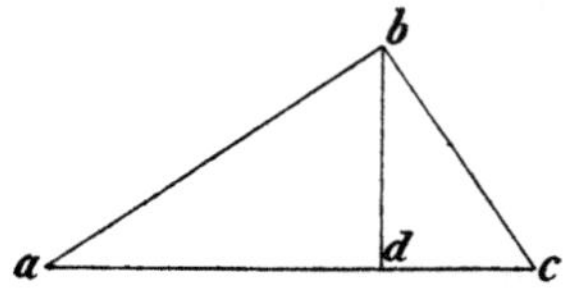

48.

Lith. Anstalt v. F. Wirtz, Darmstadt.

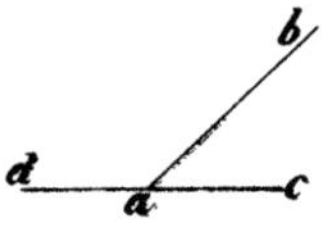

7.

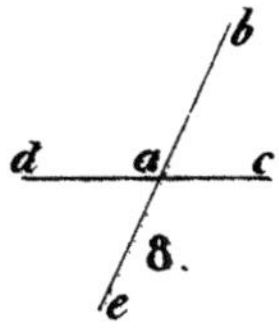

8.

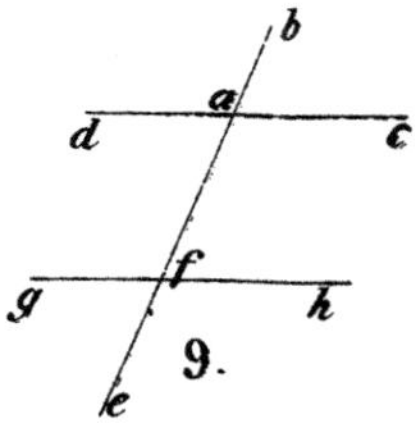

9.

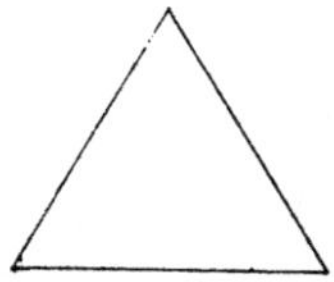

10.

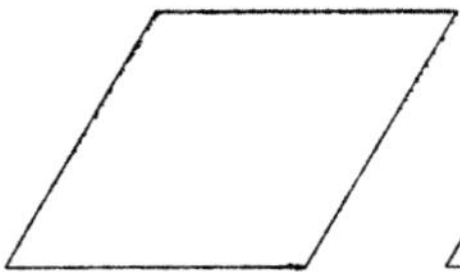

18.

19.

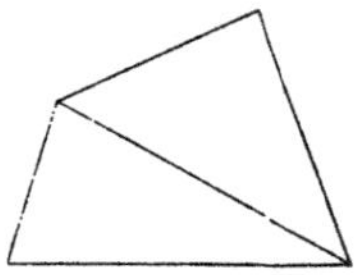

20.

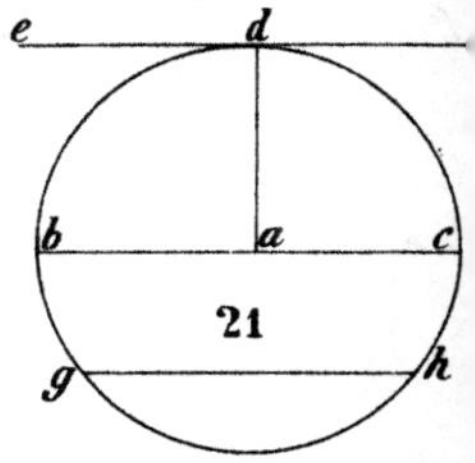

21

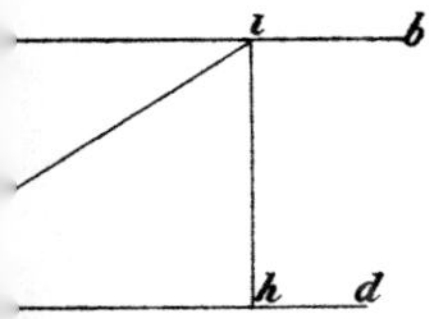

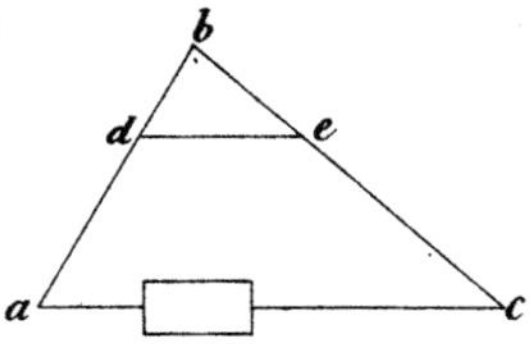

29.

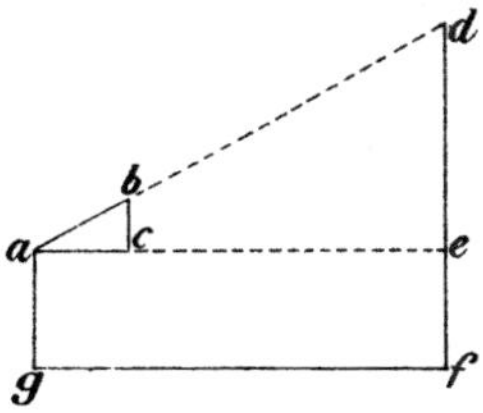

30.

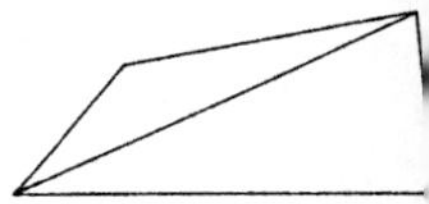

31.

39.

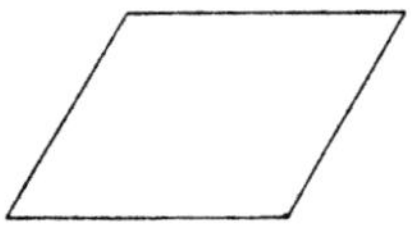

40

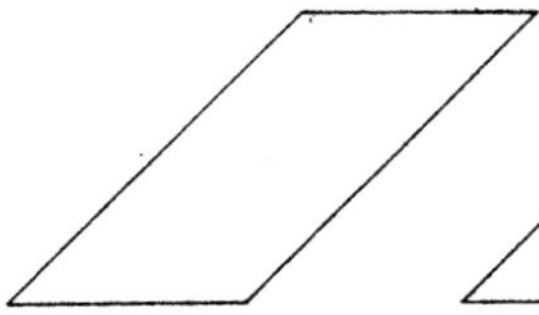

41.

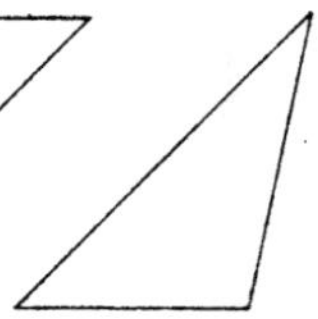

42.

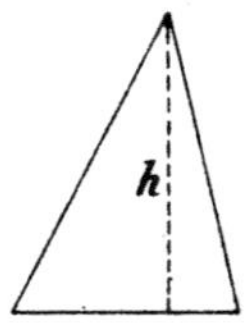

43.

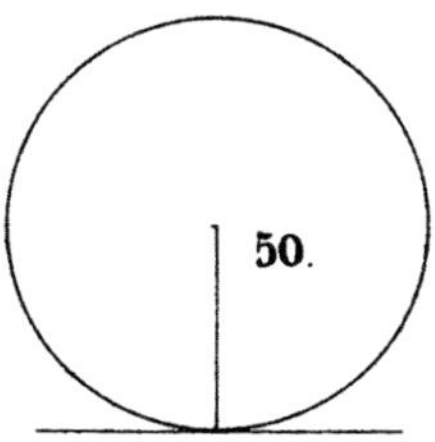

50.

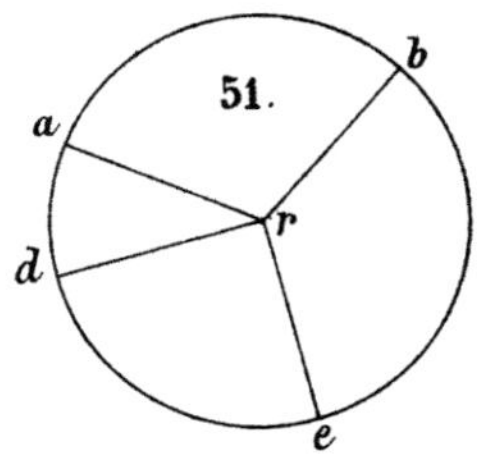

51.

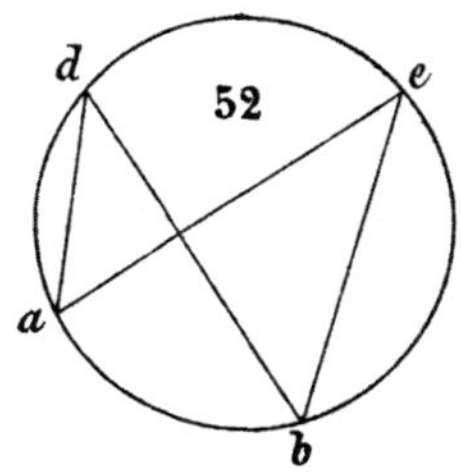

52

11.

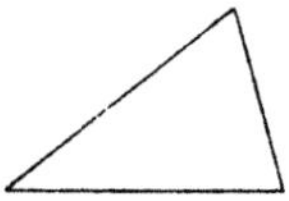

12.

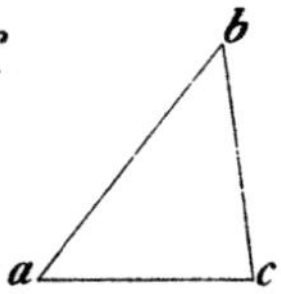

22

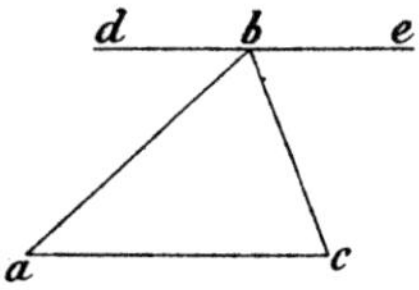

23.

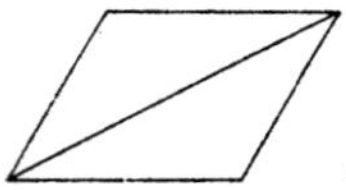

32.

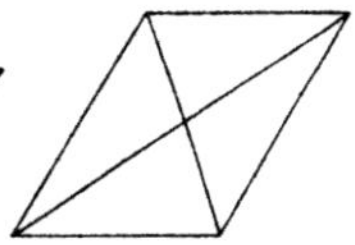

33.

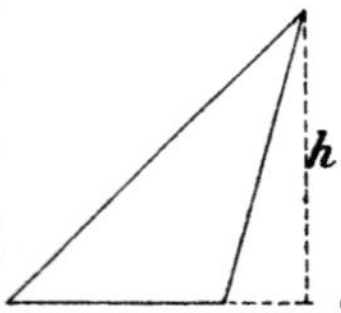

44.

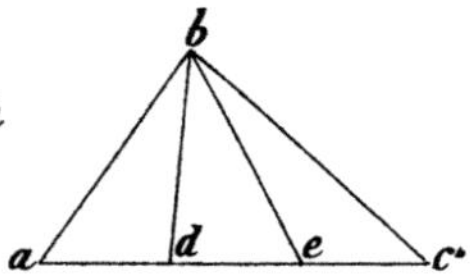

45.

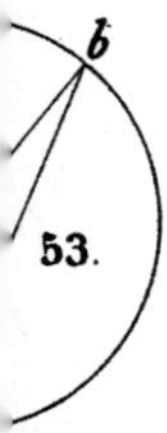

53.

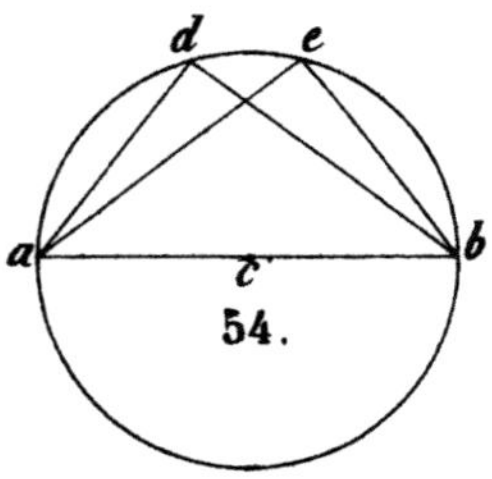

54.

Verlag v. J.F. Bergmann, Wiesbaden.

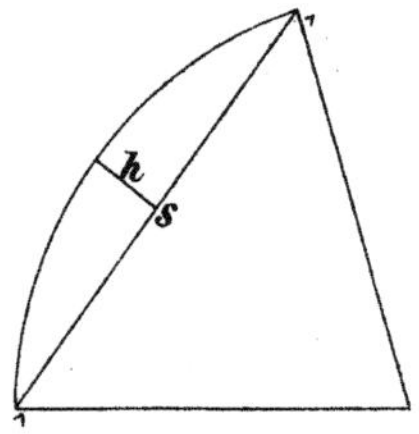

55.

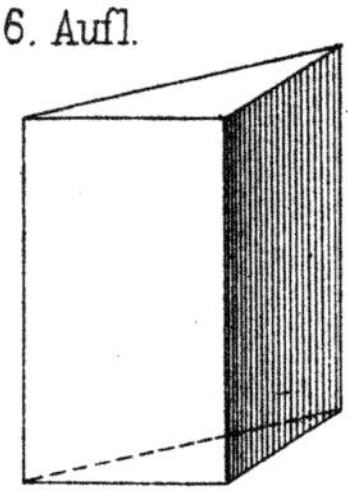

56.

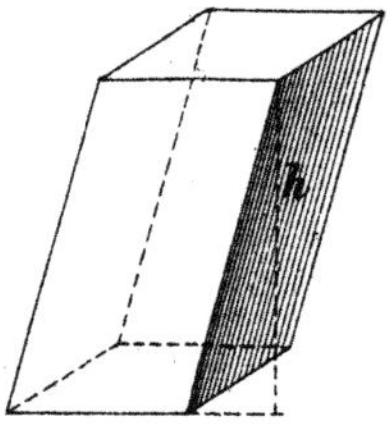

57.

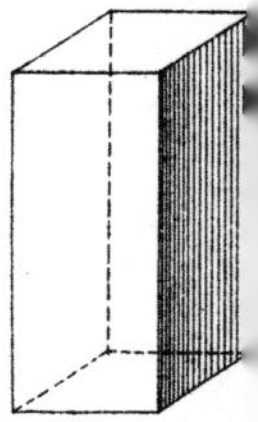

58.

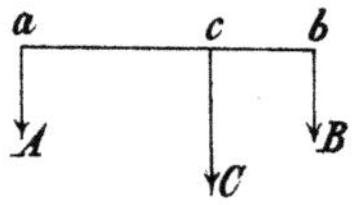

65.

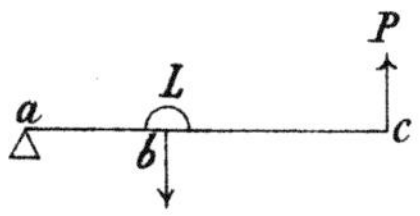

66.

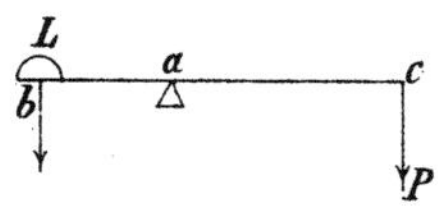

67.

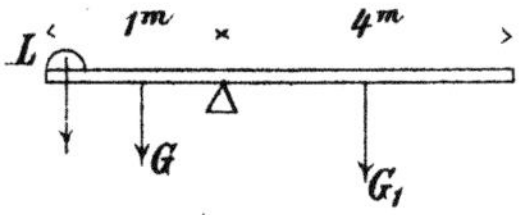

71.

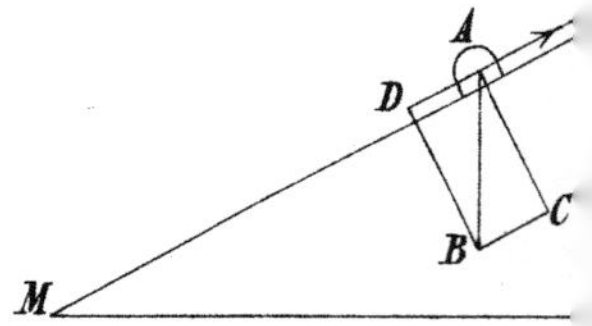

74.

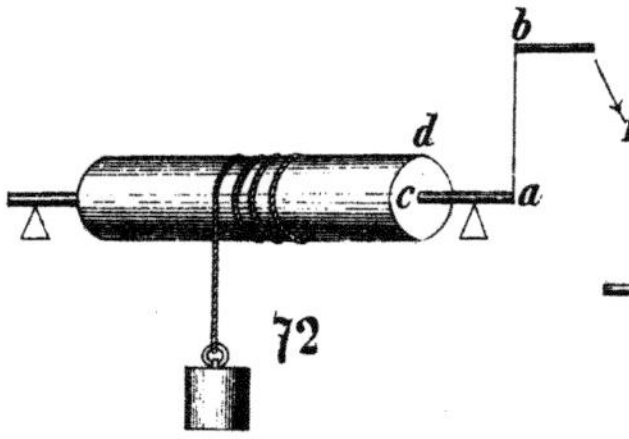

72

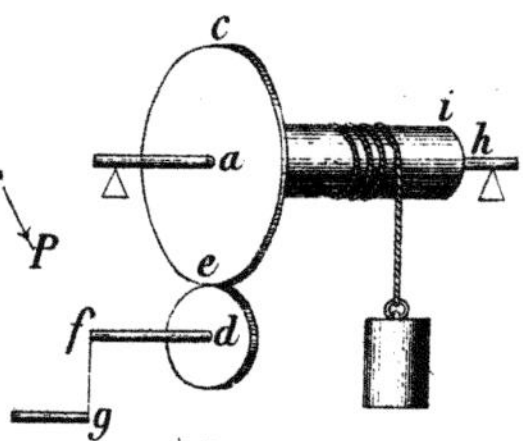

73.

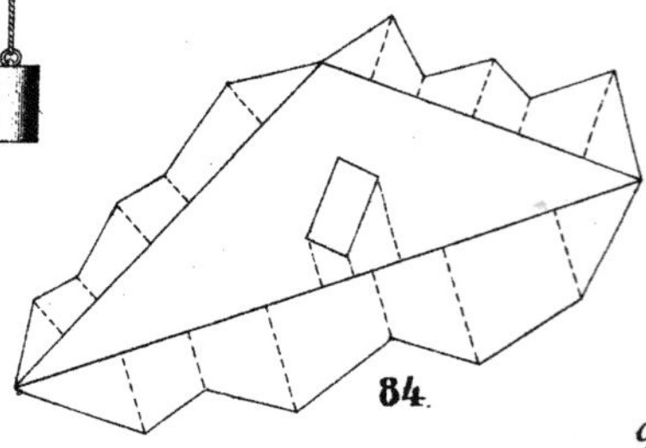

84.

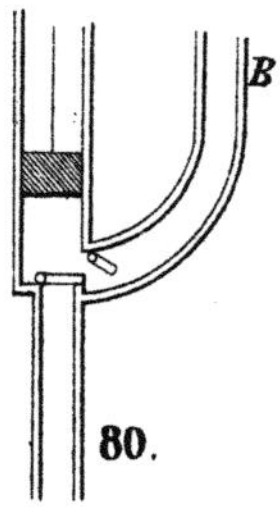

80.

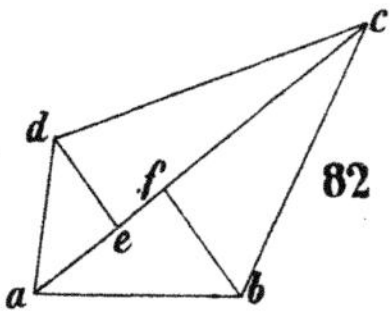

82

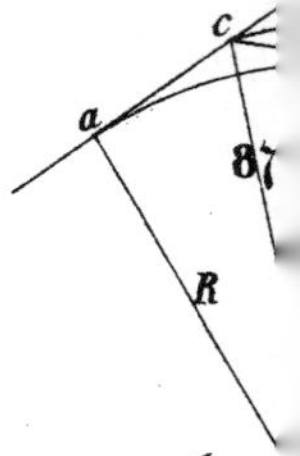

87

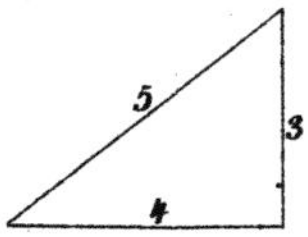

85.

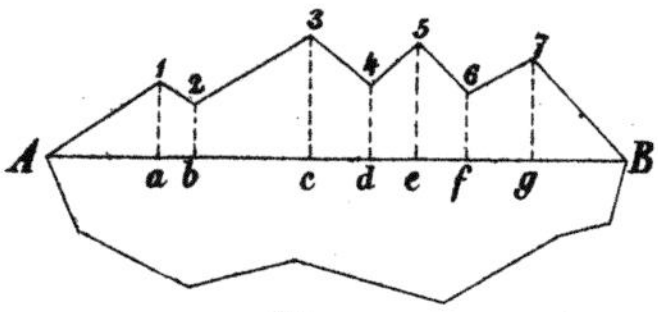

83.

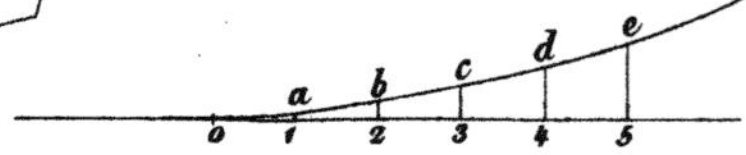

86.

Lith. Anstalt v. F. Wirtz, Darmstadt.

9.

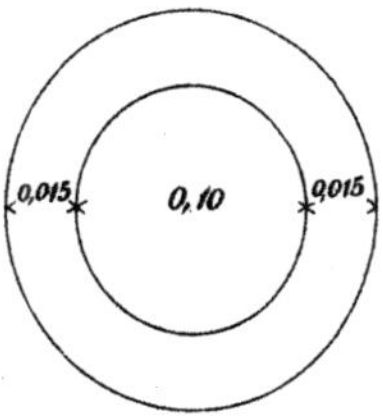

60.

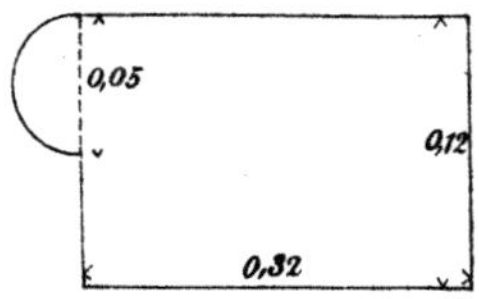

61.

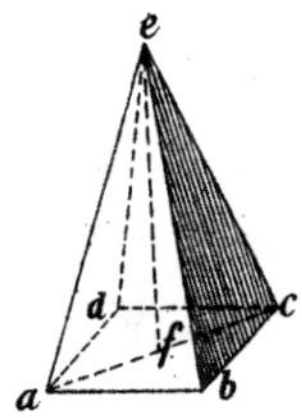

62.

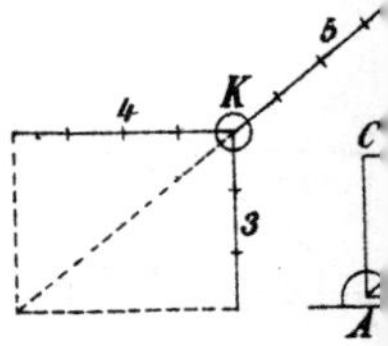

62 a

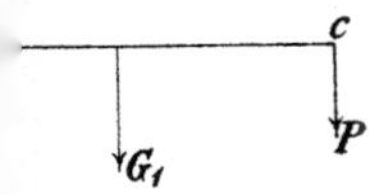

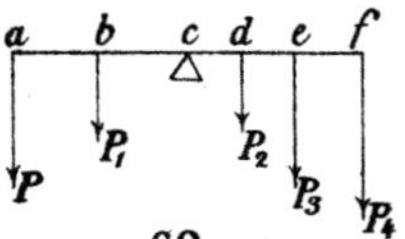

69

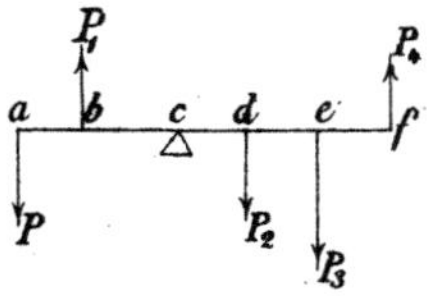

70.

93.

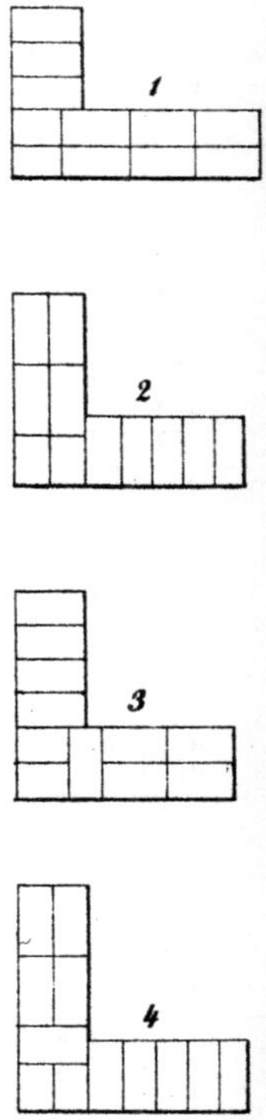

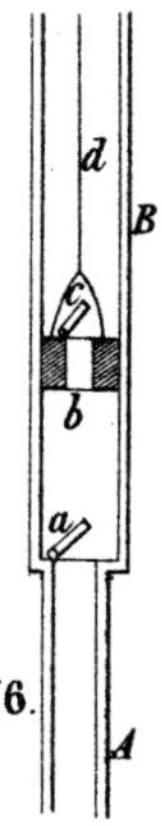

76.

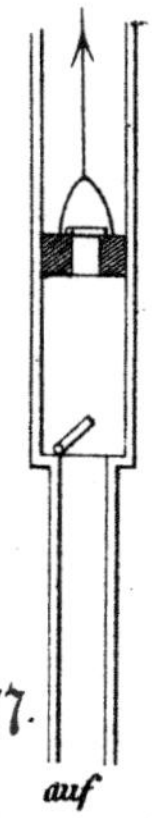

77.

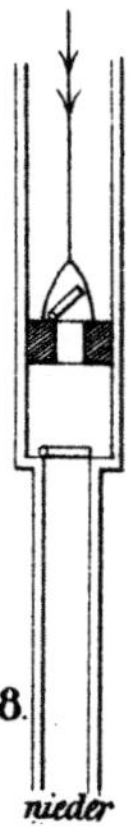

78.

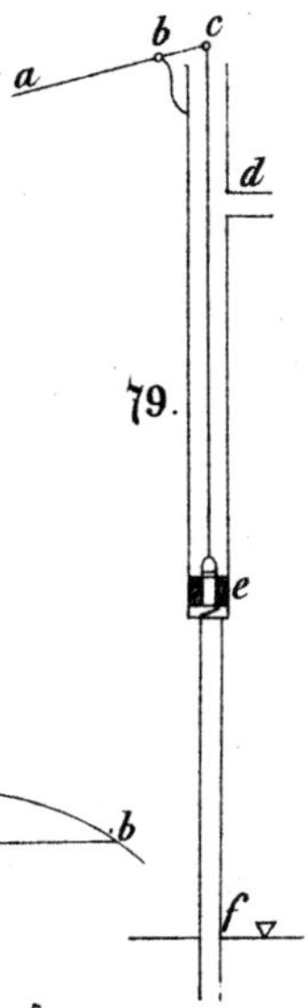

79.

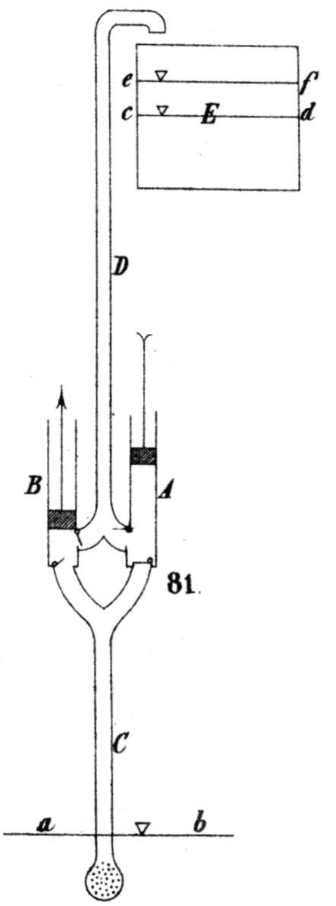

81.

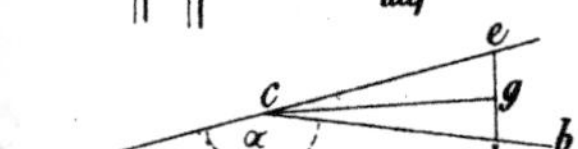

88.

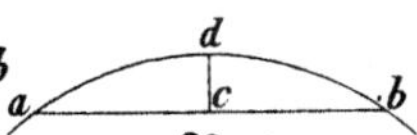

90.

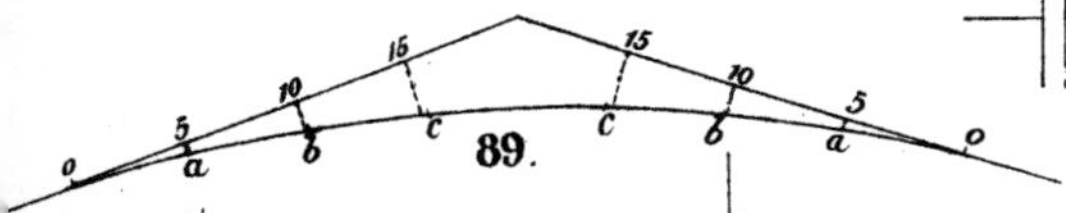

89.

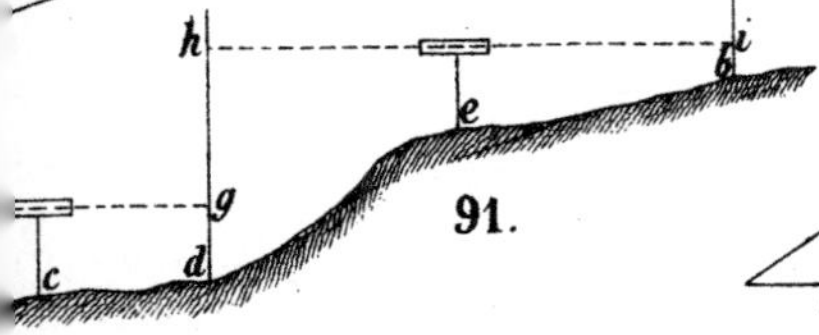

91.

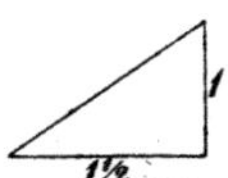

92.

96.

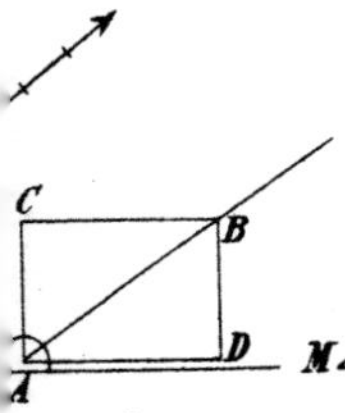

63.

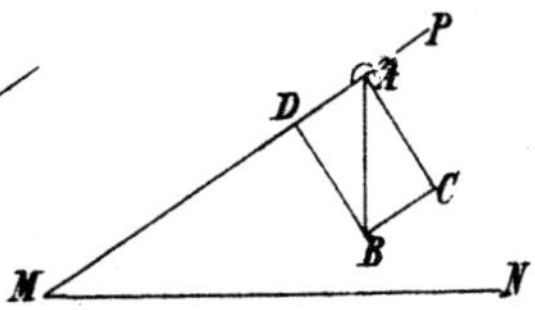

64.

94.

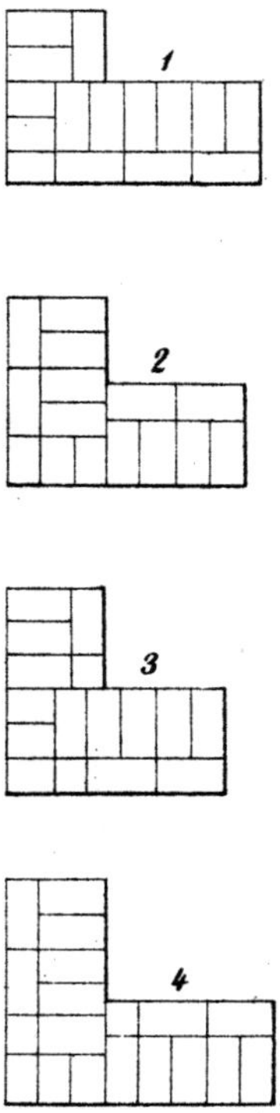

95

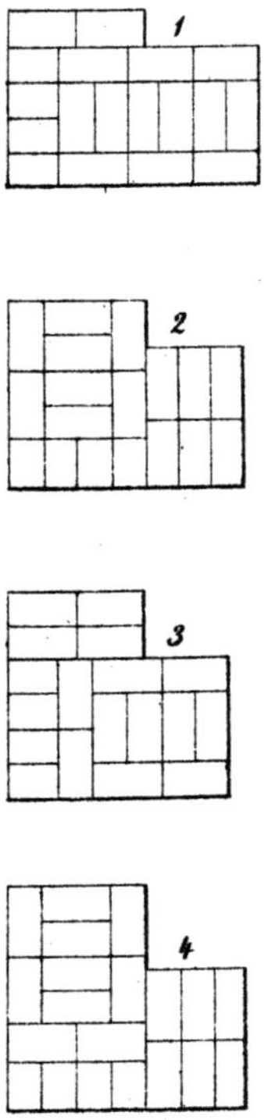

97.

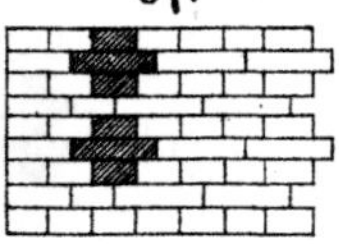

98.

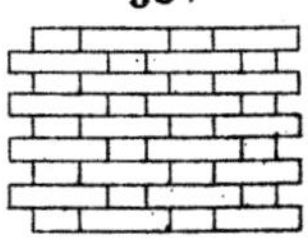

Verlag v. J.F. Bergmann, Wiesbaden.

Das

Eisenbahn-Bauwesen

für

Bahnmeister und Bauaufseher

als Anleitung für den praktischen Dienst
und zur Vorbereitung für das Bahnmeister-Examen

gemeinfaßlich dargestellt

von

weil. **A. J. Susemihl,**

Großherzoglich Mecklenburg-Schwerin'schem Baumeister,
Vorsteher der Hinterpommerschen Eisenbahn-Bauinspection zu Stargard.

Sechste umgearbeitete und erweiterte Auflage.

Nach des Verfassers Tode weiter bearbeitet und herausgegeben

von

Ernst Schubert,

Königlich Preußischem Eisenbahn-Direktor

Zweite Abtheilung.

Eisenbahnbau und Bahnerhaltung.

Mit 284 Holzschnitten und 5 lithographirten Tafeln

Wiesbaden.

Verlag von J. F. Bergmann.

1899.

ISBN 978-3-642-50548-5 ISBN 978-3-642-50858-5 (eBook)
DOI 10.1007/978-3-642-50858-5

Softcover reprint of the hardcover 6th edition 1899

Inhaltsverzeichniß der zweiten Abtheilung.

Seite

I. Geschichte der Eisenbahnen.

§ 1. Versteht man unter Eisenbahn eine Straße, auf welcher Fuhrwerke nicht beliebig, sondern nur auf fest bestimmten Spuren verkehren können, welche besonders hierfür vorgerichtet, glatt bearbeitet, mit Eisen belegt oder ganz aus Eisen hergestellt sind, so reicht die Erfindung der Eisenbahnen bis in das siebenzehnte Jahrhundert zurück.

In den Bergwerken des Harzes sowohl, wie in denen Englands hatte man seit sehr alten Zeiten Bohlen- oder Holzbahnen im Gebrauch, auf denen die kleinen Erzkarren — Hunde genannt — fortbewegt wurden; doch sollen die Engländer die ersten gewesen sein, welche im Jahre 1650 diese Spurwege an denjenigen Stellen, welche am meisten der Abnutzung ausgesetzt waren, mit Stücken von Schmiedeeisen benagelten. Diese Spurwege bestanden aus hölzernen Langschwellen, welche 0,15 cm breit, 0,12 cm dick, sorgfältig gesägt, fest in Asche oder Kies gelagert waren und in Entfernungen von 1,20 m auf Querhölzern ruhten, auf denen sie mit Holzdübeln befestigt waren. (Abb. 1.) Da man jedoch bald einsah, daß

Abb. 1.

die Langschwellen, auf welchen die Räder der Wagen rollten, in Folge der ungünstigen Inanspruchnahme (Fahrt mit der Faserrichtung) sehr rasch abgenutzt wurden, so nagelte man schwächere Bohlen auf die Schwellen und wechselte später nur die Bohlen aus, ohne die Unterlage selbst zu erneuern. Bei starken Steigungen, oder wo es sonst nöthig erschien, wurde die Spur mit Eisen benagelt.

Hiernach gehören die altesten Bahnen dem System des Langschwellen-Oberbaues an

So nahe es nun auch lag, diese Bauart durch Verwendung des dauerhafteren Eisens weiter zu entwickeln, so währte es doch ein ganzes Jahrhundert, ehe es durch Zufall gelang, die bedeutenden Vortheile der ganz eisernen Spur zur vollen Geltung zu bringen.

Mr. Reynolds, der Mitbesitzer der Colebrook-Dale-Eisenwerke, machte im Jahre 1767, als die Hüttenwerke ohnehin keinen Absatz für ihr Roheisen hatten, den Vorschlag, starke muldenartige Eisenplatten zu gießen und dieselben einstweilen an die Stellen der, der stetigen Zerstorung ausgesetzten, hölzernen Langschwellen in die Spurbahnen zu legen. Die ersten solcher Platten wurden am 18. October 1767 gegossen, und noch in demselben Jahre ein großer Theil derselben verlegt. Da sich diese neue Bahn, trotz ihres gegen die Beschaffungskosten der Holzschwellen hohen Preises, äußerst vortheilhaft erwies, so fand dieses System sehr rasch weitere Verbreitung. Im Jahre 1803 wurde die Form dieser Colebrook-Dale-Platten durch Herstellung einer Schiene in Kastenform, welche unmittelbar auf den Boden in die Straßenbahn-Oberfläche gelegt wurde, verbessert, jedoch war die Spur an sich dabei noch nicht genau vorgezeichnet, da die Seiten-Wandungen des ⊓förmigen Eisens nach unten gelegt waren, auch die Räder der Fahrzeuge keine Flantschen hatten.

Gußeiserne Schienen, welche die Fuhrwerke zwangen, genau die vorgeschriebene Bahn zu befolgen, führte Benj. Curr im Jahre 1776 bei der Bahn der Sheffielder Kohlenwerke ein, und zwar hatten diese Schienen Ränder an den Außenseiten, so daß die Fuhrwerke die Bahn ohne Weiteres nicht verlassen konnten. Diese Räder standen bei richtig gelegtem Gleise 5′ englisch (das Maaß der englischen Wagenspur) von einander ab. Von dieser Anordnung und der Wahl dieses Maaßes rührt eigenthümlicher Weise unsere jetzige Spurweite her, da man die Abmessungen auch später auf die Schienen mit flachem Kopf übertrug und sonach das Lichtmaaß zwischen den Schienen zu 4′ $8^1/_2$″ englisch = 1,435 m erhielt.

Bis zum Jahre 1793 scheint Langschwellen-Oberbau nach dieser Anordnung, also eintheiliger eiserner Langschwellen-Oberbau, fast ausschließlich zur Anwendung gekommen zu sein. Um diese Zeit versah Ch. Outram die 3′ langen gegossenen Schienenstücke unten mit einer Rippe, gestaltete dieselben dadurch zu Trägern um und legte sie frei auf 3′ von einander entfernte Steinblöcke. In dieser Form und Anordnung fanden die Schienen in dem Jahre 1800 in Derbyshire und in größerer Ausdehnung auf den Bahnen der Schieferbrüche in Schottland Anwendung, wo in den folgenden Jahren etwa 70 km Bahnen hiernach gebaut wurden. Das Profil dieser Schiene und ihre Befestigung in der inzwischen von W. Losh und G. Stephenson 1816 verbesserten Gestalt ist aus den Abbildungen 2—4 zu ersehen. Die Schienen b, nach ihrer Form Fischbauchschienen genannt, wurden 4—5′ lang gegossen, und griffen die zusammengehörigen Stücke an den Enden, wo sie in gußeisernen Stühlen gelagert wurden, auf eine Lange von 70 mm mit halbem Blatt übereinander. Ein Bolzen verband dieselben untereinander und mit den gußeisernen Stühlen, welche auf den Steinunterlagen befestigt waren. So mangelhaft diese Anordnung bei stärkerem Betriebe sich erweisen mußte, und so sehr man auch bemüht war, die eintretenden Uebelstände zu beseitigen, so konnte doch erst eine epochemachende Erfindung auf dem Gebiete der Schmiedeeisen-Fabrikation, wie diejenige des Walzverfahrens, helfend eingreifen.

Abb. 2, 3 u. 4.

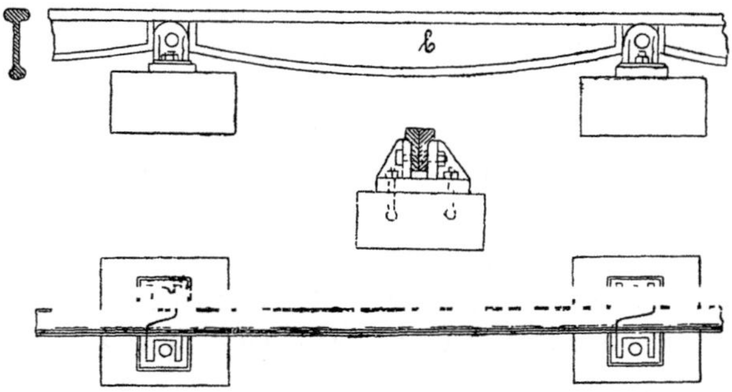

In den Jahren 1820—1830 wurden durch John Berkinshaw auf den Bedlington Eisenwerken bei Durham die ersten Schienen gewalzt. Dieselben hatten anfänglich den Querschnitt der Fischbauchschiene, jedoch verließ man bald diese schwierig herzustellende Form und wählte pilzförmigen Querschnitt (Abb. 5). Die Länge dieser Schiene betrug 15′, sodaß also gegenüber den seither verwendeten 5′ langen gußeisernen Schienen die Anzahl der Stöße sich auf ein Drittel verminderte. Auch diese Schienen wurden, wie die gußeisernen Fischbauchschienen, in gußeisernen Stuhlen auf Querschwellen oder Steinwürfeln verlegt, jedoch Schiene und Stuhl untereinander mittelst Holzkeile befestigt.

Abb. 5.

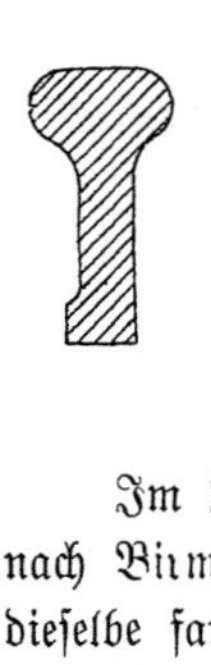

Abb. 6.

Abb. 7.

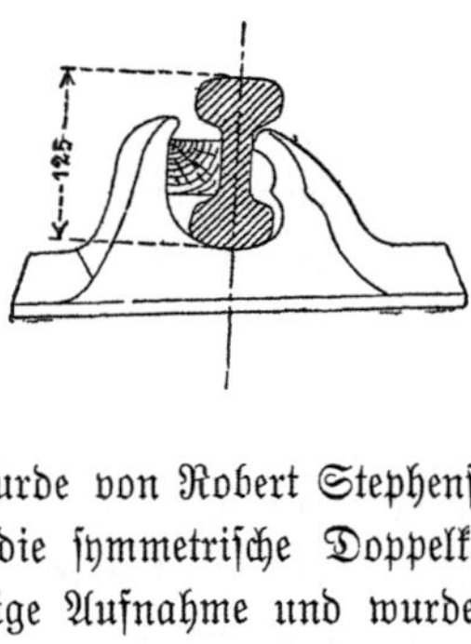

Abb. 8.

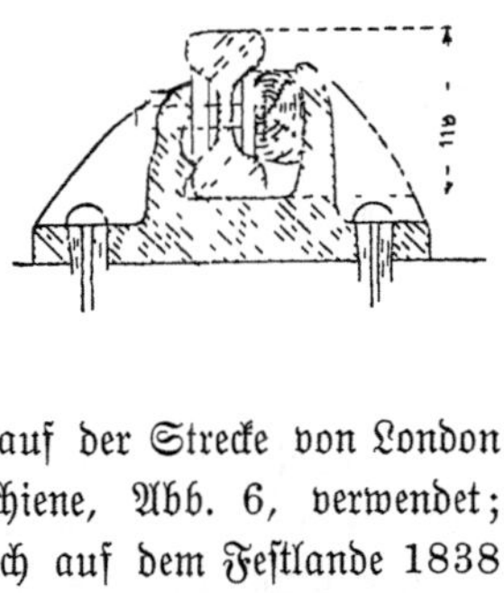

Im Jahre 1830 wurde von Robert Stephenson auf der Strecke von London nach Birmingham zuerst die symmetrische Doppelkopfschiene, Abb. 6, verwendet; dieselbe fand bald vielseitige Aufnahme und wurde auch auf dem Festlande 1838 auf der Taunusbahn verlegt. Mit dieser Schiene fand das System der Stuhlschiene rasch weiter Eingang. In gußeisernen, der Form der Schiene angepaßten Stühlen wurden die Schienen nach Abb. 7 und 8 mittelst Holzkeile oder auch durch Laschen und Bolzen festgehalten, die Stühle selbst auf unterliegenden hölzernen Querschwellen oder Steinen mit Nägeln oder Steinschrauben befestigt. Diese Anordnung hat sich bis auf den heutigen Tag weiter entwickelt*) und wird in England fast ausschließlich angewendet, während auf dem europäischen Festlande und in Amerika die Breitfußschiene sich einbürgerte. Die Form der Breitfußschiene wurde von dem amerikanischen Ingenieur Robert L. Stevens im Jahre 1830 ersonnen und im Jahre 1831 auf der Camdon- und Amboy-Bahn zuerst angewendet. Die Höhe dieser ersten Breitfußschiene betrug 87,5 mm, die Breite des Fußes 83 mm, die Stärke im Stege 12 mm und die Breite des Kopfes 55 mm. Das Gewicht derselben war etwa 19,6 kg auf den laufenden Meter. Das Profil dieser Schiene wurde später von Charles Vignoles (weshalb die Schiene nach ihm auch wohl Vignol-Schiene benannt wurde) nach Europa übertragen und hier besonders in Deutschland weiter ausgebildet. Der Querschnitt läßt bei großer Tragfähigkeit ein geringes Schienengewicht zu und gestattet in seiner weiteren Ausbildung die Anwendung starker Laschen und somit eine wesentliche Kräftigung des Schienenstoßes. Die ganze Bauart des Gleises wird durch diese Schienenform sehr vereinfacht, so daß der Neubau desselben, sowie die Vornahme von Auswechselungen keine Schwierigkeiten bereitet.

Abb. 9.

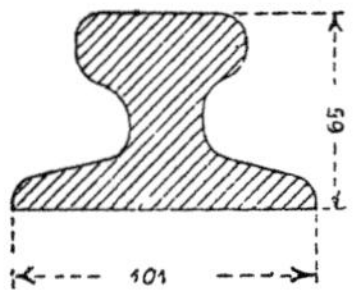

Abb. 10.

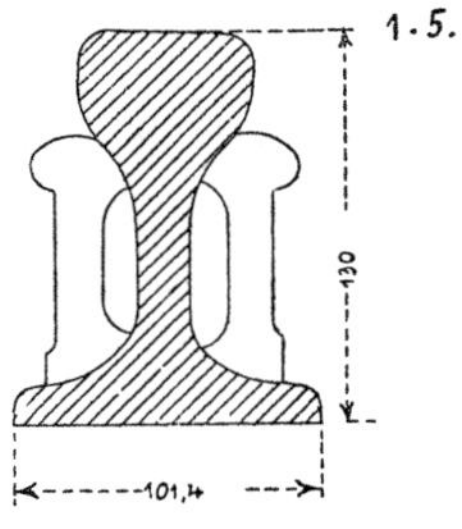

Abb. 11.

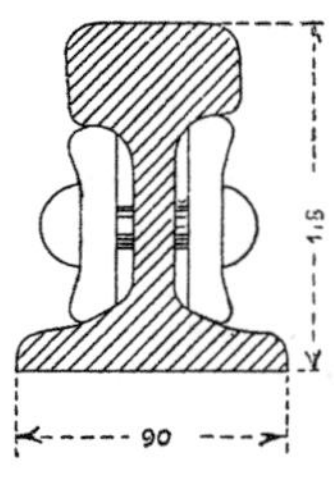

Abb. 9 zeigt die Gestalt der Schiene, wie sie bei der Leipzig-Dresdener Bahn zuerst angewendet wurde; Laschen waren dabei noch nicht in Gebrauch. Abb. 10 zeigt einen Querschnitt einer Schiene der vorm. Rheinischen Bahn (jetzt Directionsbezirk Köln), bei welcher bereits Laschen vorhanden waren, die jedoch nur den Zweck einer Längsverbindung erfüllten. Im Jahre 1853 wurde durch Heusinger von Waldegg die in Abb. 11 dargestellte Schiene angegeben, bei welcher zuerst der Kopf der Schiene scharf unterschnitten und der Fuß dementsprechend gestaltet war, so daß die Laschen nicht nur eine Längsverbindung, sondern auch gleichzeitig eine kräftige Unterstützung des Schienenkopfes bewirkten.

*) Mittheilung über Oberbau auf englischen Eisenbahnen von A. Georing im Centralblatt der Bauverwaltung 1890, S. 137.

Diese Form ist in den folgenden Jahren noch weiter ausgebildet, und dem steigenden Verkehr und den größeren Lasten entsprechend verstärkt. Abb. 12 zeigt einen Querschnitt, der im Jahre 1890 für die Hauptbahnen der Preußischen Staats-Eisenbahn-Verwaltung eingeführten Schiene, welche bei einer Höhe von 138 mm, einer Fußbreite von 110 mm, einer Kopfbreite von 72 mm und einer Stegstärke von 18 mm ein Gewicht von 43 kg auf den lfd. m besitzt und welche bei einer kräftigen Verlaschung und einer zweckentsprechenden Lagerung auf den in geringerem Abstande und vermehrter Anzahl eingelegten Schwellen den gesteigerten Verkehrsbedürfnissen unserer Zeit auf länger hinaus genügen wird.

Abb. 12.

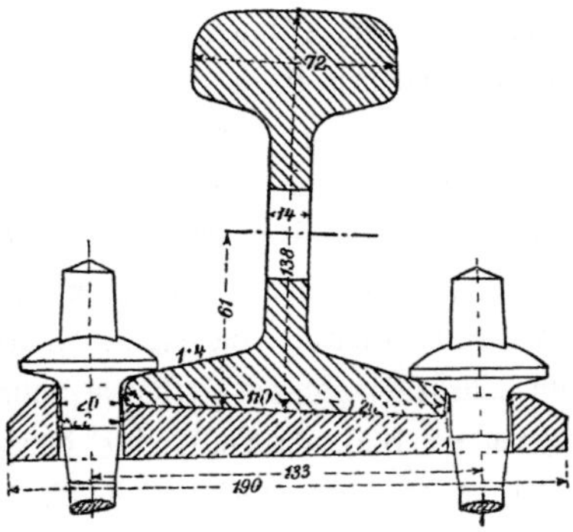

§ 2. Mit der Verbesserung der Eisenstraße mußte natürlich auch die Fortentwickelung der Fuhrwerke gleichen Schritt halten. Während auf den mit Eisen benagelten Langschwellen nur leichte Karren und diese größtentheils durch Menschenkraft fortbewegt wurden, selbst zur Zeit der gußeisernen Schienen die Größe der Fahrzeuge noch durch die gußeisernen Räder, welche in Büchsen um feste Achsen sich drehten, beschränkt war, konnte andererseits der Umfang und das Gewicht der zu fördernden Güter eine bestimmte Größe so lange nicht überschreiten, als andere Triebkräfte, wie diejenigen von Menschen und Pferden nicht zur Verfügung standen Nachdem jedoch James Watt (geb. zu Greenock am 19. Januar 1736) seine Dampfmaschine erfunden und dieselbe in rascher Aufeinanderfolge weiter ausgebaut und entwickelt hatte, wurde bereits lange vor Erfindung der Locomotive die Dampfmaschine dazu benutzt, um mittelst Ketten oder Seilzügen die Wagen der Eisenbahn auf größeren Steigungen empor zu schaffen. Watt selbst scheint auch der erste gewesen zu sein, der dem Gedanken zur Erbauung einer Locomotive ernstlich näher getreten ist, denn im Jahre 1784 erhielt er ein Patent auf eine Maschine zur Fortbewegung von Wagen auf Eisenbahnen. Sonderbarer Weise ist nicht bekannt geworden, ob oder wo er diese Maschine gebaut und in Betrieb genommen hat. Die erste Locomotivmaschine, welche schon fast alle wesentlichen Theile der jetzigen Locomotive besaß, wurde 1802 patentirt und von Trevethik und Vivian gebaut. Dieselbe war im Jahre 1805 auf der Bahn von Merthyr nach Tydvil in Thätigkeit. Wenngleich diese Maschine ohne Anwendung von Zahnrädern auf glatten Schienen sich bewegte, so glaubte man doch, daß dieselbe nicht die genügende Haftungskraft (Adhasion) besäße, um schwere Wagen ziehen zu können. Daher kam es, daß man während der folgenden Jahre sich damit abmühte, Maschinen zu erbauen, welche durch allerlei künstliche Hülfsmittel — Triebräder mit gezahnten Schienen, rauhe Oberfläche der Radreifen bei Verwendung einer besonderen Holzbahn, mechanische Beine, welche knieartig wirkend die Maschine vorwärts trieben — die vermutheten Mängel heben sollten, bis endlich im Jahre 1814 der Eigenthümer der Kohlenbahnen um die Wylam-Gruben Mr. W. Blockett auf dem einfachsten Wege durch Versuche feststellte, daß derartige besondere Vorkehrungen nicht nöthig seien, sondern die Reibung zwischen Radkranz und Schiene völlig ausreiche, um die treibende Kraft der Locomotive nutzbringend zu verwerthen. Gleichzeitig mit dieser Entdeckung trat auch der Mann auf, welcher um die Fortbildung der Locomotive und deren Nutzbarmachung zu Zwecken der schnellen Beförderung die größten Verdienste sich erworben hat, der, ein Held hochstehend auf dem Gebiete der Technik für alle Zeiten, als Vater des Eisenbahnwesens zu bezeichnen ist.

Georg Stephenson, 1781 am 9. Juni zu Wylam geboren, brachte es vom einfachen Maschinenwärter zu Killingworth durch hohe geistige Anlagen und den eisernen Fleiß, mit welchem er zunächst alles das gründlich zu erkennen suchte, was bisher geschaffen war, dahin, daß er durch die Unterstützung des hochherzigen Lord Ravensworth eine eigene Fabrik sich anlegen und seine erste Locomotive, genannt „Arbeitsmaschine", erbauen konnte. Diese Maschine war es auch, welche ohne besondere künstliche Hülfsmittel durch Adhäsion allein sich fortbewegte. Freilich fuhr dieselbe noch langsam, und dachte daher zu jener Zeit noch Niemand daran, daß diese Locomotive zur Personenbeförderung nutzbar gemacht werden könne, noch viel weniger, daß dieselbe den damals berühmten Eilwagen (Stage-coaches) den Rang streitig machen würde.

Der ersten Maschine folgte 1815 eine zweite, 1817 ließ Stephenson das Princip derselben patentiren und 1819 setzten neue 5 Locomotiven, „Eisenpferde" genannt, welche auf der Hatton-Kohlenbahn 6 km in einer Stunde zurücklegten, das Volk in Staunen. Am 27. September 1828 konnte Stephenson den ersten Personenwagen, den er bedenklicher Weise „Experiment" nannte, und einen mit über 500 Menschen besetzten Kohlenzug auf der unter seiner Leitung erbauten Eisenbahn von Stockton nach Darlington bei 9 km Geschwindigkeit in der Stunde führen. Nachdem durch den Bau dieser Bahn, sowie durch den vorliegenden Versuch, Stephenson so bedeutende Erfolge errungen hatte, wurde ihm der Bau der Bahn von Manchester nach Liverpool als ausführendem Ingenieur übertragen. Je näher man dem Zeitpunkte der Fertigstellung dieser Bahn entgegensehen konnte, desto heftiger entbrannte der Kampf über die Wahl der zum Betriebe zu verwendenden Maschinen. Zur Lösung dieser schwierigen Frage wurde am 25. April 1829 von der Gesellschaft der Bahn ein Preisausschreiben erlassen: auf die beste und schnellste Locomotive, welche das 3fache ihres auf 120 Ctner. festgesetzten Gewichtes mit einer Geschwindigkeit von 15 km in der Stunde ziehen, auf Federn ruhen und keinen Rauch erzeugen sollte. Am 6. October 1829 war der denkwürdige Tag, an welchem bei Rainhall das Wettfahren der 3 Locomotiven, welche um den Preis zu kämpfen bestimmt waren, stattfand. Es waren dieses die Locomotiven „Novelty" von Braithwaite & Erickson, „Sanspareil" von Hackworth und „Rocket" von Georg Stephenson. Während die ersteren beiden Maschinen hinter den gestellten Anforderungen mehr oder weniger zurückblieben, übertraf Stephenson's „Rocket" das gesteckte Ziel so sehr, daß dieselbe das Fünffache ihres Gewichtes zog und 22—28 km in der Stunde zurücklegte.

Dieser bedeutende Erfolg wurde nicht allein durch die hervorragenden Verbesserungen erzielt, welche Stephenson seiner Locomotive hatte angedeihen lassen, sondern auch durch den geistvollen Gedanken des Direktors der Liverpool-Manchester-Bahn Mr. Booth, eines Nichttechnikers, welcher Stephenson den Rath gegeben hatte, durch Einführung einer größeren Anzahl kleiner Röhren durch den Kessel — die Siederohre — die dampferzeugende Fläche bedeutend zu vergrößern. Hierin war im Verein mit den Erfindungen Stephenson's die Leistungsfähigkeit der Maschine ins fast Unbegrenzte ausgedehnt und somit die Möglichkeit gegeben, größere Lasten auf größeren Strecken mit bedeutender Geschwindigkeit zu befördern.

Und wenn in unseren Tagen Locomotiven in 6fachem Gewichte der Stephenson'schen Maschine Eilzüge mit einer Geschwindigkeit von 90 ja sogar 120 km in der Stunde bewegen, wenn Maschinen von 50 bis 90 Tonnen Gewicht schwere Güterzüge auf steilen Bahnen über die Alpen befördern, so erkennen wir darin doch nur eine weitere Entwickelung, Ausbildung und Verstärkung der Stephenson'schen Locomotive, deren grundlegende Einzelheiten auch heute noch die Seele unseres Eisenbahnwesens bilden.

Nach dem Tage von Rainhall, bez. nach der am 14. Juni 1830 erfolgten Eröffnung der Liverpool-Manchester Bahn, nahmen die Eisenbahnbauten nicht allein in England, sondern auch in den übrigen civilisirten Ländern Europas und Amerikas einen ungeheueren Aufschwung. In unserem deutschen Vaterlande waren es die beiden gewerbreichen Schwesterstädte Nürnberg und Fürth, welchen der Ruhm für alle Zeiten bleibt, die erste Eisenbahnverbindung auf deutschem Boden geschaffen und in Betrieb genommen zu haben, und zwar war es der 7. December 1835, an welchem diese nur 6 km lange Strecke für den Personenverkehr eröffnet wurde.

Am 24. April 1837 folgte die Eröffnung der ersten Theilstrecke der Leipzig-Dresdener Bahn, dieser die Strecke Braunschweig-Wolfenbüttel am 1. October 1838. Die erste Bahn auf preußischem Boden, Berlin-Potsdam, wurde am 21. September 1838 dem Verkehr übergeben, ihr folgte in der Rheinprovinz am 20. December desselben Jahres die Eröffnung der Strecke Düsseldorf-Elberfeld. Im Jahre 1850 befanden sich bereits 76 neue Bahnlinien von zum Theil bedeutender Länge im Betriebe. Als man den 50. Jahrestag der Eröffnung der ersten deutschen Eisenbahn feierte, besaß Deutschland bereits ein Eisenbahnnetz von 36590 km, und die Eisenbahnen der ganzen Erde hatten am Ende des Jahres 1889, mithin 60 Jahre nach dem Tage von Rainhall, eine Gesammtlänge von 595767 km, das ist nahezu der fünfzehnmalige Umkreis der Erde, mehr wie anderthalb mal so viel, als die Entfernung von der Erde bis zum Monde. Diese Eisenbahnbauten haben nach einer möglichst genauen Schätzung mehr als 128 Milliarden Mark gekostet. Ende des Jahres 1895 betrug die Gesammtlänge sämmtlicher Eisenbahnen der Erde bereits 698356 km.

Welch' ungeheure Summe geistiger und körperlicher Arbeit in der verhältnißmäßig kurzen Zeit, und welche Leistung gegenüber dem Fortschritt der vorangegangenen Jahrhunderte!

§ 3. Wie in der Geschichte der Erfindungen selten eine epochemachende Erscheinung allein auftritt, sondern dieselbe meistentheils eine größere Anzahl, wenn auch andersartiger hervorragender Neuerungen und Verbesserungen im Gefolge hat, so war es auch im Beginn des Zeitalters der Eisenbahnen.

Fast gleichzeitig mit Stephenson's Locomotive wurde auf einem vollständig anderen Gebiete der Technik durch deutschen Eifer und Schaffensgeist die electrische Telegraphie, diese echte Schwesterkunst des Eisenbahnwesens, erfunden und in wenigen Jahren so weit entwickelt, daß sie, Hand in Hand mit dem weiteren Ausbau der Eisenbahnen fortschreitend, als treueste Gehülfin des Eisenbahnbetriebes den Aufschwung unserer Zeit kennzeichnet und mit ihr zusammen unserem Jahrhundert das characteristische Gepräge verleiht.

Im Jahre 1833 war es, als die gelehrten Naturforscher Weber und Gauß in Göttingen zuerst eine längere elektrische Verbindung zwischen der Sternwarte und dem physikalischen Kabinet herstellten und die Bewegung einer durch einen inducirten electrischen Strom abgelenkten Magnetnadel zur Zeichengebung benutzten. Am 15. April 1839 wurden nach deren System die Zeiger-Telegraphen auf der Leipzig-Dresdener Bahn eingeführt. Im Sommer 1837 hatte inzwischen auf Weber's Anregung Steinheil in München eine größere Telegraphenleitung von etwa 12 km Länge zwischen dem Akademie-Gebäude in München und der Sternwarte in Bogenhausen hergestellt und auf dieser Strecke, mittelst eines besonderen von ihm selbst erfundenen Schreibtelegraphen, sich verständigt. Wenn auch die hierbei angewendete Schriftsprache, welche aus verschiedenartig auf einem laufenden Papierstreifen gesetzten Punkten gebildet wurde, später einer anderen (der Morseschrift) das Feld räumen mußte, so war es doch wiederum ein Deutscher, der zuerst die grundlegende Idee für dieses Verständigungsmittel der Neuzeit zum Ausdruck gebracht hatte.

Im Jahre 1838 entdeckte Steinheil die weiter epochemachende Thatsache, daß, statt der bis dahin doppelt geführten Drähte, die Erde selbst als Rückleitung benutzt werden könne, und daß daher nur ein Draht erforderlich sei. Im Herbst des Jahres 1837 trat der Amerikaner Morse, der kurz zuvor von einer Reise aus Europa, wo er die Erfindungen von Weber und Gauß kennen gelernt hatte, nach Amerika zurückgekehrt war, mit dem nach ihm benannten Telegraphen-Apparat und der von ihm erfundenen Zeichenschrift hervor. Der Apparat wurde im folgenden Jahre in der City von New-York aufgestellt; jedoch gelang es Morse erst im Jahre 1843 für seine Erfindung soweit Interesse zu erregen, daß mit Unterstützung der Regierung eine Versuchslinie Washington-Baltimore, errichtet wurde. Am 27. Mai 1844 konnte hier die erste telegraphische Depesche in Morse's Schriftzeichen mittelst dessen Apparat befördert werden.

Gegenwärtig ist der Morse'sche Telegraph, nachdem er in Europa auf das Höchste vervollkommnet ist, über die ganze Erde verbreitet und vermittelt in allgemeinster Weise den Verkehr aller Länder und Nationen.

Welch' großen Nutzen die electrische Telegraphie dem Eisenbahnwesen gewährt, wie ohne dieselbe die Schnelligkeit und Sicherheit des Betriebes in der heute bestehenden Weise nicht gewährleistet sein würde, bedarf wohl weiterer Auseinandersetzungen nicht.

§ 4. Eine fernere bedeutende Unterstützung verdankt das Eisenbahnwesen der Electrotechnik durch Erfindung und Einführung der electrischen Läutewerke. Bis dahin wurde die bevorstehende Ankunft oder Durchfahrt eines Zuges den Wärtern und Arbeitern auf der Strecke durch sichtbare Zeichen an den optischen Telegraphen angekündigt; ein Verfahren, welches nur bei gunstiger, nebelfreier Witterung mit einiger Sicherheit auszuführen war. In der Mitte der 40er Jahre versah ein Berliner Uhrmacher, Namens Leonhardt, einige Warterbuden mit großen Glockenwerken, welche durch den galvanischen Strom ausgelöst, eine Geläute anstimmten. Leonhardt bedurfte dazu anfanglich einer doppelten Leitung, auch war der Mechanismus noch unvollkommen, weil nach gegebenem Signal der Bahnwärter durch Ziehen an einem Drahte das Werk wieder von Neuem auslösungsfahig machen mußte.

Das erste Schlagwerk, welches von selbst sich wieder einrückte, wurde 1847 auf der Strecke Buckau-Magdeburg von Kramer aufgestellt, nach und nach vervollkommnet, so daß später viele Tausende dieser Läutewerke in Anwendung kamen. Eine wesentliche Verbesserung erfuhr dasselbe durch die berühmte Firma Siemens & Halske in Berlin, doch benutzten auch diese anfänglich ebenso wie Leonhardt und Kramer den Batteriestrom zur Auslösung der Werke. Erst nach Erfindung und Anwendung des magnet-electrischen Läuteinductors seitens der erst genannten Firma wurden die Lautewerke in dem Maaße sicher und zuverlässig, daß sie das seitherige optische Benachrichtigungsverfahren vollstandig ersetzten, und somit die von den Wärtern bedienten optischen Streckentelegraphen als entbehrlich entfernt werden konnten.

§ 5. Durch Erfindung und Einführung der electrischen Block-Apparate, mittelst welcher es möglich wurde, bei nacheinander auf einem Gleise folgenden Zügen, die räumliche Entfernung derselben derart zu regeln, daß innerhalb einer bestimmten Bahnstrecke immer nur ein Zug sich befinden kann, wurde ein fernerer sehr bedeutender Fortschritt für die Sicherheit des Eisenbahnbetriebes gemacht. Zuerst in England in den 60er Jahren entstanden, wurde diese Einrichtung von Siemens & Halske weiter entwickelt.

In höchst geistreicher und doch einfacher Weise verstand es die genannte Firma, das nach ihrem Namen benannte Blocksystem auszubilden. So wie wir dasselbe nach mehr als 30jährigem Bestehen im Eisenbahnbetriebe in Deutschland fast allgemein angewendet sehen, ist jeder Wärter oder Arbeiter nach kürzester Zeit in der Lage, den Apparat zu bedienen und zu überwachen. Die Firma ist unablässig bemüht, die Blockapparate derart zu vervollkommnen, daß auch die durch Mißverständnisse, Irrthümer oder bösen Willen möglichen nachtheiligen Folgen ausgeschlossen werden.

§ 6. Bei dem von Jahr zu Jahr sich steigernden Betriebe und der stets wachsenden Anzahl von Zügen, sowie den in ähnlicher Weise sich ausbreitenden Bahnhofsanlagen war eine größere Sicherung für die richtige Stellung der Weichen nothwendig. Schon frühzeitig kam man daher auf den Gedanken die Stellung der Signale mit der Stellung derjenigen Weichen, welche von den Zügen durchfahren wurden, in Abhängigkeit zu bringen. Wiederum war es England, welches in dieser Beziehung tonangebend und neuschaffend voranging. Bereits im Jahre 1846 wurde es dort üblich, von einem Punkte aus Signale und Weichen zu stellen, indem man die zur Bedienung derselben bestimmten Hebel an dem Standpunkte des Wärters zusammenlegte und von hier aus Weichen und Signale durch Drähte oder Gestänge stellte. Wenn auch der Grund dieser Anordnung anfänglich nur in einer Schutzmaßregel für Leben und Gesundheit der Weichensteller und in der Verringerung der Arbeitskräfte zu suchen war, auch eine Abhängigkeit zwischen Weiche und Signal anfänglich nicht bestand, so zeigte sich doch bald, daß Fehlgriffe, welche durch das Nebeneinanderliegen der Weichen und Signalhebel begünstigt wurden, leicht vorkommen und die Züge in Gefahr bringen konnten.

Deshalb ersann Gregory im Jahre 1847 eine Art Verbindung des Signals mit der dazugehörigen Weiche, welche darin bestand, daß gleichzeitig das Signal durch den Fuß gestellt wurde, während man die Weiche durch den Hebel mit der Hand in die richtige Lage brachte. Eine mechanische Verbindung zwischen beiden fehlte damals noch, und wenn schon im Jahre 1852 auf der Station Cowlairs bei Glasgow derartige Weichen und Signalstellwerke mit wechselseitigen Verschlüssen von Chambers & Stevens aufgestellt waren, welche feindliche Signal- und Weichenstellungen unmöglich machten, so war es doch vor Allen

Saxby, der 1856 ein auch für die schwierigsten Fälle brauchbares Stellwerk anfertigte und die Grundbedingungen festsetzte, nach welchen die weitere Entwickelung aller späteren Stellwerke sich vollzog. Die Einführung derartiger Sicherheitsvorrichtungen wurde in England noch wesentlich dadurch gefördert, daß die hohe Wichtigkeit derselben für den Eisenbahnbetrieb das Eisenbahn-Departement des englischen Parlaments im Jahre 1860 veranlaßte, eine Vorschrift an die Eisenbahn-Verwaltungen dahin zu erlassen, daß es wünschenswerth sei, die Signal- und Weichenhebel in ein solches Abhangigkeitsverhältniß zu bringen, daß das Signal nicht eher auf freie Fahrt gestellt werden könne, ehe nicht sämmtliche in Frage kommenden Weichen richtig gestellt seien, ferner, daß das auf „Fahrt" gezogene Signal die Weichen in richtiger Stellung verriegelt halte und endlich, daß nicht zwei feindliche Signale, welche einen Zusammenstoß von Zügen herbeiführen könnten, gleichzeitig zu geben seien.

Hiernach fanden in England die Stellwerke sehr rasch allgemeine Verbreitung, während die deutschen Bahnen, bei denen ein ähnlicher Zwang von oben nicht treibend im Hintergrunde stand, sich dieser wichtigen Neuerung gegenüber noch längere Zeit abwartend verhielten.

Den Braunschweigischen Bahnen, welche überhaupt in mancherlei Beziehung als Ton angebend vorangingen, gebührt das Verdienst, die Stellwerke zuerst in Deutschland eingeführt zu haben, und zwar wurden im Jahre 1870 von den Engländern Saxby und Farmer derartige Einrichtungen auf den Bahnhöfen Börßum und Jerxheim hergestellt. Nur zögernd folgten andere Verwaltungen diesem Beispiele. Erst als im Jahre 1876 der derzeitige Oberingenieur der Rheinischen Eisenbahn-Gesellschaft E. Rüppell das nach ihm benannte Stellwerk erfunden und seine Erfindung mit der des Ingenieurs H. Büßing in Braunschweig vereinigt hatte und dadurch unter Patent E. Rüppel-H. Büßing (D. R. P. 1397) ein neues Stellwerk geschaffen war, das dem englischen nicht nur ebenbürtig zur Seite gestellt werden konnte, sondern dasselbe in mancher Beziehung übertraf, erst als in der Firma Max Jüdel & Co. in Braunschweig eine leistungsfähige Signalbauanstalt zur Ausführung des Werkes entstanden war, auch Siemens & Halske in Berlin und Schnabel & Henning in Bruchsal Stellwerke nach eigener Bauweise erbauten, sahen sich die Eisenbahn-Verwaltungen veranlaßt, in einzelnen schwierigen Fallen zu solchen Hülfsmitteln zu greifen. Eine allgemeinere Einfuhrung der Stellwerke fand in Deutschland erst statt, seitdem fast das ganze Eisenbahnwesen in die Hände der betreffenden Staatsregierungen übergegangen war, und seitdem durch das neue Bahn-Polizei-Reglement vom 30. November 1885 im § 3 ausdrücklich eine Abhängigkeit zwischen den Signalen und den Weichen in den Hauptgleisen vorgeschrieben wurde.

In welchem Maaße seitdem die Einfuhrung der Stellwerke Platz gegriffen hat, geht daraus hervor, daß die oben genannte Eisenbahnsignal-Bauanstalt von

Max Jüdel & Co. bereits im Jahre 1892 das tausendste Weichen- und Signalstellwerk abgeliefert hat. Die Gesammtzahl der in diesen Stellwerken vorhandenen Hebel beläuft sich auf mehr als 12000, mit denen 8325 Weichen und 4730 Signale gestellt und gesichert werden. Außer den im Vorigen aufgeführten Firmen mögen noch Zimmermann & Buchloh in Berlin, C. Stahmer in Osnabrück, Hein, Lehmann & Co. in Berlin, sowie Vögele in Mannheim genannt werden.

Mit den auf stete Verbesserung der Stellwerke gerichteten Bestrebungen geht die sorgsame Ausbildung des gesammten, für die Sicherheit des Betriebes so wichtigen Signalwesens Hand in Hand.

§ 7. Wie ein so vielseitig verzweigtes Gebilde, wie das einer Eisenbahnverwaltung, welches fast alle Theile der Technik und des Verwaltungswesens für sich in Anspruch nimmt, nur eine gedeihliche Fortentwickelung nehmen kann, wenn alle mitwirkenden und maßgebenden Männer sich gegenseitig unterstützend und helfend zur Seite stehen, wie ferner bei dem Länder und Völker verbindenden Charakter des Eisenbahnwesens jede Einseitigkeit und Halbheit auf die Dauer unhaltbar wird und mit dem innersten Wesen des Eisenbahnbetriebes nicht vereinbarlich ist, so erkannten auch die deutschen Eisenbahn-Verwaltungen, welche durch die politische Zerrissenheit unseres Vaterlandes ohnehin vielfach beschrankt waren, daß nur durch ein möglichst einheitliches Zusammengehen und durch gemeinschaftliche Arbeit auf dem Gebiete der Technik, wie der Verwaltung, nicht allein das eigene geschäftliche Interesse am besten gewahrt, sondern auch dem reisenden und verfrachtenden Publicum am meisten gedient, und somit die Herstellung eines alle Eisenbahnverwaltungen verknüpfenden Bandes geboten sei

So entstand im Juni des Jahres 1847 der Verein deutscher Eisenbahnverwaltungen, welchem außer denen der deutschen und österreichischen Bahnen noch einige der benachbarten Länder (Belgien, Holland, Ungarn 2c.) beitraten

In den regelmäßig wiederkehrenden Versammlungen der Techniker dieses Vereins — die erste Versammlung fand am 20. Februar 1850, die letzte am 28. bis 30. Juli 1896 in Berlin statt — wurden alle das Eisenbahnwesen berührende wichtige technische Fragen berathen, und seien hier nur die aus diesen Berathungen hervorgegangenen „Technischen Vereinbarungen" (letzte Ausgabe vom 1. Januar 1897) erwahnt, welche ihr Ansehen weit über Deutschlands Grenzen hinaus geltend gemacht haben.

Doch wie die dem Eisenbahnwesen innewohnende weltbeherrschende Macht stets weitergehende Ziele erstrebt, so haben die durch den Verkehr hervorgerufenen innigen Beziehungen zu den Völkern der Nachbarstaaten es nothwendig gemacht, daß die Eisenbahnverwaltungen des Festlandes von Europa und bei ihnen die Eisenbahntechniker aller Cultur- und Industrievölker der Erde zu Gaste zu einem internationalen Verbande zusammentraten, um zunächst die technische Einheit im

Eisenbahnwesen zu pflegen, und — Gedanken und Erfahrungen austauschend, Alle lernend, Alle lehrend, — dem durch die Eisenbahnen zu fördernden allgemeinem Wohle der Menschheit ihre besten Kräfte zu widmen.

Die erste derartige Zusammenkunft trat am 16. October 1882 in Bern zusammen und stellte dieselbe es sich zur Aufgabe, die technische Einheit im Eisenbahnwesen zu regeln, sowie auch die Bedingungen festzusetzen, unter denen das rollende Material zum freien Verkehr in den betheiligten Ländern zugelassen werden konne. Seitdem haben solche Zusammenkünfte sich haufiger wiederholt, sei es zum Zwecke der Feststellung der Fahrpläne für die vom Süden zum Norden, von Osten zum Westen und umgekehrt laufenden Züge, sei es zur Förderung des Frachtenverkehres der Länder untereinander oder sei es zum gegenseitigen Austausch der auf dem großen Gebiete der Technik gesammelten Erfahrungen

So dürfen wir wohl mit Zuversicht in die Zukunft blicken und mit Sicherheit erhoffen, daß dieser stete Wettstreit auf dem friedlichen Gebiete der Arbeit immer mehr und mehr Länder erschließen, weitere Gebiete für Handel und Verkehr gewinnen und somit allen Ländern und Völkern zum Segen gereichen werde.

II. Der Eisenbahn-Bau.

1. Vorarbeiten.

§ 1. Die Vorarbeiten zerfallen in allgemeine und in ausführliche Vorarbeiten. Erstere bezwecken den Nachweis der Moglichkeit für die geplante Bahnanlage zu liefern, deren Zweckmäßigkeit klarzulegen und die ungefahren Kosten derselben zu ermitteln. Der Nachweis der Möglichkeit ist zu erbringen durch das Aufsuchen, Abstecken, Aufmessen und Nivelliren einer nach den vorläufigen örtlichen Ermittelungen als zweckmäßig erscheinenden Lage der Linie. Durch diese technischen Arbeiten, die auch zugleich die Untersuchungen der Wege und Wasserverhältnisse in sich schließen, wird man in den Stand gesetzt, eine ungefähre Berechnung der durch den Bau der Linie entstehenden Kosten aufzustellen, sowie andererseits durch Erkundigungen der gewerblichen und industriellen Verhältnisse der durchschnittenen Landstriche, eine Veranschlagung des zu erhoffenden Verkehrs vorzunehmen. Diese Ermittelungen bilden die Unterlage zur Erlangung der Bauerlaubniß bei Privatbahnen oder der Geldbewilligung durch die gesetzgebenden Körperschaften bei den Staatsbahnen.

§ 2. Die zu den allgemeinen Vorarbeiten anzufertigenden Pläne, zu denen etwa vorhandene Karten benutzt werden können, werden im Maaßstab 1 : 10000

bis 1 : 5000 aufgetragen und zwar der Lageplan unten auf dem Plan und darüber der Längenschnitt. Bei letzterem wählt man für die Höhen einen größeren (meist 20 fachen) Maaßstab, damit die Höhenunterschiede deutlicher hervortreten, auch die auszuführenden Erdarbeiten besser zu übersehen sind. In den Längenschnitt wird die Höhenlage der neuen Bahnlinie, „die Gradiente", eingetragen, über deren Festlegung für die Hauptbahnen folgende Bestimmungen gelten: Die stärkste Längsneigung soll bei Hauptbahnen in der Regel nicht mehr als 1 : 40 und bei Nebenbahnen nicht mehr als 1 : 30 betragen. Dicht unter dem Längenschnitt wird auch noch das sog. Bogenband aufgetragen, welches die Bogen und Graden schematisch darstellt. Als kleinster Krümmungshalbmesser darf verwendet werden bei Hauptbahnen 180 m, bei Nebenbahnen mit normaler Spurweite 100 m. Halbmesser unter 100 m werden jedoch auf der freien Strecke bei Hauptbahnen im Allgemeinen nicht angewendet.

In die Pläne werden ferner noch eingetragen die sämmtlichen neu zu errichtenden Anlagen, als da sind: Brücken, Durchlässe, Ueber- und Unterführungen, Rampen, Wegeübergänge, Bahnhöfe und Haltestellen.

§ 3. Nachdem auf Grund der allgemeinen Vorarbeiten über den Bau der Bahn bestimmter Beschluß gefaßt worden ist, werden die ausführlichen Arbeiten in Angriff genommen. Diese bestehen in einer eingehenden und genauen Darstellung des Geländes und zwar nach Lage, wie nach Höhe, in einer nochmaligen sorgfältigen Prüfung der sämmtlichen Verhältnisse, nach denen man bei den allgemeinen Vorarbeiten die Linie gewählt hat. In den meisten Fällen wird man hiernach die Linie durch kleinere Verschiebungen oder größere Verlegungen wesentlich verbessern können, bis sie endlich eine Lage erhalten hat, die in Bezug auf die Kosten, Beschaffenheit der Krümmungs- und Gefällverhältnisse, sowie auf die Verkehrsbedürfnisse befriedigt. Diese wird alsdann endgiltig abgesteckt, d. h. die Graden und Bögen werden mit großer Sorgfalt mittelst Instrumente ausgerichtet, soweit als nöthig, durch große Stangen, die Winkelpuncte mit besonders hohen Signalen, die nach beiden Richtungen mit weit sichtbaren Scheiben oder Kreuzen versehen sind, sowie die Anfangs- und Endpuncte der Bögen mit besonders starken Pfählen bezeichnet. Alsdann wird die ganze Linie stationirt, d. h. es wird die Länge derselben vom Anfangspuncte an gemessen. Dabei werden in Entfernungen von 100 zu 100 m größere Pfähle, sog. Stationspfähle, und zwar je ein Höhenpfahl in Erdhöhe und ein dicht dahinter gestellter Nummerpfahl 15 bis 20 cm vorstehend, eingesetzt und auf letzterem die Stationsnummer vermerkt. Außerdem setzt man sog. Zwischenpfähle und zwar regelmäßig in die Mitte zweier Stationen und, wenn es bei wechselnder Höhenlage des Geländes sonst erforderlich ist, auch noch an weiteren Zwischenpuncten und beschreibt sie in ähnlicher Weise, z. B. 8 + 50; 12 + 67; 28 + 78. Die so abgesteckte Linie wird alsdann zunächst genau nivellirt, auch ein Probe-Nivellement ausgeführt, um die Richtigkeit der ermittelten Höhen vollständig sicherzustellen. Als zulässiger Fehler war früher 0,025 m auf 7,5 km Länge festgesetzt, doch erreicht man mit den guten Instrumenten der Neuzeit weit größere Genauigkeiten. An die Längen- und Höhenmessung der Linie selbst schließt sich unmittelbar an die Aufmessung des Geländes in 200—300 m Breite, sowie die Aufnahme der zur Berechnung der Erdarbeiten nöthigen Querschnitte. Letztere sind im Allgemeinen aber nur nöthig, wenn das Land in der Quere der Linie größere Unregelmäßigkeiten und stärkeres Gefälle zeigt.

§ 4. In Preußen sollen die einzureichenden Vorarbeiten bestehen in einer näheren Darstellung der Lage und des Nivellements der Bahn und in einem ausführlichen Erläuterungsberichte. Bezüglich des ersteren gilt Folgendes:

1. Die ganze Bahn ist fortlaufend in km einzutheilen und Lageplan, sowie Längenschnitt der Regel nach auf demselben Blatte unter einander darzustellen, wobei, soweit es die Krümmungen gestatten, 3—4 km hintereinander auf mehrere klappenartig zusammenzufaltende Blätter aufgetragen werden können.

2 Maaßstab für Lageplan und für die Längen des Nivellements 1 : 2500, die Höhe in letzterer sind auf 1 : 250 aufzutragen.

3. Eine Theilung der Linie in Stationen von 100 m und Zwischenstationen von 50 m, die vom Anfang fortlaufend zu nummeriren und die ganzen km mit römischen Ziffern unter dem Bogenbande zu kennzeichnen sind; jede 5te Station ist im Längenschnitt durch die Ordinate stärker auszuziehen.

4. Für die an Zwischenpuncten noch erforderlichen Ordinaten sind die Abstände von der nächsten Station einzuschreiben, desgl. für die Bogen-, Anfangs- und Endpuncte und Gefällwechsel.

5. Die Lagepläne müssen das Gelände in 250 m Breite nach jeder Seite der Bahnlinie darstellen, auch sind erforderlichen Falles Schichtenlinien von 5—1 m Höhenabstand anzugeben. Der Bahnkörper ist mit allen Nebenanlagen, als Wegeübergängen und Verlegungen, Seitenwegen, Brücken, Gräben ꝛc. vollständig einzutragen und zwar das bestehende schwarz (auch in Schrift), das neue mit Zinnoberroth Die Nordlinie muß auf jedem Blatte aufgetragen sein.

6. In den Nivellementsplänen ist das Bestehende ebenfalls schwarz zu zeichnen, die Entwürfe sind wieder mit Zinnober zu bezeichnen, auch Wege, Bahnhofsanlagen, Planumsordinaten, Auf- und Abträge und Neigungen so zu beschreiben; Brücken, Durchlässe, Wasserstand und Seitengräben sind blau einzutragen

7. Das Nivillement soll ferner enthalten: höchste und niedrigste Wasserstände, Fachbäume und Pegel in der Nähe der Bahn, Bodenbeschaffenheit (Moor, Bruch, Felsen ꝛc.), Thürschwellen der nahe der Bahn liegenden Gebäude, alle Fixpuncte, Schienenhöhe benachbarter Bahnhöfe ꝛc.

8. Alle Höhen sind auf N. N. (Nullpunct der Berliner Sternwarte und des Amsterdamer Pegels) zu beziehen, die zu wählende Grundlinie soll auf volle 10 m höher oder tiefer gewählt und nach Bedarf abgestuft werden. Gewähltes Höhenmaaß ist einzuschreiben, die Ordinaten sind aber sämmtlich auf N. N. bezogen zu beschreiben.

9. Um den Uebergang von einem Blatte zum andern zu kennzeichnen, sind am Anfang und Ende je mindestens 100 m lange Strecken schwarz zu wiederholen. Sämmtliche Plane sind in der rechten oberen Ecke fortlaufend zu nummeriren.

Im Uebrigen sind die Bestimmungen des Central-Directoriums der Vermessungen in Preußen vom 20. December 1879 maßgebend.

Im *Erläuterungsbericht* ist der Zweck der Bahn, die Beschaffenheit des Geländes und die ermittelte Richtung, sowie die Neigungs- und Krümmungsverhältnisse zu erörtern. Ferner ist die Anordnung und Bauweise der einzelnen Bauwerke nach Titeln des Anschlages zu erläutern, die örtlichen Verhältnisse, sowie die Zeit, in der der Bau fertig gestellt werden soll, bedürfen gleichfalls der eingehenden Erwähnung.

Bei Ueberreichung sind die früher genehmigten allgemeinen Vorarbeiten beizufügen. Ferner soll den ausführlichen Vorarbeiten noch ein Uebersichtsnivellement mit Bogenband im Längenmaaßstabe von 1 : 100 000 oder 1 : 50 000 und im Höhenmaaßstabe von 1 : 1000 beigefügt werden.

Später sind alsdann noch anzufertigen und zur Genehmigung einzureichen: die Entwürfe der Futtermauern, Wegeübergänge, Brücken, Tunnel und sonstiger außerordentlicher Bauwerke, ferner die Darstellung des Gleiseoberbaues, sowie die Entwürfe zu den Anlagen der Bahnhöfe und Haltestellen.

§ 5. Zur Berechnung und Veranschlagung der Erdarbeiten werden die aufgenommenen Querprofile *besonders* aufgetragen und in dieselben die Bahnquerschnitte (Aufträge und Abträge) nach den aus dem Längenschnitt ermittelten Höhen in vorgeschriebener Breite mit Böschungen und Gräben eingezeichnet. Die Ermittelung der Erdquerschnitte geschieht bei wagerechtem oder nahezu wagerechtem und regelmäßigem Gelände meist durch Rechnung, sonst auf zeichnerischem Wege (durch Umwandlung der unregelmäßigen Figur in eine regelmäßige) oder mittels des Planimeters. Hat man die Flächen zweier benachbarten Querschnitte ermittelt, so bildet man das arithmetische Mittel daraus, multiplicirt dieses mit der Entfernung der beiden Querschnitte und erhält so den Inhalt des betreffenden Theiles des Bahnkörpers. Nachdem man auf diese Weise die zu bewegenden Massen (Dämme, sowie Einschnitte) sämmtlich gefunden hat, nimmt man die Vertheilung derselben vor und bestimmt, wohin die abzutragenden Massen geschafft und woher die aufzutragenden Massen genommen werden sollen.

Gleichzeitig damit werden die landmesserischen Arbeiten ausgeführt, an die sich dann die Erlangung der Bauerlaubniß von den Grundbesitzern, sowie der Erwerb des Grund und Bodens schließt. Erst dann kann mit dem Bau der Bahn selbst begonnen werden.

2. Der Unterbau des Bahnkörpers.

a) Abmessungen desselben.

§ 1. Die Breiten-Abmessungen des Unterbaues richten sich nach der Spurweite des Gleises und nach der Anzahl der Gleise, fur welche die Bahn zunächst gebaut werden soll. Bei normaler Spurweite (1,435 m) soll die Kronenbreite, d. i. die durch den Schienenfuß gelegte wagerechte Linie bis zum Schnitt mit der Böschungslinie, nicht schmäler sein, als 4 m, wobei das Gleis in der Mitte liegend angenommen wird. Doppelgleise normalspuriger Bahnen sollen auf freier Strecke von M. z. M. mindestens 3,5 m auseinander liegen. Ferner soll die mittlere Bettungshöhe, d i. die Höhe von der Schwellenunterkante des Gleises bis zur Oberkante der Erdschüttung (des Planums) nicht niedriger sein als 0,20 m. Nimmt man die Stärke der Holzschwellen zu 0,160 m an, so ermittelt sich danach die obere Breite des Erdkörpers, d. i. die Planumsbreite nach Abb. 13 bei eingleisigen Strecken zu = 5,4 m und bei zweigleisigen Strecken zu = 8,9 m (Abb. 14). Im Allgemeinen nimmt man jedoch die Abmessungen etwas größer, so gilt z B für den Bezirk der Königlichen Eisenbahn-Direction Hannover der Querschnitt in Abb. 32 dargestellte für Hauptbahnen mit Querschwellen-Oberbau. Abb. 15 stellt den Querschnitt eines eingleisigen Planums

Abb. 13.

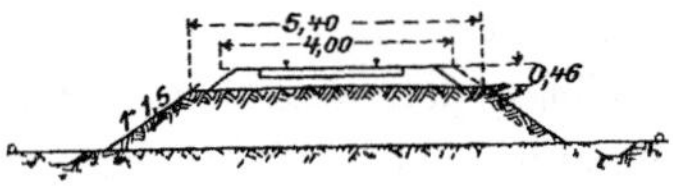

Abb. 14.

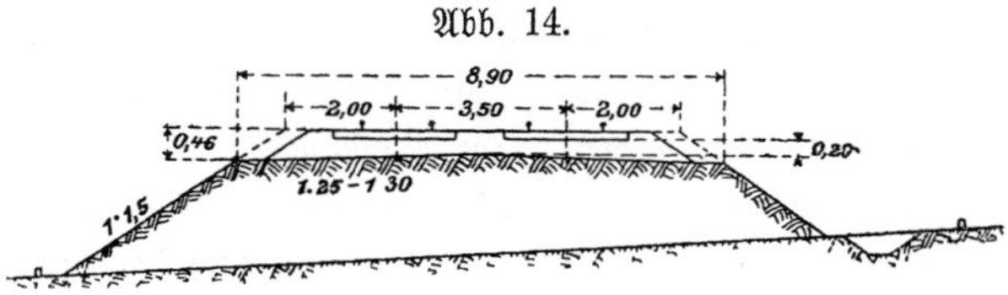

für Bahnen untergeordneter Bedeutung derselben Verwaltung dar. Die Oberfläche des Planums wird, wie in den Abb. 13—15 angedeutet, seitlich mit

1 : 25 bis 1 : 30 abgedacht, damit das durch die Gleisbettung sickernde Wasser seitlich ablaufen kann. Die Höhenlage des Planums muß bei Dämmen so gewählt werden, daß es mindestens 0,6 m über dem Hochwasser zu liegen kommt und auch der Grundwasserstand unter dem Planum nicht vom Frost erreicht wird. Ferner sind zur Verhütung von Schneeverwehungen längere Dämme von weniger als 0,6 m Höhe möglichst zu vermeiden. Die Böschungen des Dammkörpers erhalten bei gewöhnlicher Rasenbefestigung die Neigung $1 : 1^1/_2$; besteht das Schüttungs-

Abb. 15.

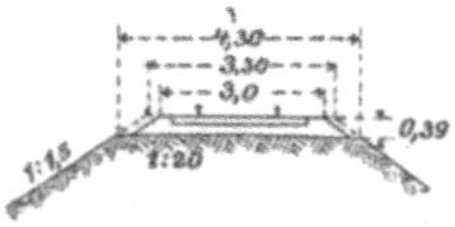

Abb. 16.

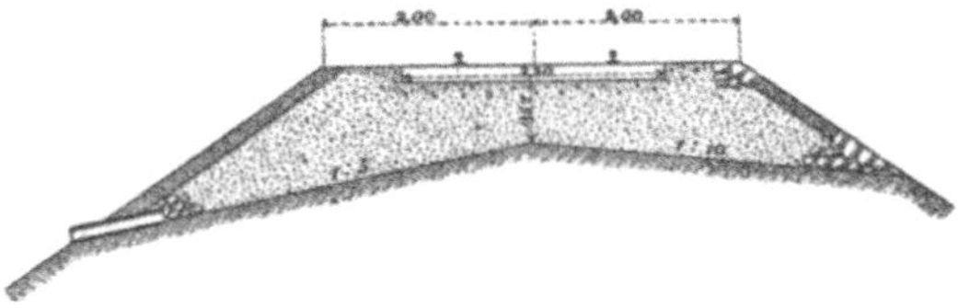

material aus Felsen, so können die Böschungen je nach Beschaffenheit des Gesteins steiler genommen werden, z. B. 1 : 1, auch bis 1 : 0,5. Besteht jedoch das Schüttungsmaterial aus nassem thonigen Boden oder ähnlichem, wenig widerstandsfähigen Material und hat man nicht Gelegenheit, durch Mischung mit Sand oder Schotter dessen Güte zu verbessern, so muß man die Böschungen von vornherein flacher anlegen. In solchen Fällen empfiehlt es sich, die Bettungshöhe größer, das Planum also breiter und dementsprechend niedriger zu machen. Abb. 16 zeigt einen solchen Querschnitt, bei dem die seitliche Entwässerung des 1 : 5 bez. 1 : 10 abgedachten Planums durch Steinschlag oder Sickerrohre bewirkt wird. Die Höhe der Bettung ist = 0,58 m genommen, d. i. etwa gleich der Lichtweite zwischen zwei benachbarten Schwellen. Am Fuße des Dammes pflegt man im Allgemeinen nur auf der Bergseite einen Graben anzuordnen, falls nicht die Fortführung des aus dem benachbarten Einschnitt kommenden Wassers eine Grabenanlage auch auf der Thalseite beansprucht.

§ 2. In den Einschnitten sind beiderseits des Planums entsprechend tiefe Gräben anzuordnen, deren Tiefe bei trockner Lage 0,30 m, bei größerem Wasserzudrang 0,40 bis 0,60 m zu nehmen ist. Das Gefälle der Gräben ist dem Längegefälle folgend, mindestens aber zu 1 : 600 anzuordnen und der Sohle eine Breite von 0,30 bis 0,60 m zu geben. Die Böschungen werden im Einschnitt bei gewöhnlichen Verhältnissen ebenfalls 1 : 1,5 hergestellt, Abb. 17; falls der Einschnitt jedoch aus Felsen besteht, so wählt man je nach der Lagerung und Beschaffenheit des Gesteins auch eine steilere Böschung, bis $1 : {}^1/_6$. Wenn jedoch das Planum eines Einschnittes aus nassem Thon oder ähnlichem, nicht hinreichend widerstandsfähigem Material besteht, so empfiehlt es sich, dasselbe tiefer zu legen und so auszubilden, wie es Abb. 18 ausführt. Die Entwässerung der Sohle des Planums wird dann durch unterirdische Canäle, wie angegeben, stets frostsicher und zuverlässig bewirkt.

Abb. 17.

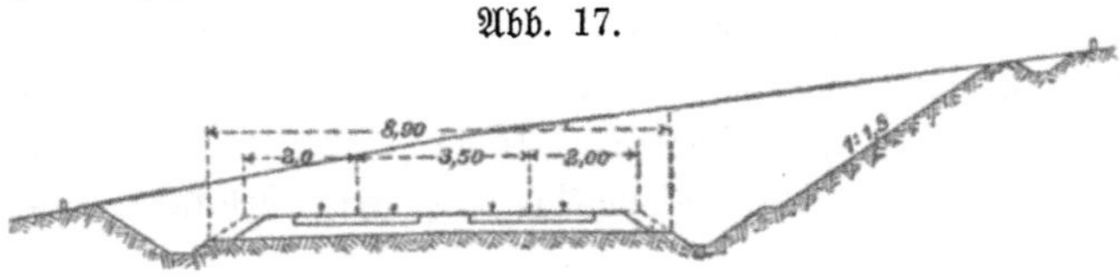

Vielfach legt man in Einschnitten in der Höhe des Planums oder der Krone Grabenbermen (Bankete) von 0,5 bis 1,0 m Breite an (Abb. 17), um

Abb. 18.

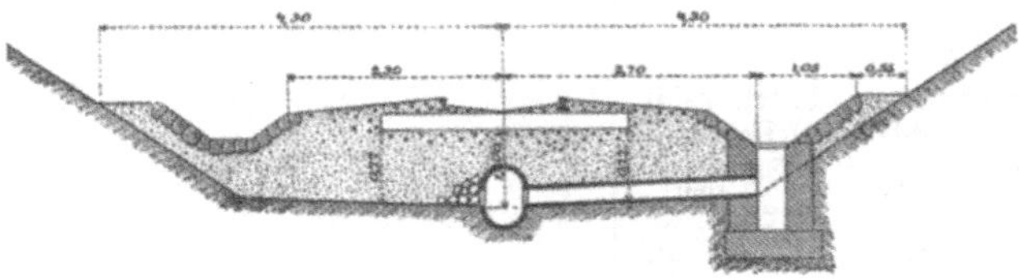

Platz zu gewinnen zum Ausschlämmen der Gräben Bei hohen Einschnitten wird es häufig nöthig, Fanggräben außerhalb der oberen Böschungskante anzulegen, um dadurch das vom Nachbarlande kommende Wasser seitlich abzuführen und somit die Böschungen gegen Auswaschungen zu schützen. Abb. 17. Außerhalb dieses Grabens bez. der Einschnittskante oder des Dammfußes folgt der Schutzstreifen in 0,6 bis 1,0 m Breite und, wenn ein Schutz gegen Schnee oder Waldbrände erforderlich ist, ein Schutzstreifen von größerer Breite. Die Grenze des Bahngeländes wird durch Grenzsteine gekennzeichnet, die so einzusetzen sind, daß die Mitte der Grenzsteine die Grenzlinie bilden.

b) Die Ausführung der Erdarbeiten.

§ 1. Die Ausführung der Arbeiten zur Anlage einer Eisenbahn pflegt man der Art einzutheilen, daß die schwierigeren Bauten, Brücken, Viaducte, Tunnel, große Einschnitte u. s w., zuerst in Angriff genommen werden und man dann, je nach dem Fortschreiten dieser Arbeiten, die kleineren und weniger Zeit in Anspruch nehmenden Bauten beginnt, damit, wenn dann mit der Herstellung des Gleises der Anfang gemacht wird, diese Arbeit ununterbrochen fortgeführt werden kann

§ 2. Die Ausführung umfaßt die Gewinnung und die Förderung der Erdmassen. Unter ersterer Arbeit versteht man das Lösen des Bodens, sowie das Laden desselben in die Fördergefäße, unter letzterer das Fortbringen,

Abstürzen und Verbauen, sowie Einebnen. Die Böschungsarbeiten (Einebnen, Bekleiden und Besäen) werden meistens erst später ausgeführt und auch besonders bezahlt. Beim Lösen des Bodens lockert sich derselbe auf und zwar beträgt diese Auflockerung je nach der Beschaffenheit des Erdreichs 10 bis 50 %, wovon aber bei längerer Lagerung der größte Theil wieder sich verliert, so daß schließlich nur 2 bis 15 % zurückbleiben. Das Sackmaaß beträgt je nach der Bodenbeschaffenheit $^1/_{10}$ bis $^1/_5$ der Höhe. Die Leistungsfähigkeit eines Arbeiters ergiebt sich aus der folgenden Tabelle.*)

Klasse	Bodenart	Losegeräth	Arbeitsstunden für den cbm	Kosten in Pfennigen für den cbm			
				für Arbeit	für Geräthe	für Sprengmittel	Im Ganzen einschl. Gewinn
I	Gewöhnlicher Stichboden, Sand, Dammerde u. s. w.	Schaufel, Spaten	0,5—1,0	10—20	—	—	15—20
II	Schwerer Stichboden, feiner Kies, leichter Thon u. s. w.	desgl. nebst Keilen und Schlägel	1,0—1,6	20—32	5	—	25—40
III	Schwerer Lehm, mit Steinen durchsetzter Boden	Breithacke nebst Keil und Schlägel	1,6—2,4	32—48	6	—	40—60
IV	Trümmergestein, festes Gerölle, kleinbrüchiger Schiefer	Spitzhacke, Brechstange	2,4—4,0	48—80	8—10	—	40—70
V	Leicht schießbares Gestein	Bohrung mit Sprengmittel mit Brecheisen	3,5—6,0	70—120	10—15	15—30	70—150
VI	Schwer schießbares Gestein	desgl. mit Keil und Hammer, Bohrmaschine	6,0—8,0	120—160	15—20	30—50	150—250

§ 3. Zur Fortschaffung des Bodens wendet man je nach der Entfernung, welche zurückzulegen ist, verschiedene Förderarten an; im allgemeinen beginnt man mit einfachen, auch doppeltem Wurf, dann mit Schubkarren, woran sich dann bald die Förderart schließt, welche man für die betreffende Arbeitstelle bis zur Beendigung beibehält. Man unterscheidet:

1. Transport mit Schubkarren mit Förderweiten, die zweckmäßig nicht über 100 m zu wählen sind.

2. Handkippkarren-Transporte bis zu 300 m Förderweite; diese Transportart sowohl, wie die mittels

3. Pferdekippkarren, welche bis 1000 m gebräuchlich sind, werden jedoch in neuerer Zeit nicht viel mehr angewendet. Dahingegen finden die Beförderungsarten mittels

*) S. Der Eisenbahnbau, von A. Göring. Berlin Verlag von W. Ernst & Sohn

4. Wagen auf Schmalspurgleisen und zwar mit Menschen bis 500 m Transportweite, mit Pferden bis 1500 m Weite, sowie endlich bei größeren Massen (über 5000 cbm) mittelst Locomotiven auf größere Entfernungen mehr und mehr Anwendung.

Die Förderkosten ergeben sich bei einem Lohnsatze von 2,00 Mk. für den Arbeiter, aus folgender Preistafel (einschl. Geräthekosten)*):

Förder-weite m	Preis für den cbm Pfennige	Förder-weite m	Preis für den cbm Pfennige	Bemerkungen
25	14	1100	68	
50	18	1200	70	
75	22	1300	72	Bei Steinmaterial etwa 20% mehr
100	25	1400	74	
150	30	1 500	75	
200	34	1600	76	Bei Steigungen ist für den Meter Hebung zuzusetzen
250	38	1700	77	
300	41	1800	78	bis 100 m Weite 2,5 Pf
350	44	1900	79	100—500 m „ 2,0 „
400	46	2000	80	500—1500 m „ 1,0 „
450	48	2500	85	über 1500 m „ 0,5 „
500	50	3000	90	
600	54	3500	95	
700	57	4000	100	
800	60	4500	105	
900	63	5000	110	
1000	66			

§ 4. Zur Bekleidung der Böschungen verwendet man Deckrasen oder Mutterboden. Das Material hierzu wird meistentheils vor Beginn der eigentlichen Erdarbeiten der Dammsohle oder der Oberfläche des Einschnitts entnommen, seitwärts aufgestapelt, um dann nach Herstellung des Bahnkörpers an die Böschungen angebracht zu werden. Der Mutterbodenschicht giebt man eine Stärke von 10—20 cm, ebnet dieselbe sorgfaltig ein und besäet sie mit einem Gemisch von Gras, Klee- und Luzerne-Samen (für 1 Ar etwa 0,3 kg). Sandigen und unfruchtbaren Boden, sowie steilere Böschungen bepflanzt man mit Akazien, schwedischem Boksdorn und besaet sie mit Ginster. Nasse, sowie Böschungen aus thonigem Material bepflanzt man mit Weiden und Erlen. Hohe Dämme sind zweckmaßig mit Buschholz (Eichen, Erlen, Birken) dicht zu bepflanzen, da dadurch

*) Nach Gustav Meyer, Handbuch der Ingenieur-Wissenschaften Band I. Kap. III, Seite 383.

die Bildung von Schneewehen auf den Dämmen verhütet wird; jedoch dürfen die Büsche nicht über Gleishöhe hinausreichen. — Die Kosten für Bekleidung der Böschungen stellen sich etwa auf 6—10 Pfennig das Quadratmeter.

§ 5. Bezüglich der Ausführung der Erdarbeiten, im Besonderen der Herstellung der Dämme werde bemerkt, daß man bei der Auswahl des Schüttungsmaterials vorsichtig zu Werke gehen muß und nicht ohne Weiteres jedes Erdreich, das in den Einschnitten sich befindet, verwenden darf. Als beste Schüttungsmasse ist zu betrachten festes Gestein jeder Art, Kies und Sand, letzterer jedoch nur sofern er nicht zuviel lehmige Beimengungen hat. Ferner können ohne Bedenken verwendet werden die Trümmergesteine, sowie Lehm- und Thonboden, letzterer jedoch nur, wenn er hinreichend mit Steinen oder Sand durchsetzt und nicht zu naß ist. Dahingegen muß Schliessand, eine Masse, die im Einschnitt oft mit der Spitzhaue gelöst werden muß, die aber schon im Transportwagen sich mehr oder weniger in Brei verwandelt und die beim Ausschütten breit auseinander läuft, sowie Quellsand, nasser Thon und Lehm, auch Torf und Moorboden aus Dammschüttungen möglichst fern gehalten werden. Läßt sich die Verwendung nicht ganz vermeiden, so muß man das schlechte Material mit besserem untermengen, d. h. reinen Sand oder Kies in regelmäßigen Lagen zwischen das schlechte Erdreich einbringen.

Wird dieses versäumt, so bilden sich, selbst wenn der Bahnkörper vorläufig auch Stand hält, durch die Last der darüber fahrenden Züge Einsenkungen im Planum, die sich mit der Zeit mehr und mehr vertiefen Abb. 19. Sobald

Abb. 19.

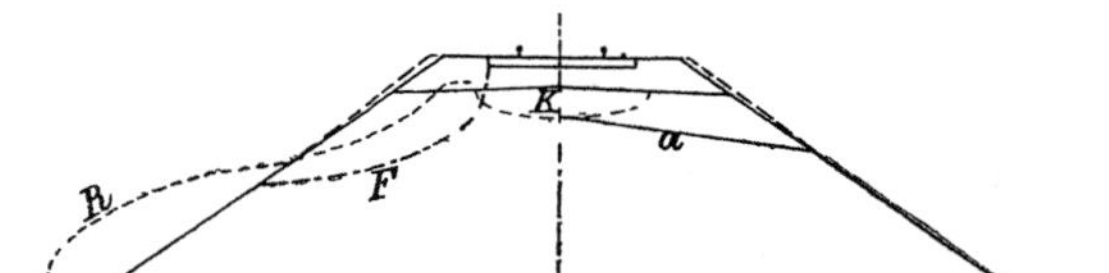

nämlich erst eine kleine Einsenkung unter dem Gleise im Planum entstanden ist, kann das Wasser aus derselben nicht mehr seitlich abfließen; es bleibt also in der Mulde K (Abb. 19) stehen, vermehrt sich in nassen Jahren und weicht den Boden unter sich mehr und mehr auf Dadurch verliert der Erdkörper die Widerstandsfähigkeit und durch die erneute Last, welche die darüber fahrenden Züge hervorrufen, wird die Mulde von Neuem vergrößert. Ueber kurz oder lang kann dann leicht eine Abrutschung nach einer Seite erfolgen, wobei der Erd- und Bettungskorper oberhalb der Rutschfläche F abgleitet und sich, wie durch die Linie R angedeutet ist, ablagert. Dadurch ist natürlich die Sicherheit des Gleises gefährdet. Diese Abrutschungen, die sich oft bis zur Mitte des Gleises ausdehnen, künden sich meist schon dadurch vorher an, daß an den Schwellenköpfen Längsrisse entstehen, auch die Planums- oder Bettungskante etwas hinausgedrückt wird. Man muß dann sehr auf der Hut sein und am besten sofort vorbeugen, indem man Sickerschlitze seitwärts in den Bahnkörper eintreibt — wenn möglich bis zur Mitte des Gleises, — dieselben mit hinreichendem Gefälle nach Außen versieht, Linie a Abb. 19, sie unten mit durchlässigem Material, Steinen oder grobem Kies ausfüllt, damit das Wasser abziehen kann und dann wieder bis obenhin mit gewöhnlichem aber möglichst festem Boden ausfüllt. Aller Aufmerksamkeit ungeachtet können dennoch Dammrutschungen eintreten, welche dann häufig die in Abb. 19 linke Seite dargestellte Form annehmen. Der Boden rutscht dann meist auf einer Rutschfläche F ab, die von den Schwellenköpfen oder einem Puncte mehr in der Mitte des Gleises ausgehend anfänglich ziemlich steil einfällt und dann parabolisch nach einem Puncte in der Mitte der Dammböschung oder auch wohl nach dem Fuße desselben verläuft. Nach einer solchen Rutschung thut man stets gut, den Verkehr auf dem anliegenden Gleise einzustellen und erst gründliche Abhülfe zu schaffen. Zu diesem Zwecke stellt man in Entfernungen von etwa 5 zu 5 m Sickerschlitze von 1 m Breite her, und zwar am raschesten in der Art, daß man für jeden Schlitz zunächst doppelte, 1 m von einander abstehende, Bohlenwände einrammt und dann den Boden dazwischen herausgräbt, wobei man zugleich die nöthigen Absteifungen vornimmt. Diese Schlitze treibt man bis unter die Rutschflache F hinab und zwar wieder am besten bis unter das Gleis und füllt sie mit durchlassigem Material und sonst, wie oben beschrieben, aus. — Hat man zur Dammschüttung nicht hinreichend Boden, um den zu verwendenden Thon mit besserem Erdreich mengen zu können, so bleibe man mit dem Planum so tief, daß nach der Wahl des Oberbaues mit Sicherheit eine Umbildung desselben vermieden wird. Nach angestellten Beobachtungen und Versuchen*) hat sich nämlich herausgestellt, daß eine Veränderung der Oberfläche des Planums, welche bei weichem, thonigem Material in der Abb. 20 im Längenschnitt dargestellten Weise vor sich geht, nicht mehr

Abb. 20.

eintritt, wenn die Höhe der Bettung mindestens so hoch ist, als die benachbarten Schwellen im Lichten von einander entfernt liegen. Beim hölzernen Querschwellenbau mit enger Schwellenlage (11 Schwellen auf die Schienenlänge von 9 m) ist diese Entfernung = 0,58 cm. Man muß also der Bettung diese Höhe unter

*) Umbildungen des Planums von E. Schubert Verlag von W. Ernst und Sohn, Berlin.

Schwellenunterkante geben, d. h. das Thonplanum nur bis dahin hochführen und es dann seitlich stark, 1 : 10 oder 1 : 5, abdachen, wie Abb. 16 darstellt. Dann werden weder Einsenkungen eintreten, noch wird der Frost in diese Tiefe eindringen und nachtheilig wirken.

§ 6. Bei Herstellung von Einschnitten aus Thon soll man dieselbe Vorsicht anwenden und das Planum ebenfalls so tief legen, daß der Frost nicht hinabgelangen kann und Veränderungen der Planumsoberfläche durch die Zuglasten nicht mehr hervorgerufen werden. Vergl. Seite 19 und Abb. 18.

Treten Uebelstände, wie die erwähnten, in Einschnitten bestehender Bahnen ein, d. h. bilden sich Aufquellungen zwischen und Koffer unter den Schwellen, so muß man, falls etwa ein lebhafter Betrieb eine vollständige Ausgrabung des Thones bis zur obengenannten Tiefe nicht zuläßt, Auskofferungen zwischen den Schwellen vornehmen, wie Abb. 21 es veranschaulicht. Beim Langschwellen-Gleise muß diese Auskofferung entsprechend dem größeren Zwischenraume zwischen den Langschwellen (1,20 m) tiefer geführt werden. Eine Entwässerung dieser ausgekofferten Planumstheile ist nothwendig und zwar muß dieses, falls die seitlichen Bahngräben nicht tief genug sind, mittels Thonröhren nach den Einschnittsenden bewirkt werden.

Abb. 21.

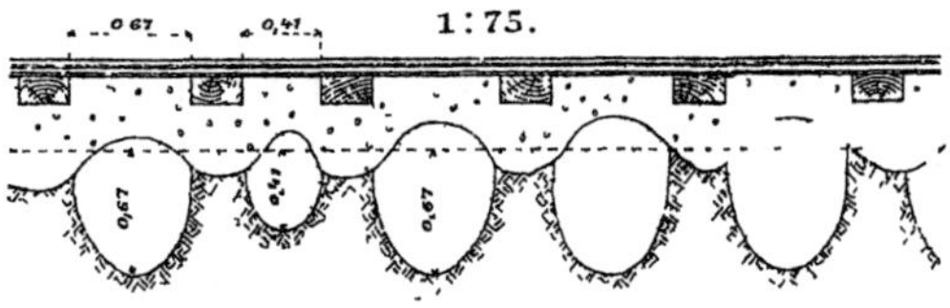

Etwaige Rutschungen*) an den Einschnittböschungen werden ähnlich denen der Dämme behandelt, nur muß man, da diese Rutschungen häufig auf unterliegende wasserführende Schichten zurückzuführen sind, die einzubauenden Schlitze (Steinporen) bis unter die wasserführende Schicht hinabführen und am Fuß fest zu lagern suchen. Abb. 22 zeigt im Querschnitt eine häufig vorkommende Form solcher Rutschungen. F ist die Rutschfläche, die, von der wasserführenden Schicht ausgehend, steil nach oben verläuft. Die Sohle des Sickerschlitzes treppt man in der angedeuteten Weise ab und führt sie, wenn die wasserführende Schicht nicht zu hoch liegt, bis zur Grabensohle

Abb 22.

*) Näheres s. die Rutschungen der Erdbauten von A v Kaven Verlag von J F Bergmann Wiesbaden.

hinab. Die Schlitze macht man entweder pfeilerartig grade, wie Abb 23 im Grundriß angiebt, und setzt sie dann 5—10 m auseinander, oder man verbindet die senkrechten Schlitze durch Bogen nach Art der Abb. 24. In diesem Falle können die senkrechten Pfeiler weiter auseinander (bis 20 m) gesetzt werden.

Abb. 23. Abb. 24.

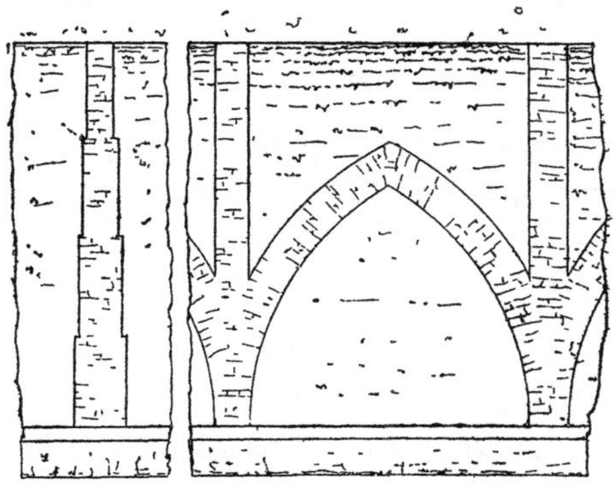

§ 7. Ueber das **Auffrieren** des Gestänges und die Bildung von **Frostbeulen** sei Folgendes bemerkt. Diese Erscheinungen treten auf in Thoneinschnitten, bei denen die Bettung nicht so hoch ist, um das Eindringen des Frostes in das Thonplanum zu verhüten. Sie erscheinen jedoch weniger bei anhaltendem strengen Frost, als in der Zeit, in der der Frost schon im Aufgehen begriffen ist; oft beim schönsten warmen Sonnenschein in den Marztagen Der Vorgang dabei ist folgender. Abb. 25 stellt einen Längenschnitt des Gleises dar, in dem zwischen A und B sich eine Thoneinlagerung befindet, während das beiderseits der Thonlage befindliche Material frostbeständig ist. Beim Eintritt des Frostes friert zunächst die Bettung und zwar von oben nach unten ziemlich gleichmäßig ohne merkliche Ausdehnung, da sie nur wenig Wasser enthält, zwischen dem Kies und den Sandkörnern auch Lufträume in hinreichender Menge vorhanden sind. Immerhin erfolgt die Frostbildung und somit etwaige Ausdehnung gleichmäßig in der ganzen Länge, so daß Unregelmäßigkeiten am Gleise nicht bemerkbar werden. Gelangt der Frost bis zur Tiefe des Thonplanums und macht auch dieses erstarren, so hat der Thon infolge seiner größeren Dichtigkeit und seines größeren Wassergehaltes das Bestreben, sich dementsprechend auszudehnen. Da aber die über ihm liegende Decke als ein fester starrer Körper, einem kräftigen Trager gleich, dieser Ausdehnung widerstrebt — es sei denn, daß bei größerer Ausdehnung des Thonlagers Kiesbett und Gleis mit dem Thon gleichmäßig gehoben werden — so muß die Ausdehnung nach unten in die weicheren Schichten oder auch auf das nebenliegende Erdreich sich erstrecken Tritt nun Thauwetter ein, so werden die oberen Schichten der Bettung zuerst erwärmt und aufgethaut, dadurch wird die Höhe der gefrorenen Schicht

Abb 25.

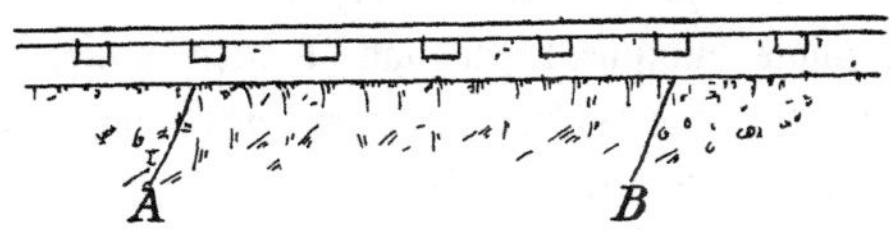

vermindert, der widerstandsfähige Körper also geschwächt. Ist das Aufthauen des Bettungskörpers soweit fortgeschritten, daß der gefrorene Körper nicht mehr soviel Widerstand leisten kann, um der im Thone vorhandenen Spannung das Gleichgewicht zu bieten, so bricht die Frostdecke durch, sie wird durch die unterliegende Thonschicht gehoben und das Gleis mit ihr; die Frostbeule ist plötzlich entstanden. Abb. 26.

Abb. 26.

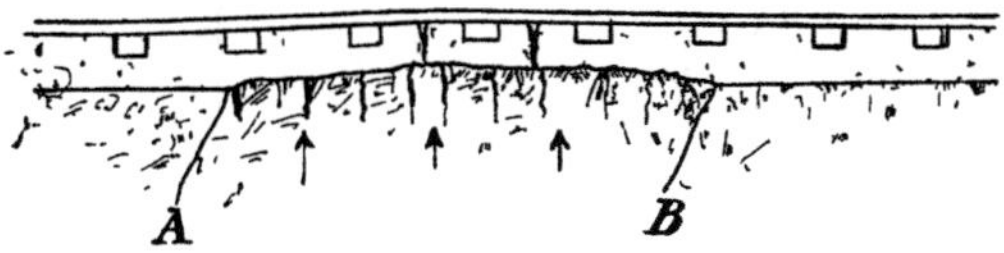

§ 8. Bei schlammigem Kiese und unreinem Bettungsmaterial kann die Frostbeule auch dadurch entstehen, daß nach eingetretenem Thauwetter, doch ehe der Frost vollständig aus dem Bahnkörper heraus ist, wieder von Neuem Frost eintritt. Alsdann kann, wenn an einzelnen Stellen größere Schlamm- und Wassermengen sich unter den Schwellen ansammeln, beim Eintritt des Frostes die Ausdehnung dieser Massen nur nach oben stattfinden, da unterhalb sich noch die festgefrorene Bank befindet, die mehr Widerstand leistet, als das Gewicht des Gleises.

Vorläufige Abhülfe ist zu schaffen im ersteren Falle durch Ausgraben des aufgethauten Kieses und Tieferlegen der Schwellen, im letzteren Falle durch Auswechseln der hochgefrorenen Schwellen, an den Stellen, wo das Gleis zu hoch liegt, sowie Zwischenlegen von Platten zwischen Schienen und Schwellen an den Stellen, wo die Schwellen nicht mit hoch gehoben sind. In manchen Fällen kann man auch durch Aufthauen der hochgetriebenen Strecken mittelst ungelöschten Kalkes das Gleis durch gewöhnliches Nachstopfen bez. Senken oder Anheben wieder in Stand setzen. Letzteres Mittel wolle man jedoch nur in den äußersten Fällen, so z. B. beim Langschwellenbau System Haarmann, anwenden, da das Bettungsmaterial durch den Kalk sehr verunreinigt wird.

3. Die Bettung.

§ 1. Die Bettung soll einerseits dem Gleise eine feste Unterlage bieten und den Druck möglichst gleichmäßig auf den unterliegenden Erdkörper vertheilen und andererseits es ermöglichen, die Schwellen, welche infolge des Betriebes ihre Lage verändern, wieder auf die richtige Höhe zu bringen, d. h. sie ordnungsmäßig zu stopfen. Den unteren Theil der Bettung wird man hiernach aus reinem, durchlassigem Sande oder Packlage herstellen, den oberen hingegen aus Kies oder Steinschlag. Beide Theile des Bettungskörpers müssen selbstverständlich wetterbeständig und durchlässig sein. Bei Thonuntergrund ist es zweckmäßiger keine Packlage, sondern Sandunterbettung zu nehmen, da die Steine der Packlage sich leicht in den Thon eindrücken, der Thon auch zwischen ihnen in die

Höhe steigt und somit eine Entwässerung des Planums unmöglich wird (Abb. 27). Hat man jedoch eine Sandunterbettung, so macht sich dieser Uebelstand nicht

Abb. 27.

geltend, es bildet sich im Planum zwar eine Mulde (Abb. 28), jedoch ist dieselbe gleichmäßig und bei Verwendung von Steinschlag als Stopfmaterial auch sehr breit

Abb. 28.

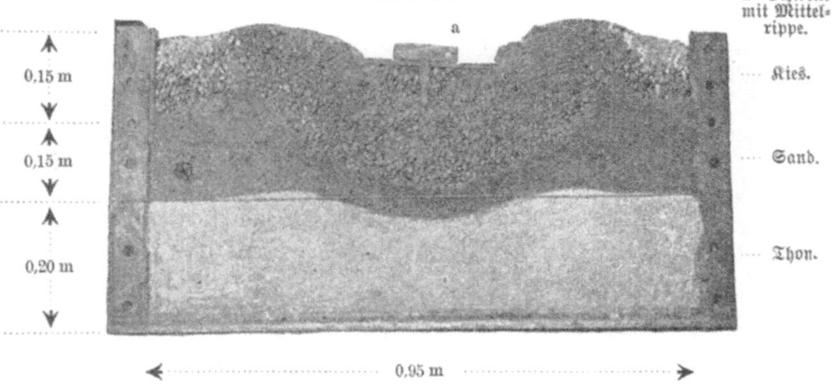

(Abb. 29), die Druckvertheilung somit ziemlich gleichmäßig. Kann man die Steinschlagbettung auf 0,30 cm erhöhen, so genügt eine Sandschicht von 5—8 cm, um auch bei einem Schwellenabstaude von 95 cm die Bildung von Unebenheiten auf der Oberfläche des Thones zu verhüten und eine nahezu vollkommen gleichmäßige Vertheilung des Druckes auf die Oberfläche des Planums zu erreichen (Abb. 30).

Zum Stopfmaterial eignet sich am besten Kleinschlag in 3—4 cm Größe von muscheligem Korn aus hartem und zähem Gestein, und zwar sind Basalt, Quarz-Porphyr, Grauwacke und die Grünsteine in erster Linie zu nennen, da sie eine große Festigkeit und Zähigkeit besitzen, so daß erst bei 600—700 Stopfhammerschlägen ein Liter dieses Gesteines in Staub zerkleinert wird. Etwas weniger fest sind Kohlensandstein, Diorit und Quarzit, bei denen 550—400 Stopfschläge genügen, um einen Liter Staub zu erzeugen, wohingegen bei Hochofen-

Abb. 29.

schlacke und gesiebtem Kies schon 300—200 Stopfschläge dasselbe bewirken. Wie hiernach der Steinschlag den Kies in Bezug auf die Festigkeit bedeutend

Abb. 30.

übertrifft, so ist es auch in Bezug auf die andauernde Festigkeit des Lagers der Fall, so daß nach den angestellten Versuchen*) die Kleinschlagbettung aus Hartgestein (Basalt), diejenige aus gesiebtem Kies bezüglich des Materialverbrauchs um das 6—7fache, bezüglich des Arbeitslohnes beim Stopfen des Gleises um mindestens das Dreifache übertrifft.

Ist Steinschlag als Stopfmaterial nicht zu erlangen, so wähle man Kies, der möglichst über ein Sieb von 8 mm Maschenweite zu sieben ist, rein von

*) Zeitschrift für Bauwesen 1897 und Organ für die Fortschritte des Eisenbahnwesens 1897.

erdigen und lehmigen Bestandtheilen sein muß und nur geringe Sandbeimengungen (10—20 %) enthalten darf.

Bei Bahnen mit geringerem Verkehr, sowie, wenn gröberer Kies nicht zu haben ist, kann man auch feineres Korn für den Kies zulassen, ja sogar sich mit Sand begnügen, jedoch bleibt zu beachten, daß die Unterhaltungskosten sich dann höher stellen, als bei Verwendung besseren Stopfmaterials.

Abb. 31.

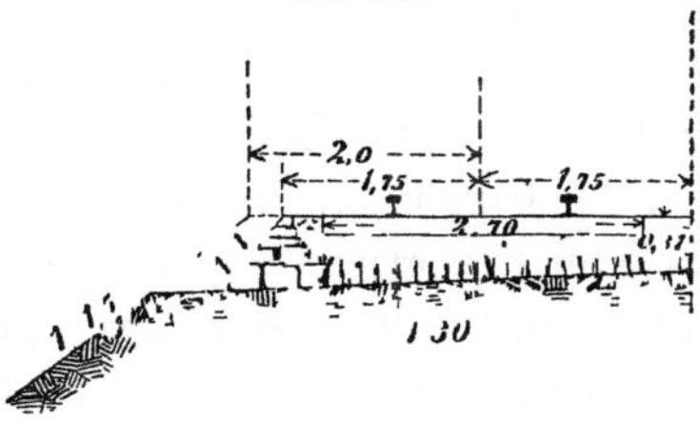

§ 2. Die Herstellung des Bettungskörpers geschieht bei Verwendung einer Packlage in der Weise, daß man die etwa 15 cm langen Steine hochkantig dicht neben einander stellt und gehörig mit kleinen Steinen verzwickt. Da man die Oberkante der Packlage gern wagerecht herstellt (um dem Stoffmaterial darüber überall die gleiche Höhe geben zu können), so muß man zur Ausgleichung des Seitengefälles des Planums die größeren Steine der Packlage nach der Kante und die kleineren nach der Mitte zu verwenden (Abb. 31).

Abb. 32.

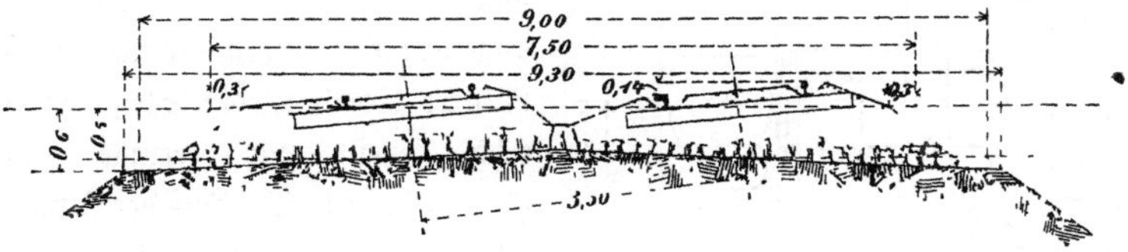

In Bögen mit kleinem Halbmesser setzt man die Packlage so, daß ihre Oberfläche annähernd parallel zur Neigung des Schienenstranges ist. Abb. 32 oder noch besser, man giebt dem Planum gleich von vornherein eine entsprechend

Abb. 33.

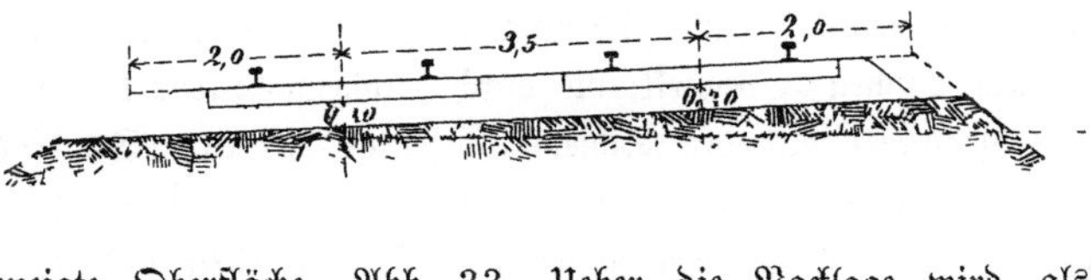

seitlich geneigte Oberfläche. Abb. 33. Ueber die Packlage wird alsdann das Stopfmaterial (Schotter oder Kies) bis zur Höhe von Schwellenunterkante aufgebracht.

4. Der Oberbau.

a. Die Bauart des Gleises.

§ 1. Unter dem Oberbau einer Eisenbahn versteht man das aus den Schienen mit ihren Unterlagen, sowie den dazu gehörigen Befestigungsmitteln (Kleineisenzeug) hergestellte Gleis. Diese einzelnen Theile des Gleises haben seit Bestehen der Eisenbahnen mancherlei lehrreiche Wandlungen durchgemacht, ehe man zu den heutigen Formen kam; doch soll hier auf die Entwicklung des Eisenbahn-Oberbaues nicht weiter eingegangen, hingegen mögen (unter Verweisung auf die unten benannte Schrift[1]) die jetzt auf den größeren deutschen und österreichischen Eisenbahnen gebräuchlichen Oberbauarten beschrieben werden.

Im Allgemeinen sei zuvor bemerkt, daß man in Deutschland fast ausschließlich die sogen. Breitfußschiene Abb. 34 verwendet, bei der der Kopf K, nach den „Technischen Vereinbarungen", nicht weniger als 57 mm breit ist, eine ebene oder mindestens mit 200 mm Halbmesser gewölbte Oberfläche hat und seitlich nach einem Halbmesser von mindestens 14 mm abgerundet ist. Der Kopf wird scharf unterschnitten, damit die Laschen L gut angeklemmt werden können. Der mittlere Theil S, der Steg genannt, erhält meist nur geringe Stärke (11—15 mm). Der Fuß der Schiene F soll nicht unter 100 mm breit sein und die ganze Höhe der Schiene nicht unter 125 mm (beim Querschwellenbau) genommen werden, auch muß die Schiene so stark sein, daß sie an jeder Stelle im Gleise einer bewegten Last von 7000 kg[2]) mit Sicherheit Widerstand leistet. Die Befestigung zweier aneinander stoßenden Schienen wird durch Laschen L bewirkt, die durch Laschenschrauben B (auch wohl Schienenschrauben genannt) mit den Schienen befestigt werden. Die Schienen ruhen entweder auf Holzschwellen oder auf eisernen Schwellen. Die Holzschwellen liegen stets quer zum Gleise, sie werden deshalb Querschwellen und die ganze Bauweise: **Oberbau mit hölzernen Querschwellen** genannt. Die eisernen

Abb. 34.

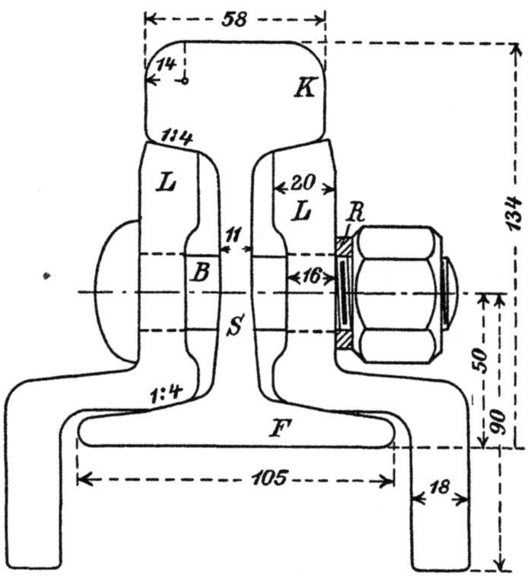

Breitfußschiene mit Verlaschung.

[1]) Fortschritte im Eisenbahnwesen, Verlag von J. F. Bergmann, Wiesbaden.
[2]) In neuester Zeit wird beabsichtigt, dieses Gewicht auf 8000 kg zu erhöhen.

Schwellen ordnet man sowohl quer zum Gleise, als auch längs desselben, unter den Schienen, an, und nennt die erste Bauweise: Oberbau mit eisernen Querschwellen und die letztere: Oberbau mit eisernen Langschwellen.

1. Oberbau der Königl. Preußischen Staats-Eisenbahnen.

§ 2. Im Jahre 1895 sind für den Bereich der Preuß. Staatsbahnen Oberbauanordnungen für Haupt- und Nebenbahnen bekannt gegeben, nach denen sämmtliche Neubauten und Umbauten ausgeführt werden sollen. Diese Oberbau-Anordnungen werden eingetheilt in 3 Gruppen, nämlich:

Gruppe I für Hauptbahnen mit Schienen No. 6d, 7b und 7c und zwar sowohl für hölzerne, als für eiserne Querschwellen.

Gruppe II für Hauptbahnen mit starkem Schnellzugsverkehr unter Anwendung der Schienen No. 8a, 9b und 9c ebenfalls für Holz- und Eisenschwellen und

Gruppe III für Nebenbahnen mit Schienen No. 10a und 11a, gleichfalls für die beiden Schwellenarten.

Oberbau mit eisernen Langschwellen kommt nicht mehr zur Ausführung.

Bei sämmtlichen Schienenquerschnitten ist die Oberfläche des Kopfes nach einem Halbmesser von 225 mm gewölbt, die seitlichen Abrundungen nach einem Halbmesser von 14 mm bewirkt und die Schienenköpfe in der Laschenanlage nach 1 : 4 gegen die Wagerechte unterschnitten. Dieselbe Neigung haben die an den Steg anschließenden Theile des Fußes, welche die untere Stützfläche der Laschen bilden. Da die Schienen der Profile 6 und 7 sich nur durch die Stegstärke unterscheiden, so haben die Laschen beider dieselben Querschnitte erhalten. Ebenso verhält es sich mit den Schienen der Gruppe II, die sich auch nur durch die Stegstärke unterscheiden. Die Schienen der Gruppe III weichen sowohl in Stegstärke, als in der Höhe von einander ab, so daß für jede derselben eine besondere Laschenform nöthig ist.

Bei allen 3 Gruppen erfolgt die Befestigung der Schienen mit einander an den Stößen durch Laschen mit 4 Laschenschrauben. Unterlagsplatten kommen auf den Stoßschwellen und auf den Mittelschwellen regelmäßig zur Anwendung mit Ausnahme der Oberbauanordnung 10a und 11a, wo bei Holzschwellen und bei einfachen Betriebsverhältnissen die Unterlagsplatten auf den Mittelschwellen fortbleiben können. Bei den eisernen Querschwellen werden durchweg Unterlagsplatten verwendet. Die Oberfläche der Platte ist noch 1 : 20 nach innen geneigt, so daß die hölzernen Querschwellen nicht mehr gekappt und die eisernen Schwellen nicht mehr aufgebogen zu werden brauchen.

Die Befestigung der Schienen geschieht bei Holzschwellen durch 2 oder auch 3 Schwellenschrauben oder Hakennägel (in neuester Zeit nur noch durch Schwellenschrauben), bei eisernen Schwellen durch Klemmplatten und Hakenschrauben.

Die hölzernen Querschwellen haben bei allen 3 Gruppen den gleichen Querschnitt von 0,26 m Breite und 0,16 m Höhe und bei den Gruppen I u. II auch dieselbe Länge von 2,70 m. Bei der Gruppe III sind die Schwellen nur 2,50 m lang. Die Schwellen werden aus Eichen-, Buchen- oder Kiefernholz gefertigt und zur Erzielung einer größeren Widerstandsfähigkeit gegen Fäulniß mit Creosot, Chlorzink, carbolsäurehaltigem Theeröl oder mit Chlorzink unter Zusatz von letztgenanntem Oel getränkt, wodurch sie auf eine Dauer von 20—30 Jahren gut erhalten bleiben und den Zweck, ein festes Lager für die Schienen zu bilden und den Nägeln und Schrauben festen Halt zu bieten, erfüllen. Querschnitt und Länge der eisernen Querschwellen sind bei allen 3 Gruppen gleich, auch haben die Schwellen der Gruppen I u. III dieselbe Lochung, während die Schwellen der Gruppe II infolge der größeren Breite des Schienenfußes der stärkeren Hakenschrauben wegen anders gelocht werden müssen. Bei Gleisekrümmungen von weniger als 200 m Halbmesser ändert sich in Folge der größeren, dabei erforderlichen Spurerweiterung die Schwellenlochung, und werden deshalb für solche Gleisestrecken besonders gelochte Schwellen hergestellt.

Anders gelocht sind ferner noch die eisernen Querschwellen für die 50 mm dicken Hakenplatten für Wegeübergänge.

§ 3. Die einzelnen Oberbauanordnungen der vorgenannten 3 Gruppen sind folgende:

Gruppe I.

1. Oberbau No. 6d H u. E (für Holz- und Eisenschwelle) mit stumpfem Stoß. Die Schiene hat eine normale Länge von 12 mm, 58 mm Kopfbreite, 11 mm Stegstärke, 105 mm Fußbreite, 134 mm Höhe und ein Gewicht von 33,4 kg für das lfd. Meter.
2. Oberbau No. 7b H u. E mit Blattstoß. Kopfbreite der Schiene 58 mm, Stegstärke 18 mm, Fußbreite 105 mm, Schienenhöhe = 134 und 37,24 kg/m Gewicht. Länge der normalen Schiene = 15 mm.
3. Oberbau No. 7c H u. E mit stumpfem Stoß. Schienenhöhe 134 mm Kopfbreite 58 mm, Fußbreite 105 mm, Stegstärke 18 mm, Gewicht = 37,24 kg/m, normale Schienenlänge = 18 m.

Gruppe II.

4. Oberbau No. 8 H u. E mit stumpfem Stoß. Kopfbreite 72 mm, Stegstärke 14 mm, Fußbreite 110 mm und Schienenhöhe = 138. Gewicht 41,6 kg/m, normale Schienenlänge = 12 m.
5. Oberbau No. 9b H u. E mit Blattstoß. Normale Schienenlänge 15 m, Schienenhöhe 138 mm, Kopfbreite 72 mm, Stegstärke 18 mm, Fußbreite 110 mm, Gewicht 43,43 kg/m.

6. Oberbau No. 9c H u. E mit stumpfem Stoß. Schienenhöhe 138 mm, Kopfbreite 72 mm, Stegstärke 18 mm, Fußbreite 110 mm und Gewicht ebenfalls 43,43 kg/m. Länge der normalen Schiene 18 m.

Gruppe III.

7. Oberbau No. 10a mit stumpfem Stoß. Schienenhöhe 129 mm, Kopfbreite 58 mm, Stegstärke 11 mm, Fußbreite 105 mm mit einem Gewicht von 31,16 kg/m. Länge der normalen Schiene 12 m.

8. Oberbau No 11a mit stumpfem Stoß. Schienenhöhe 115 mm, Kopfbreite 58 mm, Fußbreite 100 mm, Stegstärke 10 mm, Gewicht 27,55 kg/m. Länge der normalen Schiene 12 m.

Gruppe I. 1. Oberbauanordnung 6d H (auf Holzschwellen).

§ 4. Der Querschnitt der Schiene und Lasche dieses Oberbaues ist in Abb. 35 im Maaßstab 1 : 3 dargestellt, auch sind die hauptsächlichsten Maaße eingeschrieben. Während, wie bereits oben angeführt, die Normallange der Schienen 12 m betragt, haben die in den Bögen zu verwendenden Ausgleichschienen Längen von 11,96, 11,92 und 11,88 m. Um zu vermeiden, daß ein Schienenstoß in einen Wegübergang fällt, sind auch Schienen von 10 m Länge vorgesehen, die man nach Bedarf vor dem Ueberwege einlegen kann. Abb. 36 und 37 zeigen Ansicht und Schnitt der Anordnung des Schienenstoßes unter Verwendung hölzerner Schwellen.

Abb 35.

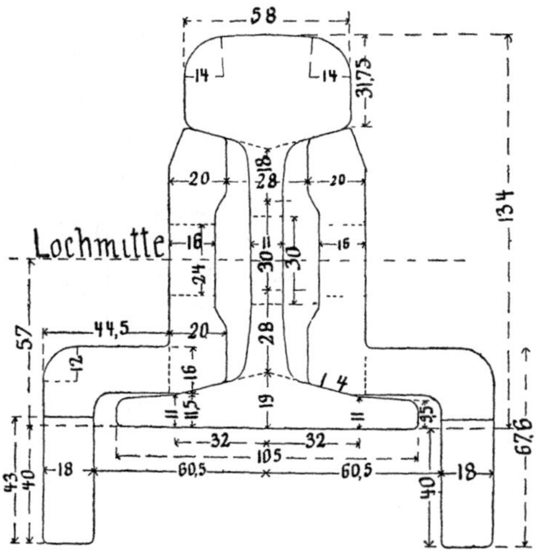

Querschnitt der Schiene und Laschen des Oberbaues No. 6d.

Die innere Lasche ist 690 mm lang, hat 4 runde Löcher in 130 bez. 120 mm Abstand, während die Löcher der sonst gleichgeformten äußeren Laschen oval sind. In letztere Löcher werden die oval geformten Ansätze der Laschenschrauben eingesetzt, so daß dieselben beim Anziehen der Mutter sich nicht mit drehen können.

Die Laschenschrauben (Abb. 38) sind mit sog. Bundmuttern versehen, die auch ohne besondere Sicherungsmittel fest sitzen; es können aber auch gewöhnliche

Abb. 36.

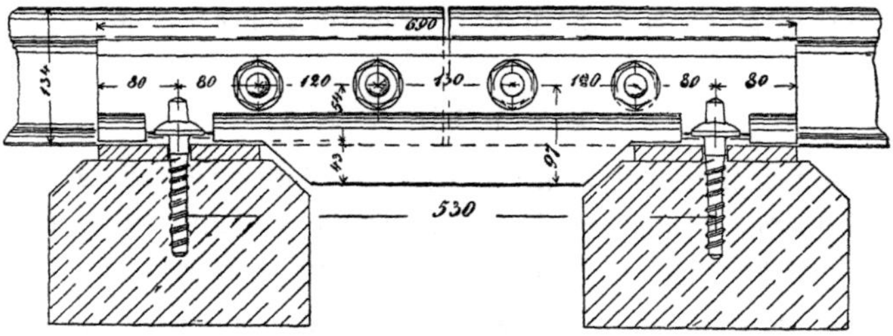

Schienenstoß mit Oberbau No. 6d.

Abb. 37.

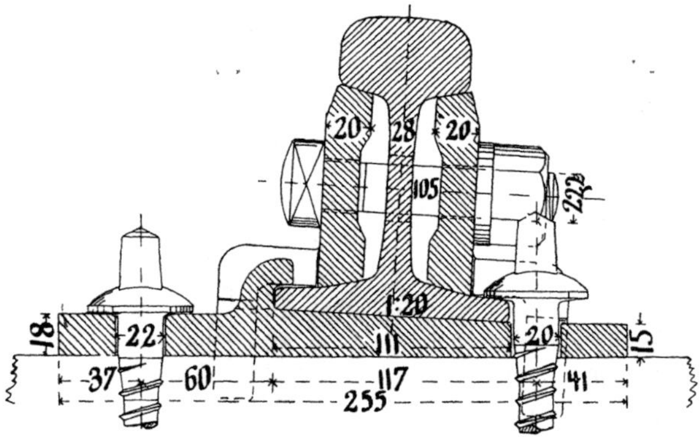

Schnitt durch den Schienenstoß des Oberbaues No. 6d.

Abb. 38. Laschenschraube mit Bundmutter.

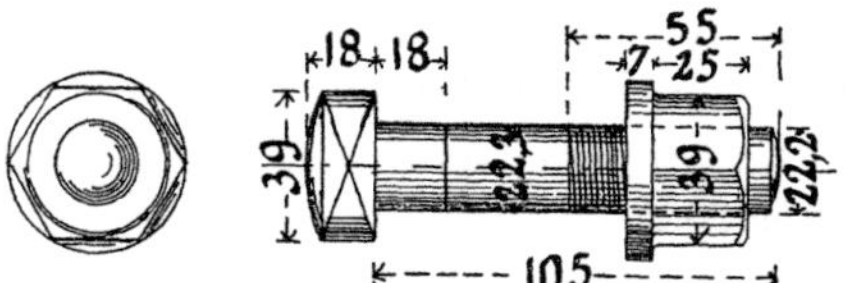

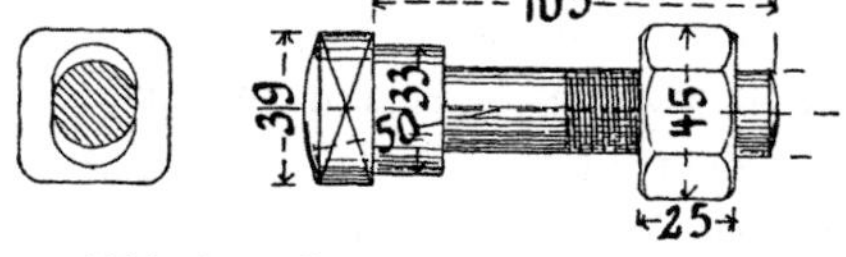

Abb. 39. Laschenschraube mit gewöhnlicher Mutter.

Abb. 40 und 41.

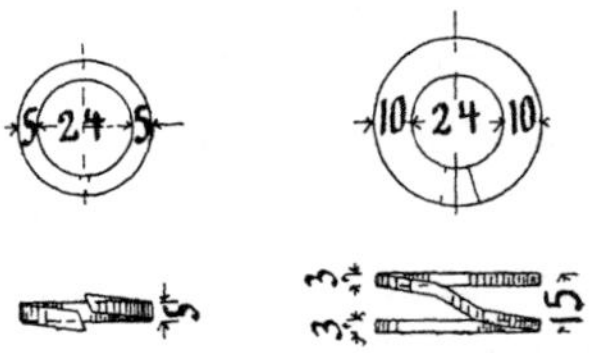

Federringe.

Muttern verwendet werden (Abb. 39), in welchem Falle jedoch Federringe (Abb. 40 und 41) zur Sicherung unterzulegen sind.

Der untere Theil der Laschen ist über den Schwellen schräg abgeschnitten und an den Stellen, an welchen die Haken der Unterlagsplatte auf der Außenseite und die Schwellenschrauben auf der Innenseite zu sitzen kommen, auf 67 mm Breite ausgeklinkt. (Abb. 36)

Auf den Stoßschwellen werden Unterlagsplatten verwendet, die an der äußeren Seite mit einem Haken versehen sind, der über den anstoßenden Rand des Schienenstoßes greift und ihn festhält (Abb. 37), während auf der inneren Seite die Schiene durch eine Schwellenschraube festgehalten wird, die durch ein in der Unterlagsplatte vorhandenes Loch in die Schwellen eingebohrt wird. Auf der Außenseite hat die Unterlagsplatte noch 2 Löcher durch die ebenfalls Schwellenschrauben getrieben werden, um diese mit der Schwelle fest zu verbinden. Die Haken der Unterlagsplatte greifen an den Außenseiten in die Einklinkungen der Laschen und verhindern auf diese Weise das Wandern der Schienen. Wie aus Abb. 37 zu erkennen, ist die Oberfläche der Unterlagsplatten, also diejenige, auf der der Schienenfuß ruht, mit einer Neigung 1 : 20 nach der Gleisemitte zu versehen. Diese Neigung giebt man nämlich den Schienen, weil die Laufflächen der Eisenbahnräder des ruhigen Ganges wegen in ähnlicher Weise schräg

Abb 42.

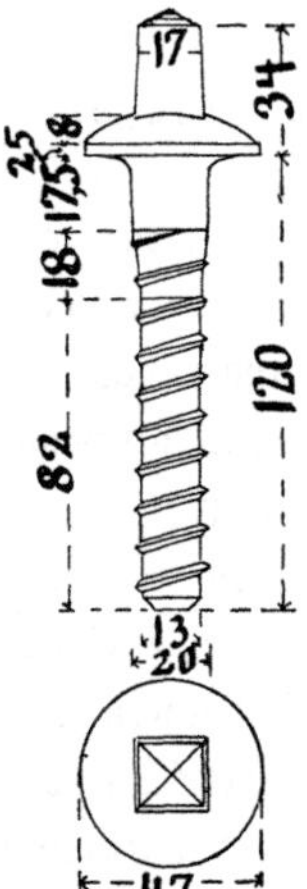

Schwellen=schrauben.

Abb 43.

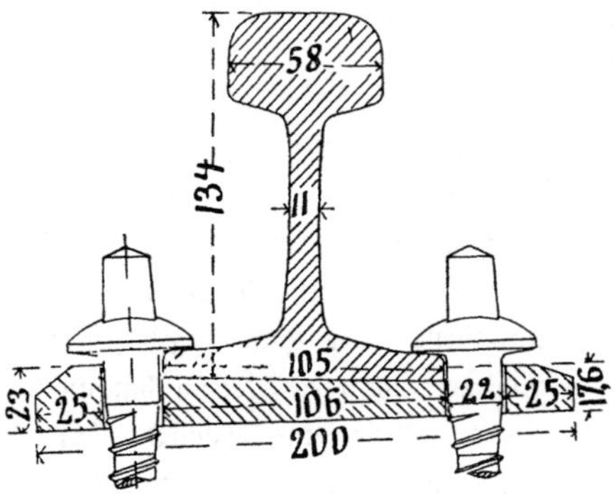

Schnitt durch eine Mittelschwelle des Oberbaues No 6d.

gestellt sind. In Folge der geneigten Flächen der Unterlagsplatten brauchen die hölzernen Schwellen nicht mehr, wie es früher geschehen mußte, an den Schienenauflagerflächen gekappt zu werden.

Die zur Befestigung dienenden Schwellenschrauben (Abb. 42) haben eine Schaftlänge von 120 mm, einen vierseitigen Aufsatz von 27 mm Höhe, 20 mm Schaftdurchmesser und 0,39 kg Gewicht. Vor dem Eindrehen der Schrauben müssen die Schwellen gebohrt werden und zwar sollen die Löcher die Weite des Schaftes (15 mm) haben, ganz durch die Schwellen hindurch gebohrt und alsdann von den Spähnen gehorig gesaubert werden.

Die ubrigen Schwellen, Mittelschwellen genannt, erhalten sog. offene Unterlagsplatten, deren Querschnitt in Abb. 43 zu erkennen und deren sonstige Abmessungen aus Abb. 44 zu ersehen sind Die Schiene wird sowohl innerhalb,

Abb 44.

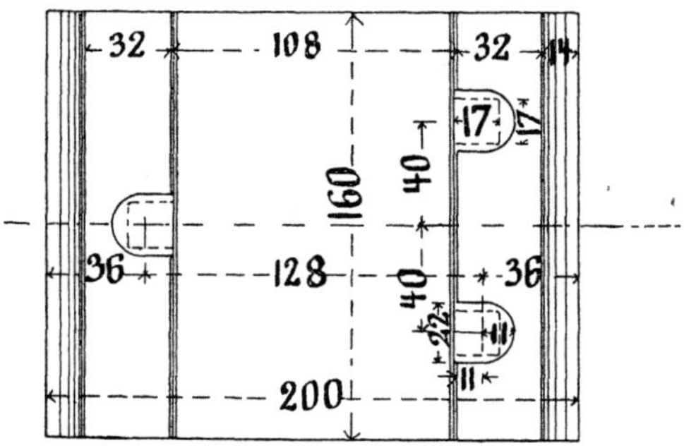

Grundriß einer Unterlagsplatte für Mittelschwellen des Oberbaues No. 6d

Abb. 45.

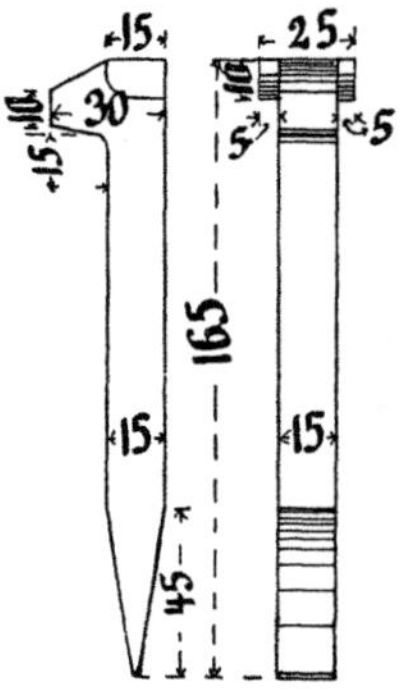

Hakennagel

als außerhalb durch die Teller der Schienenschrauben festgehalten und zwar wird beiderseits nur eine Schraube eingeschraubt, trotzdem auf der Innenseite 2 Löcher vorhanden sind. Eine zweite Schraube wird nur bei scharfen Krümmungen gebraucht. An Stelle der Schwellenschrauben können auch Hakennägel verwendet werden, in welchem Falle Unterlagsplatten mit 4 eckigen Löchern benutzt werden müssen *) Die Gestalt des Hakennagels ist aus Abb. 45 zu erkennen, er unterscheidet sich von den sonstigen Nägeln hauptsächlich dadurch, daß er keine Spitze, sondern an deren Stelle eine Schneide hat, durch welche die Holzfasern quer durchschnitten werden. Dadurch sitzt der Nagel wesentlich fester, andererseits wird ein Aufspalten der Schwellen, wie es bei Nägeln mit Spitze leicht vorkommt, vermieden. Mit dem Haken greift der Nagel über den Schienfuß und hält ihn fest, während die beiden seitlich des Kopfes angebrachten Vorsprünge dazu dienen, den Nagel erforderlichen Falles mit der Nagelklaue (Kuhfuß) wieder herauszuziehen.

*) In neuester Zeit sollen bei Neu- und Umbauten Nägel nicht mehr verwendet werden

Die Vertheilung der Schwellen unter den Schienen richtet sich nach der Anzahl, welche auf eine Schienenlänge vorgesehen sind. Auf Schnellzugslinien mit gutem Untergrunde und ebensolchem Bettungsmaterial sollen auf eine Schienenlänge von 12 m 15 Schwellen verlegt werden, und zwar sollen die den Stoßschwellen zunächst liegenden Mittelschwellen nur 638 mm von einander abliegen, während alle anderen Mittelschwellen gleichweit (mit 850 mm) von einander abgelegt werden. Ist jedoch der Bahnuntergrund ungünstiger und das Bettungsmaterial weniger gut, so sind 16 Schwellen auf eine Schienenlänge von 12 m anzuordnen und zwar kommen seitlich der wiederum 530 mm von einander abliegenden Stoßschwellen zunächst Abstände von 635,5 mm, während die übrigen Mittelschwellen 785 mm Abstand haben. In Krümmungen von 500 m und darunter kann die Anzahl der Schwellen noch um eine vermehrt werden.

Der Materialbedarf für den Oberbau 6 d H für eine Schienenlänge ist folgender:

No	Benennung der Materialien.	Gewicht für ein Stück kg	15 Schwellen auf die Schienenlänge				16 Schwellen auf eine Schienenlänge			
			12 m Gleislänge		1 km Gleislänge		12 m Gleis		1 km Gleis	
			Stück	Gewicht kg	Stück	Gewicht t	Stück	Gewicht kg	Stück	Gewicht t
1	Holzschwellen . . .	—	15	—	1250	—	16	—	1333	- -
2	Schienen, 12 m lang	400,50	2	801,00	166	66,48	2	801	166	66,48
3	Außenlaschen . .	13,70	2	27,40	166	2,27	2	27,40	166	2,27
4	Innenlaschen . . .	13,83	2	27,66	166	2,30	2	27,66	166	2,30
5	Laschenschrauben .	0,77	8	6,16	664	0,51	8	6,16	664	0,51
6	Unterlagsplatten für Stoßschwellen . .	5,70	4	22,80	332	1,89	4	22,80	332	1,89
7	Unterlagsplatten für Mittelschwellen	4,10	26	106,60	2168	8,89	28	114,80	2334	9,57
8	Schwellenschrauben, 120 mm lang . .	0,39	90	35,10	7500	2,93	96	37,44	7998	3,12

Für 1 lfd. m Gleis berechnen sich hiernach die Eisentheile bei 15 Schwellen auf die Schienenlänge zu 85,52 kg und bei 16 Schwellen zu 86,40 kg.

Nimmt man an Stelle der Schwellenschrauben für die Mittelschwellen Hakennägel, so ändert sich der Bedarf an Schwellenschrauben dementsprechend; für jede Mittelschwelle sind 4 Hakennägel anzusetzen. Werden statt der oben vorgesehenen Schrauben mit Bundmuttern (Abb. 38) solche mit gewöhnlichen Muttern vorgesehen (Abb. 39), so muß man eine gleiche Anzahl Federringe (Abb. 40 oder 41) verwenden. Innerhalb der Wegeübergänge sollen auch auf den Mittelschwellen der größeren Dauerhaftigkeit und besseren Befestigung wegen die Unterlagsplatten für Stoßschwellen verlegt werden.

Bei Schienen von 10 m Länge muß der Bedarf an Kleineisenzeug nach der verminderten Schwellenzahl (13 Stück) berechnet werden.

In allerneuester Zeit ist eine Schienenbefestigung auf Holzschwellen eingeführt, die es gestattet, auch die Holzschwellen vorher ganz gleichmäßig zu bohren und doch die Schienen der nothwendigen Spurweite entsprechend darauf zu befestigen. Es ist dies erreicht durch Anwendung von Klemmplatten mit verschiedenartiger Lochung, die durch Schwellenschrauben festgehalten werden. Abb. 46

Abb. 46.

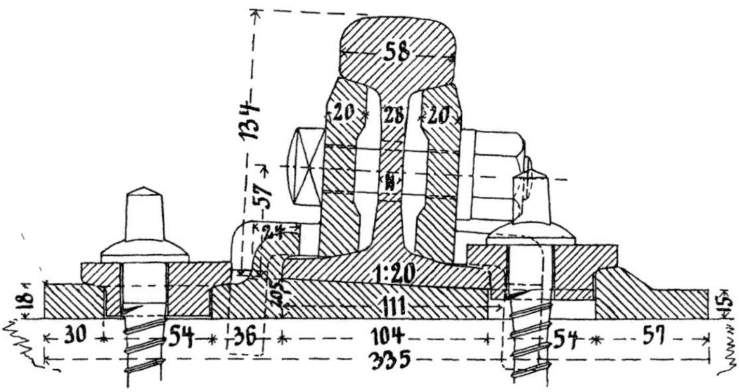

Querschnitt des Oberbaues No 6d mit verstellbarer Schienenbefestigung

zeigt einen Querschnitt durch die Schwellenschrauben, Abb. 47 eine Ansicht, 48 einen Grundriß und Abb. 49 die sämmtlichen Schwellen gleichmäßig zu gebende

Abb. 47.

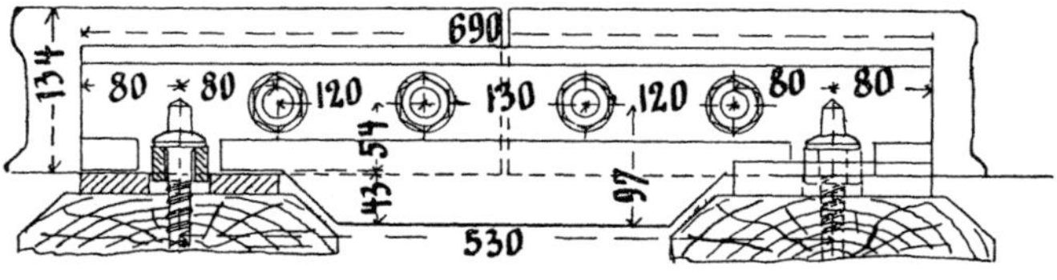

Ansicht des Oberbaues No. 6d mit verstellbarer Schienenbefestigung

Lochung. Abb. 46 läßt die Art der Befestigung, sowie auch die verschiedene Lochung der Klemmplatten erkennen. Die Klemmplatten sind der Lochung entsprechend mit den Zahlen 3 und 4 versehen und je nachdem man die breitere oder schmalere Seite nach Innen oder Außen legt (Abb. 50) werden Spurerweiterungen von 0 bis 21 mm erzielt. Das Gewicht der Unterlagsplatte ist dadurch auf 6,90 kg, das der Schwellenschrauben, welche 150 mm lang geworden sind, auf 0,469 kg erhöht. Die Spurplättchen (Klemmplatten) wiegen je 0,503 kg; von ihnen, sowie von den Schwellenschrauben sind für jede Schwelle 4 Stück erforderlich.

Abb. 48.

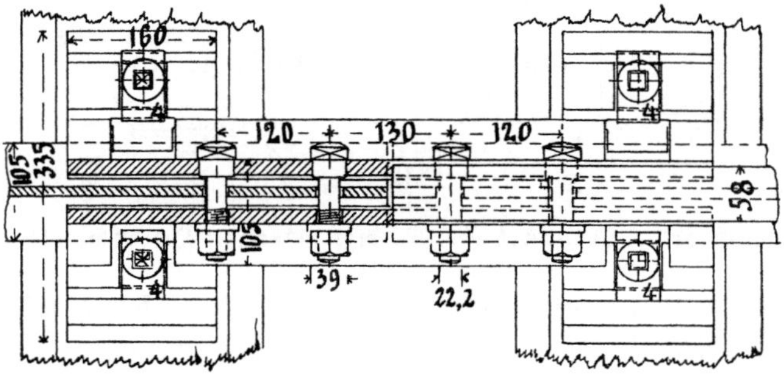

Grundriß des Oberbaues No 6d mit verstellbarer Schienenbefestigung.

2. Die Oberbau-Anordnung 6d E (mit eisernen Schwellen).

§ 5. Dieser Oberbau unterscheidet sich von dem vorigen im Wesentlichen nur dadurch, daß, an Stelle der hölzernen, eiserne Querschwellen verwendet werden und die Befestigung zwischen Schiene und Schwelle durch Klemmplatten und Hakenschrauben bei einer entsprechend abgeänderten Unterlagsplatte bewirkt wird. Schiene, Laschen und Laschenbolzen sind genau wie beim Oberbau 6d H, auch die Anzahl und Abstände der Schwellen sind dieselben

Abb 49.

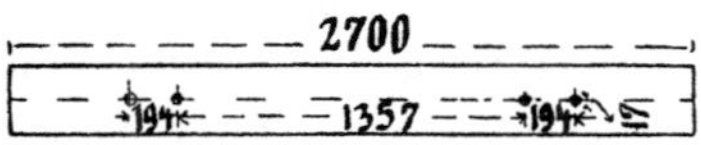

Lochung der Schwellen für Oberbau No. 6d mit verstellbarer Schienenbefestigung

Abb. 50

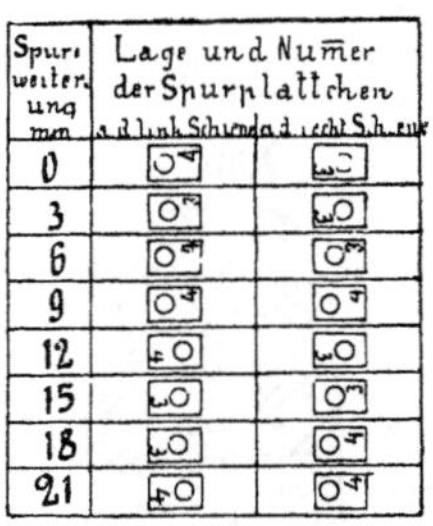

Lage der Spurplattchen beim Oberbau No. 6d mit verstellbarer Schienenbefestigung.

Abb. 51 und 52 zeigen eine Ansicht und den Grundriß nebst Schnitt des Schienenstoßes, Abb. 53 den Querschnitt durch eine Stoßschwelle und Abb. 54 durch eine Mittelschwelle Die Querschwelle (Form 51a), welche in Abb. 55 im Querschnitt nochmals etwas größer dargestellt ist, zeigt eine vollkoffrige Form.

Sie ist 232 mm breit, 75 mm hoch, 2,70 m lang und hat ein Gewicht von 58,3 kg. Da die Oberfläche der Unterlagsplatten ebenfalls noch 1 : 20 geneigt

Abb. 51.

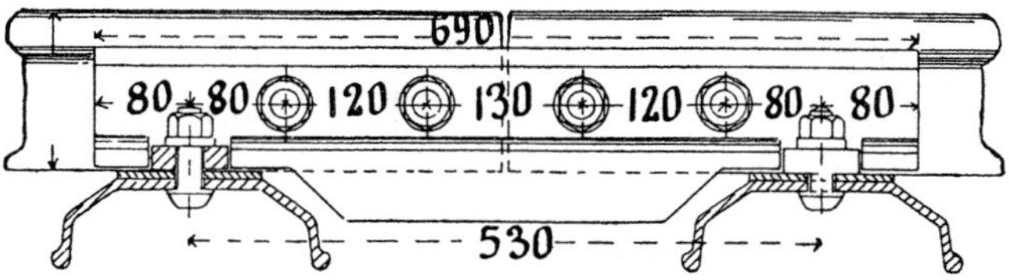

Schienenstoß des Oberbaues No. 6d mit eisernen Querschwellen.

ist, so können die Schwellen gerade hergestellt werden, und da ferner das Klein-eisenzeug so eingerichtet ist, daß die erforderlichen Spurerweiterungen sich damit

Abb. 52.

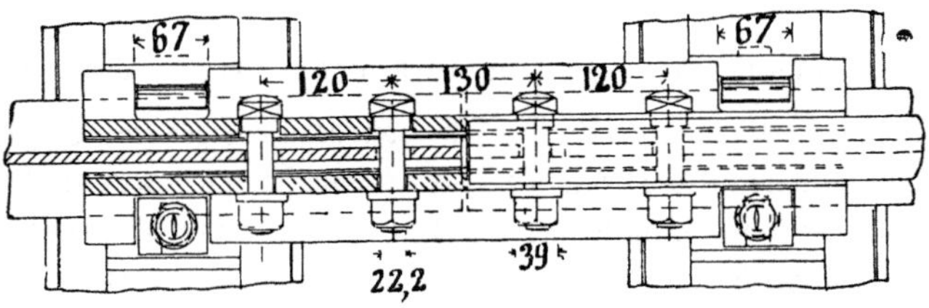

Grundriß des Schienenstoßes Oberbau No. 6d mit eisernen Querschwellen.

erzielen lassen, so können die Schwellen auch sämmtlich gleichmäßig und zwar so gelocht werden, wie es in Abb. 56 angegeben ist. An den Kopfenden sind die Schwellendeckel umgebogen, um eine seitliche Verschiebung der Schwellen auf dem Kieslager zu verhüten. Die Unterlagsplatte 53, 54 und 57 hat an der Außenseite oben ebenfalls wieder einen Haken, der den Schienenfuß auf dieser Seite festhält; außerdem ist sie aber noch mit einem nach unten gerichteten Haken versehen, der in das äußerste Loch des Schwellendeckels eingreift, nach dem Einlegen unter den Schwellendeckel faßt und dadurch mit ihm in feste Verbindung tritt.

Abb 53.

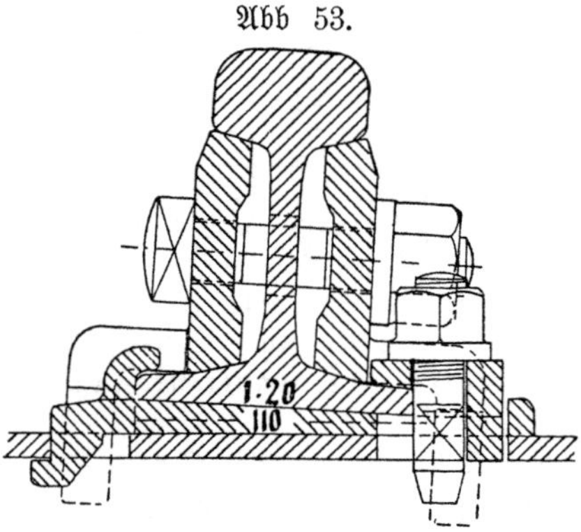

Querschnitt durch eine Stoßschwelle des Oberbaues No. 6d mit eisernen Querschwellen.

Auf der anderen (inneren) Seite hat die Unterlagsplatte ein längliches ($^{50}/_{21}$ mm) Loch (Abb. 57), das beim Auflegen auf das gleich große Loch der Schwelle paßt. Durch diese beiden Löcher wird nun die Hakenschraube (Abb. 58) gesteckt, deren Kopf, der Gestalt des Loches entsprechend, nicht rund, sondern rechteckig ($^{40}/_{19}$ mm) geformt ist, und welche, nachdem der Kopf bis unter den Schwellendeckel hinabgeführt ist, um einen rechten Winkel gedreht wird, so daß die beiden überstehenden Seiten des Kopfes unter den Schwellendeckel greifen.

Abb. 54.

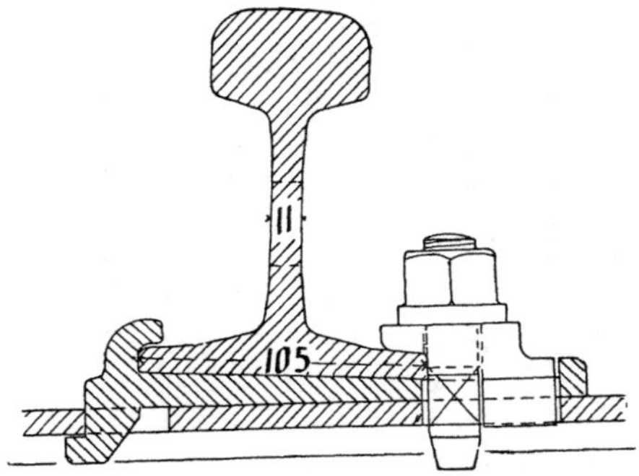

Querschnitt durch eine Mittelschwelle des Oberbaues No. 6d mit eisernen Querschwellen

Dann wird die Klemmplatte (Abb. 59) übergesetzt und dabei deren nach unten verlängertes Ende in das Loch der Unterlagsplatte und Schwelle so tief eingesteckt, daß die Platte auf der anderen Seite auf dem Schienenfuße aufliegt; dann die Mutter auf die Hakenschraube aufgesetzt und ordnungsmäßig festgeschraubt. Die Stoßschwellen werden in einem Abstand von 530 mm von einander und zwar so verlegt, daß die Haken der Hakenplatten und auf der anderen Seite die Klemmplatten in die Laschenausklinkungen hineinpassen.

Abb 55.

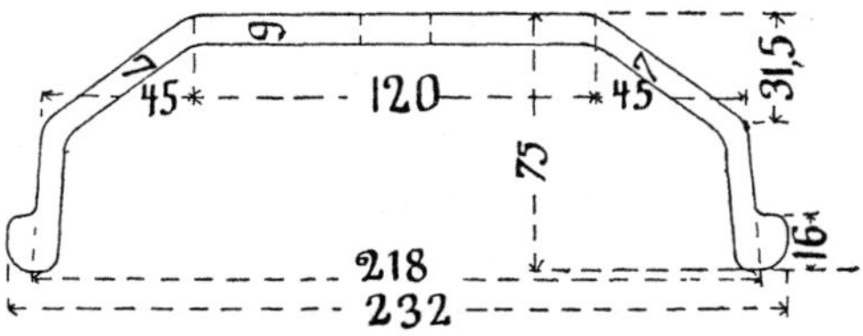

Querschnitt der Schwelle Form 51a.

Die Hakenplatten, Unterlags- und Klemmplatten der Mittelschwellen sind denen der Stoßschwellen vollständig gleich. — Zur Erzielung der in den Gleisekrümmungen erforderlichen Spurerweiterungen müssen die Abstände a und b der Unterlagsplatten (Abb. 57) verschieden gemacht werden.

Abb 56

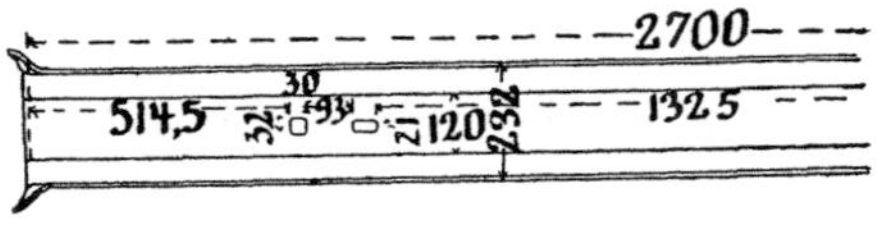

Lochung der eisernen Querschwellen.

Bei normaler Spurweite ist der Abstand a = 20 mm und der bei b = 31 mm. Soll das Gleis z. B. 3 mm Spurweite erhalten, so verwendet man unter einer Schiene Unterlagsplatten, bei denen a = 17 mm und b = 34 mm ist, so daß der Haken der Unterlagsplatte und somit die Schiene um so viel nach Außen gerückt wird.

Abb 57.

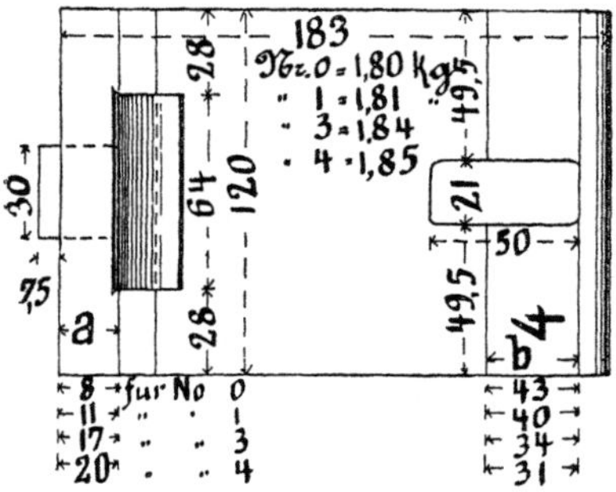

Aufsicht auf die Unterlagsplatte.

Abb. 58.

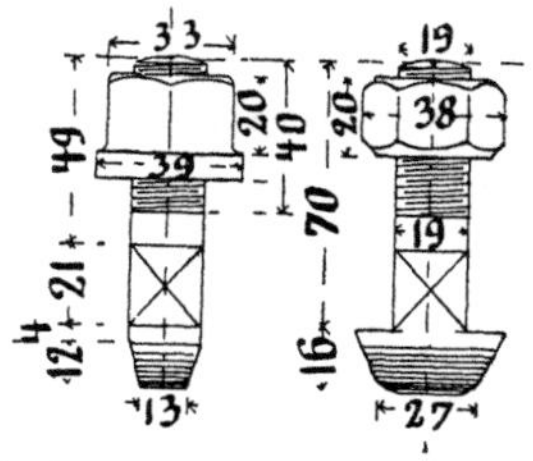

Hakenschraube zum Oberbau No 6dE

Dies bedingt aber, daß auch die Klemmplatte sich entsprechend dem Schienenfuße nähert, was man dadurch erreicht, daß man das Maaß a (Abb. 59) ebenfalls veränderlich macht. Bei normaler Spurweite ist letzteres = 0, bei 3 mm Spurerweiterung muß es 3 mm breit sein.

Um nun die vorkommenden Spurerweiterungen von 0—21 mm mit möglichst wenig besonderen Sorten Kleineisenzeug erzielen zu können, hat man 4 verschiedene Arten Unterlagsplatten angefertigt und zwar die No. 0 mit a = 8 mm, b = 43 mm, No. 1 mit a = 11 mm, b = 40 mm, No. 3 mit a = 17 mm, b = 34 mm und No. 4 mit a = 20 mm, b = 31 mm. Ebenso sind 4 Arten Klemmplatten hergestellt (Abb. 59): No. 0 : a = 0, No. 1 : a = 3, No. 3 : a = 9 u. No. 4 : a = 12 mm. Durch zweckentsprechende Zusammensetzung dieser 4 Arten unter den beiderseitigen Schienenreihen erzielt man die erforderlichen Spurerweiterungen, wie folgende Tabelle zeigt:

Spurerweiterung	An der linken Schiene		An der rechten Schiene	
	Hakenplatte	Klemmplatte	Hakenplatte	Klemmplatte
mm	No.	No	No.	No
0	4	0	1	3
3	3	1	1	3
6	4	0	3	1
9	4	0	4	0
12	3	1	4	0
15	1	3	3	1
18	1	3	4	0
21	0	4	4	0

Der Materialbedarf des Oberbaues 6d E stellt sich wie folgt zusammen:

No.	Benennung	Gewicht für ein Stück kg	15 Schwellen auf eine Schienenlänge: 12 m Gleis Stück	12 m Gleis Gewicht kg	1 km Gleis Stück	1 km Gleis Gewicht t	16 Schwellen auf die Schienenlänge: 12 m Gleis Stück	12 m Gleis Gewicht kg	1 km Gleis Stück	1 km Gleis Gewicht t
1	Eiserne Querschwellen Form. 51a	58,30	15	874,50	1250	72,88	16	932,80	1333	77,71
2	Schienen, 12 m lang	400,50	2	801,00	166	66,48	2	801,00	166	66,48
3	Außenlaschen . . .	13,70	2	27,40	166	2,27	2	27,40	166	2,27
4	Innenlaschen . . .	13,83	2	27,66	166	2,30	2	27,66	166	2,30
5	Laschenschrauben. .	0,77	8	6,16	664	0,51	8	6,16	664	0,51
6	Hakenplatten . . .	1,845	30	55,35	2500	4,61	32	59,04	2666	4,92
7	Klemmplatten . .	0,41	30	12,30	2500	1,03	32	13,12	2666	1,09
8	Hakenschrauben . .	0,37	30	11,10	2500	0,93	32	11,84	2666	0,99

Das Gewicht für 1 lfd. m Gleis beträgt hiernach bei 15 Schwellen = 151,21 kg und bei 16 Schwellen = 156,51 kg. Auch hier sind wieder nur Schrauben mit Bundmuttern angenommen, so daß bei Verwendung gewöhnlicher Muttern wiederum Federringe mit vorzusehen sind.

Abb. 59.

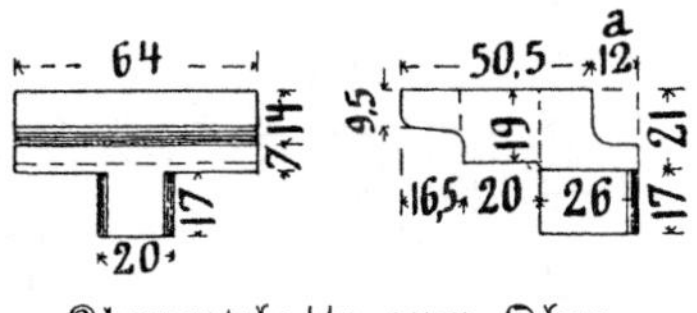

Klemmplatte zum Oberbau No 6d E.

Innerhalb der Wegeübergänge, die gepflastert oder sonst befestigt werden müssen, ist es zweckmäßig, die eisernen Querschwellen etwas tiefer zu legen, damit man über den Schwellen gut pflastern oder hinreichend Kleinschlag aufbringen kann (Abb. 60). Deshalb werden die Schwellen mit etwa 5 cm dicken, aus Stahlguß hergestellten Unterlagsplatten versehen (Abb. 60—63), die in gleicher Weise mit einem oberen Haken zum Festhalten der Schiene, als auch mit einem unteren Haken versehen sind, der ebenfalls in den Schwellendeckel eingesteckt wird.

Abb 60

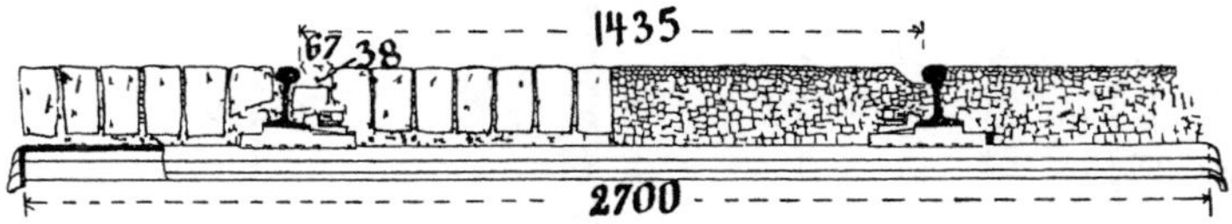

Oberbau mit Gußklötzen in Wegeübergängen

Die besonders geformte Klemmplatte hat einen erhöhten Haken (Abb. 62), der zugleich dazu dient, das Drehen der über die Mutter gestülpten Mutterstellkappe und

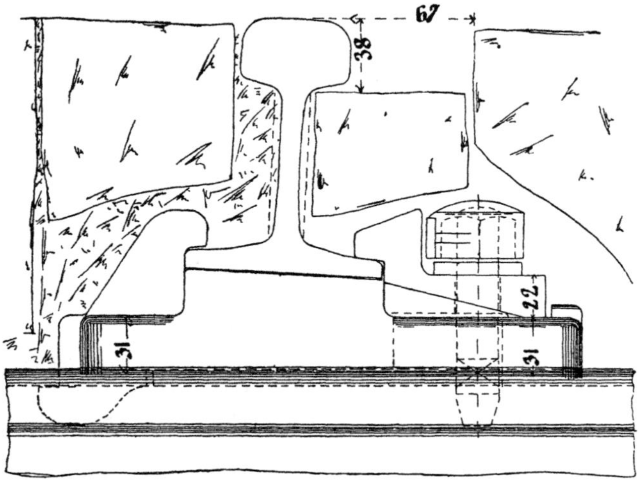

Abb. 61 Befestigung zwischen Schiene und Schwelle.

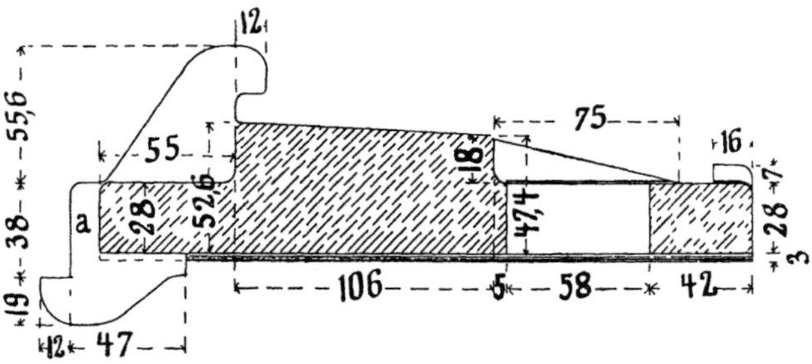

Abb. 62. Querschnitt des Gußklotzes

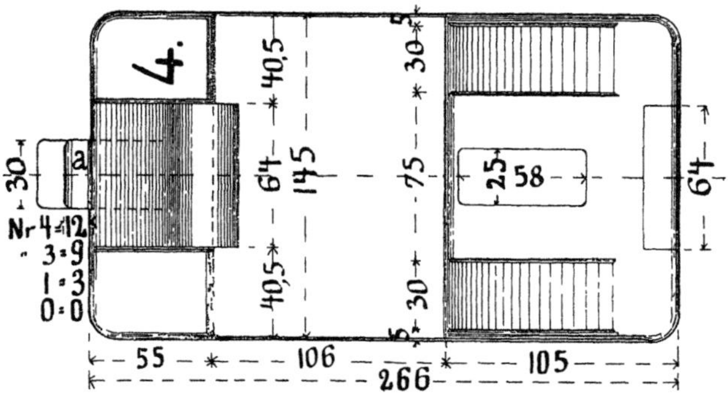

Abb 63. Grundriß des Gußklotzes.

somit der Mutter der Hakenschraube zu verhindern. Die Abmessungen der Gußtheile, auch der Haken sind entsprechend größer, weshalb auch die Schwellen mit entsprechend größeren Löchern versehen werden müssen (Abb. 64, Schwellenform 51 c); die Hakenschraube ist nicht nur länger bei dieser Anordnung, sondern sie ist auch entsprechend stärker (Abb. 61).

Abb. 64.

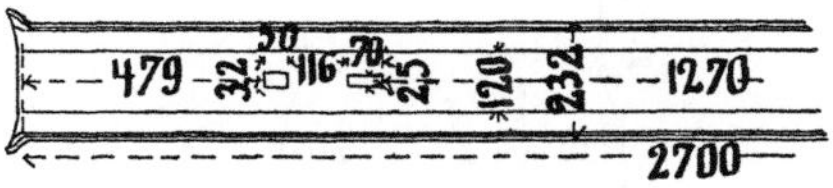

Lochung der Schwelle, Form 51c.

Zur Erzielung der in den Längen erforderlichen Spurerweiterungen erhalten die Unterlagsplatten ebenfalls Ansätze von verschiedener Stärke (a Abb. 62 u. 63) und zwar schwankend von 0—12 mm mit No. 0—4. Für die einzelnen Spurerweiterungen gilt folgende Tabelle:

Spurerweiterung	Linke Schiene Hakenplatte No.	Rechte Schiene Hakenplatte No
0	4	3
3	3	3
6	4	1
9	4	0
12	3	0
15	1	1
18	1	0
21	0	0

3. Oberbau mit Schienen No. 7 b H (auf Holzschwellen) Blattstoßoberbau.

§ 6. Dieser Oberbau hat die Eigenschaft, in Folge der Blattstoßanordnung an den Stößen beim Darüberrollen der Fahrzeuge, das durch die Stoßlücke hervorgerufene Geräusch zu vermeiden; er eignet sich daher besonders zur Anwendung auf Brücken mit eisernen Ueberbauten, bei denen die zerstörende Wirkung der gewöhnlichen Schienenstöße auf die Fahrbahn und das die Anwohner und den Straßenverkehr belästigende Geräusch vermieden werden muß. Außer auf solchen Brücken darf dieser Oberbau auch noch angewendet werden auf anderen geeigneten Strecken, besonders solchen mit lebhaftem Schnellzugsverkehr und ungünstigem Bettungsmaterial. Die Baulänge der Schienen, deren Querschnitt in Abb. 65 dargestellt ist und der sich von dem vorigen nur durch die größere Stegstärke (18 mm) unterscheidet, beträgt 15 m, doch kommen auch 12 m lange Schienen vor, um bei Wegeübergangen oder kleineren Brücken zu erreichen, daß die Stöße außerhalb derselben zu liegen kommen.

Das Eigenthumliche der Oberbauordnung No. 7b besteht darin, daß die Schienen an den Stößen seitlich aneinander geblattet sind. Zu diesem Zwecke werden die 15,22 m lang gewalzten Schienen an beiden Enden auf 22 cm Länge senkrecht bis zur Hälfte gegenüber verschrankt so ausgeschnitten, daß an jeder Hälfte ein halber Kopf, der Steg in halber Stärke und ein halber Fuß verbleibt. Die beiden zu einander passend ausgearbeiteten Halften eines Schienenstoßes werden beim Verlegen aneinander geruckt und durch die Laschen und 4 Laschenschrauben mit einander verbunden (Abb. 66 u. 67). Abb. 66 zeigt diese Ausklinkung der Enden von oben gesehen, die auf jeder Seite 220 mm lang sind, so daß die Schiene 15,22 m lang gewalzt werden muß, um eine Baulänge von 15 m zu erzielen. Die Lochung ist in Abb. 67 nochmals ersichtlich gemacht. Die in den Bögen zu verwendenden

Abb 65.

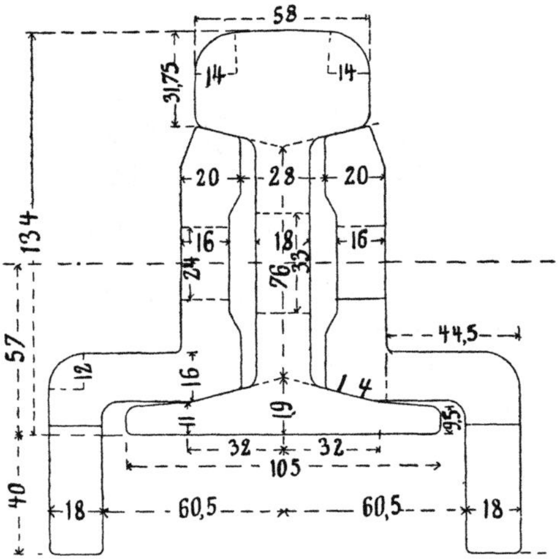

Querschnitt der Schiene zum Oberbau No. 7b.

Abb. 66.

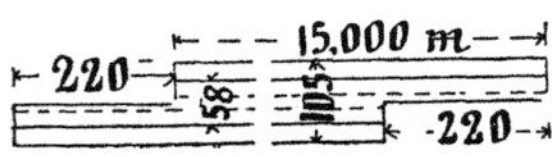

Anblattung der Schiene am Stoß.

Abb. 67.

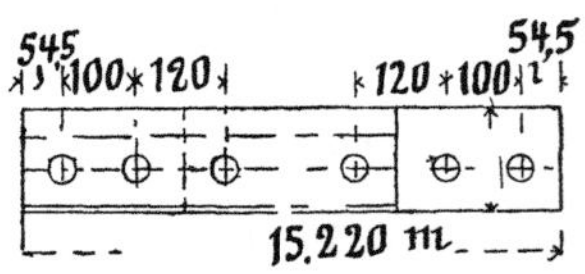

Lochung der Schienen am Blattstoß.

Ausgleichschienen haben, statt 15 m, Baulängen von 14,96 oder 14,92 oder 14,88 m, die Abmessungen der Ueberblattungen sind dieselben, wie bei der Normalschiene von 15 m. Abb. 68, 69 und 70 stellen Ansicht, Grundriß, sowie die Ansicht der Außenlasche dieser Oberbauanordnung dar.

Die Stoßschwellen sind bis auf 500 mm aneinander gerückt und deshalb auch die Laschen, die im Uebrigen den Querschnitt der Laschen des Oberbaues 6d haben, nur 660 mm lang. Da die Breite des Schienenfußes (105 mm) dieselbe ist, wie beim Oberbau 6d, so sind auch die Unterlagsplatten am Stoße, wie auf den Mittelschwellen, sowie die zugehörigen Befestigungstheile — Schwellenschrauben und Nägel, auch die Schwellenschrauben — jenen gleich. Die Schwellentheilung ist in Folge der engeren Lage der Stoßschwellen und der längeren Schiene anders

Abb. 68, 69 u. 70.

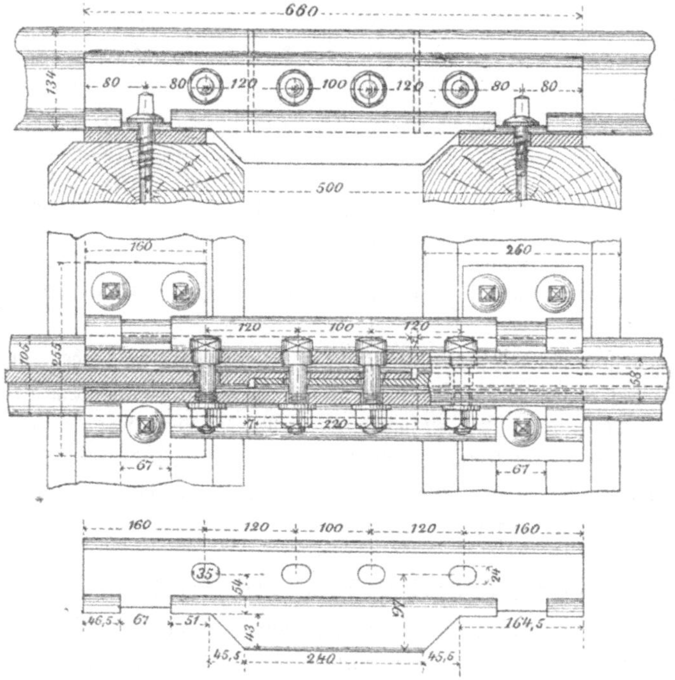

Abb 71. Schwellentheilung fur Oberbau No. 7 bei 20 Schwellen auf 15 m Schienenlange

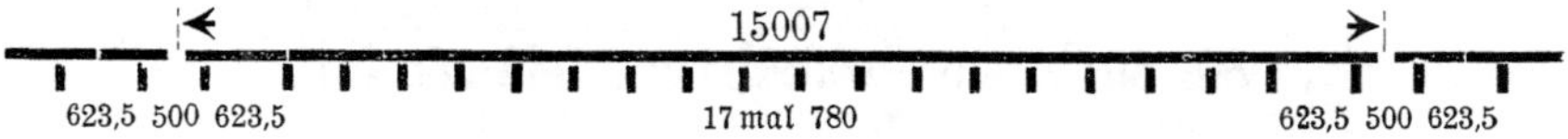

Abb. 72. Schwellentheilung für Oberbau No. 7 bei 16 Schwellen auf 12 m Schienenlänge

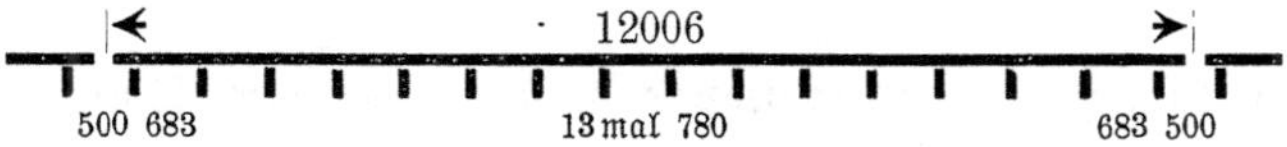

und zwar werden bei 15 m langen Schienen 20 Schwellen verwendet, die, wie in Abb. 71 angegeben ist, gelagert werden. Bei 12 m langen Schienen gilt die in Abb. 72 dargestellte Schwellentheilung. Der Materialbedarf dieser Oberbauordnung bei 15 m Schienenlänge ist folgender:

No.	Benennung	Gewicht für ein Stück kg	1 Schienenlänge 15 m Gleis Stück	1 Schienenlänge 15 m Gleis Gewicht kg	1 km Gleis Stück	1 km Gleis Gewicht t
1	Holzschwellen	—	20	—	1333	—
2	Schienen, 15,22 m lang (bearbeitet) . .	558,12	2	1116,24	133	74,23
3	Außenlaschen	12,95	2	25,90	133	1,72
4	Innenlaschen	13,08	2	26,16	133	1,74
5	Laschenschrauben	0,77	8	6,16	532	0,41
6	Unterlagsplatten für Stoßschwellen . .	5,70	4	22,80	266	1,52
7	" " Mittelschwellen . .	4,10	36	147,60	2400	9,84
8	Schwellenschrauben, 120 mm lang . .	0,39	120	46,80	7998	3,12

Auch hier sind wieder nur Schrauben mit Bundmuttern vorgesehen, an deren Stelle, falls gewöhnliche Schrauben verwendet werden sollen, außerdem die gleiche Anzahl Federringe angesetzt werden müssen. Sollen die Mittelschwellen an Stelle der Schwellenschrauben Hakennägel erhalten, so ändert sich der Materialbedarf dementsprechend, wobei zu berücksichtigen ist, daß Unterlagsplatten mit viereckigen Löchern versehen werden müssen.

4. Oberbau 7b E mit Blattstoß und eisernen Querschwellen.

§ 7. Die Schienenstoß- und Laschenordnung, sowie auch die Schwellentheilung ist genau so, wie bei dem vorbeschriebenen Oberbau 7b auf Holzschwellen. Die hier zur Verwendung kommenden eisernen Querschwellen (Form

Abb. 73.

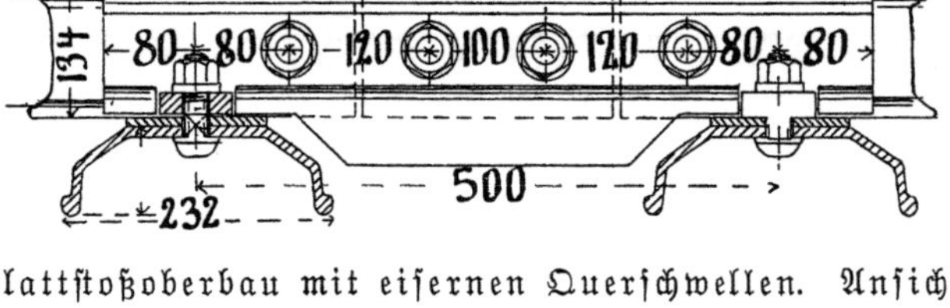

Blattstoßoberbau mit eisernen Querschwellen. Ansicht.

51a) und das dazu gehörige Kleineisenzeug gleicht wieder dem Oberbau 6d E (Abb. 55), so daß eine besondere Beschreibung nicht nöthig sein, es vielmehr genügen wird, auf die in Abb. 73 u. 74 dargestellte Ansicht 2c. zu verweisen und den Materialbedarf dieser Oberbauordnung nachzufügen.

No.	Benennung.	Gewicht für ein Stück kg	1 Schienenlänge mit 15 m Gleis		1 km Gleis	
			Stück	Gewicht kg	Stück	Gewicht t
1	Eiserne Querschwellen Form. 51a . . .	58,3	20	1166,00	1333	77,71
2	Schienen, 15,220 m lang (bearbeitet) . .	558,12	2	1116,24	133	74,23
3	Außenlaschen	12,95	2	25,90	133	1,72
4	Innenlaschen	13,08	2	26,16	133	1,74
5	Laschenschrauben	0,77	8	6,16	532	0,41
6	Hakenplatten	1,845	40	73,80	2666	4,92
7	Klemmplatten	0,41	40	16,40	2666	1,09
8	Hakenschrauben	0,37	40	14,80	2666	0,99

Abb. 74.

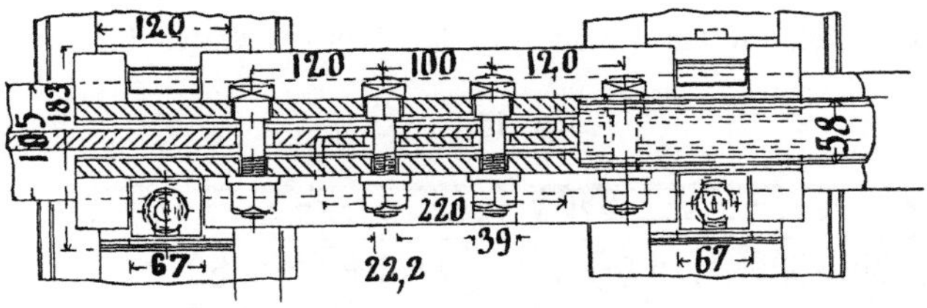

Blattstoßoberbau mit eisernen Querschwellen. Grundriß.

5. Oberbauanordnung 7cH (auf Holzschwellen).

§ 8. Der Querschnitt der Schiene dieser Oberbauordnung ist dem der Schiene des Oberbaues 7b vollkommen gleich, nur die Länge der Schiene ist größer = 18 m. Die Anwendung dieser Bauweise soll auf längere Tunnel beschränkt werden, doch ist es gestattet, einzelne Schienen im Zuge des Oberbaues 6d einzubauen, wenn Schienenstöße auf kleineren Brücken oder in Wegeübergängen vermieden werden sollen. Auf offenen Strecken würden die 18 m langen Schienen, des größeren Wärmeunterschiedes wegen, zu große Stoßlücken erhalten müssen, weshalb man deren Verwendung im Zusammenhange auf Tunnel beschränkt hat, in denen es weder im Sommer so warm, noch im Winter so kalt ist, als im Freien.

Abb. 75 u. 76 zeigen die Anordnungen des Stoßes, der wie beim Oberbau 6d einen Schwellenabstand von 530 mm hat. Laschen, Bolzen, Unterlagsplatten und das sonstige Kleineisenzeug ist dem Oberbau 6d vollkommen gleich, nur die Schwellentheilung, welche in Abb. 77 wiedergegeben ist, mußte in Folge der größeren Schienenlänge anders werden. Der Materialbedarf ist folgender:

No	Benennung.	Gewicht für ein Stück kg	1 Schienenlänge 18 m Gleis		1 km Gleis	
			Stück	Gewicht kg	Stück	Gewicht t
1	Holzschwellen	—	25	—	1389	—
2	Schienen, 18,00 m lang	669,80	2	1339,60	111	74,35
3	Außenlaschen	13,70	2	27,40	111	1,52
4	Innenlaschen	13,83	2	27,66	111	1,54
5	Laschenschrauben	0,77	4	6,16	444	0,34
6	Unterlagsplatten für Stoßschwellen . .	5,70	4	22,80	222	1,27
7	" " Mittelschwellen . .	4,10	46	188,60	2556	10,48
8	Schwellenschrauben, 120 mm lang . . .	0,39	150	58,50	8334	3,25

Die in den Bögen zu verwendenden Ausgleichschienen haben Längen von 17,955 m, 17,910 m und 17,865 m, und zwar genügt die erstere Sorte bei Bögen von 5000 m bis 600 m Halbmesser, bei kleineren Bögen bis zu 300 m

Abb. 75.

Oberbau No. 7c auf Holzschwellen. Ansicht.

Abb. 76.

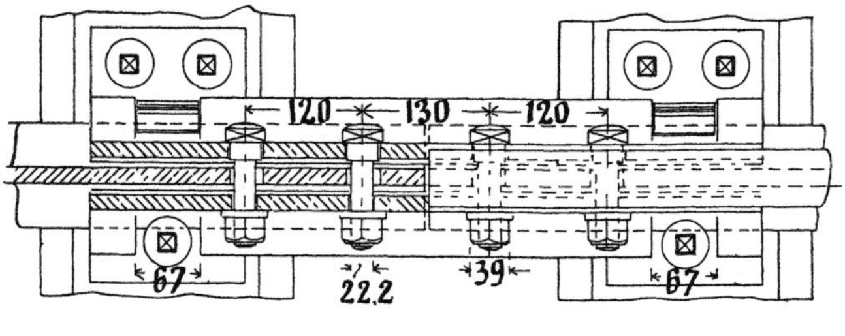

Oberbau No. 7c auf Holzschwellen Grundriß.

Abb 77. Schwellentheilung des Oberbaues No. 7c.

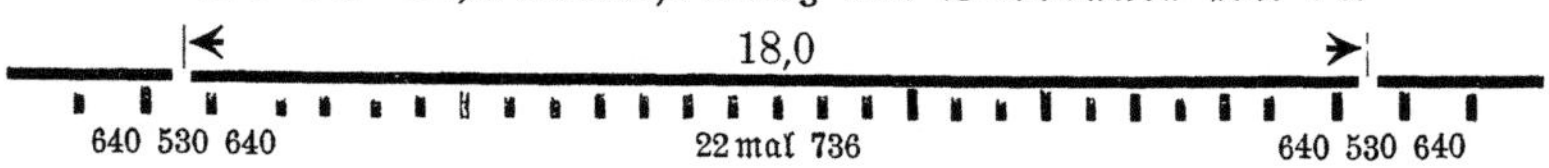

sind Schienen von 17,955 m und 17,91 m zu verwenden, während bei noch kleineren Bögen 300 bis 200 m Halbmesser Schienenlängen von 17,910 und 17,865 m gebraucht werden müssen. In Tunneln mit starker Rostbildung soll nur Oberbau 7c mit Holzschwellen und zwar mit Unterlagsplatten für Stoßschwellen auf allen Schwellen verlegt werden. Falls das Tunnelmauerwerk zu nahe an das Gleis tritt und die 2,70 m langen Schwellen nicht Platz finden, können die Schwellen entsprechend verkürzt werden.

6. Oberbau No 7c E (mit eisernen Querschwellen).

§ 9. Die eiserne Querschwelle hat wie beim Oberbau 6 d E den Querschnitt der Form No. 51 a, auch wird dasselbe Kleineisenzeug verwendet (Abb. 78),

Abb 78.

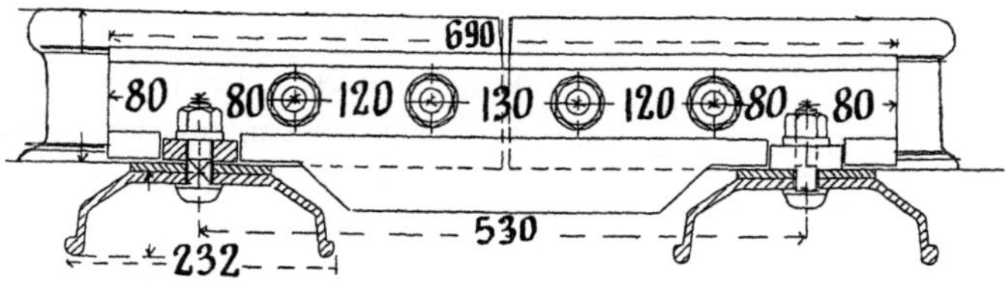

Oberbau No. 7c mit eisernen Querschwellen.

so daß beide Oberbauarten 6 d E und 7c E, abgesehen von der Schwellentheilung, sich nur durch den Querschnitt der Schiene und deren Länge unterscheiden. Die Schwellentheilung ist genau wie beim Oberbau 7c mit Holzschwellen und der Materialbedarf folgender:

No.	Benennung.	Gewicht für ein Stück kg	1 Schienenlänge 18 m Gleis Stück	1 Schienenlänge 18 m Gleis Gewicht kg	1 km Gleis Stück	1 km Gleis Gewicht t
1	Eiserne Querschwellen Form 51 a . . .	58,30	25	1457,50	1389	80,98
2	Schienen, 18 m lang	669,80	2	1339,60	111	74,35
3	Außenlaschen	13,70	2	27,40	111	1,52
4	Innenlaschen	13,83	2	27,60	111	1,54
5	Laschenschrauben	0,77	8	6,16	444	0,34
6	Hakenplatten	1,845	50	92,25	2778	5,13
7	Klemmplatten	0,41	50	20,50	2778	1,14
8	Hakenschrauben	0,37	50	18,50	2778	1,03

Das Gewicht für 1 lfd. m Gleis stellt sich somit auf 166,07 kg bei 2,7 m langen Schwellen und unter Verwendung von Schrauben mit Bundmuttern ohne Federringe.

Gruppe II. Oberbau für Schnellzuglinien.

§ 10. Diese Oberbauanordnungen, welche zunächst nur für Schnellzuglinien von besonderer Bedeutung vorgesehen sind, werden unterschieden nach 2 Walzquerschnitten No 8 u. 9, bei ersterem wiegt die Schiene 41,00 kg/m, bei letzterem 43,43 kg/m. Beide Schienen haben eine Kopfbreite von 72 mm, eine Breite des Fußes von 110 mm und ersteres Profil (No. 8), außerdem eine Stegstärke von 14 mm (Abb. 79), letzteres (No. 9) eine solche von 18 mm (Abb. 80).

Die einzelnen Bauweisen selbst werden, wie bereits in § 3 angeführt, nach Oberbau 8a H und 8a E, 9b H und 9b E und einer dritten Art 9c H und 9c E unterschieden.

Abb. 79.

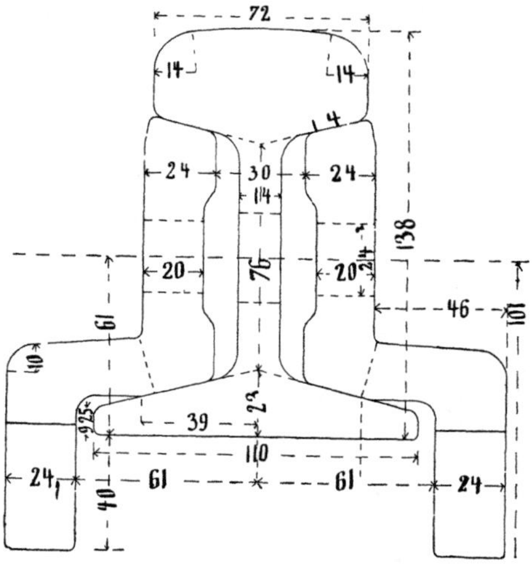

Querschnitt der Schiene und Laschen des Oberbaues No. 8.

§ 11. Oberbau 8a H.

Der in Abb. 79 bereits dargestellte Querschnitt der Schiene und Lasche unterscheidet sich von Querschnitt 6d außer in der Breite des Fußes und Kopfes auch noch dadurch, daß der Fuß wesentlich dicker ist (23 mm statt 19 mm) und die Oberflächenneigung desselben (1 : 4) bis zur Kante ununterbrochen durchgeht. Aus diesem Grunde müssen die Befestigungsmittel (Hakennägel und Schwellenschrauben) in der Berührungsfläche ebenfalls andere Neigung haben. Abb. 81 giebt eine Ansicht der Stoßanordnung. Die Entfernung der Stoßschwellen ist 560 mm, mithin 30 mm größer,

Abb. 80.

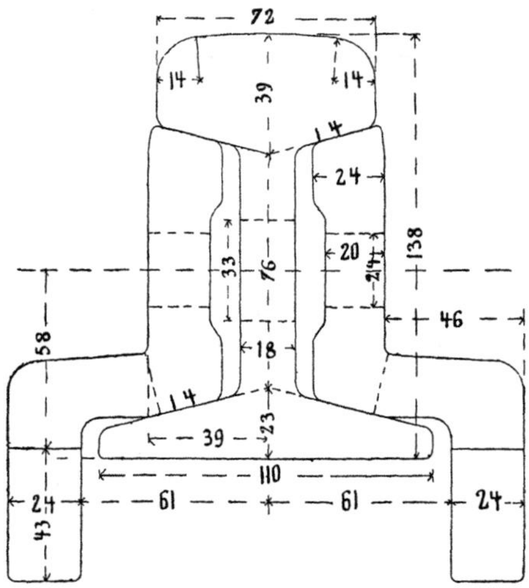

Querschnitt der Schiene und Laschen des Oberbaues No. 9.

als beim Oberbau 6d, weshalb auch die Laschen ebensoviel länger sind, als dort, nämlich = 720 mm. Der Querschnitt der Laschen (Abb. 80) ist dem Querschnitt

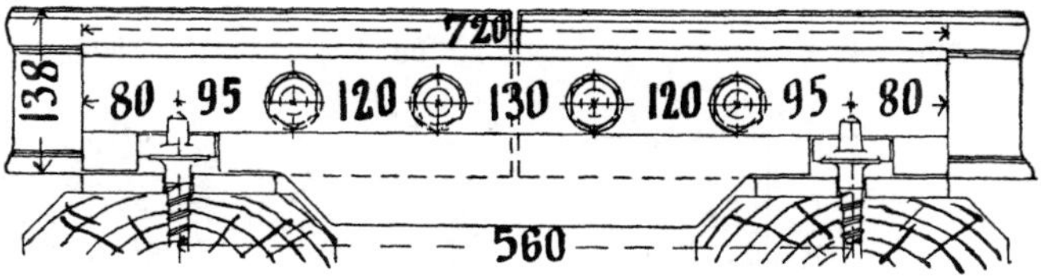

Abb. 81. Stoßansicht des Oberbaues No. 8a auf Holzschwellen.

der Schiene entsprechend kräftiger ausgebildet, was wiederum eine Verlängerung der Laschenschrauben um 10 mm bedingte. Die Unterlagsplatten am Stoß (Abb. 82), wie auch die für die Mittelschwellen (Abb. 83 u. 84) sind in Folge der größeren Fußbreite um 4 mm im Auflager breiter, auch ist die ganze Breite bei den letzteren um 10 mm größer geworden, während sie bei ersterer wie früher = 255 mm beibehalten wurde. Die Länge der Unterlagsplatten ist jedoch dort wie hier = 160 mm.

Abb. 82

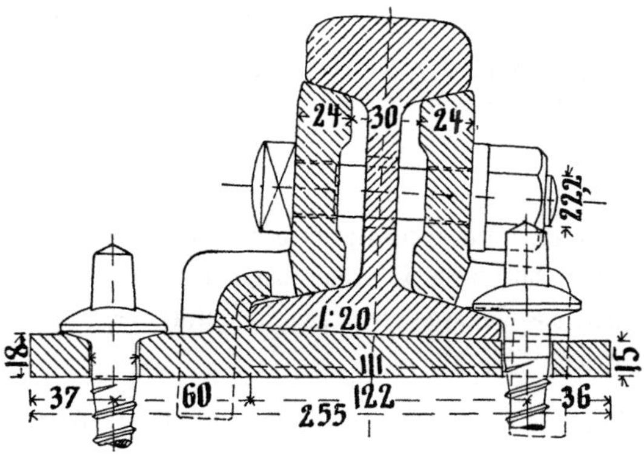

Querschnitt am Stoß des Oberbaues No. 8a.

Die Schwellenschrauben und Nägel (Abb. 85 u. 86) unterscheiden sich von denen des Oberbaues No. 6d durch die steilere Sitzfläche, welche hier bei Schwellenschrauben 6 mm gegen 4 mm dort und bei den Hakennägeln hier 4 mm gegen 5,1 mm dort hoch ist.

Die Schwellentheilung unterscheidet sich von der des Oberbaues No. 6d nur dadurch, daß, weil die Stoßschwellen 30 mm weiter von einander abgerückt

Abb. 83

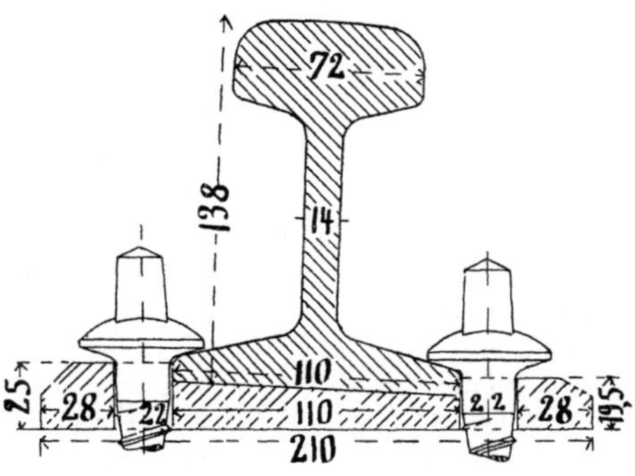

Querschnitt durch die Mittelschwelle des Oberbaues No. 8a H.

wurden (560 gegen 530 bei 6d) die folgenden Schwellen beiderseits der Stoßschwellen jede um 15 mm näher gerückt sind, damit die übrige Schwellentheilung

Abb. 84

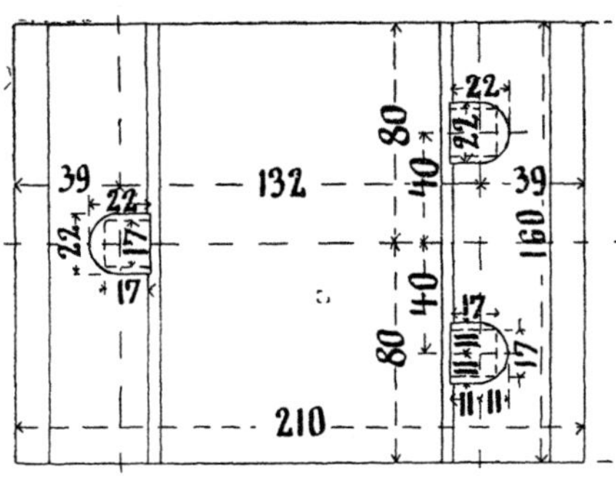

Unterlagsplatte für Mittelschwellen des Oberbaues No 8a.

Abb. 85.

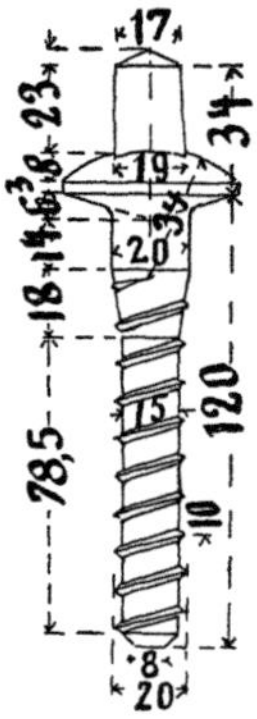

Schwellenschraube für den Oberbau No. 8a.

Abb. 86.

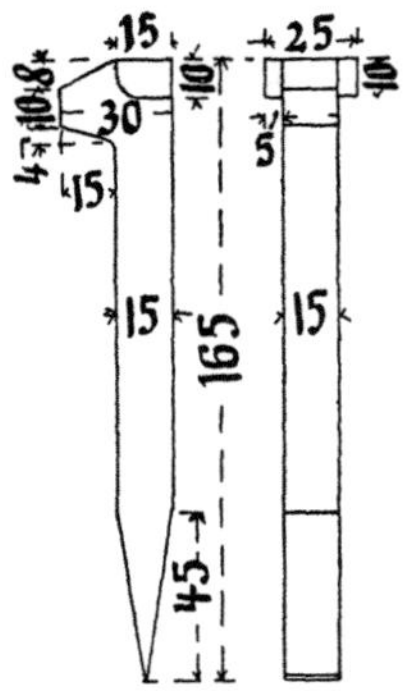

Hakennagel für den Oberbau No. 8a

erhalten blieb. Die Schienen werden sowohl 12 m, als 10 m lang angeliefert und bei ersteren, wie beim Oberbau 6d, entweder 15 oder 16 Schwellen verwendet; auch sind die Längen der Ausgleichschienen denen des letztgenannten Oberbaues völlig gleich.

Der Materialbedarf des Oberbaues 8a H ist folgender:

No	Benennung	Gewicht für ein Stück kg	15 Schwellen: 12 m Gleis Stück	15 Schwellen: 12 m Gleis Gewicht kg	15 Schwellen: 1 km Gleis Stück	15 Schwellen: 1 km Gleis Gewicht t	16 Schwellen: 12 m Gleis Stück	16 Schwellen: 12 m Gleis Gewicht kg	16 Schwellen: 1 km Gleis Stück	16 Schwellen: 1 km Gleis Gewicht t
1	Holzschwellen . . .	—	15	—	1250	—	16	—	1333	—
2	Schienen, 12 m lang	491,60	2	983,20	166	81,61	2	983,20	166	81,61
3	Außenlaschen	18,53	2	37,06	166	3,08	2	37,06	166	3,08
4	Innenlaschen . .	18,69	2	37,38	166	3,10	2	37,38	166	3,10
5	Laschenschrauben .	0,80	8	6,40	664	0,53	8	6,40	664	0,53
6	Unterlagsplatten für Stoßschwellen .	5,70	4	22,80	332	1,89	4	22,80	332	1,89
7	Unterlagsplatten für Mittelschwellen .	4,52	26	117,52	2168	9,80	28	126,56	2334	10,55
8	Schwellenschrauben	0,39	90	35,10	7500	2,93	96	37,44	7998	3,12

§ 12. Oberbau 8a E.

Die bei dieser Oberbauanordnung verwendete Schwelle No. 51e hat denselben Querschnitt, wie Form 51a, ist auch ebenso lang, unterscheidet sich nur durch die Lochung, die in Folge der größeren Fußbreite der Schiene und der dadurch bedingten größeren Breite der Unterlagsplatte anders werden mußte (Abb. 87), und zwar die äußeren Löcher $^{32}/_{32}$ mm, die inneren $^{25}/_{58}$ mm groß.

Abb 87.

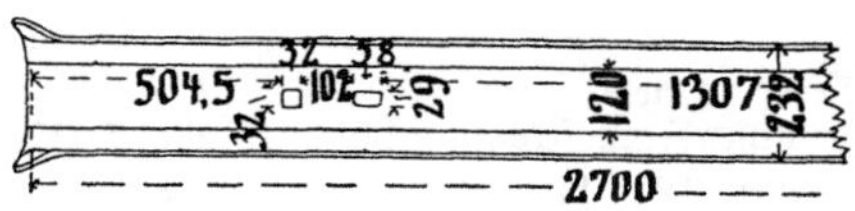

Querschwellenlochung zum Oberbau No. 8a E.

Abb. 88 zeigt die Stoßverbindung dieses Oberbaues in der Ansicht mit ebenfalls 560 mm Schwellenabstand. Wie diese Abmessung, so ist auch die der Laschen und Laschenbolzen

Abb. 88.

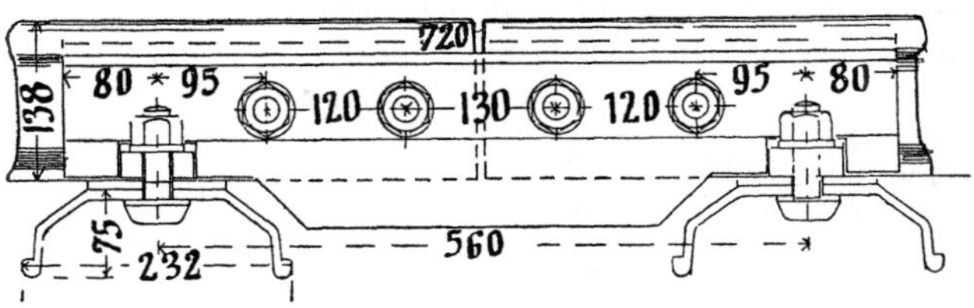

Stoßverbindung des Oberbaues No. 8a mit eisernen Querschwellen.

der bei 8a H vollkommen gleich. Wie aus dem in Abb. 89 dargestellten Schnitt zu ersehen ist, mußte die Unterlagsplatte (Abb. 90), der größeren Fußbreite entsprechend, um 19 mm breiter gemacht werden, als beim Oberbau 6d. Die Klemmplatte, Abb. 91, zeichnet sich auch durch eine steilere Sitzfläche aus und die zugehörige Hakenschraube (Abb. 92) ist ebenfalls etwas stärker und länger. Die Veränderung in der Spurweite wird ebenso erzielt, wie beim Oberbau 6d, durch verschiedene Breiten der Ansätze, auch ist die Nummerbezeichnung der Klemmplatten und Hakenplatten genau wie dort.

Abb 89.

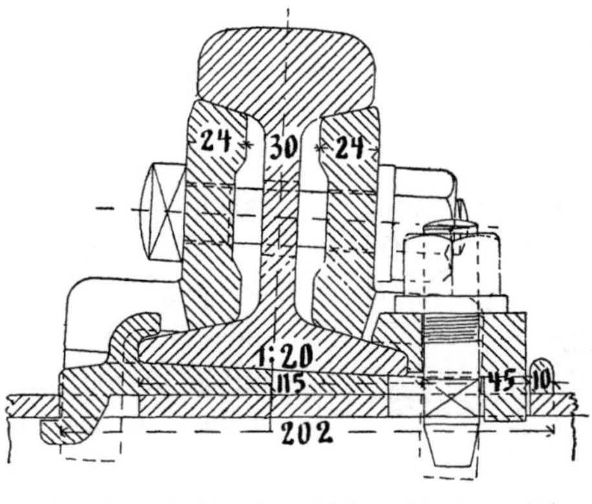

Schnitt durch die Stoßschwelle des Oberbaues No. 8a mit eisernen Querschwellen.

Der Materialbedarf ist folgender:

No	Benennung	Gewicht für ein Stück kg	15 Schwellen				16 Schwellen			
			12 m Gleis		1 km Gleis		12 m Gleis		1 km Gleis	
			Stück	Gewicht kg	Stück	Gewicht t	Stück	Gewicht kg	Stück	Gewicht t
1	Eiserne Querschwellen Form 51e	58,30	15	874,50	1250	72,88	16	932,88	1333	77,71
2	Schienen, 12 m lang	491,60	2	983,20	166	81,61	2	983,20	166	81,61
3	Außenlaschen . . .	18,53	2	37,06	166	3,08	2	37,06	166	3,08
4	Innenlaschen . . .	18,69	2	37,38	166	3,10	2	37,38	166	3,10
5	Laschenschrauben .	0,80	8	6,40	664	0,53	8	6,40	664	0,53
6	Hakenplatten .	1,975	30	59,25	2500	4,94	32	63,20	2666	5,27
7	Klemmplatten . .	0,68	30	20,40	2500	1,70	32	21,76	2666	1,81
8	Hakenschrauben . .	0,64	30	19,20	2500	1,60	32	20,48	2666	1,71

Das Gewicht für 1 m Gleis beträgt hiernach bei 15 Schwellen = 169,70, bei 16 Schwellen = 175,10 kg, es ist somit um mehr als 10 % schwerer, als der Oberbau 6d E.

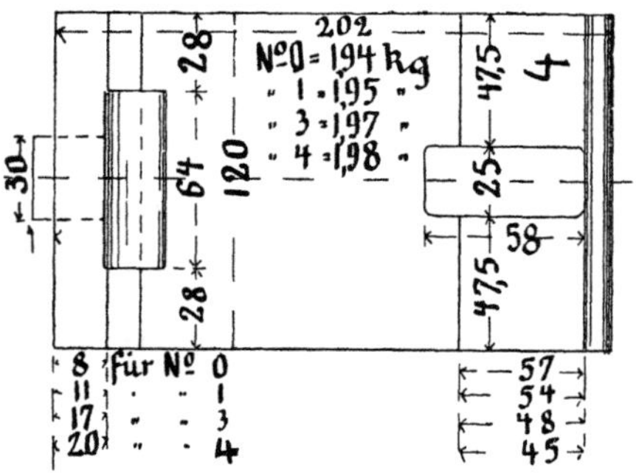

Abb. 90 Unterlagsplatte für den Oberbau No 8a mit eisernen Querschwellen.

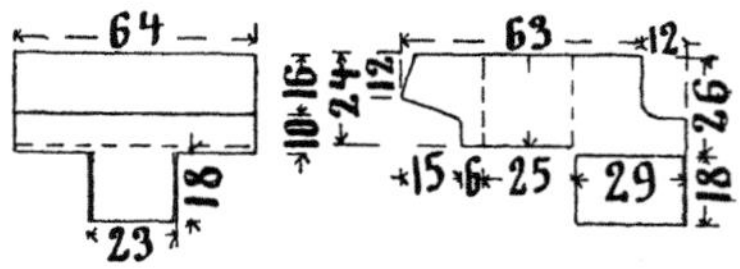

Abb. 91 Klemmplatte zum Oberbau No 8a E.

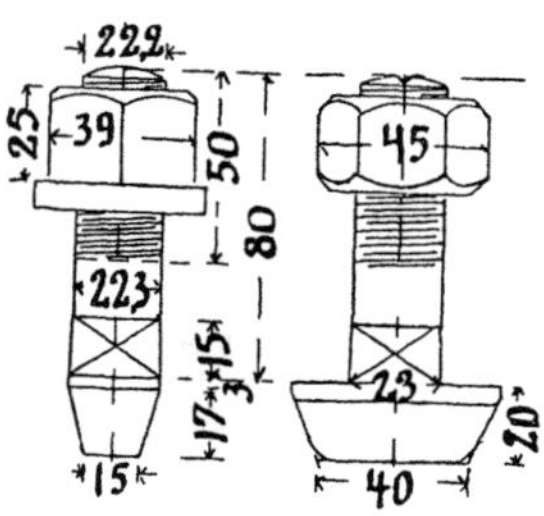

Abb 92. Hakenplatte zum Oberbau No. 8a E.

§ 13. Oberbau mit Schiene No. 9b H (Blattstoßoberbau).

Diese Bauweise soll, wie die No. 7b, der sie bezüglich der Blattstoßanordnung ähnlich ist, nur auf Strecken mit besonders lebhaftem Schnellzugverkehr angewendet werden, auch ist sie auf Brücken zulässig, bei welchen das Geräusch und die zerstörende Wirkung der Schienenstöße vermindert werden soll.

Der Schienenquerschnitt (Abb. 80 u. 93) unterscheidet sich von dem des Oberbaues 8a dadurch, daß er, wie bei 7b, eine Stärke von 18 mm hat. Die Anordnung des Stoßes gleicht dem der letztgenannten Bauweise und nur die Querschnitte (Abb. 93 u. 94) unterscheiden sich insoweit, als es die Form des Schienenfußes bedingt. Die Ausklinkung der in der Regel 15 m langen Schiene ist in Abb. 95 angedeutet, wobei bemerkt wird, daß die Länge der Ausgleichschiene auch hier wieder dieselbe ist, wie beim Oberbau 7b. Unterlagsplatten, Schwellenschrauben und Hakennägel sind wieder wie beim Oberbau 8a H. Die Schwellentheilung weicht von der 7b insofern ab, als zwar der Abstand der Stoßschwellen jener gleich ist, die Mittelschwellen jedoch weiter von einander abliegen, so daß bei der

Abb. 93.

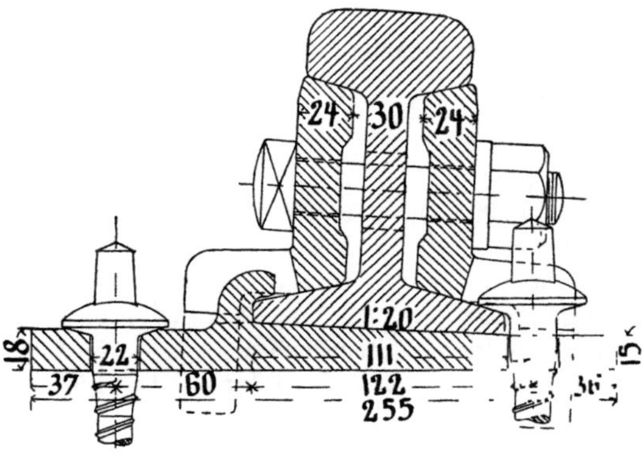

Schnitt durch den Schienenstoß des Oberbaues No. 9b H.

Abb. 94.

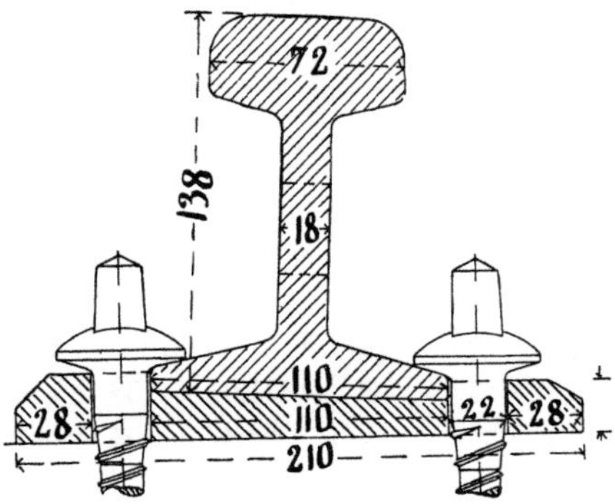

Querschnitt durch die Mittelschwellen des Oberbaues No. 9b H.

Abb. 95

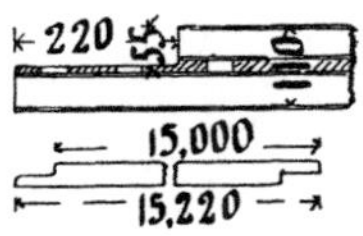

Ausklinkung der Schiene des Oberbaues No. 9b

Abb. 96 u. 97. Schwellentheilung beim Oberbau No 9b

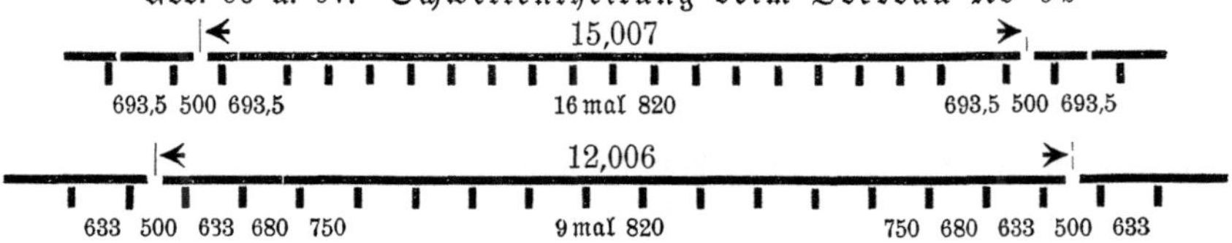

15 m langen Schiene nur 19, bei der 12 m langen jedoch ebenfalls 16 Schwellen verwendet werden (Abb. 96 u. 97).

Materialbedarf:

No	Benennung	Gewicht für ein Stück kg	1 Schienenlänge 15 m Gleis		1 km Gleis	
			Stück	Gewicht kg	Stück	Gewicht t
1	Holzschwellen	—	19	—	1266	—
2	Schienen, 15,22 m lang (bearbeitet) . .	650,97	2	1301,94	133	86,58
3	Außenlaschen	16,60	2	33,20	133	2,21
4	Innenlaschen	16,76	2	33,52	133	2,23
5	Laschenschrauben	0,80	8	6,40	532	0,43
6	Unterlagsplatten für Stoßschwellen . .	5,70	4	22,80	266	1,52
7	„ „ Mittelschwellen . .	4,52	34	153,68	2266	10,24
8	Schwellenschrauben, 120 mm lang . . .	0,39	114	44,46	7596	2,96

§ 14. Oberbau 9b E.

Schiene, Lasche und Laschenbolzen dieses Oberbaues gleichen dem vorherbeschriebenen 9 b H, die Querschwelle hingegen und die dazu gehörigen Befestigungsmittel, als Unterlagsplatten, Klemmplatten und Hakenschrauben wieder dem Oberbau 8 a E. Die Schwellenvertheilung endlich ist wieder genau dieselbe, wie beim Oberbau 8 a, so daß es genügen wird, auf die entsprechende Zeichnung zu verweisen und nur im Folgenden noch den Materialbedarf aufzuführen:

No	Benennung.	Gewicht für ein Stück kg	1 Schienenlänge 15 m Gleis		1 km Gleis	
			Stück	Gewicht kg	Stück	Gewicht t
1	Eiserne Querschwellen Form. 51 e . . .	58,30	19	1107,70	1266	73,81
2	Schienen, 15,220 m lang (bearbeitet) . .	650,97	2	1301,94	133	86,58
3	Außenlaschen	16,60	2	33,20	133	2,21
4	Innenlaschen	16,76	2	33,52	133	2,23
5	Laschenschrauben	0,80	8	6,40	532	0,43
6	Hakenplatten	1,975	38	75,05	2532	5,00
7	Klemmplatten	0,68	38	25,84	2532	1,72
8	Hakenschrauben	0,64	38	24,32	2532	1,62

§ 15. Oberbau 9c H.

Dieser Oberbau unterscheidet sich von dem vorigen durch die größere Schienenlänge von 18 m und die Anordnung des stumpfen Stoßes. Im Zusammenhange darf derselbe, ebenso wie der Oberbau 7c, dem er in dieser Hinsicht gleicht, nur in Tunneln verwendet werden, doch ist es gestattet, zur Vermeidung von Stößen auf kleineren Brücken auch einzelne Schienen im Oberbau 6d zu verlegen, wobei dann wieder besondere Uebergangslaschen verwendet werden.

Die Stoßanordnung gleicht der Abb. 81, beim Oberbau 8a; die Stoßschwellen liegen wieder 560 mm von einander ab, weshalb auch die Laschen 720 mm Länge haben. Der Schnitt an den Stoß- und Mittelschwellen gleicht denen beim Oberbau 9b H. Form und Größe der Laschenschrauben, Unterlagsplatten, Schwellenschrauben und Hakennägel ist ebenfalls genau, wie bei vorgenanntem Oberbau, nur die Schwellenzahl und Theilung ist in Folge der größeren Schienenlänge abweichend und zwar wie in Abb. 98 angegeben ist. Es sind hier nur

Abb. 98. Schwellentheilung beim Oberbau No. 9c.

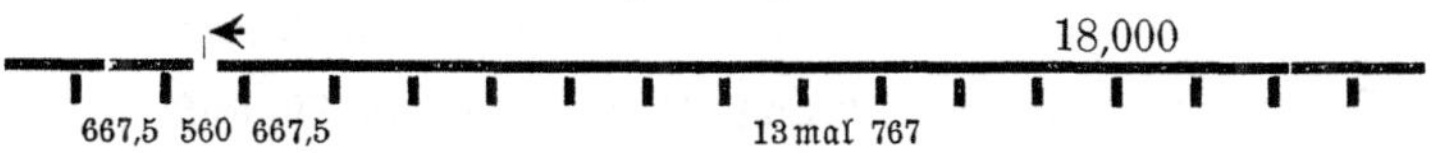

24 Schwellen vorhanden, während Oberbau 7c 25 Stück aufweist. Die Länge der Ausgleichschienen ist jedoch, wie dort, 17,955 m bez. 17,910 m und 17,865 m je nach der Länge und Stärke der Krümmung.

Materialbedarf:

No.	Benennung.	Gewicht für ein Stück kg	1 Schienenlange 18 m Gleis Stück	1 Schienenlange 18 m Gleis Gewicht kg	1 km Gleis Stück	1 km Gleis Gewicht t
1	Holzschwellen	—	24	—	1333	—
2	Schienen, 18,00 m lang	781,20	2	1562,40	111	86,71
3	Außenlaschen	18,53	2	37,06	111	2,06
4	Innenlaschen	18,69	2	37,38	111	2,07
5	Laschenschrauben	0,80	8	6,40	444	0,36
6	Unterlagsplatten für Stoßschwellen . .	5,70	4	22,80	222	1,27
7	" " Mittelschwellen . .	4,52	44	198,88	2444	11,05
8	Schwellenschrauben, 120 mm lang . . .	0,39	144	56,16	8000	3,12

Gewicht für 1 m Gleis = 106,71 kg Eisentheile.

§ 16. Oberbau 9c E.

Die hierbei verwendete Schwelle hat wiederum das Profil 51, Abb. 55 mit der Lochung des Oberbaues 8a E, Abb. 87, wie überhaupt die sonstigen Einzelheiten in der Befestigung zwischen Schiene und Lasche, sowie Schiene und Schwelle denen des genannten Oberbaues vollständig gleich sind. Nur in Schienenlänge und Schwellentheilung sind die Abmessungen des Oberbaues 9c H, Abb. 98, maßgebend.

Materialbedarf:

No.	Benennung.	Gewicht für ein Stück kg	1 Schienenlänge 18 m Gleis		1 km Gleis	
			Stück	Gewicht kg	Stück	Gewicht t
1	Eiserne Querschwellen Form. 51c . . .	58,30	24	1399,20	1333	77,71
2	Schienen, 18,00 m lang	781,20	2	1562,40	111	86,71
3	Außenlaschen	18,53	2	37,06	111	2,06
4	Innenlaschen	18,69	2	37,38	111	2,07
5	Laschenschrauben	0,80	8	6,40	444	0,36
6	Hakenplatten	1,975	48	94,80	2666	5,26
7	Klemmplatten	0,68	48	32,64	26.6	1,81
8	Hakenschrauben	0,64	48	30,72	2666	1,71

Bei den Oberbauanordnungen der Gruppe II werden in den Wegeübergängen, wie es bei Gruppe I vorgesehen ist, durch Verwendung verstärkter Hakenplatten die Schwellen um etwa 5 cm tiefer gelegt, um den Wegeübergang pflastern oder anderweit gehörig befestigen zu können. Die hierzu erforderlichen Hakenplatten sind der größeren Fußbreite, 111 mm statt dort 106 mm, und der dickeren Kante des Schienenfußes der Schienen angepaßt, gleichen im Uebrigen jedoch der im § 5 Seite 43 gegebenen Beschreibung. Zur Gewinnung von Spurerweiterungen werden ebenfalls wieder Platten mit verschiedenen breiten Ansätzen benutzt.

Gruppe III. Oberbauanordnung für Nebenbahnen.

§ 17. Oberbau 10a H.

Die Form des Querschnittes der Schienen dieses Oberbaues, Abb. 99, ist der des Oberbaues No. 6d ähnlich, die Laschen sind im oberen Theile sogar von gleichem Querschnitt, nur gehen sie nicht unter den Schienenfuß hinab, sondern nur bis 53 mm unter Lochmitte. Die Anordnung des Stoßes, der in Abb. 100 und 101 dargestellt ist, schließt sich sonst dem Oberbau 6d eng an, die Laschenschrauben, Unterlagsplatten, Schwellenschrauben und Nägel sind genau dieselben, auch der Schwellenabstand am Stoß ist jenen gleich. Nur bei den Mittelschwellen findet insofern eine Abweichung statt, als bei Nebenbahnen mit geringem Verkehr keine Unterlags-

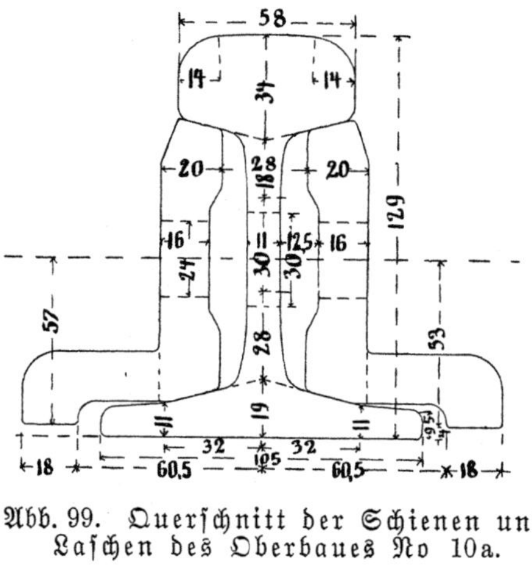

Abb. 99. Querschnitt der Schienen und Laschen des Oberbaues No 10a.

platten angewendet werden, Abb. 102. Bei Linien mit erheblicheren Verkehr sollen jedoch Unterlagsplatten nach Abb. 103 und bei Gleisekrümmungen mit Halb-

Abb. 100.

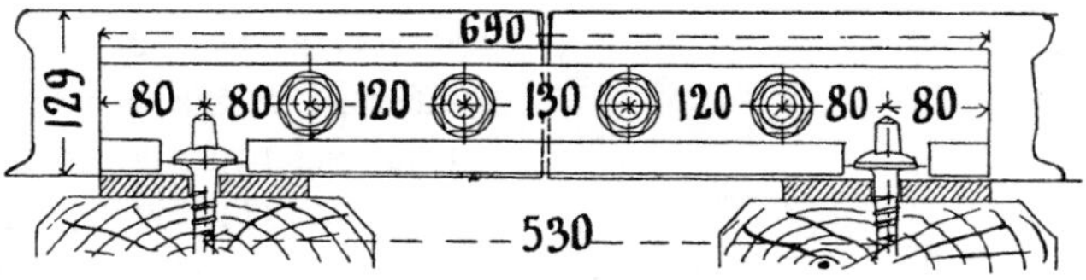

Ansicht des Stoßes des Oberbaues No 10a mit Holzschwellen.

Abb. 101.

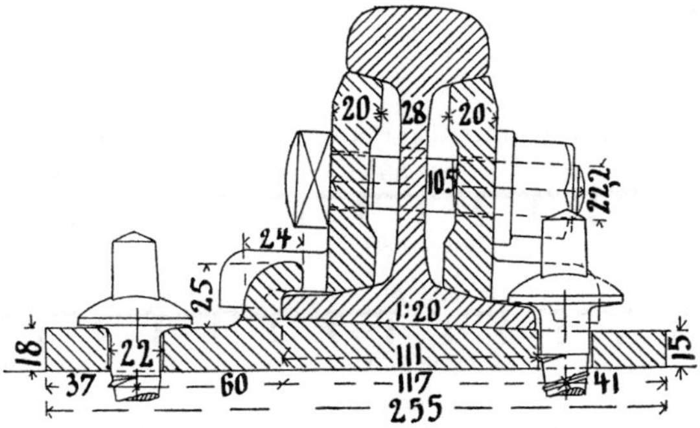

Querschnitt durch den Stoß des Oberbaues No 10a mit Holzschwellen

messer von 500 m und darunter, sowie in stärker als 1:200 geneigten Gleisen Unterlagsplatten mit Haken (wie an den Stößen) auf den Mittelschwellen in entsprechender Anzahl verwendet werden. Bei einer Schienenlänge von 12 m kommen sowohl 13 als 14 Schwellen in Anwendung, im ersteren Falle ist die Schwellentheilung nach Abb. 104, im letzteren nach Abb. 105 zu nehmen; bei 10 m langen Schienen gilt die Theilung Abb. 106.

Abb 102.

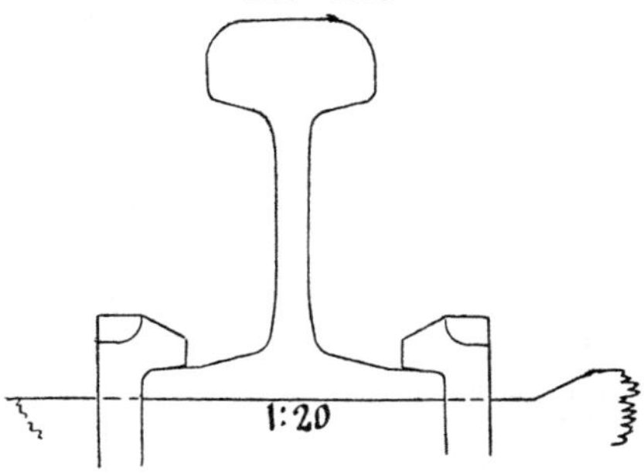

Querschnitt durch die Mittelschwellen des Oberbaues No. 10a ohne Unterlagsplatten.

Mit Rücksicht auf die bei Nebenbahnen vorkommenden Bögen mit kleinem Halbmesser sind fünf verschiedene Sorten Ausgleichschienen vorgesehen und zwar in Längen von 11,96 m, 11,92 m, 11,88 m, 11,84 m und 11,80 m, und zwar werden verwendet bei Längen bis 230 m Halbmesser Ausgleichschienen von 11,96 und 11,92 m Länge, bei Längen von 230—155 m Halbmesser Ausgleichschienen von 11,92 und 11,88 m, bei Längen von 155—115 m Ausgleichschienen von 11,88 und 11,84 m Länge und endlich bei Längen von 115—100 m Halbmesser Ausgleichschienen von 11,84 m und 11,80 m Länge.

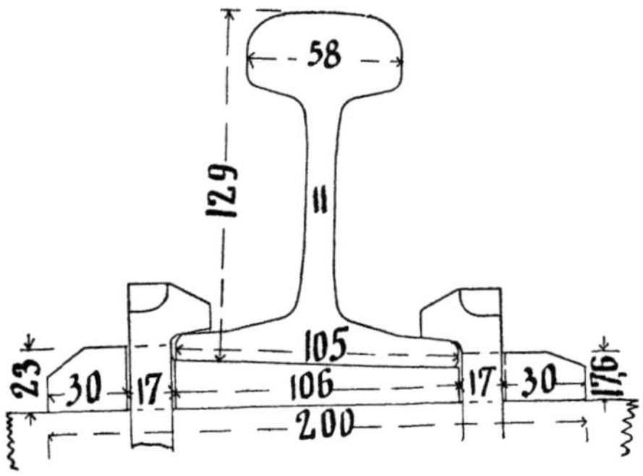

Abb. 103. Querschnitt durch die Mittelschwellen des Oberbaues No. 10a mit Unterlagsplatten.

Abb. 104, 105 u. 106. Schwellentheilung beim Oberbau No. 10a.

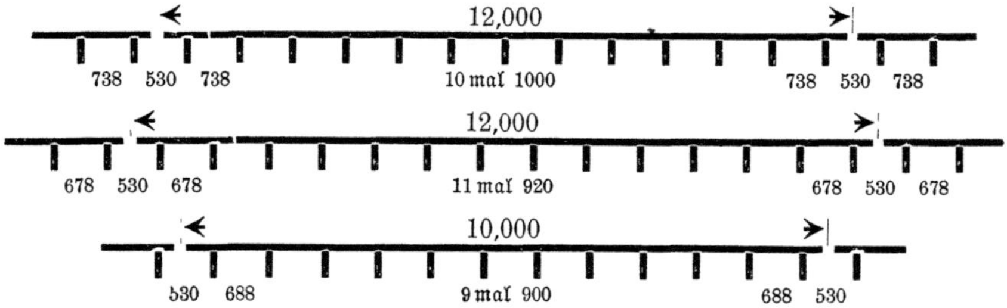

Das Material dieses Oberbaues ist folgendes:

No	Benennung.	Gewicht für ein Stück kg	13 Schwellen: 12 m Gleis Stück	13 Schwellen: 12 m Gleis Gewicht kg	13 Schwellen: 1 km Gleis Stück	13 Schwellen: 1 km Gleis Gewicht t	14 Schwellen: 12 m Gleis Stück	14 Schwellen: 12 m Gleis Gewicht kg	14 Schwellen: 1 km Gleis Stück	14 Schwellen: 1 km Gleis Gewicht t
1	Holzschwellen . . .	—	13	–	1083	—	14	—	1166	—
2	Schienen, 12 m lang	373,66	2	747,32	166	62,03	2	747,32	166	62,03
3	Außenlaschen . . .	11,71	2	23,42	166	1,94	2	23,42	166	1,94
4	Innenlaschen . . .	11,84	2	23,68	166	1,97	2	23,68	166	1,97
5	Laschenschrauben .	0,77	8	6,16	664	0,51	8	6,16	664	0,51
6	Unterlagsplatten für Stoßschwellen . .	5,70	4	22,80	332	1,89	4	22,80	332	1,89
7	Schwellenschrauben, 120 mm lang . .	0,39	12	4,68	996	0,39	12	4,68	996	0,39
8	Hakennägel, 165 mm lang	0,29	44	12,76	3668	1,06	48	13,92	4000	1,16

§ 18. Oberbau 10a E.

Bei dieser Oberbauordnung, die in Abb. 107 die Stoßanordnung in Ansicht darstellt, ist wiederum Schwelle 51a, wie beim Oberbau 6d, sowie das dazu

Abb 107.

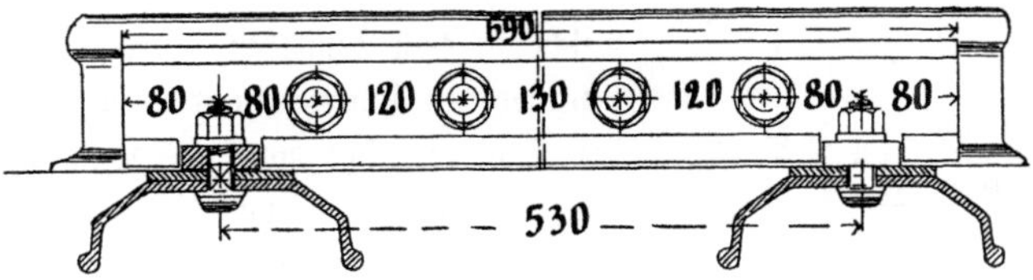

Ansicht des Stoßes des Oberbaues No. 10a mit eisernen Querschwellen.

gehörige Kleineisenzeug (Unterlagsplatte, Hakenschraube, Klemmplatte) verwendet, während Laschen und Laschenbolzen dieselben sind, wie beim Oberbau 10a H. Auch der Schwellenabstand ist derselbe (Abb. 104, 105, 106), je nachdem 14 oder 13 Schwellen oder Schienen von 10m Länge zur Anwendung kommen.

In Wegeübergängen können ebenfalls wieder dicke Unterlagsplatten, Abb. 61, verlegt werden.

Im Uebrigen gelten dieselben Grundsätze, die beim Oberbau 10a H angeführt sind.

Materialbedarf:

No	Benennung.	Gewicht für ein Stück kg	13 Schwellen 12 m Gleis Stück	13 Schwellen 12 m Gleis Gewicht kg	13 Schwellen 1 km Gleis Stück	13 Schwellen 1 km Gleis Gewicht t	14 Schwellen 12 m Gleis Stück	14 Schwellen 12 m Gleis Gewicht kg	14 Schwellen 1 km Gleis Stück	14 Schwellen 1 km Gleis Gewicht t
1	Eiserne Querschwellen Form 51a	54,20	13	704,60	1083	58,70	14	758,80	1166	63,20
2	Schienen, 12 m lang	373,66	2	747,32	166	62,03	2	747,32	166	62,03
3	Außenlaschen . . .	11,71	2	23,42	166	1,94	2	23,42	166	1,94
4	Innenlaschen . .	11,84	2	23,68	166	1,97	2	23,68	166	1,97
5	Laschenschrauben .	0,77	8	6,16	664	0,51	8	6,16	664	0,51
6	Hakenplatten . . .	1,845	26	47,97	2166	4,00	28	51,66	2332	4,30
7	Klemmplatten . .	0,41	26	10,66	2166	0,89	28	11,48	2332	0,96
8	Hakenschrauben . .	0,37	26	9,62	2166	0,80	28	10,36	2332	0,86

§ 19. Oberbau 11a H.

Dieser mit nur 115mm hoher und nur 27,55 kg schwerer Schiene versehene Oberbau findet nur bei untergeordneten Bahnen Anwendung, bei denen der Raddruck 6 t nicht übersteigt. Abb. 108 giebt den Querschnitt der Schiene und der Laschen; letztere schneiden 3,5 mm über Schienenunterkante ab. Die in Abb. 109 in der Ansicht dargestellte Stoßanordnung gleicht in Bezug auf Schwellenabstand und Anordnung der Befestigungsmittel dem Oberbau No. 6d, nur insofern weicht sie von denselben, sowie allen zuvor beschriebenen Oberbauanordnungen ab, als die Schiene nicht mit der sonst üblichen Neigung (1 : 20) nach Innen gestellt, sondern ohne jede Neigung grade auf die ebenfalls mit wagerechter Oberfläche auf der Schwelle liegende Unterlagsplatte gesetzt ist, Abb. 110. Die Laschenbolzen sind etwas kürzer (95 mm), ebenso die Unterlagsplatten am Stoß (230 mm), als beim Oberbau 6d, die Hakennägel und Schwellenschrauben sind jedoch dieselben. Die Mittelschwellen erhalten keine Unterlagsplatten, Abb. 111 und die Schwellentheilung ist dieselbe, wie beim Oberbau 10a.

Abb. 108.

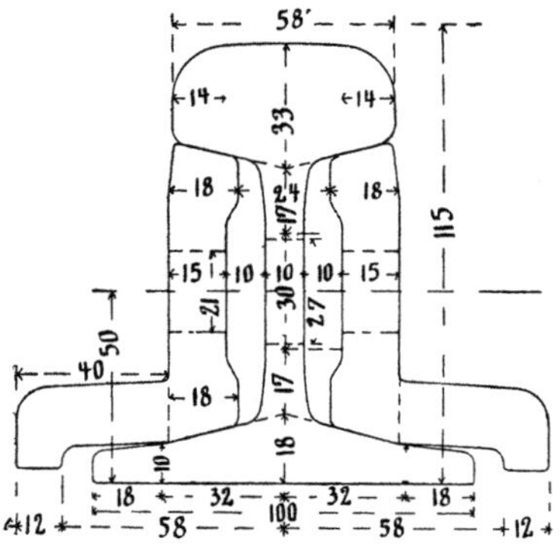

Querschnitt der Schiene und Laschen des Oberbaues No. 11a.

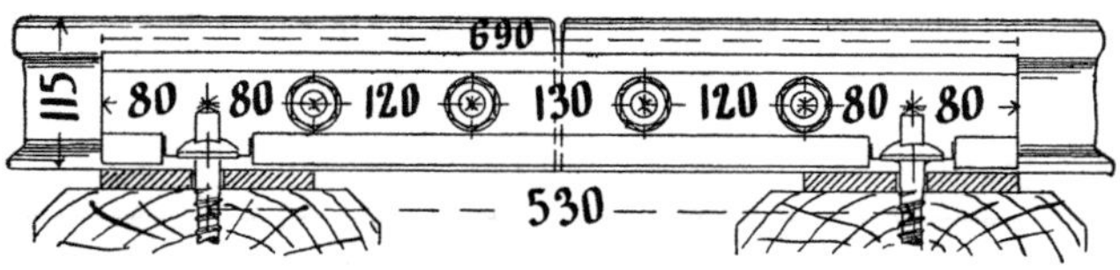

Abb. 109. Ansicht des Stoßes des Oberbaues No. 11a H.

Der Materialbedarf ist folgender:

No	Benennung.	Gewicht fur ein Stück kg	13 Schwellen				14 Schwellen			
			12 m Gleis		1 km Gleis		12 m Gleis		1 km Gleis	
			Stuck	Gewicht kg	Stuck	Gewicht t	Stück	Gewicht kg	Stuck	Gewicht t
1	Holzschwellen . . .	—	13	—	1083	—	14	—	1166	—
2	Schienen, 12 m lang	330,42	2	660,84	166	54,85	2	660,84	166	54,85
3	Außenlaschen . . .	9,29	2	18,58	166	1,54	2	18,58	166	1,54
4	Innenlaschen . . .	9,40	2	18,80	166	1,56	2	18,80	166	1,56
5	Laschenschrauben .	0,50	8	4,00	664	0,33	8	4,00	664	0,33
6	Unterlagsplatten	4,10	4	16,40	332	1,36	4	16,40	332	1,36
7	Schwellenschrauben .	0,39	12	4,68	996	0,39	12	4,68	996	0,39
8	Hakennägel, 165 mm lang	0,29	44	12,76	3668	1,06	48	13,92	4000	1,16

Abb. 110.

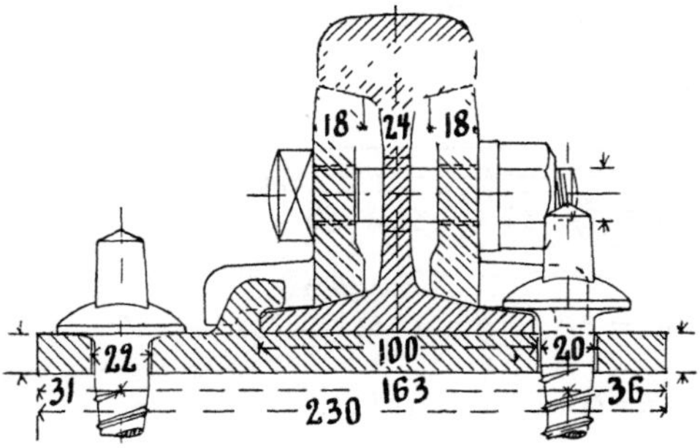

Querschnitt durch die Stoßschwelle des Oberbaues No. 11a H.

Abb. 111.

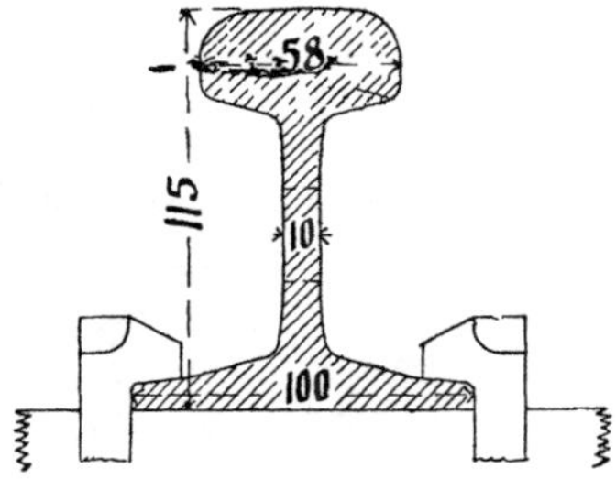

Oberbau No 11a. Schnitt durch eine Mittelschwelle.

Abb. 114.

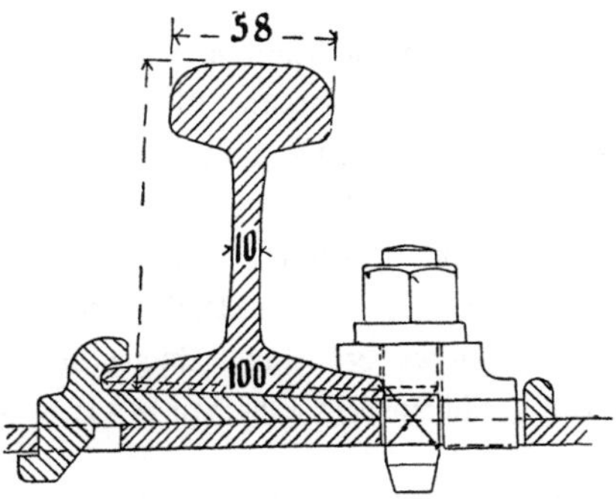

Oberbau No. 11a. Schnitt durch eine Mittelschwelle

Abb. 115.

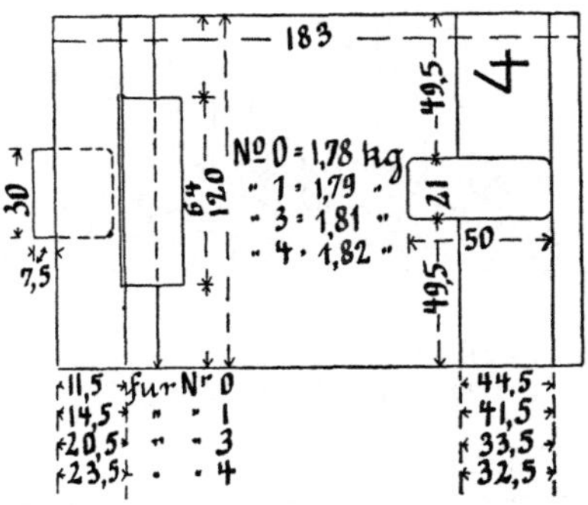

Oberbau No 11a E. Unterlagsplatte

Abb. 116.

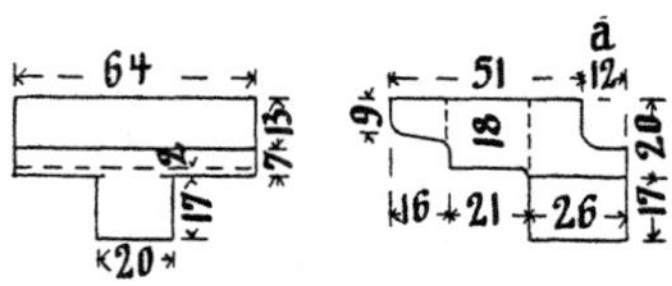

Oberbau No 11a E Klemmplatte.

§ 20. Oberbau 11 a E.

Bei diesem Oberbau wird ebenfalls wieder Schwelle 51 a verwendet, während die dazugehörige Hakenplatte des schmaleren Schienenfußes wegen besonders an-

Abb. 112.

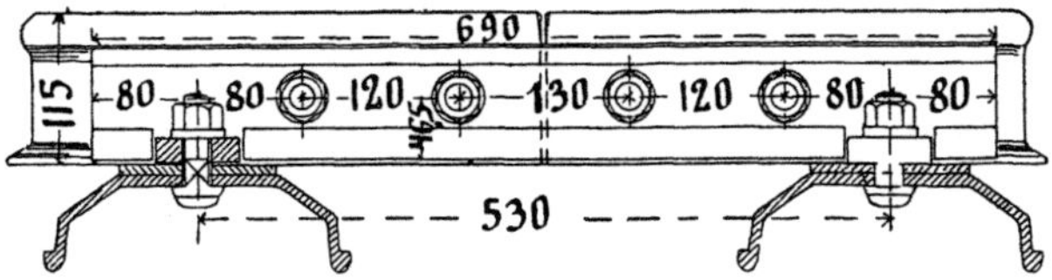

Oberbau No. 11 a E. Ansicht des Stoßes.

gefertigt werden muß, die man jedoch entgegen dem Oberbau 11 a mit der gebräuchlichen Schienenneigung 1 : 20 versehen hat. Abb. 112 zeigt wieder Ansicht des Stoßes, Abb. 113 einen Schnitt durch die Stoß- und Abb. 114 vorige Seite einen Schnitt durch die Mittelschwelle. Abb. 115 den Grundriß der Unterlagsplatte.

Abb. 113.

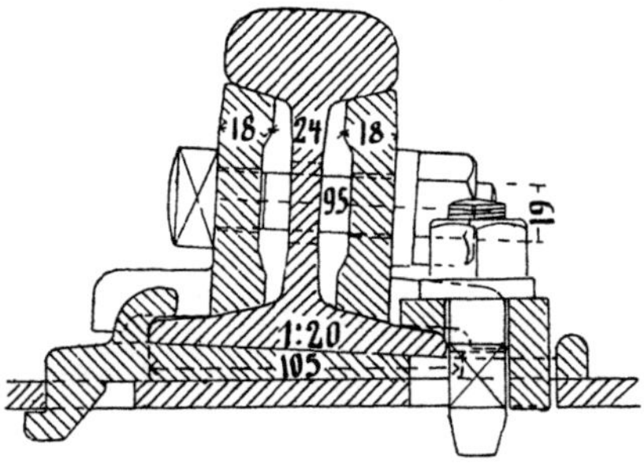

Oberbau No. 11 a E. Schnitt durch eine Stoßschwelle

Laschen und Laschenschrauben sind genau wie beim Oberbau 11 a, die Klemmplatten Abb. 116 weichen jedoch von denen des Oberbaues 6 d E etwas ab, während die Hakenschrauben wieder dieselben sind. Die Schwellentheilung, sowie die Längen der Ausgleichschienen ist wieder genau wie beim Oberbau 11 a H.

Materialbedarf:

No	Benennung.	Gewicht für ein Stück kg	13 Schwellen				14 Schwellen			
			12 m Gleis		1 km Gleis		12 m Gleis		1 km Gleis	
			Stück	Gewicht kg	Stück	Gewicht t	Stück	Gewicht kg	Stück	Gewicht t
1	Schwellen Form. 51a	54,20	13	704,60	1083	58,70	14	758,80	1166	63,20
2	Schienen, 12 m lang	330,42	2	660,84	166	54,85	2	660,84	166	54,85
3	Außenlaschen . . .	9,29	2	18,58	166	1,54	2	18,58	166	1,54
4	Innenlaschen . . .	9,40	2	18,80	166	1,56	2	18,80	166	1,56
5	Laschenschrauben .	0,50	8	4,00	664	0,33	8	4,00	664	0,33
6	Hakenplatten . . .	1,815	26	47,19	2166	3,93	28	50,82	2332	4,23
7	Klemmplatten . .	0,40	26	10,40	2166	0,87	28	11,20	2332	0,93
8	Hakenschrauben . .	0,37	26	9,62	2166	0,80	28	10,36	2332	0,86

§ 21. Zusammenstellung der neuen Oberbauanordnungen der Preußischen Staatseisenbahnen.

Oberbau No.	Abmessungen der Schiene: Höhe	Kopfbreite	Fußbreite	Stegstärke	Länge der Schiene	Gewicht auf 1 m Schiene	Länge der Ausgleichschiene	Stoßanordnung	Länge der Laschen	Anzahl der Schwellen auf 1 Schienenlänge	Entfernung der Schwellen am Stoß	Form der eisernen Schwellen	Gewicht der Eisentheile auf 1 lfd. m Gleis, ohne Schwellen
	mm	mm	mm	mm	m	kg	m		mm	Stück	mm		kg
6d	134	58	105	11	12	33,40	11,96	Stumpfer Stoß	690	16	530	51a	86,40
							11,92			15	530	51a	85,52
							11,88						
7b	134	58	105	18	15,22	37,24	15,18	Blattstoß	660	20	500	51a	92,73
							15,14						
							15,10						
7c	134	58	105	18	18,00	37,24	17,955	Stumpfer Stoß	690	25	530	51a	92,81
							17,910						
							17,865						
8a	138	72	110	14	12,0	41,0	11,96	Stumpfer Stoß	720	16	560	51e	104,18
							11,92			15	560	51e	103,24
							11,88						
9b	138	72	110	18	15,22	43,43	15,18	Blattstoß	660	19	500	51e	106,35
							15,14						
							15,10						
9c	138	72	110	18	18,0	43,43	17,955	Stumpfer Stoß	720	24	560	51e	106,71
							17,910						
							17,865						
10a	129	58	105	11	12,0	31,16	11,96	Stumpfer Stoß	690	14	530	51a	70,13
							11,92			13	530	51a	70,03
							11,88						
							11,84						
							11,80						
11a	115	58	100	10	12	27,55	11,96	Stumpfer Stoß	690	14	530	51a	61,40
							11,92			13	530	51a	61,31
							11,88						
							11,84						
							11,80						

§ 22. Von den älteren in den Bezirken der Preußischen Eisenbahnverwaltungen noch vorkommenden Bauweisen möge zunächst ein Oberbau mit Holzschwellen beschrieben werden, der, mit geringen Abweichungen, in den Bezirken der früheren Eisenbahn-Directionen Altona, Berlin, Breslau, Bromberg, Erfurt, Frankfurt und Magdeburg sich noch vielfach vorfindet. Die Schienen, welche den Querschnitt Abb. 34 haben, ruhen auf schweißeisernen Unterlagsplatten von 160 mm Breite und 180 mm Länge, 12,5 mm Stärke und 5 mm Randhöhe, die ein Gewicht von 3,07 kg besitzen und mit 3 Löchern versehen sind. Solche Platten werden sowohl auf die Stoß- als auf die Mittelschwellen verlegt. Während die äußere Lasche die allgemein übliche Länge von 600 mm hat, ist die innere Lasche 67 mm länger. Beide Laschen sind nach der Abb. 117 und 118 für

Abb. 117.

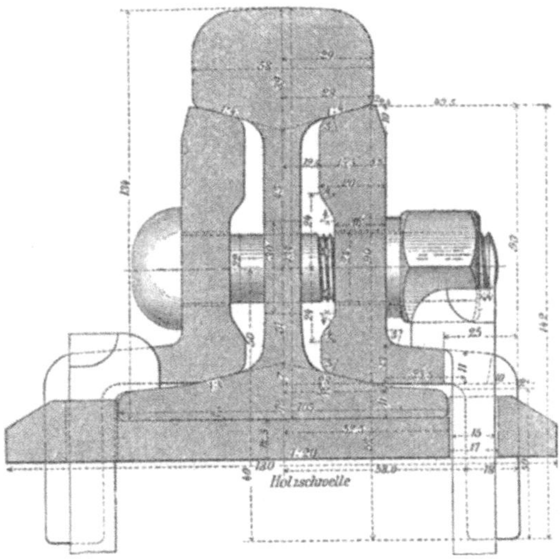

Oberbau No 6b für Holzquerschwellen mit Unterlagsplatte ohne Neigung

Abb. 118.

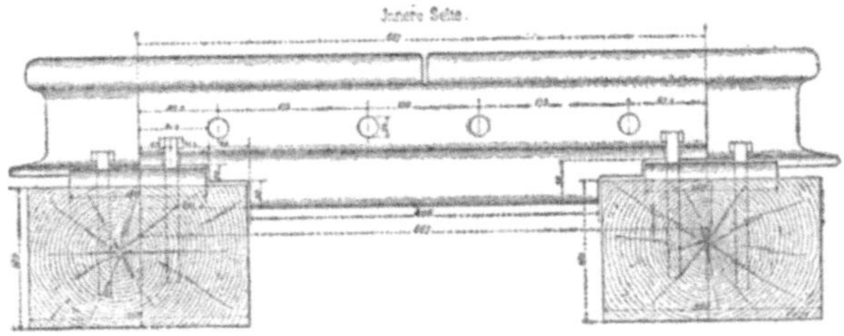

Oberbau No. 6b für Holzquerschwellen mit Unterlagsplatte ohne Neigung.

Unterlagsplatte und Schwelle ausgeklinkt, die innere auch noch zur Aufnahme der Nägel, um dadurch beide dem Schienenstoße benachbarten Schwellen gegen das Wandern heran zu ziehen. Das Gewicht der Außenlasche beträgt 12,56, das der Innenlasche 13,64 kg. Die Befestigung der Schiene mit den Schwellen geschieht entweder durch Hakennägel oder durch Schwellenschrauben. In einzelnen Fällen werden auch innerhalb des Gleises Schrauben, außerhalb Nägel angewendet.

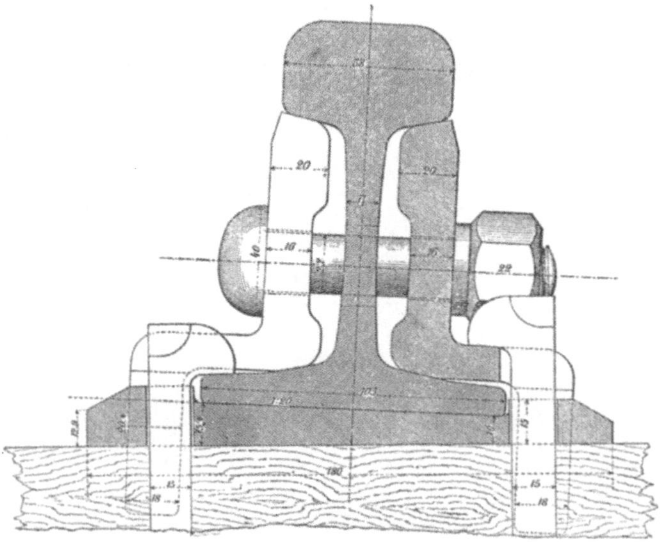

Abb. 119. Oberbau No. 6b mit Unterlagsplatte mit Neigung.

Auf die Schienenlänge von 9 m werden bei Hauptlinien 11 Schwellen, bei Bahnen mit geringerer Geschwindigkeit nur 10 Schwellen verlegt und zwar liegen in beiden Fällen die Stoßschwellen 667 mm auseinander, während die übrigen Schwellen gleichmäßig vertheilt werden. Anstelle der Unterlagsplatten mit paralleler Ober- und Unterfläche, welche bedingen, daß die Holzschwellen im Lager zur Erreichung der Schienenneigung entsprechend gekappt werden, sind später Platten in Gebrauch gekommen, deren Oberfläche 1 : 20 nach Innen geneigt ist, so daß die Schwellen nicht mehr gekappt zu werden brauchen Abb. 119.

Abb. 120.

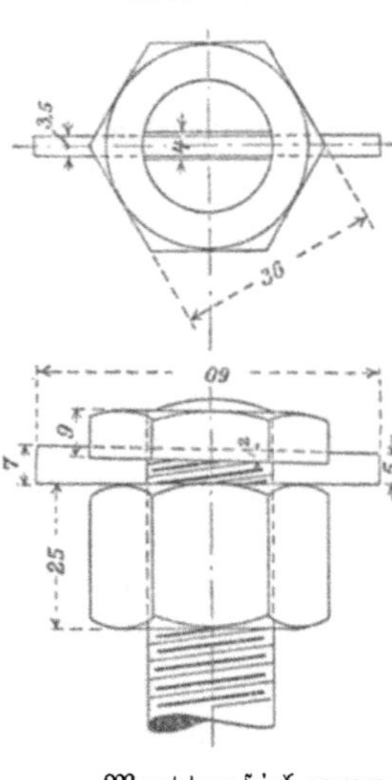

Abb. 121.

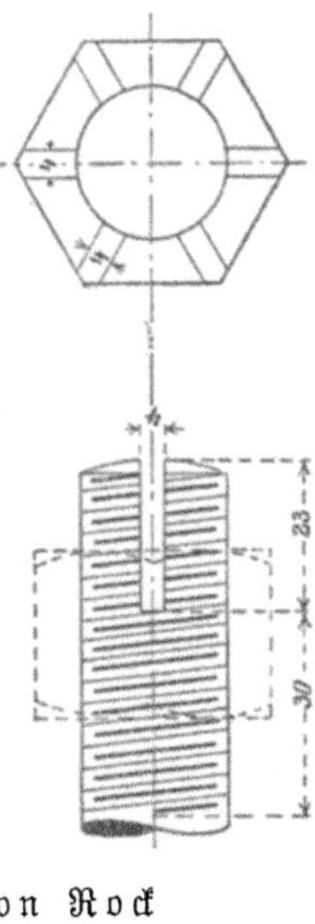

Muttersicherung von Rock

Zur Verhinderung des Lösens der Mitte der Laschenbolzen werden meistentheils Federringe angewendet, nur im früheren Directionsbezirk Berlin ist eine Doppelmutter mit Keil (Bauart Rock) in Gebrauch, die in Abb. 120 und 121 dargestellt ist. Der Schraubenbolzen ist mit einer 4 mm breiten und 23 mm tiefen Einkerbung versehen, in welche ein Keil einpaßt; die Doppelmutter ist nur

Abb. 122.

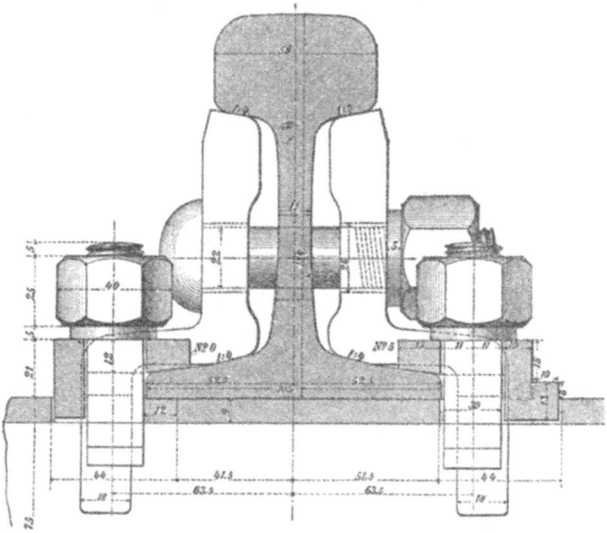

Oberbau älterer Anordnung im Directionsbezirk Breslau. Querschnitt durch eine Stoßschwelle.

9 mm hoch und hat an der Unterseite 6 radial stehende Einkerbungen von ebenfalls 4 mm Breite. Nachdem die untere Hauptmutter gehörig festgeschraubt ist, wird die Doppelmutter aufgesetzt und soweit niedergeschraubt, daß nach Einführung des Keiles in der auf Abb 120 dargestellten Weise, derselbe die obere Mutter am Drehen verhindert und somit diese, wie auch die Hauptmutter festhalt.

Abb. 123.

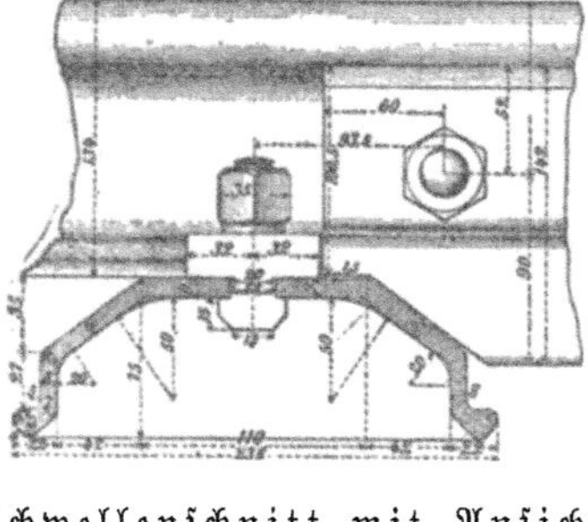

Schwellenschnitt mit Ansicht des Laschenanschlusses.

§ 23. Von Oberbauanordnung alterer Bauweisen mit eisernen Querschwellen mögen zunächst die folgenden des früheren Bezirks der Direction Breslau erwähnt werden. Abb. 122 und 123. Querschnitt der Schiene und Laschen sind wie in Abb. 34, nur sind beide Laschen gleich lang (600 mm), die innere 13,127 kg, die äußere 13,056 kg schwer. Die Schwellen sind 2,50 m lang, unten 238 mm, oben 110 mm breit, 75 mm hoch und 54,50 kg schwer. Zur Erreichung der Schienenneigung sind die Enden der Schwellen nach einer Neigung 1 : 20 aufgebogen. Die Befestigung der Schienen auf den Schwellen geschieht durch Hakenschrauben und Klemmplättchen. Durch die Form der Klemmplättchen, im Besondern durch die Breite des seitlichen Ansatzes, werden für die in den Bögen liegenden Gleise die erforderlichen Spurerweiterungen erzielt. Das Wandern des Gleises wird dadurch verhindert, daß die Laschen, welche zur Form der Querschwellen passend abgeschrägt sind, gegen die Klemmplatten der Stoßschwellen treten. Zur Verhütung der Verschiebungen nach der Seite haben die Schwellen einen Kopfverschluß erhalten, der darin besteht, daß das Oberblech der Querschwelle von den Enden der Schwelle nach unten umgebogen ist.

Abb. 124.

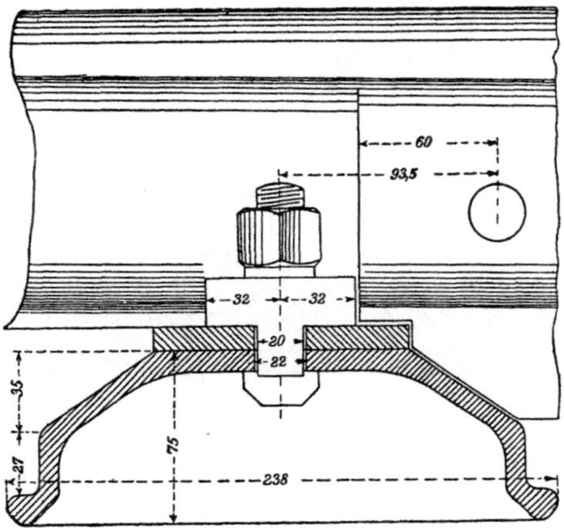

Aelterer Oberbau der Direction Breslau.

Abb. 125.

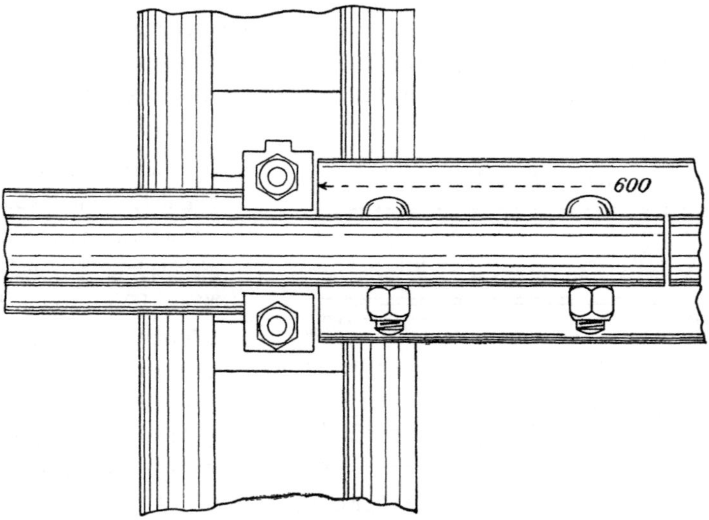

Aelterer Oberbau der Direction Breslau.
Grundriß des Laschenanschlusses.

Außerdem besteht im Bezirk der Direction Breslau noch eine Bauweise, bei der die eisernen Querschwellen gerade sind und die Schienenneigung durch Verwendung von besonderen Unterlagsplatten mit einer nach 1 : 20 geneigten Oberfläche erzielt wird. Abb. 124 zeigt einen Querschnitt der Stoßschwelle mit Ansicht von Innen, Abb. 125 eine Draufsicht, Abb. 126 und 127 Querschnitte der Schiene und Unterlagsplatte. Die letztere greift mit einem am Außenende bei R angebrachten Rande in die Querschwelle ein. Die Befestigung der Schienen mit den Schwellen ist wieder durch Hakenschrauben bewirkt, jedoch sind diese der Stärke der Unterlagsplatte entsprechend länger. Ebenso sind auch die unteren Ansätze der Klemmplättchen, die durch die Unterlagsplatte und durch die Kopfplatte der Querschwelle greifen, entsprechend höher. Die nöthigen Spurerweiterungen in den Bögen werden hier auch wieder durch die verschiedene Breite der Ansätze der Klemmplatten erzielt.

Abb. 126.

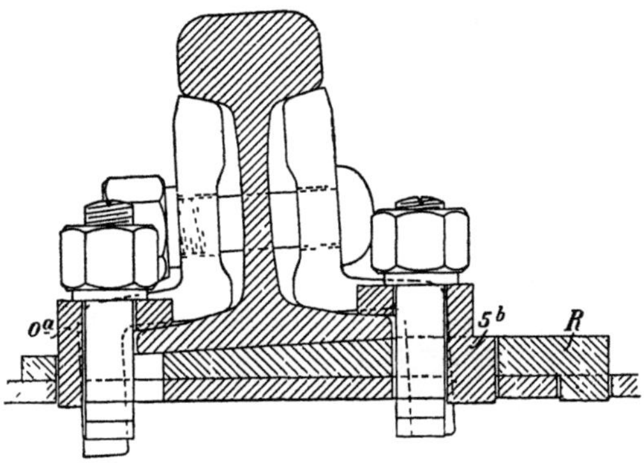

Schnitt durch die Stoßschwelle.

Abb. 127.

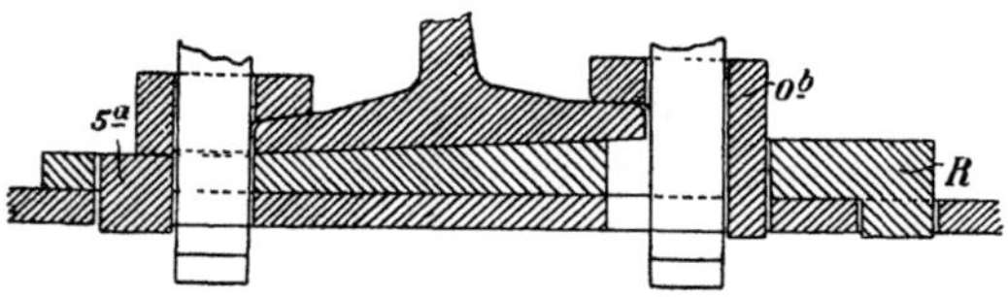

Schnitt durch die Mittelschwelle.

Diese Anordnung gestattet, die Querschwellen sämmtlich gleichmäßig zu lochen. Abb. 128 zeigt die Oberansicht einer gelochten Schwelle und Abb. 129 die Seitenansicht mit theilweisem Schnitt der Schwelle.

Abb. 128 u. 129.

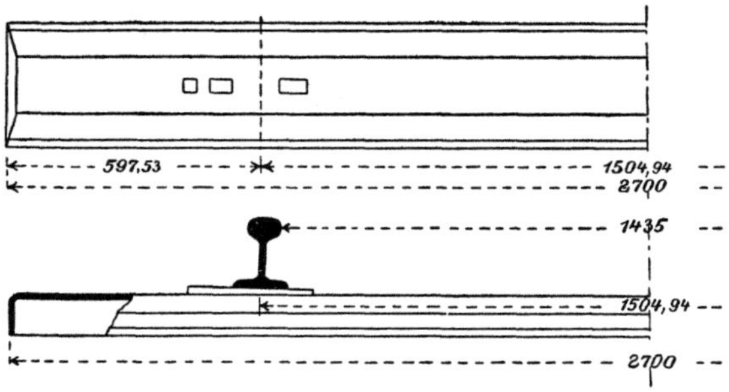

Lochung der Schwelle und Stellung der Schiene auf derselben.

Das Material und Gewicht dieses Oberbaues stellt sich auf eine Schienenlänge mit 11 Schwellen wie folgt zusammen:

2	Schienen von 9 m Länge je	300,6 kg	=	601,20 kg
2	Innenlaschen jede	13,127 „	=	26,254 „
2	Außenlaschen „	13,056 „	=	26,112 „
8	Laschenbolzen „	0,560 „	=	4,480 „
11	eiserne Querschwellen je	58,74 „	=	646,140 „
22	Unterlagsplatten je	2,58 „	=	56,760 „
44	Klemmplatten-Bolzen (Hakenschrauben) mit Mutter je	0,389 „	=	17,028 „
44	Klemmplatten bei norm. Gleise 22 Stück a0 zu je 0,387 „ / 22 „ b5 zu je 0,438 „		=	18,150 „
	Im Ganzen eine Schienenlänge		=	1396,124 kg
	oder der lfd. m Gleis		=	155,125 „

Abb. 130.

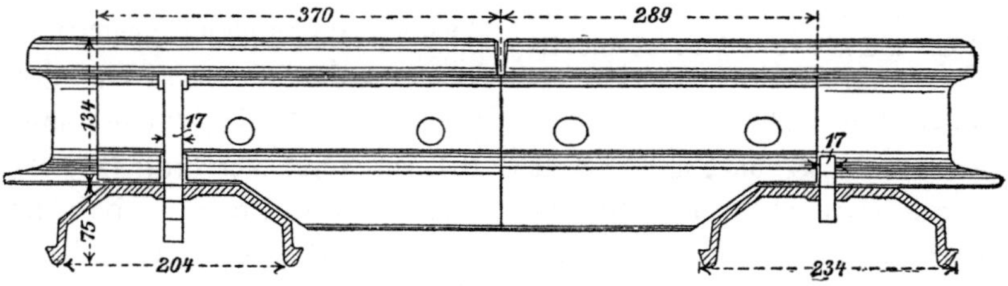

Oberbau mit Keilbefestigung im Directionsbezirk Elberfeld. Ansicht des Stoßes

§ 24. Eine ältere Anordnung, die im Bezirk der früheren Direction Elberfeld noch vielfach vorhanden ist, unterscheidet sich von der vorbeschriebenen hauptsächlich durch die Befestigungsmittel zwischen Schiene und Schwelle, die aus 2 Krampenstücken und einem Schließstück nebst Keil besteht. Die Querschnitte der Schiene und der Laschen, sowie die Laschenbolzen sind die des Oberbaues No. 6 d, nur sind die Laschen der Form der Querschwellen angepaßt und die Innenlaschen, welche 740 mm lang sind, so ausgeklinkt, daß die Befestigungsmittel in die

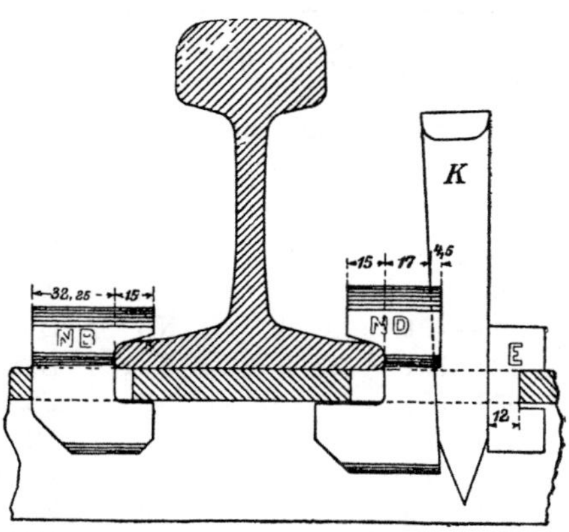

Abb. 131. Schnitt durch die Schwelle.

Ausklinkung hineingreifen und auf diese Weise das Wandern der Schienen verhüten. Abb. 130 zeigt links eine Ansicht der Innenlasche, sie läßt zugleich einen Querschnitt der Querschwelle erkennen, rechts die Ansicht der Außenlasche, die nur 578 mm lang ist, keine Ausklinkungen hat und die mit den Enden an die Befestigungstheile anstößt. Die Art dieser Befestigung ist aus den Abb. 131 und 132 ersichtlich. NB und ND sind 2 Krampenstücke, welche, in vorhandene Löcher der Deckplatte der Schwelle eingesetzt, diese und den Schienenfuß umfassen. E ist ein sog. Schlußstück, das nur die Kopfplatte der Schwelle umfaßt und zwischen welchem und dem benachbarten Krampenstücke ND der Keil K eingetrieben wird. Sämmtliche Befestigungstheile sind 17 mm stark. Die Anordnung ist so getroffen, daß die Keile innerhalb des Gleises zu sitzen kommen. Die in Bögen erforderlichen Spurerweiterungen werden dadurch hervorgerufen, daß man den Krampenstücken, wie auch den Schlußstücken verschiedene Stärken giebt.

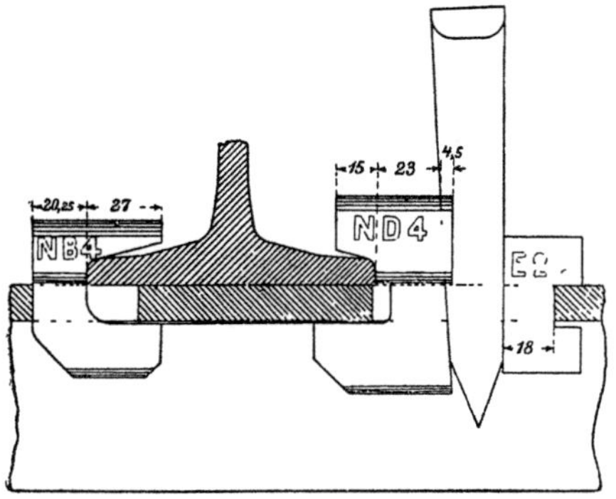

Abb. 132. Schnitt durch die Schwelle

So gelten z. B. die Stärke NB Abb. 131 mit 32,25 mm Breite im Hals, ND 17 mm obere Breite am Keil und E mit 12 mm Breite im Hals für normale Spur, während bei Abb. 132 NB 4 mit 20,25 mm Halsweite, ND 4 mit 23 mm oberer Breite und E 2 mit 18 mm Halsweite bei entsprechender Wahl der Stücke für die andere Schiene eine Spurerweiterung von 21 mm ergeben.

Für die Anwendung der verschiedenen Stücke ist folgende Zusammenstellung maßgebend:

Lfd. Nr.	Halbmesser des Bogens in Metern	Zugehörige Spur-erweiterung in mm	Es sind zu verwenden					
			bei der äußeren Schiene			bei der inneren Schiene		
1	∞ bis 500	0	NB	E	ND	NB	E	ND
2	500—451	3	NB	E	ND	NB1	E1	ND
3	450—401	6	NB	E	ND	NB2	E2×	ND
4	400—351	9	NB1	E1×	ND	NB2	E2×	ND
5	350—301	12	NB2	E2×	ND	NB2	E2×	ND
6	300—251	15	NB2	E2×	ND	NB3	E3×	ND
7	250—201	18	NB3	E3×	ND	NB3	E3×	ND
8	200—180	21	NB3	E3×	ND	NB4	E2×	ND4

Abb. 133 giebt in etwas größerem Maaßstabe einen Querschnitt durch die Querschwellen, der zugleich erkennen läßt, daß und wie die im Kopf 9 mm starke

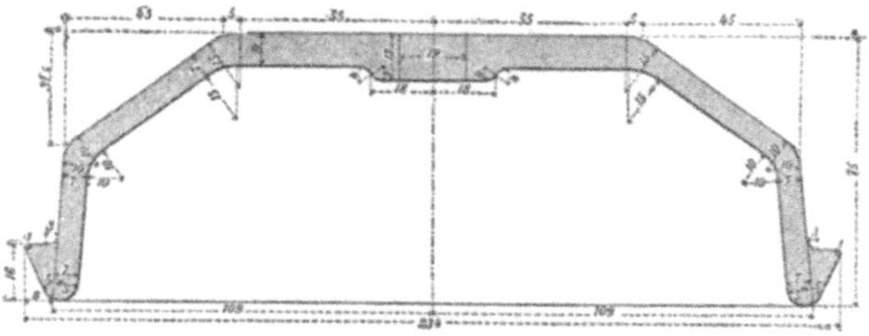

Abb. 133 Schwellenquerschnitt.

Platte an der Stelle, wo die Befestigungstheile eingreifen, auf 13 mm verstärkt ist. Abb. 134 und 135 geben Längenschnitt und Aufsicht auf die Schwelle; dabei

Abb. 134 u. 135.

werde bemerkt, daß die Schwellen neuerdings auf 2,70 m verlängert sind, so daß die aufgebogenen Theile statt 750 mm jetzt 850 mm lang gemacht werden. Die Breite der Schwelle beträgt 234 mm und ihre Hohe 75 mm. Die Schienenneigung wird durch Aufbiegung der Schienenenden hervorgerufen. Die Anzahl und Vertheilung der Schwellen ist dieselbe, wie bei den Hauptbahnen der andern Directionsbezirke.

Das Material und Gewicht einer Schienenlange Gleis stellt sich wie folgt zusammen:

2	Schienen von 9,0 m Lange	je	300,6	kg	=	601,20 kg
2	Außenlaschen	„	12,16	„	=	24,32 „
2	Innenlaschen	„	14,80	„	=	29,60 „
8	Laschenbolzen	„	0,542	„	=	4,34 „
8	Federringe	„	0,027	„	=	0,22 „
10	Querschwellen	„	54,2	„	=	542,00 „
20	Krampen ND	„	0,31	„	=	6,20 „
20	„ NB	„	0,34	„	=	6,80 „
20	Schlußstücke E	„	0,12	„	=	2,40 „
20	Keile	„	0,44	„	=	8,80 „
	Gewicht eines 9 m langen Gleisstuckes				=	1225,88 kg
	oder der lfd. m Gleis				=	136,21 kg

Bei Verwendung von 11 Schwellen wird der Materialbedarf und das Gewicht dementsprechend größer.

§ 25. Bei einer Oberbau-Anwendung im früheren Directionsbezirk Frankfurt dienen zur Befestigung der Schienen auf den Querschwellen Bolzen mit Klemmplättchen (Abb. 136) und excentrischen Einsteckplättchen. Letztere werden

Abb 136.

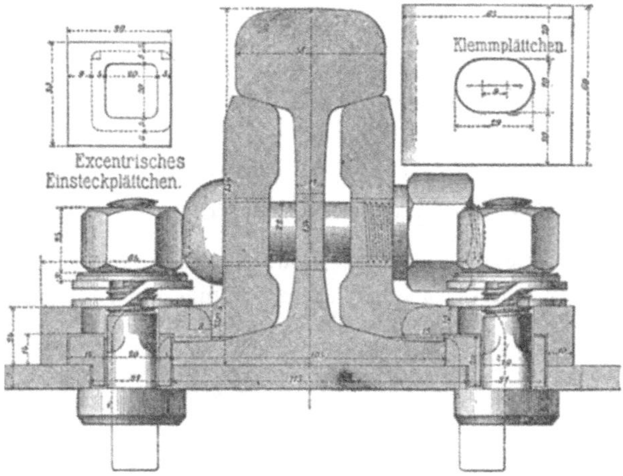

Aelterer Oberbau im Bezirk der Direction Frankfurt

unter das Klemmplättchen in die Querschwelle eingesteckt. Wie der Grundriß des excentrischen Einsteckplättchens erkennen läßt, besitzt dasselbe an 3 Seiten einen überstehenden Rand von 3,6 und 9 mm Breite, während die 4. Seite keinen überstehenden Rand hat. Je nachdem man nun diese Einsteckplättchen, die sowohl innerhalb als außerhalb der Schiene verwendet werden, einsteckt, kann man Spurerweiterungen von 3,6 oder 9 mm erzielen, und wenn man in demselben Sinne diese Plattchen auch an der anderen Fahrschiene des Gleises anwendet, so läßt sich die Spurweite auf 12, 15 und 18 mm vergrößern. Diese Anordnung hat in der getroffenen Weise den Vortheil, daß das Kleineisenzeug der graden Strecke ohne Weiteres für Bogen mit verwendet werden kann. Die Querschwellen, deren Querschnitt aus Abb. 137 ersichtlich ist, sind theils 2,5 m, theils 2,70 m lang,

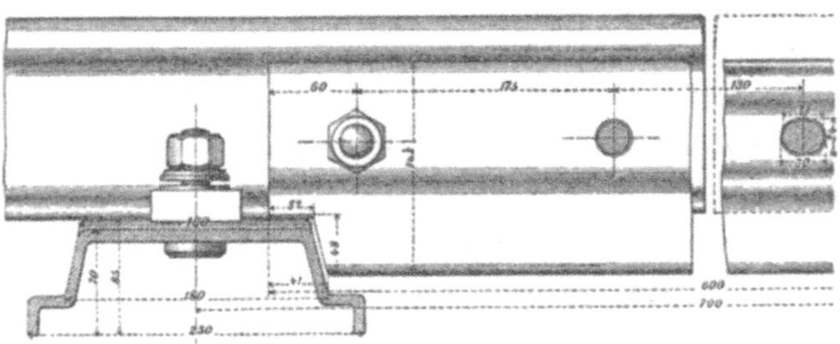

Abb 137. Schnitt durch die Querschwelle und Ansicht des Stoßes.

unten 230 mm und oben 160 mm breit. Dieselben sind mit Kopfverschluß versehen, um seitliche Bewegungen des Gleises zu verhüten. Die Laschen sind der Form der Schwelle entsprechend ausgeschnitten, und wird durch das Anstoßen derselben an die Schwellen das Wandern der Schiene verhindert. Die Entfernung der Stoßschwellen bei 10 Schwellen auf die Schienenlänge beträgt 700 mm; von diesen bis zu den nachsten Schwellen betragt die Entfernung 828 mm, die der übrigen 950 mm von Mitte zu Mitte. Bei Verwendung von 11 Schwellen liegen die Stoßschwellen ebenfalls 700 mm v. M. z. M. auseinander, von diesen bis zu den nächsten betragt die Entfernung 753 mm und die der übrigen 850 mm. Die Querschwellen sind grade, nur ist der Theil der Kopfplatte, auf welchem die Schiene zu stehen kommt, auf 1 : 20 ansteigend hervorgehoben. Auf diese Weise erreicht man, daß die Unterkante der Schwelle (die Stopfkante) in gleicher Höhe bleibt und doch besondere Unterlagsplatten zur Erzielung der Schienenneigung nicht nöthig sind.

§ 26. In den Bezirken der früheren Eisenbahn-Directionen Hannover und Köln (rechtsrh.) hat eine Anordnung mit eisernen Querschwellen Anwendung gefunden, deren Querschnittsform, abweichend von den früheren, trapezförmig gestaltet ist. Abb. 138. Die Schwellen haben eine Länge von 2,50 m bei

Abb 138

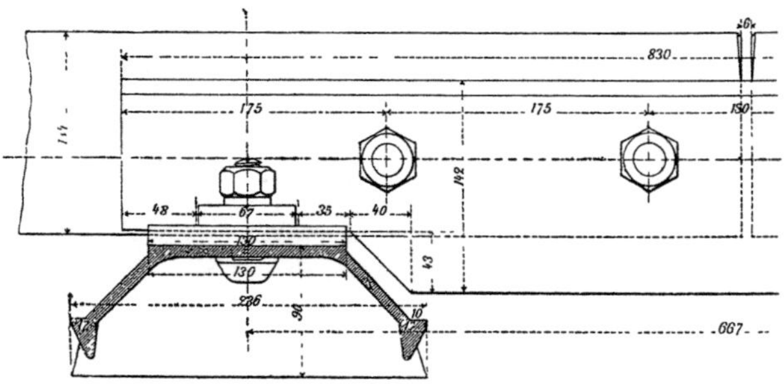

Oberbau alterer Anordnung mit Querschwelle von trapezförmigem Querschnitt.

grobkörniger und 2,70 m bei Bettung aus feinem Kies oder Sand, eine untere Breite von 2,36 mm, eine obere von 130 bei 77,5 mm Höhe, (Form 45) und ein Gewicht von 52,0 bez. 57 kg. Auf 9 m Schienenlänge kommen bei schnell befahrenen Linien 11, bei den Strecken mit schwächerem Verkehr 10 Stück. Die Befestigung zwischen Schiene und Schwelle geschieht unter Anwendung der Haarmann'schen Hakenplatte, deren Oberflache 1 : 20 geneigt ist, mit Klemmplatten und Hakenschrauben in der früher beschriebenen Weise.

§ 27. Außer den vorbeschriebenen eisernen Querschwellen bestehen noch größere Längen mit eisernem Langschwellen-Oberbau, System Hilf und System

Haarmann, die, wenngleich sie neu nicht mehr verlegt werden, doch noch kurz beschrieben werden sollen, da sie noch eine Reihe von Jahren im Gleise verbleiben und deshalb unterhalten werden müssen. Erstere Bauweise, System Hilf, die seit dem Jahre 1867 in Deutschland anfänglich nur versuchsweise, dann in größerem Umfange ausgeführt wurde (Berlin-Breslau, Berlin-Nordhausen, Moselbahn, Frankfurt-Bebra u. a. m.) besteht der Hauptsache nach aus 3 Theilen: der Schiene, der Langschwelle, welche die Schiene unmittelbar trägt, und der Querschwelle, welche unter den Stößen angebracht ist und die, entsprechend gebogen, die erforderliche Neigung der Schiene 1 : 20 sichert. Abb. 140 zeigt Schiene und Langschwelle im Querschnitt und Abb. 139 läßt in der Längenansicht zugleich den

Oberbausystem Hilf.

Abb. 139.

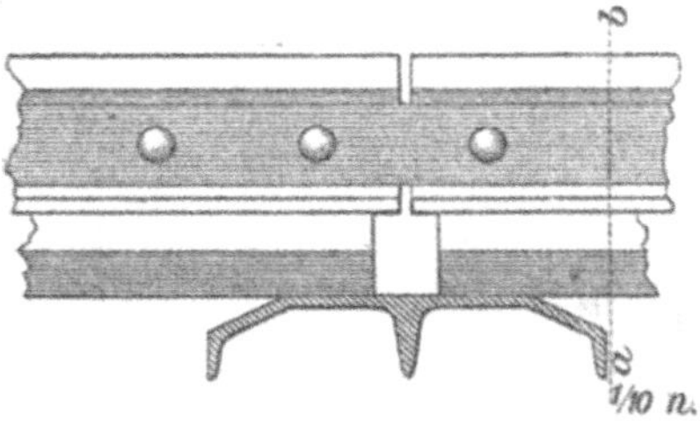

Ansicht des Stosses.

Abb 140.

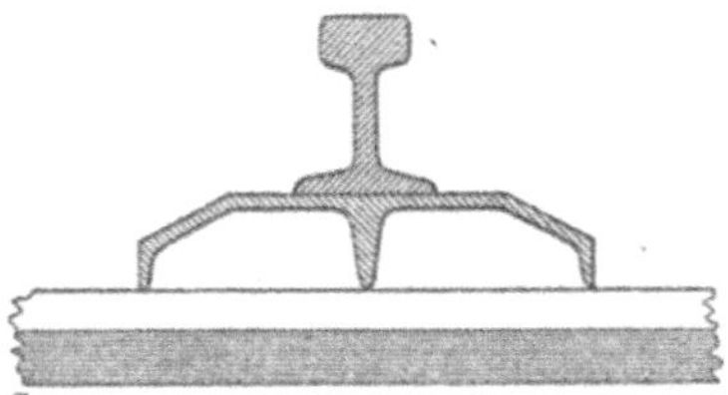

Schnitt a b.

Abb. 141.

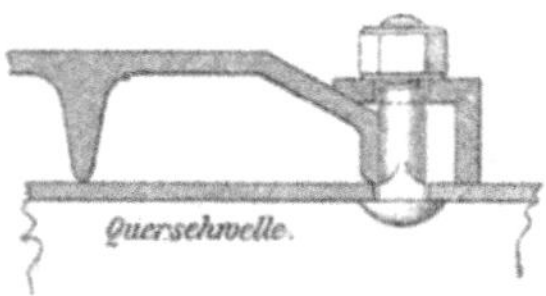

Abb. 142.

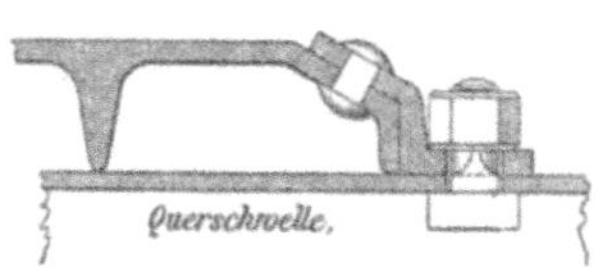

Abb 143.

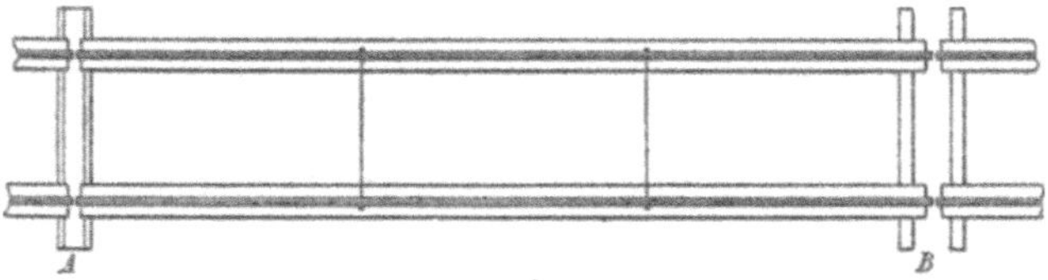

Grundriss

Querschnitt der Querschwelle erkennen. Die Befestigung der Langschwelle auf der Querschwelle ist bei den verschiedenen Anwendungen theils nach Abb. 141, theils nach Abb. 142 erfolgt. Statt einer Querschwelle, wie bei A Abb. 143 angegeben, hat man auch nach B 2 Querschwellen angeordnet, um dadurch den Nachtheil des festen Stoßes zu beseitigen. Außer diesen Querschwellen sind noch Querverbindungsstangen, welche die Schienen im Stege fassen, wie Abb. 143 und 144 angeben, angebracht, um die Spur vollkommen zu sichern. Die Befestigung der Schienen auf den Langschwellen geschieht mittels Klemmplatten und Bolzen.

Abb. 144.

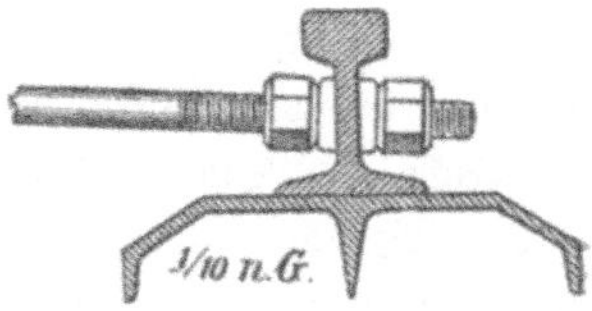

Anordnung der Querverbindung.

§ 28. Die im Bezirk des vormaligen Betriebsamts Wiesbaden später verwendete Bauweise ist in Abb. 145 im Querschnitt und in Abb. 146 in der Langenansicht dargestellt. Die Schienen sind 9,0 m lang, 118 mm hoch, 58 mm im Kopfe und 86 mm im Fuße breit und im Stege 10 mm stark. Die Neigung der Laschenanlageflächen beträgt 1 : 5. Innen- und Außenlaschen sind gleiche einfache Flachlaschen von 470 mm Länge. Die Langschwellen sind 8,96 m lang, unten 300 mm, oben 180 mm breit und 65 mm hoch. Die Querschwelle, welche denselben Querschnitt wie die Langschwelle hat, ist 2,60 m lang und nach beiden Seiten zur Erzielung der Schienenneigung aufgebogen. Außer dieser Querschwelle befindet sich in der Mitte der Schwelle noch eine Querverbindung aus T Eisen von 2,50 m Länge, 140 mm Breite und 150 mm Höhe. In Krümmungen

Abb. 145.

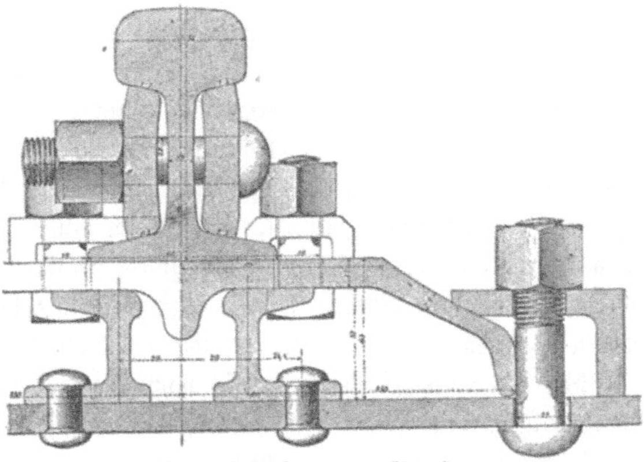

Querschnitt am Stoß.

Abb. 146.

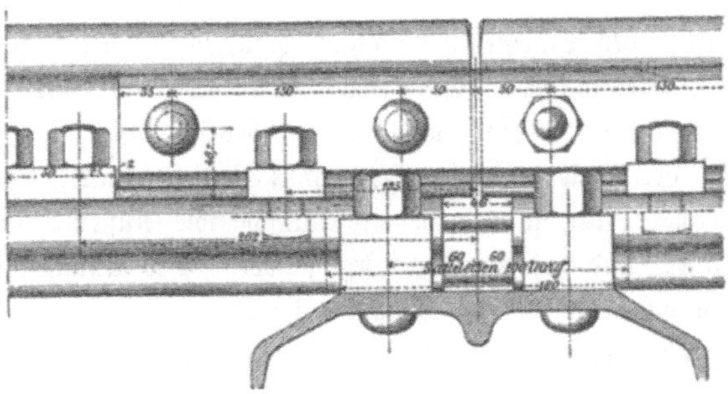

Ansicht des Stoßes und Schnitt durch die Querschwelle.

unter 500 m werden auf jede Schienenlänge 2 solcher Querverbindungen angebracht. Auf diese Querverbindung und auf die Stoßschwelle sind unter der Schiene Satteleisen (Sattelstücke) von ⊏ Querschnitt aufgenietet, welche das Durchbiegen der Langschwellen, die an den Stellen, wo diese Querverbindungen liegen, nicht unmittelbar gestopft werden können, verhindern. Die Befestigung der Schienen auf den Langschwellen geschieht durch Deckplättchen und Schraubenbolzen, welche am Stoß 250 mm, im Uebrigen 550 mm von einander entfernt sind. Das Wandern wird verhindert durch sog. Vorstoßplatten, größere Deckplättchen, die mit je 2 Hakenschrauben gehalten werden und welche der Fahrtrichtung entsprechend vor den Laschen sitzen.

In anderen Bezirken hat man die der Stoßverbindung anhaftenden Mängel dadurch zu beseitigen gesucht, daß man den Schienenstoß auf die Mitte der Langschwelle verlegte, an dieser Stelle noch eine Querschwelle einbaute, außer den vorhandenen 2 noch 2 Spurstangen einzog und das Wandern der Schiene dadurch verhütete, daß man, je nach der Neigung der Strecke, an jeder Schiene oder an jeder 2., 3. oder 4. Schiene in der Mitte halbe Laschen anschraubte, die gegen breite, auf der Schwelle mit 2 Schrauben befestigte Platten (Vorstoßplatten) stoßen und auf diese Weise das Wandern verhindern konnten, ohne dabei die Laschen sowie die Querschwellenbefestigung in Mitleidenschaft zu ziehen. Unter Hinweis auf die später bei der Unterhaltung des Gleises zu besprechenden Gegenstände sei hier schon bemerkt, daß, wenn außer den vorbenannten Verbesserungen stets die nöthige Sorgfalt auf gutes Bettungsmaterial genommen und das Gleis sorgfältig unterhalten wird, der Hilf'sche Oberbau, auch auf lebhaft betriebenen Strecken, 25—30 Jahr brauchbar bleiben kann

§ 29. Die Langschwellenbauweise nach Haarmann besitzt Langschwellen von hutformigem Querschnitt (Abb. 1 u. 2 Tafel I) von 320 mm Breite und 75 mm Höhe, die bei 9,00 m Schienenlänge 8,991 m lang sind und auf den lfd. m 25,73 kg wiegen.

An der Oberplatte der Langschwelle sind seitlich Ansätze angebracht, zwischen denen die Schiene ruht und die ein seitliches Verschieben derselben verhindern. Der Fuß der Schiene ist 85 mm breit, also wesentlich schmäler, als der der Querschwellenschiene. Ihre Höhe ist = 125 mm, die Kopfbreite 58 mm und die Stegstärke 11 mm; ihr Gewicht beträgt 29,67 kg auf den lfd. m. Die Laschen der Schiene sind im Querschnitt ähnlich gestaltet, wie die des Querschwellen-Oberbaues, nur sind beide, Innenlasche wie Außenlasche, 600 mm lang, erstere 12,73 kg und letztere 12,66 kg schwer. Die Anlageflächen der Schienen und Laschen haben wieder die Neigung 1 : 4.

Zur Befestigung der Laschen mit den Schienen dienen 4 Bolzen von 22,2 mm Durchmesser und je 0,56 kg Gewicht (Abb. 1, 3 u. 4 Tafel I). Die Befestigung der Schiene auf der Langschwelle wird durch je 2 Klammern bewirkt, welche seitlich über den Schienenfuß fassen und die mit dem andern hakenförmig umgebogenen Ende ihre zweite Stütze an dem unteren Theile der Langschwelle finden (Abb. 1 Tafel I). Die Klammern werden durch einen 20 mm starken, 0,63 kg schweren Klammerbolzen zusammengezogen. Die Stöße der Langschwellen sind gleichfalls verlascht und zwar durch je ein untergelegtes besonders geformtes Eisenstück (die Schwellenlasche genannt) von 615 mm Länge und einem Gewicht von 24,25 kg (Abb. 2 Tafel I), welches durch besonders verlängerte Klammern mit der Langschwelle und dem Schienenfuß festgehalten wird. Diese Schwellenlaschen ruhen wieder auf Querverbindungen, welche ⊓förmigen Ausschnitt, 70 mm Höhe und 7 mm Starke haben. Die Form der Schwellenlaschen und ihre Lagerung auf den Querverbindungen ist der Art, daß die Auflageflächen der Schiene dadurch mit 1 : 20 nach Innen geneigt werden. Der Schienenstoß ist gegen den Schwellenstoß versetzt, wie Abb. 3 u. 4 Tafel I darstellen. Außer der Querverbindung am Schwellenstoß befindet sich noch eine solche in der Mitte der Langschwelle, jedoch ist an Stelle der Schwellenlasche eine Platte mit gleichem Querschnitt, aber geringerer Länge, der Schwellenstuhl genannt, angebracht, die in ähnlicher Weise wie bei der Schwellenlasche mit den oberen Theilen durch größere Klammern verbunden ist. Die Befestigung der Schwellenlaschen und Schwellenstühle mit den Querverbindungen geschieht durch Klemmplatten mit Schrauben, wie auf Tafel I Abb. 1—4 näher angegeben ist. Dadurch, daß die Querverbindung so tief unter Schienen-Oberkante liegt, ist es schwierig, richtige Spur zu behalten, und ist dieses ein großer Mangel dieser Bauweise, die sonst ihre Vorzüge besitzt. Durch Einbringung von Querverbindungsstangen durch den Steg der Schiene kann man den Uebelstand zwar mildern, doch nicht vollständig beseitigen. Dieser Umstand, die etwas breite Schwelle und die Thatsache, daß, wie beim Hilf'schen Oberbau, zur ordnungsmäßigen Unterhaltung des Langschwellen-Gleises das beste Bettungsmaterial und eine sorgfältige Pflege erforderlich wurden, hat einer weiteren Anwendung dieser Bauweise hinderlich im Wege gestanden.

§ 30. Besser als die vorbeschriebene bewährt sich die ebenfalls von Haarmann erfundene mit dem Namen Schwellenschienen-Oberbau bezeichnete Bauweise, bei welcher die Schiene zugleich als Schwelle ausgebildet ist. Um die zur Lagerung auf der Bettung erforderliche Breite, sowie die nöthige Tragfähigkeit zu erzielen, ist die Schwellenschiene aus zwei senkrecht durch den Steg getheilten Stücken hergestellt, Abb. 147, die mit Nuth und Feder ineinander greifen

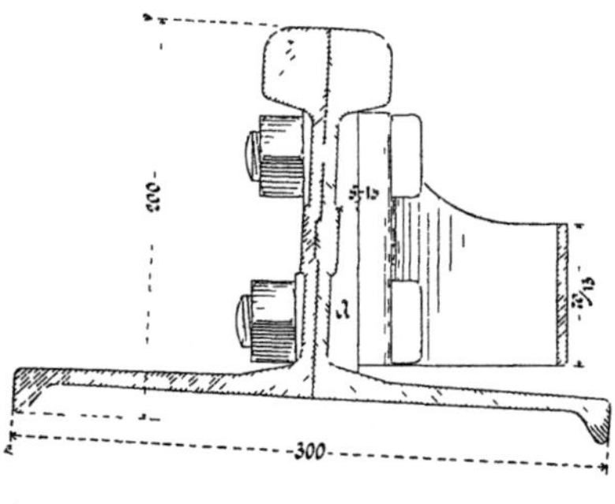

Abb. 147. Haarmann'sche Schwellenschiene, 1884.

und außerdem durch doppelte Schraubenreihen fest mit einander verbunden werden. Die Breite der so erhaltenen Schwelle ist = 300 mm, die Höhe der

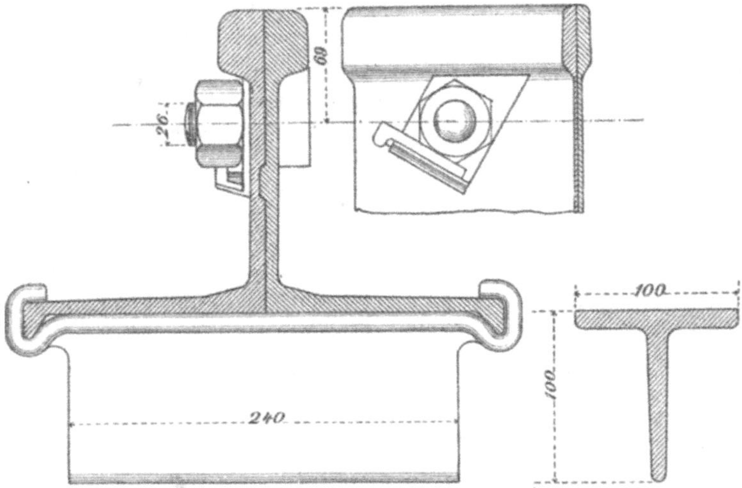

Abb. 148. Haarmann'sche Schwellenschiene, württembergische Staatsbahnen

Schiene = 200; die Schwellenschiene besitzt somit eine große Tragfähigkeit und vertheilt die Last auf eine größere Schwellenlänge. Eine später für die Würtem-

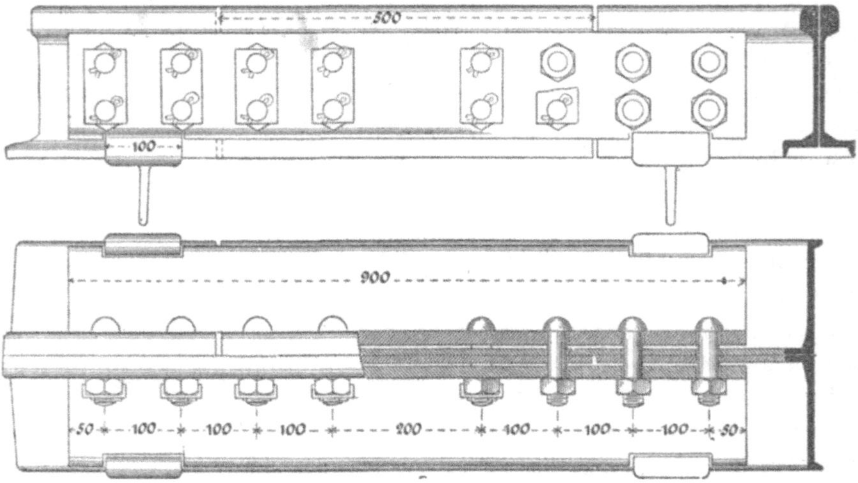

Abb. 149. Haarmann'sche Schwellenschiene, Direction Hannover, 1890.

bergische Staatsbahn gelieferte Anordnung Abb 148 hat nur eine Schraubenreihe erhalten, außerdem aber Fußlaschen in 1,5 m Abstand, in Form von

T Eisen, die beide Fußenden umfassen und zugleich das Wandern verhindern. Die Stöße der beiden halben Schwellenschienen werden um 0,5 m gegeneinander versetzt und durch kräftige Laschen und Bolzen mit einander verbunden. Abb. 149. Die Verbindung der beiden Schienenreihen wird durch Flacheisen bewirkt, die an ihren Enden umgebogen und durch je 2 Schrauben der Art fest mit den Schienen verschraubt sind, daß letztere zugleich die vorgeschriebene Neigung 1 : 20 erhalten. Durch zwischengelegte Futterstücke a Abb. 147, welche verschiedene Stärke haben, kann man zugleich die nöthigen Spurerweiterungen erzielen.

Die bis jetzt mit diesem Oberbau verlegten Strecken haben sich bei fast 10 jährigem Betriebe gut bewahrt, doch ist auch hierbei ein gutes Bettungs- und Stopfmaterial unbedingt nöthig.

§ 31. In neuester Zeit treten mehrfach Querschwellen-Bauweisen auf, die das Bestreben zeigen, die Schienenenden am Stoß unmittelbar zu unterstützen oder zu entlasten. Eine Anordnung ersterer Art, die vielfach nicht nur bei Haupt- und Nebenbahnen, sondern auch bei Kleinbahnen angewendet wird, ist vom Bochumer Verein angegeben. Abb. 150 zeigt im Querschnitt und Abb. 151 in Ansicht, wie die Laschen nach unten verlängert und unterhalb des Schienenfußes soweit einwärts gebogen sind, daß sie ein dreieckförmiges Eisenstuck, das unter den Enden der beiden Schienen gelagert ist, umfassen und durch Anziehen der unterhalb befindlichen Schrauben gegen den Schienenfuß drücken und bei eintretender Belastung die Schienenenden wesentlich unterstützen.

Abb. 150.

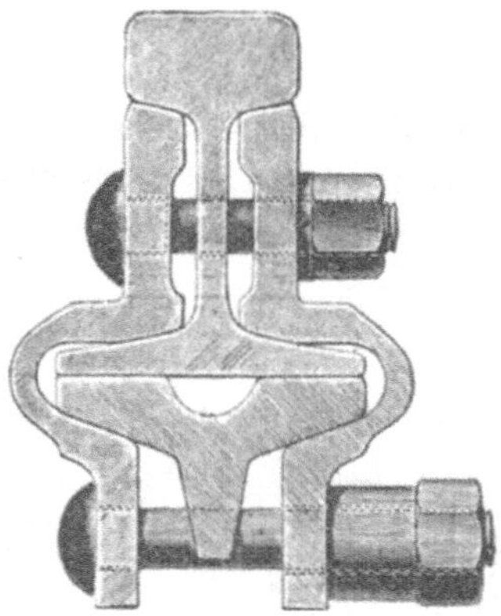

Lasche mit Unterstützung des Stoßes. Querschnitt.

§ 32. Eine andere gleichfalls vom Bochumer Verein gefertigte Anordnung — Stoßbrücke mit Stützlaschen benannt — ist in Abb. 152 im Querschnitt dargestellt. Die beiden Schienenenden werden durch laschenartige Winkel L gefaßt und frei schwebend gehalten, während die Winkel L sich auf eine kofferartig geformte Stoßbrücke B aufsetzen und mit ihr verschraubt sind. Die Stoßbrücke B liegt auf zwei 60 cm von einander

Abb. 151.

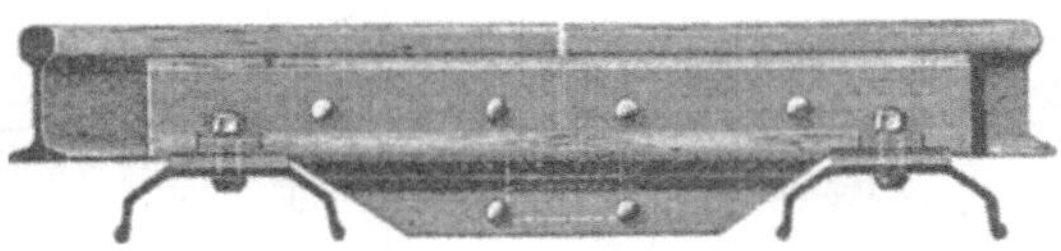

Laschenverbindung mit besonderer Unterstutzung des Stoßes. Ansicht.

abliegenden Schwellen, mit denen sie durch Hakenschrauben und Klemmplatten befestigt ist.

Abb 152

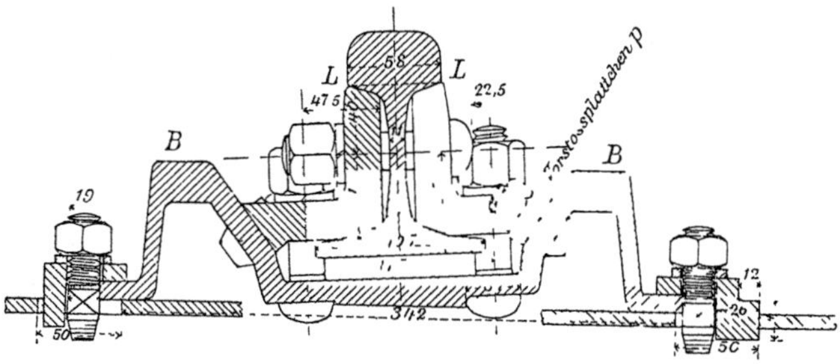

Stoßbrücke mit Stützlaschen Bochumer Verein, 1892

§ 33. Zur Entlastung des Schienenstoßes ist unter dem Namen Stoßfangschiene seit 1890 eine Anordnung mehrfach ausgeführt, die im Wesentlichen aus einem Eisenstück besteht, das neben die Enden der Schienen außerhalb angesetzt, mit den Gleisschienen verschraubt und so hoch ist, daß der Radflantsch des überlaufenden Rades aufläuft und dadurch die Schienen entlastet. Wie aus dem in Abb 153, 154 u. 155 dargestellten Schnitt und Ansicht zu ersehen ist, wird die Stoßfangschiene neben bez. auf den Schienenfuß gesetzt und mittels der verlängerten Laschenschrauben mit der Innenlasche verbunden. Das im Querschnitt Abb. 153 vorhandene Einlagestück hat man später fortgelassen. Recht zweckmäßig wird die Stoßfangschiene bei ab-

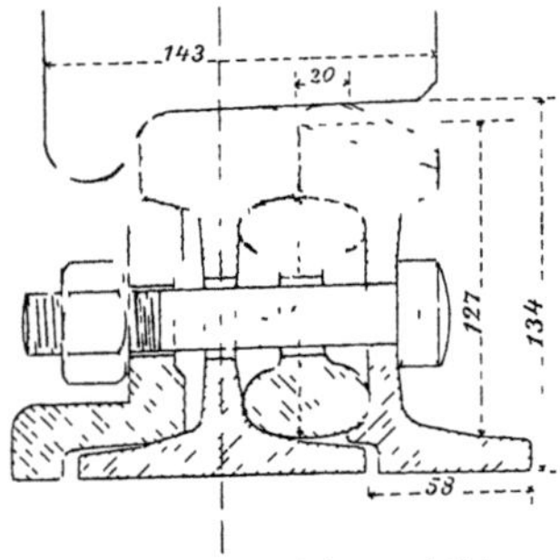

Abb. 153. Stoßfangschiene der Dresdener Bank Querschnitt

Abb 154.

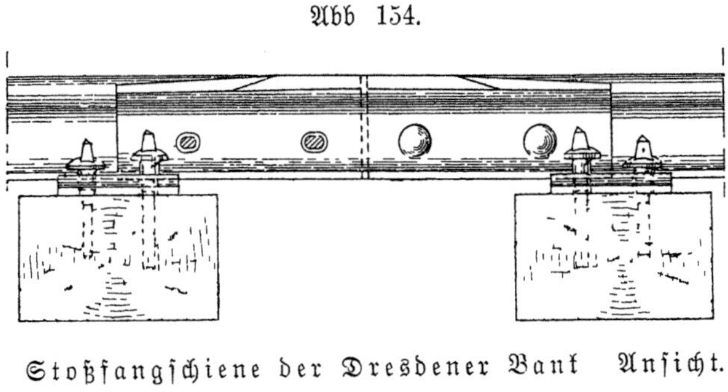

Stoßfangschiene der Dresdener Bank Ansicht.

gefahrenen Schienenstößen an alten Betriebsgleisen angebracht; es nützt sich freilich die Stoßfangschiene dann verhältnißmäßig rasch ab, so daß man sie

Abb. 155

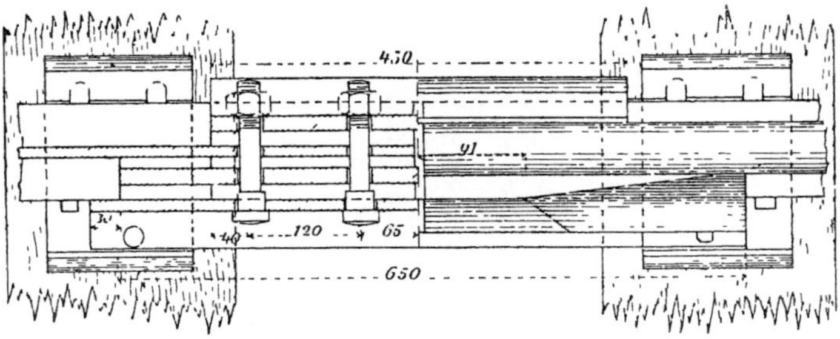

Stoßfangschiene der Dresdener Bank. Grundriß.

ersetzen muß, doch kann man auf diese Weise die Auswechselung der Schiene auf einige Jahre hinausschieben.

2. Oberbau der Königl. Bayerischen Staats-Eisenbahnen.

§ 1. Im Verwaltungsbezirk der Bayerischen Staatsbahnen sind folgende Oberbauarten in Anwendung

I. Für Hauptbahnen:

a. Stahlschienen auf eisernen Querschwellen (Bauart Heindl),
b. „ oder Stahlkopfschienen mit Holzquerschwellen.

II. Für Nebenbahnen mit 6000 kg Raddruck und 25 km größter Geschwindigkeit:

a. Stahlschienen auf eisernen Querschwellen (Bauart Heindl),
b. „ „ holzernen Querschwellen

III. Localbahnen mit 5000 kg Raddruck und 25 km größter Geschwindigkeit:

a. Stahlschienen mit eisernen Langschwellen,
b. „ „ „ Querschwellen,
c. „ ohne Schwellen (Bauart Hartwich)

IV. Localbahnen mit 1,0 m Spurweite:

Oberbau mit eisernen Querschwellen.

§ 2. Der Stahlschienenoberbau auf eisernen Querschwellen (Ia) ist in Abb. 156 im Schnitt und in Abb. 157 in der Seitenansicht und dem Schnitt durch die Querschwelle dargestellt. Die Keilplatte H, welche nur

Abb. 156

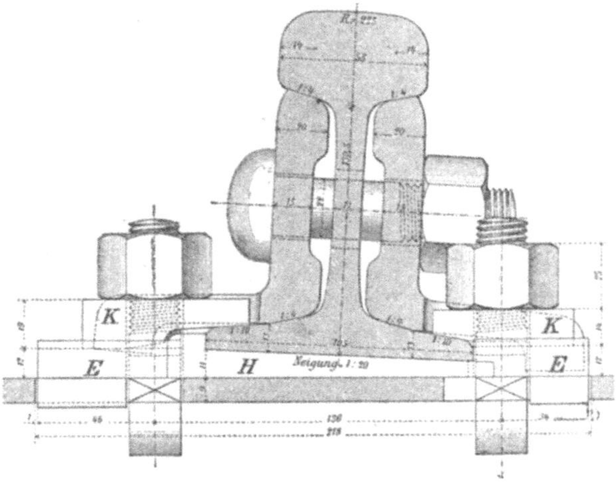

Oberbau der Bayerischen Staatsbahn Ia Bauart Heindl
Querschnitt am Stoß.

einen äußeren Rand besitzt, ist außen und innen mit Einklinkungen versehen, in welche sich Spurplättchen E einlegen. Letztere greifen mit ihren hinteren Theilen

Abb 157.

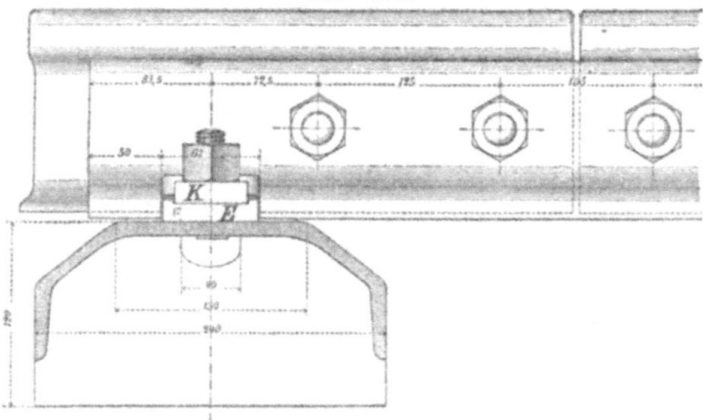

Ansicht des Stoßes und Querschnitt der Schwelle

in die Kopfplatte der Querschwelle ein und verhindern so ein Verschieben der Keilplatte. Die Spurplättchen tragen oben seitliche Leisten, zwischen die sich die

Deckplättchen K einlegen. Die Bolzen haben hakenartige Köpfe, die vor Einbringung der Plättchen E von oben eingesteckt und dann um eine Viertelwendung gedreht werden. Der Theil des Bolzens dicht über dem Haken ist vierkantig und paßt genau in den Schwellenschlitz, so daß beim Anziehen des Bolzens eine Drehung verhütet wird. Die Laschen haben Schienenanlagen 1 : 4, sie sind über den Schienenfuß hinaus gekröpft und die innere Lasche 667 mm, die äußere nur 500 mm lang. Erstere ist, wie Abb. 157 erkennen läßt, ausgeklinkt, um das Plättchen E zu umfassen und auf diese Weise das Wandern der Schiene zu verhüten. Zur Erzielung der verschiedenen Spurweiten giebt man den Ansätzen der Plättchen E verschiedene Breite und zwar in ähnlicher Weise, wie es im Bezirk der Eisenbahn-Direction Breslau geschieht. Die Form des Querschnittes der Querschwelle ist, wie aus Abb. 157 zu erkennen, vollkoffrig, 240 mm breit, 90 mm hoch, die Schwellen sind 2,5 m lang, grade und in der oberen Platte 9 mm dick. Die Entfernung der Schwellen von Mitte zu Mitte beträgt am Stoß = 500 mm, neben dem Stoß = 752,5 mm, in den zwei folgenden Zwischenweiten = 800 mm, in den mittleren 4 Zwischenweiten = 900 mm.

Das Material und Gewicht eines 9 m langen Gleises stellt sich zusammen:

2	Stück Stahlschienen	je 9 m lang	=	561,6	kg
11	Querschwellen	je 63 kg	=	693,0	„
2	äußere Winkellaschen	je 500 mm Länge	=	17,8	„
2	innere „	„ 667 mm „	=	23,8	„
8	Laschenschrauben	je 0,58 kg	=	4,6	„
22	Unterlagsplatten		=	21,60	„
44	Beilagen, Spurplättchen E		=	14,00	„
44	Fußschrauben, Hakenschrauben		=	20,20	„
44	Klemmplättchen K		=	11,20	„
	Mithin das Gewicht einer Schienenlänge Gleis		=	1367,8	kg
	oder für 1 lfd. m Gleis		=	152,00	„

§ 3. Der neueste Oberbau mit Schienen-Profil IX weicht von der vorstehenden insofern ab, als die Schiene 135 mm hoch ist und eine Stegstärke von 13 mm hat, Abb. 158, bei einem Gewicht von 34,87 kg/m und einer Länge von 12 m. Beide Laschen sind etwas verlängert und zwar die Außenlasche auf 550 mm, die Innenlasche auf 700 mm. Die eisernen Querschwellen sind ebenfalls 2,70 m lang ausgeführt, auch ist die Zahl derselben in den Graden und Krümmungen von mehr als 600 m Halbmesser auf 16 Stück, in Krümmungen von 600—301 m Halbmesser auf 17 und in noch kleineren Bögen auf 18 Stück vermehrt. Der Schwellenabstand beträgt am Stoß regelmäßig 0,50 m, vergrößert sich bei den nächstliegenden Schwellen auf 600 mm, dann auf 700 mm, während die mittleren Schwellen in 741 bez. 742 und 745 mm Abstand gleichmäßig vertheilt werden. Zur Verhütung des Wanderns der Schienen werden je nach Bedarf kurze Laschenstücke über den Mittelschwellen an die Schiene an-

Abb. 158.

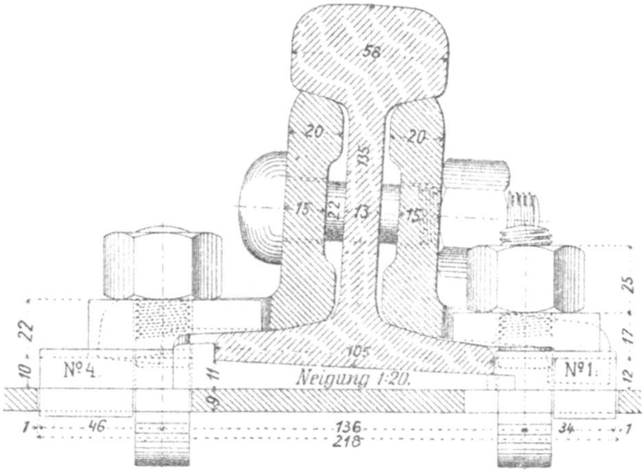

Oberbau mit Schienen Profil IX auf eisernen Querschwellen. Querschnitt

geschraubt, die mit dem gekröpften Ende gegen die Klemmplatte stoßen. Zur Verhinderung des Loslösens der Laschenschrauben wendet man auch Bundmuttern von 32 mm Höhe an.

Das Gewicht einer Schienenlänge Gleis von 12 m ist folgendes:

No	Stück	Gegenstand	Gewicht kg
1	2	Stahlschienen, je 12 m lang . . .	836,9
2	17	Querschwellen, je 70,6 kg . . .	1200,2
3	2	Außenlaschen	19,2
4	2	Innenlaschen	25,2
5	8	Laschenschrauben	4,6
6	34	Unterlagskeile	33,3
7	68	Beilagen	21,8
8	68	Fußschrauben	32,6
9	68	Klemmplatten	20,1
			2194,2

Gewicht für 1 lfd. m Gleis = 182,8 kg.

§ 4. Beim Querschwellenbau mit Holzschwellen (I b) der älteren Anordnung werden Schienen, Laschen und Laschenschrauben derselben

Abmessungen wie in § 2 angegeben, verwendet, nur beträgt die Länge der inneren Laschen beim Holzschwellenbau 750 mm. Die Laschen umfassen die Unterlagsplatten der beiden Stoßschwellen und verhindern so das Wandern der Schienen. Die Hakennägel sind 15/14,5 m dick, 150 mm lang und wiegen 0,275 kg. Die Unterlagsplatten haben eine Stärke von 12 mm und sind nicht keilig, so daß die Holzschwellen entsprechend gekappt werden müssen. Am Stoß sind die Unterlagsplatten 180/150 mm, auf den Zwischenschwellen 150/142,5 mm groß und haben an der Innenseite 2 und an der Außenseite 1 Nagelloch. Die Holzschwellen haben eine Länge von 2,50 m, eine Breite von 260 mm und eine Stärke von 175 mm.

§ 5. Die neuere Bauweise mit Schienen-Profil IX, Abb. 159, 160 und Abb. 161 hat Außenlaschen von 550 mm, Innenlaschen von 780 mm Länge, Unterlagsplatten mit 1 : 20 Neigung, die am Stoß, wie auf den Mittelschwellen 250 mm lang und 150 mm breit und erstere beiderseits mit erhöhten Rändern versehen sind. Bei den Unterlagsplatten der Mittelschwellen fehlt innen der erhöhte Rand. Zur Befestigung werden nur Nägel verwendet und zwar innerhalb des Gleises je 2 und außerhalb je 1 Stück, sowohl auf den Mittel-, wie auf den Stoßschwellen. Zum Verhuten des Wanderns der Schienen wird in Neigungen 1 : 200—1 : 100, sowie auf Bremsstrecken von 1 : 200 und weniger Neigung, die letzte Mittelschwelle und in stärker geneigten Strecken außer diesen noch die vorherliegende Schwelle mit einem Laschenstück, Abb. 162 versehen. Das Material dieses Oberbaues besteht auf eine Schienenlange aus folgendem:

Abb. 162

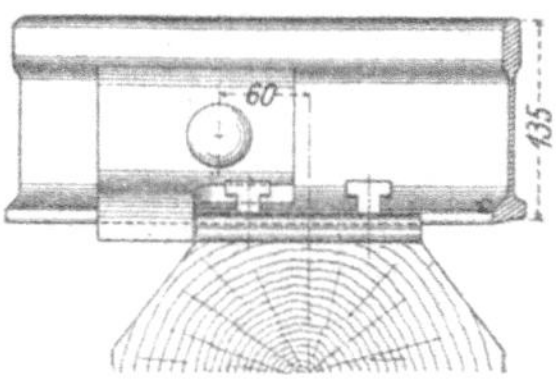

Schutz gegen das Wandern.

No	Anzahl	Gegenstand	Gewicht kg
1	2	Schienen, je 12 m lang . .	836,9
2	2	Außenlaschen . .	18,0
3	2	Innenlaschen . . .	25,7
4	8	Laschenschrauben	4,6
5	17	Holzerne Schwellen, je 2,70 m lang	
6	4	Stoßplatten C	17,8
7	30	Zwischenplatten D	125,4
8	102	Haknagel	28,1
		Im Ganzen	1056,1
		oder 88,04 kg das m Gleis	

Der Oberbau für Nebenbahnen (II a und b) stimmt im Wesentlichen mit den in § 2 u. 4 beschriebenen uberein, nur daß die Abmessungen kleiner und dementsprechend die Gewichte auch geringer sind.

Oberbau IX auf hölzernen Querschwellen.

Abb 159.

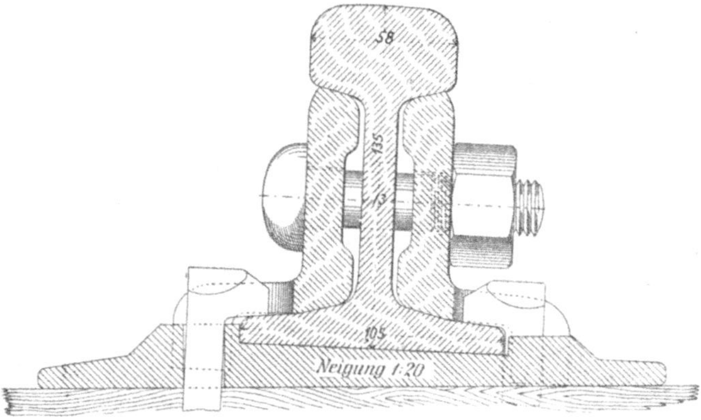

Schnitt durch eine Stoßschwelle.

Abb. 160.

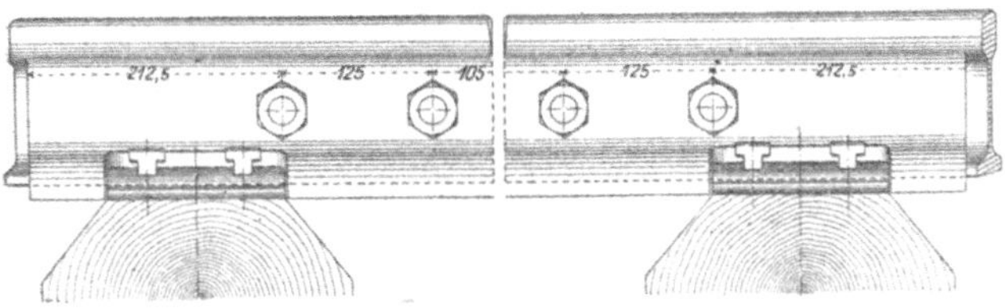

Ansicht des Stoßes

Abb 161.

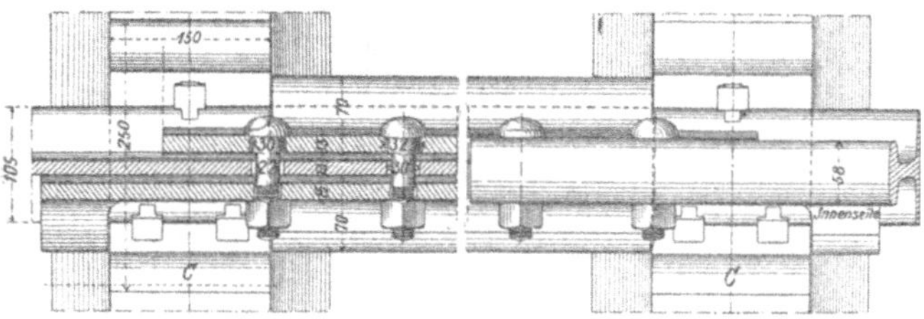

Grundriß des Stoßes

§ 6. Der Oberbau mit eisernen Querschwellen (III b) ist in Abb. 163 im Querschnitt durch die Schiene und Abb. 164 im Querschnitt durch die Schwelle mit innerer Ansicht des Schienenstoßes dargestellt. Die Befestigung zwischen Schiene und Schwelle geschieht mittelst Klemmplatten mit hakenförmigem, der Spurweite angepaßtem Ansatz und Hakenschrauben. Die Innenlasche ist 630 mm lang, über der Schwelle ausgeklinkt, umfaßt die Klemmplatte und verhindert so das Wandern der Schiene. Die Außenlasche ist nur 450 mm lang und 5,45 kg schwer. Die Querschwellen sind zur Erzielung der Schienenneigung beiderseits aufgebogen; sie haben eine Länge von 2,50 m, eine Breite von 180 mm bei 75 mm Höhe. Durch Umbiegen der Oberplatte ist ein Kopfverschluß hergestellt und so die nöthige Sicherung gegen seitliche Verschiebungen geschaffen.

Das Material und Gewicht dieses Oberbaues stellt sich wie folgt zusammen:

2	Stahlschienen je 9,0 m lang, der Meter	21,96 kg	=	395,28 kg
11	Querschwellen je	39,47 „	=	434,17 „
2	äußere Winkellaschen „	5,46 „	=	10,92 „
2	innere „ „	7,41 „	=	14,82 „
8	Laschenschrauben „	0,22 „	=	1,76 „
44	Klemmblättchen, durchschnittlich „	0,215 „	=	9,46 „
44	Fußschrauben „	0,18 „	=	7,92 „
52	Federringe „	0,014 „	=	9,73 „
	Das Gewicht einer Schienenlänge Gleis		=	875,06 kg
	oder für 1,0 lfd. m Gleis		=	97,16 „

§ 7. Für Localbahnen ist ein Langschwellen-Oberbau (III a) in Gebrauch, der in Abb. 165 im Querschnitt dargestellt ist und der aus breitfüßigen Schienen von 9 m Länge, 102 mm Höhe, 68 mm Fußbreite, 46 mm Kopfbreite, 8 mm Stegdicke und Langschwellen mit 230 mm unterer und 150 mm oberer Breite besteht, welch' letztere beiderseits des Schienenfußes mit Rändern versehen sind. Die Verbindung der Schienenstöße geschieht durch Winkellaschen, die der Schwellenstöße durch untergelegte Laschen, welche 550 mm lang und durch je 8 Hakenschrauben mit der oberen Platte verbunden sind. Die beiden Schienenstränge werden zusammengehalten durch Spurstangen von 22 mm Durchmesser, welche innen und außen durch Schraubenmuttern auf keilförmigen Unterlagsplatten festgehalten werden und so die Regelung der Spur zulassen. Die Spurstangen sind in geraden Linien und flachen Bögen 3,6 m und in scharfen Bögen 1,8 m von einander entfernt.

Das Material und Gewicht eines Gleisestückes von einer Schienenlänge (9 m) stellt sich wie folgt zusammen:

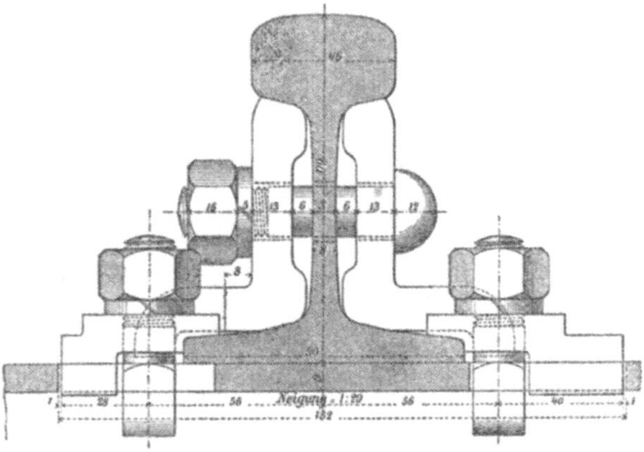

Abb. 163. Oberbau IIIb mit eisernen Querschwellen. Schnitt durch eine Stoßschwelle.

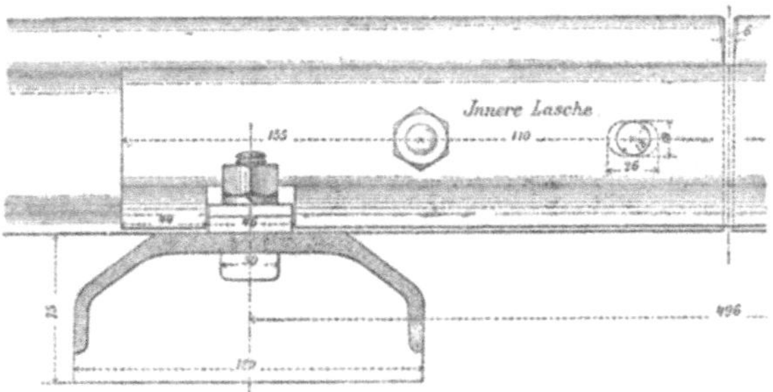

Abb 164. Ansicht des Stoßes

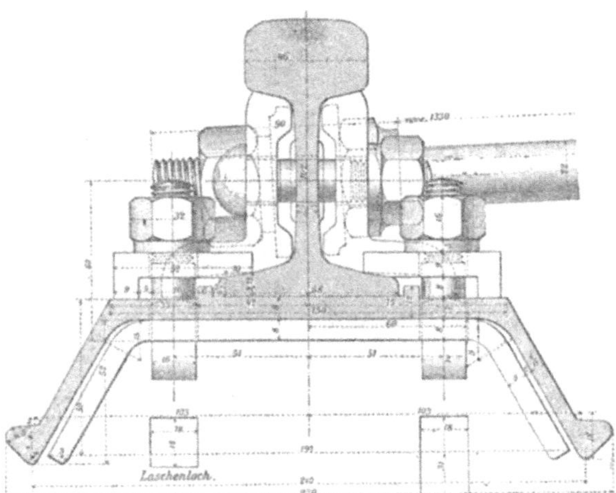

Abb 165 Langschwellenbau fur Localbahnen Querschnitt am Stoß.

2	Schienen zu 9,00 m	je 19,00 kg	schwer	=	342,00 kg
4	Schienenlaschen	„ 4,20 „	„	=	16,30 „
2	Langschwellen	„ 17,5 „	„	=	313,95 „
2	Schwellenlaschen	„ 8,00 „	„	=	16,00 „
8	Laschenschrauben	„ 0,22 „	„	=	1,76 „
52	Klemmplattchen	„ 0,19 „	„	=	9,88 „
36	kleine Fußschrauben (Hakenschrauben)	„ 0,18 „	„	=	6,48 „
16	große Fußschrauben (Hakenschrauben)	„ 0,21 „	„	=	3,36 „
8	große Federringe	„ 0,018 „	„	=	0,14 „
60	kleine „	„ 0,014 „	„	=	0,84 „
	Somit für eine Schienenlänge			=	734,45 kg
	oder für einen lfd. m Gleis			=	81,55 „

§ 8. Bezüglich des Oberbaues ohne Schwellen (System Hartwich) wird auf die in den Fortschritten für Eisenbahnwesen Seite 22, Verlag von J. F. Bergmann, Wiesbaden, gegebenen Beschreibung verwiesen und hier nur die Zusammenstellung der Materialien und Gewichte gegeben:

2	Stahlschienen je 9,0 m lang, 1 lfd. m	29 kg	=	522,00 kg
4	Winkellaschen	je 8,71 „	=	34,84 „
16	Laschenschrauben	„ 0,22 „	=	3,52 „
4	Spureisen	„ 9,36 „	=	37,44 „
4	Spurbeilagen durchschn.	„ 0,25 „	=	1,00 „
2	Unterlagsplatten	„ 9,09 „	=	18,18 „
8	Klemmplattchen	„ 0,13 „	=	1,04 „
24	Fußschrauben	„ 0,18 „	=	4,32 „
32	Federringe	„ 0,014 „	=	0,45 „
	Im Ganzen		=	622,79 kg
	oder 1 lfd. m Gleis		=	69,20 „

§ 9. Der Oberbau für Localbahnen (IV), Abb. 166, mit 1,0 m Spurweite besteht aus 7,5 m langen Schienen, die auf den Querschwellen von 1,70 m Länge, 150 mm Breite und 60 mm Höhe unmittelbar gelagert und mit 1:30 nach Innen gestellt sind. Die Neigung der Schienen ist auf den Auflagerstellen eingepreßt, so daß die übrigen Theile der Schwellen wagerecht sind. Die Entfernung der Schwellen beträgt an den Stößen 405 mm von Mitte zu Mitte, die der folgenden Schwellen 625 mm dann 800 mm und die der übrigen 850 mm von einander. Es sind Winkellaschen in Anwendung die sämmtlich 360 mm lang sind und die sich gegen die Klemmplattchen der benachbarten Stoßschwelle stutzen, so daß nur je eine Schwelle gegen das Wandern der Schienen wirksam ist. Die mittleren Laschenbolzen sind von einander 80 mm, die äußeren von diesen 100 mm entfernt. Die Befestigung der Schiene auf den Schwellen geschieht,

Abb 166

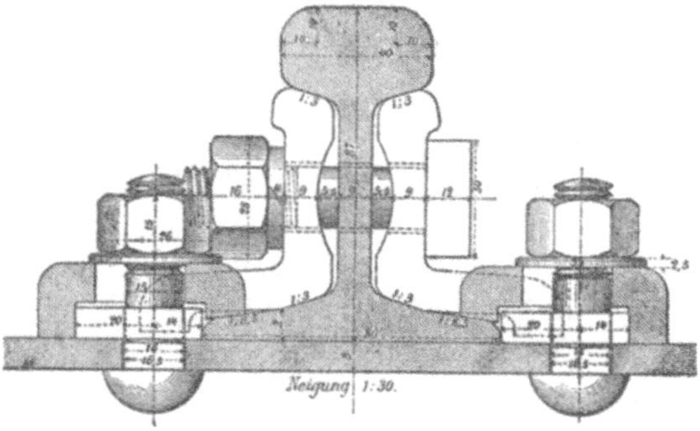

Oberbau fur Localbahnen.
Querschnitt am Stoß.

ähnlich wie im Bezirk der Direktion Frankfurt, durch Fußschrauben und Klemmplattchen, wobei die Spurregelung und Spurerweiterung in den Bögen durch 45/55 mm große Spurstücke geschieht, welche unter den Klemmplättchen die Fußschraube (Hakenschraube) umfassen und deren seitlich von der Mitte angebrachtes Loch mit den 4 Seitenflächen von dem Mittelpuncte um 14, 16, 18 und 20 mm entfernt ist, so daß damit eine größte Spurerweiterung von 2 (20—14) = 12 mm herbeigeführt werden kann.

Das Gewicht eines Gleisestückes beträgt:

2	Stahlschienen, je 7,5 m lang,	der lfd. m	= 15,6	kg	=	234,00 kg
10	Querschwellen, 1,7 m lang	das Stück	19,5	„	=	195,00 „
4	Winkellaschen	„ „	2,96	„	=	11,84 „
8	Laschenschrauben	„ „	0,24	„	=	1,92 „
8	Federringe dazu	„ „	0,0086	„	=	0,07 „
40	Klemmplättchen	„ „	0,21	„	=	8,40 „
40	Spurstücke	„ „	0,065	„	=	2,60 „
40	Fußschrauben mit Unterlagsscheibe					6,60 „
	somit wiegt eine Schienenlänge Gleis					460,43 kg
	oder ein lfd. m Gleis					61,35 „

3. Oberbau der Königl. Sächsischen Staatsbahnen.

§ 1. Oberbau 1. Ordnung mit Schienen Prof. VI für 10 t Raddruck zu verwenden auf den Schnellzugstrecken mit stärkstem Betriebe.

Diese aus dem Jahre 1897 stammende Bauweise ist in Abb. 167 im Schnitt durch die Stoßschwelle und in Abb. 168, 169 in Ansicht und Grundriß dargestellt. Die Schiene wiegt, bei einer Höhe von 147 mm, einer Kopfbreite von 66 mm, einer Fußbreite von 130 und einer Stegstärke von 14 mm, 46 kg/m. Die Schienen werden in Längen von 15 und 10 m hergestellt, bei ersteren sind

Abb. 167.

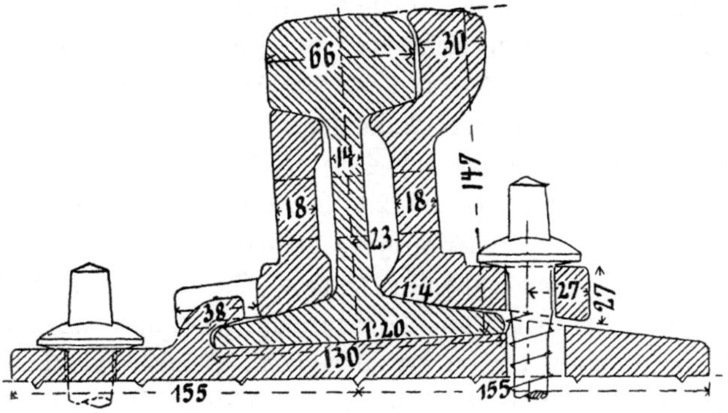

Oberbau mit Schienen Profil VI. Querschnitt am Stoß.

Abb. 168.

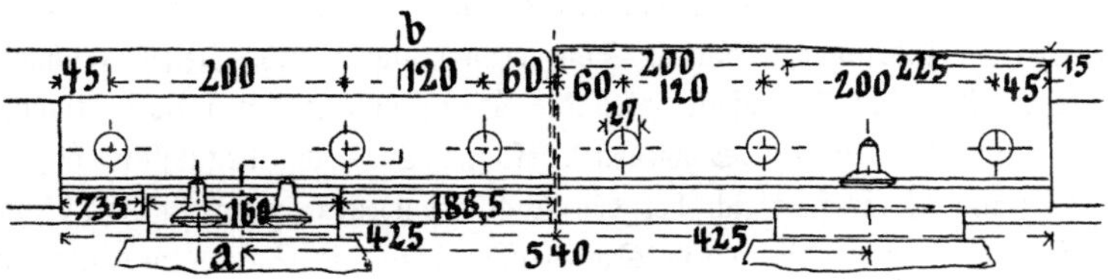

Ansicht des Stoßes.

Abb. 169.

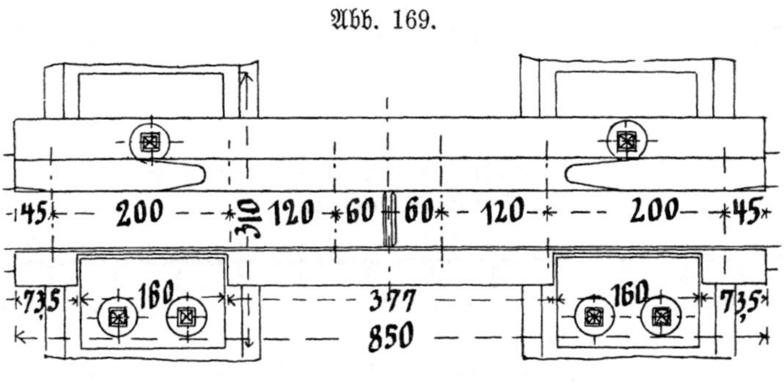

Grundriß des Stoßes.

die Ausgleichschienen 14,95—14,90 und 14,85 m, bei letzteren 9,95 und 9,90 m lang. Die Laschen sind 850 mm lang, haben eine Laschenanlage 1 : 4 und werden durch 6 Laschenschrauben von 25 mm Stärke mit den Schienen verbunden. Während der Querschnitt der Innenlasche von den seither üblichen Formen nicht abweicht, ist die Außenlasche durch eine nach oben bis zur Höhe von Schienenoberkante geführte Kröpfung zu einer Auflauflasche (Bauart Neumann) umgestaltet, die ähnlich wirkt, wie die auf Seite 84 beschriebene Stoßfangschiene. An den Enden ist diese Auflauflasche auf 225 mm Länge 15 mm tief abgeschrägt, wodurch eine Auflauffläche mit 1 : 15 Neigung gebildet wird, damit auch bereits ausgelaufene Räder ohne Stoß auflaufen können. Die Schiene ruht auf der nach 1 : 20 geneigten Oberfläche der Unterlagsplatte von 310 mm Länge und 160 mm Breite, die entgegen der bei der Preußischen Staatsbahn gebräuchlichen Anordnung, auf der Innenseite mit einem Haken versehen ist, der den Schienenfuß umfaßt, während auf der äußeren Seite die Platte nur einen erhöhten Rand hat und die Schiene durch einen langen Schraubennagel (Schwellenschraube), der zugleich durch den umgekröpften Theil der Auflauflasche geht, gehalten wird. Bei den Mittelschwellen ist an Stelle dessen ein Doppelkopfnagel eingeschlagen und deshalb das Loch der Unterlagsplatte (Krempenplatte) viereckig gestaltet. Die Unterfläche der Krempenplatte ist mit 7 scharfen Rippen versehen, die in das Holz eindringen, wodurch Spurveränderungen des Gleises erschwert werden sollen. Auf der Innenseite wird die Krempenplatte durch zwei gewöhnliche Schwellenschrauben auf den Schwellen befestigt. Der Schwellenabstand beträgt am Stoß 540 mm, vergrößert sich bei den Nachbarschwellen, während die übrigen gleichen Abstand haben. Für 15 m Schienenlänge ist die Schwellentheilung in Abb. 170, für 10 m lange Schienen in Abb. 171 angegeben. Die Schwellen

Abb. 170. Schwellentheilung für 15,0 m lange Schienen Profil VI (19 Stück Schwellen).

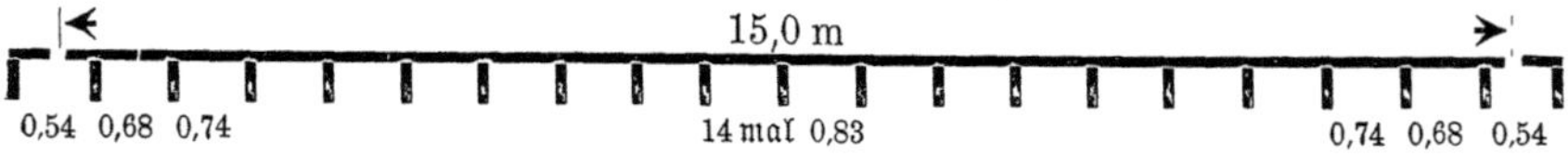

Abb. 171. Schwellentheilung für 10,0 m lange Schienen (13 Stück Schwellen).

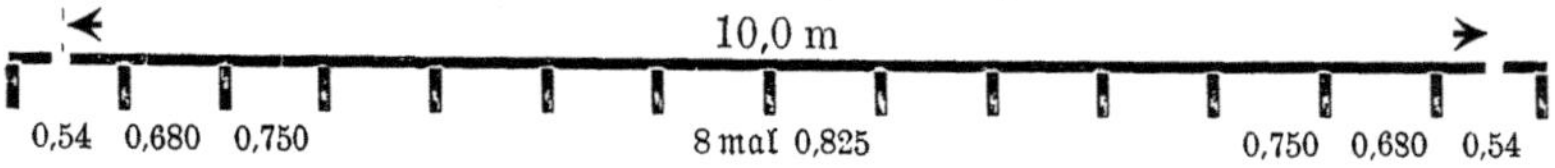

werden aus Kiefernholz hergestellt, imprägnirt und für Stoßschwellen in Längen von 2,70 m, für Mittelschwellen 2,50 m verwendet. Eiserne Schwellen sind nicht im Gebrauch.

Der Materialbedarf für eine Schienenlänge Gleis ist folgender:

No.	Benennung	Gewicht für ein Stück kg	15 m Schienenlänge		10 m Schienenlänge	
			Stück	Gewicht kg	Stück	Gewicht kg
1	Schienen (1896), Prof. VI, 15 m lang .	690	2	1380,00		—
	do. 10 m lang .	460	—	—	2	920,00
2	Auflauflaschen (1897)	30,5	2	61,00	2	61,00
3	Innenlaschen (1896)	15,67	2	31,33	2	31,33
4	Laschenschrauben, Prof. V	0,92	12	11,04	12	11,04
5	Federringe, Prof. V/IV	0,029	12	0,35	12	0,35
6	Krempenplatten, Prof VI mit runden Löchern für Stoßschwellen	7,32	4	29,28	4	29,28
7	Desgl. für Mittelschwellen	7,32	34	248,88	22	161,04
8	Gewöhnliche Schraubennägel (1898) . .	0,405	76	30,78	52	21,16
9	Lange Schraubennägel	0,455	4	1,82	4	1,82
10	Doppelkopfnägel für die Mittelschwellen .	0,286	34	9,72	22	6,29
11	Wanderstützen je nach Bedarf	—	6–14	—	4–10	—
12	Stoßschwellen, 2,70 m lang	—	2	—	2	—
13	Mittelschwellen, 2,50 m lang	—	17	—	11	—
	Gewicht der Eisentheile zusammen . .			1804,20		1243,31
	das lfd. m Gleis			120,29		124,33

§ 2. Der vorbeschriebene Oberbau trat an Stelle der 1892 eingeführten Bauweise Prof. VI, die sich von der vorigen nur dadurch unterscheidet, daß das

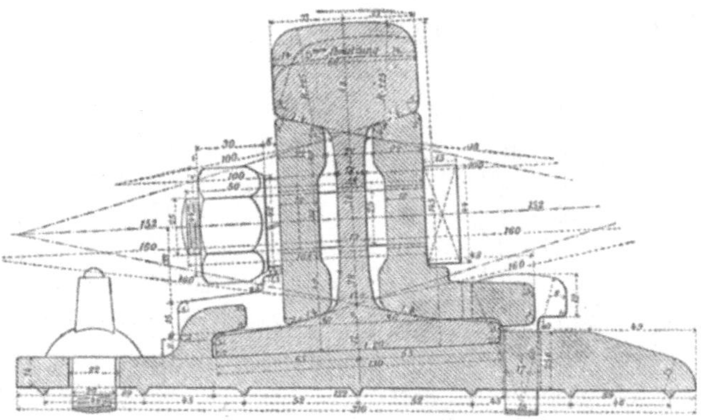

Abb. 172. Querschnitt durch den Schienenstoß.

Schienengewicht 45,71 kg/m beträgt, statt der Auflauflasche eine Außenlasche angewendet wird, die im Wesentlichen die Form der Innenlasche hat, nur 17,94 kg wiegt, aber, wie auch die Innenlasche, 900 mm lang ist (Abb. 172, 173 u. 174). An Stelle der langen Schwellenschraube auf der Außenseite wurde ein Doppelkopf-

Abb. 173 u. 174.

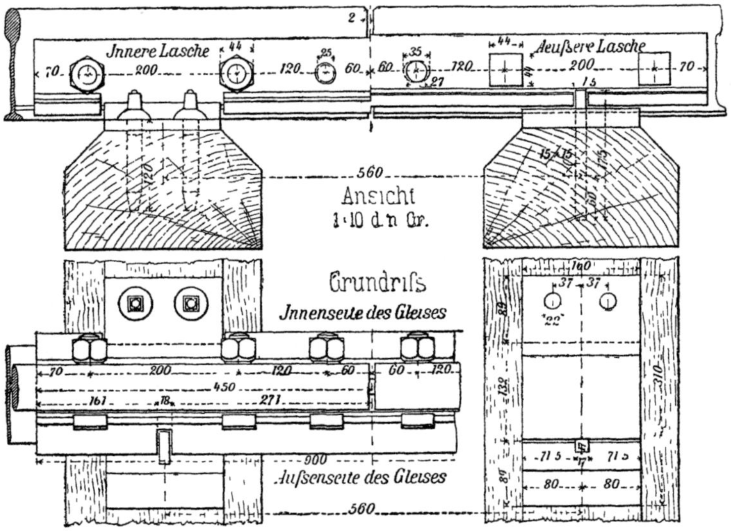

Ansicht und Grundriß des Schienenstoßes.

nagel verwendet, dessen Kopf durch die ausgeklinkte Lasche greift und den Schienenfuß unmittelbar festhält.

Im Jahre 1896 wurde das Schienengewicht auf 46 kg/m abgerundet, das Längenmaaß der beiden Laschen auf 850 mm vermindert und dadurch deren Gewichte auf 16,91 bezw. 15,67 kg verringert.

§ 3. Oberbau 2. Ordnung mit Schienen Profil Va mit langer Auflauflasche. 1897. (Abb. 175.)

Die Schiene ist 130 mm hoch, 58 mm im Kopf, 14 mm im Steg, 105 mm im Fuß breit und wiegt 35,84 kg/m. Die Laschenanlageflächen sind wesentlich steiler, als früher, 1 : $2^1/_2$, doch stimmt im Uebrigen die Anordnung der Laschen,

Abb. 175.

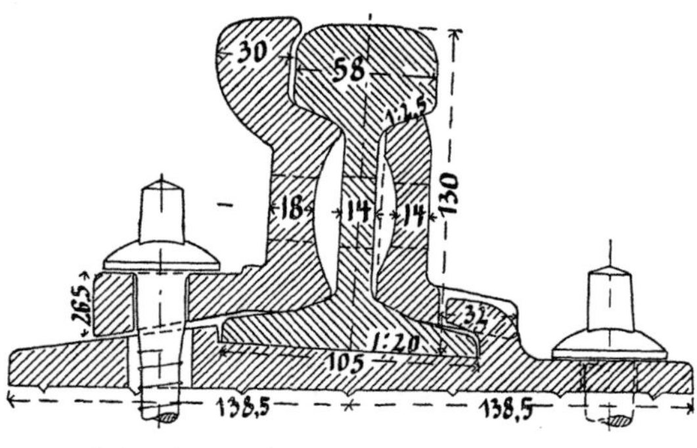

Oberbau mit Schienen Profil Va.
Querschnitt am Stoß.

Auflauflaschen, Unterlagsplatten und Schienenbefestigungsmittel mit dem im § 1 beschriebenen Oberbau überein. Auch der Schwellenabstand am Stoß ist derselbe, nur werden, außer Schienen von 15 und 10 m Länge, auch noch solche von 7,50 m verwendet. Bei den ersteren (15 m langen) Schienen werden 20 Schwellen mit der in Abb. 176 angegebenen Theilung verlegt, während die Theilung bei

Abb. 176. Schwellentheilung für 15,0 m lange Schienen Profil Va (20 Stuck Schwellen).

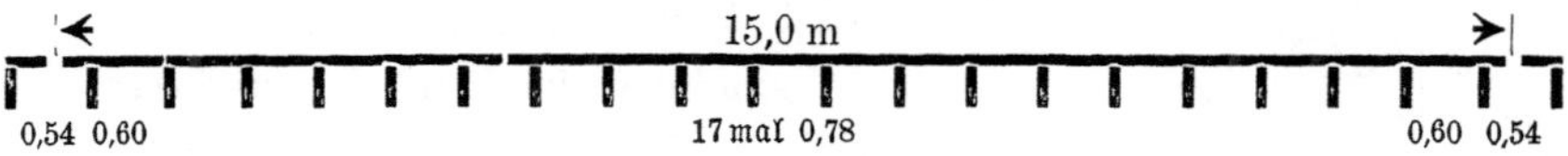

Abb. 177. Schwellentheilung für 7,5 m lange Schienen (10 Stück Schwellen).

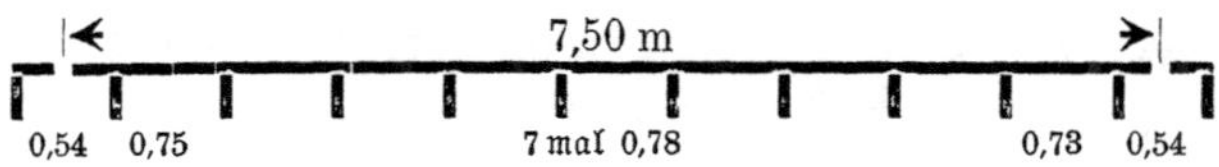

10 m langen Schienen dieselbe ist, wie in Abb. 171, und die 7,5 m langen Schienen auf die nach Abb. 177 vertheilten Schwellen gelegt werden.

Materialbedarf für eine Schienenlänge von

No	Gegenstand.	Gewicht für ein Stuck kg	15 m Stuck	15 m Gewicht kg	10 m Stuck	10 m Gewicht kg	7,5 m Stück	7,5 m Gewicht kg
1	Schiene, Prof. Va, 15 m . .	537,6	2	1075,20	—	—	—	—
	do. 10 m . .	358,4	—	—	2	716,80	—	—
	do 7,5 m . .	268,8	—	—	—	—	2	537,60
2	Auflauflaschen	28,6	2	57,20	2	57,20	2	57,20
3	Innenlaschen	10,9	2	21,80	2	21,80	2	21,80
4	Laschenschrauben	0,88	12	10,56	12	10,56	12	10,56
5	Federringe	0,029	12	0,64	12	0,64	12	0,64
6	Krempenplatte mit runden Löchern fur Stoßschwellen .	5,615	4	22,46	4	22,46	4	22,46
7	Krempenplatte für Mittelschw.	5,615	36	152,14	22	123,53	16	89,84
8	Schraubennagel, lange . . .	0,455	4	1,82	4	1,82	4	1,82
9	do kurze . . .	0,405	80	32,40	52	21,06	40	16,20
10	Doppelkopfnagel	0,286	36	10,28	22	6,29	16	4,56
11	Mittelschwellen, 2,5 m lang .	—	18	—	11	—	8	—
12	Stoßschwellen, 2,7 m lang . .	—	2	—	2	—	2	—
13	Wanderstutzen	—	6–14	—	4–10	—	4—8	—
	Gewicht im Ganzen			1384,50		982,16		762,68
	mithin auf 1 lfd. m Gleis . .			92,16		98,22		101,69

Der vorstehend beschriebene Oberbau ist hervorgegangen aus der gleichbenannten im Jahre 1892 construirten Bauweise, die an Stelle der Auflauflasche eine andere Lasche, ähnlich der in Abb. 180 dargestellten, besaß.

Abb. 178.

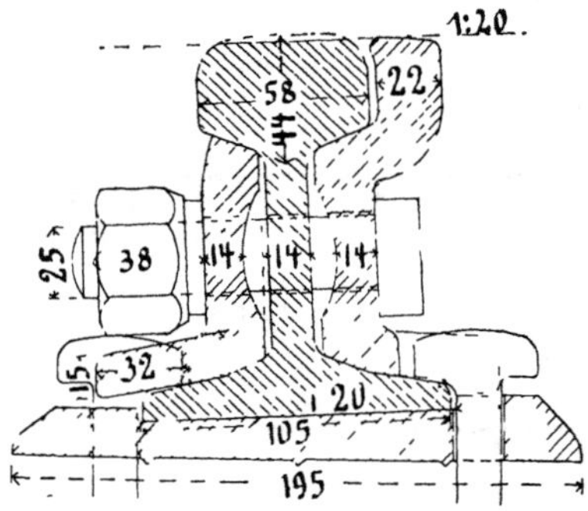

Querschnitt durch den Schienenstoß.

§ 4. Oberbau 3. Ordnung mit Flußstahlschienen Profil Va, deren Kopfoberfläche bereits 2,5 mm abgefahren ist, mit kurzer Auflauflasche, zugleich für Profil V und IV anzuwenden.

Zu diesem für stark befahrene Nebengleise der Hauptbahnen bestimmten Oberbau werden gebrauchte Schienen, I. Sorte, benutzt, weshalb die Auflauflasche niedriger sein muß und, der Nebengleise wegen, auch kürzer sein kann.

Abb. 178 giebt die Ansicht und Abb. 179 den Grundriß. An Stelle der Krempenplatte ist eine gewöhnliche Unterlagsplatte mit erhöhten Randern getreten, die 195 mm lang und 150 mm breit ist. Als Befestigungsmittel dienen nur Doppelkopfnägel. Die Auflauflasche ist 640 mm, die Innenlasche 594 mm lang, beide werden durch 4 Bolzen mit der Schiene befestigt.

Die Gewichte dieser Oberbau-Anordnung stellen sich, wie folgt, zusammen:

No	Benennung.	Stück Gewicht kg	10 m Schienenlänge		7,5 m Schienenlänge		6 m Schienenlänge	
			Stück	Gewicht kg	Stück	Gewicht kg	Stück	Gewicht kg
1	Schienen Va, 35,84 kg/m, 10 m lang	358,4	2	716,8	—	—	—	—
	7,5 m lang	268,8	—	—	2	537,6	—	—
	Schienen V, 34,35 kg/m, 10 m lang	343,5	2	687,0	—	—	—	—
	7,5 m lang	257,625	—	—	2	515,25	—	—
	Schienen IV, 36,20 kg/m, 6 m lang	217,2	—	—	—	—	2	217,2
2	Keil-Unterlagsplatten . . .	3,47	26	90,22	20	69,4	16	55,52
3	Kurze Auflauflaschen . . .	14,20	2	28,4	2	28,4	2	28,4
4	Innere Nuthlaschen V . .	8,38	2	16,76	2	16,76	2	16,76
5	Laschenschrauben V . . .	0,88	8	7,04	8	7,04	8	7,04
6	Federringe IV/V	0,029	8	0,232	8	0,232	8	0,232
7	Doppelkopfnägel	0,286	78	22,308	60	17,16	48	13,728
8	Mittelschwellen, 2,5 m lang	—	11	—	8	—	8	—
9	Stoßschwellen, 2,7 m lang .	—	2	—	2	—	2	—

In Bogengleisen mit 400 m Halbmesser und weniger können an Stelle gewöhnlicher, etwa 40 % Krempenplatten Verwendung finden, was einen entsprechenden Bedarf an Schraubennägeln bedingt.

Abb. 179.

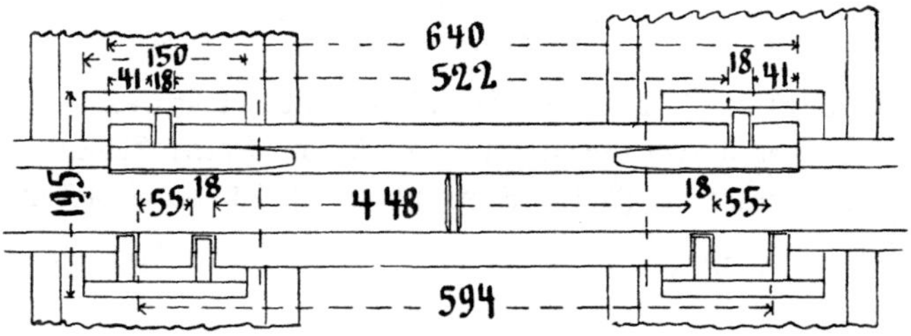

Grundriß des Schienenstoßes.

§ 5. Auch diese Oberbau-Anwendung V ist aus einer früheren, aus dem Jahre 1889 stammenden Bauweise hervorgegangen, bei der die Außenlasche, wie in Abb. 180 angegeben, gestaltet war. Bei den älteren Jahrgängen dieser Bau-

Abb. 180.

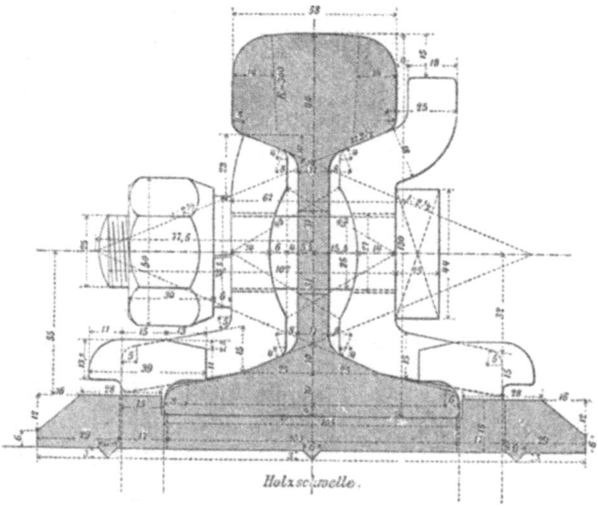

Querschnitt durch die Stoßschwelle

weise wurden auch noch keine keiligen Unterlagsplatten verwendet, so daß die Schwellen noch gekappt werden mußten.

Die Schwellenvertheilung bei den 6 m langen Schienen ist auszuführen, wie Abb. 181 angiebt.

Abb 181. Schwellentheilung für 6 m lange Schienen (8 Stück Schwellen).

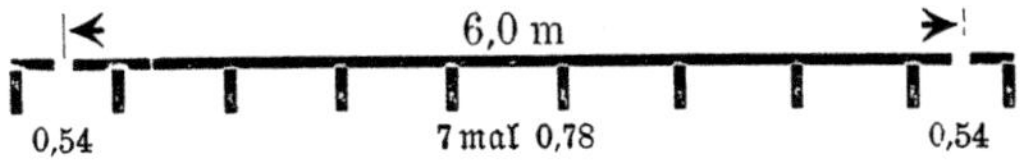

§ 6. Oberbau für schmalspurige Nebenbahnen.

An Stelle einer älteren Bauart mit 15,6 kg/m schwerer Schiene Profil Ia und grader Unterlagsplatte (Abb. 181a) ist seit 1894 der Oberbau Ib mit

Abb. 181a.

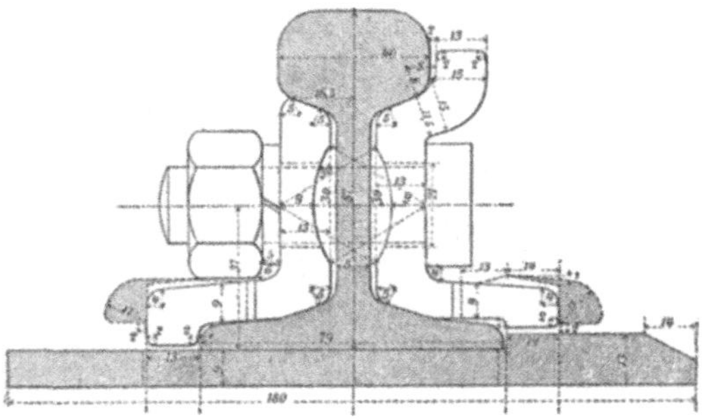

Oberbau Ia für schmalspurige Nebenbahnen. Aeltere Anordnung

Abb 182

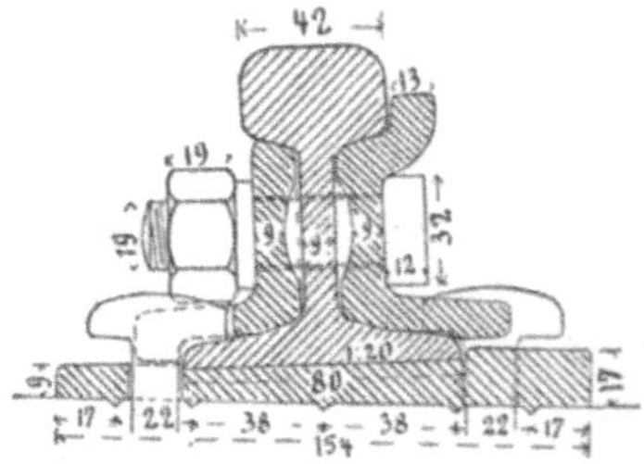

Oberbau Ib für schmalspurige Nebenbahnen Neuere Anordnung. Schnitt durch den Stoß

Abb. 183.

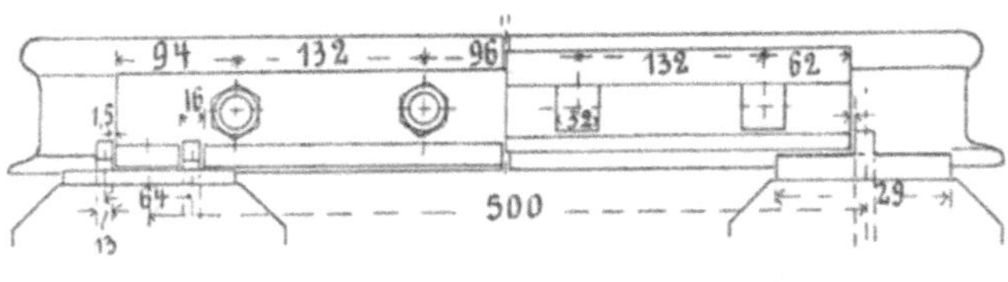

Oberbau Ib Ansicht des Stoßes

Abb. 184.

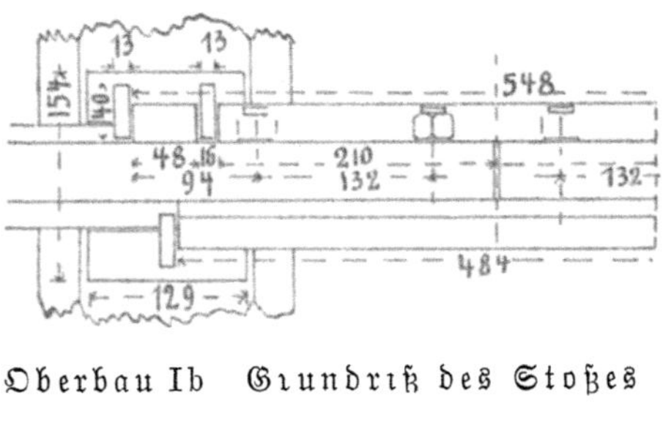

Oberbau Ib Grundriß des Stoßes

17,63 kg/m schwerer Schiene und keiliger Unterlagsplatte getreten. (Abb. 182, 183, 184.) Die Schiene hat 42 mm Kopfbreite, 9 mm Stegstärke, 80 mm Fußbreite und 91 mm Höhe. Die Laschenanlageflächen haben die Neigung 1 : 3, 4 Bolzen verbinden Laschen und Schiene; die Unterlagsplatten sind auf den Stoß- wie Mittelschwellen gleich, haben 154 mm Länge bei

Abb. 185. Schwellentheilung in Graden und Bögen bis 100 m Halbmesser.

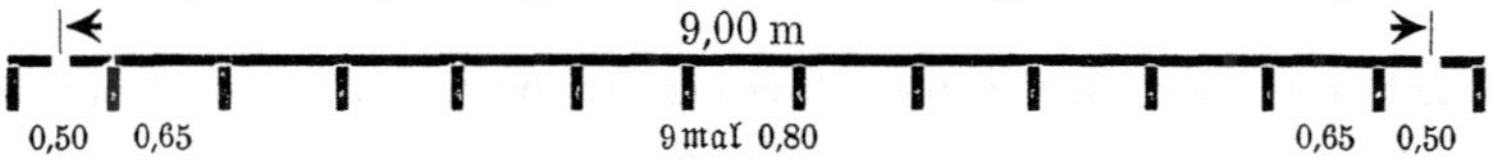

Abb. 186. Schwellentheilung in Bögen unter 100 m Halbmesser.

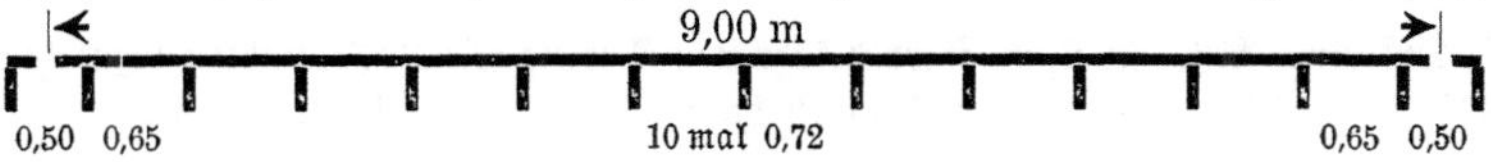

129 mm Breite. Bei Graden und Bögen über 100 m Radius werden (Abb. 185) 12 Schwellen, bei kleinen Halbmessern 13 Schwellen (Abb. 186) verwendet. Das zu einer Schienenlänge erforderliche Material stellt sich wie folgt zusammen:

No	Benennung.	Gewicht das Stück kg	Anzahl	Gewicht kg
1	Schienen, 9 m lang, Prof Ia, 17,63 kg/m	158,67	2	317,34
2	Unterlagsplatten bei 12 Schwellen . .	1,83	24	43,92
3	Außenlaschen	4,525	2	9,05
4	Innenlaschen	4,08	2	8,16
5	Laschenschrauben	0,313	8	2,504
6	Federringe	0,0175	8	0,100
7	Doppelkopfnagel	0,19	72	13,68
8	Querschwellen, 1,5 m lang	—	12	—

An Stelle der äußeren Winkellaschen kommen vom Jahr 1898 ab bei Neubauten ebenfalls Auflauflaschen zur Verwendung; eine Aenderung der Unterlagsplatten ist damit nicht verbunden. Statt den 1,5 m langen neuen Schwellen können auch ausgewechselte, noch brauchbare Schwellen der Hauptbahn verwendet werden, die dann auf 1,7 m Länge zu schneiden sind.

§ 7. Ueber die Anwendung der vorbeschriebenen Bauweisen gelten die folgenden Bestimmungen:

I. Hauptgleise der Hauptbahnen.

Oberbau 1. Ordnung	Schnellzugsstrecken mit starkster u schnellster Befahrung nach besonders vorgeschriebener Auswahl, sowie Einzelstellen auf Brücken, Ablaufgleisen u. s. w nach besonderer Bestimmung	Flußstahlschienen Profil VI, 15 m und 10 m lang Die Länge von 15 m gilt vorlaufig noch als Ausnahme.
Oberbau 2. Ordnung	Sonstige Schnellzugsstrecken und alle übrigen Hauptbahnen, sowie Einzelstellen auf Brucken, in Wegeubergangen, an Bahnsteigen und in Weichengleisen u s w	Flußstahlschienen Va, 15 m, 10 m u. 7,5 m lang. Die Längen von 10 und 7,5 m Länge werden bei Neubauten in der Regel nicht mehr verlegt.

II. Nebengleise der Hauptbahnen.

Oberbau 2. Ordnung	Stark beanspruchte und von ganzen Zugen befahrene Nebengleise der Hauptbahnen	Flußstahlschienen Prof. Va, 10 m und 7,5 m lang.
Oberbau 3. Ordnung 1892	Alle übrigen stark befahrenen Nebengleise der Hauptbahnen	Gebrauchte Flußstahlschienen V/Va (Altschienen 1. Sorte), 10 m, 7,5 m u. 6,0 m lang. 10 m lange Schienen gelten vorläufig als Ausnahme.
Oberbau 4. Ordnung	Alle übrigen minder stark befahrenen Nebengleisen der Hauptbahnen,	
	a) soweit sie von Lokomotiven befahren werden,	Flußstahl-Stahlkopfschienen Profil IV, gebrauchte, 6 m lang, mit 8 Schwellen.
	b) soweit sie von Lokomotiven nicht befahren werden und nicht im Bogen von 400 m und weniger Halbmesser liegen	Stahlkopfschienen Prof. IV, gebrauchte (Altschienen 1. Sorte), 6,0 m lang, mit 7 Schwellen.

III. Vollspurige Nebenbahnen.

Oberbau 3. Ordnung	Hauptgleise	Flußstahlschienen Profil IV, V, Va, gebrauchte (Altschienen 1. Sorte), 7,5 m u. 6,0 m lang.
Oberbau 4. Ordnung	Nebengleise	Gebrauchte Stahlkopfschienen, 6,0 m lang (Altschienen 1. Sorte).

IV. Schmalspurige Nebenbahnen.

Hauptgleise und stark befahrene Nebengleise	Flußstahlschienen I b, 9 m lang, mit 12 oder 13 Schwellen.
Untergeordnete Nebengleise	Gebrauchte Flußstahlschienen Prof I a (Altschienen 1. Sorte), 7,5 m lang, mit 10 oder 11 Querschwellen.

4. Oberbau der Königl. Württembergischen Staats-Eisenbahnen.

Es kommen für Hauptbahnen in Anwendung:

1. Oberbau mit eisernen Querschwellen und
2. Oberbau mit hölzernen Querschwellen.

§ 1. Eine Anordnung des ersteren aus der Zeit vor 1892 stammenden Oberbaues ist in Abb. 187 im Schnitt durch Schienen und Laschen dargestellt.

Abb. 187.

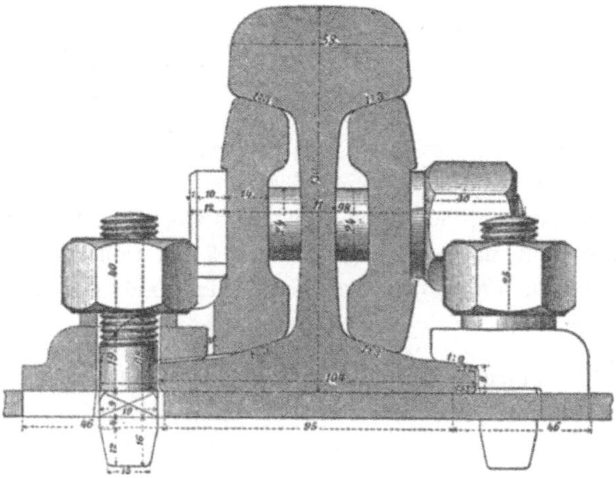

Oberbau Profil D. Querschnitt durch den Stoß.

Die Schienen (Profil D) haben eine Länge von 9,0 m, eine Laschenanlage von 1 : 3, 130 mm Höhe, 104 mm Fußbreite und ein Gewicht von 33,0 kg/m. An der Außenseite sind 580 mm lange Winkellaschen, während an der Innenseite nur Flachlaschen von 480 mm Länge sich befinden. Erstere sind bei zweigleisigen Bahnen mit 2 Einklinkungen versehen, um die beiden Stoßschwellen gegen das Wandern der Schienen in Anspruch zu nehmen. Bei eingleisigen Bahnen werden in der Lasche Einklinkungen nicht angebracht. Die mittleren Bolzenlöcher sind 150 mm, die äußeren von diesen 125 mm entfernt. Die flußeisernen Querschwellen sind 2,50 m lang, 234 mm breit und 75 mm hoch. Unter die 9,0 m langen Schienen werden 10 Schwellen verlegt, von denen die neben dem Stoße liegenden 0,50 m von Mitte zu Mitte, die nächsten 0,753 m und die übrigen 1,00 m von einander entfernt liegen. Etwaige Spurveränderungen werden durch verschiedene Breite der Ansätze der Klemmplatten hervorgerufen.

Das Material und Gewicht fur eine Schienenlänge Gleis stellt sich wie folgt zusammen:

2 Schienen von 9,0 m Länge, jede		297	kg	=	594,00 kg
2 Flachlaschen	„	5,20	„	=	10,40 „
2 Winkellaschen	„	7,92	„	=	15,84 „
8 Laschenbolzen	„	0,62	„	=	4,96 „
8 Federringe dazu	„	0,019	„	=	0,15 „
20 Klemmplatten	„	0,42	„	=	8,40 „
20 „	„	0,46	„	=	9,20 „
40 Hakenschrauben	„	0,40	„	=	16,00 „
40 Federringe dazu	„	0,016	„	=	0,64 „
10 Querschwellen	„	52,0	„	=	520,00 „
Gewicht einer Schienenlänge Gleis					1179,59 kg
oder für 1 m Gleis					131,06 „

Im Jahre 1892 wurde die Schwellenzahl auf 12 und 13 vermehrt, dabei der Schwellenabstand am Stoß = 0,50 m beibehalten, die nächsten Abstände auf 653 mm und die übrigen auf 800 bezw. 720 mm verringert. Im Jahre 1894 wurde das Schienenprofil im Stege von 11 auf 13 mm verstärkt und dadurch das Gewicht der Schiene auf 33,8 kg/m erhöht, auch wendete man beiderseits Kremplaschen an.

§ 2. Der Oberbau mit hölzernen Querschwellen ist dem vorstehenden in Bezug auf Gewicht und Form der Schienen, Laschen und Bolzen gleich. Die hölzernen Schwellen, welche aus Kiefernholz hergestellt und mit Zinkchlorid getränkt sind, werden in denselben Entfernungen verlegt, wie die eisernen. Sie haben eine Länge von 2,50 m, eine Breite von 250 mm, eine Dicke von 155 mm; jede derselben erhält 2 keilförmige, 150 mm breite und 250 mm lange Unterlagsplatten mit 3 Löchern für Hakennägel von 14/41 mm Stärke.

Seit 1894 werden ebenfalls die obenerwähnten schwereren Schienen verlegt, wobei zugleich verstärkte und bis auf 790 mm verlängerte Laschen angebracht werden, die über den Unterlagsplatten der Stoßschwellen ausgeklinkt sind, dieselben umfassen und dadurch das Wandern der Schienen wirksam verhindern.

§ 3. Auf der verkehrsreichen Strecke Mühlacker-Ulm ist seit 1895 ein verstärkter Oberbau mit Schienen Profil E (Abb. 188) im Gewicht von 43,5 kg/m und 12 m Länge (11,94 m Ausgleichschienen) auf eisernen Querschwellen der Form und Befestigungsart Heindl verlegt, wobei jedoch die Laschen 750 mm lang hergestellt und mit 6 Laschenbolzen befestigt werden.

Abb. 189 zeigt die Ansicht und Abb. 190 den Grundriß der Stoßanordnung. Zum Festhalten der Muttern der Laschenschrauben werden federnde Bleche (Anordnung Danischewsky) über je drei Bolzen gelegt und dieselben nach dem Andrehen der Muttern aufgebogen. Die Hakenschrauben erhalten Klemmringe.

Oberbau mit Schienen Profil E

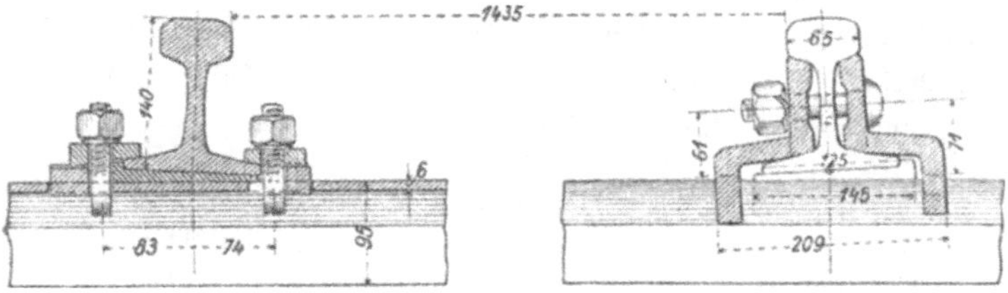

Abb. 188. Querschnitte

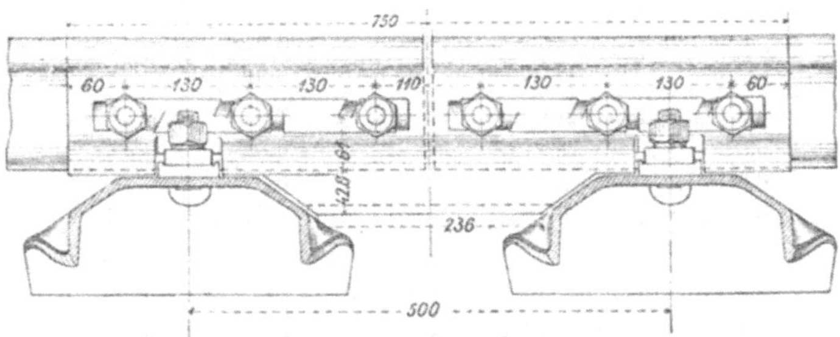

Abb. 189. Ansicht des Stoßes.

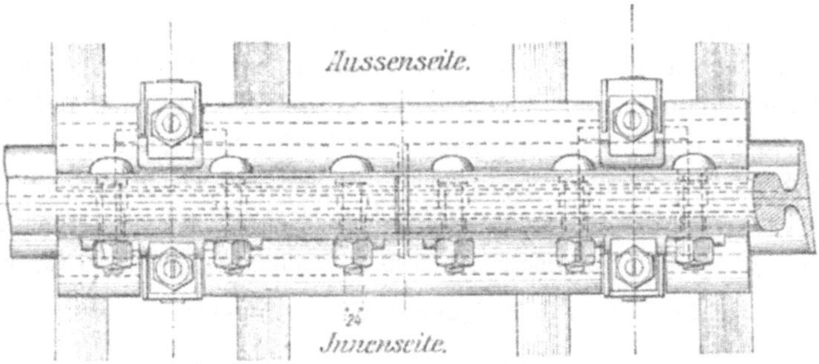

Abb 190 Grundriß des Stoßes.

Abb. 191.

Schwellentheilung mit 16 Schwellen.

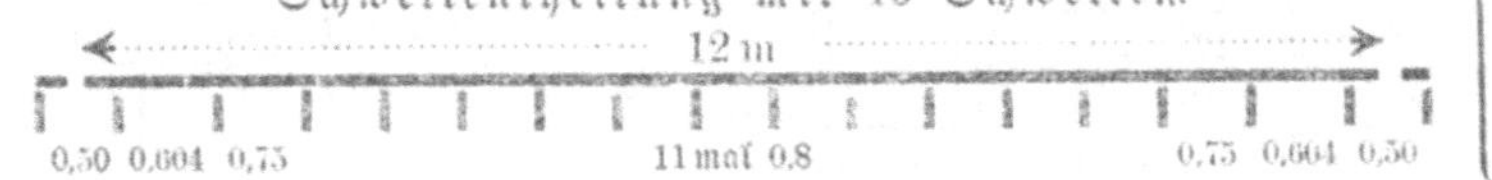

Schwellentheilung mit 17 Schwellen.

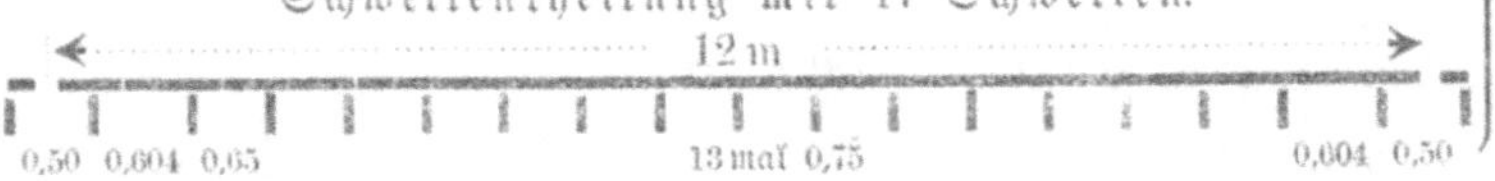

Die 75 kg wiegende Querschwelle weicht insofern von der Heindl'schen Form ab, als die Seitenwangen unten kleine Verstärkungen erhalten haben. Unter die 12 m langen Schienen werden in den Graden und Bögen unter 500 m Halbmesser 16 Schwellen, bei kleinen Bögen 17 Stück verlegt. (Abb. 191.)

Material und Gewicht für eine Schienenlänge Gleis:

					kg
2	Schienen	je	522	kg	1044,00
16	Schwellen	„	75	„	1200,00
32	Keilplatten	„	1,28	„	40,96
2	innere Laschen No. 1	„	18,87	„	37,74
2	äußere „ „ 2	„	19,33	„	38,66
12	Laschenbolzen	„	0,8	„	9,60
4	Federplatten	„	0,18	„	0,72
32	innere Klemmplatten No. 1 . .	„	0,25	„	8,00
32	äußere „ „ 2 . .	„	0,38	„	12,16
32	Spurplatten No. 1	„	0,31	„	9,92
32	„ „ 4	„	0,42	„	13,44
64	Hakenschrauben	„	0,52	„	33,28
64	Federringe	„	0,017	„	1,09
			Zusammen . . .		2449,57
			1 lfd. m		204,00

Auf der vorbenannten Strecke ist auch der Schwellenschienen-Oberbau von Haarmann in größerer Ausdehnung zur Anwendung gekommen. Vergl. S. 82.

§ 4. Bei schlechtem Untergrunde werden hölzerne Schwellen von 16/25 cm Querschnitt und geneigte, 4,1 kg schwere Unterlagsplatten von 150 mm Breite und 250 mm Länge verwendet. Die nach unten gekröpften Laschen sind 930 mm lang über den Unterlagsplatten ausgeklinkt und werden mit 6 Bolzen mit einander verbunden. Die innere Lasche ist 21,9 kg, die äußere 22,2 kg schwer. Jede Unterlagsplatte erhält 3 Stück 170 mm lange, 14/14 mm starke und je 0,27 kg schwere Nägel.

Abb. 192 und 193 zeigt Ansicht und Draufsicht und 194 den Querschnitt der Anordnung. In Graden und Bögen bis 500 m Halbmesser werden 16 Schwellen

Oberbau mit hölzernen Querschwellen.

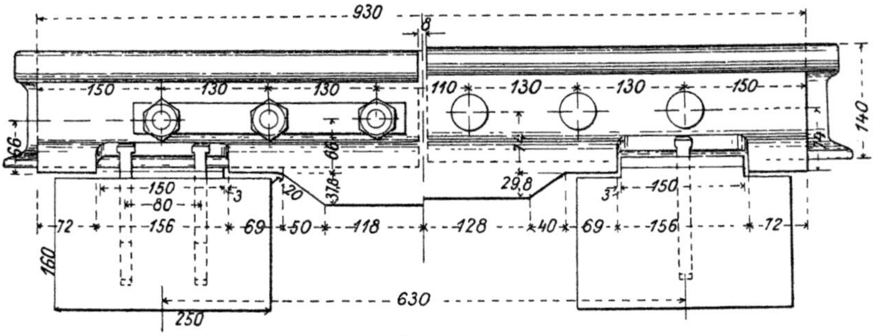

Abb. 192. Innen- und Außen-Ansicht des Stoßes

bei 630 mm Abstand am Stoß, dann 600 und 689 mm folgenden Abständen, während die übrigen Schwellen 800 mm weit abliegen. In Bögen von kleinerem Halbmesser, sowie auf eisernen Brücken werden 17 Schwellen verlegt, wobei der Abstand am Stoß wieder 630, die beiderseits folgenden 589, dann 600 und die übrigen 750 mm betragen.

In besonderen Fällen kommen auch 18 m lange Schienen mit 23 bezw. 25 Schwellen zur Anwendung.

Zur Sicherung der Spurrinne in den Wegeübergängen werden bei beiden Oberbauarten Flachschienen von 143,3 mm Höhe und 20 mm Stärke nebst zwischengelegten Futterstücken mit den Fahrschienen so befestigt, daß die Spurrinnen in einer Mindestbreite von 67 mm und Tiefe von 48 mm erhalten bleiben.

Abb. 193.

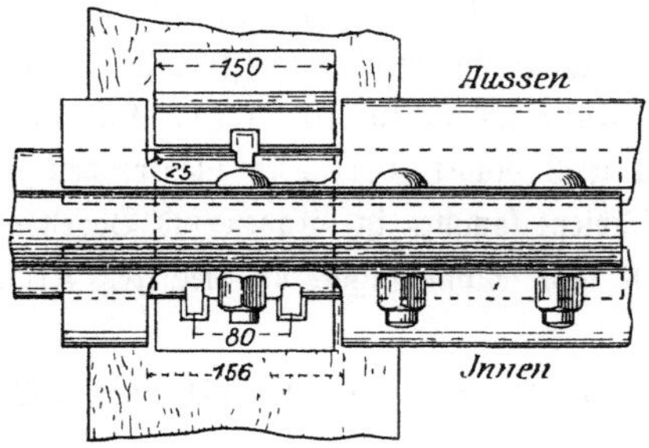

Grundriß des Stoßes.

Abb. 194.

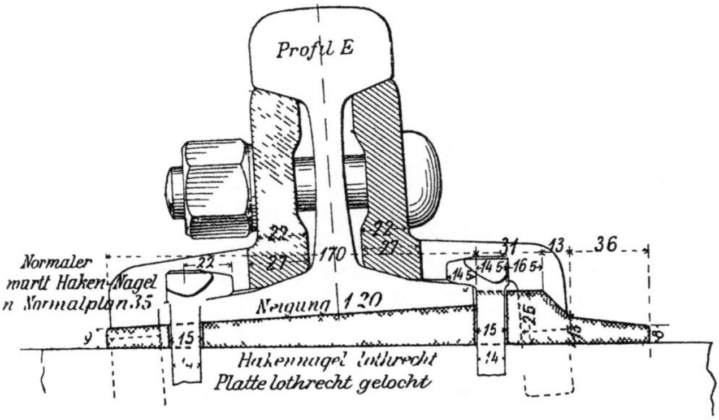

Querschnitt durch den Stoß.

§ 5. Bei Lokaleisenbahnen werden Schienen, Profil L, von 115 mm Höhe, 90 mm Fuß- und 53 mm Kopfbreite und einem Gewichte von 24,3 kg/m verwendet, die mittels gekröpfter, 440 mm langer Laschen (5,90 bezw. 5,85 kg schwer) und 4 Stück 20 mm starker Bolzen mit einander befestigt werden. Die mit je 3 Löchern für Haknägel versehenen Unterlagsplatten sind 152 mm lang, 120 mm breit, jedoch nicht geneigt, so daß die Schwellen gekappt werden müssen. Die 9 m langen Schienen erhalten 11 Schwellen mit einem Stoßabstande von 560 mm, dem Abstände von 783 mm sich anschließen, so daß die übrigen Schwellen 860 mm von einander abliegen.

§ 6. Für Nebenbahnen von 0,75 m Spurweite werden Schienen, Profil M, von 100 mm Höhe, 44 mm Kopf= und 85 mm Fußbreite und einem Gewichte von 20 kg/m benutzt, die mit einer Laschenanlage von 1 : 2 versehen sind und gekröpfte Laschen von 380 mm Lange, 3,29 bezw. 3,33 kg Gewicht und 4 Bolzen (18 mm und 0,275 kg schwer) erhalten haben. Auf den durchweg zur Anwendung kommenden Holzschwellen von 13/18 cm Stärke und 1,5 m Länge werden Unterlagsplatten mit 1 : 12 Oberflächenneigung (1,96 kg schwer) gelegt, die mit je 3 Nagel (0,166 kg schwer) den Schienenfuß festhalten. Auf die 9 m lange Schiene kommen in Graden nnd Bögen uber 150 m Halbmesser 10 Schwellen mit 606 mm Stoßabstand, bei kleineren Krümmungen 11 Schwellen.

5. Oberbau der Großherzogl. Badischen Staatsbahnen.

§ 1. Auf Hauptbahnen werden Schienen von 9 m Länge und dem in Abb. 195 dargestellten Oneischnitt verwendet, die auf den lfd. m 36,2 kg

Abb 195.

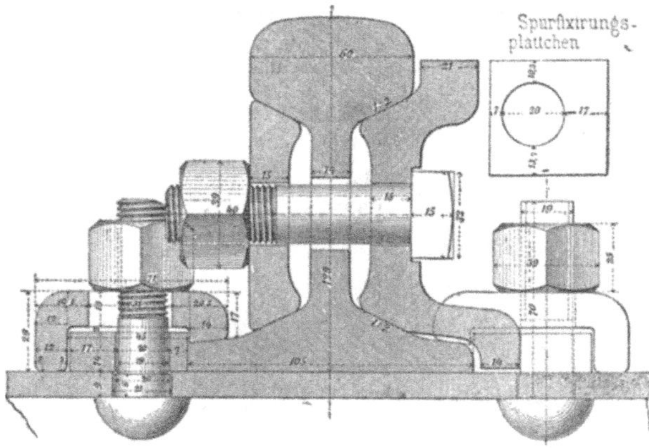

Querschnitt am Stoß.

wiegen. Außen sind Winkellaschen von 540 mm, innen Flachlaschen von derselben Länge angebracht, deren innere Bolzenlöcher 108 mm, die äußeren von diesen 156 mm entfernt sind. Zur Verhinderung des Wanderns stützen sich dic unteren Schenkel der Winkellaschen gegen die Klemmplatten, so daß nur je eine Schwelle in Anspruch genommen wird. Die Querschwellen bestehen aus Eisen und haben den Querschnitt in Abb. 196 mit 9 mm Metallstärke. Wie aus Abb. 197 zu ersehen, sind die Schwellen an den Auflagerflächen

Abb. 196.

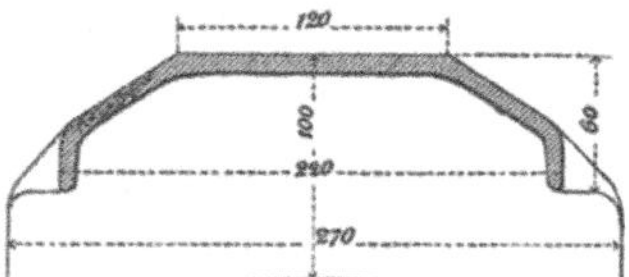

Querschnitt der Querschwelle.

der Schienen nach 1 : 20 aufgebogen, in der Mitte aber grade und an den Enden wieder nach unten gebogen und mit Kopfverschluß versehen. Auf die

Abb. 197.

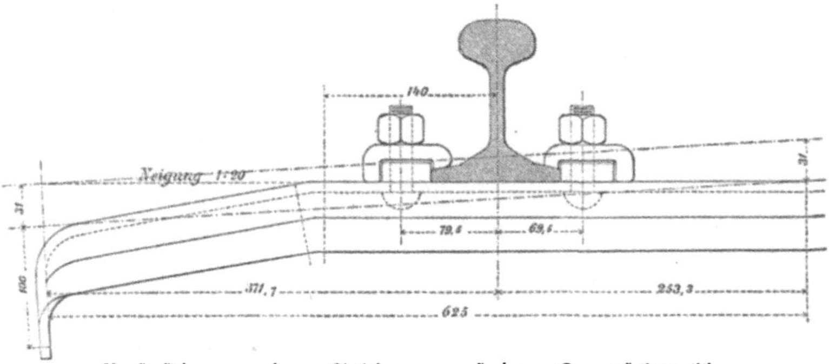

Befestigung der Schiene auf der Querschwelle.

Schienenlänge kommen 11 Schwellen, deren Entfernung von Mitte zu Mitte am Stoß 570 mm, im Uebrigen 843 mm beträgt.

Die Befestigung der Schienen auf den Schwellen geschieht durch Schraubenbolzen und Klemmplatten. Letztere haben unten eine 45 mm weite Höhlung, in welche Spurfixirungsplättchen von 44 mm Seitenfläche (Abb. 195) eingelegt werden, in die ein 20 mm weites Loch so eingebohrt ist, daß bis zum Rande an den 4 Seiten ein Steg von 7—10,3, 13,7 und 17 mm stehen bleibt. Mit diesem Plättchen kann man, ähnlich der im Directionsbezirk Frankfurt gebräuchlichen Anordnung, jede nöthige Spurerweiterung erzielen, so daß alle Schwellen gleichmäßig gelocht werden können. Das Material und Gewicht einer Schienenlänge Gleis stellt sich wie folgt zusammen:

2	Schienen von 9 m Länge,	je	325,80	kg	=	651,60 kg
11	Querschwellen	„	42,80	„	=	470,80 „
2	Winkellaschen	„	10,25	„	=	20,50 „
2	Flachlaschen	„	5,20	„	=	10,40 „
8	Laschenbolzen mit Muttern	„	0,52	„	=	4,16 „
44	Klemmplatten	„	0,48	„	=	21,12 „
44	Spurfixirungsplättchen .	„	0,16	„	=	7,04 „
44	Schrauben mit Muttern .	„	0,42	„	=	18,48 „

Gewicht des Oberbaues für 1 Schienenlänge . 1204,10 kg
„ „ „ „ 1 lfd. m Gleis . 133,80 „

§ 2. Im Jahre 1891 wurde eine neue Stoßanordnung eingeführt, die in Abb. 198, 199 in Ansicht und Grundriß und in Abb. 200 im Querschnitt dargestellt ist. Die zwischen den Stoßschwellen nach unten verlängerten Laschen haben genau unterhalb des Schienenstoßes 38 mm große quadratische Oeffnungen erhalten, in die ein mit schräger Oberfläche versehenes Eisenstück unverrückbar fest

Abb. 198.

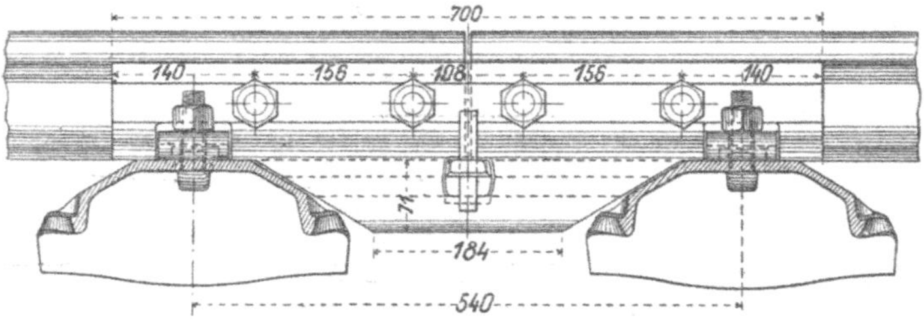

Stoßanordnung aus dem Jahre 1890. Ansicht des Stoßes.

eingelegt, während ein zweites ebenfalls keilförmig gestaltetes Eisen darüber seitlich fest eingetrieben wird, so daß die beiden Schienenenden auf je 15 mm Länge

Abb. 199.

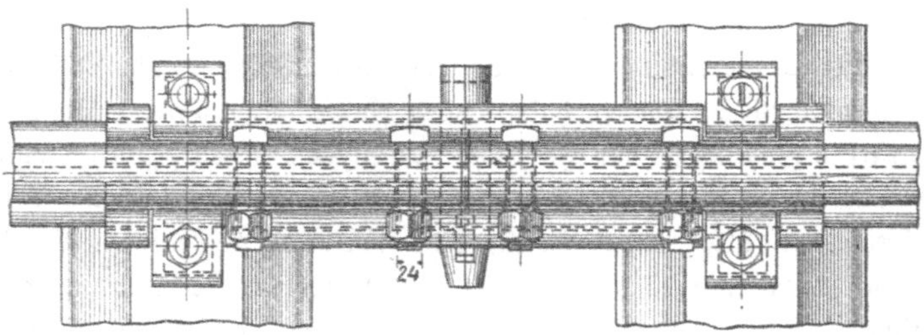

Grundriß des Stoßes.

eine feste Unterstützung erhalten. Die unverrückbare Lage des oberen Keiles wird durch einen von oben eingesteckten zweiten Keil gesichert.

Abb 200.

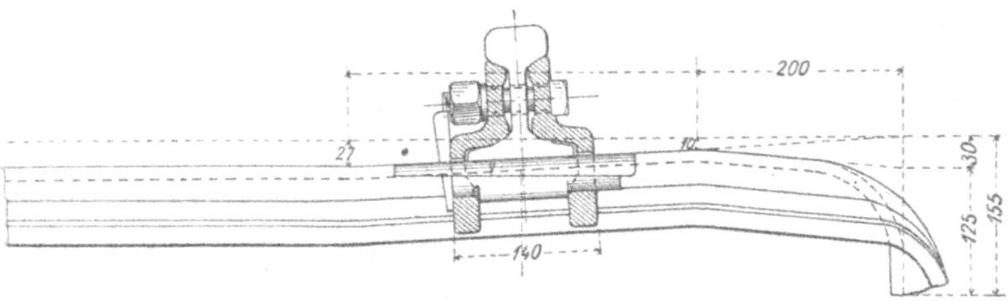

Schnitt durch den Stoß.

Profil und Gewicht der Schienen sind dieselben geblieben, nur wendet man außer 9 m auch 12 m lange Schienen an und legt unter dieselben 13 bezw.

17 Schwellen, wobei die Stoßschwellen einen Abstand von 540 mm, die folgenden 600 mm, dann 650, 700 und 780 mm Abstand gewählt sind. Die Form der Schwelle ist dabei ebenfalls verstärkt und deren Gewicht auf 53,5 kg erhöht.

Materialbedarf und Gewicht einer Schienenlänge Gleis:

Gegenstände.	Einheitsgewicht kg	Bei 9 m Schienenlänge Stuckzahl	Bei 9 m Schienenlänge Gewicht kg	Bei 12 m Schienenlange Stuckzahl	Bei 12 m Schienenlange Gewicht kg
Schienen . . . . m	36,2	2	651,60	2	868,80
Schwellen . . . . Stück	53,5	13	695,50	17	909,50
Laschen . . . . „	14,091	4	56,364	4	56,364
Laschenbolzen . . „	0,757	8	6,056	8	6,056
Federringe . . . „	0,018	8	0,144	8	0,144
Obere Keile	1,311	2	2,622	2	2,622
Untere Keile . . .	1,150	2	2,300	2	2,300
Versicherungskeile . .	0,100	2	0,200	2	0,200
Klemmplatten	0,600	52	31,200	68	40,800
Spurplättchen	0,230	52	11,960	68	15,640
Klemmbolzen . . .	0,550	52	28,600	68	37,400
Im Ganzen			1486,546		1939,826
oder 1 m Gleis			165,17		161,65

§ 3. Im Jahre 1893 wurde ein neuer Oberbau mit einer stärkeren, 140 mm hohen und 44 kg/m schweren Schiene (Abb. 201) versuchsweise eingeführt und dabei auch die übrigen Theile des vorbeschriebenen Oberbaues entsprechend verstärkt, im Besonderen für die Schwelle ein der Heindl'schen Schwelle ähnliches Profil von 70 kg Gewicht gewählt.

Ferner ist man im Jahre 1894 versuchsweise zum Stuhlschienen-Oberbau mit Holzschwellen nach englischem Muster übergegangen, wobei eine Doppelkopfschiene von 42,5 kg/m und gußeiserne Stühle von 400/190 mm Auflagerfläche gewählt wurden, die durch je 2 hölzerne und 2 eiserne Nagel mit den 250 mm breiten und 150 mm hohen tannenen Schwellen befestigt werden. Die zur Befestigung der Stühle mit den Schwellen dienenden Keile sind aus Eichenholz gefertigt, die mit 4 Bolzen versehenen Laschen sind 460 mm lang, je 10,16 kg schwer und unterhalb der Schienen nach innen gekröpft.

§ 4. Der Oberbau für Nebenbahnen hat Schienen, die nur 104 mm hoch, im Uebrigen aber denen der Hauptbahnen ähnlich gestaltet sind und die 26,5 kg der lfd. m wiegen. Abb. 202 zeigt einen Querschnitt durch Schienen und Laschen; die beiden gemeinschaftlichen Anlageflächen sind 1 : 2 geneigt. Außen sind Winkellaschen, innen hingegen Flachlaschen, beide 420 mm

Abb 201.

Laschen mit Keilantrieb.

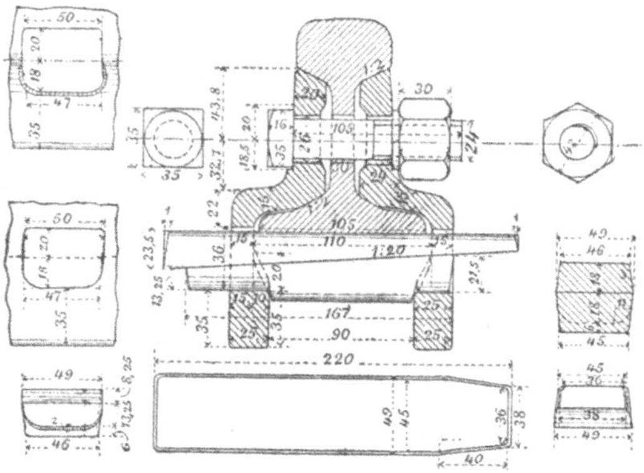

Querschnitt und Einzeltheile.

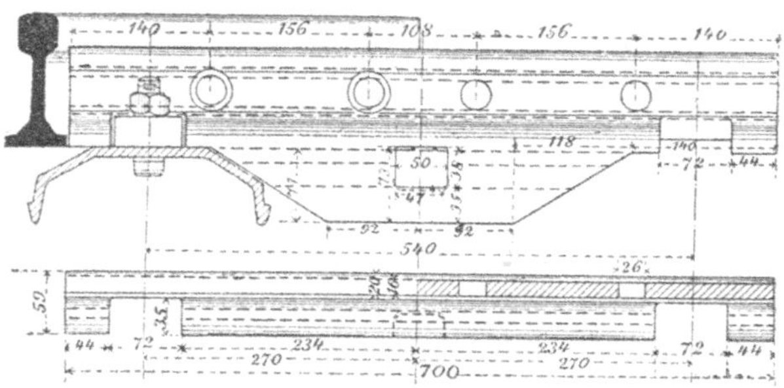

Ansicht und Grundriß.

Abb. 202.

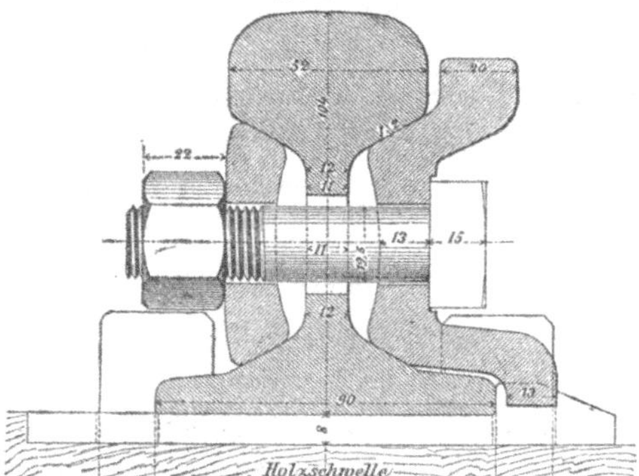

Oberbau fur Nebenbahnen. Querschnitt am Stoß.

lang und so gelocht, daß die mittleren der 4 Bolzenlöcher 96 mm, die äußeren von diesen 120 mm entfernt sind; die Unterlagsplatten sind nicht keilig, 156 mm lang, 120 mm breit und 8 mm dick, mit einem erhöhten Rande an der Außenseite, sowie 2 versetzten 4eckigen Löchern für die Nägel. Letztere sind 150 mm lang, 15/15 mm stark und mit keiligem Kopfe versehen.

Es kommen bei den Nebenbahnen nur Holzschwellen zur Verwendung und zwar an den Stößen und in der Mitte der Schienen solche aus Eichenholz, während die übrigen 6 Schwellen aus Tannenholz gewählt werden. Beide Arten der Schwellen sind 2,40 m lang, 240 mm breit und 150 mm hoch und werden mit Quecksilber-Sublimat getränkt. Die Vertheilung der 9 Schwellen auf die Schienenlänge von 7,5 m wird derart bewirkt, daß die Stoßschwellen 540 mm, die folgenden Schwellen 840, 870 und 900 mm von Mitte zu Mitte von einander entfernt liegen. Auf den 3 eichenen Schwellen werden Unterlagsplatten angebracht, auf den tannenen Schwellen jedoch nicht. Die Befestigung der Schienen auf den Schwellen geschieht an jeder Seite des Fußes mit einem Hakennagel. In Krümmungen mit kleinen Halbmessern werden auf allen Querschwellen Unterlagsplatten verlegt. Das Material und Gewicht des Eisenwerkes für eine Schienenlänge stellt sich wie folgt zusammen:

2	Schienen	jede	198,75	kg	=	397,50 kg
2	Winkellaschen	„	6,0	„	=	12,00 „
2	Flachlaschen	„	2,5	„	=	5,00 „
8	Laschenbolzen	„	0,4	„	=	3,20 „
6	Unterlagsplatten . . .	„	1,24	„	=	7,44 „
36	Schienennägel . . .	„	0,27	„	=	9,72 „
	Gewicht für eine Schienenlänge . . .					434,86 kg
	oder für 1 lfd. m Gleis					57,98 „

6. Oberbau der Deutschen Reichs-Eisenbahnen.

§ 1. Es werden folgende 6 verschiedene Oberbauarten angewendet:

A. Für Hauptbahnen:

1. Oberbau auf hölzernen Querschwellen, ältere Bauart.
2. „ „ eisernen „ „ „
3. „ „ „ „ mit Haarmann'schen Hakenplatten.

Aeltere Bauart.

4. Oberbau, Profil XIa, auf Holzschwellen für Hauptlinien mit starkem Verkehr.
5. „ „ „ „ eisernen Schwellen wie vor.

B. Für Nebenbahnen:

6. Oberbau mit Hartwich-Schienen für die Landstraßenstrecken der Localbahnen.

§ 2. Von dem zuerst aufgeführten Oberbau mit hölzernen Querschwellen giebt Abb. 203 einen Querschnitt nebst den nöthigen Maaßen. Die Schienen

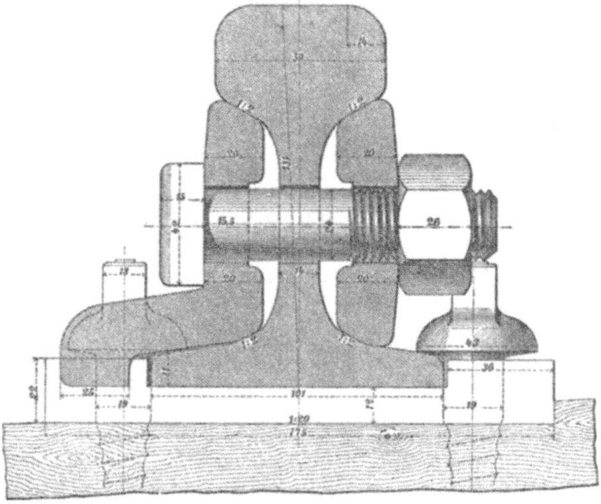

Abb. 203. Oberbau für Hauptbahnen. Querschnitt am Stoß

sind 9 m lang, mit Anlageflächen 1 : 2 versehen und wiegen 36,90 kg auf den lfd. m. Innerhalb des Gleises werden Flachlaschen, außerhalb Winkellaschen, beide Arten 470 mm lang, verwendet. Die Laschenbolzen sind von Mitte zu Mitte 113,3 mm von einander entfernt. Unterlagsplatten werden nur an den Stößen verwendet und zwar haben dieselben 175/175 mm Auflagerfläche, sind 12 mm dick und mit Rändern beiderseits versehen. Dieselben haben je 3 runde Löcher und zwar innen 2, außen 1, durch welche zur Befestigung der Schienen Schwellenschrauben eingeschraubt werden. Die Schwellenschrauben sind 151 mm lang (mit Kopf) und im Schaft 19 mm stark. Die mit Kreosot getränkten Eichenschwellen sind 2,50 m lang, 26 cm breit und 14—16 cm hoch; dieselben sind bei 10 Stück auf die Schienenlänge von 9 m so vertheilt, daß die Stoßschwellen 607 mm, die nächsten 750, die folgenden 950 mm und die übrigen 1,0 m von Mitte zu Mitte von einander abliegen. Das Material und Gewicht dieses Oberbaues stellt sich wie folgt zusammen:

2	Schienen von 9,0 m Länge	je	332,10 kg	=	664,20 kg
2	Innenlaschen	„	4,935 „	=	9,870 „
2	Außenlaschen	„	0,972 „	=	18,144 „
4	Laschenbolzen	„	0,738 „	=	2,952 „
4	Unterlagsplatten (in grader Linie) . . .	„	2,654 „	=	10,616 „
60	Schwellenschrauben	„	0,34 „	=	20,400 „
	Im Ganzen				726,182 kg
	oder 1 lfd. m Gleis				80,687 „

§ 3. Der Oberbau mit eisernen Querschwellen nach Abb. 203a zeigt für Schienen und Laschen denselben Querschnitt und dieselben Ab-

Abb 203a.

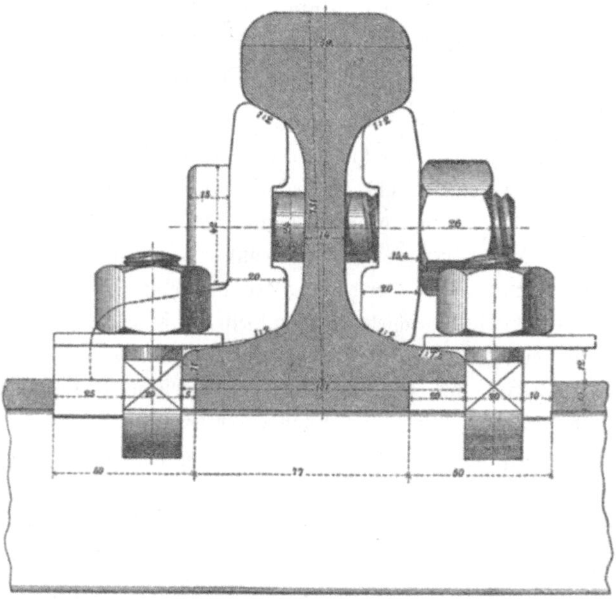

Querschnitt des Oberbaues mit eisernen Querschwellen.

messungen, wie der Holzschwellen-Oberbau. Als Querschwellen sind zwei Arten in Gebrauch, die älteren mit dem Querschnitt der Direction Elberfeld (Abb. 133), welche 2,40 m lang, 230 mm breit und 75 mm hoch sind, bei 9 mm Metall-

Abb. 204.

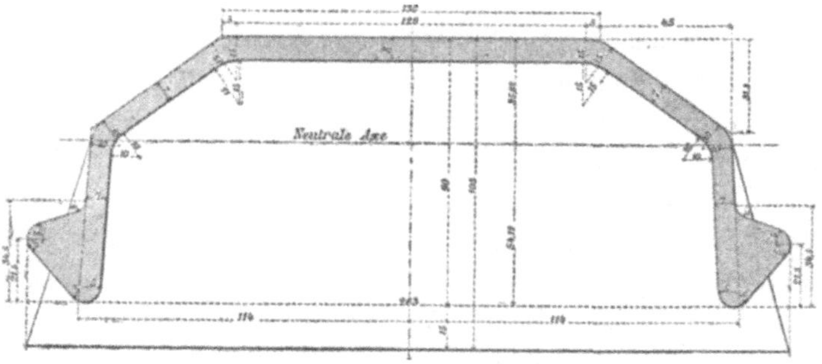

Querschnitt der Querschwelle.

stärke 50 kg wiegen und die neueren, mit dem in Abb. 204 gegebenen Querschnitt, welche 2,70 m lang, 263 mm breit, 90 mm hoch sind und bei 8 mm

Metallstärke, mit Kopfverschluß versehen, 70,96 kg wiegen. Bei der älteren Bauweise sind die Schwellen seitlich nach 1 : 20 aufgebogen. Die Befestigung besteht aus Klemmplättchen und Hakenschrauben, erstere 0,361 und letztere 0,102 kg das Stück schwer. Die Klemmplättchen stützen sich außerhalb auf 60 mm lange Schlußstücke, welche mit einem 20 mm langen Ansatze in die Löcher der Schwelle fassen und bei verschiedener Stärke dazu dienen, die Spurweite zu regeln. Je zwei zusammengehörige Schlußstücke wiegen bei einer Gesammtdicke von 35 mm = 0,267 kg.

§ 4. Der Oberbau mit Haarmann'schen Hakenplatten verwendet dieselben Schienen, Laschen und Bolzen des Holzschwellen-Oberbaues und ist in seiner sonstigen Anordnung der im Bezirk der Preußischen Staatsbahn ausgeführten Bauweise vollkommen gleich, so daß auf eine nochmalige Beschreibung hier verzichtet werden kann. Die Vertheilung der auf einer Schienenlänge von 9 m verwendeten 10 Schwellen geschieht in der Weise, daß die Schwellen zunächst dem Stoß 590 mm von Mitte zu Mitte von einander abliegen, die nächsten liegen von diesen 760 mm, die folgenden von den vorigen 950 mm und die übrigen 1,0 m von Mitte zu Mitte von einander entfernt.

Das Gewicht einer Schienenlänge Gleis stellt sich wie folgt zusammen:

2	Schienen von 9,0 m Länge . .	je 332,10	kg	=	664,20 kg
2	Innenlaschen	„ 4,935	„	=	9,87 „
2	Außenlaschen	„ 9,072	„	=	18,144 „
4	Laschenbolzen	„ 0,738	„	=	2,925 „
10	Schwellen von 2,70 m Länge .	„ 70,96	„	=	709,600 „
20	Hakenschrauben	„ 1,820	„	=	36,400 „
20	Deckplättchen durchschnittlich . .	„ 0,48	„	=	9,600 „
20	Hakenplatten	„ 0,30	„	=	6,000 „
	Zusammen				1456,766 kg
	oder der lfd. m Gleis				161,862 „

§ 5. Der aus dem Jahre 1893 stammende Oberbau auf Holzschwellen für Hauptbahnen, Prof. XIa zeigt eine abweichende Querschnittsform des Schienenkopfes indem die Seitenflächen desselben nicht parallel, sondern nach oben gegeneinander geneigt sind Dadurch wird erreicht, daß der Radflantsch des darüber rollenden Rades sich dem Schienenkopfe mehr anschmiegt und deshalb in starken Bögen die Schienen, wie die Räder weniger abgenutzt werden. Die Abmessungen des Schienenquerschnittes gehen aus Abb. 205 hervor. Das Gewicht der Schiene beträgt 37,8 kg/m. Abb. 206 und 207 zeigen Ansicht und Draufsicht des Stoßes. Der Schwellenabstand ist am Stoß 600 mm, der folgenden Schwellen je 602, der dann beiderseits folgenden 730, während die übrigen 820 mm von einander abliegen. Die Laschen sind 880 mm lang, je 17,8 kg schwer und werden mit

6 Bolzen à 0,77 kg festgehalten; die 1 : 20 geneigten Unterlagsplatten wiegen je 4,50 kg und die ausschließlich zur Verwendung kommenden Schwellenschrauben 0,395 kg.

Abb. 205.

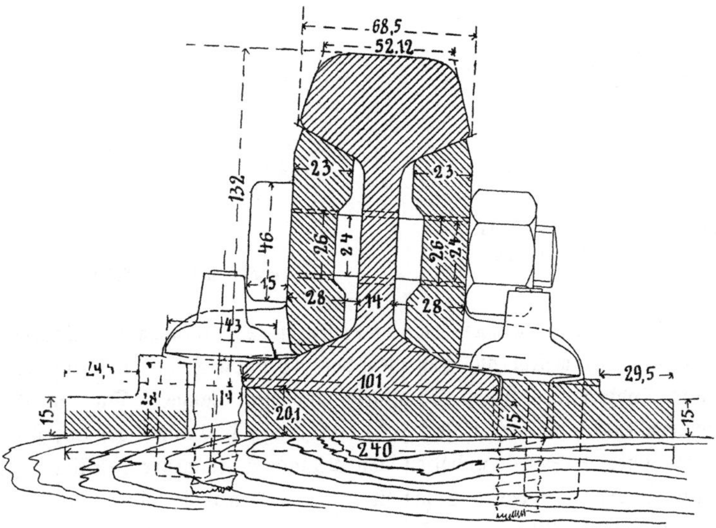

Oberbau IXa mit Holzschwellen. Querschnitt am Stoß.

Abb. 206.

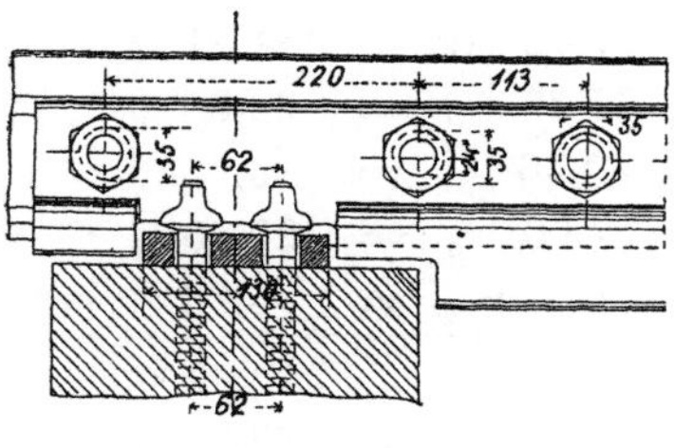

Ansicht des Stoßes.

Abb 207.

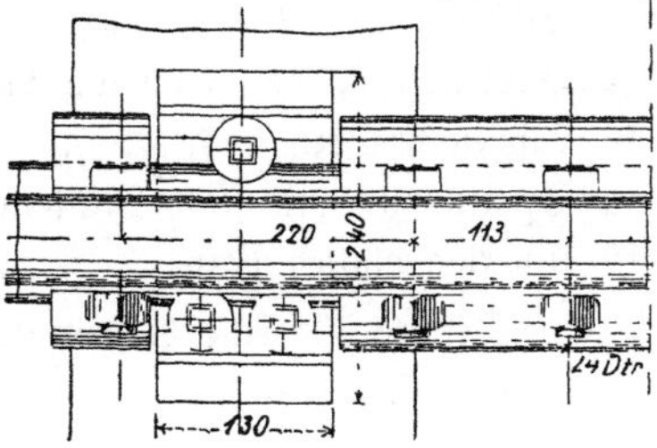

Grundriß des Stoßes zu Abb. 206.

§ 6. Der Oberbau auf eisernen Querschwellen für Hauptlinien hat dieselben Schienen und Laschen wie der vorbeschriebene Holzschwellen-Oberbau. Zur Befestigung zwischen Schiene und Schwelle dienen Haarmann'sche Hakenplatten Nr. 4 je 2,30 kg schwer, Klemmplatten Nr. 0 je 0,444 kg und Hakenschrauben mit Mutter je 0,31 kg. Die zur Verwendung kommenden Schwellen sind ähnlich geformt, wie die in Abb. 204, jedoch sind sie etwas schwerer = 75,08 kg.

Abb. 208 und 209 stellt Ansicht und Draufsicht der Stoßanordnung dar, wobei bemerkt wird, daß die Schwellentheilung dieselbe ist, wie beim vorigen Oberbau.

Abb. 208.

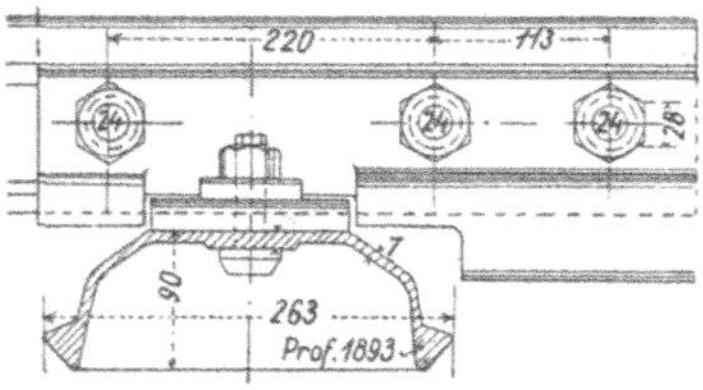

Ansicht des Stoßes und Schnitt durch die Querschwelle

Abb 209

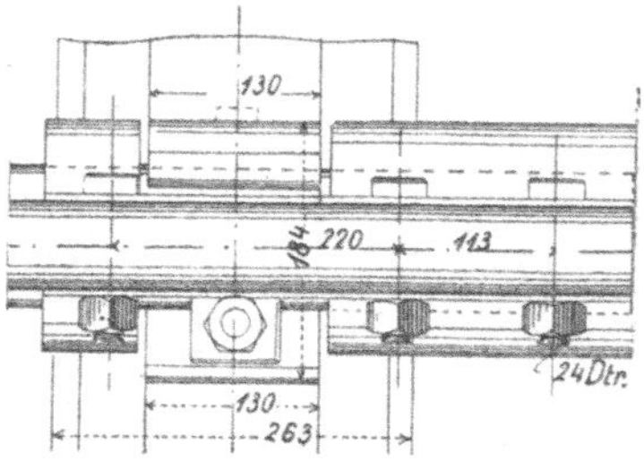

Draufsicht zu Abb. 208.

§ 7. Der Oberbau für Landstraßenstrecken normaler Spurweite (Bauart Hartwig) besteht aus Schienen von 185 mm Höhe, 120 mm Fußbreite, 50 mm Kopfbreite, 10 mm Stegstärke und 9 m Länge. Die zur Verwendung kommenden Winkellaschen sind 610 mm lang, 150 mm hoch und 6 mm dick, sie werden durch 8 Schraubenbolzen von 20 mm Durchmesser befestigt. Zur Erhaltung der Spurweite dienen Spurstangen, von denen je eine 1,5 m vom Stoß und eine in der Mitte der Schiene angebracht sind. Unter Benutzung keilförmiger Unterlagsplatten unter den Bolzenmuttern erhalten diese zugleich die Schienenneigung richtig.

Anzahl und Gewicht des zu einer Schienenlänge nöthigen Eisenzeuges stellt sich wie folgt zusammen:

2	Schienen von 9,0 m Länge . .	je	327,42 kg	=	654,84 kg
4	Winkellaschen von 610 mm Länge	"	15,7 "	=	62,80 "
8	Laschenschrauben	"	0,46 "	=	3,68 "
3	Spurstangen mit je 4 Muttern .	"	7,60 "	=	22,80 "
12	Unterlagsplatten dazu	"	0,411 "	=	4,93 "
	Gewicht für eine Schienenlänge Gleis				749,05 kg
	oder für 1 lfd. m				83,23 "

Bezüglich einer weiteren Beschreibung dieser Bauweise wird auf Seite 33 der unten angegebenen Quelle*) verwiesen.

7. Oberbau der Pfälzischen Eisenbahn.

§ 1. Der Oberbau für Hauptbahnen besteht aus Stahlschienen mit eisernen Querschwellen (Abb. 210 und 211). Die Schienen sind 8,0 m lang, 134 mm hoch, mit Laschenanlagen 1 : 4 versehen und auf 1 m 34 kg schwer.

*) Fortschritte des Eisenbahnwesens. Verlag von J. F. Bergmann.

Die gebräuchlichen Winkellaschen haben eine Länge von 560 mm und wiegen 8,0 kg. Die Lochung derselben hat in der Mitte 100 mm, außen 130 mm

Abb. 210.

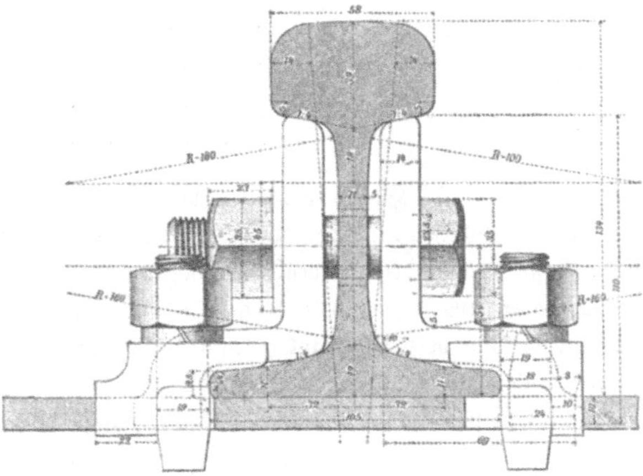

Schnitt durch die Stoßschwelle.

Abstand. Die Befestigung zwischen Schiene und Schwelle geschieht mittels Klemmplatten und Hakenschrauben. Die Festlegung der Spur geschieht durch die Verschiedenheit der Breite der Ansätze an den Klemmplatten. Die Schwelle ist vollkoffrig, jedoch mit wechselndem Querschnitt versehen, ähnlich der Schwelle des Directionsbezirks Magdeburg. Die Querschnittsformen sind in Abb. 211 dargestellt und giebt a den Querschnitt außerhalb des Schienenlagers, b denjenigen innerhalb desselben, c den Schnitt durch die Mitte der Schwelle und d einen Schnitt 453 mm von der Mitte der Schwelle entfernt. Die Auflageplatte der Schiene ist gleich mit in richtiger Neigung gewalzt.

Abb. 211.

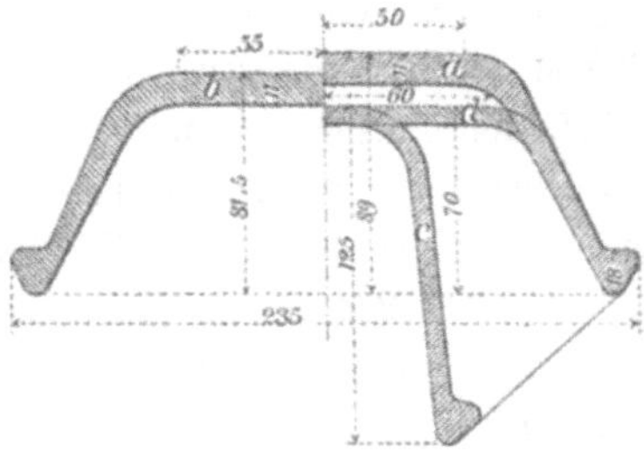

Querschnitt der eisernen Schwelle.

Auf die Schienenlänge kommen 9 Schwellen, die so vertheilt sind, daß die Stoßschwellen 560 mm, die folgenden 840 mm und die übrigen 960 mm von Mitte zu Mitte auseinander liegen. Das Gewicht eines Gleisstückes von 8,0 m Länge betragt:

2	Schienen von 8,0 m Länge . .	für 1 m	= 34 kg	=	544,00 kg
4	Winkellaschen	je	8 „	=	32,00 „
8	Laschenschrauben mit Unterlagsschrauben	„	0,53 „	=	4,24 „
9	eiserne Schwellen	„	52,0 „	=	468,00 „
36	Fußschrauben	„	0,3 „	=	10,80 „
36	Deckplättchen dazu	„	0,33 „	=	11,88 „
36	federnde Unterlagsringe	„	0,014 „	=	0,51 „
	Gewicht einer Schienenlänge Gleis				1071,43 kg
	oder ein lfd. m Gleis				133,93 „

§ 2. Der Oberbau für Hauptbahnen mit hölzernen Querschwellen stimmt in den Schienen, Laschen und Laschenbolzen bis auf geringe Abweichungen bei den letzteren mit dem vorbeschriebenen überein. Die Schwellen werden aus Eichenholz oder aus Kiefernholz hergestellt und im letzteren Falle mit Quecksilbersublimat, Creosot oder Chlorzink getränkt. Dieselben sind 2,50 m lang, 270 mm breit und 160 mm dick, werden an der Auflagerstelle nach 1 : 20 gehobelt und mit eisernen Unterlagsplatten 195 mm lang, 160 mm breit und 10 mm dick versehen, die einen äußeren Rand von 8 mm Höhe haben und 2,8 kg schwer sind. Die Unterlagsplatten haben 3 Löcher, durch die an der äußeren Seite der Schiene ein, an der inneren Seite zwei Hakennägel von 14/17 mm Stärke, 165 mm Länge und 0,31 kg Gewicht getrieben werden. Innerhalb des Gleises werden auch Schwellenschrauben 0,38 kg schwer verwendet. Die Vertheilung der Schwellen ist wie bei dem Oberbau mit eisernen Querschwellen und wird jede der hölzernen Schwellen in graden, wie in gekrümmten Strecken, mit Unterlagsplatten versehen.

§ 3. Im Jahre 1897 ist ein neuer Oberbau mit 140 mm hohen und 43,5 kg/m schweren Schienen auf hölzernen Querschwellen angewendet, der in Abb. 212 im Querschnitt dargestellt ist. Die Laschen sind 680 mm lang, mit 4 Bolzenlöchern versehen und zwischen den in 520 mm Abstand liegenden Stoßschwellen nach unten verlängert. Die Unterlagsplatten sind 1 : 20 geneigt, innen mit zwei runden Löchern für Schwellenschrauben und außen mit einem rechteckigen Loche für einen Hakennagel versehen. Das Gewicht der einzelnen Theile des Kleineisenzeuges ist folgendes:

Schienennagel = 0,31 kg, Schraubennagel = 0,38 kg, Unterlagsplatte = 4,40 kg, Lasche = 15,45 kg, Laschenbolzen mit Mutter = 20,80 kg, Federring = 0,018 kg.

§ 4. Für Nebenbahnen wird eine Breitfußschiene von geringeren Abmessungen auf hölzernen Querschwellen verwendet, deren Länge 8,0 m, Höhe 105 mm, Fußbreite 90 mm, Kopfbreite 52 mm, Stegstärke 10 mm und deren Gewicht 24,98 kg auf 1 lfd. m beträgt. Die Laschen (Winkellaschen) haben

1 : 2,5 Anlagefläche, sind 400 mm lang und 4,13 bez. 4,31 kg schwer; dieselben stämmen sich gegen die Unterlagsplatten Die Laschenbolzen haben 18 mm

Abb. 212.

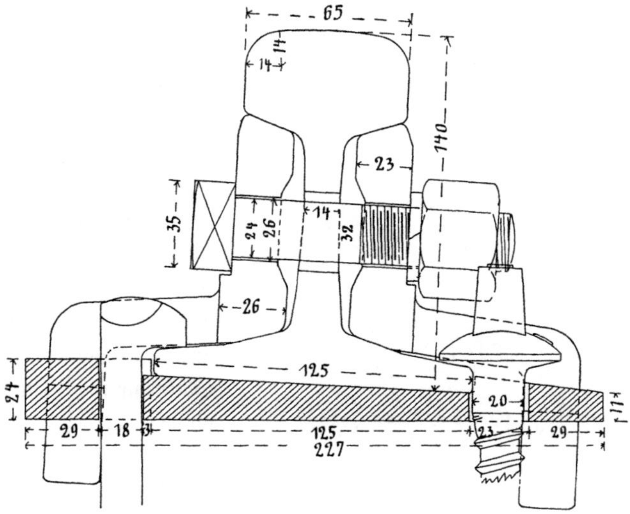

Querschnitt am Stoß.

Durchmesser und wiegen mit Unterlagsscheiben 0,32 kg. Die Unterlagsplatten sind 160 mm lang, 150 mm breit, 8 mm dick, wiegen 1,26 kg das Stück und haben außen 1 und innen 2 Nagellöcher, durch welche die 150 mm langen, 12/14 dicken und 0,20 kg schweren Hakennägel getrieben werden. Es werden kieferne Schwellen von 2,3 m Länge, 0,20 m Breite und 150 mm Stärke verwendet, die an den Auflagerflächen nach 1 : 20 behobelt sind. Unterlagsplatten werden auf allen Schwellen in den graden, wie in gekrümmten Gleisen verwendet. Die Vertheilung der 9 Schwellen auf die Schienenlange ist so bewirkt, daß sie am Stoß 530 mm von Mitte zu Mitte, dann 885 mm und die übrigen 950 mm von einander abliegen.

8. Oberbau der Mecklenburgischen Friedrich=Franz=Eisenbahn.

§ 1. Der Querschnitt des älteren Oberbaues ist in Abb. 213 dargestellt. Die Schienen sind 7,5 m lang und wiegen 34,5 kg auf 1 lfd. m. Die Winkellaschen haben beide eine Länge von 540 mm und sind so gelocht, daß die mittleren Bolzenlöcher 108 mm, die äußeren von diesen 156 mm von einander abstehen. Die Unterlagsplatten sind 192 mm lang, 184 mm breit, wiegen 2,70 kg und haben 4 runde Löcher, in welche Schwellenschrauben von 155 mm

Länge eingesetzt werden. Die ausschließlich zur Verwendung kommenden kiefernen Querschwellen sind mit Zinkchlorid getränkt, 2,51 m lang, 262 mm breit und 157 mm dick Unter einer Schienenlänge sind bei Anwendung schwebenden Stoßes 9 Querschwellen verlegt, deren Entfernung von einander am Stoß 732 mm, ferner bei den Schwellen vom Stoß nach der Mitte zu 744, 820, 890 und 930 beträgt. In den graden Gleisen sind auf den Stoßschwellen und der Schwelle in der Schienenmitte Unterlagsplatten verlegt, in den Krümmungen unter 800 m erhalten 4 Schwellen Unterlagsplatten. Das Gewicht des Eisenwerkes dieses Oberbaues beträgt für eine Schienenlange von 7,5 m Gleis:

Abb 213

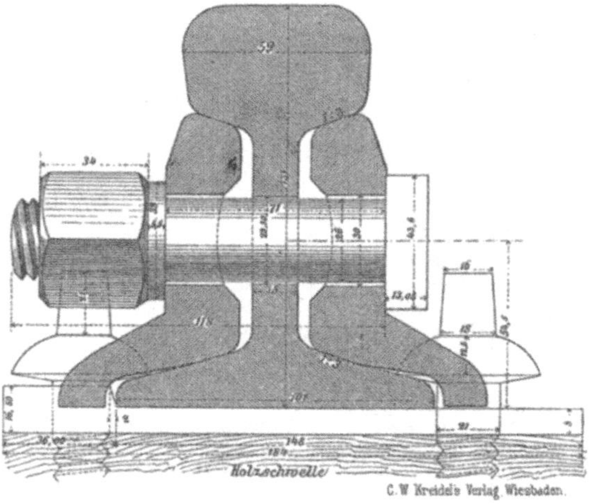

Querschnitt am Stoß.

2 Schienen	je 258,75	kg	= 517,50	kg
4 Winkellaschen	„ 8,40	„	= 33,60	„
8 Laschenbolzen	„ 0,90	„	= 7,20	„
8 federnde Unterlagsringe . . .	„ 0,022	„	= 0,176	„
6 Unterlagsplatten	„ 2,70	„	= 16,200	„
36 Schienenschrauben	„ 0,35	„	= 12,60	„
Gewicht des Eisenwerks für 1 Schienenlänge .			587,266	kg
oder für einen lfd. m Gleis			78,30	„

Seit 1892 ist ein Oberbau mit 9 m langen und 134 mm hohen Schienen, 33,4 kg/m schwer, auf hölzernen Schwellen mit Winkellaschen zur Anwendung gekommen, der auf Vollbahnstrecken, bei 0,664 m Schwellenabstand am Stoß, mit 11 Schwellen und bei Nebenbahnen, bei gleichem Abstand am Stoß, mit 10 Schwellen verlegt wird. Das Gewicht der Innenlasche ist 13,63 kg, das der Außenlasche 12,56 kg. Die Unterlagsplatten sind mit geneigter Oberfläche versehen, 160/146 m groß und haben 3 Löcher für Nägel. Auf Nebenbahnen kommen 7,5 m lange Schienen von 113 mm Höhe und 23,8 kg/m Gewicht mit gekröpften Laschen, jedoch graden 150/100 mm großen Unterlagsplatten unter Anwendung von 9 Schwellen bei 650 mm Stoßabstand zur Verwendung. Bei beiden Schienensorten sind die Laschenanlagefläche 1 : 4.

9. Oldenburgische Staatsbahn.

An älteren Bauweisen sind vorhanden die Oberbauanordnungen auf hölzernen Querschwellen Profil A, B und C. Profil A hat eine 7 m lange Schiene von 129,5 mm Höhe, 101,5 mm Fuß- und 60 mm Kopfbreite mit Laschenanlagen etwa 1 : 2. Die Laschen sind 760 mm lang, gekröpft, zwischen den Stoßschwellen nach unten verlangert, die durch 6 Laschenbolzen von 22,3 mm Stärke mit den Schienen befestigt werden. Die Schienen ruhen auf Unterlagsplatten mit je 3 für Hakennagel bestimmten Löchern, die 7 m lange Schiene ruht auf 7 Schwellen, mit einem Abstand von 508 mm am Stoß, dem beiderseits Abstände von 700 mm folgen, während die übrigen 848 bez. 850 mm von einander abliegen.

Der Oberbau Profil B hat eine 120 mm hohe, 31,28 kg/m schwere Schiene mit 95 mm Fußbreite, 57 mm Kopfbreite und 7 m Länge, deren Laschen 826 mm lang sind und ebenfalls 6 Löcher erhalten haben. Die Anwendung der Unterlagsplatten, Schwellentheilung und Befestigungsarten sind der beim Profil A nahezu gleich.

Für Nebenbahnen wird der Oberbau mit einer 109 mm hohen, 24,75 kg/m wiegenden Schiene von 9 m Länge mit Flach- und Winkellaschen verwendet, die auf hölzernen Querschwellen und Unterlagsplatten verlegt und mit Hakennagel befestigt, dem Oberbau B im Allgemeinen ähnlich ist.

Bei Neuverlegungen kommt nur noch ein Oberbau auf hölzernen Querschwellen zur Anwendung, der dem Oberbau No. 6 der Preußischen Staatsbahn vollkommen gleicht.

10. Oberbau der K. K. Oesterreichischen Staats-Eisenbahnen.

§ 1. Die jetzt gebräuchlichen Oberbauarten unterscheiden sich:

1. Für Bahnen I. Ranges:

a. Stahlschienen System X mit eisernen Querschwellen, Bauart Heindl.

b. Stahlschienen System X mit hölzernen Querschwellen.

2. Für Bahnen II. Ranges:

a. Stahlschienen System XI mit eisernen Querschwellen, Bauart Heindl.

b. Stahlschienen System XI mit hölzernen Querschwellen.

§ 2. Bezüglich der einzelnen Anordnungen der Bauart Heindl kann auf die auf Seite 86 u. f. gegebene Beschreibung verwiesen und hier unter Hinweis auf die Abb. 214—216 nur bemerkt werden, daß die Schwellen 2,40 m lang

Oberbau System Heindl.

Abb. 214.

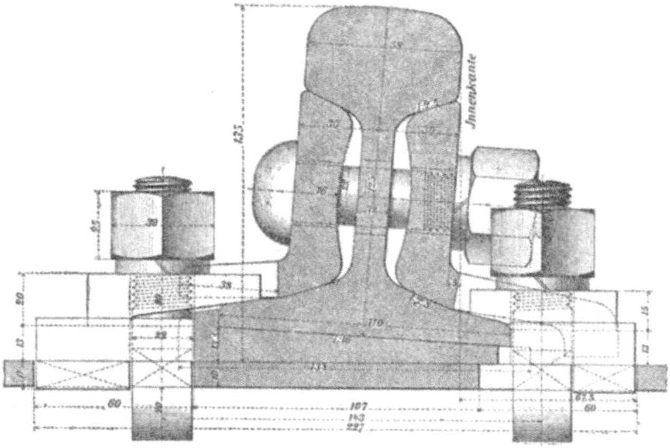

Querschnitt am Stoß.

Abb. 215.

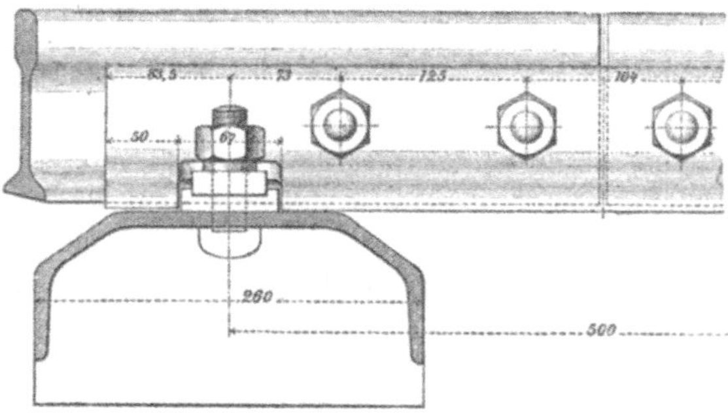

Ansicht des Stoßes.

Abb 216.

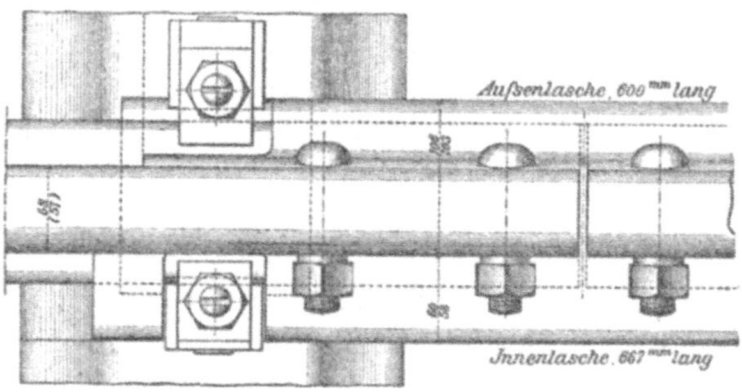

Grundriß des Stoßes.

sind und die Entfernung derselben am Stoß 500 mm, die der folgenden von diesen 800 mm und die der übrigen Schwellen 900 mm beträgt, so daß auf eine Schienenlänge von 7,5 m 9 Schwellen kommen. Die beiden Bauweisen I und II des eisernen Oberbaues unterscheiden sich nur durch die Gewichte der Schienen. Erstere sind 125 mm hoch und wiegen 35,3 kg (Abb. 214) und letztere sind 120 mm hoch und wiegen 31,72 kg der lfd. m (Abb. 217). Die Fußbreiten sind bei beiden Schienenseiten gleich = 110 mm. Das Gewicht einer Schienenlänge der erwähnten beiden Oberbauarten stellt sich wie folgt zusammen:

	Schienen-System X kg	Schienen-System XI kg
2 Stahlschienen von 7,5 m Länge	529,50	475,80
2 flußeiserne Schwellen, 2,40 m lang, je 75,5 kg	643,50	643,50
2 äußere Winkellaschen . . „ 7,8 „	15,60	15,60
2 innere „ . . . . „ 10,65 „	21,30	21,30
8 Laschenschrauben . . „ 0,57 „	4,54	4,54
18 keilförmige Unterlagsplatten . „ 1,35 „	24,30	24,30
36 Fußschrauben . . . . . . „ 0,504 „	18,14	18,14
18 äußere Klemmplatten . . . „ 0,30 „	5,40	5,40
18 innere „ . . . . „ 0,222 „	4,00	4,00
36 Beilagen mit Ansätzen	12,78	12,78
Mithin für 1 Schienenlänge im Ganzen .	1291,68	1237,98
oder für 1 lfd. m Gleis	172,22	164,86

§ 3. Der Oberbau mit Holzschwellen unterscheidet sich in beiden Bauarten auch nur durch die Schiene, alle übrigen Theile sind dieselben. Die Abb. 217, 218 und 219 lassen die weiteren Einzelheiten erkennen und braucht nur dazu nachgefügt zu werden, daß die Laschen außen 600 mm lang und 8,18 kg schwer, innen 550 mm lang und 7,55 kg schwer sind, die Unterlagsplatten, bei 190/130 mm Fläche, je 2,06 kg wiegen und die Hakennagel bei 16/16 mm Querschnitt und 155 mm Länge 0,33 kg das Stück schwer sind. Die Schwellen haben 2,40 m Länge bei 150/250 mm Querschnitt, sie bestehen aus Eichen, Lärchen oder auch aus weichem Holz und werden mit Zinkchlorid imprägnirt. Die Schwellentheilung ist genau wie die der eisernen Schwellen. In graden Gleisen und Bögen über 800 m Halbmesser werden bei Eichen- und Lärchenschwellen nur auf den Stoßschwellen und in der Mitte der Schienen, bei Schwellen aus weichem Holz außer auf den Stoßschwellen auch auf 3 Mittelschwellen Unterlagsplatten verlegt. In Bögen von 300 m und kleinerem Halbmesser erhalten sammtliche Holzschwellen Unterlagsplatten.

Oberbau mit hölzernen Querschwellen

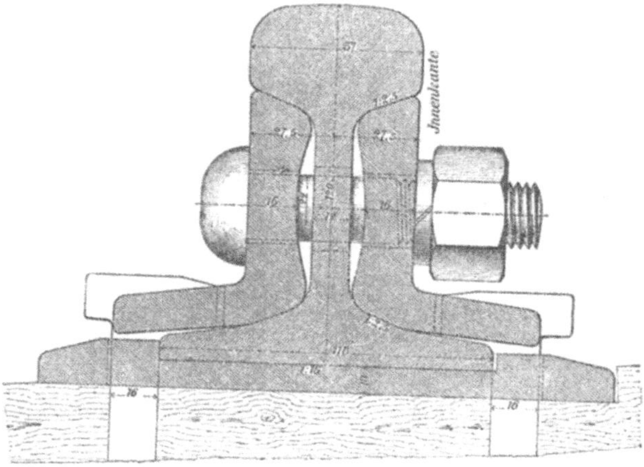

Abb. 217. Schnitt am Stoß

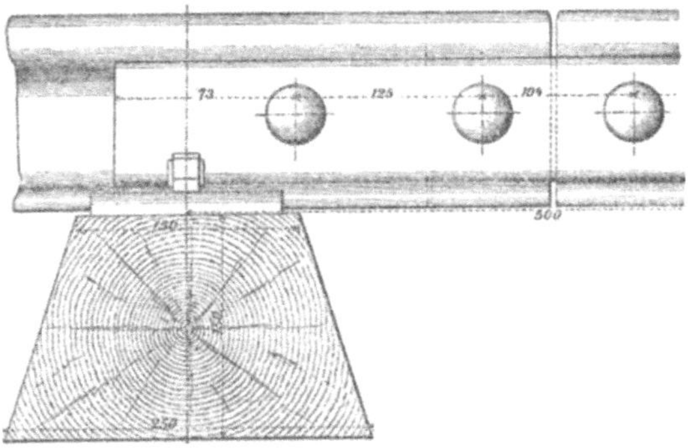

Abb. 218. Ansicht des Stoßes

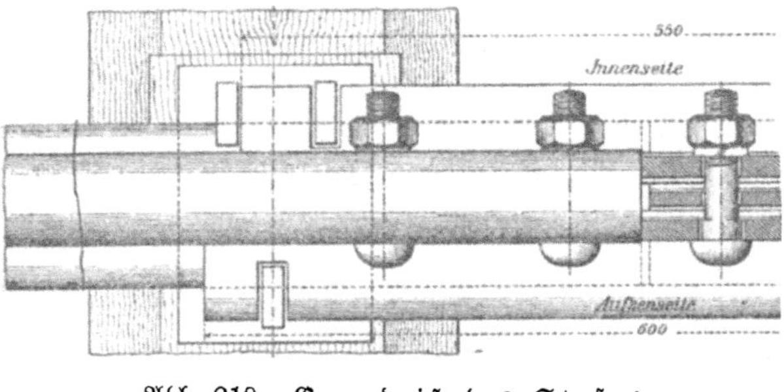

Abb. 219. Grundriß des Stoßes.

Im Jahre 1891 wurde, zunächst versuchsweise, eine 43 kg/m schwere 10—15 m lange Schiene von 136 mm Höhe, 60 mm Kopf- und 120 mm Fußbreite bei 18 mm Stegstärke, theils mit stumpfen, theils mit 234 mm langem Blattstoß auf hölzernen Schwellen verlegt, welch' letztere am Stoß 500 mm, dann 750 mm, 810 und 820 mm von einander, 19 Stück auf eine Schienenlänge von 15 m eingebaut wurden. Außen wurden, wie in Abb. 219 dargestellt, 2 Nägel, innen jedoch eine Schwellenschraube angewendet.

11. Oberbau der Kaiser Ferdinand-Nordbahn.

1. Für Bahnlinien I. Ranges mit Eilzugverkehr werden 9 m und $12^1/_2$ m lange 35,339 kg/m schwere Schienen (Abb. 220) mit 1 : 2,5 Laschenanlageflächen und, seit dem Jahre 1896, mit 735 mm langen durch 6 Bolzen mit einander verbundenen Winkellaschen verwendet, die auf 12 bez. 16 Stück 2,7 m langen Holzschwellen gelagert werden, welche am Stoß 475 mm, zwischen den folgenden Schwellen 755 bez. 751 und den übrigen 780 bez. 810 mm Abstand haben. Zur Befestigung mit den Schwellen werden in den älteren Gleisen theils Nägel-, theils Schwellenschrauben, bei neueren Ausführungen nur Schwellenschrauben mit Unterlagsplatten und zwar für jede Platte 4 Stück verwendet. Abb. 221 und 222 zeigen Ansicht und Grundriß des Stoßes. Der Materialbedarf für eine Schienenlänge Gleis stellt sich wie folgt zusammen:

No	Gegenstand.	Bei 9 m langen Schienen		Bei $12^1/_2$ m langen Schienen	
		Stück	Gewicht kg	Stück	Gewicht kg
1	Schienen	2	636,10	2	883,475
2	Tirefondsplatten . . . à 3,44 kg	24	82,56	32	110,08
3	Aeußere Winkellaschen, Type 14 „ 11,8 „	2	23,60	2	23,60
4	Innere „ „ 15 „ 9,675 „	2	19,35	2	19,35
5	Schienenschrauben, 22 mm stark „ 0,57 „	12	6,84	12	6,84
6	Fixirringe . . . . . . „ 0,024 „	12	0,288	12	0,288
7	Tirefonds . . . . . . „ 0,406 „	96	38,976	128	51,968
8	Mittelschwellen, 2,7 m lang	12	—	16	—

Ein älterer Oberbau hat dieselbe Schienenform, jedoch kürzere und nur mit 4 Bolzen versehene Laschen, sowie Unterlagsplatten von etwas geringeren Abmessungen. Zur Befestigung dienen innen 2 Nägel-, auch außen eine

Abb. 220.

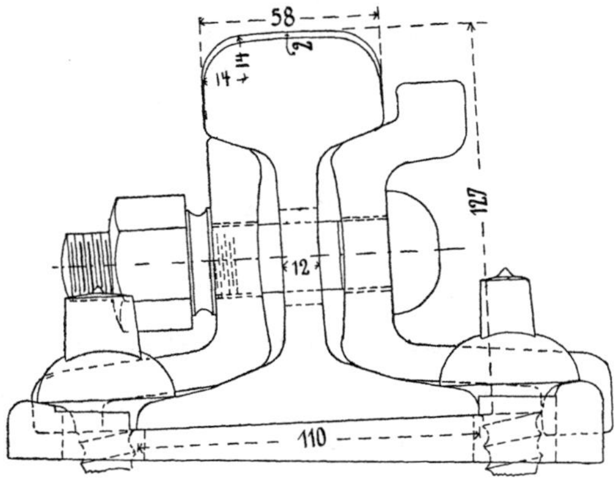

Querschnitt am Stoß.

Abb. 221.

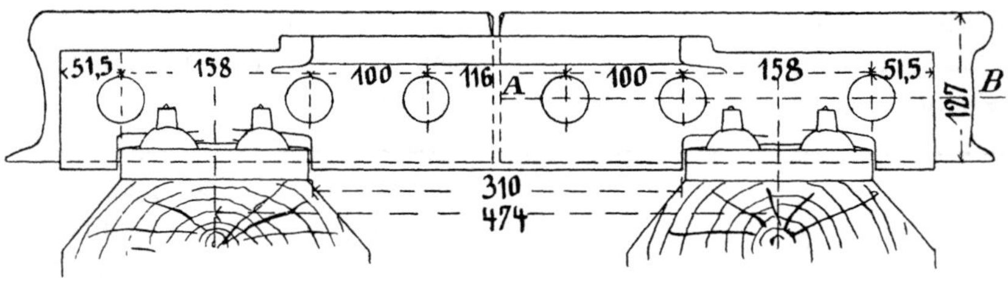

Ansicht des Stoßes.

Abb. 222.

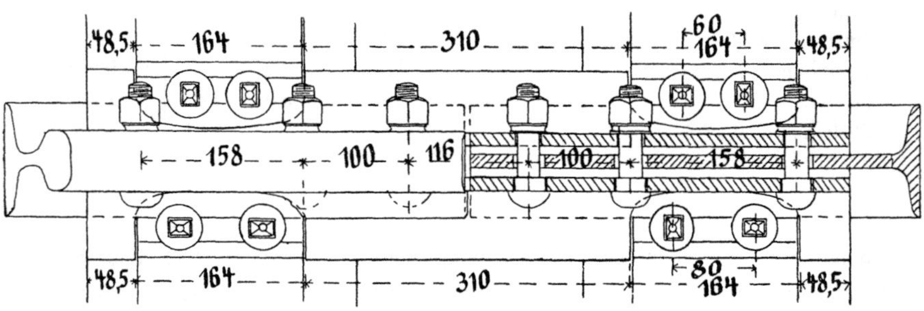

Grundriß des Stoßes

Schwellschraube. Abb. 223 zeigt Ansicht und Grundriß der Anordnung, woraus zugleich die auch in Abb. 218 dargestellte eigenartige trapezförmige Bearbeitung

Abb. 223

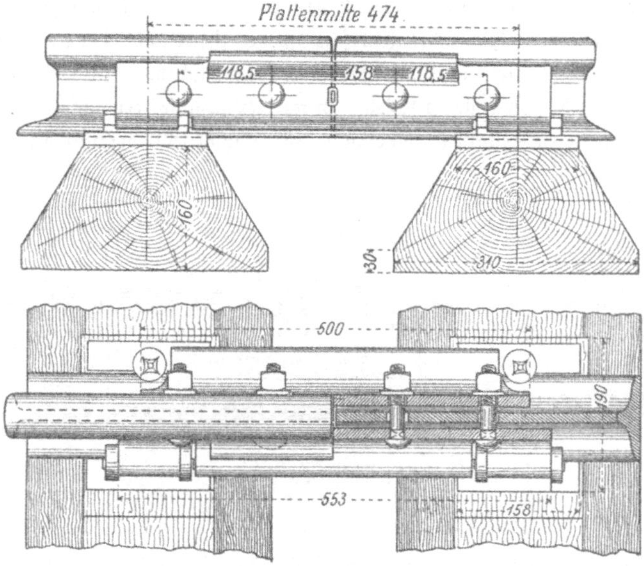

Ansicht und Grundriß.

der hölzernen Schwellen zu erkennen ist, die den besonderen Vortheil bietet, daß naheliegende Stoßschwellen sich besser stopfen lassen.

Im Jahre 1891 wurde versuchsweise eine Strecke mit einer 43 kg/m schweren Schiene von 60 mm Kopfbreite, 136 mm Höhe und 120 mm Fußbreite bei entsprechend verstärktem Kleineisenzeug theils mit stumpfen, theils mit Blattstoß verlegt.

Schließlich werde noch bemerkt, daß der Oberbau der Hauptlinien auf einer mindestens 40 cm starken Unterbettung aus gesiebtem bez. Schlägelschotter verlegt wird.

12. Oberbau der Oesterreichischen Nordwestbahn.

§ 1. Es kommen folgende Oberbauarten zur Anwendung:

1. Oberbau mit eisernen Langschwellen, Abb. 6—10 Tafel I (Bauart Hohenegger).
2. Oberbau mit hölzernen Querschwellen.
3. Oberbau mit Unterlagsspannplatten.

Die ursprüngliche Bauweise ist in Abb. 6—10 auf Tafel I dargestellt. Bei späteren Beschaffungen wurden jedoch Einzelheiten geändert, indem die Schiene im Fuß von 90 auf 104 mm verstärkt, die Schienenlaschen von 500 auf 535 verlängert und ein Versetzen der Schienenstöße gegen die Schwellenstöße um 1,932 m vorgenommen, auch die Anzahl der Querverbindungen von 2 auf 3 vergrößert wurde. Die Schwellenlasche ist der Unterfläche der Langschwelle angepaßt und wird mit ihr durch 8 Schrauben verbunden. Die Befestigung zwischen Schiene und Schwelle geschieht durch keilförmige Klemmplatten, die kleine Spurregulierungen gestatten, ohne daß die Langschwelle verrückt zu werden

Abb. 224.

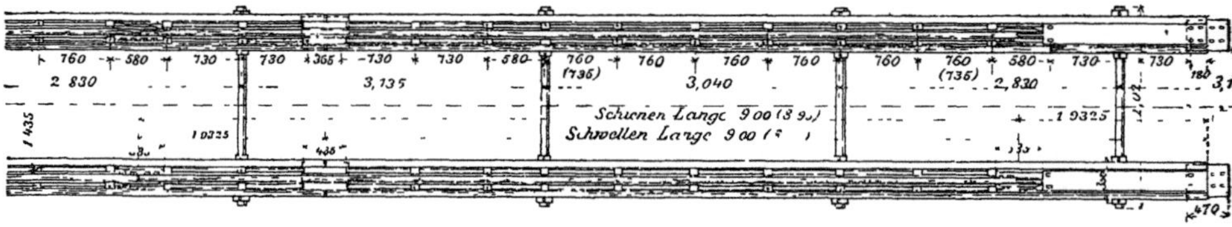

Gleisanordnung.

braucht. Die Grundrißanordnung ist aus Abb. 224 ersichtlich. Das Gewicht einer Schienenlänge des Oberbaues stellt sich wie folgt zusammen:

2	Stahlschienen, 9 m lang,	je	297,0	kg	=	594,00	kg
2	Langschwellen, 9 m lang	„	262,8	„	=	525,60	„
3	Querverbindungen 2,02 m lang	„	32,7	„	=	48,10	„
2	Außenlaschen	„	9,77	„	=	19,54	„
2	Innenlaschen	„	7,50	„	=	15,00	„
2	Schwellenlaschen	„	14,30	„	=	28,60	„
6	Schwellensattel	„	4,75	„	=	28,50	„
4	Klemmlaschen	„	2,36	„	=	9,40	„
44	Klemmplättchen, das Paar .		0,40	„	=	8,80	„
8	Laschenbolzen	„	0,60	„	=	4,80	„
28	Schwellenbolzen	„	0,32	„	=	8,96	„
12	Querwinkelbolzen	„	0,53	„	=	6,36	„
32	Schienenbolzen	„	0,30	„	=	9,60	„
8	Sicherheitsplättchen . . .	„	0,05	„	=	0,40	„
12	Unterlagsscheiben	„	0,07	„	=	0,84	„
	Gewicht einer Schienenlänge Gleis . .					1358,54	kg
	oder 1 lfd. m Gleis					150,95	„

§ 2. Der Oberbau mit hölzernen Querschwellen für gerade Linie und Bögen von mehr als 600 m Halbmesser (Abb. 225—227) hat 9 m

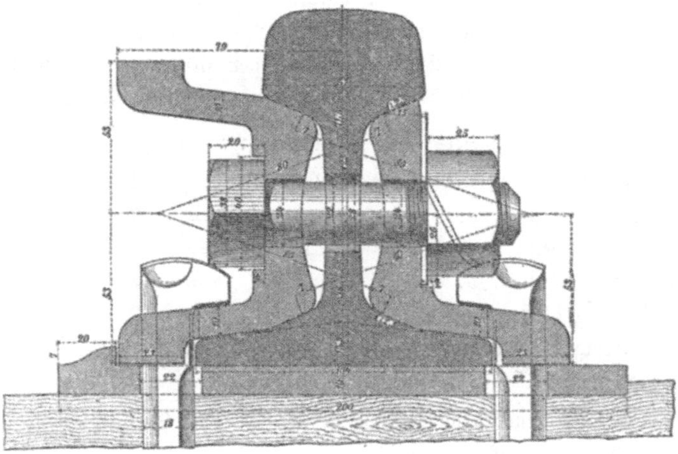

Abb. 225. Querschnitt am Stoß.

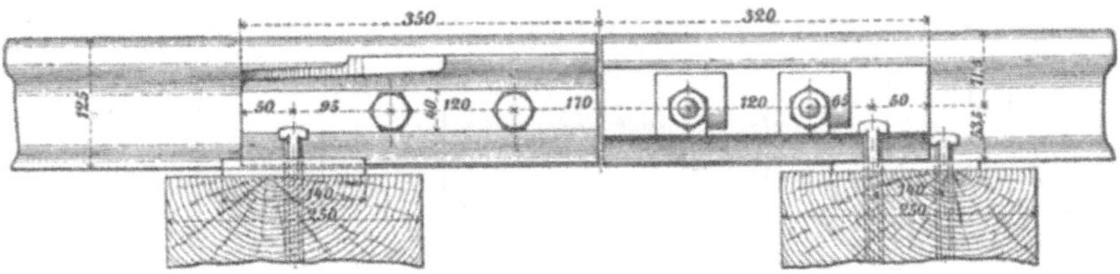

Abb. 226. Ansicht des Stoßes.

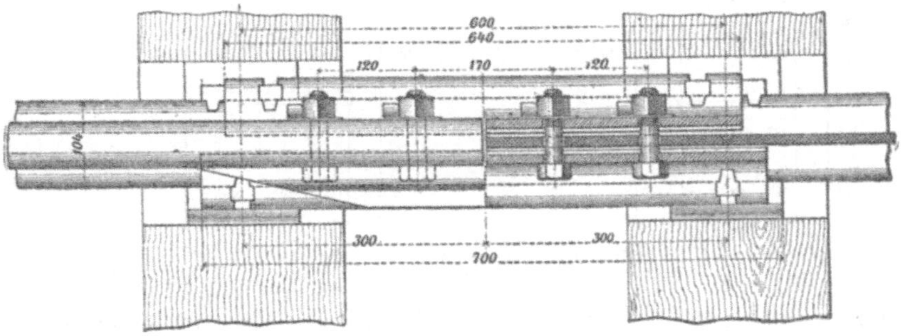

Abb. 227. Grundriß des Stoßes.

lange Schienen mit Winkellaschen, von denen die äußere 700 mm, die innere 640 mm lang ist. Die Unterlagsplatten haben eine Auflagerfläche von 200/140 mm und innen 2, außen 1 Nagelloch, durch welche 8 eckige, 18 mm starke und 160 mm lange Hakennägel in vorgebohrte Löcher der Schwellen eingetrieben werden. Die hölzernen Schwellen sind 2,50 m lang, 250 mm breit und 150 mm hoch. Am Stoß liegen die Schwellen 600 mm von Mitte zu Mitte, dann 810, 830, 840, 850 und 860 mm von einander entfernt.

Das Gewicht des Eisenwerkes einer Schienenlänge stellt sich zusammen:

2	Schienen von 9,0 m Länge	je 297	kg	=	594,0 kg
2	Innenlaschen	„ 8,7	„	=	17,4 „
2	Außenlaschen	„ 12,0	„	=	24,0 „
8	Laschenbolzen . . .	„ 0,6	„	=	4,8 „
8	Unterlagsbleche	„ 0,07	„	=	0,6 „
22	Unterlagsplatten . . .	„ 2,1	„	=	4,6 „
66	Hakennägel	„ 0,38	„	=	25,1 „
	Gewicht einer Schienenlänge Gleis . .				670,50 kg
	oder für 1 lfd. m Gleis				74,5 „

§ 3. Für Längen von 600 m Halbmesser und darunter wird der Oberbau auf hölzernen Querschwellen mit Unterlagsspannplatten

Oberbau mit Spannplatten.

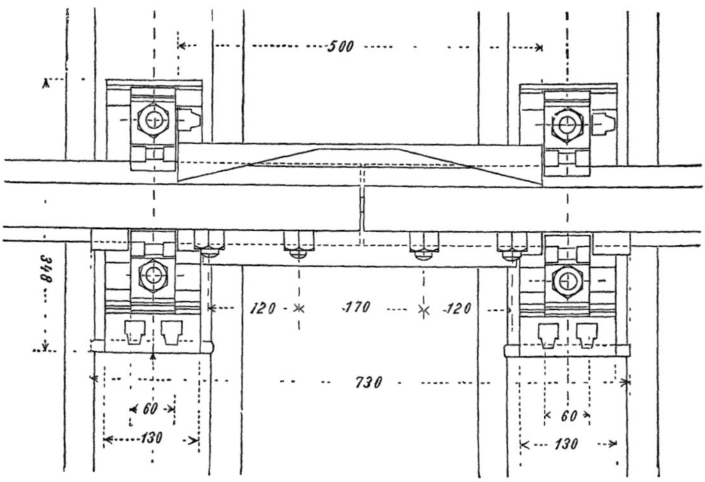

Abb. 228. Grundriß.

ausgeführt, wie Abb. 228 und 229 darstellen. Die 348 mm lange und 130 mm breite Unterlagsplatte hat dieselben Ränder, wie die Oberplatte des Langschwellen-

Oberbaues, gegen die sich keilige Deckplättchen stützen, so daß durch das mehr oder minder tiefe Angreifen, auch durch das Wechseln und gegenseitige Vertauschen

Oberbau mit Spannplatten.

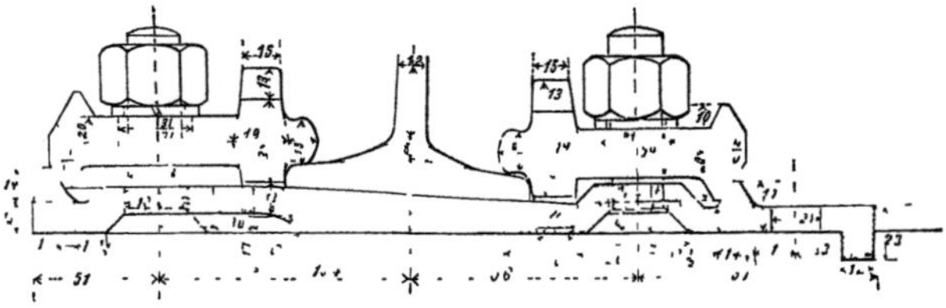

Abb. 229. Querschnitt.

der ungleichartig geformten Plättchen jede gewünschte Aenderung der Spurweite herbeigeführt werden kann. Durch Schraubenbolzen werden die Deckplättchen auf den Schienenfuß geklemmt und sicher eingespannt, während die Unterlagsplatten auf der inneren Seite durch 2 und außen durch 1 Hakennagel auf der Schwelle festgehalten werden. Außerdem ist die Unterlagsplatte noch mit einem Haken in die Schwelle eingelassen, wodurch eine größere Sicherheit gegen seitliche Verschiebungen erzielt wird. Diese Bauweise bezweckt eine unverrückbare Einspannung des Schienenfußes, sowie die Möglichkeit, jede gewünschte Spurweite während des Betriebes ohne Umnagelung herzustellen, sowie ferner den Hakennägeln eine große Widerstandsfähigkeit gegen das Kippen der Schwellen zu verleihen.

Das Gewicht des Eisenwerkes einer Schienenlänge von 9 m dieses Oberbaues stellt sich zusammen:

2	Schienen von 9 m Länge	je 297	kg	=	594,0 kg
2	Innenlaschen	„ 8,7	„	=	17,4 „
2	Außenlaschen	„ 12,0	„	=	24,0 „
8	Laschenbolzen	„ 0,6	„	=	4,8 „
8	Unterlagsbleche	„ 0,07	„	=	0,6 „
22	Unterlagsspannplatten . .	„ 5,1	„	=	112,2 „
44	Schraubenbolzen . . .	„ 0,5	„	=	22,0 „
44	Unterlags-Federringe . .	„ 0,02	„	=	0,9 „
66	Hakennägel	„ 0,38	„	=	25,1 „
44	Deckplattchen	„ 0,84	„	=	37,0 „
	Zusammen				838,0 kg
	oder für 1 lfd. m Gleis				93,1 „

Seit dem Jahre 1892 sind die Laschen für beide Arten des Querschwellen-Oberbaues gleichartig gestaltet und zwar die Außenlasche 535 mm, die Innen-

Abb. 230.

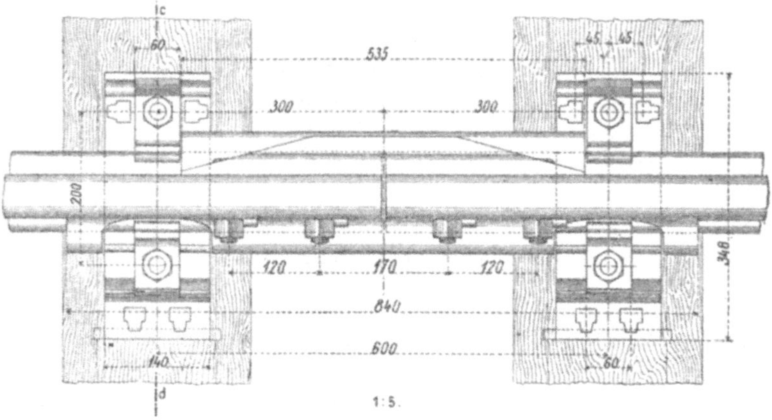

Grundriß der Stoßbefestigung. Neueste Anordnung

lasche 840 mm lang, wobei die letztere die Unterlags- bezw. Spannplatte beiderseits umfaßt und dadurch das Wandern verhindert. Abb. 230

b. Die Herstellung des Gleises.

1. Die Anlieferung und Lagerung der Materialien.

§ 1. Die Anlieferung der Materialien erfolgt bei neuen Strecken auf dem Bahnhofe oder an der Stelle, von wo aus die Abzweigung der neuen Linie erfolgt, bei Gleiseumbauten bestehender Strecken auf dem nächst gelegenen Bahnhofe. Beim Abladen der Schienen von den Bahnwagen ist vorsichtig zu Werke zu gehen und zwar müssen die Schienen in der Weise herunter geschafft werden, daß 2 Schienen schräg an den Wagen gestellt und auf der so hergestellten schiefen Ebene jede Schiene einzeln herabgeschoben wird. Jedes Abwerfen und Fallenlassen der Schienen ist zu vermeiden. Wenn man die Schienen zum Umbau vorhandener Gleise gleich auf die Strecke fahren kann, so geschieht das Abladen in der Weise, daß sie einzeln an der Kopfseite des Wagens herausgezogen und herunter gehoben werden. Müssen die Schienen durch Arbeiter auf kurze Entfernungen getragen werden, so sind dazu zweckmäßig Schienenzangen zu verwenden. Nur in Ermangelung derartiger Geräthe dürfen die Schienen auf den Schultern der Leute befördert werden, doch ist dabei große Vorsicht insbesondere beim Niederlegen der Schienen zu beachten, damit weder Arbeiter beschädigt, noch Schienen verbogen werden. Die Schienen sind bei der Aufstapelung derart zu lagern, daß die Luft zwischen den einzelnen Lagen hindurchstreichen kann, da sie sonst rosten. Ferner soll die Lagerung so erfolgen, daß die Schienen nicht windschief oder krumm werden. Man richtet es deshalb am besten so ein, daß die Schienen nur an 2 Stellen, die etwa um $^1/_6$ der Lange von den Schienenenden abliegen, unterstützt werden Die eisernen Schwellen sind ebenfalls vorsichtig abzuladen, damit sie nicht verbogen oder beschädigt werden; die Stapelung muß zur Vermeidung von Rostbildungen ebenfalls luftig geschehen.

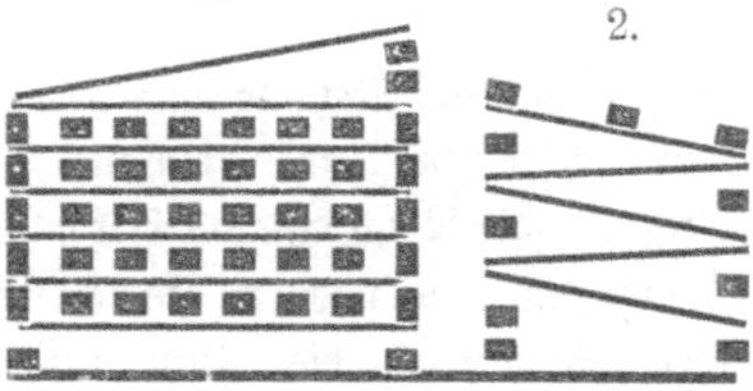

Die Holzschwellen können beim Abladen zwar abgeworfen werden, doch soll hierbei ordnungsmäßig und nicht wild verfahren werden. Die Aufstapelung derselben ist besonders luftig aufzuführen und zwar entweder so, daß auf dem trockenen Erdboden (nasse Stellen sind zu vermeiden) zunächst 2 Schwellen wie bei 1. und darüber die anderen von je 8 Stück, die oberste Schicht geneigt, aufgestapelt werden, oder daß die Lagerung wie bei 2. erfolgt. Die Weichenschwellen sind getrennt zu halten, auch ihre Längen an jedem Kopfende mit Oelfarbe anzuschreiben. Von dem Kleineisenzeug sind die Bolzen, Klemmplatten, Unterlagsplatten, Klemmringe und Nägel unter allen Umständen, die anderen Stucke, wenn möglich ebenfalls in bedeckten und trockenen Räumen aufzubewahren

§ 2. Die Abnahme der Materialien nach Menge und Gewicht wird in einzelnen Fällen den Bahnmeistern übertragen, wobei dann die besonders vorgeschriebenen Bedingungen zu beachten sind.

Das Verfahren und Vertheilen des Oberbau-Materials geschieht beim Umbau bestehender Gleise, wie bereits bemerkt, meist unmittelbar nach der Anlieferung, indem dasselbe ohne Umladung durch besondere Locomotiven auf die Strecke befördert, hier an Ort und Stelle des bevorstehenden Umbaues abgeladen und gleich richtig vertheilt wird Hierbei muß man sich schon klar darüber sein, in welcher Weise man den Umbau des Gleises bewirken will, um danach die neuen Schienen bei zweigleisigen Strecken entweder in die Mitte zwischen beide Gleise oder an die Seite des Planums zu setzen. Das Abladen und die Lagerung der Querschwellen erfolgt unter gleichen Gesichtspuncten. Das Kleineisenzeug wird besser nur in der Nähe von Wärterbuden abgeladen und aufgestapelt, damit es stets überwacht werden kann. Beim Bau neuer Gleise geschieht das Hinausbefördern der Materialien in der Weise, daß die damit beladenen Wagen von der Locomotive geschoben werden, und zwar kommen die mit Schienen beladenen Wagen zuerst, dann einige Wagen mit Schwellen, dann folgt ein Wagen mit Kleineisenzeug, darauf die sonstigen Arbeitswagen (Kies, Schotter) und endlich die Locomotive.

2. Die Absteckung des Gleises, sowie die sonst zu beachtenden Abmessungen.

§ 1. Bezüglich der Absteckung der Richtung und Höhenlage des neuzubauenden Gleises wird unter Verweisung auf Abschnitt V 4 u 5 des ersten Theiles bemerkt, daß es nöthig ist, die Richtung und Höhenlage auf dem fertigen Erdkörper wiederum genau abzustecken und durch starke eichene Pfähle zu bezeichnen, die bei zweigleisigen Strecken in die Mitte des Planums, bei eingleisigen auf die Seite desselben, außerhalb der Schwellen tief eingeschlagen werden In geraden Linien setzt man die Pfähle 100—200 m, in Bögen 25 m von einander ab. Dabei sind die Bogenumfänge, die Uebergangsbögen in Richtung und Höhe gleichfalls durch Pfähle genau zu bezeichnen, auch die Stellen, an denen das Gefälle wechselt mit einzuwiegen.

Beim Umbau vorhandener Gleise muß dessen Richtung und Höhenlage vor dem Abbruch gleichfalls durch besondere Pfähle vermerkt werden, falls man durch Seitenmaaße von dem Nachbargleise nicht ohne Weiteres die Lage des neuen Gleises festlegen kann.

§ 2. Die Höhenlage der beiden Schienen eines Gleises soll in graden Strecken gleich sein, in Bögen soll jedoch die äußere, d. h die vom Mittelpunkt des Bogens entferntere Schiene höher gelegt werden, als die innere, um dadurch der Wirkung der Fliehkraft der schnell fahrenden Züge entgegen zu wirken, auch den Angriff, den die äußere Schiene durch das Anfahren der Räder zu erleiden hat, möglichst zu mildern. Das Maaß der Ueberhöhung der außeren Schiene eines Bogens richtet sich im Allgemeinen nach der Geschwindigkeit, mit welcher das Gleis durchfahren wird, sowie nach dem Halbmesser des Gleisebogens. Da die Geschwindigkeit aber je nach der Fahrrichtung (bergauf oder bergab), sowie nach der Gattung der Züge verschieden ist, so muß man zu Mittelwerthen greifen, und ist in Preußen die Formel $\frac{v}{2R}$ = Ueberhöhung in mm vielfach in Gebrauch, worin v die Geschwindigkeit pro Stunde in km und R den Halbmesser des Bogens in m bedeutet. Für die verschiedenen Halbmesser und Geschwindigkeiten ergeben sich die Ueberhöhungen nach folgender Tabelle:

Halbmesser der Krümmung	Fahrgeschwindigkeit km in der Stunde													
	15	20	30	40	45	50	55	60	65	70	75	80	85	90
m	Ueberhöhung in mm													
5000	—	—	5	5	5	5	5	5	5	5	10	10	10	10
4000	—	5	5	5	5	5	5	10	10	10	10	10	10	10
3000	5	5	5	5	10	10	10	10	10	10	15	15	15	15
2000	5	5	10	10	10	15	15	15	15	20	20	20	20	20
1500	5	5	10	15	15	15	20	20	20	25	25	25	30	30
1200	5	10	15	15	20	20	25	25	25	30	30	35	35	40
1000	10	10	15	20	25	25	30	30	35	35	40	40	45	45
900	10	10	15	20	25	30	30	35	35	40	40	45	45	
800	10	15	20	25	30	30	35	40	40	45	45	50		
700	10	15	20	30	30	35	40	45	45	50	55			
600	15	15	25	35	40	40	45	50	55	60				
500	15	20	30	40	45	50	55	60	65					
400	20	25	40	50	55	65	70	75						
300	25	35	50	65	75	85	90							
250	30	40	60	80	90	100								
200	40	50	75	100	110									
180	40	55	85	110										
150	50	65	100											
125	60	80												
100	75													

Die Verwaltung der Kgl. Sächsischen Staatsbahn schreibt Ueberhöhungen vor, die bei kleinen Geschwindigkeiten etwas geringer sind als die vorstehenden, die jedoch bei größerer Geschwindigkeit $1^1/_2$ bis zweimal so groß sind, als die der Preußischen Eisenbahn-Verwaltung.

Bei der Herstellung der Schienenüberhöhung behält die innere Schiene die normale Lage, während die äußere überhöht werden soll. Bei zweigleisigen Strecken muß man jedoch, der Wege-Uebergänge wegen, die beiden mittleren Schienen in gleiche Höhe bringen und die dem Mittelpunct des Kreises am entferntesten liegende Schiene erhöhen, sowie die zunächst liegende senken.

Die Ueberhöhung soll am Beginn des Kreisbogens in voller Höhe vorhanden sein und je nach der Größe der Fahrgeschwindigkeit erst auf mindestens das 200fache der Ueberhöhung in die Grade oder Uebergangscurve verlaufen. Wenn also z. B. die Ueberhöhung 0,100 m betragen soll, so muß mit derselben 20 m vor dem Kreisbogen allmählich begonnen werden, auch darf dieselbe auf der anderen Seite des Bogens erst nach 20 m wieder verlaufen. Wenn hinreichende Grade beiderseits vorhanden sind, so thut man besser, diese Auslauflängen größer zu nehmen

§ 3. Nach § 7 der Techn. Vereinbarungen werden die Schienen nicht senkrecht auf die Schwelle gesetzt, sondern mit einer Neigung von 1 : 20 nach Innen. Nun beträgt bei Bögen von 400 m Halbmesser und 55 km Geschwindigkeit nach der Tabelle in § 2 die Ueberhöhung der äußeren Schiene 75 mm; da nun die Schienen eines Gleises im Mittel 1500 mm auseinander stehen, so beträgt bei der Ueberhöhung von 75 mm die Neigung der Schwelle $\frac{75}{1500} = \frac{1}{20}$, also grade so viel als die Schienenneigung. Es kommt also in diesem Falle die innere Schiene lothrecht zu stehen. Bei noch kleinerem Halbmesser mit demgemäß größerer Ueberhöhung wird aber die Neigung, welche die Schwellen dadurch erhalten, größer als 1 : 20; die innere Schiene erhält dadurch aber eine Neigung, die über die Lothrechte nach außen hinausgeht, d. h. dem Mittelpuncte des Gleises zu. Daher kommt es denn, daß, hauptsächlich wenn solche Strecken viel durch langsam fahrende schwere Güterzüge befahren werden, die innere Schiene das Bestreben zeigt nach Außen (d. h. nach dem Mittelpunct des Gleises zu) umzukanten. Man vermeidet diesen Uebelstand, indem man die innere Schiene von vornherein mehr als 1 : 20 nach Innen neigt und zwar so viel mehr (1 : 16 bis 1 : 10), daß trotz der Ueberhöhung noch eine Neigung der Schiene gegen die Lothrechte nach Innen erzielt wird. Bei bestehenden Gleisen mit Holzschwellen erreicht man dieses dadurch, daß man die Auflager mit dem Dechsel nachkappt.

§ 4. Während das Lichtmaaß zwischen den Köpfen der beiden Schienen eines Gleises, Spurweite genannt, in graden Strecken und Bögen von mehr als 1000 m Halbmesser überall gleich, nämlich 1,435 m sein soll, läßt man in Bögen von weniger als 1000 m Halbmesser Vergrößerungen desselben, Spurerweiterungen, zu, damit die durch die starren Gestelle der Wagen festgelegten Achsen und Räder beim Durchfahren der Bögen etwas Spielraum gewinnen. Diese Spurerweiterung soll nach den Techn. Vereinb. jedoch nicht größer sein, als 30 mm.

Bei den Preußischen Staats-Eisenbahn-Verwaltungen ist bestimmt, daß bei Bögen von 800 m und größerem Halbmesser die normale Spurweite von 1,435 inne gehalten werden, jedoch bei kleinerem Halbmesser eine Spurerweiterung nach der Formel $e = \frac{(1000 - R)\,mm}{30000}$ eintreten soll. Wenn also der Halbmesser der Krümmung eine Größe hat

	von 700 m	600 m	500	400	325	250	200	150	100
so ist die Spurerweiterung =	3 mm	6	9	12	15	18	21	24	27 mm

Die Spurerweiterung wird dadurch hergestellt, daß man die innere Schiene soviel weiter absetzt, so daß also die äußere Schiene genau die durch Grade und Bogen vorgeschriebene Lage behält. Die Spurerweiterung soll, wie die Ueberhöhung, beim Anfang des Bogens schon vorhanden sein und einige Schienenlängen vorher auslaufen.

§ 5. Beim Verlegen der Schienen muß je nach der herrschenden Wärme der Luft ein Wärmespielraum zwischen 2 aneinander stoßenden Schienen gelassen werden, damit die Schienen bei steigender Wärme sich ungehindert ausdehnen können. Dieser Zwischenraum, der sich jedoch nicht nur nach der Luftwärme, sondern auch nach der Länge der verlegten Schienen richtet, ist unter Zugrundelegung einer Längenveränderung vom $^1/_{85}$ mm für 1 m Schienenlänge bei 1^0 Celsius berechnet wie folgt:

1. Bei Gleisen im Freien

und einer Luftwärme von	$+30^0$ Cels.	$+15^0$	$\pm 0^0$	-15^0	-30^0
bei 12 m langen Schienen	4 mm	6 mm	8 mm	10 mm	12 mm
„ 15 m „ „	5 mm	7,5	10	12,5	15

2. Bei Gleisen in Tunneln

und einer Luftwärme von	$+20$	$+10$	± 0	-10^0 Celsius
bei 12 m langen Schienen	1	2,5	4	5,5 mm
„ 18 m „ „	1	3	5	7 mm

Bei einzelnen auf kleinen Brücken oder in Wegeübergängen verlegten Schienen von 18 m Länge genügt der für die anschließende Schiene erforderliche Zwischenraum. Zur Erreichung dieser Zwischenräume werden Zwischenbleche der entsprechenden Stärke zwischen die aneinander stoßenden Schienenköpfe gelegt und verbleiben dort so lange, bis das Gleis mindestens 8—10 Schienenlängen hinter dem betreffenden Stoße fertig genagelt, gerichtet und einmal gestopft ist. Die Bleche sind deshalb so einzurichten, daß Wagen über sie hinweg geschoben werden können, ohne sie zu verbiegen. Bei plötzlich stark steigender Wärme, im Sommer also zur Mittagszeit, sind die Bleche zu entfernen oder durch schmalere zu ersetzen, damit die Schienen sich ausdehnen können.

§ 6. Da in den Bögen die äußere, vom Mittelpuncte weiter abliegende Schienenreihe länger ist als die innere, so würden bei Verwendung gleich langer Schienen die Stöße derselben sich gegeneinander verschieben, d. h. es würde der innere Stoß gegen den äußeren voreilen. Das ist aber nicht zulässig und deshalb nothwendig, in der inneren Schienenreihe von Zeit zu Zeit kürzere Schienen einzulegen. Diese kürzeren Schienen, welche, zum Unterschied von den anderen, Ausgleichschienen genannt werden, sind um einige Centimeter kürzer. Bei einer Länge von 9,00 m sind die Ausgleichschienen 8,93 m lang. Die Anzahl der bei einem Bogen nothigen Ausgleichschienen richtet sich nach dem Halbmesser und nach der Länge des betr. Bogens und wird bez. der Berechnung auf Abschnitt IIb 7 des ersten Theiles verwiesen.

§ 7. Bei Bögen in den Gleisen müssen die Schienen entsprechend seitlich gekrümmt verlegt werden; ist der Halbmesser des Bogens groß (1000 m und darüber), so bietet es keine Schwierigkeit, die grade verlegte und auf den Querschwellen befestigte Schiene entsprechend zu biegen, indem man das ganze Gleis dementsprechend verschiebt, bei Bögen mit kleinerem Halbmesser ist dieses jedoch nicht mehr angängig und müssen da die Schienen vorher besonders gebogen werden. Dieses Biegen soll niemals auf der Verwendungsstelle, sondern stets auf den Lagerplätzen oder in der Werkstatt mittelst besonderer Biegemaschinen oder sonst geeigneter Vorrichtungen erfolgen. Es ist verboten, die Schiene durch Werfen oder Fallenlassen zu biegen. Die erforderliche seitliche Durchbiegung berechnet sich, wie auf Seite 123 des ersten Theiles angegeben. Als eine zweckmäßige Biegevorrichtung wurde die Biegemaschine von Vojaceck bezeichnet, die im Organ für die Fortschritte des Eisenbahnwesens 1882, Seite 166 näher beschrieben ist. Folgende Reihe giebt einzelne Durchbiegungen für eine 9,00 m lange Schiene:

Halbmesser des Bogens	180	200	300	400	500	600	700	800	900	1000 m
Durchbiegung i. d. Mitte	56	51	34	13	10	8	7	6	6	5 mm

3. Der Bau des Gleises.

§ 1. Es mögen zwei Arten der Herstellung besprochen werden, nämlich:

α. der Bau eines neuen Gleises mit hölzernen und eisernen Querschwellen auf einer neu gebauten Eisenbahnlinie mit gewöhnlichen und mit Blattstoßschienen,

β. der Umbau eines vorhandenen Betriebsgleises.

Im ersteren Falle hat man bezüglich des Zeitpunctes der Fertigstellung des Gleises insofern mehr freie Hand, als man nicht, wie im zweiten Falle, durch den Gang der Züge daran gebunden ist, das Gleis zu einer bestimmten Zeit wieder betriebsfähig herzustellen. Man kann deshalb mit mehr Ruhe und ungestörter arbeiten, die einzelnen Arbeiten besser einrichten und mit mehr Gleichmäßigkeit ausführen und daher auch wesentlich mehr leisten, als beim Gleiseumbau.

α. Der Neubau eines Gleises.

§ 2. Wenngleich es in den letzten Jahren mehrfach in Gebrauch gekommen ist, das Gleis unmittelbar auf dem Planum vorzustrecken, ohne zuvor die Bettung herzustellen, so kann dieses Verfahren jedoch nur gut geheißen werden, wenn das Planum aus Felsen, aus durchlässigem Gerölle oder Sand besteht; denn andernfalls bildet sich beim Belasten des Gleises unter jeder Schwelle eine trogförmige Vertiefung, in der sich Wasser ansammelt und die dann, auch wenn später hinreichend Bettung untergebracht wird, sich nach und nach vertieft, dauernd einen Wassersack bildet und früher oder später zu erheblichen Umbildungen des Planums, ja sogar bei Dämmen zu Rutschungen Veranlassung geben kann. Abb. 231 stellt z. B. nach photographischer Aufnahme den Längenschnitt durch ein Quer-

Abb. 231.

Umbildung eines Thonplanums während des Betriebes.

schwellengleise dar, daß beim Vorstrecken auf das Thonplanum gelegt und nicht hinreichend ausgehoben und mit Kies unterstopft wurde. Eine Betriebszeit von $1^1/_2$ Jahr genügte, um das ursprünglich ebene Planum so auszubilden, wie die Abb. darstellt Deshalb soll man bei nachgiebigem Planum nur dann ohne vorher aufgebrachte Bettung vorstrecken, wenn der Erdkörper hinreichend ausgetrocknet nnd außerdem das Wetter gut und beständig ist und man bald darauf hinreichend Kies unterbringen kann.

Der zum Transport der Materialien verwendete Arbeitszug ist wie folgt zu rangiren: Vorn der Wagen mit Schienen, ihm folgen die mit den Querschwellen beladenen Wagen, dann ein Wagen mit Laschen und sonstigem Kleineisenzeug, dem eine größere Anzahl mit Kies oder sonstigem Bettungsstoff beladener Wagen folgen, worauf dann die Packwagen bez. Mannschaftswagen sich anreihen und endlich die Locomotive den Schluß des Zuges bildet. Vor Kopf, d. h. auf den letzten Schienen des neugelegten Gleises, kann man zweckmäßig noch einen Rollwagen dem Zuge voranführen, über den hinweg die Schienen vom hohen Wagen hinabgleiten und vorgestreckt werden. Die Herstellung des Gleises geschieht wie folgt.

Mit der Schwellenvertheilungslatte, auf welcher die Schwelleneintheilung für eine Schienenlänge vorgemerkt ist, kennzeichnet man zunächst die Stellen, auf welche die Schwellen zu legen sind. Alsdann werden diese von der Abladestelle vorgetragen und vertheilt, wobei zugleich die breitesten und besten Schwellen an die Stöße zu legen sind.

Werden zur Befestigung Schwellenschrauben verwendet, so müssen die Schwellen gebohrt werden, welche Arbeit besser vor dem Einbringen besorgt wird. Man verwendet dazu am besten genaue Bohrschablonen und zweckentsprechende Bohrmaschinen. Die Löcher zu den Schwellenschrauben müssen durch die Schwellen ganz hindurch gebohrt werden, dann sind die Bohrspähne vollständig herauszustoßen und die Löcher unterhalb etwas zu verpflöcken. Vor dem Einschrauben fülle man etwas Theer hinein, tauche auch die Holzschraube zuvor in Theer. Besser noch ist es, die Schwellen werden vor dem Imprägniren gebohrt.

Nachdem die Schwellen vertheilt und eingerichtet sind, werden die Schienen mit dem Fabrikzeichen nach innen aufgesetzt, die Zwischenbleche dazwischen gehalten, die Schienen angestoßen, dann die Laschen richtig angebracht, die Bolzen in die äußeren Löcher so eingesetzt, daß die Muttern nach innen kommen, die Federringe untergelegt und dann die Muttern leicht angezogen. Um die Schwellen genau zurecht rücken zu können, ist es zweckmäßig die Schiene zunächst nicht auf die Schwellen, sondern auf einige zwischen gelegte etwas höhere Klötze zu setzen. Man zeichnet dann die Schwellentheilung nochmals genau mit Kreide auf der Schiene vor, rückt die Schwellen danach zurecht, legt dann die Unterlagsplatten und nagelt nun zunächst die Stoßschwellen und darauf die übrigen. Beim Vorstoßen der Schienen muß man häufiger mittelst des Schienenwinkels prüfen, ob die Stöße genau einander gegenüber liegen und wenn nöthig in Bögen Ausgleichungsschienen (Seite 141) verwenden. Der zweite Schienenstrang wird von einem zweiten Trupp hinterher und zwar genau nach der Spur genagelt. Hierbei ist zu beachten, daß bei Verwendung von Schwellen aus weichem Holz (Kiefern oder Tannen) die Spur von vornherein etwas weiter zu nehmen ist, da dieselbe sich regelmäßig enger fährt. Man giebt deshalb, wenn keine Unterlagsplatten verwendet werden, auch in grader Linie 8 mm, bei Anwendung von Unterlagsplatten 2—4 mm Spurerweiterung.

§ 3. Beim Einschlagen der Nägel ist zu beachten, daß dabei die Schwelle gehörig mit Wuchtebaumen an die Schiene angedrückt wird. Das Spurmaaß, welches stark und schwer aus Eisen und mit doppelten Nasen, die die Schienen von innen und außen umfassen, hergestellt sein muß, soll möglichst nahe der Nagelstelle aufgelegt, die Nägel lothrecht und nicht mit den Spitzen gegeneinander eingesetzt und endlich nur grade und sichere Schlage geführt werden, damit man weder die Schienen beschädigt, noch die Nägel krumm schlägt. Die letzten Schläge, kurz bevor die Haken auf den Schienenfuß auftreten, sind zu mildern. Die Nagel, welche durch die Einklinkung der Innenlasche einzuschlagen sind, müssen besonders vorsichtig eingetrieben werden, da dieselben mit dem Haken nur lose auf dem Laschenfuß auffitzen dürfen.

§ 4. Bei Verwendung von Schwellenschrauben ist es besser, die Unterlagsplatten schon vorher auf die Schwellen aufzubringen, auch die Schwellenschrauben etwas einzuschrauben, einerseits um das Verstopfen der Bohrlöcher durch Kies zu verhindern, andererseits um das nachherige Unterschieben der Unterlagsplatten unter die Schienen zu vermeiden. Die Schrauben dürfen aber nur soweit eingedreht werden, daß der Kopf noch 4—5 cm über der Unterlagsplatte hervorsteht, damit man den Schienenfuß noch bequem einrücken kann. Sobald das Gleis auf eine längere Strecke fertig genagelt oder verschraubt ist, beginnt man es auszurichten, wobei auch die noch fehlenden 2 Bolzen in die Laschen eingezogen werden. Alsdann wird Kies herangefahren oder in das Gleis geworfen und nun begonnen, dasselbe zu heben und zu stopfen. Die Höhe, welche die Schienenoberkante haben soll, wird von den festen Puncten oder Pfählen herüber gewogen und danach zunächst einzelne Stellen des Gleises hochgehoben, unterstopft oder auf sonstige Weise richtig hoch gehalten. Als ein sehr brauchbares Geräth hierzu, sowie überhaupt beim Stopfen, verdient der Westmeyer'sche Gleisehebebock genannt zu werden. Die Einrichtung der Zwischenpuncte geschieht dann nach Augenmaaß oder mit Hülfe der Setztafeln.

§ 5. Das Unterstopfen der Schwellen, diese an sich zwar einfache, aber die Unterhaltung der Gleise in weitaus größtem Umfange bedingende Arbeit, muß mit einer genauen Kenntniß der einzelnen Vorgänge betrieben werden, wenn nicht ungenügende und nutzlose, sondern gute und dauerhafte Arbeit geliefert werden soll. Durch das Stopfen will man unter den Schwellen einen gleichmäßig fest zusammengepreßten Schotter- oder Kieskörper erzeugen, der den von der Belastung des Gleises ausgehenden Druck gleichmaßig aufnehmen soll. Außerdem sollen auch alle Schwellen unter sich in gleicher Weise unterstopft sein. Daß diese Forderung keineswegs leicht zu erfüllen ist, bedarf bei der Größe der zu stopfenden Flächen wohl keines weiteren Nachweises und gehört deshalb eine große Uebung der Arbeiter, sowie, seitens des Vorarbeiters, eine richtige Beurtheilung und zweckmäßige Auswahl der meist verschieden veranlagten und deshalb auch nicht mit gleichem Geschick und gleicher Kraft arbeitenden Leute dazu, um die bestmöglichste und gleichmäßigste Arbeit zu erhalten. Die Fertigkeit im Stopfen und die Beurtheilung der Arbeit kann nur beim Mitarbeiten in der Rotte erlernt werden. Es sollte daher kein Bahnmeister-Aspirant es versäumen und jeder Bahnmeister, dem ein Aspirant zur Ausbildung zugewiesen ist, darauf halten, daß letzterer einige Zeit in der Rotte mitarbeitet, selbst stopfen und nageln. ausrichten und abtafeln, ja alle Handgriffe kennen lernt und mitmacht, die zur Herstellung und Unterhaltung des Gleises nöthig sind. Es sei hier nur ein besonders bei weniger gutem Stopfmaterial häufig vorkommender Fall erwähnt, in dem das Stopfmaterial zwar an den äußeren Kanten der Schwelle festgestopft wird, es in der Mitte der Schwelle aber mehr oder weniger locker bleibt.

(Abb. 232.) Dieser Uebelstand tritt besonders bei eisernen vollkoffrigen Lang- wie Querschwellen ein (Abb. 233) und kann nicht nur eine dauernd gute Er-

Abb. 232. Abb 233.

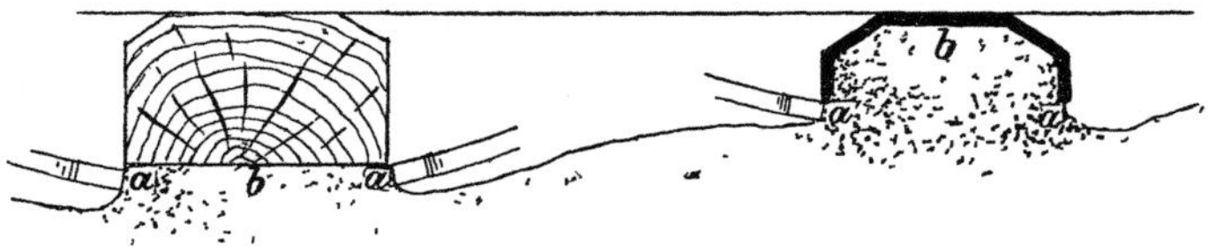

Das Stopfen der Schwellen

haltung des Gleises unmöglich machen, sondern auch die Haltbarkeit der Schwellen sehr nachtheilig beeinflussen. In Abb. 232 u. 233 befinden sich bei a die festgestopften Stellen, während die Theile b lockerer geblieben sind. Dieser Uebelstand, der also ein gleichmäßiges Aufliegen der Schwellen unmöglich macht, kann nur dadurch vermieden werden, daß man zunächst nur gutes und reines Stopfmaterial verwendet, sodann aber beim Stopfen nicht gleich die Schwelle in ganzer Breite unterfüllt, sondern nach Abb. 234 mit der Stopfhacke möglichst weit unter die Schwelle greifend, den mittleren Theil gut feststopft und dann erst nach und nach Kies nachfüllend und zurückgehend bis zur Kante der Schwelle gelangt.

Abb. 234.

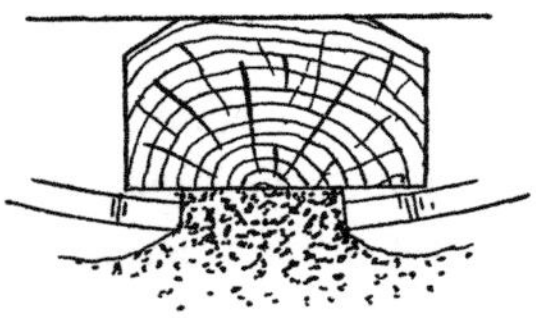

Das Stopfen der Schwellen.

Ferner gelten beim Stopfen der Querschwellen folgende Regeln:

1. Die Schwellenköpfe sollen zuerst unterstopft werden.
2. Die 2,7 m langen Schwellen sind auf ihrer ganzen Länge gleichmäßig zu stopfen, wohingegen bei den 2,5 m langen Schwellen ein Theil in der Mitte von etwa 0,33 m Länge nur lose angestopft werden darf.
3. Jede Schwelle soll gleichzeitig an beiden Längsseiten und nicht erst eine Seite und dann die andere gestopft werden, da sonst leicht ein nachtheiliges Kanten der Schwelle eintritt. Es sollen also womöglich stets zwei Mann gleichzeitig gegeneinander stopfen.
4. Man hüte sich, das Gleis an einzelnen Stellen zu hoch zu stopfen, da dieser Fehler durch Hervorholen des Kieses unter der Schwelle hinweg und nochmaliges Stopfen erst in zeitraubender Weise beseitigt werden kann Während des Stopfens muß das Gleis mehrfach nachgerichtet und abgefluchtet werden; die nöthigen Verschiebungen sind nie durch gewaltsames Schlagen, sondern stets mittelst der Richteknüppel oder Hebebaume vorzunehmen. Nach Beendigung der Stopfarbeit werden die

Befestigungsmittel nochmals nachgesehen, und die Zwischenbleche entfernt. Das Gleis kann alsdann langsam mit der Lokomotive befahren werden. Mit dem Verfüllen wartet man jedoch besser noch einige Zeit, da anfänglich größere Senkungen eintreten und dadurch eine unregelmäßige Lage erzeugt wird. Es wird deshalb erforderlich, das Gleis bald wieder anzuheben und ordnungsmäßig durchzustopfen, damit die Schienen nicht verbogen und Unregelmaßigkeiten in der Spur nicht erzeugt werden. Erst wenn längere Zeit der Arbeitszugbetrieb darüber gegangen ist und das Gleis 3—4 mal ordentlich durchgestopft ist, empfiehlt es sich, es mit Bettungsstoff außen bis nahe an Schienenoberkante und innerhalb bis zur halben Schienenhöhe zu verfüllen. Nur wenn man es sich angelegen sein läßt, das Gleis von vornherein sorgfältig zu erhalten, kann es den schärfsten Anforderungen, welche bei lebhaftem Verkehr gestellt werden, gerecht werden.

Die Leistungsfähigkeit einer hinreichend (30—40 Mann) starken Vorstreckcolonne kann man im Durchschnitt auf 10—12 m Gleis auf ein Tagewerk veranschlagen, worin jedoch Kieseinbringen und Stopfen nicht mit einbegriffen ist.

§ 6. Bei dem Bau eines Gleises mit eisernen Querschwellen ist im Allgemeinen ahnlich zu verfahren, nur muß man beim Vertheilen der Querschwellen etwas vorsichtiger zu Werke gehen. Um auch hier näher auf den Gegenstand einzugehen, möge die vom Eisenbahn-Direktor Kohn in Essen aufgestellte Anweisung im Auszuge wieder gegeben werden.

Das Austragen und Vertheilen der Schwellen erfolgt in ähnlicher Weise, wie oben beschrieben, nur wird zur Schwellenvertheilung ein Bandmaaß benutzt, das entsprechend gelocht ist. Das Zurechtrücken der Schwellen darf nur mit der Hand und ohne Hammer oder sonstiges Geräth bewirkt werden. Nachdem die Unterlags-

Abb. 234a.

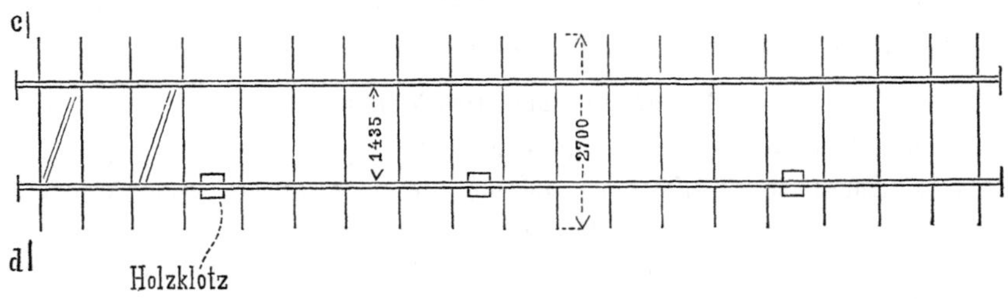

Einbau eines Querschwellengleises mit eisernen Schwellen.

platten in die Schwellen eingelegt, auch die hölzernen Klötze wieder zwischen gelegt sind Abb. 234a, wird die eine Schiene darauf gesetzt, angestoßen und angelascht.

Darauf wird die Schwellentheilung mit Kreide genau an der Schiene vermerkt (beim Regen am Stege) und alsdann die Schwellen mit den Haken der Unterlage-platten genau an den richtigen Stellen an die Schienen angehängt. Um den Schienen-fuß an die Haken der Hakenplatte und diese an den Lochrand der Schwelle fest anzupressen, bedient man sich eines Richteisens, welches durch das innere Schwellen-loch gesteckt und nach außen gedrückt wird, worauf dann, Schwelle für Schwelle, Klemmschrauben und Klemmplatten eingezogen werden. Die Stoßschwellen werden zweckmäßig erst nach vollständiger Verschraubung festgemacht. Beim Aufbringen der gegenüberliegenden Schienen wird in gleicher Weise verfahren, nur muß an einem Ende beginnend die Schiene in die Haken der Platte eingeklinkt und dann zunächst durch einen Holzknüppel (Abb. 234 b) gegen die bereits festgelegte

Abb 234b.

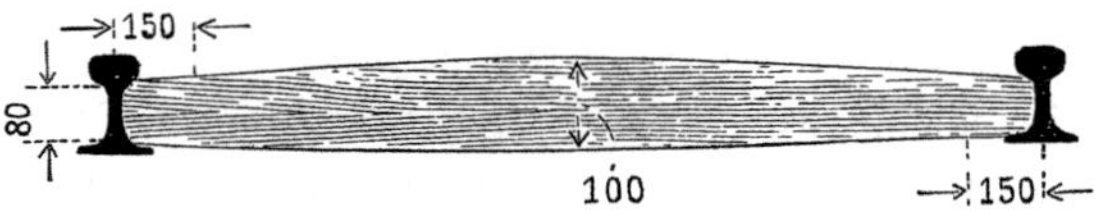

Einbau eines Gleises mit eisernen Querschwellen

Schiene abgespreißt werden. Beim Verlaschen soll ein Arbeiter das Stoßlücken-eisen halten, die Außenlasche anpassen, ein zweiter die Innenlasche anlegen und die erste Schraube einbringen. Es ist zweckmäßig beim ersten Verschrauben der Laschen und Hakenschrauben einfache nur 30 cm lange Schraubenschlüssel zu ver-wenden und erst beim Schluß der Arbeit zum letzten Nachziehen die langen Doppel-schlüssel zu benutzen. Ueber die Verwendung der verschiedenen Hakenplatten und Klemmplatten geben die bei der Beschreibung des Oberbaues gemachten Angaben weiteren Aufschluß. Bezüglich des Richtens und Stopfens gelten die früher an-gegebenen Regeln; nur soll man, bei eisernen Querschwellen das Gleise vor Beginn des Stopfens sorgfältig und genau ausrichten, da ein späteres Richten des vorhandenen Kopfverschlusses wegen nur mit Schwierigkeiten auszuführen ist. Die Unterhaltung während der ersten Zeit des Betriebes muß sehr sorgfältig geschehen, zumal etwaige Verbiegungen der eisernen Schwellen nicht wieder zu beseitigen sind.

β. Der Umbau eines Betriebsgleises.

Man unterscheidet drei Arten des Einbaus:

1. Einbauen des Gleises nach Abbruch des alten in der beim Neubau üblichen in § 2 und 6 beschriebenen Weise.
2. Vorheriges Zusammenbauen des neuen Gleises in einzelnen Schienen-langen und späteres Einbauen.
3. Einzeleinbau der Schienen auf den alten Schwellen und späteres Aus-wechseln der letzteren.

Die erstere Art des Einbaues ist zweckmäßig bei größeren Zugpausen bis herab zu 2 Stunden, die zweite bei kürzeren 1—2 Stunden langen Zeiträumen und die letztere, wenn noch weniger Zeit zur Verfügung steht.

§ 7. Das Gleis, dessen Umbau nach der unter 1 angegebenen Weise im Folgenden beschrieben werden soll, gehört einer zweigleisigen, stark betriebenen Bahn an. Das alte Gleis bestand aus Holzquerschwellen mit sehr schlechter Bettung, an dessen Stelle ein Querschwellen-Gleis mit Holzschwellen nach dem Oberbau 1885 der Preußischen Staatsbahnen gelegt wurde. Die zum Umbau freistehenden Zugpausen hatten die Dauer von nur 2 Stunden. Zur Verfugung standen 3 Vorarbeiter und 36 Arbeiter.

Die vorbereitenden Arbeiten bestanden zunächst darin, daß das Oberbau-Material auf die Strecke geschafft und so vertheilt wurde, daß es nachher beim Abbruche des alten Gleises nicht hinderte und beim Einbau des neuen bequem zur Hand lag. Man lagert zweckmäßig die neuen Schienen und Schwellen auf der Berme (dem Banquet) neben dem nicht umzubauenden Gleise und zwar so, daß je ein Schienenpaar unten und die zur Schienenlänge gehörigen Schwellen darauf gelegt werden. Man sehe dabei darauf, daß die Schienen möglichst winkelrecht der später von ihnen einzunehmenden Stelle zu liegen kommen, auch die Fabrikzeichen nach innen gerichtet werden. Für die Stöße sind die breiteren Schwellen auszuwählen, mit Kreide zu kennzeichnen und den Schienenenden zunächst zu lagern. Das Kleineisenzeug lagere man in der Nahe einer Bude, oder bringe jeden Morgen den für den Tag nöthigen Bedarf mit auf Strecke und vertheile es erst dann für jede Schienenlänge. Sofern bei Verwendung von Schwellenschrauben die Schwellen nicht schon vorher gebohrt sind, muß zunächst diese Arbeit erfolgen, und benutzt man dazu am besten eine Bohrlehre, sowie Bohrmaschinen, mit denen man ein genau senkrechtes Einbohren der Löcher erreicht. Beim Bohren muß man die nothwendige Spurerweiterung sofort berücksichtigen, auch bei Schwellen aus hartem Holz in graden Linien 2—4 mm Spurerweiterung geben, da sonst das Gleis sich bald zu enge fahrt. Im Uebrigen ist hierbei nach Seite 144 zu verfahren Nachdem man dann noch die zur Festlegung der Höhenlage des neuen Gleises nöthigen Absteckungen und Abtafelungen bewirkt hat, bereitet man die Abbrucharbeiten des alten Gleises vor, indem man die Laschenschrauben prüft, ob sie sich mit dem Schlussel lösen lassen, wenn nicht, sie mit Kreide bezeichnet, damit sie später mit dem Possekel (dem großen Hammer) weggeschlagen werden. Der Kies ist aufzuhauen und aus der Mitte des Gleises bis zur Schwellenunterkante herauszuwerfen. Die eingefahrenen Lager der alten Schwellen sind an der inneren Seite der Schiene soweit auszudechseln, daß man die Nagel mit dem Kuhfuß erfassen kann, etwaige uberzählige Nägel können dabei schon entfernt werden; desgleichen beseitigt man Nägel, die schwer zukömmlich sind, z. B. solche, die durch das Wandern der

Schienen unter die Laschenbolzen gekommen waren, und ersetzt sie vorläufig durch andere. Ferner treffe man Fürsorge, daß die zum späteren Anschluß nothwendigen und dafür zu kürzenden Schienenenden in hinreichender Länge vorräthig, auch das Bohrzeug mit mehreren Bohrern, die Anschlußlaschen nebst Bolzen und sonst alles Geräth und Handwerkszeug in der nöthigen Menge vorhanden ist und in brauchbarem Zustande sich befindet.

Nachdem alsdann im Einvernehmen und nach Verständigung mit den diensthabenden Beamten der benachbarten Stationen die Zugpause bestimmt ist, in welcher der Umbau ausgeführt werden soll, werden kurz vor der Durchfahrt des letzten Zuges, der noch über das alte Gleis gelassen werden soll, zwei vereidete und im Signaldienst ausgebildete Arbeiter zum Absperren des Gleises nach beiden Seiten gesandt, die übrigen Arbeiter aber wie folgt eingetheilt:

1 Vorarbeiter, 8 Arbeiter zum Auswerfen der Schienen und Schwellen des alten und Vorstrecken des neuen Gleises (Einbautrupp).

2 Arbeiter zum Lösen und später Anbringen der Laschen (Laschentrupp).

1 Vorarbeiter und 8 Arbeiter zum Nageln der Schienen, Eindrehen der Schwellenschrauben und Herstellen der richtigen Spur (Nageltrupp).

1 Vorarbeiter und 16 Mann zum Ausheben des Kieses, Aufhauen des Lagers, Stopfen, Heben und Richten des Gleises (Kiestrupp).

Es muß auf eine möglichst genaue Vertheilung der Arbeiten an die einzelnen Arbeiter, sei es in vorbenannter oder in anderer Weise, besonders Werth gelegt werden, damit jeder Mann genau weiß, was er zu thun hat und keine vergebliche Arbeit verrichtet wird. Der Gang der Arbeit ist folgender:

Nach der Vorbeifahrt des Zuges beginnt der Laschentrupp, verstärkt durch 8 Arbeiter vom Kiestrupp, mit dem Lösen der Laschenverbindung.

Der Nageltrupp löst sämmtliche Nägel oder Schwellenschrauben an der inneren Seite der Schiene. Sobald bei den ersten Schienen die Laschen und Nägel hinreichend gelöst sind, tritt der Einbautrupp an diese Schienen, kantet sie mittelst der Brechstangen um, trägt sie aus dem Gleise und setzt sie auf die nebenliegende Berme. Der Vorarbeiter giebt dabei laut, deutlich und kurz die nöthigen Rufe zum Aufnehmen und Absetzen der Schienen, wodurch die Arbeit wesentlich erleichtert wird, auch Unfälle am sichersten vermieden werden. Sobald das erste Schienenpaar aus dem Gleise getragen ist, werden von 2 Arbeitern des Einbautrupps mit dem Hebebaum die Schwellen am inneren Schwellenkopf angehoben, einige der übrigen Arbeiter ergreifen die Schwelle und überstürzen dieselbe nach der Außenseite oder, wenn das Gelände hierfür nicht geeignet ist, tragen sie aus dem Gleise zum Ablagern an passenden Stellen. In das von

Schwellen befreite Kiesbett treten dann 8 Mann des Kiestrupps mit Spitzhauen, um den Kies aufzuhauen und mit Schippen hinauszuwerfen. Während dieser Zeit sind die dem Laschentrupp beigegebenen 8 Mann dort frei geworden, und werden dieselben angestellt, um das Kiesbett, soweit es durch die bereits dabei thätigen 8 Mann noch nicht tief genug aufgehauen und ausgehoben ist, bis zur vollen Tiefe aufzuhauen und auszuwerfen. Der Kies soll stets nach Außen (auf die Berme) und nicht zwischen die Gleise geworfen werden, einerseits, damit das andere Gleis nicht etwa überworfen oder der freie Umgrenzungsraum eingeengt werde, andrerseits, weil der Kies beim Herüberschaffen der neuen Schwellen und Schienen sehr hinderlich sein würde. Der Vorarbeiter des Kiestrupps hat zu beachten, daß das Kiesbett nach den geschlagenen Höhenpfählen in richtiger Tiefe und hinreichender Breite ausgehoben wird, alle schlechten Massen und zusammengebackte Klumpen hinausgeworfen werden, damit die neuen Schwellen nur auf ein durchlässiges Schotter- oder Kiesbett zu liegen kommen. Nachdem die Abbrucharbeiten am alten Gleise, soweit solche für die betreffende Zugpause vorgesehen, beendet sind, hat der Kiestrupp soviel neue Bettung hergestellt, daß mit dem Einbauen des neuen Gleises begonnen werden kann. Der Vorarbeiter des Einbautrupps streckt die Schienenlatte, auf welcher auch die Schwellentheilung angegeben ist, vor und die Arbeiter bezeichnen mit Strichen im Kiesbett die Lage der einzelnen Schwellen. Darauf werden die neuen Schwellen eingelegt und zwar die Stoßschwellen nach dem Stichmaaß in richtiger Entfernung vom Nachbargleise, die Mittelschwellen nach einer an den Schwellenschrauben zwischen den Stoßschwellen gezogenen Schnur, dann die Schienen nach Einlegung der Zwischenbleche vorgestoßen und so auf die Unterlagsplatten gelegt, daß die innere Seite des Schienenfußes dicht am Schaft der theilweise eingedrehten Schwellenschrauben zu liegen kommt. Bei dieser Arbeit hat gleichfalls der Vorarbeiter wieder die Zurufe kurz und deutlich zu ertheilen; derselbe muß auch darauf achten, daß die richtigen Zwischenbleche verwendet und die Schienenstöße stets genau winklig zu einander gelegt werden. In Bögen ist auf die rechtzeitige Verwendung der Ausgleichschienen Bedacht zu nehmen. Mit dem Vorstrecken der Schienen beginnen die 2 Mann des Laschentrupps die neuen Laschen anzulegen und die Bolzen einzuziehen; jedoch sollen zunächst nur die Endlaschenbolzen eingezogen werden, damit das Gestänge beim Ausrichten noch hinreichend Beweglichkeit besitzt Der Nageltrupp wird in den meisten Fällen, nach dem Abbruch des alten Gleises, noch nicht mit dem Nageln des neuen beginnen können und ist derselbe solange dem Kiestrupp mit zuzutheilen. Sind jedoch 2—3 Schienenlängen des neuen Gleises vorgestreckt, so muß mit dem Nageln begonnen werden. Zu diesem Zweck theilt sich der Nageltrupp in 2 Abtheilungen von je 4 Mann. Die erste befestigt die eine Schienenseite, indem 2 Mann mit je einem Hebebaum die Schwellenköpfe so anheben, daß die Unterlagsplatte richtig und fest gegen den Schienenfuß gepreßt wird und sie an allen Stellen auf der Schwelle, wie am Schienenfuß anliegt, der Dritte mit dem Druckschraubenschlüssel die Schwellenschraube fest bis auf den Schienenfuß niederschraubt und der vierte Arbeiter den Nagel an der Außenseite des Schienenfußes in die Schwelle eintreibt. Das Nageln und Eindrehen der Schwellenschrauben wird erleichtert, wenn erst die vorliegende Stoßschwelle und dann die rückwärts liegenden Mittelschwellen einer Schienenlänge befestigt werden, da hierdurch ein Krümmen der Schiene leichter vermieden wird. Die zweite Abtheilung des Nageltrupps folgt der ersteren an der andern Schiene, dabei muß der den Trupp beaufsichtigende Vorarbeiter die Spur des Gleises überwachen und darauf achten, daß etwaige Abweichungen sofort beseitigt werden. Der Vorarbeiter hat ferner für die richtige und genaue Vertheilung der Schwellen sowie dafür zu sorgen, daß die Schwellen winkelrecht zum Gleise liegen und deshalb den Schienenwinkel häufiger anzulegen.

Sobald der Kiestrupp das Auswerfen des Kieses und die Herstellung der neuen Sohle bis auf einige Schienenlangen fertiggestellt hat, übergiebt der Vorarbeiter die Vollendung einem geeigneten Arbeiter der Rotte und begiebt sich selbst mit 6 Mann zurück zum Ausrichten und Anheben des neuhergestellten Gleises. Das Richten geschieht unter Anwendung von Richtknüppeln nach den Kommandorufen des Vorarbeiters durch die erwähnten 6 Mann, wobei die vom Nachbargleise genommenen Stichmaaße zu beachten sind. Alsdann fassen 2 Mann mit dem Hebebaum unter die Schwelle neben einem der eingesetzten Höhenpfähle und heben das Gleis bis zur Höhe derselben, wobei der Vorarbeiter die richtige Höhe mit Setzlatte und Libelle herüberwiegt, 2 Mann stopfen den angehobenen Schwellenkopf, während die noch verbleibenden 2 Mann den Kies ins Gleis werfen. In gleicher Weise wird der andere Schwellenkopf behandelt, wonach dann noch einige dazwischen liegende Puncte nach dem Abfluchten an der Schiene selbst gehoben und gestopft werden. Inzwischen sind die übrigen Arbeiter des Kiestrupps mit dem Ausheben des Kiesbettes fertig geworden und kommen gleichfalls herzu, um von dem Vorarbeiter zum vollständigen Stopfen des neuen Gleises angestellt zu werden. In gleicher Weise treten dann nach und nach die Arbeiter des Einbau-, Laschen- und Nageltrupps, sobald sie mit ihren Arbeiten soweit fertig sind, ebenfalls mit heran, sodaß schließlich sämmtliche Arbeiter, soweit nicht einige Leute des Einbautrupps noch mit der Verbindung des neuen Gleises mit dem alten beschäftigt sind, das Stopfen des Gleises besorgen.

Beim Stopfen ist darauf zu achten, daß die Leute gut vertheilt werden und nicht zuviel Mann auf eine Schienenlänge kommen, da sonst zuleicht das Gleis zu hoch zugestopft wird. Man sucht es ferner so einzurichten, daß (bei zweigleisigen Strecken) die Anfahrtsstoßschwelle zuletzt gestopft wird, damit dieselbe im Gegensatz zur Abfahrtsstoßschwelle etwas fester liegt, da dieses auf die dauernd gute Lage des Gleises von Einfluß ist. Während des Stopfens muß selbstverständlich wieder die Richtung des Gleises häufiger nachgesehen werden. Sobald dann die Leute des Einbautrupps die Verbindungsschienen gehauen, angelascht und genagelt haben, auch die Stopfarbeit beendet ist, ist die Strecke wieder fahrbar und können jetzt die Arbeiter, welche die Strecke bis dahin absperrten, eingezogen werden. Beiderseits der Baustelle sind jedoch Langsamfahrsignale auszustellen, damit das neue Gleis zunächst noch nicht mit voller Geschwindigkeit befahren werde.

In der vorbeschriebenen Weise kann in einem Zeitraum von 2 Stunden mit gewandten und mit eingeschulten Arbeitern (3 Vorarbeiter und 36 Arbeiter, wovon 2 Mann zum Absperren der Strecke verwendet wurden), eine Gleisstrecke von 12 Schienenlängen je 9,0 m = 108 lfd. m umgebaut werden; doch darf man bei solch kurzen Zugpausen und schlechtem Bettungsmaterial die tägliche Arbeitsleistung, im Hinblick auf das nöthige Nachstopfen und Verfüllen des Gleises, Aufgraben und Wiederbefestigen vorkommender Wegeübergänge, sowie sonstiger Zwischenarbeiten nicht höher als $3^1/_3$—$3^1/_2$ m Gleis für den Arbeitstag veranschlagen.

γ Der Ausbau eines Langschwellengleises.

§ 8. Ueber den zur Zeit häufiger vorkommenden Ausbau eines Hilf'schen Langschwellengleises gegen Oberbau 6d der Preußischen Staatsbahn mit 12 m langen Schienen sei noch ein Beispiel hinzugefügt. Die zur Verfügung stehenden 3 Vorarbeiter und 44 Mann werden wie folgt eingetheilt:

A. 1 Vorarbeiter mit 20 Mann zum Lösen der Laschen- und Querschwellenbolzen, sowie der Querverbindungen, letztere nur an einer Seite.

B. 1 Vorarbeiter und 10 Mann mit Schrotbeil und Possekel zum Aufspalten der unlösbaren Schraubenmuttern.

C. 1 Vorarbeiter und 14 Mann zum Auswerfen des Kieses. Beim Beginn der Arbeit wird nöthigenfalls dieser Trupp durch die ersteren verstärkt.

Nachdem die Bolzen gelöst sind, beginnt Trupp A mit 16 Mann das Ausheben und Austragen der zusammenbleibenden Schienen und Schwellen. Die übrigen 4 Mann, sowie die Trupps A und B werfen Kies aus, an welcher Arbeit sich erforderlichen Falles nach dem Ausheben der Schienen und Schwellen auch diese Arbeiter bethatigen. Man kann das Ausheben des Kieses zum größten Theil auch schon vor dem Beginn des Umbaues besorgen, jedoch soll man dann den Kies seitlich den Langschwellen nicht tiefer als Schwellenunterkante fortnehmen, damit das Gleis vollkommen betriebssicher bleibt. Später beim Abbruch des Gleises muß man den Kies soweit ausheben als er backig und undurchlassig ist. Beim Einbau des Gleises bilden sich die Trupps wie im vorigen § beschrieben, nur daß der Einbautrupp der längeren Schienen und größeren Anzahl Schwellen entsprechend auf 12—14 verstärkt wird.

Sofern die Löcher für die Schwellenschrauben nicht schon vorher gebohrt sind, haftet der Nageltrupp die Schwellen mit Hakennägeln nach der Spur, um alsdann nachträglich die Löcher fur die Schwellenschrauben zu bohren. Auch bei diesem Oberbau empfiehlt es sich 4—6 mm Spurerweiterung zu geben.

In einer Pause von 70—75 Minuten wurden durch 3 Vorarbeiter und 44 Mann 5 Schienenlängen à 12 m = 60 m Gleis im Tagelohn umgebaut; beim Vergeben der Arbeit in Stücklohn würde voraussichtlich eine noch höhere Leistung erzielt worden sein.

Der Einbau eines Gleises mit eisernen Querschwellen ist nach der in § 6 gegebenen Beschreibung auszuführen.

δ Gleisumbau mit vorherigem Zusammenbau.

§ 9. Die zweite Art des Umbaues wird in der Weise bewirkt, daß man in geeigneten Pausen auf dem Betriebsgleise das neue Gleis in einzelnen Schienenlangen zusammenbaut, diese seitwärts des umzubauenden Gleis abschiebt und später dann den Einbau bewirkt.

Dieses Verfahren eignet sich auch beim Oberbau mit eisernen Querschwellen, weil man den Zusammenbau in Ruhe und deshalb mit größerer Sorgfalt bewirken kann; man muß jedoch Sorge tragen, daß das Gleis beim seitlichen Hineinschieben nicht gekantet und verbogen wird, weil dadurch die Befestigungsstücke gelockert und beschädigt werden. Zum Zusammenbau sind nicht mehr Leute nöthig, als erforderlich sind, um eine Schiene bequem zu tragen, also bei Verwendung 12 m langer Schienen 6—10 Mann.

Man zeichnet mittels der Schwellenvertheilungslatte die Lage der Schwellen mit Kreide auf die Schiene des umzubauenden Betriebsgleises vor und legt dann auf das alte Betriebsgleis die neuen Schwellen, die man auch nach dem Schienenlager genau abfluchtet, setzt alsdann die eine Schiene darauf und befestigt sie ordnungsmaßig mit den sammtlichen Schwellen. Erst dann setzt man die zweite Schiene, nachdem selbstverstandlich hier, wie vorher, die Unterlagsplatten auf die Schwellen gelegt sind, darauf und befestigt sie ebenfalls vorschriftsmäßig, wobei man jedoch bei hölzernen Schwellen sich des Spurmaaßes zu bedienen hat. Dann wird die so fest zusammengebaute Schienenlänge Gleis herabgeschoben und seitlich des umzubauenden Gleises gelagert. Ist auf diese Weise eine hinreichende Anzahl Schienenlängen montirt, so beginnt man mit dem Ausbau des alten und Einbau des neuen Gleises, wozu man zweckmäßig wieder 3 Vorarbeiter und 36—40 Mann heranzieht. Der Abbruch und Ausbau des alten Gleises geschieht in früherer Weise. Nachdem alsdann die Bettung erneuert und geebnet ist, wird der neue Oberbau, vom Anschluß anfangend, in einzelnen Schienenlängen herübergeschoben, worauf nach der ersten Schienenlänge sich der Laschentrupp sofort daran macht, die Laschen anzulegen, zunächst den Anschluß herzustellen und dann die neu eingebauten Schienenlangen ordnungsmäßig mit einander zu verbinden, wobei auf die Innehaltung der richtigen Warmezwischenraume zu achten ist. Sobald die einzelnen Schienenlängen sämmtlich hereingeschoben sind, ist das Gleis zu richten, worauf dann das genaue Maaß für das Ausschlußstuck an das alte Gleis genommen und im Uebrigen, wie beim vorigen Umbau verfahren wird.

Es sei hier wiederum bemerkt, daß bei Verwendung eiserner Querschwellen das Gleis möglichst genau zu richten ist, ehe mit dem Stopfen begonnen wird, da sich dasselbe, der Kopfverschlüsse wegen, nur sehr schwer verschieben läßt.

Hat man hinreichend Platz neben dem umzubauenden Gleise, steht z. B. das Planum für ein zweites Gleis zur Verfügung, so kann man das neue Gleis selbstverständlich gleich darauf zusammenbauen, die einzelnen Schienenlängen auch so weit verlaschen, als die Länge des auf einmal einzubauenden Gleises beträgt und dann das neue Gleis gleich im Zusammenhange einschieben. Es ist jedoch nicht empfehlenswerth, die Länge größer zu nehmen, als die vorhandenen Arbeiter gleichzeitig einschieben können.

Die Leistungsfähigkeit eines Arbeiters bei dieser Art des Gleiseumbaues stellt sich beim Zusammenbau auf 15—18 m Gleis und beim Gleiseeinbau auf $3^1/_2$—4 m täglich, einschließlich des erstmaligen Stopfens.

ε Gleisumbau mit Einzelauswechselung.

§ 10. Die dritte Art des Umbaues ist zweckmäßig nur anzuwenden, wenn der neue Oberbau dem alten in Bezug auf Befestigungsart zwischen Schiene und Schwelle und die Breite des Schienenfußes gleicht. Man verfahrt beim Umbau wie folgt: Nachdem der Bettungsstoff bis etwa 5 cm unter Schwellenunterkante ausgeworfen ist und die Schwellenoberflächen gehörig gesaubert sind, zeichnet der Vorarbeiter mit der Schienenlatte an den alten Schienen die Stöße der neuen genau vor und zwar gleich auf eine größere Länge von 250—300 m. Alsdann werden die alten Schwellen so weit als angängig, für die neuen Stöße zurecht geschlagen oder nach Bedarf neue Schwellen provisorisch eingezogen. Darauf werden die neuen Schienen demgemäß vertheilt. auf den Schwellenköpfen, etwa 30 cm von der alten Schiene aufgesetzt, aneinander gestoßen und unter Innehaltung des Wärmespielraumes verlascht. Diese Arbeit kann ohne Sperrung des Gleises ausgeführt werden. Der Einbau der Schienen erfolgt in einer entsprechenden Zugpause nach vorheriger ordnungsmäßiger Absperrung des Gleises und zwar beginnt ein Trupp von 6—8 Leuten damit, die Laschen am Anfangsstoß, sowie die Nägel oder Schwellenschrauben auf der inneren Seite des Schienenstranges zu lösen. Ein folgender Trupp, 8—10 Mann, rückt den alten Schienenstrang nach dem Gleiseinnern, während ein dritter etwas stärkerer Trupp die neuen Schienen auf die Lagerstelle des alten Stranges herüberschiebt und den Anschlußstoß wieder anlascht. Nachdem inzwischen der erste Trupp mit dem

Losen der Nägel 2c. fertig geworden ist, beginnt derselbe den neuen Strang von Neuem mit Nägel oder Schwellenschrauben zu befestigen, wobei die alten Löcher wieder benutzt werden. Sobald alsdann auch die zweite Colonne das Herausnehmen der alten Schienen beendet hat, geht dieselbe zurück und setzt die alten Schienen aus dem Gleise heraus und beginnt dieselben abzulaschen, eine Arbeit, die auch vor dem Herübersetzen besorgt werden kann. Sobald die dritte Colonne die neuen Schienen bis zum Anschluß eingesetzt hat, wird genaues Maaß für die Anschlußschiene genommen, dieselbe danach geschnitten und so der Strang wieder ordnungsmäßig geschlossen. In gleicher Weise wird in einer anderen Zugpause der andere Strang ausgebaut. Wenn auch durch Benutzung des alten Schienenlagers eine Gewähr dafür geboten ist, daß die Spurweite wieder richtig wird, so muß man dennoch zur Controle das Spurmaaß benutzen.

Nachdem alsdann die alten Schienen nebst Zubehör von der Strecke hereingeholt sind, kann mit dem Einbau der neuen Schwellen begonnen werden, wobei man je nach der Länge der zur Verfügung stehenden Zugpausen $^1/_2$ oder eine ganze Schienenlänge oder noch mehr auf einmal vornehmen kann. Zunächst wird die Schwellentheilung an den Schienen genau vermerkt, dann neben der alten Schwelle der Kies einige Centimeter tief ausgegraben, die Schwelle von den Schienen gelöst und sie soweit seitlich geschlagen, daß sie über die ausgegrabene Stelle kommt, um seitlich herausgezogen zu werden. Alsdann wird das alte Schwellenlager ebenfalls aufgehauen, das unbrauchbare Bettungsmaterial heraus geworfen und die neue Schwelle seitlich eingeschoben.

Da die neuen Schwellen in der Regel stärker sind als die alten mit ausgefahrenem Lager, so ist es nöthig, die Bettung auf dementsprechend größere Tiefe herauszunehmen. Nachdem alsdann die neuen Schwellen in ihrer neuen Lage ordnungsmäßig befestigt sind, kann gestopft und das Gleis wieder in Betrieb genommen werden.

Fur stark betriebene Strecken mit kleinen Zugpausen ist diese Art des Neubaues die zweckmäßigste, wenn auch nicht unter allen Umständen die billigste. Immerhin bleibt die Leistungsfähigkeit eines Arbeiters nicht erheblich gegen die in § 9 beschriebene Bauweise zuruck, sie soll nach stattgehabten Versuchen dieselbe sogar übertroffen haben. Es ist nicht zu verkennen, daß sich dieser Umbau mit wenigen Leuten ausführen laßt und deshalb die Arbeiter besser überwacht und ausgenutzt werden können.

c. Unterhaltung des Oberbaues.

§ 1. Die Arbeiten zur Unterhaltung des Oberbaues vertheilen sich ungleich auf die verschiedenen Zeiten des Jahres. Im Winter bei gleichmäßiger kalter Witterung liegt das Gleis im Allgemeinen ruhig und fest, es sei denn daß Frostwirkungen zu Tage treten, über deren Ursache und Beseitigung fruher das Nöthige gesagt worden ist. Im Uebrigen beschränken sich die Oberbauarbeiten beim Frost im Winter auf Einrichten der Spur, Auswechseln schadhafter Schienen und Zurücktreiben etwa verfahrener Schienen. Sobald jedoch Thauwetter eintritt, zeigen sich in der Regel plötzlich Mangel in der Höhenlage und der Richtung des Gleises, deren Beseitigung schleunigst erfolgen muß. Diese Mängel treten meistens zuerst an Stellen ein, an denen der Kies nicht mehr hinreichend durchlässig und schon stark verschlammt ist. Würde man da nun zum Stopfen wieder dasselbe Material verwenden, so würde der Fehler bald wiederkehren und schlimmer als zuvor werden. Denn durch die beim Stopfen bewirkte Auflockerung wird der schlammartige Unterbettungskies mehr wie zuvor geneigt sein, Regenwasser aufzunehmen und schwammartig festzuhalten. Dadurch werden aber die unterliegenden Massen noch mehr aufgeweicht, die Schwelle kommt hohl zu liegen, sie pumpt den sich unter ihr bildenden Schlamm nach oben und es entstehen Zustände bei den Schwellen des Langschwellenoberbaues, wie sie in Abb. 235—237 dargestellt sind. Aehnliche Erscheinungen treten bei

Abb. 235

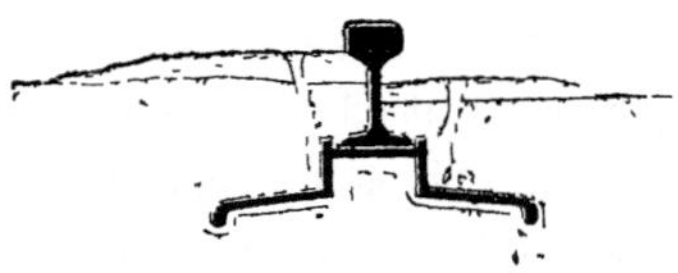

Abb. 236.

Schlammbildungen beim Langschwellenbau.

Abb 237

Staubbildung beim Langschwellenbau.

den vollkoffrigen Schwellen des eisernen Querschwellenbaues, sowie, wenn auch in weniger ausgeprägter Weise beim hölzernen Querschwellenbau (Abb. 238—239) ein. Man bezeichnet dieselben allgemein mit dem Namen „Suppen“ oder „Schlammpumpen“. An solchen Stellen ist es vor allen Dingen nothwendig, für gutes Stopfmaterial zu sorgen, den Schlamm auszugraben, weit fortzuwerfen, damit er, wenn er nachher getrocknet ist, nicht etwa

Abb. 238.

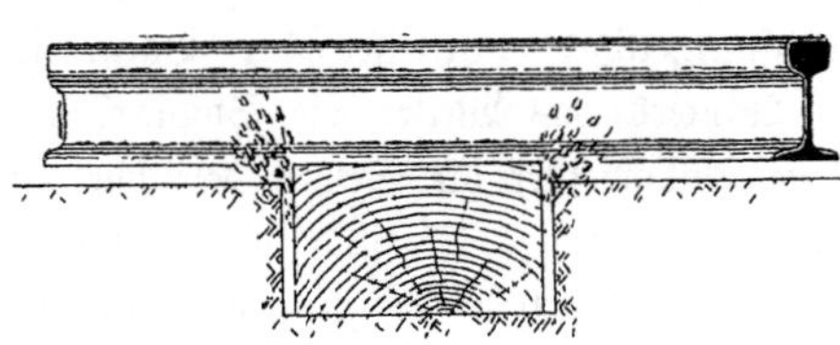

Schlammbildung beim Holzschwellen-Oberbau

wieder von den Arbeitern mit verwendet wird. Die fraglichen Stellen aber müssen mit gutem reinem Kies gestopft werden. Wenn man daher für den Winter oder das zeitige Frühjahr an einzelnen Puncten solche Vorgänge vermuthet, so soll man bemüht sein, im Herbst sich den nöthigen Kies oder Steinschlag schon zu besorgen.

Abb. 239.

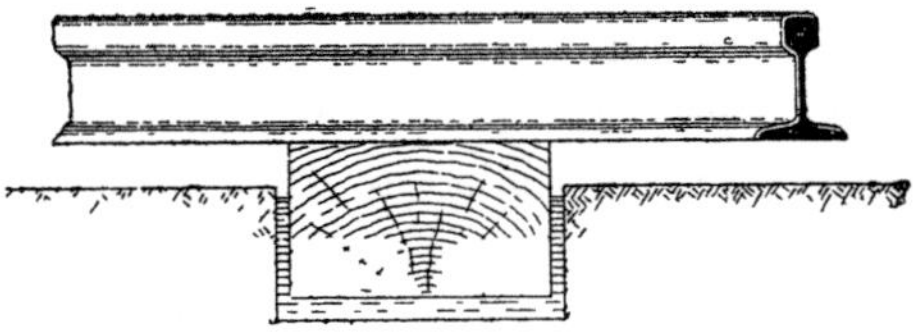

Schlammbildung beim Holzschwellen=Oberbau.

§ 2. Sobald das Frühjahr hereinbricht und die groben durch den Winter hervorgerufenen Unregelmäßigkeiten beseitigt sind, muß mit der vollständigen Durcharbeitung der Strecke begonnen, sowie mit etwaigem Umbaue des Gleises oder den größeren Auswechselungsarbeiten vorgegangen werden. Man muß sich dabei so einzurichten suchen, daß, falls man ländliche Arbeiter mit beschäftigt, diese so lange Zeit aus der Arbeit fortbleiben können, als nöthig ist, um ihre Felder zu bestellen. Im Sommer werden die Arbeiten fortgesetzt, und dabei wiederum beim Eintritt der Ernte die Arbeiter soweit als thunlich ihren eigenen Arbeiten überlassen. Im Herbst muß dann das Gleis für den Winter vorgerichtet und nochmals genau durchgesehen werden; es ist dieses die Zeit, wo das Gleis in Bezug auf seine Richtung und Höhenlage nochmals sehr sorgfältig durchgearbeitet werden soll. Es müssen die im Frühjahr oder Sommer umgebauten Strecken wieder durchgestopft und, wenn nöthig, nachgebessert werden. Erst dann kann der Bahnmeister dem Winter ruhig entgegensehen.

§ 3. Im Besonderen möge über die auszuführenden Arbeiten Folgendes bemerkt werden.

Man theile die Bahnmeisterei, die bei zweigleisigen Strecken eine durchschnittliche Länge von 10—12 km hat, bei eingleisigen je nach Umständen auch größer ist, in 3 Vorarbeiter=Bezirke (für etwaige größere Bahnhöfe würde ein vierter Vorarbeiter am Platze sein) und überweise jedem Vorarbeiter einen bestimmten Bezirk mit genau festgesetzten Grenzen. Es ist dieses von Werth, um den gegenseitigen Wetteifer der Vorarbeiter anzuspornen. Sobald zu Ende des Winters das Wetter die Stopfarbeit ermöglicht, werden den Vorarbeitern vom Bahnmeister die Stellen bezeichnet, welche zuerst aushülfsweise nachgestopft werden müssen. Es sind dabei zunächst die Stöße auszubessern, bei welchen sich die Anfahrtschwelle gesetzt hat und sog. „Oberschlage" entstanden sind. Ferner sind größere seitliche Abweichungen zu beseitigen, während längere Senken dem späteren durchgängigen Stopfen überlassen bleiben können.

§ 4. Beim durchgängigen Richten und Stopfen des Gleises wird wie folgt verfahren. Der Rottenführer tafelt mit einigen Leuten die zu stopfende Strecke nach gegebenen Fixpunkten ab, setzt in Entfernungen von 20 bis 30 m Höhlenpfahle und zwar jedesmal gegenüber einem Schienenstoße; indessen werden die übrigen Arbeiter mit dem Ausheben des Kieses bis Schwellenunterkante beschäftigt. Die Schwellen werden dann auf ihre Beschaffenheit geprüft, nachgesehen, ob die Lager sich nicht so tief eingefahren haben, sie angefault oder durch Aufspalten so mangelhaft geworden sind, daß sie für Nägel oder Schwellenschrauben keinen sicheren Halt mehr bieten. In solchen Fällen müssen Auswechselungen erfolgen. Ebenfalls sind die Laschen und Bolzen nachzusehen und, wenn hier Mängel sich zeigen, dieselben zu beseitigen oder gleichfalls Auswechselungen vorzunehmen. Auch fehlende oder gebrochene Hakennägel oder Schwellenschrauben sind zu ersetzen. Besonderes Augenmerk ist darauf zu richten das die Schienen auf den Unterlagsplatten und die letzteren auf den Schwellen fest aufliegen, keine gebrochenen sich vorfinden, die Schienen nicht verfahren, d. h. gewandert sind und auch die Schwellentheilung noch richtig ist. Alsdann wird die Spur genau hergestellt, wozu man sich zweckmäßig des Spurrichters mit Spurmaaß von Geske oder des Schienenrichters mit selbstthätigem Spurmaaß von Altmann bedienen kann. Nachdem dann das Gleis noch gut ausgerichtet ist, wird mit dem Anheben und Stopfen desselben begonnen. Diese Arbeit geschieht genau in der Weise, wie beim Umbau beschrieben ist. Sind sog. hochkrumme Schienen vorhanden, so muß man die Schwellen an den Stellen, wo die Schienen tief gefahren sind, recht fest und etwas höher, die Stellen hingegen, an denen die Schienen bucklig (hochkrumm) sind, nur lose stopfen, so daß die über das Gleis fahrenden Züge das Richten der Schienen besorgen. Während dieser Zeit, die unter Umständen 8 Tage dauern kann, darf das Gleis nicht verfüllt werden. Sind die Stöße allein (kurz) krumm und kann man z. B. beim Vorhandensein ganz schwacher Laschen durch Naherlegen der Stoßschwellen bis auf 0,5 m von Mitte zu Mitte den Uebelstand nicht beseitigen, so muß man vorübergehend festen Stoß anordnen. Sobald dann die Schienen gerade gefahren sind, müssen die Schwellen nochmals gleichmäßig gestopft werden, worauf dann das Gleis wieder zu verfüllen ist. Besser ist es jedoch, darauf zu dringen, daß andere und stärkere Laschen angebracht werden, da bei Verwendung schwacher Laschen der Uebelstand bald wieder einzutreten pflegt. Durch Auswechseln der ausgeschlagenen und Einziehen verstärkter Laschen, bei denen auf die Abnutzung der Laschenanlageflächen an den Schienen Rucksicht genommen ist, kann ein altes Gleis noch auf eine langere Reihe von Jahren gut betriebsfähig erhalten werden.

§ 5. Zum Anheben und Stopfen einzelner Stellen im Gleise gräbt man den Kies bei allen den Schwellen, welche durch das Anheben der Gleisestelle vom Lager abgehoben werden, bis Schwellenunterkante aus. Nachdem man dann auch hierbei die Befestigungsmittel nachgesehen und ergänzt, auch die Spur geprüft und richtig gestellt hat, stopft man das Gleis nach den vorher festgelegten Höhen ordnungsmäßig durch und verfüllt es dann wieder. Bei eisernen Querschwellen ist es nöthig den in der Schwelle befindlichen Bettungskern zunächst mit der Spitzhaue zu lockern; denn erst nachdem dies geschehen ist, kann man beim Stopfen den Kies oder Steinschlag so weit in dem Schwellenkoffer in die Höhe treiben, daß die Schwelle in der ausgehobenen Lage aufliegt. Eiserne Querschwellen pflegen sich nach dem Stopfen rasch wieder um ein bestimmtes Maaß (10—15 mm) zu senken, weshalb man beim Anheben hierauf Rücksicht nehmen muß.

§ 6. Im Holzschwellen-Oberbau älterer Bauweise kommt es besonders bei zweigleisigen Bahnen, sehr häufig vor, daß die Schienen wandern, d. h. in der Langsrichtung des Gleises verschoben werden, so daß z. B. die Stöße nicht genau einander gegenüber bleiben. Dabei kann es sich ereignen, daß die Schwellen einseitig mitwandern und schräg zu liegen kommen, oder daß die Schwellen liegen bleiben und nur die Schienen sich verschieben, so daß die Stoßmitte nicht mehr mitten zwischen die Stoßschwellen, sondern oft viel seitswärts, manchmal auf eine der Nachbarschwellen fällt. Wie die Erfahrung lehrt, wandert im Allgemeinen die Schiene am meisten, die die größte Last zu tragen hat, also in Bögen mit starker Ueberhöhung die innere Schiene. In graden Linien und auf zweigleisiger Strecke eilt unter sonst gleichen Umständen die linke Schiene der rechten vor, eine Thatsache, die anscheinend mit der Bauart der Locomotiven in Zusammenhange steht. Durch das Wandern werden einerseits die uberstehenden Enden am Stoß ungleich lang und dadurch die längeren Enden mehr in Anspruch genommen auch die Laschen eher ausgeschlagen, andererseits werden die zum Ausdehnen der Schienen nöthigen Zwischenräume vermindert oder ganz geschlossen. Die Schienen werden förmlich auf einander gestaucht, wodurch bei plötzlicher Erwarmung der Luft leicht Gleiseverwerfungen — das sind kurze seitliche Ausbiegungen — entstehen, die unter Umständen betriebsgefährlich werden können. Diese Uebelstände müssen durch Zurücktreiben der Schienen beseitigt werden und zwar schon ehe sie zu sehr sich ausdehnen. Sehr zweckmäßig bedient man sich hierzu des Bauer'schen Schienenrückers mit dem diese Arbeit leicht und rasch von wenigen Arbeitern ausgeführt werden kann. Steht ein solches Geräth nicht zur Verfügung, so verfährt man wie folgt: Etwa 6 Schienenlängen von der Stelle, an welcher die Zwischenraume an den Stößen sich durch das Fortlaufen der Schienen außergewöhnlich vergrößert haben, wird eine Schiene gelöst und aufgehoben. Nachdem man dann die vorschriftsmäßigen Zwischenbleche in die erweiterten Stöße eingelegt, auch die Laschenbolzen und etwa vorhandene Vorstoßbleche oder sonst gegen Wandern angebrachte Vorrichtungen so weit gelöst hat, daß die Schienen sich gegenseitig bewegen können, stößt man mit der ausgehobenen Schiene, die gleichsam als Rammklotz benutzt wird, so lange gegen das freistehende Schienenende, bis die hinterliegenden 6 Stöße die richtige Weite erhalten haben. Dann wird die ausgehobene Schiene wieder eingelegt und 6 Schienenlängen weiter vor wieder eine Schiene ausgehoben und die Arbeit so lange fortgesetzt, bis man zu dem Theile kommt, an dem die zu eng gefahrenen Stöße sich befinden. Alsdann vertheilt man den gewonnenen Zwischenraum auf diese, bis endlich der normale Zustand des Gleises wieder erreicht ist. Die Befestigungsmittel der Schienen und Schwellen sind selbstverständlich nach jedem Rammen wieder anzuziehen. Diese Arbeiten können nur in größeren Zugpausen ausgeführt werden; andernfalls muß man durch Einfügung von Haustücken, von denen jedoch keines kürzer sein darf als 2,0 m, das Gleis vorläufig wieder schließen Durch diese Art des Schienentreibens, sowie auch durch diejenige mittelst Keilen, die zwischen die Schienenstöße geschlagen werden, kommen leicht Beschädigungen der Schienenköpfe vor, und ist es schon aus diesem Grunde rathsam, den oben erwähnten Schienenrücker anzuwenden.

§ 7. Das durchgängige Anheben, Richten und Stopfen des Langschwellenbaues wird in der Weise bewirkt, daß der Vorarbeiter mit 3 Mann zunächst wieder die Arbeitsstelle abtafelt, wobei an jedem dritten Schienenstoße ein Höhenpfahl einzuschlagen ist. Vier bis fünf Arbeiter sehen die Laschenverbindungen und die Befestigungsmittel der Schienen auf den Schwellen nach, wobei sie mangelhafte Stücke auswechseln und lose Bolzen anziehen, während die übrigen Arbeiter der Rotte die Langschwellen bis etwas unter die Unterkante an beiden Seiten frei legen.

Alsdann werden beim Hilf'schen Oberbau die fehlenden oder gebrochenen Klemmplatten, Winkel und Bolzen durch neue ersetzt, die Spurweite vermittelst der Querschwellenbolzen, Klemmplatten und Querverbindungsstangen genau richtig gestellt, auch etwaige Seitenkrummungen ausgerichtet. Sobald diese Arbeit auf einige Schienenlängen ausgeführt ist, wird mit dem Anheben des Gleises, dem das Nachstopfen zu folgen hat, begonnen. Gestopft wird beim Hilf'schen Oberbau, wie beim Oberbau mit hölzernen Querschwellen, wechselseitig durch zwei Arbeiter und zwar über die ganze Länge der Langschwelle gleichmäßig fest. Denn wenn auch der Stoß der Langschwelle, welcher mit dem Schienenstoß zusammenfällt, als schwacher Punct eine besonders festere Lage erheischte, so erhält er doch durch die unter ihm vorhandene Querschwelle eine wesentlich größere Auflagerfläche, so daß hierdurch ein Ausgleich erzielt wird. Die Querschwelle darf man jedoch in dem mittleren Theile nicht stopfen, da sonst die in derselben vorhandene Krümmung welche die Neigung 1 : 20 der Schiene erhält, sich verändern würde und damit auch Spurerweiterungen entstehen müßten, die nur schwer zu beseitigen sein würden.

§ 8. Im Haarmann'schen Langschwellen-Oberbau werden ebenfalls von 4—5 Arbeitern die Laschenverbindungen nachgesehen, lose Bolzen angezogen, die großen und kleinen Klammern daraufhin untersucht, ob sie nicht gebrochen sind, auch die Nasen derselben ordnungsmäßig unter den Schwellenlaschen und Stühlen oder den Wandungen der Laschenschwellen sitzen. Ist dieses der Fall, so werden die Klammerbolzen fest angezogen, auch fehlende oder gebrochene durch neue ersetzt. Die Spur des Gleises wird, so weit dieses durch die an den Querverbindungen befindlichen Klemmplatten möglich ist, berichtigt. Sind Querverbindungsstangen durch die Schienen angebracht, so läßt sich die Spursicherung dadurch wesentlich besser erreichen. Wenn nicht, so muß die weitere genaue Spurung beim Stopfen des Gleises bewirkt werden. Aus diesem Grunde erfordert das Heben und Stopfen des Haarmann'schen Langschwellen-Oberbaues ganz besondere Vorsicht seitens des Vorarbeiters und muß das Spurmaaß fleißig dabei gebraucht werden. Ist das Gleis an einer Querverbindung zu eng, wie es leider häufig vorkommt, so genügt das Anheben der Mitte derselben, um eine Vergrößerung der Spurweite um 5—15 mm zu erzielen. Die verhältnißmäßig tiefe Lage der Schwelle ist ein Mangel dieser Bauweise und ist es deshalb zur Erhaltung einer ordnungsmäßigen Spur nothwendig, Spurstangen in größerer Anzahl durch den Schienensteg anzubringen.

Das frisch gestopfte und gerichtete Langschwellengleis läßt man einige Tage unverfüllt liegen, es zeigen sich dann etwa schlecht gestopfte Stellen ganz deutlich. Nach 5—6 Tagen geht man die Strecke nochmals mit Stopfen und Nachrichten durch und verfüllt sie alsdann ordnungsmäßig.

§ 9. Ausgraben des zerfahrenen und verschlämmten Bettungsstoffes. Wie rein und gut anfänglich auch das Stopfmaterial gewesen sein mag, im Laufe der Jahre wird dasselbe durch das wiederholte Stopfen mehr und mehr zerkleinert und in eine feine staubähnliche Masse verwandelt, die dann, auch noch durch auffliegenden Mutterboden und sonstige Staubtheile vermehrt, bei Hinzutreten von Nässe schlammig wird und dadurch die Bettung so undurchlassig macht, daß das Himmelwasser weder abfließen noch eindringen kann. Der größte Nachtheil dieser Verunreinigung liegt aber darin, daß, wenn dieses verunreinigte Stopfmaterial wieder zum Stopfen verwendet wird, es beim Hinzutreten von Regen oder Schmelzwasser unter der Schwelle wieder aufgeweicht und dann durch das Befahren des Gleises förmlich herausgepumpt wird. Dadurch entstehen jedesmal wieder neue Senkungen im Gleise. Diese Uebelstände treten zwar auch bei einem alten Holzschwellengleise auf, jedoch nicht so leicht als bei vollkoffrigen eisernen Schwellen und zwar sowohl bei Langschwellen, als bei Querschwellen. Alle Entwässerungsmaßregeln, Oberflächenentwässerung, wie Entwässerungen des Planums, schaffen keine hinreichende Abhülfe; nur durch vollständige Beseitigung des neben und unter der Schwelle befindlichen verschlämmten und zermahlenen Bettungs- und Stopfmaterials und Ersatz desselben durch reinen grobkörnigen Kies oder Steinschlag aus hartem Gestein kann geholfen werden.

Es ist dabei nicht nothwendig, wenn auch wünschenswerth, das Gleis in der ganzen Breite auszukoffern, sondern es genügt schon, wenn man so viel herausnimmt, als das Stopfen bedingt, also nach Abb. 240 eine Breite von 0,92 m

Abb. 240.

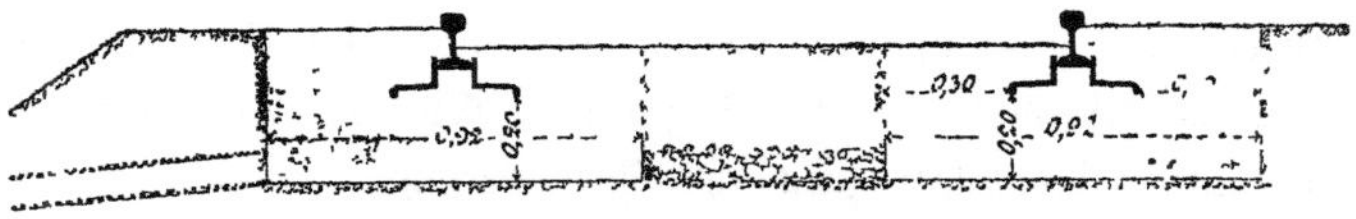

Auskoffern des Gleises.

und eine Tiefe, die sich nach der Beschaffenheit des Bettungsmaterials richten muß. Beim Beseitigen des alten Kieses bis 0,2 m unter Schwellenunterkante würde man 0,55 cbm auf das lfd. m Gleis gebrauchen. Bei sandigem Planum, sowie überhaupt bei einem Planum, dessen Oberfläche noch die ursprüngliche Form hat, vollzieht sich dann die Entwässerung des neueingebrachten Kieses und des Gleises von selbst durch das unterliegende reinere Bettungsmaterial, und geht auf der unveränderten geneigten Abdachung des Planums nach Außen. Muß man jedoch, wie es bei einem Planum aus Thon meist der Fall ist, annehmen, daß bereits eine Umbildung desselben stattgefunden hat, so ist es nöthig, wie in Abb. 240 angegeben ist, durch besonders eingelegte Stichrohre oder Steinrigolen eine seitliche Entwässerung noch besonders herzustellen.

§ 10. Auswechselung einzelner Schienen und Schwellen. Auswechselungen einzelner Schienen werden nothwendig, wenn dieselben gebrochen sind, bedenkliche Längsrisse erhalten haben oder sie an einzelnen Stellen so breit gefahren sind, daß die ruhige Fahrt dadurch beeinträchtigt wird. Bei Schienenbrüchen kann man nothdürftig Abhülfe schaffen, wenn der Bruch senkrecht durch die Schiene geht und nicht zu nah am Ende desselben liegt, indem man eine Nachbarschwelle soweit verschlägt, daß die Bruchstelle mitten auf die Schwelle zu liegen kommt und jedes Ende dann durch 2 Nägel gehörig befestigt. Liegt der Bruch zu weit ab, um eine Schwelle verschlagen zu können, so legt man ein kurzes Schwellenstück unter die Bruchstelle, verfährt dann wie vor und stopft das Schwellenstück gehörig an. Besser und rascher kann man helfen, wenn man einen Schienenbruchverband anlegt, der mittelst zweier Laschen die Bruchstelle seitlich umfaßt und hinreichend sichert

Zur Auswechslung einer schadhaften Schiene ist es zunächst nöthig, eine passende Schiene zur Stelle zu schaffen. Dann sperre man die Strecke vorschriftsmäßig ab, löse die Laschen und überzeuge sich davon, daß beiderseits der auszuwechselnden Schiene hinreichende Zwischenräume vorhanden sind. Es kommt namlich, hauptsächlich an heißen Sommertagen, oft vor, daß nach dem Lösen der Laschen von beiden Seiten die Schienen sich ausdehnen und nach den gelösten Stößen zusammenschließen. Man sei daher vorsichtig und überzeuge sich vor dem Herausnehmen der alten Schiene, oder doch ehe man die neue Schiene passend haut, daß letzterer auch richtig zwischenpaßt. Selbstverständlich muß die neu einzulegende Schiene zu den Nachbarschienen passen, d h. es darf keine neue Schiene zwischen solche gelegt werden, bei denen die Köpfe bereits abgefahren sind, sondern nur eine alte, die entsprechend abgenutzt ist. Das Auswechseln einer Schiene erfordert $^1/_3$—$^1/_2$ Tagewerk. Mit dem Auswechseln von eiserner Langschwellen ist im Allgemeinen ähnlich zu verfahren.

Das Auswechseln einzelner Querschwellen laßt sich bei gehöriger Vorbereitung in so kurzer Zeit bewirken, daß besondere Sicherungsmaßregeln nicht nöthig sind, man muß nur Langsamfahrsignale ausstellen, die Stationen benachrichtigen und im Uebrigen darauf halten, daß die auszuwechselnde Schwelle bis zur Ankunft des nächsten Zuges durch die neue ersetzt und diese auch etwas angestopft ist. Beim eisernen Oberbau, dessen Unterlagsplatten mit einem Haken versehen sind (z. B 6 d E) muß die neue Schiene herausgenommen werden, ehe eine Schwelle eingewechselt werden kann Beim umfangreicheren Einbau von Querschwellen im Zusammenhange ist wie beim Umbau des Gleises zu verfahren. Je nach der Beschaffenheit des Kieses und der Oberbau-Anordnung erfordert das Auswechseln und Stopfen einer Schwelle $^1/_5$—$^1/_3$ Tagewerk.

§ 11. Schließlich sei auch noch der Freihaltung des lichten Raumes über dem Gleise gedacht Die Umgrenzungslinie ist in Abb. 241 für die freie Bahn wie fur die Bahnhöfe dargestellt. Abb. 242 giebt die Spurrinne in etwas größerem Maaßstabe. Dabei wird bemerkt, daß die hinter den unteren Stufen ausgezogene schräge Linie Abb. 241 nur für Neubauten gültig ist. Die Umgrenzungslinie muß auf der Strecke und den Bahnhöfen stets frei und offen gehalten werden. Es ist dieses besonders bei der Instandsetzung der Bordschwellen der Bahnsteige, beim Aufstellen von Glockenbuden uud Telegraphenstangen, sowie bei den Ueberführungen deshalb besonders zu beachten, als sehr leicht bei Arbeiten die erst nach der Eröffnung der Bahn ausgeführt werden, Einengungen vorkommen oder bei Unterfuhrungen das Gleis zu hoch angehoben wird. Deshalb ist es gut, am Mauerwerke jeder Ueberführung ein sichtbares Merkzeichen zu machen, über welches die Schienenoberkante nie gehoben werden darf. Bei Gleisekrümmungen in Tunneln oder durch Unterführungen muß man beachten, daß durch die Ueberhöhung des Gleises die Umgrenzungslinie sich mit dem Gleise herüberneigt und muß deshalb die Breitenmaaße nicht von der Lothlinie aus messen, sondern von der Linie, die winkelrecht zur Oberfläche der Schienen steht. Das größte Breitenmaaß der Umgrenzungslinie ist zwar 4 m und sollte man danach auch wohl annehmen, daß bei zweigleisigen Strecken die Gleise 4 m von Mitte zu Mitte von einander abstehen. Dieses ist aber nicht der Fall, sondern die Entfernung betragt nur 3,5 m und sind dementsprechend auch die über die

Bahn geführten Brücken und Tunnel nur in der hierfür entsprechenden Breite ausgeführt.

Abb. 241.

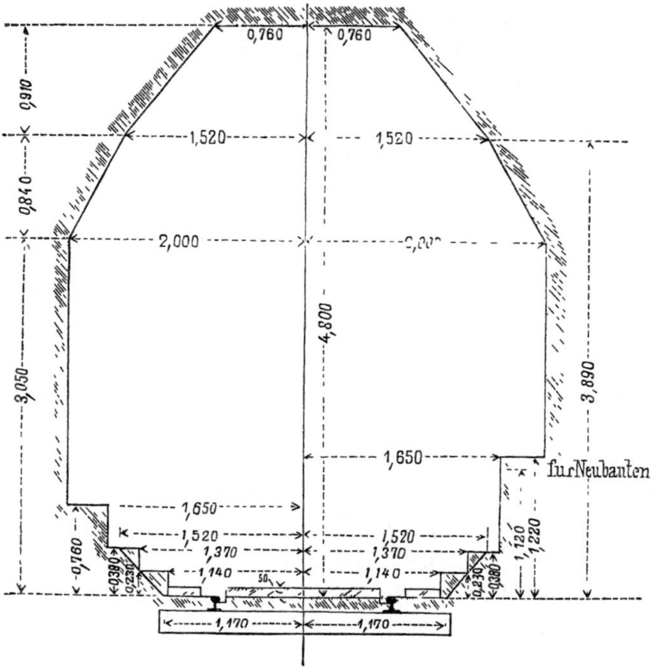

Umgrenzung des lichten Raumes.

In manchen Bezirken besteht die zweckmäßige Vorschrift, daß alljährlich einmal die sämmtlichen Betriebsgleise mit einem auf einem Rollwagen angebrachten Gestell, welches die Angrenzungslinie darstellt, befahren und dadurch geprüft wird, ob der lichte Raum noch überall vorhanden ist.

Abb. 242

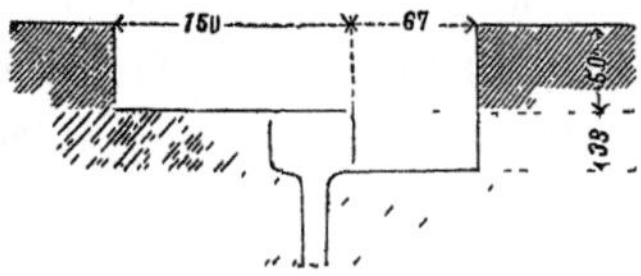

Größe der Spurrinne.

§ 12. Zur Besichtigung und Prüfung seiner Strecke, sowie zur Ueberwachung der ihm unterstellten Beamten und Arbeiter muß der Bahnmeister die Strecke ganz oder theilweise täglich oder alle 2 Tage begehen oder mit dem Zuge bereisen. Die von den Eisenbahn-Verwaltungen in dieser Beziehung erlassenen Vorschriften weichen vielfach von einander ab und stimmen nur darin überein, daß der Bahnmeister für die Sicherheit seiner Strecke verantwortlich ist. In richtiger Erkenntniß dieser dem Bahnmeister obliegenden großen Verantwortlichkeit ist es dessen Pflicht, seine Strecke so oft und so eingehend zu bereisen, als er es danach für nöthig hält. Erheischt es die Sicherheit des Betriebes, so soll der Bahnmeister unbekümmert um Zeit und Stunde auf seiner Strecke anwesend und thätig sein, überall mit offenem Auge und klarem Blick sehen und beobachten, mit ruhiger Ueberlegung, aber doch mit Entschlossenheit und Bestimmtheit handeln und rechtzeitig eingreifen, damit Unglück vermieden wird und die Sicherheit des Betriebes in vollstem Maaße gewahrt bleibt.

Wie daher der Zustand der Strecke oft eine mehrmalige Bereisung des ganzen Bezirks oder einzelner Theile desselben täglich nothwendig machen und die längere Anwesenheit des Bahnmeisters erheischen kann, so wird andererseits an manchen Tagen eine Bereisung entweder ganz ausfallen oder auf eine Fahrt im Zuge oder auf einer Maschine sich beschränken lassen können. Die Fahrten auf der Maschine, hauptsächlich der schnell fahrenden Züge, sind ohnehin häufig nothwendig, da man dabei etwaige Unregelmäßigkeiten im Gleise leichter bemerken und herausfinden kann. Bei Fahrten im Zuge ist es empfehlenswerth, hauptsächlich in Gefällstrecken, die Fahrgeschwindigkeit des Zuges festzustellen, da die Züge häufig zu rasch fahren und dadurch das Gleis schädigen. Die Geschwindigkeit erhält man unmittelbar in km für die Stunde, menn man die Schienenstöße zählt, welche in der Zeit von 3,6 $\times$ der vorhandenen Schienenlänge in Secunden überfahren werden. Bei 9 m Schienenlänge muß man also 9 $\times$ 3,6 Secunden = 32,4 Secunden lang die Stöße zählen und ist dann die gefundene Zahl gleich der Geschwindigkeit des Zuges in km auf die Stunde. Bei 12 m langen Schienen ist die Beobachtungszeit = 43,2 Secunden.

5. Die Weichen und Gleisekreuzungen.

§ 1. Bezüglich der geschichtlichen Entwickelung der Weichen wird wieder auf die unten angegebene Quelle*) verwiesen.

Bei der Verschiedenartigkeit der bei den Eisenbahnverwaltungen üblichen Bauweisen, mögen im Folgenden nur die seit 1887 bei den Preußischen Staats-Eisenbahn-Verwaltungen eingeführten Normal-Weichen besprochen werden. Hierbei werde jedoch bezüglich der allgemeinen Beschreibung der Weichen und Gleisekreuzungen auf das unten vermerkte Lehrbuch**) „Katechismus für den Weichenstellerdienst" verwiesen und vorausgesetzt, daß der Bahnmeister-Aspirant, der ohnehin die Instruction des Weichenstellers wissen soll, dieses Büchlein vorher eingehend kennen gelernt hat.

---

*) Die Fortschritte im Eisenbahnwesen, Verlag von J. F. Bergmann, Wiesbaden. Preis 2,40 Mk

**) Katechismus für den Weichenstellerdienst, 8. Auflage. Ein Lehr- und Nachschlagebuch. Wiesbaden, J. F. Bergmann. Preis 1,40 Mk.

§ 2. Aus den allgemeinen Grundsätzen, welche beim Entwurf und bei Erbauung der Weichen befolgt sind, werde Folgendes hervorgehoben:

a. Auf Hauptbahnen sollen in der Regel nur Weichen mit Herzstück-neigung 1 : 10 und 1 : 9 verwendet werden.

b. Die Zunge des ablenkenden Gleises ist gekrümmt, die des graden Gleises grade, es werden daher Rechts- und Linksweichen unterschieden.

c. Vor dem mathematischen Schnittpuncte der Herzstückspitze ist eine grade Linie von mäßiger Länge eingeschaltet.

d. Bei allen Weichen ist der Zungenausschlag gleich groß angenommen

e. Als Backenschiene ist die 134 mm hohe Normalschiene (Profil 6. 1885) verwendet. Der Querschnitt der Zungenschiene ist hutförmig und hat eine Höhe von 100 mm.

f. Im Bereiche der Weichen und Gleisekreuzungen ist von der geneigten Stellung der Schienen (1 : 20) Abstand genommen.

g. Die Weichen und Kreuzungen sind auf Querschwellen gelagert und so angeordnet, daß sie unverändert auf hölzernen, wie auf eisernen Schwellen verlegt werden können.

h. Das Herzstück ist nicht umwendbar hergestellt, um eine kräftige Verlaschung anwenden zu können. Andere Herzstückarten sind dabei jedoch nicht ausgeschlossen.

i. Der Weichenbock hat ein um eine senkrechte Ebene umzulegendes Gewicht erhalten.

a. Berechnung der einfachen Weiche 1:10.

Abb. 11, Tafel II.

§ 1. Bei Berechnung der Weiche sind folgende Annahmen gemacht worden.

Der Halbmesser des Bogens für den äußeren Schienenstrang der Weiche mit der Herzstückneigung 1 : 10 ist zu 245 m festgesetzt; der Anschlagwinkel der zugehörigen Zunge ist möglichst klein und zwar zu $\varphi = 33$ Minuten gewählt. Der Herzstückwinkel ergiebt sich bei einer Neigung von 1 : 10 zu $\alpha = 5^0\ 42'\ 38{,}13''$. Die Entfernung der Zungenspitze k, Abb. 243, vom nächsten Stoß s vor derselben ist sk = 0,500 m und die Spurerweiterung an diesem Stoß zu 6 mm, an der Zungenspitze = 10 mm angenommen, wohingegen die Erweiterung in der Weichencurve selbst 15 mm sein soll. Der Anfang des Kreisbogens liegt in l, Abb. 243, wobei der Halbmesser l t senkrecht zur Gleisachse steht. Hiernach berechnen sich die übrigen Abmessungen wie folgt:

a. Aeußerer grader und äußerer krummer Strang.

$$\alpha - \varphi = 5^0\ 42'\ 38{,}13'' - 33' = 5^0\ 9'\ 38{,}13''$$

$$\frac{\mathrm{a\,k}}{\mathrm{R}} = \sin\varphi;\ \mathrm{a\,k} = 245\ .\ \sin 33'$$

$$\mathbf{a\,k} = 245\ .\ 0{,}009599 = 2{,}3518\ \mathrm{m} = \mathrm{a_1\,k_1}$$

Aus den Dreieck a k t Abb. 243 folgt ferner:

$$\frac{\mathrm{a\,t}}{\mathrm{R}} = \cos\varphi;\ \mathrm{a\,t} = 245 \,.\, \cos : 33'$$

$$\mathbf{a\,t} = 245 \,.\, 0{,}999954 = 244{,}9887$$

$$\mathbf{a\,l} = \mathrm{R} - \mathrm{a\,t} = 245 - 244{,}9887 = 0{,}0113 \text{ m.}$$

Abb. 243.

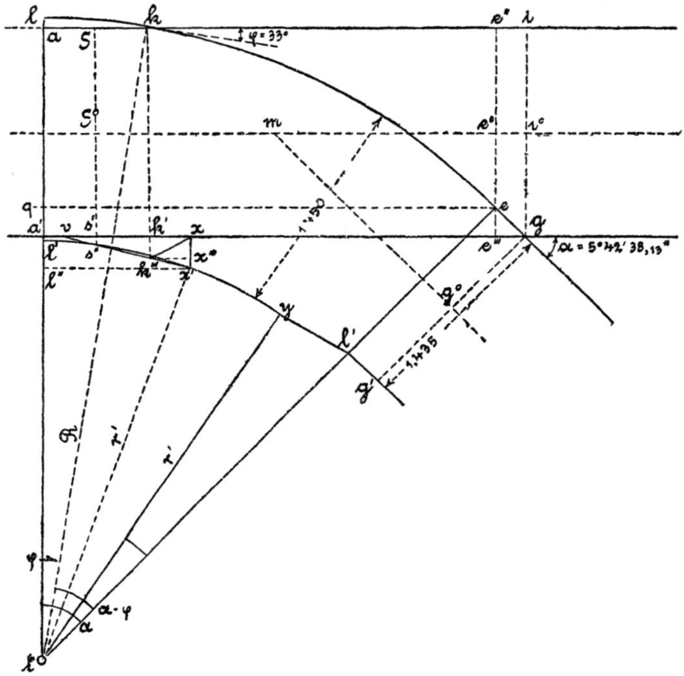

Die Länge des Bogens l k ergiebt sich aus der Proportion:

$$\frac{\text{Bogen l k}}{\text{Halbkreis R} \,.\, \pi} = \frac{\text{Centriwinkel } \varphi}{\text{Centriwinkel des Halbkreises} = 180^0}$$

$$\text{Bogen l k} = \frac{\mathrm{R} \,.\, \pi \,.\, \varphi}{180^0}.$$

Die Werthe für R = 245, $\varphi = 33'$ und $\pi = 3{,}14159$ eingesetzt ergiebt

Bogen l k = 2,35183.

Auf dieselbe Weise erhält man die Länge des Bogens l e:

$$\frac{\text{Bogen l e}}{\text{Bogen R} \, \pi} = \frac{\alpha}{180^0}.$$

$$\textbf{Bogen l e} = \mathrm{R} \,.\, \pi \,.\, \frac{5^0\, 42'\, 38{,}13''}{180^0} = 24{,}41882 \text{ m}$$

Durch Subtraction ergiebt sich

$$\textbf{Bogen k e} = \text{Bogen l e} - \text{Bogen l k} = 22{,}067 \text{ m}.$$

Zieht man vom Endpuncte des Bogens e eine Parallele zum graden Gleise q e, so ergiebt sich aus dem rechtwinkligen Dreieck q e t:

$$\frac{\text{q e}}{\text{e t}} = \sin \alpha;\quad \text{e t} = \text{R}$$

$$\textbf{q e} = \text{R} . \sin \alpha = 24{,}37841,$$

die Länge q t aus $\frac{\text{q t}}{\text{e t}} = \cos \alpha;\ \text{e t} = \text{R}$

$$\textbf{q t} = \text{R} . \cos \alpha = 245 . \cos 5^0\, 42'\, 38{,}13'' = 243{,}784 \text{ m und}$$

$$\textbf{q l} = \text{R} - \text{q t} = 1{,}21589.$$

Das Maaß e e,,, vom Tangentenpuncte e bis zur Fahrkante der nächsten Schiene ergiebt sich aus der Spurweite, vermindert um e e''. Letztere Größe ist aber = a q und diese wieder = q l — a l, somit ist also

$$\textbf{e}_{,,,}\textbf{e} = 1{,}435 - \text{q l} + \text{a l} = 0{,}2304.$$

Die Länge der Graden vor dem Herzstück e g berechnet sich aus dem Dreieck e e,,, g mit

$$\frac{\text{e e}_{,,,}}{\text{e g}} = \sin \alpha;\quad \textbf{e g} = \frac{\text{e e}_{,,,}}{\sin \alpha} = 2{,}31549$$

$$\textbf{e}_{,,,}\textbf{g} = 10 . \text{e}_{,,,}\text{e} = 2{,}3040.$$

Die Entfernung (Abscissenlänge) von der Zungenspitze bis zur Spitze des Herzstückes k i erhält man nunmehr zu

$$\textbf{k i} = \text{q e} + \text{e}_{,,,}\text{g} - \text{a k} = 24{,}33061$$

$$\textbf{s k i} = \text{k i} + 0{,}500 = 24{,}83061.$$

Die Länge des krummen Stranges von der Zungenspitze bis zur Herzstückspitze setzt sich zusammen

$$\textbf{k e g} = \text{Bogen k e} + \text{Grade e g} = 24{,}38248$$

und die Länge vom Stoß vor der Zunge bis zur Herzstückspitze

$$\textbf{s k e g} = 0{,}500 + \text{k e g} = 24{,}88248.$$

b. Mittellinie.

§ 2. Die Länge m g^0, Abb. 243, ist gleich m ı^0, da die Längen i^{0}g und g g^0 einander gleich, nämlich = der halben Spurweite sind $= \frac{1{,}435}{2} =$ $= 0{,}7175$ und der Winkel α gleich dem Winkel ı^0 m g^0 ist. Denkt man sich von m nach g eine Linie gezogen, so erhält man zwei rechtwinklige Dreiecke, in welchen die Winkel $i^0 m g$ und $g m g^0$ einander gleich und jeder $= \frac{\alpha}{2}$ ist. Dann findet man

$$\frac{g g^0}{m g^0} = tg \frac{\alpha}{2} = tg\, 2^0\, 51'\, 19{,}0668''$$

$$\mathbf{m\, g^0} = \frac{0{,}7175}{tg\, 2^0\, 51'\, 19{,}0668''} = 14{,}38579\ m = m\, i^0.$$

Die Länge von $s^0 m$ ergiebt sich durch Subtraction, mit Rücksicht darauf, daß $s i = s^0 i^0$ ist,

$$s^0 m = s i - m i^0 = 10{,}44483.$$

b. Berechnung einer Kreuzungsweiche 1:10.

Abb. 12, Tafel II.

Aeußerer krummer Strang.

§ 1. Es ist angenommen, daß die Weichencurven rechts und links der Verbindungslinie der Kreuzungsherzstücke einander vollständig congruent sind, und daß die Zungenvorrichtungen der einen Seite so verlegt werden, daß die Verbindungslinie der gleichartigen Puncte, also $s s'$ und $k k'$, $h h'$ und $b b'$ senkrecht zur Weichenachse $g i$ stehen. Den Anfang der Backenschienen bezeichne s und s'', die Zungenspitzen k und k'', sowie l den Anfang des Kreisbogens des äußeren Stranges, wobei der Halbmesser $l t$ senkrecht zu $g b$ steht. Der Anschlagwinkel der Zunge mit der Backenschiene ist wieder $\varphi = 33'$, der Herzstückwinkel $\alpha = 5^0\, 41'\, 38{,}13''$, während q das Ende der Backenschiene bezeichnet.

Der Halbmesser des äußeren Kreises ist, wie bei der einfachen Weiche, $R = 245{,}00$, derjenige des inneren $= 243{,}55$, das Maaß $s k$ von Zungenspitze bis zum Stoß der Backenschiene $= 0{,}500$, die Spurerweiterung an der Zungenspitze $k' k'' = 0{,}010$, am Stoß vor der Zunge $s' s'' = 0{,}006$.

Aus der Berechnung der einfachen Weiche kann ohne Weiteres entnommen werden

$$a k = a' k' = 2{,}35180$$
$$a l = 0{,}01129$$
$$a' l' = 0{,}0037;\quad v s' = 0{,}7500$$
$$k'' x' = 2{,}79067.$$

Die Entfernung des einfachen Herzstückes vom Doppelherzstück berechnet sich, da $g g' =$ der Spurweite $= 1{,}435$ und Winkel $g b' g'$ gleich Winkel α ist zu

$$\frac{g g'}{g b'} = \sin \alpha$$

$$\mathbf{g\, b'} = g b = \frac{g g'}{\sin \alpha} = \frac{1{,}435}{0{,}099504} = 14{,}42157.$$

Die Länge **b′ g′** ist = 10 g′ g, da das Herzstück die Neigung 1 : 10 hat, = 14,35. Die Länge der Weichenachse g i bestimmt sich aus dem Dreieck g m b

$$\frac{m\,g}{b\,g} = \cos\frac{\alpha}{2}$$

$$m\,g = 14{,}42157 \,.\, \cos 2^0\, 51'\, 19{,}065''$$

$$\mathbf{m\,g} = 14{,}40367\,;\; g\,i = 28{,}80734.$$

Die Entfernung der beiden Kreuzungsherzstücke b b′ berechnet sich auf ähnliche Weise

$$\frac{m\,b}{b\,g} = \sin\frac{\alpha}{2}\,;\;\; m\,b = b\,g \,.\, \sin\frac{\alpha}{2}$$

$$b\,b' = 2 \,.\, m\,b = 2\,b\,g \,.\, \sin\frac{\alpha}{2}$$

$$\mathbf{b\,b'} = 28{,}84314 \,.\, 0{,}049813 = 1{,}43678.$$

Zur Berechnung der halben Sehne k h″ denke man sich den Punct k mit dem Mittelpunct t des Kreises verbunden, so erhält man ein rechtwinkliges Dreieck, dessen Winkel am Mittelpunct

$$= \frac{\alpha}{2} - \varphi \text{ ist, es ist dann}$$

$$\frac{k\,h''}{k\,t} = \sin\left(\frac{\alpha}{2} = \varphi\right) = \sin 2^0\, 18'\, 19{,}065''$$

$$\mathbf{k\,h''} = 245 \,.\, 0{,}040224 = 9{,}85492\text{ m}.$$

Nunmehr ist b h″ aus dem Dreieck b h″ k zu ermitteln

$$\frac{b\,h''}{k\,h''} = t\,g\,\frac{\alpha}{2} = 0{,}049876$$

$$\mathbf{b\,h''} = 0{,}49153.$$

Die Bogenhöhe h h″ ergiebt sich, wenn man zunächst die Länge h″ t aus Dreieck k h″ t ermittelt mit

$$\frac{h''\,t}{r} = \cos\left(\frac{\alpha}{2} - \varphi\right)$$

$$\mathbf{h''\,t} = 244{,}80172 \text{ und durch Subtraction}$$

$$\mathbf{h\,h''} = 245 - 244{,}80172 = 0{,}19828$$

der Bogenabstand $\mathbf{b\,h} = b\,h'' - h\,h'' = 0{,}29324.$

Die Länge des Bogens k h ergiebt sich aus der Proportion

$$\frac{\text{Bogen } k\,h}{2^0\,18'\,19{,}065''} = \frac{245\,.\,\pi}{180}$$

$$\textbf{Bogen } \mathbf{k\,h} = 9{,}85758\,;$$

$$\text{das Maaß } \mathbf{k\,r} = b\,m - b\,h'' = 0{,}22687.$$

$$\mathbf{k\,k'''} = 2\,.\,kr = 0{,}45374.$$

Die Länge k b = k′ b′ erhält man aus dem rechtwinkligen Dreieck k b h″, denn

$$\frac{k\,h''}{k\,b} = \cos\frac{\alpha}{2}$$

$$\mathbf{k\,b} = \frac{k\,h''}{\cos\frac{\alpha}{2}} = k'\,b' = 9{,}86717.$$

Die Entfernung des einfachen Herzstückes von der Zungenspitze ist

$$\mathbf{g\,k} = b\,g - k\,b = 14{,}4216 - 9{,}86717 = 4{,}5544.$$

Da der Stoß der Backenschiene 0,500 m vor der Zungenspitze liegt, so ist

$$s\,g = g\,k - 0{,}5 = 4{,}0544.$$

Aus dem Dreieck s s⁰ g erhält man

$$\frac{s^0\,g}{s\,g} = \cos\frac{\alpha}{2} = 0{,}998759$$

$$\mathbf{s^0\,g} = 4{,}04937 \text{ und ebenso}$$

$$\frac{s\,s^0}{s\,g} = \sin\frac{\alpha}{2} = 0{,}049813$$

$$s\,s^0 = 0{,}20197.$$

$$\mathbf{g\,r} = g\,m - r\,m = g\,m - k\,h'' = 4{,}5488.$$

Aus dem Dreieck g g′ g″ ergiebt sich

$$\frac{g'\,g''}{gg'} = \operatorname{tg}\frac{\alpha}{2}$$

$$\mathbf{g'\,g''} = g\,g'\operatorname{tg}\frac{\alpha}{2} = 1{,}435\,.\,0{,}049876 = 0{,}07157.$$

Die Entfernung g′ bis zum Schienenstoß s′ ist gleich

$$g'\,s'' = g\,s - g'\,g'' = 4{,}0544 - 0{,}07157 = 3{,}98283.$$

Die Berechnung der Weichen mit Herzstücneigung 1 : 9 schließt sich dem Vorstehenden im Allgemeinen an, so daß eine Herleitung der einzelnen Rechnungswerthe nicht erforderlich erscheint. Die bei den letzteren Weichen zu Grunde gelegten Annahmen, sowie die wesentlichsten Rechnungsgrößen sind gleichfalls auf Tafel II vermerkt.

c. Abmessungen der Weichen.

§ 1. Die hauptsächlichsten Abmessungen der Weichen und deren wichtigsten Einzelheiten ergiebt die folgende Zusammenstellung:

Nr		Für die Weiche mit Herzstück 1:10	Für die Weiche mit Herzstück 1:9
		mm	mm
	I. Die einfache Weiche Nr. 6 b.		
	A. Die Zungenvorrichtung.		
1	Länge der Backenschienen	7000	6200
2	Der Querschnitt der Backenschienen ist gleich dem der preußischen Schienen mit 134 mm Höhe (Oberbau 1885)		
3	Länge der Zungen	5800	5000
4	Der Querschnitt der Zungenschienen ist hutförmig und hat		
	eine Höhe von	100	100
	eine Kopfbreite von	58	58
	eine Fußbreite von	114	114
5	Entfernung des vorderen Schienenstoßes der Backenschienen von der Zungenspitze	500	500
6	Jede Hälfte einer Zungenvorrichtung liegt auf einer Blechplatte, deren Stärke beträgt . . .	13	13
7	Die Zungenspitze ragt über die Blechplatte hinweg um	562	562
8	Die Anlage der Zungen an den Backenschienen ist gradlinig.		
9	Behufs Verstärkung der Zungenspitze ist der Kopf der Backenschiene abgeschrägt		
10	Die Zunge des ablenkenden Gleises ist gekrümmt nach einem Kreisbogen mit dem Halbmesser von .	m 245	m 190
11	Anschlagwinkel der Zungenspitze gegen die Backenschiene	33′	40′
12	Lichte Weite der Spurrinne zwischen der Backenschiene und der Zunge am Zungendrehpuncte	mm	mm
	bei der krummen Zunge	65	64
	bei der graden Zunge	81	80
13	Gesammte Ablenkung der gekrümmten Zunge am Drehpuncte	123	122
14	Spurerweiterung 1,25 m vor der Zungenspitze . . .	0	0
15	Spurerweiterung am vorderen Stoße der Backenschienen	6	6
16	Spurerweiterung an der Zungenspitze	10	10
17	Spurerweiterung an dem Puncte, wo sich der Kopf der Zunge von der Backenschiene trennt		
	im graden Gleise .	0	0
	im Weichengleise	15	15
18	Spurerweiterung am Zungendrehpuncte		
	im graden Gleise	0	0
	im Weichengleise . .	15	15
19	Die Zungenwurzel-Befestigung ist nußförmig (sog. Elberfelder Bauart); andere Wurzel-Befestigungen sind nicht grundsätzlich ausgeschlossen		
20	Der Hub der Weichenzugstange beträgt . .	140	140

Nr.		Für die Weiche mit Herzstück 1:10	Für die Weiche mit Herzstück 1:9
	B. Das einfache Herzstück.	mm	mm
21	Das Herzstück ist in Flußstahl in einem Stücke gegossen, nicht umwendbar, und hat		
	eine Höhe von	134	134
	eine Lange von Stoß zu Stoß von	2250	2200
	eine Länge von der mathematischen Spitze bis zum hinteren Stoße derselben von	1460	1460
22	Die Spitze des Herzstückes ist bei wagerechter Führung der Laufkante der Flügelschienen, entsprechend der Form der neuen Radreifen, erniedrigt um	4,5	4,5
23	Bei hölzerner Unterschwellung sind unter dem Herzstücke und den gegenuberliegenden Schienen mit Radlenkern auf jeder Schwelle Unterlagsplatten anzuwenden.		
24	Die Stöße des Herzstückes sind unterschwellt und verlascht.		
25	Zwischen den Anschlußschienen, sowie den Radlenkern und den neben denselben liegenden Fahrschienen sind passende Gußstücke einzulegen.		
26	Weite der Spurrinnen neben der Spitze und am Knie	49	49
27	Entfernung der Fahrkante des Herzstückes von den gegenüberliegenden Leitkanten der neuen Radlenker (gemessen 14 mm unter Schienenoberkante)	1394	1394
28	Dieselbe soll bei der zulässig größten Abnutzung der Radlenker nicht weniger betragen als	1390	1390
29	Länge der Radlenker	3500	3500
30	Der mittlere Theil des Radlenkers liegt auf einer Lange von	1000	1000
	der fuhrungslosen Stelle des Herzstückes gegenuber und parallel zur nebenliegenden Fahrschiene. An den Enden dieses mittleren Theiles ist der Radlenker so geknickt, daß die Leitkante auf weitere 1 m Entfernung um 11 mm von der Graden unter Erweiterung der Spurrinne auf	52	52
	abweicht. Durch nochmaligen Knick an diesen Stellen werden die Enden des Radlenkers so abgebogen, daß die Leitkanten am Ende einen Abstand von der Fahrschiene haben von	75	75
	C. Allgemeines.		
31	Lange der Graden vor der mathematischen Herzstuckspitze	2315	2588
32	Die Spurerweiterung im krummen Gleise beträgt	15	15

Bemerkung. Bei etwaiger anderer Bauart des Herzstuckes sind die Vorschriften in No. 21 und 24 nicht bindend

Nr.		Für die Weiche mit Herzstück 1:10	Für die Weiche mit Herzstück 1:9
		mm	mm
33	Die Spurerweiterung im krummen Gleise verläuft nach dem Herzstücke und beträgt bei diesem wie im graden Gleise überhaupt	0	0
		m	m
34	Der Halbmesser der Krümmung im ablenkenden Gleise zwischen Zunge und Herzstück beträgt	245	190
35	Entfernung von der Spitze der graden Zunge bis zur mathematischen Herzstückspitze	24,331	21,343
36	Entfernung vom vorderen Stoße der Backenschienen bis zum Mittelpuncte der Weiche	10,448	8,891
37	Entfernung vom Mittelpuncte bis zur Herzstuckspitze (mathematischer Schnittpunct)	14,386	12,955
38	Entfernung vom Mittelpuncte bis zum hinteren Stoße der hinteren Anschlußschienen	19,571	18,028
39	Ganze Baulänge der Weichen — vom vorderen Stoße der Backenschienen bis zum Gleisestoße hinter dem Herzstücke (hinter den Anschlußschienen) — . . .	30,019	26,919

II. Die Kreuzung Nr. 6b.

A. Die einfachen Herzstücke.

Nr.		Kreuzung 1:10	Kreuzung 1:9
		mm	mm
1	Für die einfachen Herzstucke gelten gleichmaßig die Vorschriften unter I B.		
	B. Die Doppelherzstücke.		
2	Länge des Doppelherzstückes von Stoß zu Stoß . . .	2800	2600
3	Länge der Herzstückspitzen des Doppelherzstuckes (vom mathematischen Schnittpuncte der Fahrkanten bis zum Stoße)	1400	1300
4	Bei holzerner Unterschwellung sind auch unter den Doppelherzstucken auf jeder Schwelle Unterlagsplatten anzuwenden, sofern nicht an deren Stelle eine gemeinsame Grundplatte angeordnet ist		
5	Vorschriftsmaßige Weite der Spurrinne zwischen den Herzstückspitzen (Fahrkante) und dem daneben liegenden Radlenker	45	45
6	Größte zulässige Weite derselben nach Abnutzung der Kanten	49	49
7	Weite der Spurrinne zwischen den äußeren Fahrschienen und den nicht befahrenen Leitkanten der Herzstuckspitzen	50	50
8	Entfernung der Fahrkante des einen Doppelherzstuckes bis zur Leitkante des Radlenkers am gegenüberliegenden Doppelherzstucke		
	bei neuen Radlenkern	1390	1390
	bei abgenutzten nicht weniger als	1386	1386
9	Die Radlenker der Doppelherzstucke sind überhoht um .	50	50

Nr.		Kreuzung: 1 : 10	Kreuzung: 1 : 9
	C. Allgemeines.	mm	mm
10	Die Spurweite in den sich kreuzenden graden Gleisen beträgt an allen Puncten	1435	1435
11	Entfernung vom Mittelpuncte der Kreuzung bis zum hinteren Stoße der einfachen Herzstucke (gemessen in der Mittellinie eines Gleises)	m 19,412	m 16,554
12	Ganze Baulänge der Kreuzung in jedem der sich kreuzenden Gleise zwischen den hinteren Stoßmitten der Anschlußschienen hinter den einfachen Herzstücken .	38,824	33,108
13	Die Schwellen im mittleren Theile sind senkrecht zur Achse der Kreuzung verlegt; die eisernen Schwellen unter den einfachen Herzstücken sind senkrecht zu einer Gleisachse angeordnet, damit die Schwellen der einfachen Weiche Verwendung finden konnen.		
	III. Die Kreuzungsweiche Nr. 6 b.		
	A. Die Zungenvorrichtungen.		
1	Die Zungenvorrichtungen der Kreuzungsweichen sind mit der in No 2 bis 4 nachstehend bezeichneten Ausnahme genau gleich den Zungenvorrichtungen der einfachen Weiche; es gelten also die Vorschriften in I A gleichmaßig.		
2	Bei der einhebeligen doppelten Kreuzungsweiche werden an zwei Zungenvorrichtungen die Zungenkloben nur 70 mm (anstatt 470 mm) von der Zungenspitze entfernt angebracht, außerdem wird an der Spitze jeder gekrummten Zunge der Fuß auf 180 mm Lange seitlich abgeschrägt.		
3	Bei der zweihebeligen doppelten Kreuzungsweiche werden besondere Verbindungsstangen mit Kuppelungsplatte, an Stelle der gewöhnlichen eingezogen.		
4	Die Unterschwellung ist gleichmäßig mit der Unterschwellung der Kreuzung (vergl. II C Nr. 13) angeordnet. Aus diesem Grunde bezw aus Rücksichten fur die gute Lagerung und Befestigung der Zungenvorrichtung sind die beiden Halften jeder Zungenvorrichtung um 72 mm bei 1 : 10 und um 80 mm bei 1 : 9 gegeneinander verschoben; es liegen mithin die Stoße der Backenschienen an derselben Zungenvorrichtung nicht genau gegenuber, sondern um 72 mm bezw 80 mm aus dem Winkel		

Nr		Für die Weiche mit Herzstück 1:10	Für die Weiche mit Herzstück 1:9
		mm	mm
	B. **Die Herzstücke.**		
5	Für die einfachen und Doppelherzstücke gelten die in IB und IIB gegebenen Vorschriften gleichmaßig.		
	C. **Allgemeines.**		
6	Spurerweiterung in den krummen Weichengleisen . .	15	15
7	Spurerweiterung in den graden sich kreuzenden Gleisen zwischen den Zungenvorrichtungen und an den einfachen Herzstücken	0	0
8	Halbmesser der Krümmung in den Weichengleisen zwischen den Zungenvorrichtungen (Stoßen der Backenschienen)	m 245	m 230
9	Entfernung vom Mittelpuncte der Kreuzung bis zur Zungenspitze (gemessen in der Achse der Kreuzung)	9,858	8,994
10	Entfernung vom Mittelpuncte der Kreuzung bis zum vorderen Stoße der Backenschienen (wie vor) . .	10,358	9,494
11	Entfernung vom Mittelpuncte der Kreuzung bis zur mathematischen Spitze des einfachen Herzstuckes (wie vor)	14,404	12,975
12	Entfernung vom Mittelpuncte der Kreuzung bis zum hinteren Stoße der hinteren Anschlußschienen (gemessen in der Mittellinie eines der kreuzenden Gleise)	19,412	16,554
13	Ganze Baulänge daher (II C Nr. 12)	38,824	33,108

§ 2. Auf Tafel III Abb. 14—17 sind die Grundrißanordnungen der einfachen Weichen und zwar mit hölzernen, wie mit eisernen Schwellen dargestellt. In gleicher Weise enthält die Tafel IV Abb. 19—22 die doppelten Kreuzungsweichen mit Herzstückneigung 1 : 10 und 1 : 9. Abb 18 Tafel III und Abb. 23 Tafel IV stellen Doppelweichen 1 : 10 und 1 : 9 mit eisernen Schwellen dar.

Aus diesen Zeichnungen, sowie den früher vorgeführten Berechnungen wird man ersehen, daß die Ermittelung der einzelnen Maaße, sowie die ganze Bauweise der Weiche bis in die kleinsten Einzelheiten mit großer Sorgfalt und sehr eingehend ermittelt und festgesetzt ist. Da nun bei Neuanlagen und Auswechselungen andere, als die vorbeschriebenen Bauweisen nicht angewendet werden dürfen, auch Anordnungen, wie z. B. Einbau von Weichen in gekrümmten Gleisen, wenn irgend möglich, vermieden werden und durch Einschaltung von graden Linien, die vorbeschriebenen Normalweichen zur Verwendung kommen sollen, so wird man im äußeren Eisenbahndienst kaum je in die Lage kommen, eine Weichenberechnung vorzunehmen und gestaltet sich daher das Entwerfen von Gleisanlagen, wie auch das Einbauen der Weichen nach der vorliegenden Bauweise sehr einfach Man braucht dazu nur wenige Maaße zu kennen, so z. B. bei der einfachen Weiche nur das Maaß vom Schienenstoß vor der Zungenspitze bis zum Weichenmittelpunct, die Länge vom Schienenstoß vor der Zunge bis zum ersten Schienenstoß hinter dem Herzstück und das Maaß vom Weichenmittelpunct bis zum ersten Stoß hinter dem Herzstück im abzweigenden Gleise. An Ort und Stelle hat man dann nur nöthig, den Weichenmittelpunct festzulegen, die Länge bis zum Stoß vor der Zungenspitze abzumessen, um dann an der Hand der Zeichnung auf Tafel III oder IV die Weiche einzubauen. Auf das hierbei zu beobachtende Verfahren wird später zurückgekommen werden.

d. Materialien zu den Weichen und Kreuzungen.

§ 1. Im Folgenden sind zunächst die Verzeichnisse der Oberbaumaterialien der einfachen Weichen, Kreuzungen und Kreuzungsweichen nachgefügt, auch die Gewichte derselben mit angegeben. Von der Aufnahme der Materialien der Doppelweichen, Zweibogenweichen und Weichenverbindungen wurde abgesehen, theils des selteneren Vorkommens wegen, theils um den Umfang des Buches nicht zu weit auszudehnen.

Laufende Nr.	Bezeichnung der Materialien b. Verwendung von Holzschwellen	Einfache Weiche		Einfache Kreuzungsweiche		Doppelte Kreuzungsweiche		Gleisekreuzung		Gewicht für das Stück	
		1:10	1:9	1:10	1:9	1:10	1:9	1:10	1:9	1:10	1:9
		Stück								Kilogramm	
	a) Holzschwellen *)										
1	2,5 m lang . .	11	10	—	—	—	—	5	5		
2	2,8 „ „ . .	5	5	6	6	—	—	8	8		
3	3,1 „ „ . .	5	4	12	10	16	13	6	6		
4	3,4 „ „ .	4	3	7	7	9	10	8	6		
5	3,7 „ „ . .	5	5	11	9	11	9	8	6		
6	4,0 „ „ . .	5	5	10	8	10	8	10	8		
7	4,4 „ „	4	4	8	6	8	6	8	6		
8	5,0 „ „ .	—	—	1	1	1	1	—	—		
	Summe .	39	36	55	47	55	47	53	45		

*) Die Schwellen sind abweichend von den Zeichnungen von 0,3 bis 0,3 m zusammengefaßt.

Laufende Nr	Bezeichnung der Materialien b. Verwendung von Holzschwellen	Einfache Weiche 1:10	Einfache Weiche 1:9	Einfache Kreuzungsweiche 1:10	Einfache Kreuzungsweiche 1:9	Doppelte Kreuzungsweiche 1:10	Doppelte Kreuzungsweiche 1:9	Gleisekreuzung 1:10	Gleisekreuzung 1:9	Gewicht für das Stück 1:10	Gewicht für das Stück 1:9
		Stück								Kilogramm	
	b) Schienen.										
1	9 m lang . .	2	2	4	—	4	—	4	—	301,6	301,6
2	8,1 „ „ . .	—	—	1	—	2	—	—	—	270,54	—
3	7,99 „ „ .	—	—	—	1	—	2	—	—	—	266,87
4	7,7 „ „ .	2	—	—	—	—	—	—	—	257,18	—
5	7,0 „ „ . .	6	—	4	4	—	4	8	4	233,8	233,8
6	6,7 „ „ .	—	—	1	—	2	—	—	—	223,78	—
7	6,58 „ „ . .	—	—	—	1	—	2	—	—	—	219,77
8	6,20 „ „ .	—	6	—	4	—	—	—	8	—	207,08
9	5,50 „ „ .	—	2	—	—	—	—	—	—	—	183,70
10	3,81 „ „ . .	1	—	—	—	—	—	—	—	129,54	—
11	3,72 „ „ .	1	—	—	—	—	—	—	—	124,25	—
12	3,71 „ „ . .	—	1	—	—	—	—	—	—	—	123,91
13	3,61 „ „ .	—	1	—	—	—	—	—	—	—	120,57
14	3,56 „ „ .	—	—	4	—	4	—	4	—	118,90	—
15	3,26 „ „ .	—	—	4	—	4	—	4	—	108,88	—
16	3,25 „ „ .	—	1	—	—	—	—	—	—	—	108,55
17	3,19 „ „ .	—	1	—	—	—	—	—	—	—	106,55
18	3,08 „ „ . .	1	—	—	—	—	—	—	—	102,87	—
19	3,03 „ „ . .	1	—	—	—	—	—	—	—	101,20	—
20	2,74 „ „ . .	—	—	—	4	—	4	—	4	—	91,52
21	2,70 „ „ . .	—	—	—	2	—	4	—	—	—	90,18
22	2,66 „ „ . .	—	—	2	—	4	—	—	—	88,04	—
23	2,135 „ „ . .	—	—	—	4	—	4	—	4	—	71,31
24	2,0 „ „ . .	—	—	—	6	—	4	—	8	—	66,8
25	1,96 „ „ . .	—	—	6	—	4	—	8	—	65,46	—
	Summe .	14	14	26	26	24	24	28	28		
	c) Schienenlaschen										
1	mit runden Löchern .	12	12	16	16	12	12	20	20	12,65	12,65
2	mit ovalen Lochern .	12	12	16	16	12	12	20	20	13,73	13,73
	d) Kleineisenzeug.										
1	Laschenschrauben	8	48	64	64	48	48	80	80	0,542	0,542
2	Unterlagsplatten f Schienen dreilocherig rechts .	11	11	14	14	12	12	20	20	3,05	3,05
3	dreilocherig links .	11	11	14	14	12	12	20	20	3,05	3,05
4	zweilocherig rechts .	34	31	38	30	33	26	48	32	3,10	3,10
5	zweilöcherig links	34	31	38	30	33	26	48	32	3,10	3,10
6	Schwellenschrauben . . .	90	84	104	88	90	76	136	104	0,37	0,37
7	Hakennagel	112	106	132	116	114	90	176	144	0,27	0,27

Die Backenschienen sind unter c, 1 und 2 besonders aufgeführt.

Laufende Nr	Bezeichnung der Materialien b. Verwendung von Holzschwellen	Einfache Weiche 1:10	Einfache Weiche 1:9	Einfache Kreuzungsweiche 1:10	Einfache Kreuzungsweiche 1:9	Doppelte Kreuzungsweiche 1:10	Doppelte Kreuzungsweiche 1:9	Gleisekreuzung 1:10	Gleisekreuzung 1:9	Gewicht für das Stück 1:10	Gewicht für das Stück 1:9
		Stuck								Kilogramm	
	e) Zungenvorrichtung, bestehend aus:										
1	Backenschienen, 7 m lang .	2	—	4	—	8	—	—	—	232,7	—
2	desgl, 6,2 m lang . . .	—	2	—	4	—	8	—	—	—	206,2
3	Weichenplatten 5670 × 370 × 13 mm für grade Zungen . .	1	—	2	—	4	—	—	—	207,9	—
4	für gebogene Zunge .	1	—	2	—	4	—	—	—	207,9	—
	4870 × 370 × 13 mm										
5	für grade Zungen . .	—	1	—	2	—	4	—	—	—	178,0
6	für gebogene Zungen	—	1	—	2	—	4	—	—	—	178,0
7	Zungendrehstühle, rechts .	1	1	2	2	4	4	—	—	67,5	67,5
8	„ links .	1	1	2	2	4	4	—	—	67,5	67,5
	mit je einem Schlußkeil und 14 Nieten, 20 mm Durchmesser										
9	Zungen, grade, 5,8 m lang	1	—	2	—	4	—	—	—	280,0	—
10	„ gebogene, 5,8 m „	1	—	2	—	4	—	—	—	272,0	—
11	„ grade, 5,0 m „	—	1	—	2	—	4	—	—	—	241,0
12	„ gebogene, 5,0 m „	—	1	—	2	—	4	—	—	—	235,0
13	Zungenstutzknaggen . .	1	1	2	2	4	4	—	—	0,7	0,70
14	Zungenkloben mit Schlußkeil ꝛc.	2	2	4	4	8	8	—	—	3,7	3,70
15	Gleitstuhle mit je 4 Nieten, 16 mm Durchmesser . .	12	10	24	20	48	40	—	—	6,8	6,8
16	Laschen zu Backenschienen mit runden Löchern . .	2	2	4	4	8	8	—	—	12,65	12,65
17	desgl. mit ovalen Lochern	2	2	4	4	8	8	—	—	13,73	13,73
18	Laschenschrauben . . .	8	8	16	16	32	32	—	—	0,542	0,542
19	Unterlagsplatten zu Schienen Nr 70	1	—	2	—	4	—	—	—	5,12	—
20	Nr. 71	1	—	2	—	4	—	—	—	5,43	—
21	Unterlagsplatten zu Schienen Nr. 80	—	1	—	2	—	4	—	—	—	5,28
22	Nr 81	—	1	—	2	—	4	—	—	—	5,43
23	Hakennägel	8	8	16	16	32	32	—	—	—	0,27
24	Schwellenschrauben zum Befestigen der Weichenplatten . .	32	28	64	56	128	112	—	—	0,37	0,37

Laufende Nr.	Bezeichnung der Materialien b Verwendung von Holzschwellen	Einfache Weiche		Einfache Kreuzungsweiche		Doppelte Kreuzungsweiche		Gleisekreuzung		Gewicht für das Stück	
		1:10	1:9	1:10	1:9	1:10	1:9	1:10	1:9	1 : 10	1 : 9
		Stück								Kilogramm	
25	Klemmplatten Nr. 2*) .	22	20	60	56	88	80	—	—	0,36	0,36
26	„ Nr. 27. .	12	10	24	20	48	40	—	—	0,61	0,61
27	„ Nr. 30. .	2	2	4	4	8	8	—	—	0,50	0,50
28	Hakenschrauben Nr. 50*).	24	22	48	44	96	88	—	—	0,34	0,34
29	„ Nr. 51 .	—	—	16	16	—	—	—	—	0,37	0,37
30	„ Nr 52 .	12	10	24	20	48	40	—	—	0,25	0,25
31	Schraubenbolzen Nr. 53 .	2	2	4	4	8	8	—	—	0,45	0,45
32	desgl. Nr. 54, 220 mm lang	2	2	4	4	8	8	—	—	1,40	1,40
33	desgl. Nr. 54, 235 mm lang (Nr. 32 u. 33 zur Verbindung der Backenschienen mit den Zungenanschlußschienen).	2	2	4	4	8	8	—	—	1,50	1,50
34	Schraubenunterlagsplättchen Nr. 32 grade .	4	4	8	8	16	16	—	—	0,45	0,45
35	Nr. 33 schräg rechts .	2	2	4	4	8	8	—	—	0,475	0,475
36	Nr 34 schräg links	2	2	4	4	8	8	—	—	—	—
37	Gußeiserne Schienen Unterlagsplatten Nr. 48 . .	—	—	8	8	—	—	—	—	13,8	13,8
38	Gußeiserne Futterstücke B. Nr. 64	—	1	—	2	—	4	—	—	—	13,8
39	B. Nr. 65	1	—	2	—	4	—	—	—	13,8	—
40	B Nr 80	—	1	—	2	—	4	—	—	—	15,6
41	B. Nr. 81 . . .	1	—	2	—	4	—	—	—	15,6	—
42	Zungenkuppelstange, 1,053 m lang	1	1	2	2	4	4	—	—	7,9	7,9
	f. Weichenbock,**) mit niedrigstehender Laterne bestehend aus:										
1	Gußständer	1	1	1	1	1	1	—	—	23,9	23,9
2	Gewichtshebel	1	1	1	1	1	1	—	—	7,5	7,5

*) Bei besonders wichtigen und stark befahrenen Weichen wird die Anzahl der Befestigungsstellen und somit die der Klemmplatten Nr 2 und Hakenschrauben Nr 50 um 6 Stück bei Weichen 1 10 und 4 Stück bei Weichen 1:9 bei jeder Zungenvorrichtung vermehrt, sodann wird an Stelle der Klemmplatten Nr. 2 an der Anschlußschiene neben der Zungenwurzel eine besondere Klemmplatte Nr 49 angewendet Endlich werden an solchen Weichen auch noch besondere Spurhalter in der Nähe der Zungenspitze und der Zungenwurzel angebracht (Vergl Seite 12 des Katechismus für den Weichenstellerdienst 8 Auflage)

**) Bei einfachen Kreuzungsweichen werden nach Bedarf auch zwei Laternen verwendet, bei doppelten Kreuzungsweichen kommen je nach der Kuppelung der Zungen und falls sie an Stellwerken angeschlossen sind 3, auch 4 Weichenlaternen zur Anwendung.

Laufende Nr.	Bezeichnung der Materialien b Verwendung von Holzschwellen	Einfache Weiche 1:10	Einfache Weiche 1:9	Einfache Kreuzungsweiche 1.10	Einfache Kreuzungsweiche 1:9	Doppelte Kreuzungsweiche 1.10	Doppelte Kreuzungsweiche 1:9	Gleisekreuzung 1:10	Gleisekreuzung 1.9	Gewicht fur das Stuck 1:10	Gewicht fur das Stuck 1.9
		Stück								Kilogramm	
3	Zugstangenhebel	1	1	1	1	1	1	—	—	4,3	4,3
4	Hebelachse	1	1	1	1	1	1	–	—	3,2	3,2
5	Stifte durch die Hebelachse	2	2	2	2	2	2	—	—	0,15	0,15
6	Gewichte (für Kreuzungsweichen wird ein Gewicht von 42,5 kg verwendet).	1	1	1	1	1	1	—	—	33,5	33,5
7	Handgriff . .	1	1	1	1	1	1	—	—	1,0	1,0
8	Stellschraube	1	1	1	1	1	1	—	—	0,2	0,2
9	Scharnier	1	1	1	1	1	1	—	—	2,3	2,3
10	Bolzen hierzu . .	1	1	1	1	1	1	—	—	0,4	0,4
11	Stellmuffe	1	1	1	1	1	1	—	—	1,3	1,3
12	Laternenteller . . .	1	1	1	1	1	1	—	—	3,7	3,7
13	Befestigungsschrauben dazu	4	4	4	4	4	4	—	—	0,1	0,1
14	Stellschrauben	1	1	1	1	1	1	—	—	0,2	0,2
15	Laternenachse	1	1	1	1	1	1	—	—	3,6	3,6
16	Mitnehmer zur Bewegung der Laternen	1	1	1	1	1	1	—	—	1,1	1,1
17	Gabel zur Bewegung der Laternen eimschl. 2 Stellschrauben	1	1	1	1	1	1	—	—	1,6	1,6
	g. Herzstück,*) bestehend aus:										
1	Flußstaslkorper 1:10 bez 1:9	1	1	2	2	2	2	2	2	307,0	316,0
2	Herzstucklaschen mit 4 ovalen Löchern	4	4	8	4	8	8	8	4	10,1	10,1
3	Laschenschrauben Nr 54 190 mm lang .	1	—	2	—	2	—	2	—	1,29	1,29
4	205 " "	1	1	2	2	2	2	2	2	1,36	1,36
5	220 " "	1	1	2	2	2	2	2	2	1,42	1,42
6	235 " "	2	2	4	4	4	4	4	4	1,48	1,48
7	250 " " . . .	1	2	2	4	2	4	2	4	1,54	1,54
8	260 " " . . .	1	—	2	—	2	—	2	—	1,58	—
9	270 " " . . .	—	1	—	2	—	2	—	2	—	1,62
10	280 " " . . .	1	—	2	—	2	—	2	—	1,66	—
11	290 " " .	—	1	—	2	—	2	—	2	—	1,70
12	Neigungsplättchen Nr 37	16	16	32	32	32	32	32	32	0,11	0,11
13	Klemmplatten Nr. 15. .	4	4	8	8	8	8	8	8	0,46	0,46
14	" Nr 22. .	4	4	8	8	8	8	8	8	0,57	0,57

*) In neuerer Zeit werden meistens nur noch Herzstücke gefertigt, die eine gemeinsame Grundplatte haben. Bei diesen fallen dann die Unterlagsplatten fort

Laufende Nr.	Bezeichnung der Materialien b Verwendung von Holzschwellen	Einfache Weiche 1:10	Einfache Weiche 1:9	Einfache Kreuzungsweiche 1:10	Einfache Kreuzungsweiche 1:9	Doppelte Kreuzungsweiche 1:10	Doppelte Kreuzungsweiche 1:9	Gleisekreuzung 1:10	Gleisekreuzung 1:9	Gewicht für das Stück bei Weichen 1:10	Gewicht für das Stück bei Weichen 1:9
		Stück								Kilogramm	
15	Hakenschrauben Nr. 50 .	4	4	8	8	8	8	8	8	0,34	0,34
16	„ Nr. 51 .	4	4	8	8	8	8	8	8	0,37	0,37
17	Unterlagsplatten*)										
	Nr. 72. 200×450×12,5 mm	1	—	2	—	2	—	2	—	8,48	—
18	Nr. 73. 200×360×12,5 „	1	—	2	—	2	—	2	—	6,74	—
19	Nr. 74 200×400×12,5 „	1	—	2	—	2	—	2	—	7,51	—
20	Nr. 75. 200×400×12,5 „	1	—	2	—	2	—	2	—	7,51	—
21	Nr. 76 160×360×12,5 „	1	—	2	—	2	—	2	—	5,28	—
22	Nr. 82. 200×450×12,5 „	—	1	—	2	—	2	—	2	—	8,48
23	Nr. 83 200×360×12,5 „	—	1	—	2	—	2	—	2	—	6,74
24	Nr. 84. 200×400×12,5 „	—	1	—	2	—	2	—	2	—	7,51
25	Nr. 85. 200×400×12,5 „	—	1	—	2	—	2	—	2	—	7,90
26	Schwellenschrauben . . .	8	8	16	16	16	16	16	16	0,37	6,37
27	Hakennägel	4	—	8	—	8	—	8	—	0,27	0,27
28	Gußeis. Futterstück, breit	1	1	2	2	2	2	2	2	in 1 mit enthalten	
29	„ „ schmal	1	1	2	2	2	2	2	2		
	h Radlenker, bestehend aus:										
1	Radlenkerschienen, 3,5 m lang . . . . . , . .	2	2	4	4	4	4	4	4	101,6	101,6
2	Unterlagsplatten										
	Nr. 77. 160×160×12,5 mm	4	4	8	8	8	8	8	8	5,36	5,36
3	Nr. 78. 200×360×12,5 „	4	4	8	8	8	8	8	8	6,56	6,56
4	Nr. 79. 160×380×12,5 „	2	2	4	4	4	4	4	4	5,57	5,57
5	Klemmplatten Nr. 2 . .	16	16	32	32	32	32	32	32	0,36	0,36
6	„ Nr. 15 . .	14	14	28	28	28	28	28	28	0,46	0,46
7	Hakenschrauben Nr. 50 .	30	30	60	60	60	60	60	60	0,34	0,34
8	Schwellenschrauben . . .	20	20	40	20	40	40	40	40	0,37	0,37
9	Gußeiserne Stützknaggen .										
	Nr I.	4	4	8	8	8	8	8	8	6,5	6,50
10	Nr II.	2	2	4	4	4	4	4	4	7,4	7,4
11	Nr III.	2	2	4	4	4	4	4	4	7,4	7,4
12	Stützknaggenschrauben Nr. 54										
	165 mm lang . . .	8	8	16	16	16	16	16	16	1,2	1,2
13	175 mm lang . . .	8	8	16	16	16	16	16	16	1,25	1,25

*) Bei den Herzstücken mit gemeinsamer Grundplatte fallen die Unterlagsplatten fort und tritt an deren Stelle diese Grundplatte.

Laufende Nr.	Bezeichnung der Materialien b. Verwendung von Holzschwellen.	Einfache Weiche 1:10	Einfache Weiche 1:9	Einfache Kreuzungsweiche 1:10	Einfache Kreuzungsweiche 1:9	Doppelte Kreuzungsweiche 1:10	Doppelte Kreuzungsweiche 1:9	Gleisekreuzung 1:10	Gleisekreuzung 1:9	Gewicht für das Stück bei Weichen 1:10	Gewicht für das Stück bei Weichen 1:9
		Stück								Kilogramm	
14	Unterlagsplättchen Nr. 32, grade*)	32	32	64	64	64	64	64	64	0,462	0,462
	i. Umstellungsvorrichtung, bestehend aus:										
1	Grundplatten für die Umlenkehebel mit Hebelachsen, Scheiben und Splinten .	—	—	2	2	2	2	—	—	9,05	9,05
2	Grundplatte für den graden Hebel mit Hebelachse, Scheibe und Splint . .	—	—	1	1	1	1	—	—	8,8	8,8
3	Umlenkhebel zweiarmig .	—	—	2	2	—	—	—	—	5,9	5,9
4	„ dreiarmig	—	—	—	—	2	2	—	—	8,15	8,15
5	Grader Hebel . . .	—	—	1	1	1	1	—	—	5,4	5,4
6	Gekröpfte Scharniere mit Gasgewinde einschl. Scharnirbolzen mit Splinten .	—	—	2	2	2	2	—	—	3,8	3,8
7	Grade Scharniere sonst wie vor	—	—	2	2	2	2	—	—	2,7	2,7
8	Zugstangen je 1,723 m lang mit 2 Scharnierbolzen und Splinten .	—	—	2	2	2	2	—	—	12,3	12,30
9	Gasrohre je 4,545 m lang	—	—	4	—	4	—	—	—	22,1	—
10	Gasrohrmuffen	—	—	6	6	6	6	—	—	1,8	1,8
11	Fuhrungsrollen mit Zubehör	—	—	4	4	4	4	—	—	2,7	2,7
12	Nieten 20 mm Durchmesser	—	—	8	8	8	8	—	—	0,15	0,15
13	Eiserne Weichenschwellen, 1,5 m lang	—	—	2	2	2	2	—	—	43,6	43,6
14	Schwellenschrauben . .	—	—	12	12	12	12	—	—	0,37	0,37
15	Schrauben Nr 61 mit Unterlagsscheiben . . .	—	—	8	8	8	8	—	—	0,77	0,77
16	Grade Scharniere mit Linksgewinde einschließl. Scharnierbolzen und Splinten	—	—	—	—	2	2	—	—	2,5	2,5

*) Bei Verwendung eines Radlenkers aus Winkelprofil ist nur die Hälfte der angegebenen Unterlagsplatten erforderlich.

Laufende Nr.	Bezeichnung der Materialien b. Verwendung von Holzschwellen.	Einfache Weiche 1:10	Einfache Weiche 1:9	Einfache Kreuzungsweiche 1:10	Einfache Kreuzungsweiche 1:9	Doppelte Kreuzungsweiche 1:10	Doppelte Kreuzungsweiche 1:9	Gleisekreuzung 1:10	Gleisekreuzung 1:9	Gewicht für das Stück bei Weichen 1:10	Gewicht für das Stück bei Weichen 1:9
		Stück								Kilogramm	
17	Zungenstangen, 0,548 m lang, mit je 1 Scharnierbolzen und Splint mit sechseckigen Muffen und Links- und Rechtsgewinde	—	—	—	—	2	—	—	—	5,95	—
18	Zugstangen, je 0,552 mit Scharnier, sonst wie vor	—	—	—	—	—	2	—	—	—	5,8
19	Gasrohre, je 4,115 m lang	—	—	—	4	—	4	—	—	—	20,0
	k Doppelherzstücke, bestehend aus:										
1	Flußstahlkörper mit Futterstücken	—	—	2	2	2	2	2	2	410,5	387,0
2	Herzstücklaschen mit ovalen Löchern	—	—	8	8	8	8	8	8	10,10	10,10
3	Laschenschrauben Nr. 54 235 mm lang .	—	—	4	4	4	4	4	4	1,48	1,48
4	250 „ „ . .	—	—	4	4	4	4	4	4	1,54	1,54
5	270 „ „ . . .	—	—	4	4	4	4	4	4	1,62	1,62
6	290 „ „ . .	—	—	4	4	4	4	4	4	1,70	1,70
7	Neigungsplättchen Nr. 37	—	—	32	32	32	32	32	32	0,11	0,11
8	Klemmplatten Nr. 15 . .	—	—	12	12	12	12	12	12	0,46	0,46
9	„ Nr 22 . .	—	—	8	8	8	8	8	8	0,57	0,57
10	Hakenschrauben Nr 50 .	—	—	12	12	12	12	12	12	0,34	0,34
11	„ Nr 51 .	—	—	8	8	8	8	8	8	0,37	0,37
12	Unterlagsplatten (12,5 mm stark) Nr. 86 200×400	—	—	2	—	—	—	4	—	8,28	—
13	Nr 87. 200×400	—	—	2	—	—	—	4	—	7,51	—
14	Nr. 88. 200×330	—	—	1	—	—	—	2	—	6,17	—
15	Nr. 89. 200×610	—	—	2	—	4	—	—	—	11,50	—
16	Nr. 90. 200×540	—	—	2	—	4	—	—	—	10,15	—
17	Nr. 91. 200×500	—	—	1	—	2	—	—	—	9,38	—
18	Nr. 92 200×440	—	—	—	4	—	4	—	4	—	8,28
19	Nr. 93. 200×560	—	—	—	2	—	4	—	—	—	10,54
20	Nr 94 200×300	—	—	—	2	—	2	—	2	—	5,59
21	Nr. 95 200×390	—	—	—	2	—	—	—	4	—	7,32
22	Hakennägel	—	—	10	20	20	20	—	—	0,27	0,27
23	Schwellenschrauben .	—	—	10	10	10	10	20	20	0,37	0,37

Laufende Nr.	Bezeichnung der Materialien b Verwendung von eisernen Querschwellen	Einfache Weiche 1:10	Einfache Weiche 1:9	Einfache Kreuzungsweiche 1:10	Einfache Kreuzungsweiche 1:9	Doppelte Kreuzungsweiche 1:10	Doppelte Kreuzungsweiche 1:9	Gleisekreuzung 1:10	Gleisekreuzung 1:9	Gewicht für das Stück
		Stück								Kilogramm
	a) Eiserne Querschwellen									
1	2,4 m lang . . .	3	3	—	—	—	—	—	—	66,24
2	2,5 „ „	4	3	—	—	—	—	3	3	69,00
3	2,6 „ „ . .	5	5	—	—	—	—	2	2	71,46
4	2,7 „ „ .	2	2	—	—	—	—	4	2	74,52
5	2,8 „ „ .	2	2	—	4	—	—	2	2	77,28
6	2,9 „ „ .	2	2	8	4	—	—	2	2	80,04
7	3,0 „ „ . .	2	1	2	2	—	—	2	2	82,80
8	3,1 „ „ . . .	1	1	5	3	10	8	2	2	85,56
9	3,2 „ „ . . .	2	2	3	3	4	4	2	2	88,32
10	3,3 „ „ . .	1	1	5	5	9	3	2	2	91,08
11	3,4 „ „ . . .	1	1	—	—	—	6	4	2	93,84
12	3,5 „ „ . . .	2	1	2	2	2	2	2	2	96,60
13	3,6 „ „ . .	1	2	2	2	2	2	2	2	99,36
14	3,7 „ „ . .	2	1	6	4	6	4	4	2	102,12
15	3,8 „ „ . . .	2	2	2	2	2	2	2	2	104,88
16	3,9 „ „ . . .	1	1	2	2	2	2	2	2	107,64
17	4,0 „ „ . .	2	1	4	4	4	4	4	4	110,40
18	4,1 „ „ . .	1	1	2	2	2	2	2	2	113,16
19	4,2 „ „ . .	1	1	2	2	2	2	2	2	115,92
20	4,3 „ „ . .	1	1	4	2	4	2	4	2	118,68
21	4,4 „ „ . . .	2	1	2	2	2	2	2	2	121,44
22	4,5 „ „ . . .	1	1	2	—	2	—	2	—	124,20
23	4,6 „ „ . . .	—	1	—	—	—	—	—	—	126,96
24	4,9 „ „ . .	—	—	2	2	2	2	—	—	135,24
	Im Ganzen .	41	38	55	47	55	47	53	45	

b) Schienen. Der Bedarf der Schienen ergiebt sich aus der Zusammenstellung auf Seite 179.

Laufende Nr.	Zusammenstellung des Gesammtbedarfs der zu den Weichen u Gleisekreuzungen mit eisernen Querschwellen erforderlichen Materialien	Einfache Weiche 1:10	Einfache Weiche 1:9	Einfache Kreuzungsweiche 1:10	Einfache Kreuzungsweiche 1:9	Doppelte Kreuzungsweiche 1:10	Doppelte Kreuzungsweiche 1:9	Gleisekreuzung 1:10	Gleisekreuzung 1:9	Gewicht fur das Stuck bez. lfd m in Kilogramm 1:10	Gewicht fur das Stuck bez. lfd m in Kilogramm 1:9
		Stück bez lfd m								Kilogramm	
1	Zungenvorrichtung rechts oder links mit Bockstange	1	1	2	2	4	4	—	—	1756,1	1549,1
2	Weichenbock mit niedrigstehender Signallaterne	1	1	1	1	1	1	—	—	88,5 97,5	88,5 97,5
3	Weichensignal mit Lampe	1	1	1	1	1	1	—	—	8,5	8,5
4	Stellvorrichtung zur Weiche	—	—	1	1	1	1	—	—	301,8 323,2	293,7 314,7
5	Schienen nach der Zusammenstellung auf Seite 179, jedoch ausschließlich der 2 Radlenkerschienen, lfd. m	71,04	61,96	87,16	76,27	75,36	67,44	98,96	85,1	33,4	33,4
6	Fahrschiene 9 m lang mit Radlenkern 3,5 m lang	2	2	2	4	4	4	4	4	447,7	447,7
7	Außenlaschen 600 mm lang	18	18	32	32	32	32	24	24	10,11	10,11
8	Innenlaschen 830 „ „	14	14	16	16	16	16	24	24	13,50	13,50
9	Laschenschrauben	64	64	96	96	96	96	96	96	0,54	0,54
10	Einfache Herzstucke mit 2 Futterstücken	1	1	2	2	2	2	2	2	307,0	316,0
11	Doppelherzstucke mit je 2 Futterstücken	—	—	2	2	2	2	2	2	410,0	387,0
12	Herzstucklaschen 600 mm lang mit erweiterter Lochung	4	4	16	16	16	16	16	16	10,1	10,1
13	Neigungsplättchen Nr. 37	16	16	64	64	64	64	64	64	0,11	0,11
14	Laschenschrauben Nr. 54 bis 190 mm lang	1	—	2	—	2	—	2	—	1,3	—
15	Nr. 54 205 mm lang	1	1	2	2	2	2	2	2	1,4	1,4
16	54 220 „ „	1	1	2	2	2	2	2	2	1,4	1,4
17	54 235 „ „	2	2	8	8	8	8	8	8	1,5	1,5
18	54 250 „ „	1	2	6	4	6	4	6	4	1,5	1,5
19	54 260 „ „	1	—	2	4	2	4	2	4	1,6	1,6
20	54 270 „ „	—	1	4	6	4	6	4	6	1,7	1,7
21	54 280 „ „	1	—	6	—	6	—	6	—	1,7	—
22	54 290 „ „	—	1	—	6	—	6	—	6	—	1,7
23	Eiserne Weichenquerschwellen nach Seite 186 lfd m	132,6	123,7	200,0	168,4	202,7	172,1	185,7	154,1	27,6	27,6
24	Klemmplatten Nr. 2	220	204	268	220	288	240	328	264	0,36	0,36
25	„ „ 15	48	44	108	100	172	156	44	44	0,46	0,46

Laufende Nr.	Zusammenstellung des Gesammtbedarfs der zu den Weichen u. Gleisekreuzungen mit eisernen Querschwellen erforderlichen Materialien.	Einfache Weiche 1:10	Einfache Weiche 1:9	Einfache Kreuzungsweiche 1:10	Einfache Kreuzungsweiche 1:9	Doppelte Kreuzungsweiche 1:10	Doppelte Kreuzungsweiche 1:9	Gleisekreuzung 1:10	Gleisekreuzung 1:9	Gewicht für das Stück bez. lfd. m in Kilogramm 1:10	Gewicht für das Stück bez. lfd. m in Kilogramm 1:9
		Stück bez. lfd. m								Kilogramm	
26	Klemmplatten Nr. 22	4	4	64	56	16	16	16	16	0,57	0,57
27	„ „ 30	6	6	8	8	8	8	8	8	0,49	0,49
28	Uebergangsplatten Nr. 31 .	6	6	8	8	8	8	8	8	3,30	3,30
29	Klemmplatten Nr. 42 .	6	6	8	8	8	8	8	8	0,60	0,60
30	Hakenschrauben Nr. 50 . .	268	248	360	304	460	396	372	308	0,31	0,31
31	„ „ 51 .	16	16	128	120	32	32	32	32	0,37	0,37
32	Schrauben Nr. 53, 75 mm lang	4	4	4	4	4	4	—	—	0,40	0,40
33	Unterlagsplatten Nr. 39 .	—	—	24	20	—	—	—	—	2,27	2,27
34	Gußeiserne Unterlagsplatten Nr. 48	—	—	8	8	—	—	—	—	13,80	13,80

Laufende Nr.	Zusammenstellung des Gesammtbedarfs der zu den Weichen u. Gleisekreuzungen mit Holzschwellen erforderlichen Materialien.	Einfache Weiche 1:10	Einfache Weiche 1:9	Einfache Kreuzungsweiche 1:10	Einfache Kreuzungsweiche 1:9	Doppelte Kreuzungsweiche 1:10	Doppelte Kreuzungsweiche 1:9	Gleisekreuzung 1:10	Gleisekreuzung 1:9	Gewicht für das Stück bez. lfd. m in Kilogramm 1:10	Gewicht für das Stück bez. lfd. m in Kilogramm 1:9
		Stück bez. lfd. m								Kilogramm	
1	Zungenvorrichtungen links oder rechts mit Bockstange	1	1	2	2	4	4	—	—	1756,1	1549,1
2	Weichenbock mit niedrigstehender Laterne	1	1	1	1	1	1	—	—	88,5 97,5	88,5 97,5
3	Weichensignal mit Lampe .	1	1	1	1	1	1	—	—	8,5	8,5
4	Stellvorrichtung zur Weiche	—	—	1	1	1	1	—	—	280,0 301,4	271,9 293,0
5	Fahrschienen nach der Zusammenstellung auf Seite 179, jedoch ohne die Radlenkerfahrschienen lfd. m	71,04	61,96	87,16	76,27	75,36	67,44	98,96	85,1	33,4	33,4
6	Fahrschienen 9 m lang mit Radlenker 3,5 m lang	2	2	4	4	4	4	4	4	447,7	447,7
7	Außenlaschen für Holzschwellen 600 mm lang	18	18	28	32	32	32	24	24	12,65	12,65

Laufende Nr.	Zusammenstellung des Gesammtbedarfs der zu den Weichen u Gleisekreuzungen mit Holzschwellen erforderlichen Materialien	Einfache Weiche		Einfache Kreuzungsweiche		Doppelte Kreuzungsweiche		Gleisekreuzung		Gewicht für das Stück bez lfd. m in Kilogramm	
		1:10	1:9	1:10	1:9	1:10	1:7	1:10	1:9	1 : 10	1 : 9
		Stück bez. lfd m								Kilogramm	
8	Innenlaschen, geklinkt, 667 mm lang	14	14	20	16	16	16	24	24	13,73	13,73
9	Laschenschrauben . .	64	64	96	96	96	96	96	96	0,54	0,54
10	Einfache Herzstücke mit je 2 Futterstücken	1	1	2	2	2	2	2	2	307,0	316,0
11	Doppelte Herzstücke mit je 2 Futterstücken .	—	—	2	2	2	2	2	2	414,0	390
12	Herzstücklaschen 600 mm lang mit erweiterter Lochung	4	4	16	16	16	16	16	16	10,1	10,1
13	Neigungsplättchen Nr. 37	16	16	64	64	64	64	64	64	0,11	0,11
14	Laschenschrauben Nr 54 190 mm lang .	1	—	2	—	2	—	2	—	1,3	—
15	54 205 " "	1	1	2	2	2	2	2	2	1,4	1,4
16	54 220 " " . .	1	1	2	2	2	2	2	2	1,4	1,4
17	54 235 " "	2	2	8	8	8	8	8	8	1,5	1,5
18	54 250 " "	1	2	6	4	6	4	6	4	1,5	1,5
19	54 260 " "	1	—	2	4	2	4	2	4	1,6	1,6
20	54 270 " " . .	—	1	4	6	4	6	4	6	1,6	1,6
21	54 280 " " .	1	—	6	—	6	—	6	—	1,7	—
22	54 290 " " .	—	1	—	6	—	6	—	6	—	1,7
23	Klemmplatten Nr. 2 .	16	16	48	48	32	32	32	32	0,36	0,36
24	" " 15 .	18	18	48	48	48	48	48	48	0,46	0,46
25	" " 22 .	4	4	16	16	16	16	16	16	0,57	0,57
26	Hakenschrauben Nr. 51	—	—	16	16	—	—	—	—	0,37	0,37
27	Hakennägel . .	240	224	320	264	304	256	360	296	0,27	0,27
28	Schwellenschrauben .	74	70	208	200	240	212	96	96	0,37	0,37
29	Schrauben Nr 61 mit Unterlagsscheiben . . .	—	—	8	8	8	8	—	—	0,78	0,78
30	Unterlagsplatten für Mittelschwellen . .	72	66	89	68	74	60	104	76	3,10	3,10
31	Unterlagsplatten für Stoßschwellen	28	28	36	32	32	32	48	48	3,05	3,05
32	Gußeiserne Unterlagsplatten Nr 48	—	—	8	8	—	—	—	—	13,80	13,80
33	Besondere Unterlagsplatten .	17	16	44	42	48	46	40	38	—	—
34	Hölzerne Weichenschwellen lfd. m	130,4	121,5	189,4	167,3	201,2	170,6	185,7	154,1	—	—

e. Weichen mit Schienen Nr. 6 d.

§. 1. Seit dem Jahre 1890 sind neue Weichen mit Schienen Nr. 6 d eingeführt, die in manchen Theilen von den vorigen abweichen, weshalb dieselben auf Tafel V in Abb. 20—27 in den einzelnen Anordnungen dargestellt sind.

Dazu wird bemerkt, daß die Zungenvorrichtungen längere Backenschienen erhalten haben und zwar die Weichen 1 : 10 jetzt solche von 8,00 m, die Weiche 1 : 9 solche von 6,10 m Länge, wodurch es möglich wurde, die Stöße beiderseits um je eine Schwelle hinauszurücken. Es bedingte dieses selbstverständlich auch eine andere Schienentheilung für beide Stränge, doch ist der Stoß hinten am Herzstück in seiner früheren Lage beibehalten. Der Abstand des Schienenstoßes vor der Zungenspitze, der früher bei beiden Weichenarten = 0,50 m betrug, ist bei den neuen Weichen 1 : 10 auf 0,98 m und bei den Weichen 1 : 9 auf 0,936 m vergrößert worden, wodurch sich dann auch die andern hierauf zurückgreifenden Maaße, so im Besondern auch der Abstand des Schienenstoßes vom Weichenmittelpuncte, entsprechend vergrößert haben. Im Uebrigen sind die der Berechnung zu Grunde gelegten Annahmen, sowie die sich ergebenden Rechnungsgrößen denen der älteren Bauart (Tafel II) gleich geblieben.

Der Zungendichstuhl ist nicht mehr auf die Platte aufgeschweißt, sondern besonders eingesetzt und kräftig verschraubt, so daß dessen Auswechselung bei eintretender Beschädigung leicht ausführbar ist.

Das Herzstück besteht nicht mehr aus einem Stahlgußkörper, sondern es ist nur die Spitze aus einem Stück hergestellt, während die Flügelschienen aus gewöhnlichen Schienen, die in der Spurrinne seitlich etwas abgehobelt sind, besonders daneben gesetzt und mittelst Futterstücken und Bolzen untereinander, sowie mit der Spitze verbunden werden. Das Ganze ruht auf einer gemeinsamen über 4 Schwellen greifenden Herzstückplatte, jedoch greifen die Flügelschienen noch etwa 2,3 m bezw. 2,8 m darüber hinaus, so daß deren Gesammtlange 4,26 m bezw. 4,78 m beträgt. Dadurch ist es möglich geworden, den Stoß vor der Spitze entsprechend vorzuschieben und ihn *schwebend* zu gestalten, so daß am Herzstück nur noch ein Stoß (hinter der Herzstückspitze) fest verblieben ist.

Die Doppelherzstücke sind ganz aus Schienen hergestellt. Die Flügelschienen haben Längen von 8,125 (bei 1 : 10) bezw. 8,005 (bei 1 : 9) erhalten, auch die Schienen, welche die Spitzen bilden, sind ziemlich lang gewählt (2,85 bei 1 : 10 und 2,307 bei 1 : 9), so daß es möglich war, die Stöße beider Schienenreihen entsprechend weit auseinander zu legen und schwebend zu gestalten.

Durch eine bedeutende Vermehrung der Schwellen (50 gegen 33 bei den Weichen 1 : 10) haben die Weichen eine wesentlich festere Lage erhalten.

§. 2. Im Folgenden sind wiederum die Verzeichnisse der Weichen und Weichenmaterialien für beide Arten und zwar sowohl für Holz- als für Eisenschwellen aufgeführt, auch Verzeichnisse der einzelnen Weichentheile nachgefügt:

A. Verzeichniß für die Anforderung der Weichen und auf Holzschwellen mit Schienen Nr. 6 d

		1	2	3	4	5	6	7	8	9
	Material-Nr.	**201**								
		Schienen Nr. 6 d								
		Länge in Metern								
		8,20*	8,105	8,00	7,985	7,91	7,60*	7,245	7,185	7,10
1.	Einfache Weiche 1 : 9 . . .	.	.	.	.	.	2	1	1	.
2.	Kreuzung 1 : 9	.	.	.	.	.	4	.	.	4
3.	Einfache Kreuzungsweiche 1 : 9	.	.	.	1	.	4	.	.	2
4.	Doppelte Kreuzungsweiche 1 : 9	.	.	.	2	.	4	.	.	
5.	Einfache Weiche 1 : 10 . .	2	.	3	.	1	.	.	.	.
6.	Kreuzung 1 : 10	4	.	4	.	.	.	.	.	.
7,	Einfache Kreuzungsweiche 1 : 10	4	1	2	.	.	.	.	.	
8	Doppelte Kreuzungsweiche 1 : 10	4	2	.	.	.	.	.	.	.

		24	25	26	27	28	29	30	31
	Material-Nr.	**240†**							
		Zungenvorrichtungen für							
		einfache Weichen				doppelte Kreuzungsweichen mit Zungenkuppelung			
		1 : 9		1 : 10		1 : 9		1 : 10	
		links	rechts	links	rechts	links	rechts	links	rechts
1.	Einfache Weiche 1 : 9	1		.	.	.	.	.	.
2.	Kreuzung 1 : 9	.	.	.	.	.	.	.	.
3.	Einfache Kreuzungsweiche 1 : 9	1	1	.	.	.	.	.	.
4.	Doppelte Kreuzungsweiche 1 : 9	.	.	.	.	2	2	.	.
5.	Einfache Weiche 1 : 10 . . .	.	.	1		.	.	.	.
6.	Kreuzung 1 : 10	.	.	.	.	.	.	.	.
7.	Einfache Kreuzungsweiche 1 : 10	.	.	1	1	.	.	.	.
8.	Doppelte Kreuzungsweiche 1 : 10	.	.	.			.	2	2

* mit Radlenker verschraubt — † Vergl. Seite 198 Nr. 4, 201 Nr 10. — †† Vergl Seite 199 Nr. 6. — § Vergl. Seite 197 Nr 1, 200 Nr. 7. — §§ Vergl Seite 198 Nr 3, 200 Nr. 9

Weichentheile für Weichen und Kreuzungen 1 : 9 und 1 : 10 der Preußischen Staats-Eisenbahnen.

10	11	12	13	14	15	16	17	18	19	20	21	22	23
201											216	217	
Schienen Nr. 6d											Laschenschrauben zu Schienen 6 u. 7	Schwellenschrauben, 120 mm lang	desgl. 165 mm lang
Länge in Metern													
7,00	6,95	6,78	6,10	6,00	5,935	5,80	5,665	5,655	3,24	3,175			
.	.	.	5	1	.	.	.	.	.	2	64	491	55
.	.	.	.	.	4	.	.	.	.	4	96	760	108
.	.	.	.	.	2	.	.	1	.	4	96	745	172
.	.	.	.	.	.	.	.	2	.	4	96	762	164
1	1	.	.	.	.	2	.	.	2	.	64	577	55
.	.	4	.	.	.	.	.	.	4	.	96	876	110
.	.	2	.	.	.		1	.	4	.	96	851	178
.	.	.	.		.	.	2	.	4	.	96	858	174

32	33	34	35	36	37	38	39	40	41	42
245 ††		247 §		252				253 §§	255	
Weichenböcke mit Gewicht und Gewichtshebel	Weichenböcke ohne Gewicht und Gewichtshebel	Einfache Schienenherzstücke mit Unterlagsplatte 6 d.-E. H.		Doppelte Schienenherzstücke mit Unterlagsplatte 6 d.-E. K.		Doppelte Schienenherzstücke mit Unterlagsplatte 6 d.-D. K.		Radlenker, 3,5 m lang, mit Zubehör	Weichensignalkasten mit einfachem Pfeil	
		1 : 9	1 : 10	1 : 9	1 : 10	1 : 9	1 : 10		links	rechts
1		1	.	.			.	2	1	
.		2		2				4		
1	1	2		1		1	.	4	1	1
2	2	2		.		2	.	4	2	2
1			1					2	1	
			2		2			4	.	.
1	1		2		1		1	4	1	1
2	2		2				2	4	2	2

	43	44	45	46	47	48
Material-Nr.	**256***		**265**			**269**
	Stellvorrichtungen für einfache Kreuzungsweichen 1:9	Stellvorrichtungen für einfache Kreuzungsweichen 1:10	Gekinkte Innenlaschen, 690 mm lang, 10 a	Gekinkte Außenlaschen, 690 mm lang, 10 a	Ungekinkte Laschen (10 a), 463 mm lang, zu Weichen mit Schienen 6 d	Hakenschrauben 51 d
1. Einfache Weiche 1:9 . .	.	.	14	16	2	.
2. Kreuzung 1·9	.	.	24	24	.	.
3 Einfache Kreuzungsweiche 1:9	1	.	20	24	4	16
4. Doppelte Kreuzungsweiche 1:9	.	.	16	24	8	.
5. Einfache Weiche 1:10 . . .	.	.	14	16	2	.
6. Kreuzung 1:10	.	.	24	24	.	.
7. Einfache Kreuzungsweiche 1:10	.	1	20	24	4	16
8 Doppelte Kreuzungsweiche 1:10	.	.	16	24	8	.

	62	63	64	65	66	67	68
Material-Nr.	**271**						
	Unterlagsplatten (15 mm dick)						
	410×160		430×160	410×160	430×160	400×200	
	Nummern						
	81 d	82 d	83 d	84 d	85 d	86 d	87 d
1. Einfache Weiche 1:9	.	.	.	.	.	.	.
2 Kreuzung 1:9	4	.	.	.	.	.	.
3. Einfache Kreuzungsweiche 1:9	4	.	.	.	.	.	.
4. Doppelte Kreuzungsweiche 1:9	4	.	.	.	.	.	.
5. Einfache Weiche 1:10 . .	.	1	1	1	1	1	1
6. Kreuzung 1:10		.	.		.	2	2
7. Einfache Kreuzungsweiche 1:10	.	2	2	2	2	2	2
8 Doppelte Kreuzungsweiche 1:10	.	4	4	4	4	2	2

* Vergl S 199 Nr 5.

49	50	51	52	53	54	55	56	57	58	59	60	61
271												
Unterlagsplatten Nr. 18	Gußeiserne Unterlagsplatten Nr. 48	Unterlagsplatten (15 mm dick)										
		410× 160	430× 160	410× 160	430× 160	400× 160		400× 200	400× 160		410× 200	
		Nummern										
		70 d	71 d	72 d	73 d	74 d	75 d	76 d	77 d	78 d	79 d	80 d
144	.	1	1	1	1	2	2	4	2	2	1	1
232	.	.	.	.	.	4	4	8	4	4	2	2
193	8	2	2	2	2	4	4	8	4	4	2	2
170	.	4	4	4	4	4	4	8	4	4	2	2
170	.	.	.	.	.	2	2	4	2	2	.	.
268	.	.	.	.	.	4	4	8	4	4	.	.
223	8	.	.	.	.	4	4	8	4	4	.	.
194	.	.	.	.	.	4	4	8	4	4	.	.

69	70	71	72	73	74	75	76	77	78	79
271			272		291					
Unterlagsplatten (15 mm dick)			Klemmplatten Nr.		Holzquerschwellen					
480× 200	420× 160	620× 160								
Nummern					Länge in Metern					
88 d	89 d	90 d	2	25	2,5	2,7	2,8	2,9	3,0	3,1
.	.	.	49	2	8	5	5	4	3	2
.	.	.	104	4	16	.	.	.	11	2
.	.	.	140	4	16	.	.	.	.	.
.	.	.	144	4	16	.	.	.	.	.
1	.	.	49	2	10	5	6	5	3	2
2	4	.	106	4	20	.	.	.	11	4
2	2	2	146	4	20	.	.	.	.	6
2	.	4	158	4	20	.	.	.	.	

		80	81	82	83	84	85	86	87	88	89	90
	Material-Nr.	**291**										
		Holzquerschwellen										
		Länge in Metern										
		3,2	3,3	3,4	3,5	3,6	3,7	3,8	3,9	4,0	4,1	4,2
1.	Einfache Weiche 1:9	2	2	2	1	2	1	2	1	3	1	2
2	Kreuzung 1:9	4	2	2	4	2	2	4	2	4	2	4
3	Einfache Kreuzungsweiche 1:9	9	6	3	5	2	.	6	2	4	2	4
4.	Doppelte Kreuzungsweiche 1:9		.	.	21	4	2	4	2	4	2	4
5.	Einfache Weiche 1:10 . .	3	2	2	2	1	2	2	2	3	1	2
6.	Kreuzung 1:10.	2	4	2	4	2	4	2	4	4	2	4
7.	Einfache Kreuzungsweiche 1:10	5	4	4	6	2	.	6	4	4	2	4
8	Doppelte Kreuzungsweiche 1:10	.	.	.	23	4	2	4	4	4	2	4

		91	92	93	94	95	96	97	98	99	100	101
	Material-Nr.	**291**										Summe der Holzquerschwellen
		Holzquerschwellen										
		Länge in Metern.										
		4,3	4,4	4,5	4,6	4,7	4,8	4,9	5,0	5,1	6,2	m
1.	Einfache Weiche 1:9	2	1	2	1	2	1	1	2	.	.	**200,2**
2	Kreuzung 1:9	4	2	4	2	4	2	2	4	.	.	**309,4**
3	Einfache Kreuzungsweiche 1:9	4	2	4	2	4	2	2	6	.	.	**316,5**
4	Doppelte Kreuzungsweiche 1:9	4	2	4	2	4	2	2	4	.	2	**323,1**
5	Einfache Weiche 1:10 . .	2	1	2	2	2	1	2	1	1	.	**231,2**
6.	Kreuzung 1 10.	4	2	4	4	4	2	4	2	2	.	**352,6**
7	Einfche Kreuzungsweiche 1:10	4	2	4	4	4	2	4	4	2	.	**359,6**
8	Doppelte Kreuzungsweiche 1:10	4	2	4	4	4	2	4	2	2	2	**367,1**

Verzeichniß der einzelnen Weichentheile mit Schienen Nr. 6 auf hölzernen Schwellen.

1.

Mat.-Nr. 247. **Einfaches Schienenherzstück 1:9 mit Schienen 6d.**

Die einzelnen Theile sind:

1 Flügelschiene 4,26 m lang rechts (Form 6 oder 7).
1 „ 4,26 m lang links (Form 6 oder 7).
1 Flußstahlspitze 1:9, 6d.
1 Schraube Nr. 42, 205 mm lang.
1 „ „ 42, 210 „ „
1 „ „ 42, 220 „ „
1 „ „ 42, 225 „ „
1 „ „ 42, 240 „ „
1 „ „ 42, 250 „ „
1 „ „ 42, 260 „ „
1 „ „ 42, 275 „ „
1 „ „ 42, 330 „ „
1 „ „ 42. 340 „ „

2 ungeklinkte Laschen 463 mm lang, zu Weichen mit Schienen 6d.
4 Futterstücke 49.
1 Futterstück 6d—1:9. I.
1 „ 6d—1:9. II.
6 schräge Schraubenunterlagsplättchen Nr. 33d. *)
6 „ Schraubenunterlagsplättchen Nr. 34d. *)
8 Neigungsplättchen W. 16.
8 Klemmplatten Nr. 2.
8 Hakenschrauben Nr. 50d.
1 Unterlagsplatte 2080 mm lang, 500 mm breit, 6d—E.H. 1:9.

2.

Mat.-Nr. 252 **Doppeltes Schienenherzstück 1:9 mit Schienen 6d.**

Die einzelnen Theile sind:

1 Flügelschiene, 8,005 m lang
1 überhöhter Radlenker 2,5 m lang (6d 1:9).
2 Flußstahlspitzen 1:9 2,307 m lang [1 rechts, 1 links] 6d.
4 Schrauben Nr. 42, 275 mm lang.
2 „ „ 42, 285 „ „
2 „ „ 42, 255 „ „
2 „ „ 42, 210 „ „
2 „ „ 42, 195 „ „
2 Futterstücke 6d—K. 1:9 I.
2 „ 6d—K 1:9 II.

2 Futterstücke 6d—D. H. III.
2 „ 6d—D. H. IV.
6 schräge Schraubenunterlagsplättchen Nr. 34d. *)
6 „ Schraubenunterlagsplättchen Nr. 33d. *)
12 Neigungsplättchen W. 16.
12 Klemmplatten Nr. 2.
12 Hakenschrauben Nr. 50d.
1 Unterlagsplatte 2940 mm lang, 640 mm breit, 6d—D K 1:9.

Bei dem doppelten Herzstück für Kreuzungen und einfache Kreuzungsweichen tritt an Stelle der Unterhaltungsplatte 6d—D.K. 1:9 die 2940 mm lange, 490 mm breite Unterlagsplatte 6d—E.K. 1:9.

*) Werden die Flügelschienen aus Schienen Nr. 7c hergestellt, so sind statt der Plättchen Nr. 33d und 34d die Schraubenunterlagsplattchen W. 15 zu verwenden.

3.

Mat.-Nr. $\frac{201}{253.}$ **Fahrschiene 7,6 m lang mit Radlenker 3,5 m lang, verschraubt.**

Die einzelnen Theile sind:

1 Schiene 7,60 m lang 6 d.

Mat.-Nr. 253. {
1 Radlenker 3,5 m lang.
2 Futterstücke 41. I.
2 „ 41. II.
4 Schrauben Nr. 42, 175 mm lang.
4 „ „ 42, 190 „ „
8 Schraubenunterlagsplättchen Nr. 32 d [W. 14 bei Schienen Nr. 7].

4.

Mat.-Nr. 240. **Zungenvorrichtung 1:9. 6 d.**

Die einzelnen Theile sind:

1 Backenschiene 7,10 m lang, gerade, fertig bearbeitet.
1 „ 7,10 m „ gebogen, „ „
1 Zunge 5,00 m „ gerade, „ „
1 „ 5,00 m „ gebogen, „ „
2 Weichenplatten 4,900 m lang, { 1 für gerade Backsteinschienen gelocht, 1 „ gebogene „ „
2 Drehstuhle, 1 links, 1 rechts 6 d.
12 Gleitstühle.
2 Zungenkolben mit Bolzen, Scheiben und Splint.
1 Futterstück 6 d—B. 64.
1 „ 6 d—B. 80.
1 Verbindungsstange.
1 Weichenbockstange mit Gegenmutter
2 Stützknaggen, davon 1 mit 64,5 [61*)] und 1 mit 41,5 [38*)] mm Ansatz.
23 Klemmplatten Nr. 2
12 „ „ 27
2 „ „ 30 und
2 „ „ 49
4 Schraubenunterlagsplättchen, gerade Nr. 32 d. } **)
4 „ „ schräge „ 33 d. }
23 Hakenschrauben Nr. 50 d, 65 mm lang.
2 „ „ 51 d.
12 „ „ 52, 43 mm lang.

*) Kommen Schienen 7 c zur Verwendung, so gelten die eingeklammerten Maße

**) Bei Zungenvorrichtungen links: 34 d statt 33 d. Werden die Backenschienen aus Schienen Nr. 7 hergestellt, so sind statt der Plattchen Nr 32 d 33 d und 34 d die Schraubenunterlagsplattchen W. 14 und 15 zu verwenden.

2 Schrauben Nr. 53 d, 100 mm lang.
2 „ „ 42, 225 „ „
3 „ „ 42, 240 „ „

Bei den 4 Zungenvorrichtungen zu einer doppelten Kreuzungsweiche fallen im Ganzen fort: 4 Verbindungsstangen, 2 Weichenbockstangen mit Gegenmutter, dafür werden mehr geliefert: 2 Zungenkuppelungen (mit je 1 Verbindungsstück mit Bolzen, 2 Verbindungsstangen), 2 Weichensignalstangen mit Bolzen und Gegenmutter.

5.

Mat.-Nr. 256. **Stellvorrichtungen für einzelne Kreuzungsweichen.**

Die einzelnen Theile sind:

1 Grundplatte für den geraden Hebel mit Hebelachse, Scheibe und Splint.
2 Umlenkhebel
1 gerader Hebel.
2 gekröpfte Scharniere mit Gasgewinde einschließl. Scharnierbolzen und Splinten.
2 gerade desgl.
2 Zugstangen je 1,723 m lang bei 1:9, und 1,720 m lang bei 1:10, mit je 2 Scharnierbolzen und Splinten, sowie Stellmuffe und Gegenmutter.
4 Gasrohre je 4,123 m lang bei 1:9 und je 4,553 m lang bei 1:10.
6 Gasrohrmuffen.
4 Führungsrollen mit allem Zubehör (Achshöhe = 44 mm).
8 Schrauben Nr. 61 d, 150 m lang mit Unterlagsscheiben.
2 Weichenschwellen Nr. 603 d, 1,5 m lang, mit je einer Grundplatte für die Umlenkhebel, Hebelachse, Scheibe und Splint.

6.

Mat.-Nr. 245. **Weichenbock mit niedrigstehender Signallaterne**

Die einzelnen Theile sind:

1 Gußständer.
1 Gewichtshebel.
1 Zugstangenhebel.
1 Hebelachse.
2 Stifte durch die Hebelachse.
1 Gewicht.
1 Handgriff.
1 Stellschraube.
1 Scharnier.
1 Bolzen hierzu
1 Stellmuffe.
1 Laternenteller.
4 Befestigungsschrauben zum Laternenteller.
1 Stellschraube.
1 Laternenachse.
1 Mitnehmer zur Bewegung der Laterne.
1 Gabel zur Bewegung der Laterne einschließlich zweier Stellschrauben

Bemerkung: Bei der einfachen, bezw. doppelten Kreuzungsweiche dient der der 2te bezw. 3te und 4te Weichenbock nur als Signalstander; Gewicht und Gewichtshebel fallen fort, der Zwischenring ist anzubringen.

7.

Mat.-Nr. 247 **Einfaches Schienenherzstück 1:10 mit Schienen 6d.**

Die einzelnen Theile sind:

1 Flügelschiene 4,78 m lang rechts (Form 6 oder 7).
1 „ 4,78 m lang links (Form 6 oder 7).
1 Flußstahlspitze 1:10, 6d
1 Schraube Nr. 42, 200 mm lang.
1 „ „ 42, 205 „ „
1 „ „ 42, 210 „ „
1 „ „ 42, 220 „ „
1 „ „ 42, 225 „ „
1 „ „ 42, 235 „ „
1 „ „ 42, 260 „ „
1 „ „ 42, 275 „ „
1 „ „ 42, 320 „ „
1 „ „ 42, 330 „ „

2 ungeklinkte Laschen 463 mm lang, zu Weichen mit Schienen 6d.
4 Futterstücke 49.
1 Futterstück 6d—1:10. I.
1 „ 6d—1:10. II.
6 schräge Schraubenunterlagsplättchen Nr. 33d. } *)
6 „ Schraubenunterlagsplättchen Nr. 34d. } *)
8 Neigungsplättchen W. 16.
8 Klemmplatten Nr. 2.
9 Hakenschrauben Nr. 50d.
10 Unterlagsplatten 2080 mm lang, 500 mm breit, 6d—E. H. 1:10.

8.

Mat.-Nr. 252. **Doppeltes Schienenherzstück 1:10 mit Schienen 6d.**

Die einzelnen Theile sind:

1 Flügelschiene 8,125 m lang.
1 überhöhter Radlenker 2,5 m 1:10 6d.
2 Flußstahlspitzen 2,285 m lang 1:10 [1 rechts, 1 links] 6d.
2 Schrauben Nr. 42, 275 mm lang.
2 „ „ 42, 270 „ „
2 „ „ 42, 260 „ „
2 „ „ 42, 255 „ „
2 „ „ 42, 210 „ „
2 „ „ 42, 195 „ „
2 Futterstücke 6d—K 1:10 I.

2 Futterstücke 6d—K 1:10 II.
2 „ 6d—D. H. III.
2 „ 6d—D. H. IV.
6 schräge Schraubenunterlagsplättchen Nr. 33d. } *)
6 „ Schraubenunterlagsplättchen Nr. 34d. } *)
12 Neigungsplättchen W. 16.
12 Klemmplatten Nr. 2.
12 Hakenschrauben Nr. 50d.
1 Unterlagsplatte 2940 mm lang, 620 mm breit 6d — D.-K. 1:10.

Bei dem doppelten Herzstück für Kreuzungen und einfache Kreuzungsweichen tritt an Stelle der Unterlagsplatte 6d—D. K 1:10 die 2940 mm lange, 480 mm breite Unterlagsplatte 6d—E. K. 1:10.

9.

Mat.-Nr $\frac{201.}{253.}$ **Fahrschiene 8,20 m lang mit Radlenker 3,5 m langverschraubt.**

Die einzelnen Theile sind:

1 Schiene 8,20 m lang 6d.

Mat.-Nr 253 {
1 Radlenker 3,5 m lang.
2 Futterstücke 41. I.
2 „ 41. II.

Mat.-Nr 253 {
4 Schrauben Nr. 42,175 mm lang.
4 „ „ 42,190 „ „
8 Schraubenunterlagsplättchen Nr. 32d [W.14 bei Schienen Nr 7].

*) Werden die Flügelschienen aus Schienen Nr 7c hergestellt, so sind statt der Plättchen Nr. 33d und 34d die Schraubenunterlagsplättchen W. 15 zu verwenden.

10.

Mat.-Nr. 240. [Zungenvorrichtung 1:10 6d.

Die einzelnen Theile sind:

1 Backenschiene 8,00 m lang, gerade, fertig bearbeitet.
1 „ 8,00 m „ gebogen, „ „
1 Zunge 5,80 m „ gerade, „ „
1 „ 5,80 m „ gebogen, „ „
2 Weichenplatten 5,700 m lang, davon { 1 für gerade Backenschienen gelocht. 1 „ gebogene „ „
2 Drehstühle, 1 links, 1 rechts 6d.
14 Gleitstuhle.
2 Zungenkloben mit Bolzen, Scheiben und Splint.
1 Futterstück 6d—B. 65.
1 „ 6d—B. 81.
1 Verbindungsstange.
1 Weichenbockstange mit Gegenmutter.
2 Stützknaggen, davon 1 mit 64,5 [61*)] und 41,5 [38*)] mm Ansatz.
26 Klemmplatten Nr. 2.
14 „ „ 27.
2 „ „ 30.
2 „ „ 49.
4 Schraubenunterlagsplättchen, gerade Nr. 32d. } **)
4 „ schräge „ 33d. } **)
26 Hakenschrauben Nr. 50d 65 mm lang.
2 „ „ 51d.
14 „ „ 52, 43 mm laug.
2 Schrauben „ 53d 100 „ „
2 „ „ 42, 225 „ „
2 „ „ 42, 240 „ „

Bei den 4 Zungenvorrichtungen zu einer doppelten Kreuzungsweiche fallen im Ganzen fort: 4 Verbindungsstangen, 2 Weichenbockstangen mit Gegenmutter; dafür werden mehr geliefert: 2 Zungenkuppelungen (je 1 Verbindungsstück mit Bolzen, 2 Verbindungsstangen), 2 Weichensignalstangen mit Bolzen und Gegenmutter.

---

*) Kommen Schienen Nr. 7c zur Verwendung, so gelten die eingeklammerten Maße.

**) Werden die Backenschienen aus Schienen Nr 7 hergestellt, so sind statt der Plättchen Nr 32d, 33d, 34d die Schraubenunterlagsplattchen W. 14 und W. 15 zu verwenden Bei Zungenvorrichtungen links: 34d statt 33d.

B. Verzeichniß für die Anforderung der Weichen und Weichentheile Schwellen und Schienen Nr. 6 d

		1	2	3	4	5	6	7
	Material-Nr.	201						
		Schienen Nr. 6 d						
		Lange in Metern						
		8,20*	8,105	8,00	7,985	7,91	7,60*	7,245
1	Einfache Weiche 1:9	.	.	.	.	.	2	1
2.	Kreuzung 1:9	.	.	.	.	.	4	.
3.	Einfache Kreuzungsweiche 1:9	.	.	.	1	.	4	.
4.	Doppelte Kreuzungsweiche 1:9	.		.	2	1	4	.
5.	Einfache Weiche 1:10	2	.	3	.	.	.	.
6.	Kreuzung 1:10	4	.	4	.	.	.	.
7.	Einfache Kreuzungsweiche 1:10	4	1	2	.	.	.	.
8.	Doppelte Kreuzungsweiche 1:10	4	2	.	.	.	.	.

		21	22	23	24	25
	Material=Nr.	216	†240			
		Laschenschrauben zu Schienen 6 u. 7	Zungenvorrichtungen für: einfache Weichen			
			1:9		1:10	
			links	rechts	links	rechts
1.	Einfache Weiche 1:9	64	1		.	.
2.	Kreuzung 1:9	96	.	.	.	.
3	Einfache Kreuzungsweiche 1:9	96	1	1	.	.
4.	Doppelte Kreuzungsweiche 1:9	96	.	.	.	.
5.	Einfache Weiche 1:10	64	.	.	1	
6.	Kreuzung 1:10	96	.	.	.	.
7.	Einfache Kreuzungsweiche 1:10	96	.	.	1	1
8.	Doppelte Kreuzungsweiche 1:10	96	.	.	.	.

* verschraubt mit Nabl. — † Vergl. S. 207 Nr. 4, 210 Nr. 10. — § Vergl. S. 208 Nr. 6.

für Weichen und Kreuzungen 1:9 und 1:10 auf eisernen der Preußischen Staatseisenbahnen.

8	9	10	11	12	13	14	15	16	17	18	19	20
201												
Schienen Nr. 6d												
Länge in Metern												
7,185	7,10	7,00	6,95	6,78	6,10	6,00	5,935	5,80	5,665	5,655	3,24	3,175
1	.	.	.	.	5	1	.	.	.	.	.	2
.	4	.	.	.	.		4	.	.	.	.	4
.	2	.	.	.	.	.	2	.	.	1	.	4
.	.		.	.	.	.	.	.	.	2	.	4
.	.	1	1	.	.	.	.	2	.	.	2	.
.	.	.	.	4	.	.	.	.	.	.	4	
.	.	.	.	2	.	.	.	.	1	.	4	.
.	.	.	.		.	.	.	.	2	.	4	.

26	27	28	29	30	31	32	33	34	35
240				§245		§§247		§§§252	
Zungenvorrichtungen für: doppelte Kreuzungsweichen mit Zungenkuppelung				Weichenböcke mit Gewicht und Gewichtshebel	Weichenböcke ohne Gewicht und Gewichtshebel	Einfache Schienen-herzstücke		Doppelte Schienen-herzstücke	
1:9		1:10							
links	rechts	links	rechts	mit	ohne	1:9	1:10	1:9	1:10
.	.	.	.	1	.	1	.	.	
.	.	.	.	.	.	2	.	2	
.	.	.	.	1	1	2	.	2	.
2	2	.	.	2	2	2	.	2	.
.	.	.	.	1	.	.	1	.	
.	.	.	.	.	.	.	2	.	2
.	.	.	.	1	1	.	2	.	2
.	.	2	2	2	2	.	2	.	2

— §§ Vergl S. 206 Nr. 1, 209 Nr. 7. — §§§ Vergl. S. 206 Nr. 2, 209 Nr. 8.

		36	37	38	39	40
	Material-Nr.	*253	255		†256	
		Radlenker 3,5 m lang mit Zubehör	Weichen-Signalkasten mit einfachem Pfeil		Stellvorrichtung fur einfache Kreuzungsweichen	
			links	rechts	1.9	1·10
1.	Einfache Weiche 1:9	2	1		.	.
2	Kreuzung 1:9	4	.	.	.	.
3.	Einfache Kreuzungsweiche 1:9	4	1	1	1	.
4	Doppelte Kreuzungsweiche 1:9	4	2	2	.	.
5.	Einfache Weiche 1:10	2	1		.	.
6	Kreuzung 1:10	4	.	.	.	.
7	Einfache Kreuzungsweiche 1:10	4	1	1	.	1
8	Doppelte Kreuzungsweiche 1:10	4	2	2	.	.

		51	52	53	54	
	Material-Nr.	272				283
		Klemmplatten Nr.				Weichenquerschwellen
		2	22a	25a	30	
1	Einfache Weiche 1:9	374	12	2	.	58 Weichenquerschwellen u zwar·
2.	Kreuzung 1:9	580	16	4	.	85 " " "
3	Einfache Kreuzungsweiche 1:9	580	64	4	.	85 " " "
4.	Doppelte Kreuzungsweiche 1:9	676	16	4	.	85 " " "
5	Einfache Weiche 1:10	432	12	2	1	67 " " "
6	Kreuzung 1:10	658	16	4	2	97 " " "
7	Einfache Kreuzungsweiche 1.10	650	72	4	2	97 " " "
8.	Doppelte Kreuzungsweiche 1:10	754	16	4	2	97 " " "

* Vergl. S. 207 Nr. 3, 210 Nr. 9 — † Vergl. S 208 Nr. 5

41	42	43	44	45	46	47	48	49	50
265			269				271		
Geklinkte Innenlaschen 690 mm lang, 10a	Geklinkte Außenlaschen 690 mm lang, 10a	Ungeklinkte Laschen 463 mm lang, 10a	Hakenschrauben Nr. 50 d	Hakenschrauben Nr. 51 d	Hakenschrauben Nr. 52 53 mm lang	Schrauben Nr. 53, 75 mm lang	Uebergangsplatten 31 d	Schienenunterlagsplatten 39 d	Gußeiserne Unterlagsplatten 48
14	16	2	372	14	2	4	6	.	.
24	24	.	580	20	.	.	8	.	.
20	24	4	560	116	4	8	8	24	8
16	24	8	668	20	8	16	8	.	.
14	16	2	431	14	2	4	6	.	.
24	24	.	660	20	.	.	8	.	.
20	24	4	632	124	4	8	8	28	8
16	24	8	748	20	8	16	8	.	.

283

Weichenquerschwellen

je 1 Stück von Nr. 501 d—505 d, 506 R d—531 R d, 532 d—550 d, 6 Stück von Nr. 551 d und 2 Stück von Nr. 552 d = **199,4** m — **5,62** t

1 Stück von Nr 571 d, je 2 Stück von Nr 532 d—550 d, 556 d—570 d, 12 Stück von Nr 551 d und 4 Stück von Nr. 552 d = **307,8** m — **8,67** t.

je 2 Stück von Nr 532 d - 550 d, 12 Stück von Nr. 551 d, 4 Stück von Nr 552 d und je 1 Stück von Nr 572 d—602 d = **314,8** m = **8,86** t.

je 1 Stück von Nr. 606 d, 619 d u 620 d, je 2 Stück von Nr. 532 d—550 d, 604 d, 605 d, 607 d—618 d, 12 Stück von Nr. 551 d u 4 Stück von Nr. 552 d = **321,5** m = **9,05** t

je 1 Stück von Nr 1 d—5 d, 6 R d - 36 R d u 37 d—57 d, 8 Stück von Nr 551 d und 2 Stück von Nr 552 d = **230,2** m = **6,49** t.

1 Stück von Nr 74 d, je 2 Stück von Nr. 58 d—73 d, 37 d—57 d u 109 d, 16 Stück von Nr 551 d u 4 Stück von Nr. 552 d = **350,6** m — **9,88** t

je 2 Stück von Nr 37 d - 57 d, 108 d u 109 d, 16 Stück von Nr. 551 d, 4 Stück von Nr. 552 d u je 1 Stück von Nr. 75 d—107 d = **357,5** m = **10,07** t.

je 1 Stück von Nr 112 d, 126 d u 127 d, je 2 Stück von Nr. 37 d—57 d, 109 d, 110 d, 111 d u. 113 d—125 d = **365,1** m = **10,28** t.

Die Gesammtgewichte der Weichenschwellen beziehen sich auf die ungelochten Schwellen.

Verzeichniß der einzelnen Weichentheile mit Schienen Nr. 6 auf eisernen Schwellen.

1.

Mat.-Nr 247. Einfaches Schienenherzstück 1:9 mit Schienen 6 d.

Die einzelnen Theile sind:

1 Flügelschiene 4,26 m lang rechts (Form 6 oder 7).	1 Schraube Nr. 42, 330 mm lang.
1 „ 4,26 m „ links (Form 6 oder 7).	1 „ „ 42, 340 „ „
1 Flußstahlspitze 1:9, 6 d.	2 ungeklinkte Laschen 463 mm lang, zu Weichen mit Schienen 6 d.
1 Schraube Nr. 42, 205 mm lang.	4 Futterstücke 49.
1 „ „ 42, 210 „ „	1 Futterstuck 6 d—1:9. I.
1 „ „ 42, 220 „ „	1 „ 6 d—1:9. II.
1 „ „ 42, 225 „ „	6 schräge Schraubenunterlagsplättchen Nr. 33 d. *)
1 „ „ 42, 240 „ „	6 schräge Schraubenunterlagsplättchen Nr. 34 d. *)
1 „ „ 42, 250 „ „	8 Neigungsplättchen W. 16.
1 „ „ 42, 260 „ „	
1 „ „ 42, 275 „ „	

2.

Mat-Nr 252. Doppeltes Schienenherzstück 1:9 mit Schienen 6 d.

Die einzelnen Theile sind:

1 Flügelschiene 8,005 m lang.	2 Futterstücke 6 d — K 1:9 I.
1 uberhöhter Radlenker 2,5 m lang 6 d.	2 „ 6 d — K 1:9 II.
2 Flußstahlspitzen 1:9 2,307 m lang [1 rechts, 1 links] 6 d.	2 „ 6 d — D. H. III.
	2 „ 6 d — D. H. IV.
4 Schrauben Nr. 42, 275 mm lang.	6 schräge Schraubenunterlagsplättchen Nr. 33 d. *)
2 „ „ 42, 285 „ „	
2 „ „ 42, 255 „ „	6 schräge Schraubenunterlagsplattchen Nr. 34 d. *)
2 „ „ 42, 215 „ „	
2 „ „ 42, 195 „ „	12 Neigungsplättchen W. 16.

*) Werden die Flugelschienen aus Schienen Nr. 7 hergestellt, so sind statt der Plattchen Nr 33 d und 34 d die Schraubenunterlagsplattchen W 15 zu verwenden.

3.

Mat.-Nr. $\frac{201.}{253.}$ **Fahrschiene 7,6 m lang mit Radlenker 3,5 m lang verschraubt.**

Die einzelnen Theile sind:

1 Schiene 7,60 m lang 6 d.

Mat.-Nr. 253. {
1 Radlenker 3,6 m lang.
2 Futterstücke 41. I.
2 „ 41. II.
4 Schrauben Nr. 42, 175 mm lang.
4 „ „ 42, 190 mm „
8 Schraubenunterlagsplättchen Nr. 32 d [W. 14 bei Schienen Nr. 7].
}

4.

Mat.-Nr. 240. **Zungenvorrichtung 1:9. 6 d.**

Die einzelnen Theile sind:

1 Backenschiene 7,10 m lang, gerade, fertig bearbeitet.
1 „ 7,10 m „ gebogen, „ „
1 Zunge 5,00 m „ gerade „ „
1 „ 5,00 m „ gebogen „ „
2 Weichenplatten 4,900 m lang: { 1 für gerade Backenschienen gelocht, 1 „ gebogene „ „ }
2 Drehstühle, 1 links, 1 rechts.
12 Gleitstühle.
2 Zungenkloben mit Bolzen, Scheiben und Splint.
1 Futterstück 6 d — B. 64.
1 „ 6 d — B. 80.
1 Verbindungsstange.
1 Weichenbockstange mit Gegenmutter.
2 Stützknaggen, davon 1 mit 64,5 [61*)] und 1 mit 41,5 [38*)] mm Ansatz.
23 Klemmplatten Nr. 2
12 „ „ 27
2 „ „ 30
2 „ „ 49
4 Schraubenunterlagsplättchen, gerade Nr. 32 d. } **)
4 „ schräge Nr. 33 d. }

*) Kommen Schienen 7 c zur Verwendung, so gelten die eingeklammerten Maaße.

**) Bei Zungenvorrichtungen links: 34 d statt 33 d. Werden die Backenschienen aus Schienen Nr 7 hergestellt, so sind statt der Plattchen Nr. 32 d, 33 d und 34 d die Schraubenunterlagsplattchen W 14 und 15 zu verwenden.

23	Hakenschrauben	Nr. 50 d,	65 mm lang
2	„	„ 51 d.	
12	„	„ 52,	43 mm lang.
2	Schrauben	„ 53 d,	100 mm „
2	„	„ 42,	225 mm „
2	„	„ 42,	240 mm „

Bei den 4 Zungenvorrichtungen zu einer doppelten Kreuzungsweiche fallen im Ganzen fort: 4 Verbindungsstangen, 2 Weichenbockstangen mit Gegenmuttern, dafür werden mehr geliefert: 2 Zungenkuppelungen (mit je 1 Verbindungsstück mit Bolzen, 2 Verbindungsstangen), 2 Weichensignalstangen mit Bolzen und Gegenmuttern.

5.

Mat.-Nr. 256. **Stellvorrichtung für einfache Kreuzungsweichen.**

Die einzelnen Theile sind:

1 Grundplatte für den geraden Hebel mit Hebelachse, Scheibe und Splint.
2 Umlenkhebel.
1 gerader Hebel.
2 gekröpfte Scharniere mit Gasgewinde einschl. Scharnierbolzen und Splinten.
2 gerade desgl.
2 Zugstangen je 1,723 m lang bei 1 : 9, und 1,720 m lang bei 1 : 10, mit je 2 Scharnierbolzen und Splinten, sowie Stellmuffe und Gegenmuttern.
4 Gasrohre je 4,123 m lang bei 1 : 9, und je 4,553 m lang bei 1 : 10.
6 Gasrohrmuffen.
2 Führungsrollen mit allem Zubehör [Achshöhe h = 44 mm].
2 „ „ „ „ [„ h = 79 mm].
16 Klemmplatten Nr. 45.
16 Hakenschrauben Nr. 51 d.
13 „ „ 50 d.
2 Weichenschwellen Nr. 603 d, 1,5 m lang, mit je einer Platte zur Ausgleichung der Höhenlage sowie mit je einer Grundplatte mit Hebelachse, Scheibe und Splint.

6.

Mat.-Nr. 240. **Weichenbock mit niedrigstehender Signallaterne.**

Die einzelnen Theile sind:

1 Gußständer.
1 Gewichtshebel.
1 Zugstangenhebel.
1 Hebelachse.
2 Stifte durch die Hebelachse.
1 Gewicht.
1 Handgriff.
1 Stellschraube.
1 Scharnier.
1 Bolzen hierzu.

1 Stellmuffe.
1 Laternenteller.
4 Befestigungsschrauben zum Laternenteller.
1 Stellschraube.
1 Laternenachse.
1 Mitnehmer zur Bewegung der Laterne.
1 Gabel zur Bewegung der Laterne einschl. zweier Stellschrauben.

Bemerkung: Bei der einfachen bezw. doppelten Kreuzungsweiche dient der 2te bezw. 3te und 4te Weichenbock nur als Signalständer; Gewicht und Gewichtshebel fallen fort, der Zwischenring ist anzubringen.

7.

Mat.-Nr 247. **Einfaches Schienenherzstück 1:10 mit Schienen 6d.**

Die einzelnen Theile sind:

1 Flügelschiene 4,78 m lang rechts (Form 6 oder 7).
1 „ 4,78 m „ links (Form 6 oder 7).
1 Flußstahlspitze 1:10, 6 d.
1 Schraube Nr. 42, 200 mm lang.
1 „ „ 42, 205 mm „
1 „ „ 42, 210 mm „
1 „ „ 42, 220 mm „
1 „ „ 42, 225 mm „
1 „ „ 42, 235 mm „
1 „ „ 42, 250 mm „
1 „ „ 42, 260 mm „
1 Schraube Nr. 42, 275 mm lang.
1 „ „ 42, 320 mm „
1 „ „ 42, 330 mm „
2 ungeklinkte Laschen 463 mm lang, zu Weichen mit Schienen 6 d.
4 Futterstücke 49.
1 Futterstück 6 d — 1:10. I.
1 „ 6 d — 1:10. II.
6 schräge Schraubenunterlagsplättchen Nr. 33 d. *)
6 schräge Schraubenunterlagsplättchen Nr. 34 d. *)
8 Neigungsplättchen W. 16.

8.

Mat.-Nr. 252. **Doppeltes Schienenherzstück 1:10 mit Schienen 6d.**

Die einzelnen Theile sind:

1 Flügelschiene 8,125 m lang.
1 überhöhter Radlenker 2,5 m lang 6 d.
2 Flußstahlspitzen 1:10 2,285 m lang [1 rechts, 1 links] 6 d.
2 Schrauben Nr. 42, 275 mm lang.
2 „ „ 42, 270 mm „
2 „ „ 42, 260 mm „
2 „ „ 42, 255 mm „
2 „ „ 42, 210 mm „
2 „ „ 42, 195 mm „
2 Futterstücke 6 d — K 1:10 I.
2 „ 6 d — K 1:10 II.
2 „ 6 d — D. H. III.
2 „ 6 d — D. H. IV.
6 schräge Schraubenunterlagsplättchen Nr. 33 d. *)
6 schräge Schraubenunterlagsplättchen Nr. 34 d. *)
12 Neigungsplättchen W. 16.

*) Werden die Flügelschienen aus Schienen Nr. 7c hergestellt, so sind statt der Plättchen Nr 33 d und 34 d die Schraubenunterlagsplättchen W 15 zu verwenden

9.

Mat.-Nr. $\frac{201}{253.}$ **Fahrschiene 8,20 m lang mit Radlenker 3,5 m lang verschraubt.**

Die einzelnen Theile sind:

1 Schiene 8,20 m lang 6 d.

Mat.-Nr. 253.
1 Radlenker 3,5 m lang.
2 Futterstücke 41. I.
2 „ 41, II.
4 Schrauben Nr. 42, 175 mm lang.
4 „ „ 42, 190 mm „
8 Schraubenunterlagsplättchen Nr. 32 d [W. 14 bei Schienen Nr. 7].

10.

Mat.-Nr. 240. **Zungenvorrichtung 1:10 6 d.**

Die einzelnen Theile sind:

1 Backenschiene 8,00 m lang, gerade, fertig bearbeitet.
1 „ 8,00 m „ gebogen, „ „
1 Zunge 5,80 m „ gerade, „ „
1 „ 5,80 m „ gebogen, „ „
2 Weichenplatten 5,700 m lang, davon { 1 für gerade Backenschienen gelocht. 1 für gebogene „ „ }
2 Drehstühle, 1 links, 1 rechts.
14 Gleitstühle.
2 Zungenkloben mit Bolzen, Scheiben und Splint.
1 Futterstück 6 d — B. 65.
1 „ 6 d — B. 81.
1 Verbindungsstange.
1 Weichenbockstange mit Gegenmutter.
2 Stützknaggen, davon 1 mit 64,5 [61*)] und 41,5 [38*)] mm Ansatz.
26 Klemmplatten Nr. 2
14 „ „ 27
2 „ „ 30
2 „ „ 49

*) Kommen Schienen 7 c zur Verwendung, so gelten die eingeklammerten Maaße.

4 Schraubenunterlagsplättchen, gerade Nr. 32 d. } *)
4 „ schräge „ 33 d. }
26 Hakenschrauben Nr. 50 d, 65 mm lang.
2 „ „ 51 d.
14 „ „ 52 43 mm lang.
2 Schrauben „ 53 d, 100 mm „
2 „ „ 42, 225 mm „
2 „ „ 42, 240 mm „

Bei den 4 Zungenvorrichtungen zu einer doppelten Kreuzungsweiche fallen im Ganzen fort: 4 Verbindungsstangen, 2 Weichenbockstangen mit Gegenmutter; dafür werden mehr geliefert: 2 Zungenkuppelungen (je 1 Verbindungsstück mit Bolzen, 2 Verbindungsstangen), 2 Weichensignalstangen mit Bolzen und Gegenmutter

---

f. Absteckung der Weichen.

§ 1. Wie auf Seite 178 bereits angegeben ist, bedarf es zur Absteckung der Weichen nur der Festlegung des Weichenmittelpunctes. Sobald man diesen an der Hand des Planes ermittelt und abgesteckt hat, braucht man nur von da ab die Entfernung bis zum Schienenstoße vor der Zunge abzumessen, also bei einer einfachen Weiche 1 : 10 das Maaß 10,448 m, um dann sofort nach Abb. 14 Tafel III die Zungenvorrichtung verlegen und die ganze Weiche einbauen zu können.

In den Abb. 244—263 sind die verschiedenen hauptsächlich vorkommenden Weichen und Gleisekreuzungen in einfachen Linien angegeben und die zur Absteckung nöthigen Maaße eingeschrieben.

Abb. 244.

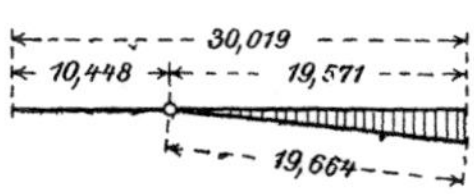

Einfache Weiche 1 10 rechts

Abb. 245.

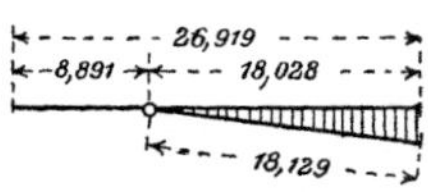

Einfache Weiche 1:9 rechts

Es bedeutet z. B bei Abb 244 das Maaß 10,448 m, wie bereits angegeben, die Entfernung vom Weichenmittelpuncte bis zum Schienenstoße vor der Zungenspitze, das Maaß 19,571 m die Entfernung vom Weichenmittelpuncte bis zum ersten Stoße hinter dem Herzstück im graden und 19,664 m die gleiche

*) Bei Zungenvorrichtungen links: 34 d statt 33 d. Werden die Backenschienen aus Schienen Nr. 7 hergestellt, so sind statt der Plättchen Nr. 32 d, 33 d und 34 d die Schraubenunterlagsplattchen W. 14 und 15 zu verwenden.

Abb. 246.

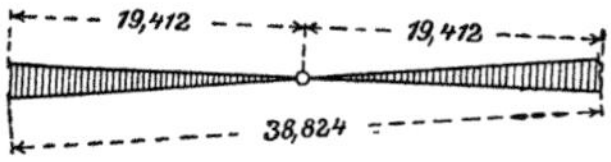

Kreuzung 1:10

Abb. 247.

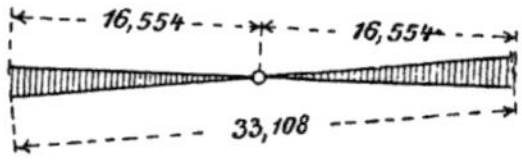

Kreuzung 1:9.

Abb 248.

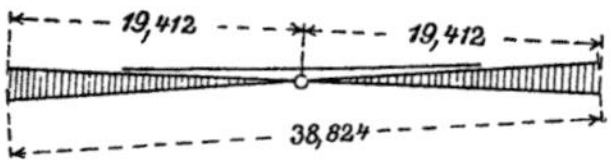

Einfache Kreuzungsweiche 1.10.

Abb. 249.

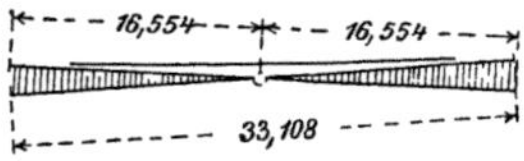

Einfache Kreuzungsweiche 1:9.

Abb. 250.

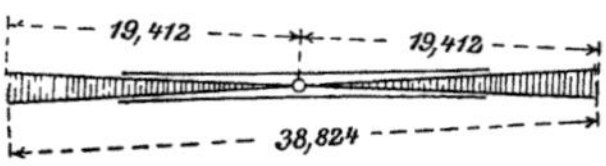

Doppelte Kreuzungsweiche 1:10.

Abb. 251.

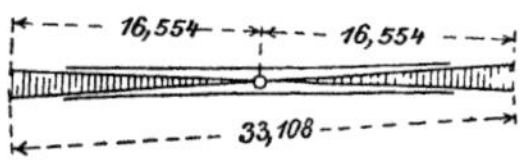

Doppelte Krenzungsweiche 1.9.

Abb 252.

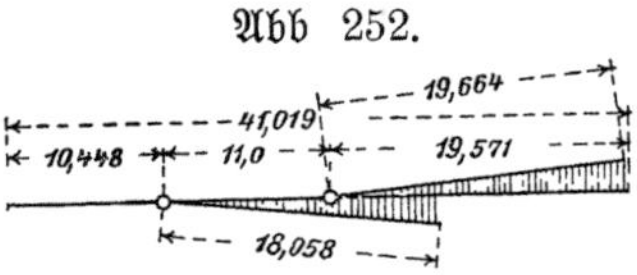

Doppelweiche 1:10 rechts.

Abb. 253.

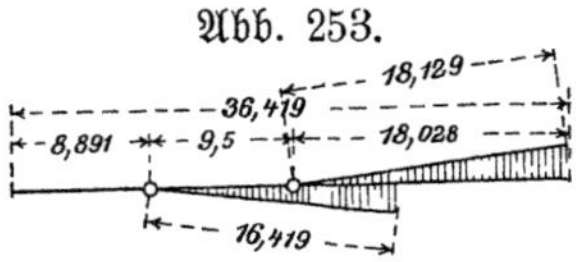

Doppelweiche 1:9 rechts.

Abb. 254.

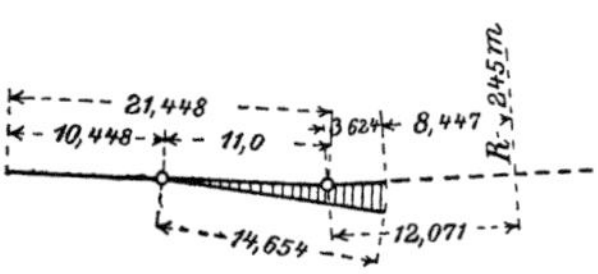

Zweibogenweiche 1:10 rechts.

Abb. 255.

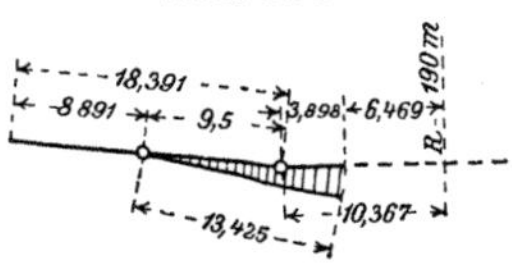

Zweibogenweiche 1:9 rechts

Abb 256.

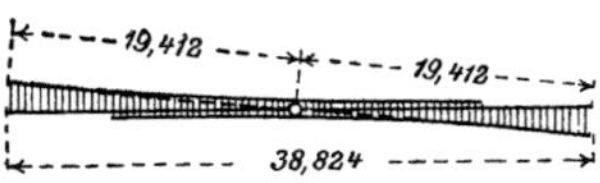

Weichenverschlingung 1:10 rechts

Abb. 257.

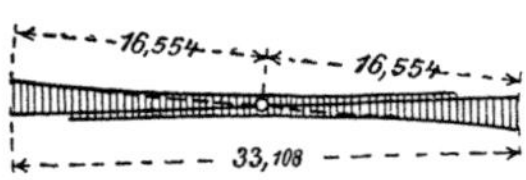

Weichenverschlingung 1:9 rechts.

Entfernung im abzweigenden Gleise gemessen. Bei den Kreuzungen und Kreuzungsweichen geben die eingeschriebenen Maaße die Entfernung vom Mittelpuncte der

Abb. 258.

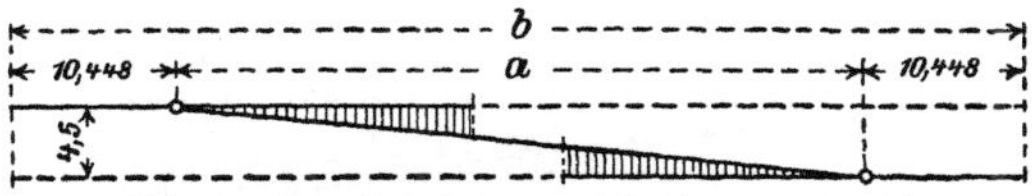

Einfache Gleiseverbindung 1:10.

Kreuzung bis zum ersten Stoße hinter dem einfachen Herzstücke bezw. die ganze Länge der Kreuzung an. Bei Doppelweichen (Abb. 252 u. 253) ist außerdem

Abb. 259.

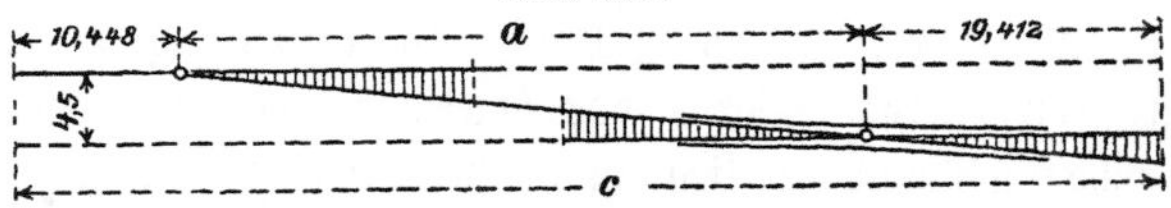

Gleiseverbindung durch eine einfache Weiche und eine doppelte Kreuzungsweiche.

noch die Entfernung der beiden Weichenmittelpuncte von einander eingeschrieben. Bei der Zweibogenweiche (Abb. 254) giebt das Maaß von 11,0 m die Entfernung vom Weichenmittelpuncte bis zum Schnittpuncte der Weichenachse mit der Graden des links abzweigenden Gleises an; 3,624 m dahinter liegt der letzte

Abb. 260

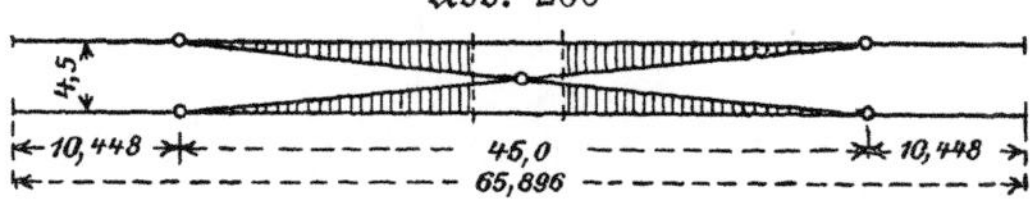

Doppelte Gleiseverbindung 1:10 bei 4,5 m Gleiseabstand.

Abb. 261.

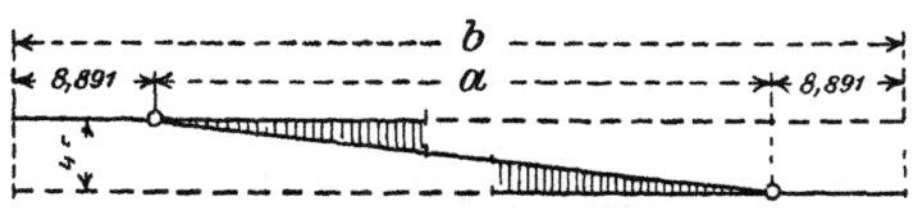

Einfache Gleiseverbindung 1:9.

zur Weiche gehörige Schienenstoß. Das Ende des linksseitigen Weichenbogens liegt 8,447 m weiter oder 12,071 m vom vorerwähnten Winkelpuncte ab. Aehnlich verhält es sich bei Abb. 255. Abb. 256 u. 257 stellen Weichenverschlingungen dar. Es sind dieses Anordnungen, die sich ergeben, wenn man bei doppelten Kreuzungsweichen nur einen der beiden graden Stränge durchführt, den andern (punctirt angedeutet) aber wegfallen läßt. Die eingeschriebenen Maaße lassen bei einer Vergleichung mit den doppelten Kreuzungsweichen das Weitere schon erkennen. Die in Abb. 258 (und auch in Abb. 262) dargestellte

Abb. 262.

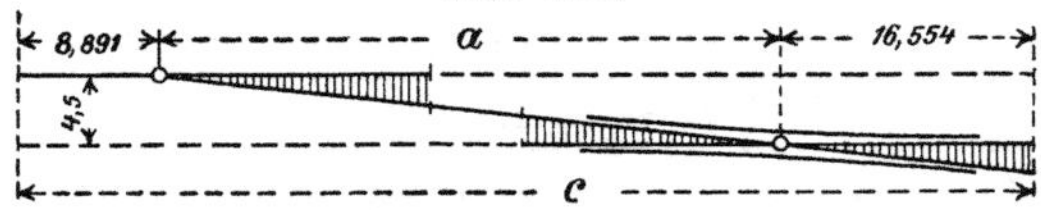

Gleiseverbindung 1·9 durch eine einfache Weiche und eine doppelte Kreuzungsweiche.

Anordnung nennt man eine einfache Gleiseverbindung; dieselbe besteht aus zwei einfachen Weichen, die in Nachbargleisen so eingelegt sind, daß die Mittellinien der abzweigenden Gleise genau zusammenfallen. Die Entfernung a der beiden Weichenmittelpuncte von einander, sowie das Maaß b der Länge der ganzen Gleiseverbindung richtet sich nach der Entfernung der beiden Gleise und nach der Herzstückneigung. Abb. 259 u. 262 geben die gleichen Anordnungen, nur daß an Stelle der zweiten einfachen Weiche eine doppelte Kreuzungsweiche vorgesehen ist.

Für die üblichen Gleiseweiten ergeben sich die Abmessungen a, b und c aus folgender Zusammenstellung:

Entfernung der zu verbindenden Gleise m	Größe der Abmessungen bei einer Neigung des Herzstucks m					
	a		b		c	
	1 10	1 9	1 10	1 9	1·10	1·9
3,5	35,0	31,5	55,896	49,282	64,86	56,945
4,0	40,0	36,0	60,896	53,782	69,86	61,445
4,5	45,0	40,5	65,896	58,282	74,86	65,945
4,7	47,0	42,3	67,896	60,082	67,86	67,745

Die Abb. 260 und 263 stellen endlich doppelte Gleiseverbindungen bei 4,5 m Gleiseabstand dar.

Abb 263

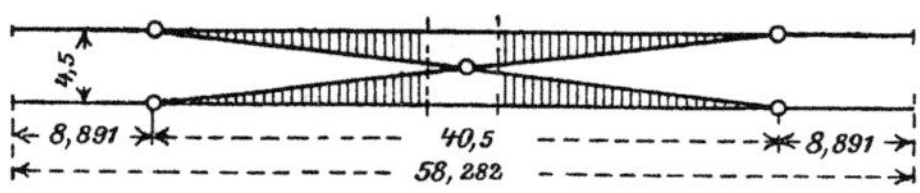

Doppelte Gleiseverbindung 1 9 bei 4,5 m Gleiseabstand.

§ 2. Bei den neuen Weichen mit Schienen Nr. 6 d, Tafel V, weichen die Abmessungen, der veränderten Schienenlangen wegen, dementsprechend ab, wie aus den Zeichnungen der Weichen Tafel V zu ersehen ist.

g. Das Einbauen der Weichen mit Holzschwellen.

§ 1. Die Art der Ausführung unterscheidet sich, je nachdem man die Weiche an eine Stelle zu legen hat, an der noch kein Gleis sich befindet, oder doch das Gleis während des Einbauens auf längere Zeit außer Betrieb gesetzt werden kann, oder ob man den Einbau der Weiche in ein Betriebsgleis bewirken muß und dasselbe dafür nur kurze Zeit gesperrt werden darf. Im ersten Falle kann man die Weiche sofort in ihrer richtigen Lage zusammenbauen, während man im andern Falle den Zusammenbau der Weiche in der Nahe der spateren Verlegungsstelle vornehmen muß, um sie dann in einzelnen Theilen oder zusammen herüberzuschieben. Es möge in Folgendem der Einbau einer einfachen Weiche in ein Betriebsgleis beschrieben und angenommen werden, daß für den Einbau nur eine Zeit von 2—$2^1/_2$ Stunden zur Verfügung stehe. Das Zusammenbauen der Weiche muß dann vorher auf einem Platze in der Nähe der Einbaustelle vorgenommen und kann dieses zweckmäßig in folgender Weise bewirkt werden.

Nachdem man zwei Mittellinien der Neigung der beiden Gleise entsprechend zuvor abgesteckt und den Weichenmittelpunct festgelegt hat, werden die Weichenschwellen dem Schwellenplan entsprechend nach ihren Längen und Abständen vertheilt und zurechtgerückt. Alsdann wird die Zungenvorrichtung aufgebracht, die Schienen für das grade Gleis angestoßen, das Herzstück eingerückt und nun das Gestange sofort zusammengelascht, wobei die Einbringung der Zwischenbleche nicht zu übersehen ist. Auf dem Schienenkopfe des graden Gleises wird die Schwellentheilung nochmals genau vorgezeichnet und die Schwellen danach zurechtgerückt, wobei man zweckmäßig wieder die Schienenstöße vorläufig etwas höher legt Nachdem alsdann die Unterlagsplatten untergebracht sind, wird zunächst die äußere Schienenreihe des graden Stranges genagelt bezw. festgeschraubt und dann genau, am besten nach der Schnur, ausgerichtet. Alsdann wird auch das Herzstück und die andere Seite der Zungenvorrichtung zurecht geruckt und letztere genau mit der vorgeschriebenen Spurerweiterung von 6 mm am Stoß vor der Zungenspitze befestigt. An der Zungenwurzel, sowie in dem andern Theile des graden Stranges bis zum Herzstück und darüber hinaus muß die Spur die normale Weite = 1,435 m haben. Nachdem der grade Strang fertiggestellt ist, legt man zunächst die äußere Seite des Bogens des abzweigenden Gleises zurecht, mißt die Entfernungen von der Fahrkante der äußeren Schiene des graden Stranges ab, wie sie in Fig. 14—17, Tafel III auf jeder Schwelle eingeschrieben sind, rückt danach die Schiene mit den Unterlagsplatten zurecht und heftet sie an, um sie dann später ordnungsmäßig zu befestigen. Wenn der krumme Strang der Weiche oft und rasch durchfahren wird, so reicht die Befestigung mit 2 bezw. 3 Nägeln bei Schwellen aus weichem Holze nicht aus, um die Spur auf die Dauer richtig zu erhalten, weshalb man außerhalb der Unterlagsplatte noch 2 Nägel vorschlagen muß. Nachdem der äußere Strang genagelt ist, wird der innere nach dem Spurmaaße mit der vorgeschriebenen Spurerweiterung (15 mm) hergestellt. Schließlich werden dann noch die Radlenker beiderseits des Herzstücks an den zugehörigen Stammschienen ordnungsmäßig angebracht. Das Zusammenbauen einer Weiche erfordert, bei Verwendung von 1 Vorarbeiter und 4 Mann, 5 Tage, im Ganzen mithin 25 Tagewerke.

§ 2. Nachdem alsdann im Einvernehmen mit dem Stationsvorstande die Zeit festgesetzt ist, in welcher die Weiche an Stelle der alten eingebaut werden soll, auch soweit als möglich die Weichen in den auf die Baustelle zulaufenden Strängen auf Ablenkung gestellt und verkeilt, sowie sonst soweit als angängig Haltesignale ausgestellt und Knallsignale gelegt sind, beginnt man mit dem Abbruch und Ausbau der alten Weiche. Es ist auch hierbei wieder gut, wenn man zuvor sämmtliche Bolzen einölt und die Muttern probirt, damit beim Abbruch nicht zuviel Zeit verloren geht. Sobald die alte Weiche vollständig herausgenommen ist, wozu man zweckmäßig die Schienen auseinander lascht und die Weiche in 3—4 Stücken seitwärts herauswuchtet, werden die alten Schwellenlager aufgehauen, der schlechte und verschlammte Kies fortgeschafft, der noch brauchbare in der Nähe gelagert und dann die Bettung ordnungsmäßig zubereitet. Die fertig hergerichtete neue Weiche wird auseinander gelascht und dadurch in 4 Theile — die Zungenvorrichtung mit den zugehörigen Schwellen, die folgenden 2 Schienenlängen mit ihren Schwellen und der Theil des Herzstückes nebst Zubehör — zerlegt. Diese einzelnen Theile werden von der Vorrichtungsstelle herübergewuchtet oder mit dem Rollwagen herbeigeholt, um dann mit dem Einbau derselben vom Herzstück oder von der Zungenvorrichtung aus zu beginnen. Zuvor muß man aber die Weiche genau abgesteckt, d. h. die Mittellinie der beiden Gleise und deren Schnittpunct — den Weichenmittelpunct — gehörig festgelegt und von da ab die Entfernung bis zum Stoße hinter dem Herzstücke oder dem Stoße vor der Zungenspitze abgesteckt haben. Nachdem die einzelnen Stücke der Weiche unter Einlegung der Zwischenbleche aneinander gestoßen sind, werden sie angelascht und zwar vorerst nur mit 2 Bolzen. Demnächst werden die Zwischenstücke, welche die Weiche mit den bestehenden alten Gleisen verbinden sollen, vorgerichtet, eingelegt, angelascht und befestigt, und nun wird, nachdem nochmals die beim Einrücken etwa verschobenen Weichenschwellen wieder richtig gerückt sind, die ganze Weiche in die richtige Höhenlage gebracht und oberflächlich gestopft. Darauf folgt das genaue Ausrichten, welches wieder am besten nach einer an dem äußeren Schienenkopfe des graden Gleises gespannten Schnur erfolgt. Liegt die Weiche endlich in Richtung und Höhenlage gut, so können die fehlenden Bolzen eingezogen werden. Alsdann darf man das Einsetzen der Merkpfähle hinter dem einfachen Herzstücke nicht vergessen Dieselben kommen dorthin zu stehen, wo die Gleise 3,5 m oder besser noch 3,8 m auseinander entfernt sind. Als Merkpfähle verwendet man neuerdings solche von Porcellan, Glas oder auch solche von Gußeisen, die mit Schmelzfarben überzogen sind. Nach einem nochmaligen ordnungsmäßigen Durchstopfen kann dann die Weiche verfüllt werden, und die Arbeit, welche bei geschulten Arbeitern von 2 Vorarbeitern und 30 Mann in einem Zeitraum von 2 Stunden ausgeführt werden kann, ist beendet.

§ 3. Beim Einbauen einer Kreuzungsweiche in ein Betriebsgleis wird im Allgemeinen derselbe Arbeitsgang beobachtet, wie bei der einfachen Weiche. Man baut dieselbe ebenfalls vorher auf einem geeigneten Platze möglichst in der Nähe der späteren Verwendungsstelle zusammen, steckt deshalb zunächst die beiden Richtungen der Gleisemitten und somit den Weichenmittelpunct ab, legt danach die Schwellen zurecht und zwar bei Holzschwellen sämmtliche Schwellen winkelrecht zur Weichenachse. Darauf werden die einfachen Herzstücke aufgebracht und genau zurecht gerückt; dann schnürt man die Weichenachse ab und verlegt nach Vorfügung der Schienenpaßstücke die Zungenvorrichtungen und schließlich die Doppelherzstücke, letztere, falls keine gemeinsamen Grundplatten vorhanden sind, unter Verwendung der vorgeschriebenen Unterlagsplatten. Endlich werden die graden Gleise genau der Spur und die krummen Gleise mit der vorgeschriebenen Erweiterung ordnungsmäßig hergestellt. Das Zusammenbauen einer Kreuzungsweiche erfordert bei Verwendung von 1 Vorarbeiter und 6 Mann etwa 7 Tage, im Ganzen mithin 49 Tagewerke einschl. des Bohrens der zur Befestigung der Radlenker, sowie sonst nöthigen Löcher. Die Anbringung der Umstellvorrichtung unterläßt man besser bis nach dem Einbau der Weiche.

§ 4. Die Verlegung der Kreuzungsweiche wird wiederum in ähnlicher Weise bewirkt, wie die der einfachen Weiche; nur zerlegt man dieselbe zweckmäßig in 5 Theile (die beiden einfachen Herzstücke, die beiden Zungenvorrichtungen und den mittleren Theil mit den Doppelherzstücken). Die alte Weiche, sowie sonstige Gleisetheile werden wie früher abgebrochen und je nach Platz und Umständen in größeren oder kleineren Theilen herausgenommen, das Kiesbett aufgehauen und eingeebnet, um dann zunächst mit dem Einlegen der Kreuzungsherzstücke zu beginnen, die man genau nach der Absteckung der beiden Gleise zurecht zu rücken hat. Alsdann werden die Theile mit den Zungenvorrichtungen beiderseits angepaßt und endlich die Theile mit den einfachen Herzstucken zuletzt angeschlossen. Nachdem die graden Stränge nothdürftig zusammengelascht, die Schienen-Anschlußstücke gehauen und eingepaßt sind, wird die Weiche in die richtige Höhe gebracht, untersackt und oberflächlich gestopft Darauf erfolgt das genaue Ausrichten der Weiche, zweckmäßig wieder an einer Schnur, das Zusammenlaschen der krummen Gleisetheile, das Einziehen der noch fehlenden Laschenbolzen und das sorgfaltige und durchgängige Stopfen aller Schwellen, sowie endlich, nachdem gleichzeitig die Umstellungsvorrichtung mit dem Weichenbock angebracht ist, das Verfüllen der ganzen Weiche. Die Merkpfähle müssen gleichfalls hinter jedem der einfachen Herzstücke an die inneren Schienen der auseinanderführenden Gleise gesetzt bez an denselben angebracht werden und zwar wieder dort, wo die Gleise von Mitte zu Mitte 3,5 m oder besser 3,8 m von einander abliegen Bei sorgfältiger Vorbereitung aller Arbeiten kann man die Auswechselung einer alten und den Einbau der neuen Kreuzungsweise mit 2 Vorarbeitern und 35 Mann geschulter Leute in einem Zeitraume von $2^3/_4$—3 Stunden bewirken. Einschließlich der Vorbereitungs- und späteren Aufräumungsarbeiten haben die vorbenannten 2 Vorarbeiter mit ihren 35 Arbeitern jedoch meistens einen ganzen Tag zu thun. Wenn die Weiche an ein Stellwerk angeschlossen ist, so kommen die hierzu nöthigen Arbeiten noch besonders in Anrechnung

Der Einbau der Weichen und Gleisekreuzungen mit eisernen Schwellen unterscheidet sich nicht wesentlich von den vorbeschriebenen Verfahren. Er erfordert nur noch mehr Sorgfalt und größere Achtsamkeit hinsichtlich der Befestigung mit den eisernen Schwellen, auch empfiehlt es sich, mehr noch als bei Weichen mit hölzernen Schwellen, dieselben möglichst gleich an der Stelle zusammenzubauen, an der sie zu liegen kommen sollen, da bei dem Hineinschieben der seitwärts zusammengebauten Weichen die Verbindungen leicht gelockert und verbogen werden.

§ 5. Bezüglich der Unterhaltung der Weichen- und Gleisekreuzungen braucht unter Hinweis auf das im Katechismus für den Weichenstellerdienst Gesagte hier nur wenig nachgefügt zu werden. Eine gute und stets sicher wirkende Entwässerung ist eine Hauptbedingung für die dauernd gute Lage der Weiche, deshalb spare man nicht an gutem und reinen Bettungs- und Stopfmaterial. Die Spur muß ebenfalls stets richtig und innerhalb der zulässigen Grenzen erhalten werden. Da bei viel gebrauchten Weichen die Radlenker der starken Abnutzung unterworfen sind, so messe man die Spurrinnen zwischen Fahrschiene und Radlenker häufig nach und sorge dafür, daß diese nicht weiter als 44 mm werden, sonst muß die Radlenkerschiene ausgewechselt werden. Die Spurweite muß am Herzstücke selbstverständlich stets genau normal sein, ebenso bei den Doppelherzstücken Die Befestigung im Zungendrehstuhl, der Weichenkuppel- und Zugstange in ihren Verbindungsstellen, dem Weichenbocke nebst Zubehör muß gleichfalls wiederholte Prüfung gewidmet werden. Besonders ist der Zungendrehstuhl häufig zu schmieren und darauf zu achten, daß der Drehzapfen sich nicht ausarbeitet und die Zunge in der Fahrtrichtung hin und her geht. Beim Weichenbocke sehe man nach, ob die Stange desselben sich nicht etwa verbogen und die Laterne die Umgrenzungslinie des freien Raumes überschritten hat. Es ist überhaupt in dieser Hinsicht rathsam, wenn der Bahnmeister von Zeit zu Zeit sämmtliche Gleise seines Bahnhofes mit einem Rollwagen befahrt, an dem der untere Theil der Umgrenzungslinie des freien Raumes aus Brettern zusammengeschlagen befestigt ist. Hauptsächlich bei Rampen, Ladebühnen und Kohlenbansen finden sich dabei häufig Profilüberschreitungen, die man nicht hat vermuthen können.

6. Drehscheiben, Schiebebühnen, Waagen und Wasserkrähne.

§ 1. Da nach der Eintheilung der Dienstgeschäfte meistens die Unterhaltung und Ueberwachung sämmtlicher beweglicher und maschineller Theile obenbezeichneter Anlagen dem Betriebswerkmeister und nur die Maurer- und Gleisearbeiten dem Bahnmeister obliegen, so kann hier von der Beschreibung der maschinentechnischen Einrichtungen abgesehen und von den baulichen Anlagen nur das besprochen werden, was den Bahnmeister angeht

Wie jedes Bauwerk, das stark belastet wird, gut und sicher gegründet sein muß, so muß es auch mit dem Mittelpfeiler der Drehscheibe, auf dem der Königsstuhl gelagert wird, wie auch mit dem äußeren Kranze, der die gebogene Laufschiene trägt, der Fall sein. Letztere ist außerdem genau wagerecht zu legen, da sonst die Drehscheibe schwer zu drehen ist. Die Sohle der Drehscheibengrube muß mit wetterfesten Steinen gut und undurchlässig in Mörtel abgepflastert und durch einen besonderen Canal gut nach außen entwässert werden. Der äußere Rand der Drehscheibengrube wird entweder durch eine rundum geführte Brüstung aus Mauerwerk oder aus einem gußeisernen Kranze gebildet, es sei denn, daß nur wenig Gleise von der Drehscheibe ausgehen und man nur an diesen Stellen Brüstungsmauern herstellt, den übrigen Theil der Grube aber mit Böschungen abschließt.

§ 2. Werden mehrere Gleise auf eine Drehscheibe geführt, so entstehen je nach der Größe des Drehscheibendurchmessers und je nach der Größe des Winkels, den die Gleisrichtungen bilden, entweder mehrfache, oder einfache, oder gar keine Ueberschneidungen (Abb. 264). Findet eine Ueberschneidung mehrerer Gleise statt,

Abb. 264.

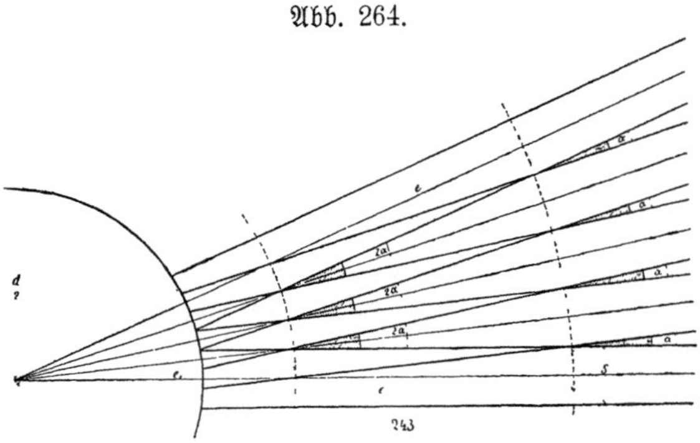

Drehscheibe mit Strahlengleisen

so kann man für die entstehenden Herzstücke nur bei den beiden äußeren Gleisen Radlenker anbringen, es erhalten also die Fahrzeuge an den Ueberschneidungsstellen der übrigen Gleise keine Führung. Mit Rücksicht auf diesen Uebelstand darf man die Herzstückwinkel nicht zu klein wählen und demnach höchstens eine zweifache Ueberschneidung stattfinden lassen. Die Anzahl der Herzstücke bei einfacher Ueberschneidung ist um 1 geringer als die Anzahl der Gleise; bei zweifacher Ueberschneidung entstehen zwei Herzstückreihen; die Anzahl der Herzstücke der der Drehscheibe zunächst gelegenen Reihe ist um 2 geringer als die Anzahl der Gleise; die Anzahl der Herzstücke der zweiten Reihe ist um 1 geringer als die Anzahl der Gleise. Bezeichnet man mit α den Winkel der Gleisrichtungen, so ist der Herzstückwinkel der zweiten Reihe ebenfalls $= \alpha$, der Herzstückwinkel der ersten Reihe $= 2\alpha$; bei einfacher Ueberschneidung ist der Herzstückwinkel $= \alpha$. Soll keine Ueberschneidung stattfinden, so muß, wenn d den Drehscheibendurchmesser und s die Gleisspurweite bezeichnet, $\alpha > \frac{360 \,.\, s}{d \,.\, \pi}$ sein; bei einfacher Ueberschneidung muß $\alpha < \frac{360 \,.\, s}{d \,.\, \pi}$ und $\alpha > \frac{360 \,.\, s}{2 d \,.\, \pi}$ sein; bei zweifacher Ueberschneidung muß $\alpha < \frac{360 \,.\, s}{2 d \,.\, \pi}$ und $\alpha > \frac{360 \,.\, s}{3 d \,.\, \pi}$ sein. Bezeichnet man mit e die Entfernung der Herzstückspitzen vom Drehscheibenmittelpuncte, so ist bei einfacher Ueberschneidung $e = \frac{360 \,.\, s}{2 \,.\, \alpha \,.\, \pi}$ und bei zweifacher Ueberschneidung die Entfernung der Herzstückspitzen der ersten Reihe $e_1 = \frac{360 \,.\, s}{4 \alpha \,.\, \pi}$ und der zweiten Reihe $e_2 = \frac{360 \,.\, s}{2 \,.\, \alpha \,.\, \pi}$. Gewöhnlich wählt man die Lage der Herzstücke so, daß sich die Schienenaußenkanten der zusammenlaufenden Gleise an der Peripherie berühren. Bezeichnet man mit b die Schienenkopfbreite, so findet dies statt, wenn α wie nachfolgende Zusammenstellung angiebt gewählt wird:

Keine	Einfache	Zweifache
	Ueberschneidung	
$\alpha = \frac{360\,(s + 2\,b)}{d \,.\, \pi}$	$\alpha = \frac{360\,(s + 2\,b)}{2\,d \,.\, \pi}$	$\alpha = \frac{360\,(s + 2\,b)}{3\,d \,.\, \pi}$

Nimmt man die Schienenkopfbreite zu 58 mm an, so ergiebt sich für Drehscheiben von 12 m Durchmesser bei Schienenaußenkantenberührung an der Peripherie folgende Tabelle:

Keine	Einfache		Zweifache		
	Ueberschneidung				
α	α	e	α	e_1	e_2
$14^0\ 48'\ 36''$	$7^0\ 24'\ 18''$ (1 : 7,59)	11,103 m	$4^0\ 56'\ 12''$ (1 : 11,58)	8,327 m	16,653 m

Aufgabe. Auf eine Drehscheibe, deren Durchmesser = 11,92 m ist, sollen 3 Gleise so geführt werden, daß eine einfache Ueberschneidung entsteht und die zusammenlaufenden Schienen sich an der Peripherie mit der Außenkante berühren. Wie groß ist der Herzstückwinkel zu wählen, und in welcher Entfernung vom Drehscheibenmittelpuncte muß die Herzstückspitze liegen?

Dem Vorhergehenden nach entstehen 2 Herzstücke; der Winkel bestimmt sich durch die Gleichung $\alpha = \frac{360\,(s + 2\,b)}{2\,.\,d\,.\,\pi} = \frac{360\,(1{,}435 + 2\,.\,0{,}058)}{2\,.\,11{,}92\,.\,3{,}1416} = \frac{558{,}36}{74{,}89} = 7^0{,}455 = 7^0\,27'28''$. Die Herzstückentfernung bestimmt sich durch die Gleichung $e = \frac{360\,.\,s}{2\,\alpha\,.\,\pi} = \frac{360\,.\,1{,}435}{2\,.\,7{,}455\,.\,3{,}1416} = \frac{516{,}60}{46{,}84} = 11{,}029$ m.

Sollen nicht sämmtliche auf die Drehscheibe führenden Gleise auf entgegengesetzter Seite weitergeführt werden, sondern beispielsweise nur 1 Gleis, so muß man dennoch auf der entgegengesetzten Seite kurze Gleisenden herstellen, damit Fahrzeuge, welche aus irgend einer Veranlassung bei der Bewegung auf dem Drehscheiben-Gleise zu weit gerathen, nicht sofort entgleisen.

§ 3. Bei den Schiebebühnen hat der Bahnmeister dafür zu sorgen, daß das zugehörige Mauerwerk stets im guten Zustande sich befindet, die Laufschienen wagerecht liegen, fest auf der Unterlage ruhen und die Gruben gut entwässert werden. Ferner ist zu beachten, daß die Schienen der anstoßenden, wie der durchschnittenen Gleise richtig liegen, nicht überstehen oder verfahren werden. Letzteres ist besonders bei Schiebebühnen ohne Laufgrube zu beachten. In gleicher Weise hat der Bahnmeister die Unterhaltung des Mauerwerks der Krahngruben, der Gruben der Centisimalwaagen und Loschgruben im Mauerwerk und den zugehörigen Gleistheilen zu bewirken, während dem Betriebswerkmeister die Unterhaltung der maschinellen Theile obliegt. Aehnlich verhält es sich auch mit den Lastkrähnen. Nur die Unterhaltung der Lademaaße oder Ladelehren untersteht ausschließlich dem Bahnmeister. Die Lademaaße haben den Zweck, zu verhindern, daß Wagen zu hoch oder zu breit beladen werden; es kommt also darauf an, daß die angebrachten Ladelehren (es sind derer in der Regel mehrere angebracht, die nach römischen Zahlen bezeichnet werden[1]), stets genau richtig sind, nicht verbogen oder sonst beschädigt werden, sie auch in richtiger Höhe über Schienenoberkante sich befinden und endlich die Vorrichtungen zum Umlegen oder Hochziehen der Ladelehren stets in Ordnung sind. Die Unterhaltung der Prellblöcke, welche an den Enden sog Stumpfgleise (todte Gleise) aufgestellt werden, ist gleichfalls Sache des Bahnmeisters, im Gleichen die Unterhaltung der Vieh- und Laderampen, sammtlicher Entwässerungs-, Gas- und sonstiger Anlagen, sowie

[1]) Vergleiche Weichensteller-Katechismus. Achte Auflage. Seite 117.

sämmtlicher Gebäude. Auf diese Gegenstande hier näher einzugehen, erscheint jedoch nicht nöthig, da die Ausführung der dabei vorkommenden Arbeiten sich von selbst ergiebt, auch dem Bahnmeister von seinem Vorgesetzten jedesmal besondere Anweisung darüber ertheilt wird.

7. Anordnung der Stationen.

§ 1. Bezüglich der Verkehrsgröße sind in Preußen folgende Bezeichnungen und Unterscheidungen festgesetzt. Man nennt Station allgemein jede Stelle einer Eisenbahn, an der Züge regelmäßig anhalten und unterscheidet:

a. Bahnhöfe als Stationen mit bedeutenderem Verkehr,

b. Haltestellen als Stationen mit mindestens einer Weiche für den öffentlichen Verkehr und

c. Haltepuncte als Stationen ohne Weichen.

§ 2. Die Haltepuncte dienen nur fur den Personenverkehr und bestehen auch nur aus den Unterkunfts- und Warteräumen für die Reisenden, den erforderlichen Dienst- und sonstigen Räumen, den Bahnsteigen und den zugehörigen Zugängen. In einzelnen Fällen können auch Abschluß- und sonstige Signalmaste (Blockmaste, Ausfahrsignalmaste) vorhanden sein, doch ist dieses nicht unbedingt erforderlich. Solche Haltepuncte sind u. A. auch die Stationen Börse, Janowitzbrücke und Bellevue der Berliner Stadtbahn.

§ 3. Haltestellen sind sowohl für den Personen-, als auch für den Güterverkehr eingerichtet. Dieselben besitzen die nöthigen Abschluß- und Vorsignale, Bahnsteige, Dienst- und Warteräume für die Reisenden, Ladegleise, Zufuhr und Ladestraßen, wenn nöthig auch einen Güterschuppen und eine Laderampe.

Abb. 265 stellt einen Grundriß einer solchen Haltestelle bei eingleisiger und Abb. 266 bei zweigleisiger Bahn dar. Bei beiden Haltestellen ist außer den

Abb. 265.

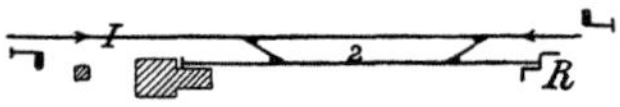

Haltestelle für Personen- und Guterverkehr bei eingleisiger Bahn.

Abb. 266.

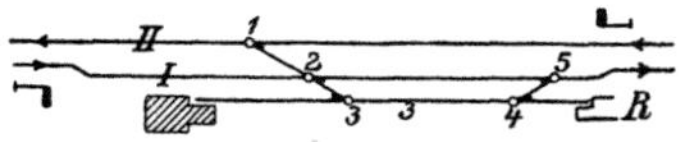

Haltestelle bei zweigleisiger Bahn.

Hauptgleisen ein Ladegleis mit todten Enden für den Guterschuppen und eine Laderampe angenommen. Bei Abb. 266 ist die Anordnung so getroffen, daß Spitzfahrten (ein Befahren der Weichen gegen die Spitzen bei durchfahrenden Zügen) vermieden werden, da die Weichen Nr. 5 und 1 mit der Fahrrichtung biegen und bei 2 sich nur eine Kreuzung befindet. An letzterer Stelle konnte auch eine halbe Kreuzungsweiche gelegt werden, ohne dadurch eine Spitzfahrt hervorzurufen.

§ 4. Die Bahnhöfe theilt man in Bezug auf ihre Lage zum Bahnnetz ein, in Endbahnhöfe, Zwiſchenbahnhöfe, Anſchluß= und Trennungsbahnhöfe, Kreuzungsbahnhöfe und Knotenpunctbahnhöfe, und in Bezug auf die Geſtalt des zugehörigen Grundriſſes in ſolche mit Kopfform, Durchgangsform, Keilform und Inſelform.

§ 5. Die Kopfform wird gewählt bei Anfangs= oder Endſtationen, von denen aus eine Fortſetzung in der gegebenen Richtung nicht zu erwarten ſteht. Die Bahnhöfe in großen Städten erhalten oft die Kopfform, wenn man dieſelben möglichſt weit in die Stadt hineinverlegen will, ferner auch Endbahnhöfe bei Gebirgsbahnen Bei der Einführung von Nebenlinien in eine Station einer Durchgangslinie wird erſtere oft in Kopfform ſeitlich angeſchloſſen. Abb. 267

Abb 267.

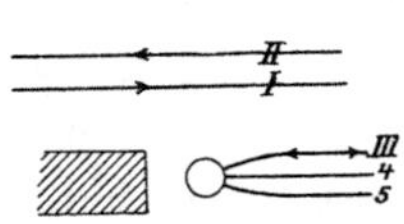

zeigt einen Grundriß der letzten Art. Die durchgehenden Gleiſe der Hauptbahn ſind I und II. (Es iſt Gebrauch die Hauptgleiſe mit römiſchen Ziffern zu bezeichnen). Diejenige der einlaufenden Bahn mit III, 4 und 5. Von den letzteren iſt III dasjenige, auf dem die Züge der Nebenbahn einlaufen und von dem ſie abfahren. Auf dem Gleiſe 4 fährt die Locomotive des eingefahrenen Zuges, nachdem ſie die Drehſcheibe paſſirt hat, zurück und Gleis 5 dient zur Aufſtellung von Wagen.

Abb. 268 ſtellt eine größere Kopfſtation für eine zweigleiſige Strecke dar. Man trennt dabei die Ankunft von der Abfahrt in der Weiſe, daß man das

Abb. 268

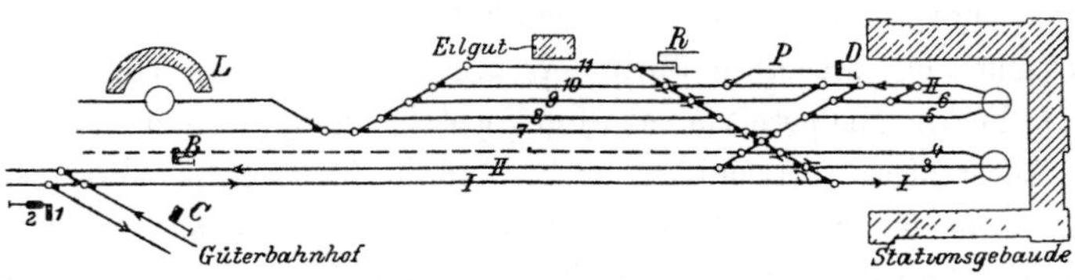

Größerer Bahnhof mit Kopfſtation

Ankunftsgleis I auf die eine Seite und das Abfahrtsgleis II auf die andere Seite und für jedes einen beſonderen Seitenſteig anlegt. Das Stationsgebäude umſchließt dann zweckmäßig beide Seiten und enthält auf der einen Seite die

Abfahrtsräume und auf der anderen Seite die für die Ankunft. Die Gleise 3 und 6 dienen wieder zur Aufstellung von Wagen und über das Gleis 4 und die vorliegende Drehscheibe kehrt die Locomotive vom angekommenen Zuge nach dem Schuppen zurück. Gleis 5 kann für etwaige von hier ausgehende Vororts-züge, der zwischen ihm und Gleis 4 verbleibende Theil zu einem Bahnsteige dafür benutzt werden. Gleis 7 dient als Maschinengleis, die Gleise 8 und 9 zur Aufstellung von Personenwagen und diejenigen 10 und 11 zur Verladung von Eilgut und Aufstellung der dazu gehörigen Wagen. Bei R ist eine Rampe vorgesehen und bei P ein Gleis für Postzwecke angelegt. Bei L befindet sich der Locomotivschuppen und bei A außerhalb des Personenbahnhofes zweigen die Gleise fur den seitwärts liegenden Güterbahnhof ab. Bei A befindet sich das Bahnhofsabschlußsignal mit 2 Armen, von denen Einfahrt mit einem Arm für Gleis I und Einfahrt mit beiden Armen für das Gütergleis gilt. Bei B und C befinden sich die Ausfahrtsignale für Gleis II und für das Gütergleis. Außerdem ist bei D am Stationsgebäude noch ein Ausfahrtsmast für Personen-züge vorhanden. Die Maste B und C sind von einander so abhängig, daß sie nicht gleichzeitig gegeben werden können, auch muß B erst gestellt sein, ehe D gezogen werden kann. Ebenso ist auch A[1] von C abhängig, der Gleiskreuzung wegen; so daß beide Signale gleichzeitig nicht gegeben werden können.

§ 6. Eine **Durchgangsstation** für eingleisige Strecken mit Ueber-holungs- und Kreuzungsgleisen stellt Abb. 269 dar. Dieselbe ist so angeordnet,

Abb. 269.

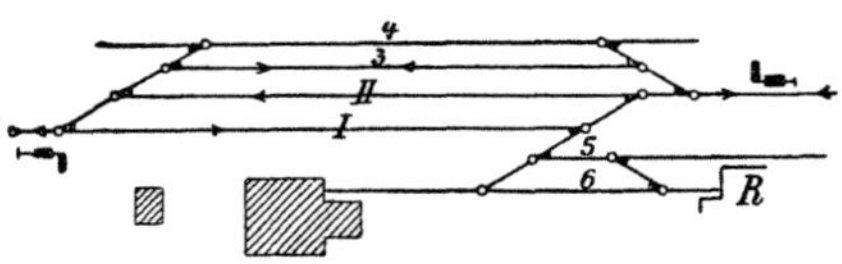

Kreuzungsstation einer eingleisigen Strecke.

daß sämmtliche durchgehenden Züge grade durch die Weichen **einfahren** und nur bei der **Ausfahrt** die gebogenen Gleise der Weichen durchlaufen müssen. Fur das Gleis II ist ein Zwischensteig angelegt, wobei angenommen ist, daß das Gleis I in Schienenhöhe überschritten werde. Gleis 3 dient zur Ueberholung für Güterzüge und die Gleise 4, 5 und 6 sollen zum Orts-Güterverkehr und zu Rangirzwecken benutzt werden. Der Güterschuppen ist wieder dem Stations-gebäude angefügt und bei R eine Laderampe mit Kopf- und Seitenverladung angeordnet.

Abb. 270 zeigt eine ähnliche Bahnhofs-Anlage bei zweigleisiger Strecke mit zwei Ueberholungsgleisen 3 und 4. Die Letzteren sind so angeordnet, daß sog Spitzfahrten vermieden werden, wodurch es freilich bedingt wird, daß die zu überholenden Züge, um auf das Ueberholungsgleis zu gelangen, zurückgedrückt werden müssen. Bei W befindet sich eine Centesimalwaage, bei R die Laderampe mit

Abb. 270.

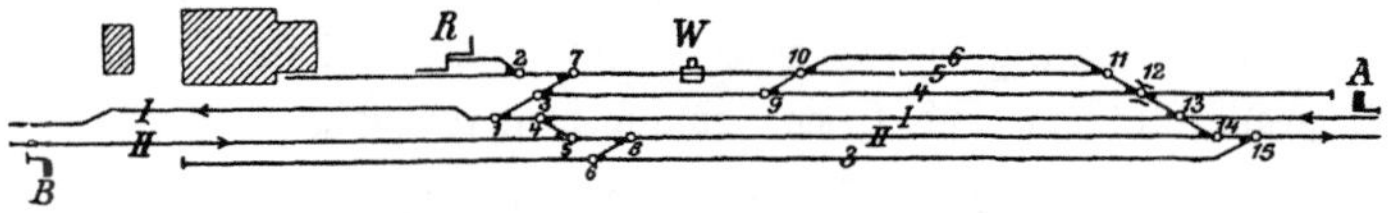

Station einer zweigleisigen Bahn mit zwei Ueberholungsgleisen.

Kopf und Seitenverladung. Der Güterschuppen ist wieder mit dem Stationsgebäude verbunden. Die Weichenstraßen 1, 7 und 14—11 dienen zum Aus- und Einsetzen von Wagen, ebenso die Verbindungen 6, 8 und 4, 5. Das Umsetzen der Züge vom Gleis II geschieht durch die Weiche 15 auf Gleis 3 und dasjenige der Züge vom Gleis I durch die Weichen 1, 3, 9, 12 auf Gleis 4 und zwar nach Bedarf bis auf den über die doppelte Kreuzungsweiche 12 hinausgehenden todten Strang. Die Bahnhofsabschlußsignale befinden sich bei A und B und zwar hat jedes derselben für die in Frage kommende Fahrtrichtung einen Arm.

§ 7. Eine Trennungsstation in Keilform stellt Abb. 271 dar. Die Trennungsstelle liegt für die Fahrt von links nach rechts in der Weiche 5 und

Abb. 271.

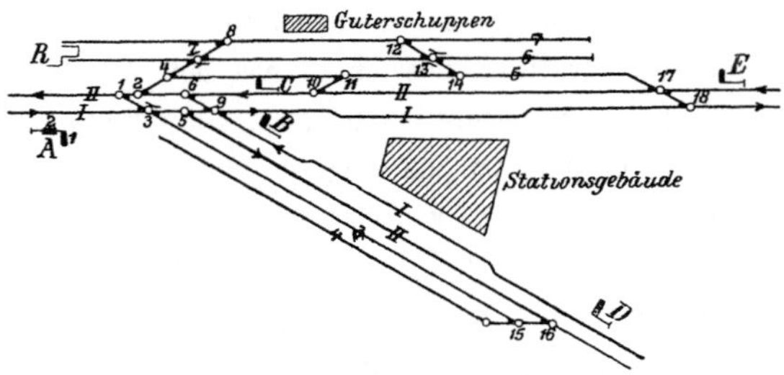

Trennungsstation in Keilform

der Zusammenlauf findet in der Weiche 6 statt, wobei das Gleis I der Hauptstrecke mit einer Kreuzung bei 9 überschritten wird. Außer der Fahrt gegen die Weiche 5 kommen Spitzfahrten nicht vor. Zur Ueberholung müssen die Züge ebenfalls zurückdrücken und sind dazu auf beiden Seiten je ein Gleis Nr. 3 und 5 angeordnet. Das Stationsgebäude kann bei der Keilform des Bahnhofes sehr zweckmäßig in dem durch die Abzweigung gebildeten Keil gesetzt und bei Errichtung von Ueberbrückungen oder Unterführungen der Bahnlinie durch schienenfreie Zugänge vom Orte aus erreicht werden. Zwischen den Gleisen I und II sind Mittelsteige vorgesehen.

Die erforderlichen Abschluß= und Deckungssignale sind bei A mit 2 Armen, B, C, D und E mit je einem Arm angeordnet, und dieselben in eine solche Abhängigkeit zu einander gebracht, daß weder B und C, noch A^1 (mit einem Arm) und B gleichzeitig gegeben werden können. Das Signal A^2 (für die Ablenkung geltend) kann jedoch gleichzeitig mit B gestellt werden, ebenso sind A^1 (mit einem Arm) für die grade Richtung und C von einander unabhängig.

§ 8. Abb. 272 zeigt einen Trennungsbahnhof, bei dem die Einfahrtsrichtungen so getrennt sind, daß z. B. oben im Plan nur von rechts nach

Abb 272.

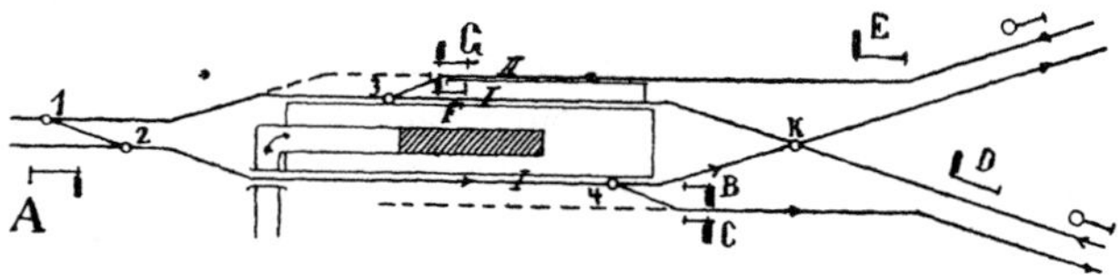

Trennungsbahnhof mit Inselbetrieb

links und unten nur von links nach rechts gefahren wird und der Zusammenlauf bez. die Trennung der Gleise in beiden Fällen erst bei der Abfahrt der Züge, also nachdem die Züge vorher gehalten haben, erfolgt. Es wird dadurch eine wesentlich größere Sicherheit erzielt zumal, wenn man ferner noch die Kreuzungsstelle K der beiden Gleise I durch Ueberbrückung des einen Gleises ungefährlich macht. Mit Ausnahme der Trennungsweiche 4 kommen Spitzfahrten nicht vor. Das Stationsgebäude liegt, wie eine Insel vom Wasser, von allen Seiten mit Gleisen umgeben und nennt man diese Anordnung daher einen Inselbahnhof, oder da es sich im vorliegenden Bahnhof zugleich um eine Trennung zweier Bahnen handelt, „Trennungsbahnhof mit Inselbetrieb."

Die Bahnhofs=Abschlußsignale A, D, E, sowie die Ausfahrtsignale G und F sind im vorliegenden Falle sämmtlich einarmig, während der Ausfahrtsignalmast der unteren Seite 2 Arme erhalten muß. Irrthümlich zeigt die Abb. dafür 2 Maste B und C mit je einem Arme.

§ 9. Einen Kreuzungsbahnhof zweier zweigleisiger Bahnen stellt Abb. 273 dar. Bei ihm ist nach Art der Trennungsbahnhöfe mit Keilbetrieb das Stationsgebäude nur von 3 Seiten durch Gleise umgeben. Die Gleise I und II beiderseits des Stationsgebäudes dienen für den Personen=, diejenigen 3 und 4 beiderseits für den Güterverkehr. Die Kreuzung der beiden Strecken ist durch Anlage einer Ueberführung bei U der einen Bahn über die andere bewirkt. Die weitere Erläuterung des Betriebes dieses Bahnhofes, welchen man Kreuzungsbahnhof mit Keilbetrieb benennt, ergiebt sich durch die angedeuteten Pfeile. Danach werden die Weichen 1, die halbe Kreuzungsweiche 5 und die Weichen 25 und 22 bei der Fahrt der Personenzüge von rechts nach links und die Weichen 11, 7 und 13, 19 bei umgekehrter Fahrtrichtung gegen die Spitze befahren.

Abb. 273.

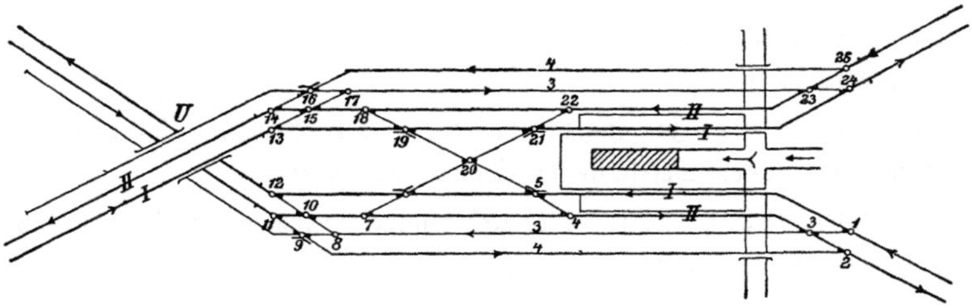

Kreuzungsbahnhof mit Keilbetrieb.

Die Weichenstraßen 7, 21, 22 und 4, 5, 19, 18 dienen zur Vermittelung des Uebergangsverkehrs beider Bahnlinieu.

§ 10. Schließlich sei in Abb. 274 noch eine Skizze eines Kreuzungsbahnhofes mit Inselbetrieb gegeben. Dieser Bahnhof kennzeichnet sich

Abb. 274.

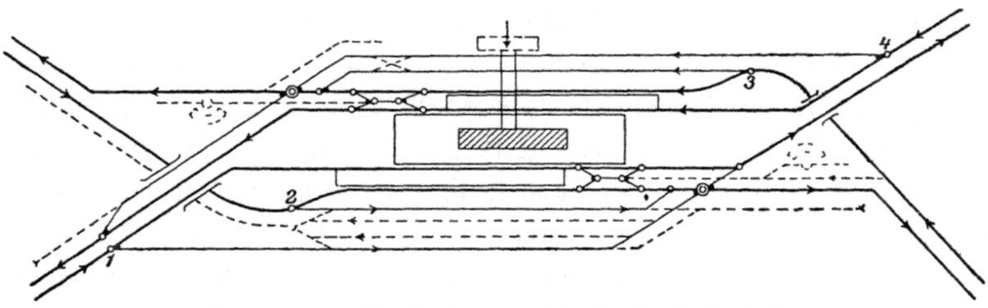

Kreuzungsbahnhof mit Inselbetrieb.

wieder wie der Trennungsbahnhof Abb. 272 dadurch, daß die Fahrtrichtungen beiderseits des Stationsgebäudes so vertheilt sind, daß stets nur rechts gefahren wird. Die Spitzfahrten sind bei der Einfahrt der Personenzüge auf je eine Weiche 1, 2, 3 und 4 beschränkt. Das mitten zwischen den Gleisen angelegte Stationsgebaude ist durch eine Untertunnelung von der Stadt aus zugänglich gemacht.

Die Inselform ist für die Kreuzungs-, wie auch für die Anschlußbahnhöfe am geeignetsten. Die Anschlüsse lassen sich durch Einführung todter Gleise recht zweckmäßig mit der Inselform vereinigen, und kann man dann für den Durchgangsverkehr wie für den Ortsverkehr durch Untertunnelungen oder Unter- und Ueberfuhrungen schienenfreie Zugänge zu den Bahnsteigen, wie auch zum Stationsgebäude herstellen.

Als einige hervorragende Beispiele solcher Bahnhöfe aus neuester Zeit mögen genannt werden die Bahnhöfe Halle, Duisburg, Hildesheim, Düsseldorf, Erfurt und Köln*).

8. Nebenanlagen auf der Strecke.

Es sind hier in erster Linie die Wegekreuzungen mit der Bahn zu nennen und zwar unterscheidet man:

a. Wegübergänge in Schienenhöhe, bei denen die Wege in der Höhe von Schienenoberkante die Bahn überschneiden

b. Wegüberführungen, d. h. Uebergänge, welche durch Brücken oberhalb der Bahn gebildet werden und

c. Wegunterführungen, bei denen durch besondere Bauwerke im Bahnkörper die Wege unter dem Gleise durchgeführt werden.

Die Bauwerke werden entweder aus Stein hergestellt und gewölbt, oder nur mit gemauerten Pfeilern und Widerlagern versehen, während der Oberbau aus Holz oder Eisen gefertigt wird Im letzteren Falle unterscheidet man Balkenbrücken, Brücken mit Sprengwerk oder Hängewerk, Blechbrücken, Gitterbrücken oder Fachwerkbrücken

§ 2. Bei den Wegübergängen in Schienenhöhe unterscheidet man folgende einzelne Theile: Die Rampen mit den Rampencanälen, die Uebergangsstelle zwischen den Schienen, die Verschlußvorrichtungen und die Warnungstafeln. Die Neigung der Rampen, sowie deren Breite ist verschieden und richtet sich nach der Eigenschaft und Lage des Weges. Die Neigung und Breite wird vor dem Bau unter Mitwirkung der Landespolizei festgesetzt und schwankt erstere zwischen 1 : 40 und 1 : 12 letztere zwischen 2,5 m — 10 m. Die Rampencanäle haben den Zweck, das im Bahngraben ankommende Wasser weiter zu führen. Sie werden meist aus Thon oder Cementröhren hergestellt oder auch wohl ganz aus Mauerwerk ausgeführt. Die Befestigung des Weges an der Uebergangsstelle über die Schienen soll durch Chaussirung (Schuttsteine mit Kies) hergestellt werden, wobei die erforderlichen Spurkranzrinnen von den Eisenbahnfahrzeugen sich selbst einfahren Bei solchen Ueberwegen muß jedoch Fürsorge getroffen werden, daß sie nicht hoch frieren, da sonst leicht Entgleisungen eintreten. Die Einlegung von Streichschienen ist wegen der dabei verbundenen Gefahr für Pferde, Schafe und Rindvieh verboten.

§ 3. Die Verschlußvorrichtung ist verschieden, je nachdem dieselbe von dem Wärter unmittelbar bedient wird, der Wärter also an dem Ueberwege postirt

---

*) Eine eingehende Behandlung dieses Gegenstandes findet man in der Hütte XV Auflage, Abschnitt „Eisenbahnbau“ von A Goering, sowie von demselben Verfasser unter „Bahnhof“ in der Encyclopädie des Eisenbahnwesens von Victor Röll.

ist, oder ob sie von einem entfernten Standpuncte des Wärters mittelst Drahtzug geöffnet und geschlossen wird. Im ersteren Falle unterscheidet man Drehschranken, Schiebeschranken oder Schlagbaumschranken, auch Ketten oder Thorschrauben und im letzteren Falle Zugschranken. Letztere können entweder schlagbaumartig oder als Thorwege gestaltet sein. Beide Arten von Schranken werden wenn nöthig dicht vergittert, um das Durchkriechen zu verhindern.

§ 4. An die Zugschranken stellt § 4 Absatz 5 der Betriebsordnung die Forderung, daß sie auch mit der Hand geöffnet und geschlossen werden können. Ferner soll jeder Uebergang mit Zugschranke eine Glocke erhalten, mit welcher vor dem Schließen zu läuten ist. Diese an die Zugschranken gestellten Anforderungen haben seit Bestehen der Vorschriften vielfache Lösungen gefunden, so daß es nicht möglich ist, dieselben hier alle vorzuführen. Es möge daher nur ein Beispiel gegeben werden, um damit zu zeigen, wie die Bedingungen zu erfüllen sind; im Uebrigen aber werde auf die unten genannte Quelle verwiesen*).

Die Zugschranke hat doppelte Drahtleitung, an welche bei x Abb. 275 bis 279 mit dem einen Ende eine kurze Kette befestigt ist, deren anderes Ende zum

Abb. 275.

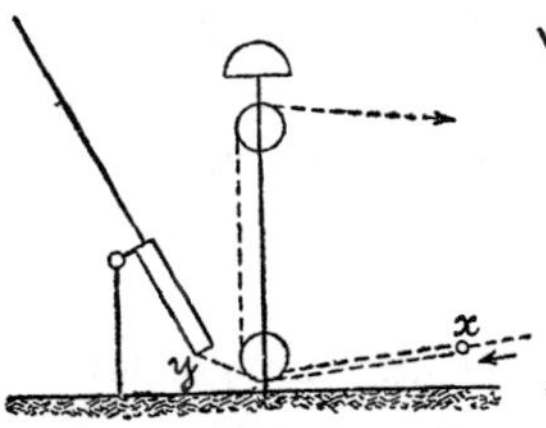

Zugschranke vom Warter geöffnet; Beginn des Vorläutens vor dem Schließen

Abb. 276.

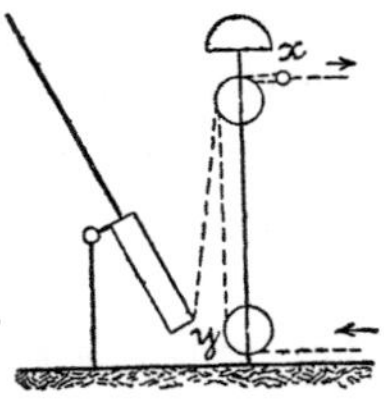

Beginn des Schließens.

Abb 277.

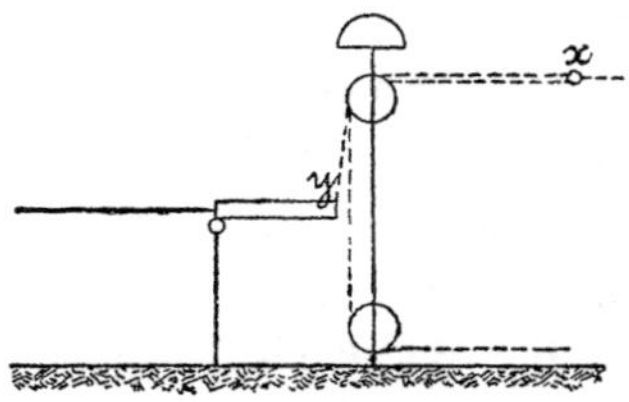

Schlagbaum geschlossen

Hinterende des Schlagbaumes führt. Letzterer hat seinen Drehpunct etwa 0,15 m unter Stangenmitte, so daß er sowohl in der geöffneten, als in der geschlossenen Stellung hinreichendes Uebergewicht hat. Will der Warter schließen, so bewegt er die Leitung in der Pfeilrichtung, Abb. 275. Der Verbindungspunct x der beiden Ketten bewegt sich bis x, Abb. 276, das Läutewerk ertönt während der ganzen Zeit, ohne daß der Schlagbaum zu schließen beginnt. Bei fernerer Bewegung des Drahtes in der Pfeilrichtung, Abb 276, schließt der Baum und gelangt in die Stellung Abb. 277. Um wieder öffnen zu können, muß der

*) Ueber Drahtzugbarrièren „Fortschritte des Eisenbahnwesens" Seite 98 bei J. F. Bergmann Wiesbaden.

Wärter erst so lange rückwärts drehen, bis x in die Stellung Abb. 278 gelangt, erst beim ferneren Anziehen des Drahtes erlangt der Baum wieder die Stellung Abb. 275. Oeffnet ein Passant, wie in Abb. 279 angegeben, so erhält der

Abb. 278.

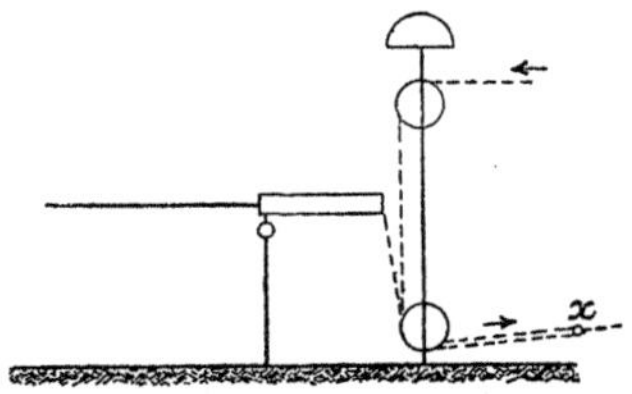

Beginn des Oeffnens.

Abb. 279.

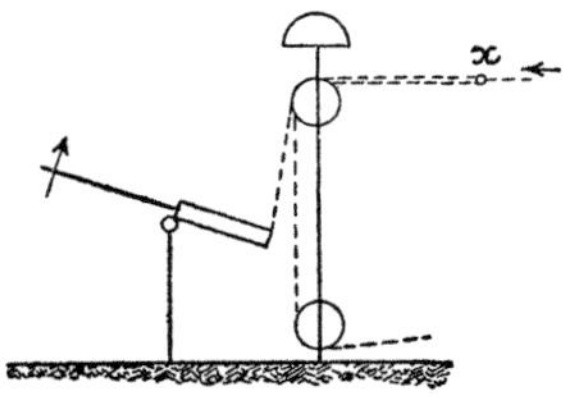

Schlagbaum vom Ueberwege aus geöffnet

Wärter durch das Läutewerk am Windebock Meldung. Je länger die Kette xy genommen wird, desto länger dauert das Vorläuten beim erstmaligen Schließen durch den Wärter.

§ 5. An den Ueberwegen in Schienenhöhe müssen beiderseits und zwar am Fuße der Rampen oder doch 10—20 m von der Schranke entfernt Halte- und Warnungstafeln aufgestellt werden, welche die hierhergehörigen bahnpolizeilichen Vorschriften enthalten. Am besten werden diese Tafeln aus verzinktem Eisenblech hergestellt und mit erhabener Schrift versehen. Als Pfosten verwendet man zweckmäßig alte Siederohre oder alte Eisenbahnschienen. Bezüglich der Stationssteine, Neigungszeiger und Krümmungstafeln wird auf den Katechismus für den Bahnwärterdienst verwiesen.

§ 6. Die Einfriedigungen der Bahn werden hergestellt aus Drahtzäunen, Schluchterwerkzäunen oder Spriegelzäunen, die man später mit Weißdorn anpflanzt. Wo jedoch Schneeverwehungen zu befürchten sind, dürfen Anpflanzungen der Zäune nicht bewirkt, überhaupt nur sehr durchlässige Zäune (Drahtzäune, Schluchterwerk) angewendet werden. Gräben mit Seitenaufwurf werden in einzelnen Fällen auch als hinreichende Einfriedigung angesehen.

§ 7. Zur Verhütung von Waldbränden ist die Anlage von Schutzgräben mit Aufwurf, die im Ganzen 3 m breit, etwa 40 m vom Fuße des Dammes entfernt, der Bahn entlang geführt werden, am meisten zu empfehlen. Durch Quergräben mit gleichem Aufwurf, die in 50—100 m Entfernung senkrecht zur Bahn bis an diesen Brandgraben geführt werden, theilt man den Feuerbezirk in kleinere Flächen, so daß beim Funkenauswurf und bei Zündungen nur verhältnißmäßig kleine Flächen abbrennen können. Die Gräben und Aufwürfe müssen stets wund gehalten werden. Das Aufstellen von Getreide-Puppen, sowie die Lagerung von Heu in größerer Nähe als 38 m ist gestattet, da dasselbe lediglich in normaler Ausführung der Ernte geschieht.

§ 8. Zu Verhütungen von Schneeverwehungen sind besondere Anlagen nothwendig. Indem bezüglich der eingehenden Behandlung dieses Gegenstandes auf die unten*) vermerkte Schrift verwiesen wird, sei hier das Nothwendigste zusammengefaßt.

Dem Verwehen sind am meisten ausgesetzt die niedrigen Einschnitte, sowie die niedrigen Theile größerer Einschnitte nnd die Stellen, an denen das Gleis in gleicher Höhe mit dem anstoßenden Gelände liegt. Die Menge des herangewehten Schnees hängt hauptsächlich ab von der Gestaltung und der Tiefe des vor der Bahn liegenden Geländes. In Wäldern können keine Schneeverwehungen entstehen, sondern nur Schneeanhäufungen in Folge ruhigen Schneefalles. Auf freiem Felde ist die herangewehte Schneemasse um so größer, je weniger Einsenkungen das Feld hat, je weniger Gräben, Hecken, Zäune oder sonstige Hindernisse vorhanden sind, in, hinter oder vor denen sich der Schnee schon vorher ablagern kann. Sodann wird die Schneemenge um so größer, je tiefer in der Richtung des Windes das vor dem Bahnkörper liegende freie Land (das Vorland) ist. Im Durchschnitt rechnet man auf 30—100 m Tiefe des Vorlandes 1 qm Schneeablagerung und bringt bei geringerer Vorlandtiefe die größeren, bei größerer Tiefe die kleinen Satze zur Anwendung. So würde bei 300 m Vorlandtiefe $\frac{300}{30} = 10$ qm bei 3000 qm vielleicht $\frac{3000}{100} = 30$ qm zu rechnen sein. Zur Abhaltung dieser Schneemassen muß man Anlagen neben der Bahn schaffen, in denen solche Mengen sich ablagern können. Dieses kann geschehen durch Anlage von hinreichend breiten Niederwaldstreifen, vor und in denen sich der Schnee ablagern kann. Diese Waldstreifen sind aber des Grunderwerbs wegen ziemlich theuer**) und daher nur dort anzuwenden, wo Grund und Boden billig ist Durch Anlage von Wällen und Gräben neben der Bahn kann man hinreichend Ablagerungsflächen schaffen, jedoch sind auch diese Anlagen verhältnißmäßig theuer, obgleich sie in der Unterhaltung am billigsten sind. Am meisten zur Verwendung geeignet sind Zäune aus Brettern oder alten Eisenbahnschwellen oder auch aus Flechtwerk. Abb. 280 und 281 stellen die letzteren Anordnungen dar. Die Aufstellung der Zäune bewirkt man entweder an der Kante des Einschnitts (Abb. 1, S. 49, Erster Theil) oder in entsprechender Entfernung von derselben (Abb. 2, S. 50, Erster Theil) und giebt dabei den Zäunen die Höhe, welche zur Erreichung des nöthigen Ablagerungs-Querschnittes nöthig ist. Reicht ein einfacher Zaun nicht aus, so muß man einen zweiten in entsprechender Entfernung davor aufstellen.

*) Schneewehen und Schneeschutzanlagen von E. Schubert. Verlag von J. F. Bergmann. Wiesbaden.

**) Siehe naheres darüber „Organ für Fortschritte des Eisenbahnwesens" 1891, S. 234.

Besondere Beachtung muß man den Stellen schenken, an denen Auftrag und Abtrag wechseln, da durch schräg einfallenden Wind hier leicht Verwehungen

Abb. 280.

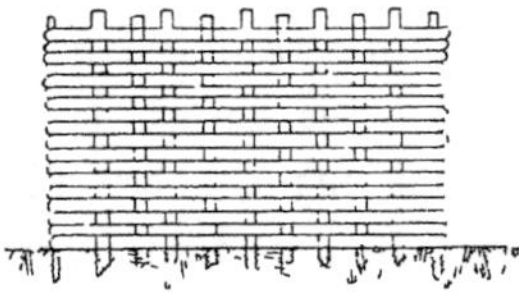

Schneehürde aus Flechtwerk.

Abb. 281.

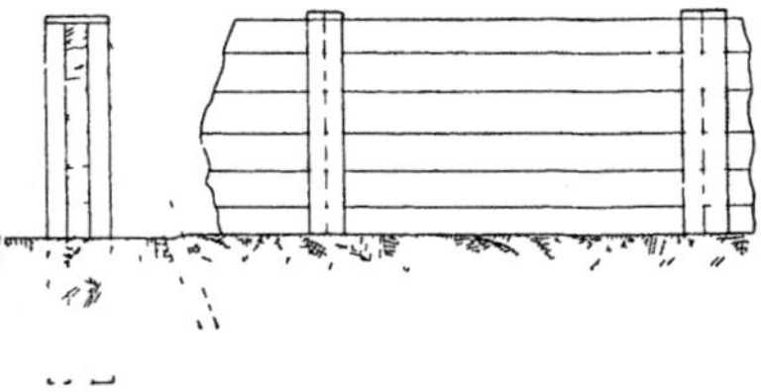

Schneezaun aus alten Schwellen.

hervorgerufen werden können. Es ist deshalb nothwendig, einen besonderen Zaun nach Abb. 282 um das Ende des Einschnitts herumzuführen, der hoch genug

Abb. 282.

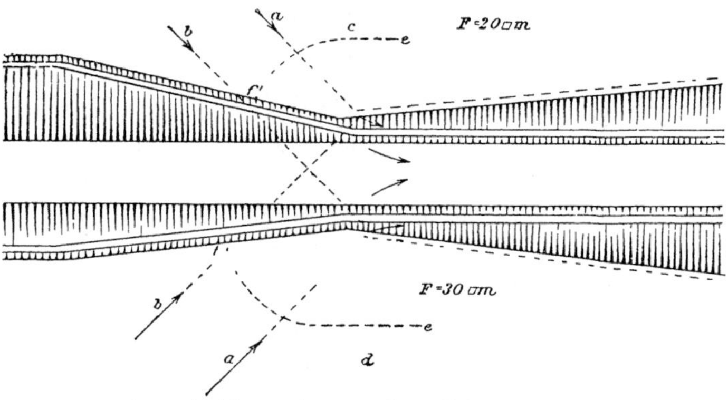

Grundrißanordnung der Schneezäune.

gemacht werden muß, um den ankommenden Schnee vor und hinter sich aufzunehmen. Abb. 283 zeigt den Querschnitt nach c—d, Abb. 282. Bei der Ab-

Abb. 283.

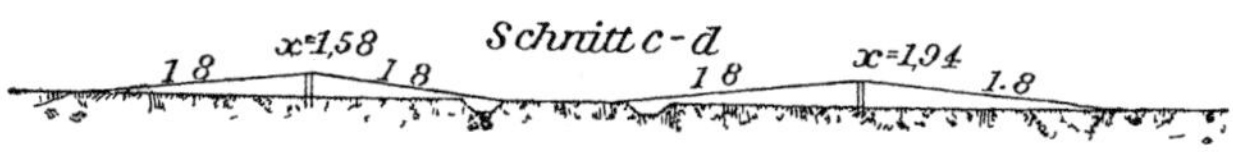

lagerungsfläche von F = 20 qm ermittelt sich die Zaunhöhe, bei einer Abdachung des Schnees von 1 : 8, die man als Durchschnittswerth annehmen kann, zu $20 = 2 \cdot \frac{x.\ 8\,x}{2} = 8\,x^2$; $x = \sqrt{\frac{20}{8}} = 1{,}58$ m und bei $F = 30$; $x = \sqrt{\frac{30}{8}} = 1{,}94$. Die Entfernung, in der die Zäune herumgeführt werden müssen, ist also in dem einen Falle = 8 . 1,58 m = 12,64 m und im anderen 8 . 1,94 = 15,52 m. Bei der Wahl der Anordnung nach Abb. 2, S. 50, erster Theil schließt sich der um den Anfang des Einschnitts herumzuführende Zaun, an den von der Einschnittskante entfernt stehenden Zaun unmittelbar an.

Wo aus irgend welchen Gründen feste Zäune nicht aufgestellt werden können, verwendet man versetzbare Schutzwände oder Zäune, die man aus Brettern, Latten, Hürden, Drahtgewebe oder Gitterwerk, auch wohl aus Eisenblech herstellt.

Besonders empfehlenswerth ist eine bei der Union-Pacific-Bahn in Nordamerika angewendete Form, welche Abb. 284 darstellt, da sie besonders fest und

Abb. 284.

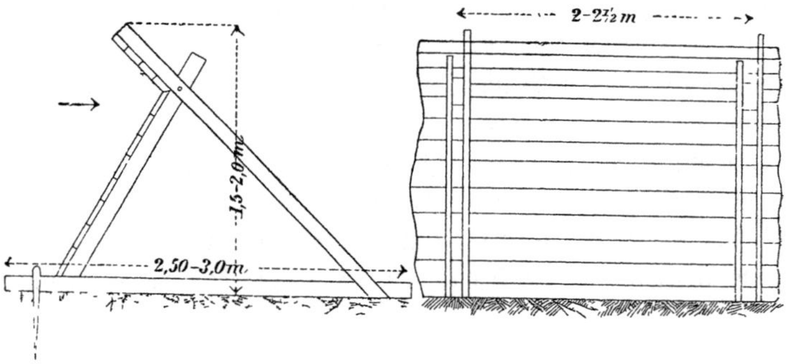

leicht aufzustellen ist. Man kann dieselbe auch, falls sie nach einem stattgehabten Schneewehen bis obenhin voll verweht sind, herausheben und auf die gebildete Schneeablagerung setzen. Dadurch hat man dann von Neuem einen Ablagerungs-Querschnitt und somit weiteren Schutz für später eintretende Schneewehen geschaffen.

§ 9. Was die seitens des Bahnmeisters beim Beginn des Winters zu ergreifenden Maßnahmen betrifft, so sei bemerkt, daß auf die Bereitstellung der Hürden, etwaiger Schneepflüge, Schaufeln und sonstiger Geräthschaften Bedacht zu nehmen ist. Die Strecken sind daraufhin zu prüfen, ob nicht etwa seit dem vorigen Jahre in der Nähe niedriger Einschnitte oder flacher Stellen, Hecken oder Zäune angelegt oder Buschwerk und Sträucher angewachsen sind, die bei eintretender Verwehung gefährlich werden können. Die Rottenführer und Wärter sind auf die gefährlichen Stellen der Strecke aufmerksam zu machen und zu unterweisen, wie sie nöthigenfalls zu handeln haben. Auch ist Anweisung zu ertheilen, wo sich die Arbeitskräfte beim Eintritt des Schneetreibens einzufinden haben, um etwaige weitere Befehle entgegen zu nehmen.

§ 10. Beim Eintritt des Schneewehens selbst muß der Bahnmeister möglichst viel unterwegs sein und auf der Locomotive oder im Zuge die

Strecke bereisen, damit er über den Zustand seiner Strecken stets genau unterrichtet ist und die nöthigen Anordnungen treffen kann. Es ist gut, eine größere Anzahl Hürden oder versetzbare Zäune überzählig in Bereitschaft zu halten, damit man sie an Stellen, an denen unvermuthet Verwehungen eintreten, verwenden kann. Bleibt ein Zug im Schnee stecken, so soll die Locomotive vom Zuge abgehängt werden und versuchen durch Vorfahren Bahn zu brechen. Gelingt dieses und hat sie durch mehrmaliges Hin- und Herfahren so viel geräumt, daß voraussichtlich mit dem Zuge durchzukommen ist, so hängt sie wieder an und fährt mit ihm weiter. Gelingt dieses aber nicht und sind nicht hinreichend Arbeiter zur Stelle um helfend eingreifen zu können, so fährt die Maschine, nachdem, wenn möglich der Station telegraphisch Kenntniß gegeben ist, bis zur nächsten Station, um Hülfe herbeizuholen. Wenn beim Liegenbleiben eines Zuges es aussichtslos ist vorwärts zu kommen, so kann man versuchen, den Zug wieder nach der rückwärts gelegenen Station zurückzudrücken; dabei muß man jedoch besonders vorsichtig zu Werke gehen.

Die bestehenden Signal- oder sonstigen Vorschriften sind dabei streng zu beachten; ebenso muß die Ueberwachung der Strecke, so wie der mit dem Schneeschaufeln beschäftigten Arbeiter seitens der Wärter sehr aufmerksam besorgt werden, da gerade beim Schneetreiben die Signale nur schwer zu sehen und zu hören sind.

III. Auszug

aus den Normen für den Bau und die Ausrüstung der Haupteisenbahnen Deutschlands vom 5. Juli 1892.

§ 1. Bei der Anlage von Haupteisenbahnen, die voraussichtlich später mit einem zweiten Gleise zu versehen sind, ist im Bauentwurfe darauf Bedacht zu nehmen:

Sämmtliche Gleise, auf denen Züge bewegt werden, sind von baulichen Anlagen mindestens bis zu den Umgrenzungslinien des lichten Raumes (Abb. 241) frei zu halten, wobei in Krümmungen auf die Spurerweiterung und die Ueberhöhung der äußeren Schiene Bedacht zu nehmen ist.

Wie in Abb 242 angegeben ist, soll die Rinne für das Eisenbahnrad nach Außen 150 mm und nach innen 67 mm breit sein; nur bei unveränderlichem Abstande von der Schiene, wie bei den Radlenkern, darf das letztere Maaß allmählich bis auf 41 mm und ersteres bis auf 135 mm eingeschränkt werden. In gekrümmten Strecken mit Spurerweiterung muß der Abstand innerhalb des Gleises um ebensoviel vergrößert werden.

In Ladegleisen kann eine Einschränkung der Umgrenzung des lichten Raumes von der Aufsichtsbehörde zugelassen werden. Sonstige Abweichungen unterliegen der Bestimmung des Bundesraths.

§ 2. Hölzerne Eisenbahnbrücken sind nur ausnahmsweise und nur mit Genehmigung der Landesaufsichtsbehörde zulässig. Bei Brücken aus Eisen oder Stahl sind die tragenden Theile des Oberbaues aus gewalztem oder geschmiedetem Material herzustellen.

§ 3. Die Breite des Bahnkörpers soll so groß sein, daß die Schnittpunkte der Linie durch die Schienenunterkante mit dem Böschungslinien 2 m von Mitte Gleis entfernt sind.

§ 4. Die Bahnkrone (Schienenunterkante) soll 0,6 m über dem höchsten Wasserstande liegen, die Bettung mit den Schwellen soll mindestens 0,20 m hoch und gehörig entwässert sein.

§ 5. Die Spurweite in graden Gleisen soll 1,435 m betragen, in Krümmungen unter 500 m Halbmesser ist sie entsprechend zu vergrößern, jedoch nicht mehr als 30 mm.

§ 6. In Krümmungen (mit Ausnahme der Weichenkrümmungen) soll die äußere Schiene entsprechend der Geschwindigkeit der Züge höher liegen; diese Ueberhöhung soll auf eine Länge auslaufen, die mindestens 200 Mal so groß ist, als die Ueberhöhung. Verschiedene Krümmungen und Querneigungen sind stetig ineinander überzuführen, auch soll zwischen Gegenkrümmungen deshalb eine entsprechende lange Grade eingelegt werden.

Der kleinste Halbmesser auf freier Bahn soll nicht unter 180 m sein, Halbmesser von weniger als 300 m auf freier Bahn müssen seitens der Reichs-Eisenbahnamts genehmigt werden.

§ 7. Die Längsneigung der Bahn soll nicht stärker sein als 1 : 40 (25 ‰); bei Anwendung stärkerer Neigung als 1 : 80 (12,5 ‰) ist die Genehmigung des Reichs-Eisenbahnamts erforderlich. Bahnhöfe sollen nicht stärker als 1 : 400 (2,5 ‰) geneigt sein, doch dürfen die Endweichen in stärkere Neigung eingreifen.

§ 8. Neigungswechsel auf freier Strecke sind noch einem Kreisbogen von mindestens 5000 m Halbmesser, an Bahnhöfen 2000 m abzurunden. Zwischen Gegenneigungen von mehr als 1 : 200 ist, sobald die Gesammtsteigung mehr als 10 m beträgt, zur Ausrundung eine weniger als 1 : 200 geneigte Strecke von 500 m einzulegen.

§ 9. Doppelgleise auf freier Bahn sollen mindestens 3,50 m Abstand von einander haben; tritt noch ein Gleis hinzu, so muß dasselbe 4,0 m vom benachbarten abgelegt werden. Gehen zwei Gleisepaare nebeneinander her, so soll zwischen den benachbarten Gleisen derselben ebenfalls 4,0 m Abstand sein.

Die Gleise der Bahnhof-Haltestellen sollen in mindestens 4,5 m und sofern Bahnsteige dazwischen zu liegen kommen, mindestens 3 m von einander abgelegt werden.

Bei geringem Personenverkehr kann mit Genehmigung der Landes-Aufsichtsbehörde hiervon abgewichen werden.

§ 10. Die Schienen sollen aus gewalzten Eisen oder Stahl bestehen; die innere seitliche Abrundung des Kopfes der Schiene ist nach einem Halbmesser von 14 mm zu bewirken. Die Befestigungsmittel sollen auf der Innenseite des Gleises in der Breite der Spurrinne mindestens 38 mm unter S. O. liegen.

§ 11. Jede Stelle der Schiene soll 8000 kg tragen können

§ 12. Auf Erfordern des Reichs-Eisenbahnamts sind telegraphische Meldestationen und an eingleisigen Bahnen zugleich Ausweichestellen für Züge bis zu 110 Achsen (550 m Länge) anzulegen, sofern die Entfernung zwischen zwei Stationen größer als 8 km ist.

§ 13. Führen mehrere Eisenbahnen in denselben Bahnhof, so sind sie derartig mit einander zu verbinden, daß der Uebergang von Zügen von Bahn zu Bahn leicht erfolgen kann. Benachbarte Bahnhöfe sind in gleicher Weise mit einander zu verbinden.

Kreuzungen zweier Bahnen außerhalb der Stationen sollen durch Ueberbrückung hergestellt werden.

§ 14. Die Weichenzungen müssen mindestens 100 mm weit aufschlagen.

§ 16. Die Höhe der Bahnsteige darf ohne Genehmigung des Reichseisenbahnamts nicht mehr als 0,38 m über S. O. betragen. Alle auf dem Bahnsteig feststehenden Gegenstände mussen bis zu einer Höhe von 2,50 m über dem Bahnsteig mindestens 3,0 m von der Mitte desjenigen Gleises entfernt sein, für das der Bahnsteig gilt.

§ 18. Die Höhe der Viehrampen darf nicht über 1,10 m über S. O. betragen. Die Ladegleise müssen beim Verladen von der Seite die folgeweise Vorführung von 20 Fahrzeugen vor eintretender Rückbewegung gestatten. Besondere für Militairverladungen errichtete Rampen sollen nur 1,0 m über S. O. hoch sein.

§ 19. Die Höhe des Fußbodens der Güterschuppen darf 1,10 m über S. O. nicht übersteigen.

§ 21. Jeder Wasserkrahn soll in einer Minute mindestens 1 kbm Wasser liefern. Die Ausgüsse der Wasserkrähne sind mindestens 2,850 m über S. O. zu legen.

Alphabetisches Sachverzeichniß.

Druckfehlerberichtigung.

Seite 57 Zeile 1 von oben statt „daß er" lies „daß der Steg."
„ 75 „ 17 „ unten statt „Schienenenden" lies „Schwellenenden."
„ 138 „ 22 „ unten statt „Bogenumfange" lies „Bogenanfänge."
„ 148 „ 21 „ unten statt „abgespreißt" lies „abgespreizt."
„ 154 „ 16 „ unten statt „auf die Schiene" lies „auf der Schiene."
„ 164 „ 15 „ oben statt „die neue Schiene" lies „die eine Schiene."

Abb: 1.
M. 1:5.

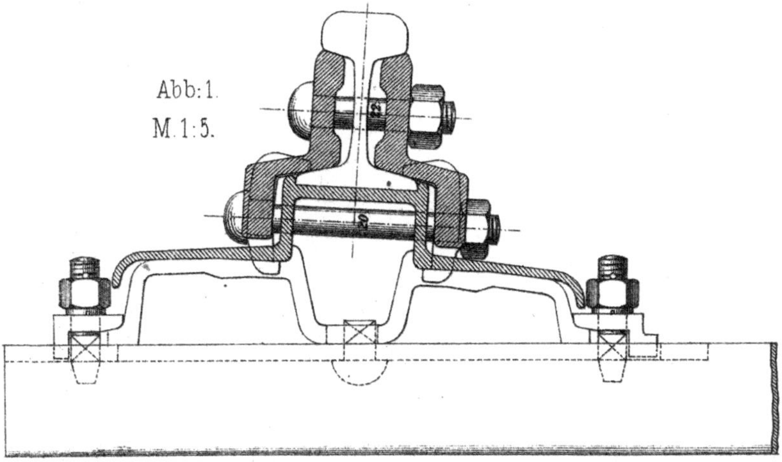

Abb: 5.
M. 1:20.

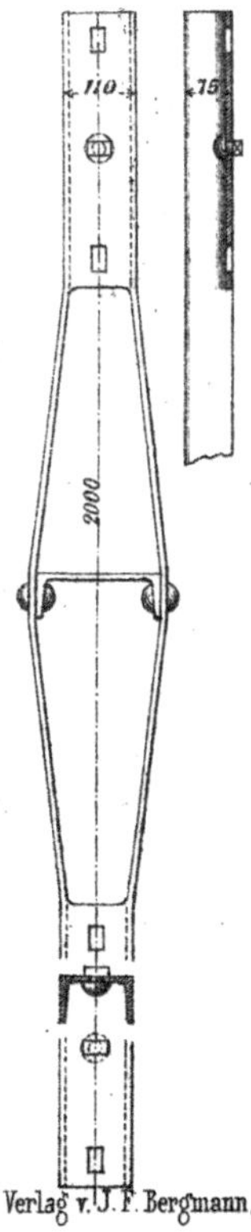

Abb: 3. M. 1:10.

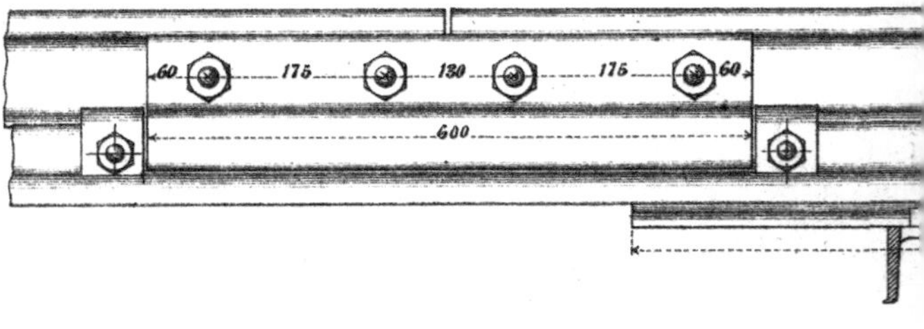

Abb: 4. M. 1:10.

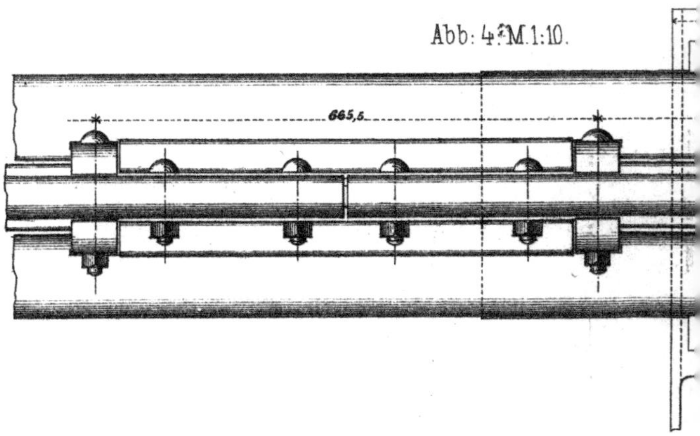

Verlag v. J. F. Bergmann, Wiesbaden.

Abb: 2.
M. 1: 5.

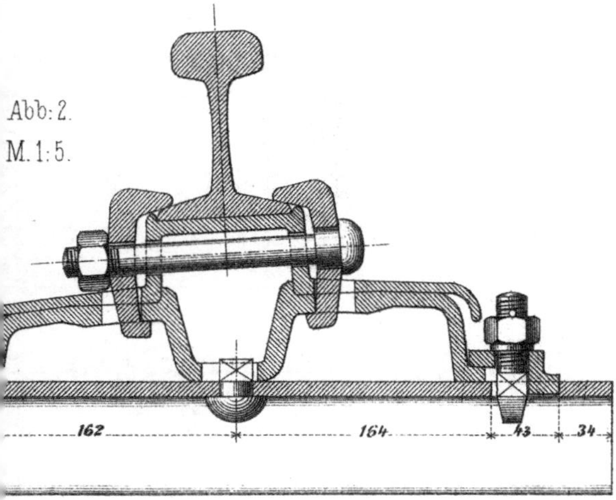

Abb: 6.
M. 1: 5.

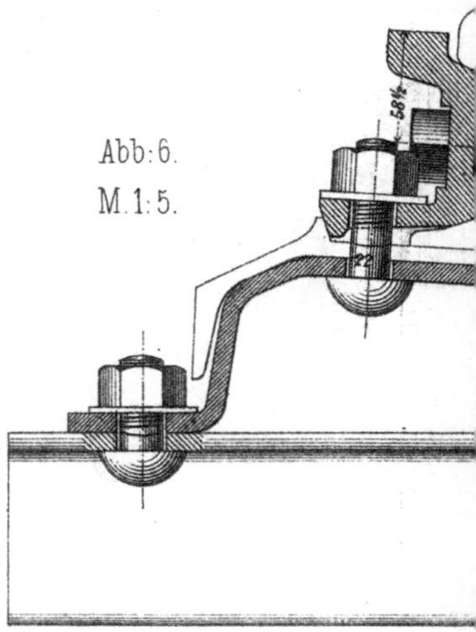

Abb: 7.
M. 1: 5.

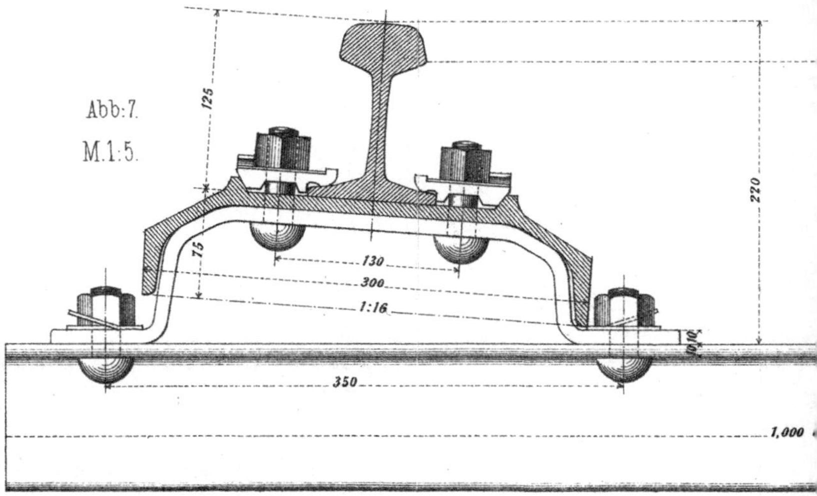

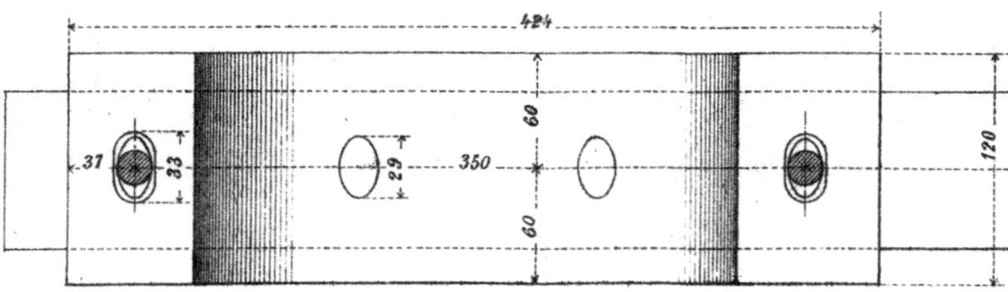

Abb

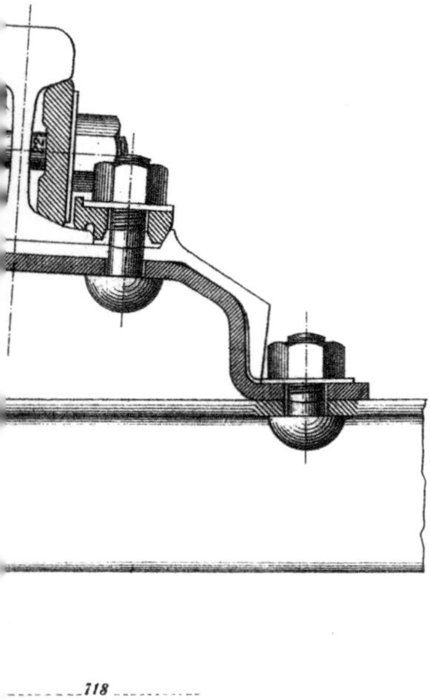

Abb: 8. M. 1:5.

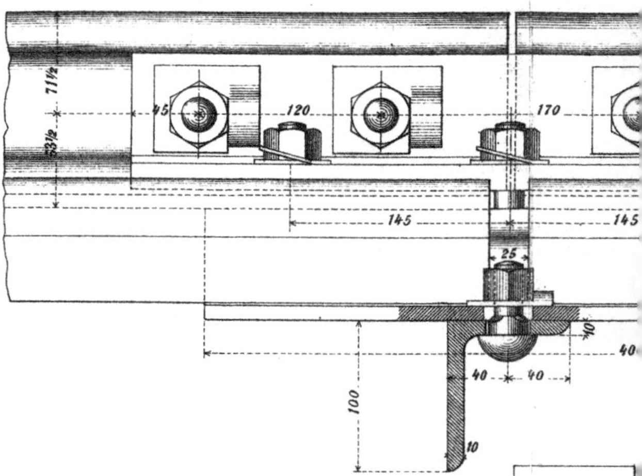

Abb: 9.
M. 1:5.

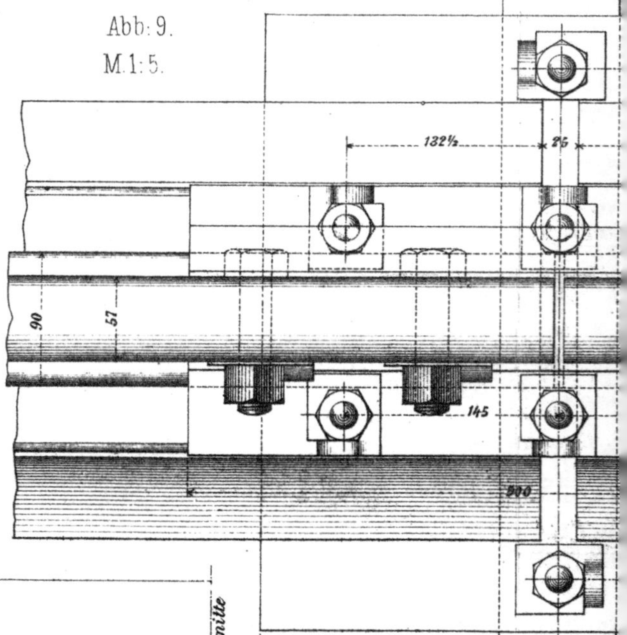

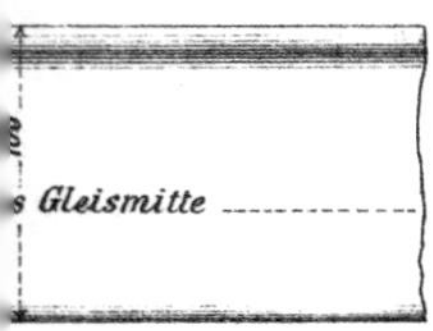

.0. M. 1:5.

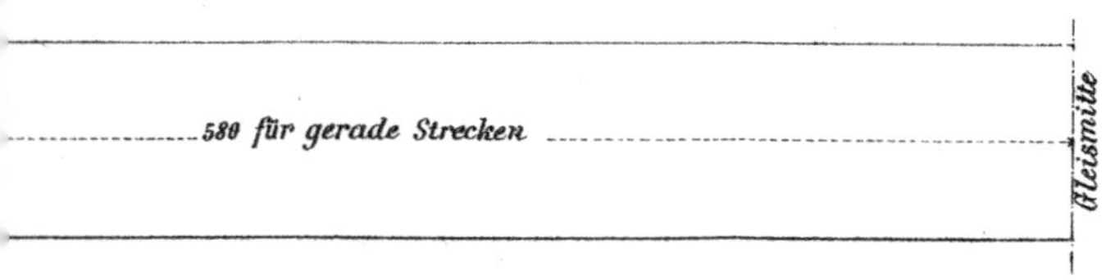

Taf. I.

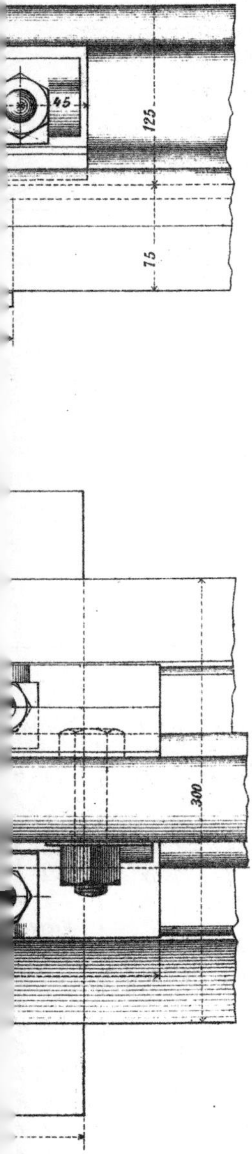

Lith. Anst. v. F. Wirtz, Darmstadt

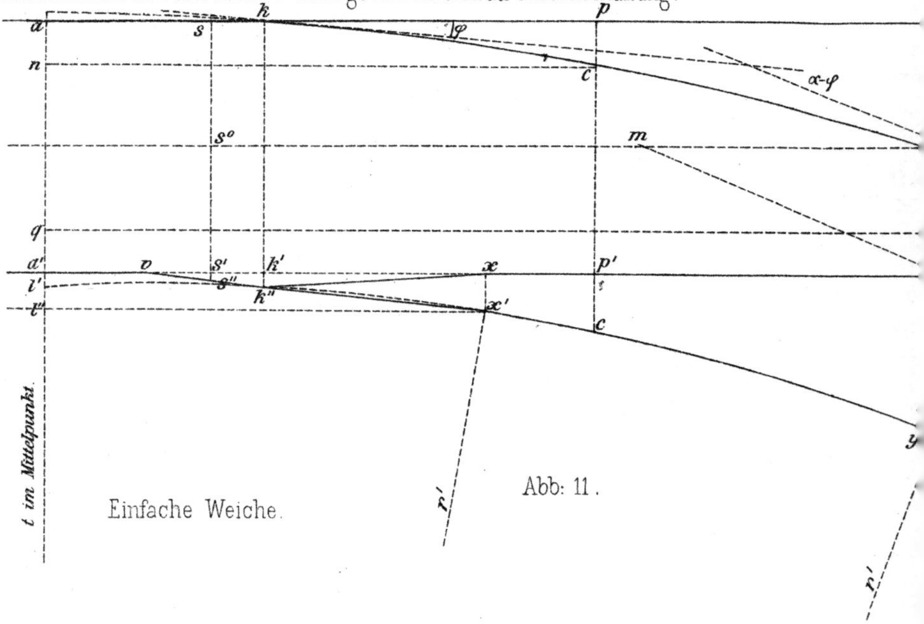

Einfache Weiche.

Abb: 11.

Weiche 1:10.		Weiche 1:9.		
Annahmen:	*Rechnungsgrößen:*	*Annahmen:*	*Rechnungsgrößen:*	*Anna*
r 245 m	$a\,k = a'k' = 2,3518$	$r = 190$ m	$a\,k = a'k' = 2,2107$	r
$\sphericalangle\ \varphi = 33'$	$a\,l = 0,0113$	$\sphericalangle\ \varphi = 40'$	$a\,l = 0,0129$	r'
$\sphericalangle\ \alpha = 5^\circ 42' 38,13''$	$a'l' = 0,0037$	$\sphericalangle\ \alpha = 6^\circ 20' 24,69''$	$a'l' = 0,0021$	$\sphericalangle\ \varphi$
$s\,k = 0,500 = s'k'$	Bogen $k\,e = 22,0670$	$s\,k = 0,500$	Bogen $k\,e = 18,8141$	$\sphericalangle\ \alpha$
$k'\,k'' = 0,010$	$e\,g = e'g' = 2,3155$	$k'\,k'' = 0,010$	$e\,g = e'g' = 2,5878$	$s\ k$
$s'\,s'' = 0,006$	$e''i = 2,3040$	$s'\,s'' = 0,006$	$e''i = 2,5719$	$k'\ k$
Spurerweiterung	$k\ i = 24,3306$	Spurerweiterung	$k\ i = 21,3432$	$s'\ s$
im krummen	$k\ e\ g = 24,3825$	im krummen	$k\ e\ g = 21,4019$	Rechnu
Strange 0,015	$s\ k\ i = 24,8306$	Strange 0,015	$s\ k\ i = 21,8432$	Bogen k
	$s\ k\ e\ g = 24,8825$		$s\ k\ e\ g = 21,9019$	$k\ h'$
	$s^\circ m = 10,4448$		$s^\circ m = 8,8885$	$b\ h$
	$m\,g^\circ = m\,i^\circ = 14,3858$		$m\ i^\circ = 12,9547$	$k\ r$
	$r' = 243,55$		$r' = 188,55$	$k\ k'$
	$v\ s' = 0,750$		$v\ s' = 0,750$	$k\,b = k'b'$
	$k''x' = 2,7907$		$k''x' = 2,3791$	$g\ k$
	Bogen $x'y = 16,4289$		Bogen $x'y = 13,8964$	$s\ g$
	$e'y = 2,7031$		$e'y = 2,3784$	$s^\circ\ g$
	$k''x'y\,e'g' = 24,2381$		$k''x'y'e'g' = 21,2416$	$g\ r$

Lith. Anst. v. F. Wirtz, Darmstadt.

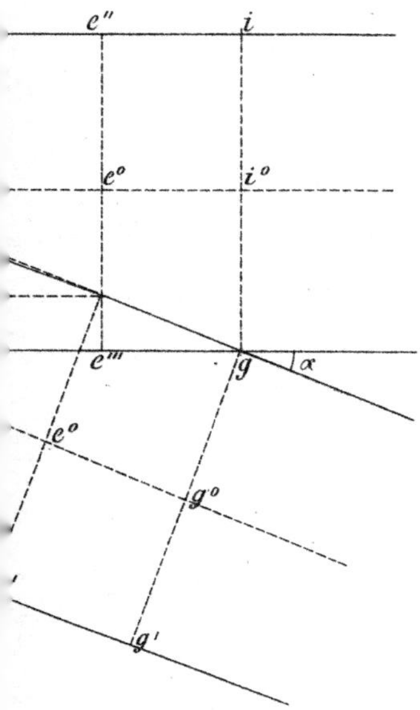

Kreuzungsweiche. 1:10.

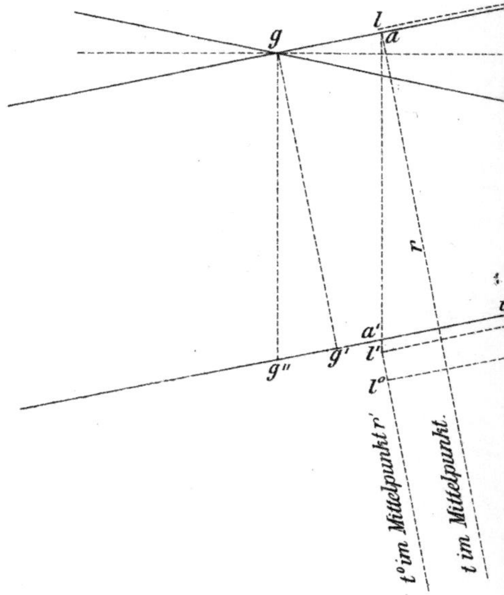

e. 1:10.	Kreuzungsweiche. 1:9.	
…nungsgrößen:	*Annahmen:*	*Rechnungsgrößen:*
$=a'k=2,3518$	$r=190,000$	$\sphericalangle(\frac{\alpha}{2}-\beta)=0^\circ 59' 44,321''$
$a\ l=0,0113$	$r'=188,550$	$k\ p=4,9983$
$a'\ l'=0,0037$	$R=230,000$	$b\ p=4,0096$
$v\ s'=0,7500$	$\sphericalangle\varphi=40'$	$k\ b=9,0097$
$k''\ x'=2,7907$	$\sphericalangle\alpha=6^\circ 20' 24,678''$	$p\ c=0,1240$
$b\ g=14,4216$	$s\ k=0,5000$	Bogen $c\ h=3,9968$
$g\ m=14,4037$	$k'\ k''=0,010$	$b\ h=0,3108$
$b\ b'=1,4368$	$s'\ s''=0,006$	$k\ k'''=0,4409$
$b'\ g'=14,3500$	*Rechnungsgrößen.*	$g\ k=3,9866$
$'k''\ q=7,00$	$a\ k=a'\ k'=2,2107$	$s\ g=3,4866$
$l'\ q=8,8518$	$a\ l=0,0129\quad a'\ l'=0,0021$	$s^\circ\ g=3,4805$
$y\ q=4,5285$	$v\ s'=0,7500$	$g\ r=3,9805$
$q\ z=3,3571$	$k''\ x'=2,3791$	$b'\ p'=4,0079$
$q\ h'=3,3569$	$b\ g=12,9945$	$\sphericalangle\beta'=2^\circ 11' 30,891''$
$b'\ h'=0,3095$	$g\ m=12,9746$	$\sphericalangle(\frac{\alpha}{2}-\beta')=0^\circ 58' 41,435''$
$R'=248,8495$	$b\ b'=1,4372$	Bogen $c'\ h'=3,9944$
$2^\circ 4' 56,63''$	$b\ g'=2,9150$	$R'=233,9439$
$)=46' 22,435''$	$\sphericalangle\beta=2^\circ 10' 28,022''$	$b'\ h'=0,3274$

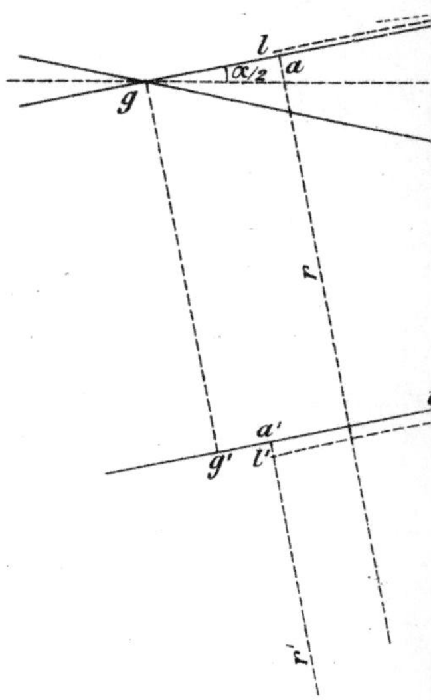

Abb: 12.

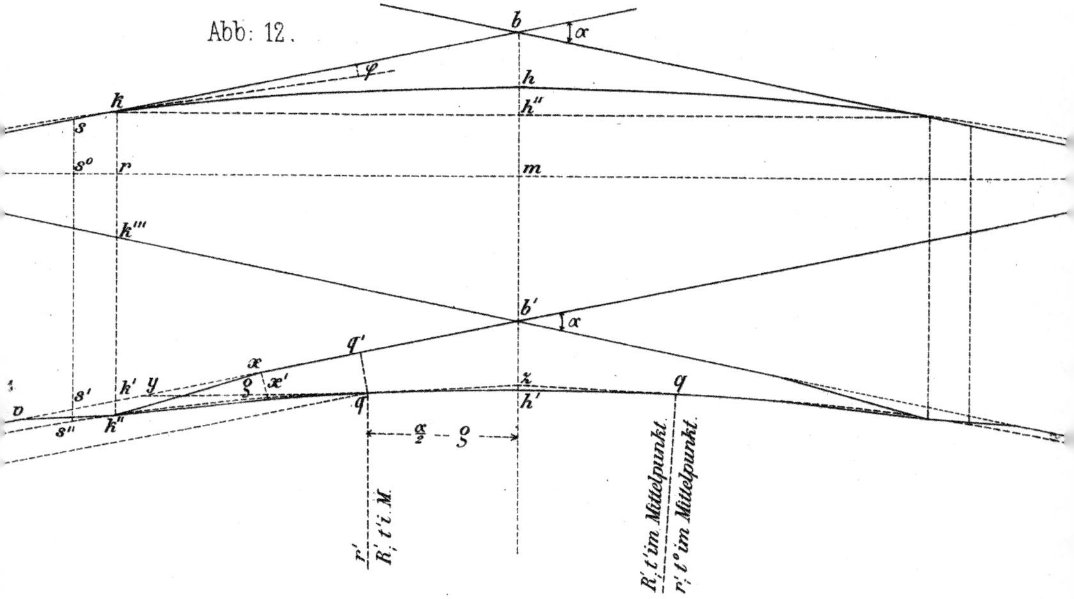

Kreuzungsweiche. 1:

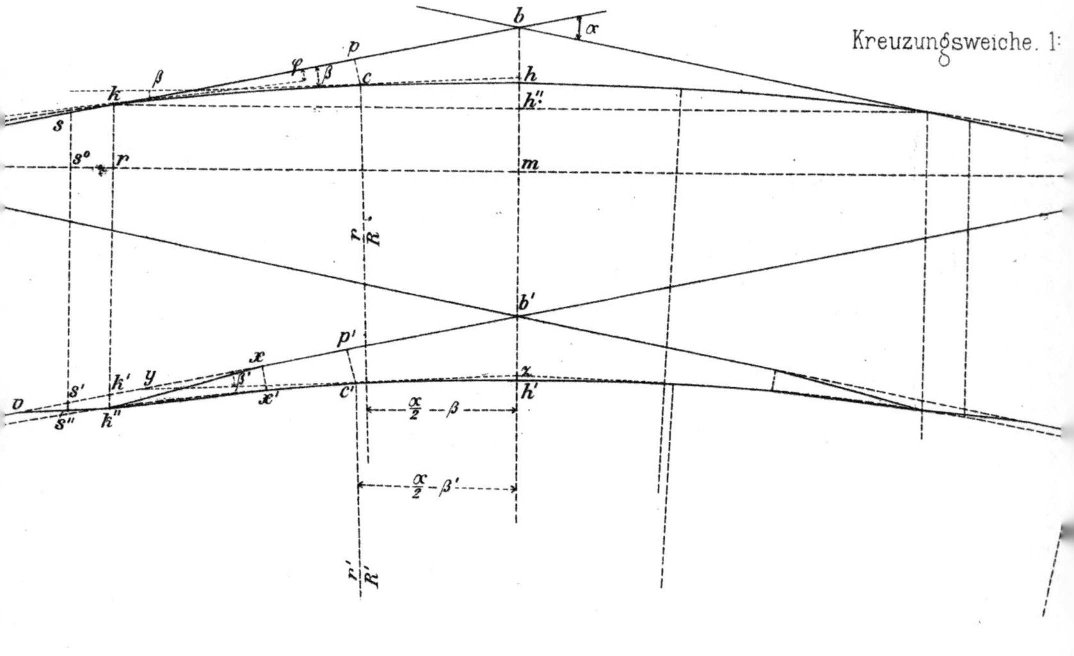

Taf. II.

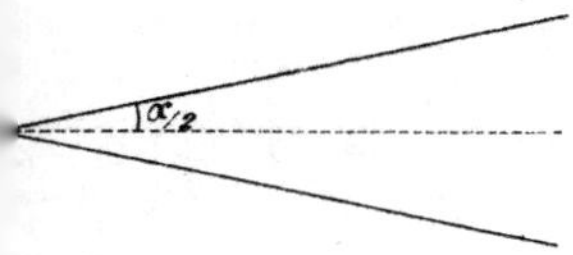

s s' Anfang d. Backenschiene.
k k'' Zungenspitzen.
c p' Zungenenden.

v. J. F. Bergmann, Wiesbaden.

Abb: 14. a

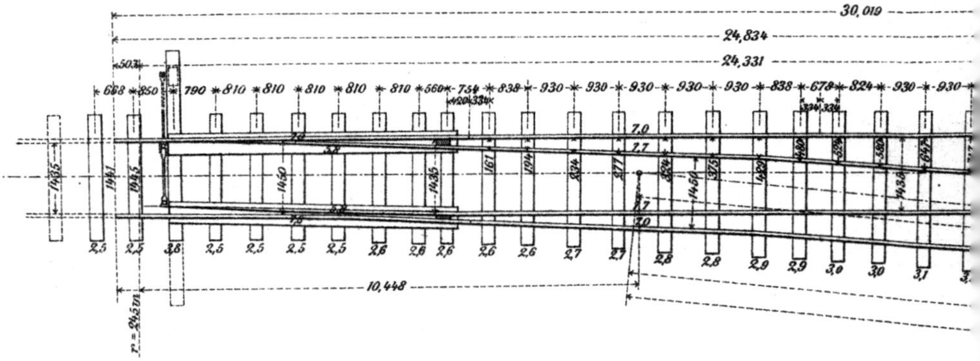

Abb: 15. b.

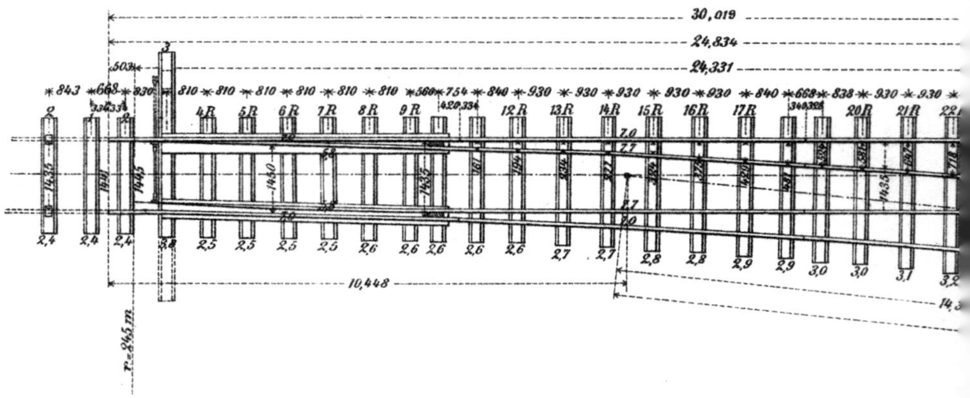

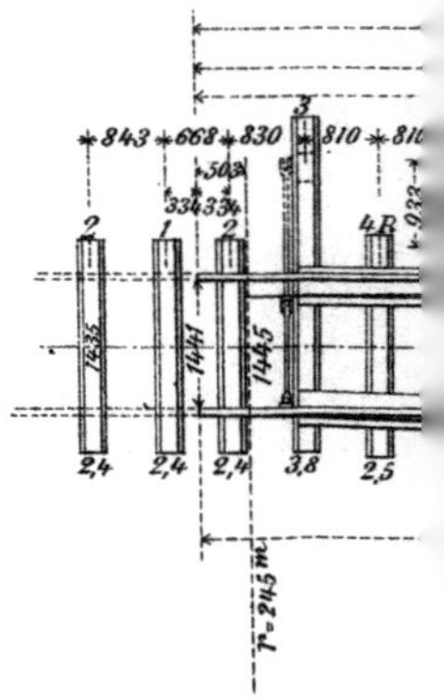

Lith. Anst. v. F. Wirtz, Darmstadt.

, rechts.

n.

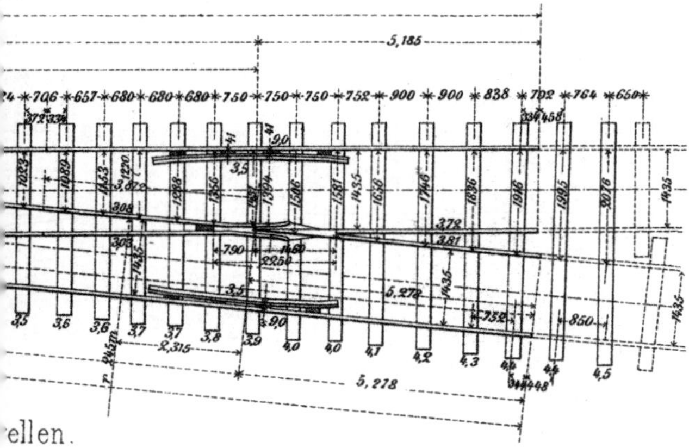

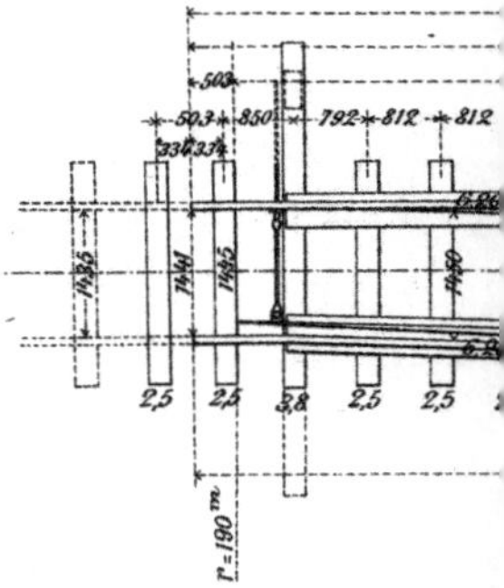

ellen.

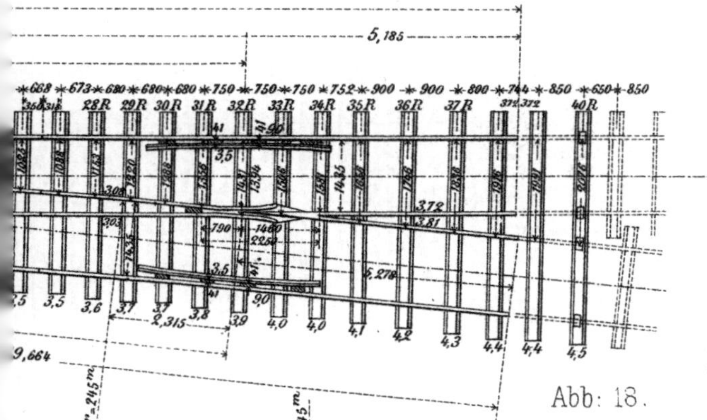

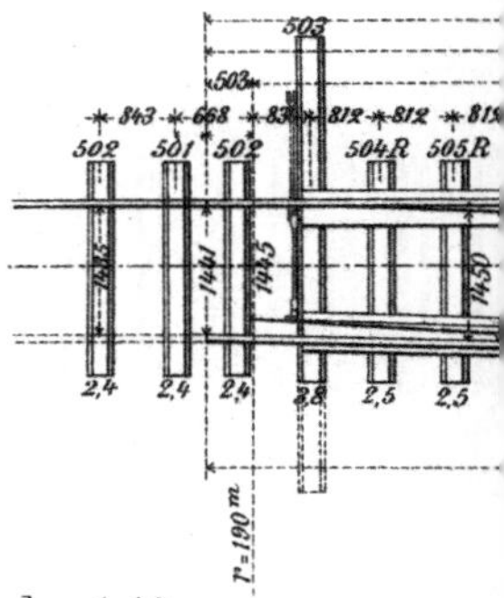

Doppelweiche 1:10.

Abb: 18. Eiserne Schwellen.

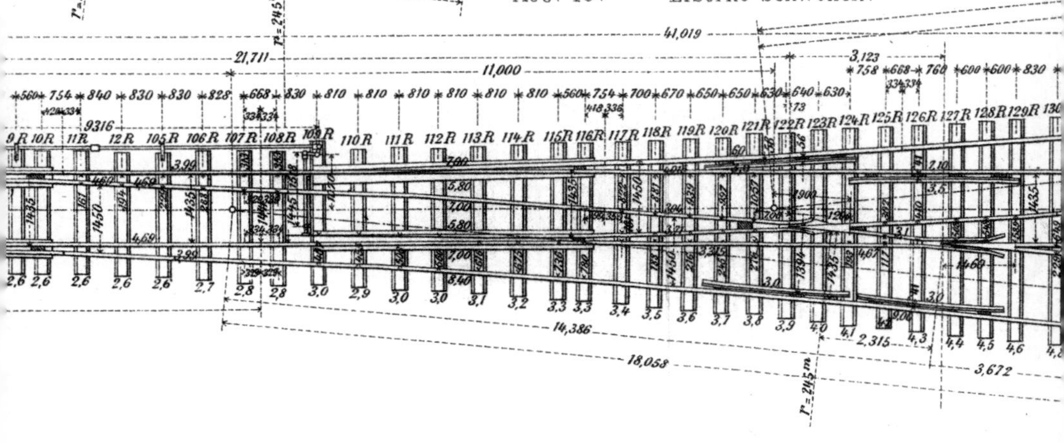

Einfache Weiche 1:9, rechts.

Abb: 16. a. Holzschwellen.

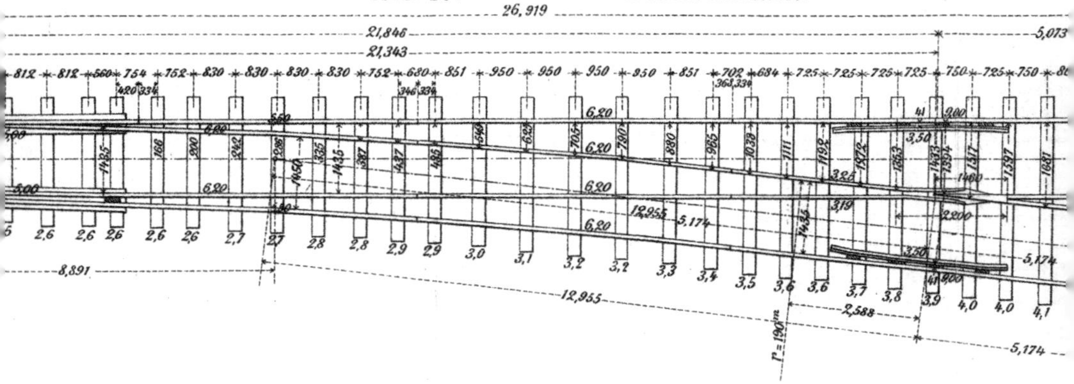

Abb: 17. b. Eiserne Schwellen.

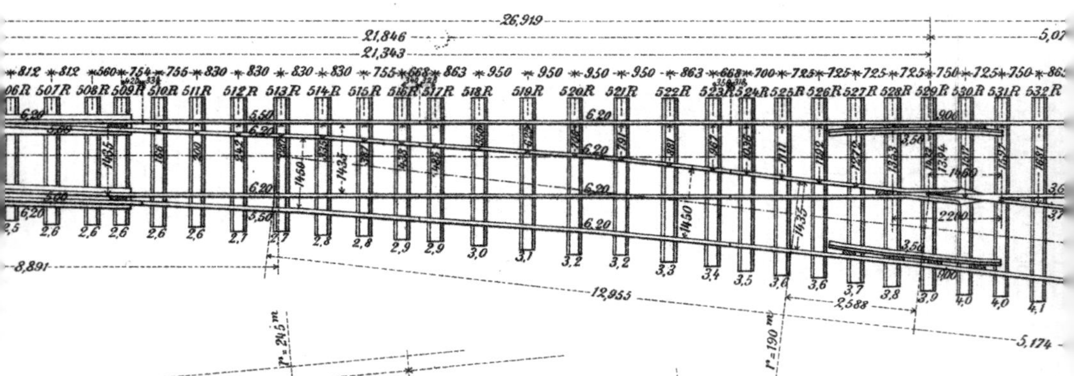

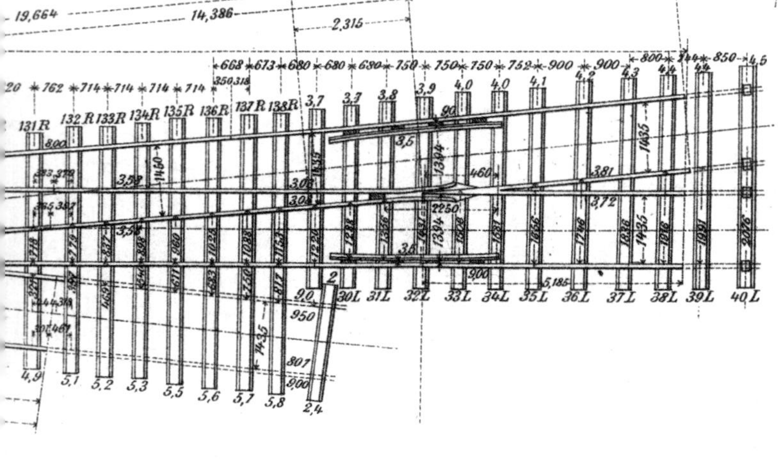

Maafsstab

Taf. III.

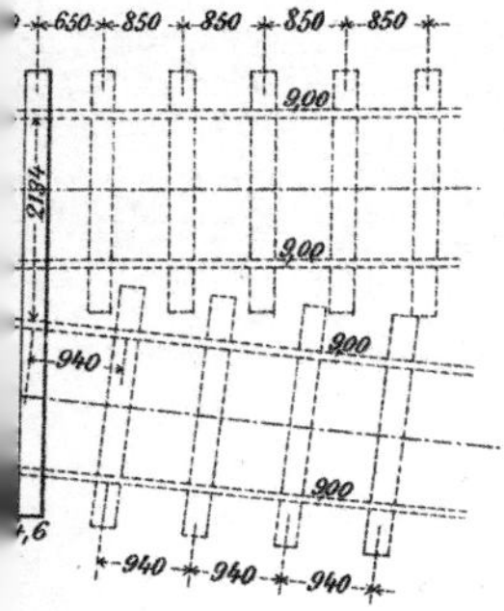

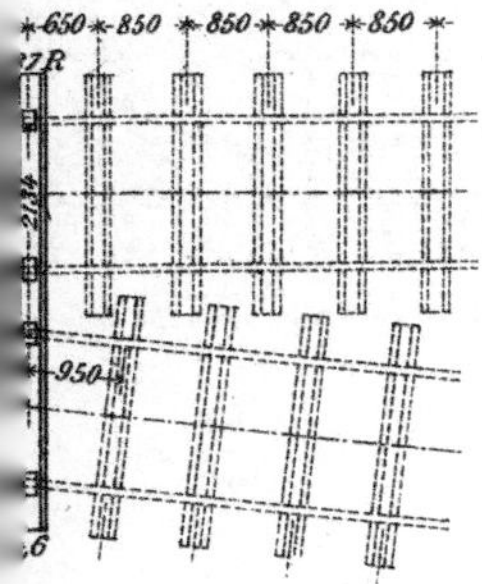

J. F. Bergmann, Wiesbaden.

Abb: 19. a.

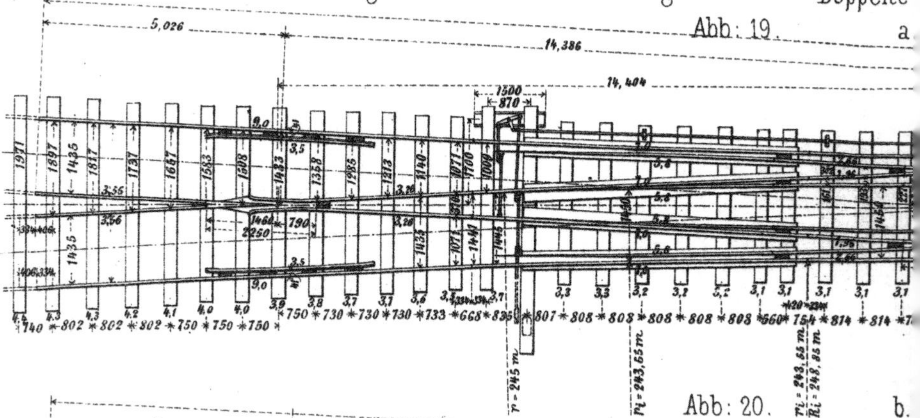

Abb: 20. b.

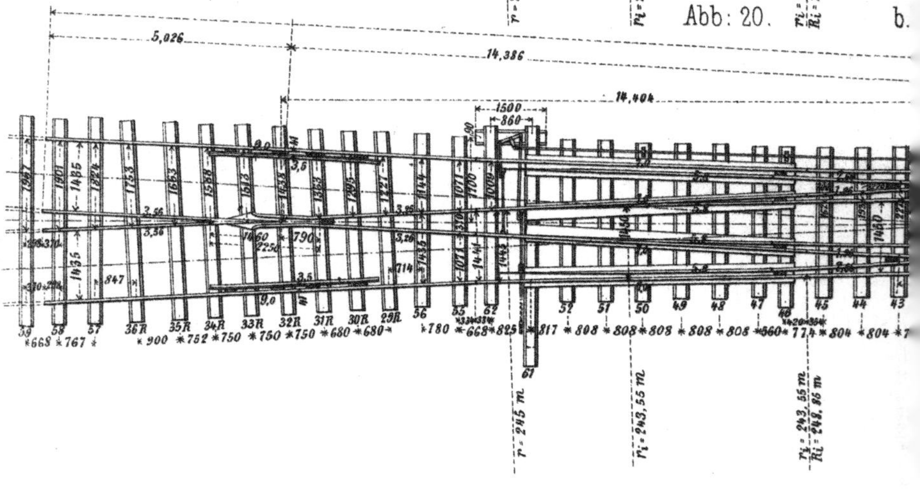

Verlag v. J. F. Bergmann. Wiesbaden.

he 1:10.

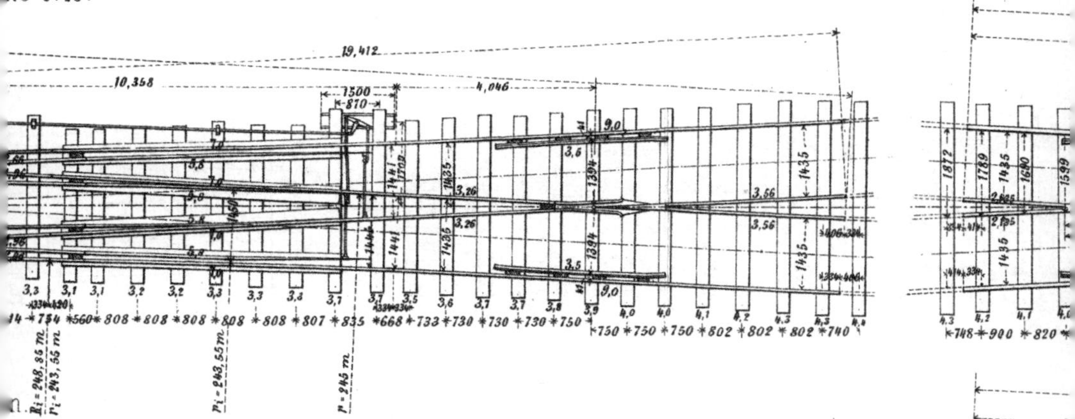

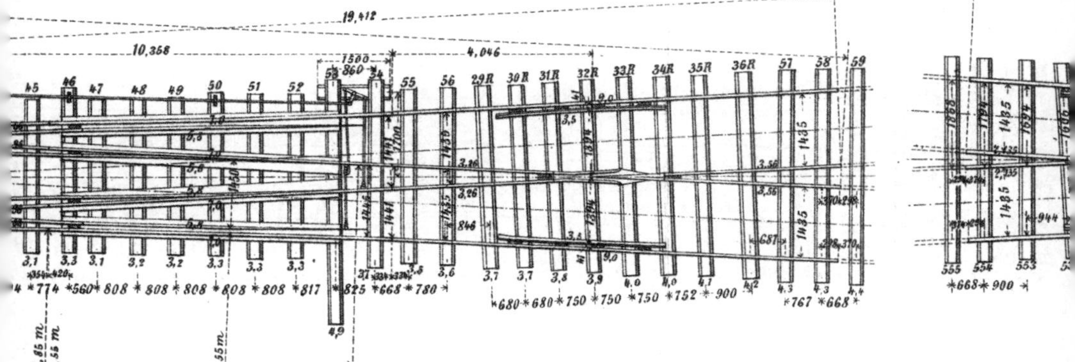

Doppelweiche 1:9.

Abb: 23. Eiserne Schwellen.

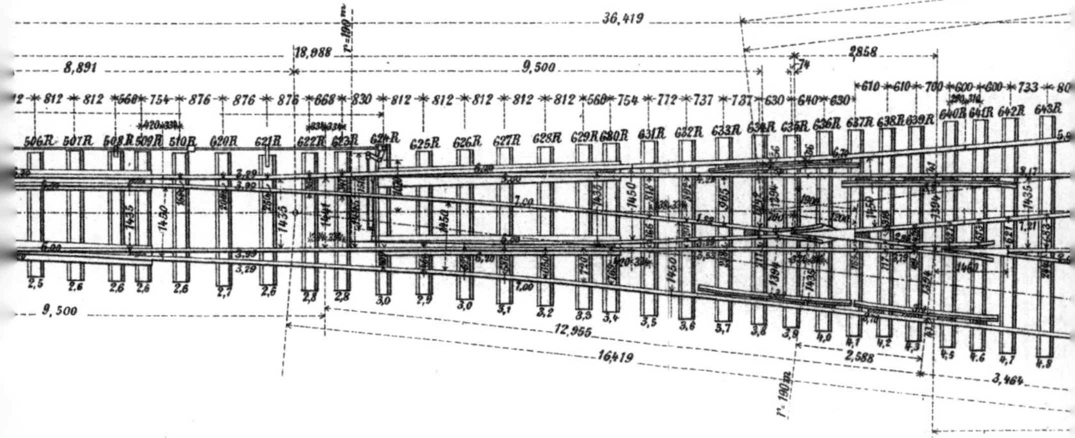

Doppelte Kreuzungsweiche 1:9.

Abb: 21. a. Holzschwellen.

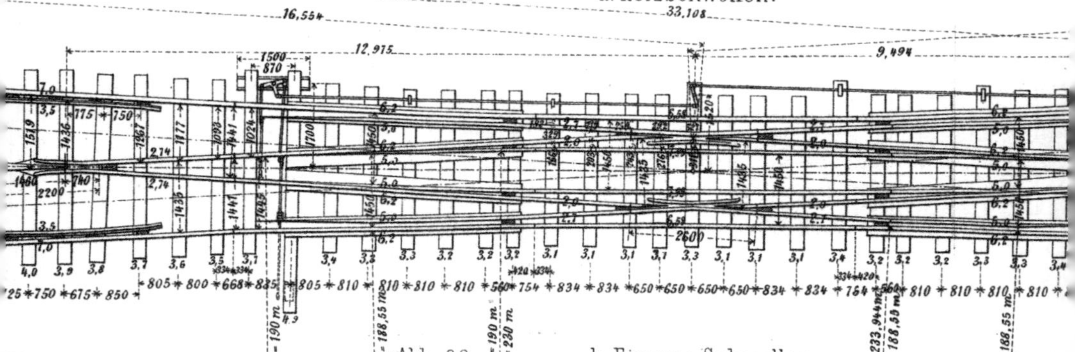

Abb: 22. b. Eiserne Schwellen.

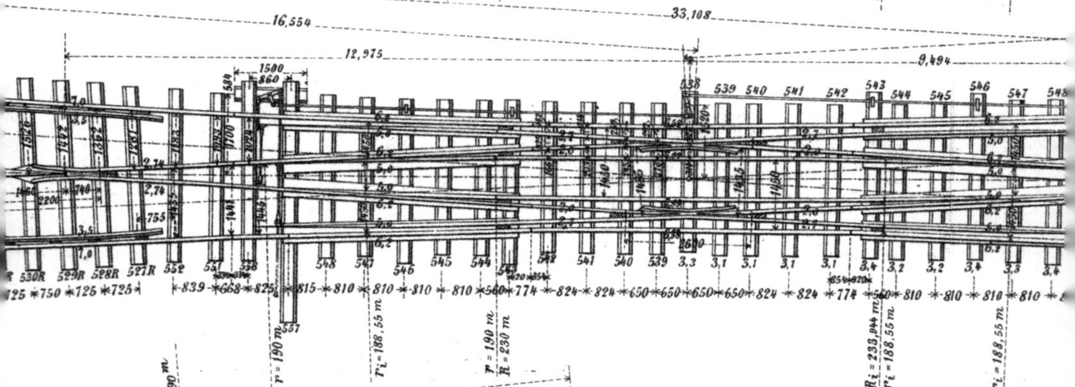

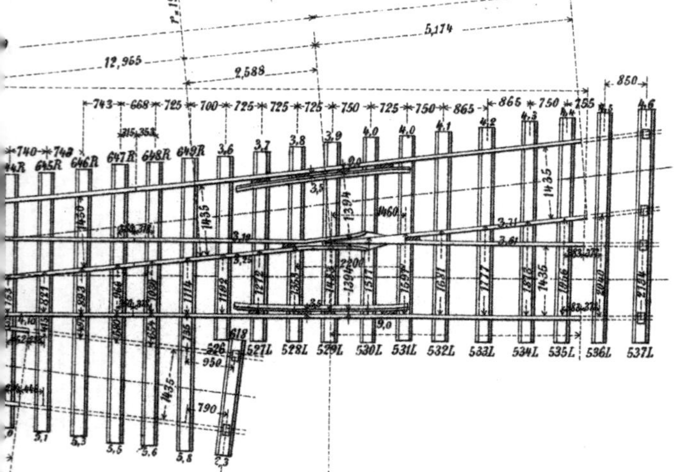

Maafsstab 1:150

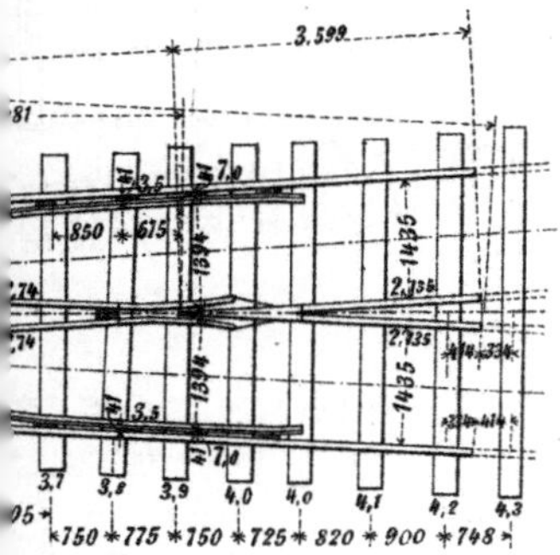

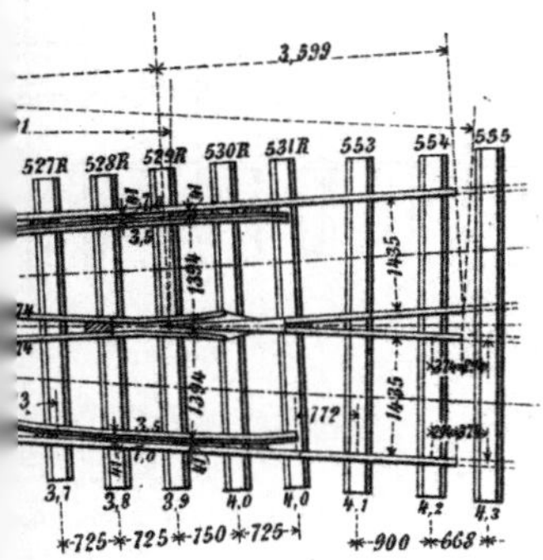

Lith. Anst. v. F. Wirtz, Darmstadt

Abb. 20.

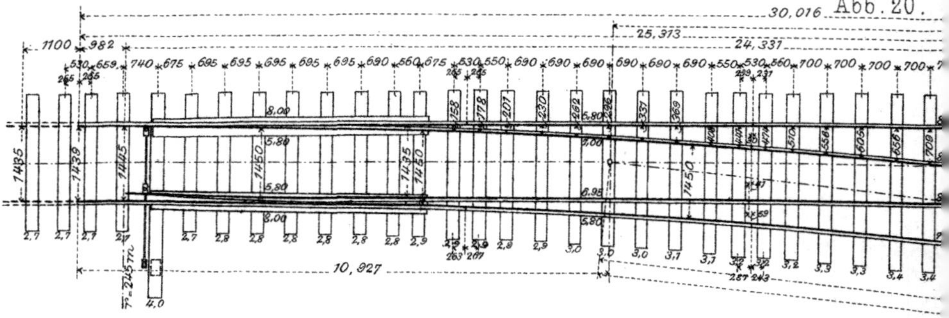

Die Weichenschwellen zwischen A-B sind senkrecht zur Mittellinie m-n, sämmtliche übrigen Weichenschwellen senkrecht zum geraden Strang zu verlegen.

Abb. 21.   b. Eisern

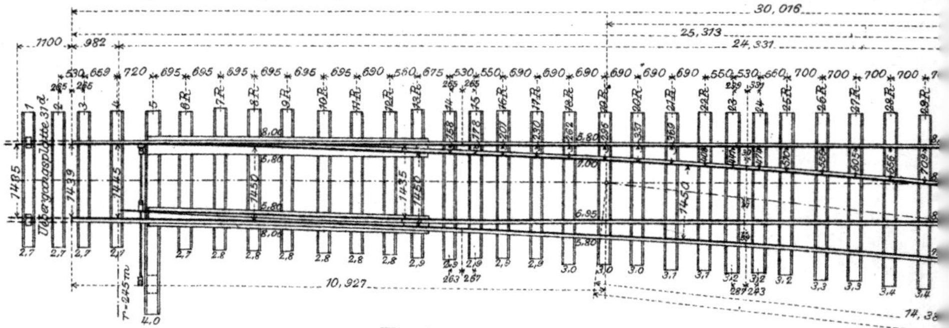

Einfache Weiche 1:9 rechts

Abb. 22.   a. Holzschwellen.

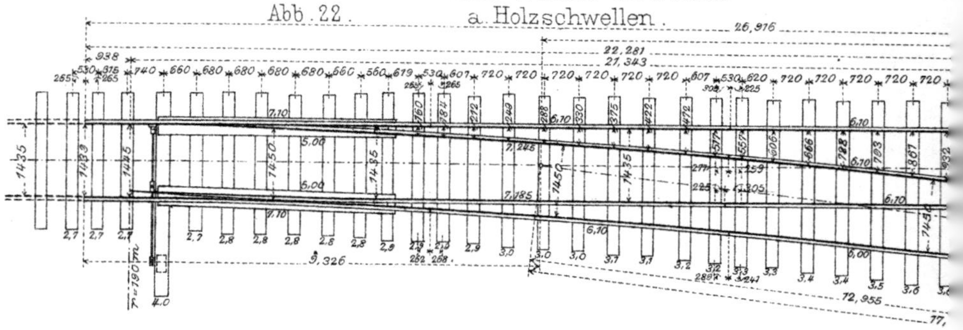

Die Weichenschwellen zwischen A-B sind senkrecht zur Mittellinie m-n, sämmtliche übrigen Weichenschwellen senkrecht zum geraden Strang zu verlegen.

Abb. 23.   b. Eiserne Schwellen

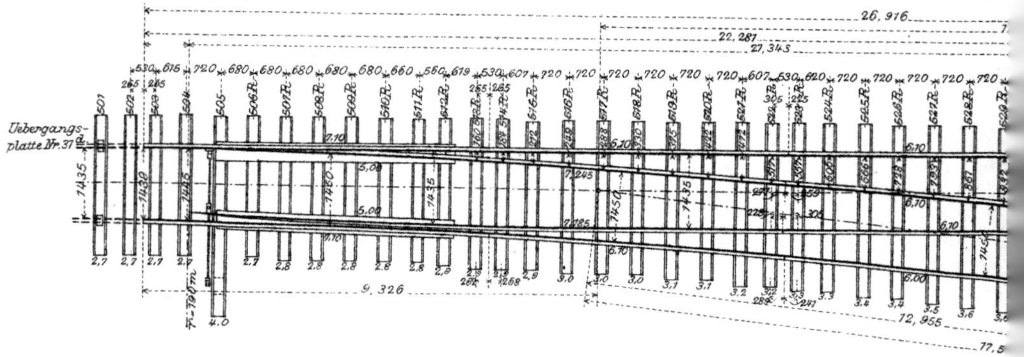

Verlag v. J. F. Bergmann, Wiesbaden.

:10 rechts. Profil 6[d]

Holzschwellen.

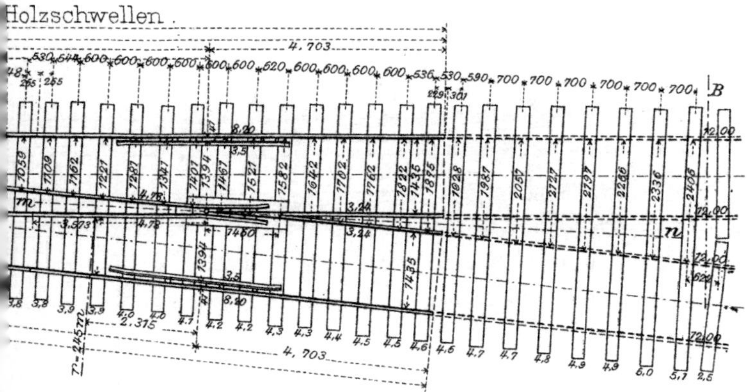

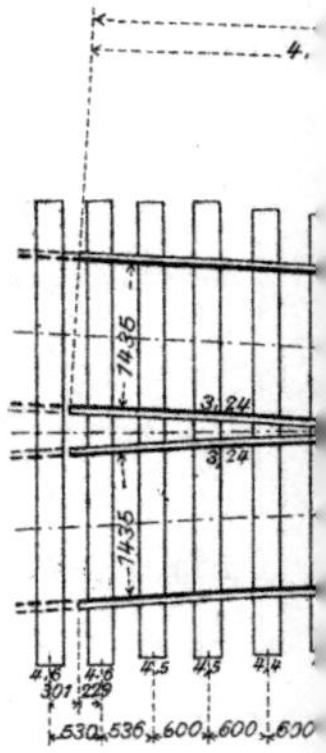

Die eisernen Schwellen der Weiche mit Schienen 6[d] sind außer der Nummer noch mit dem Buchstaben d bezeichnet.

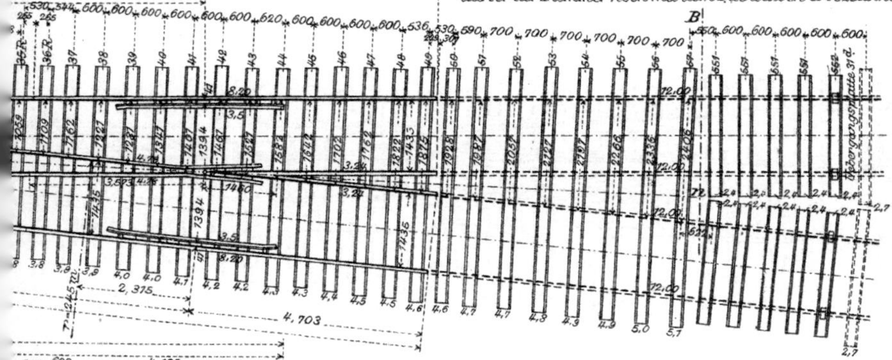

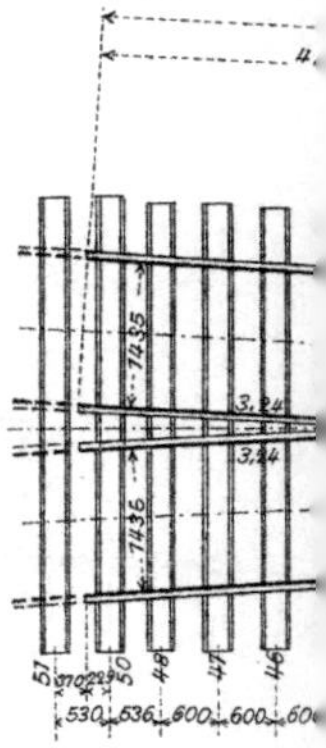

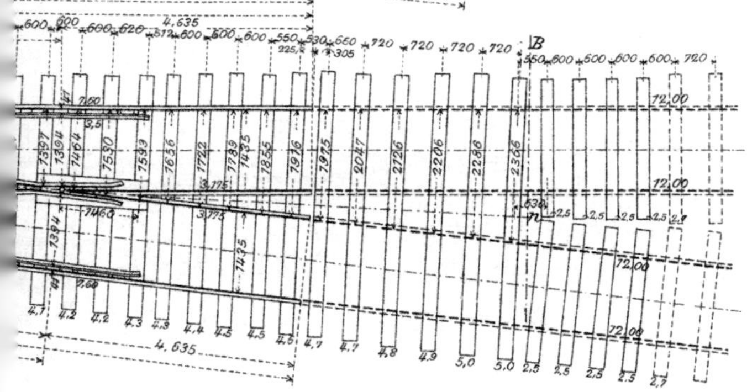

Die eisernen Schwellen der Weiche mit Schienen 6[d] sind außer der Nummer noch mit dem Buchstaben d bezeichnet.

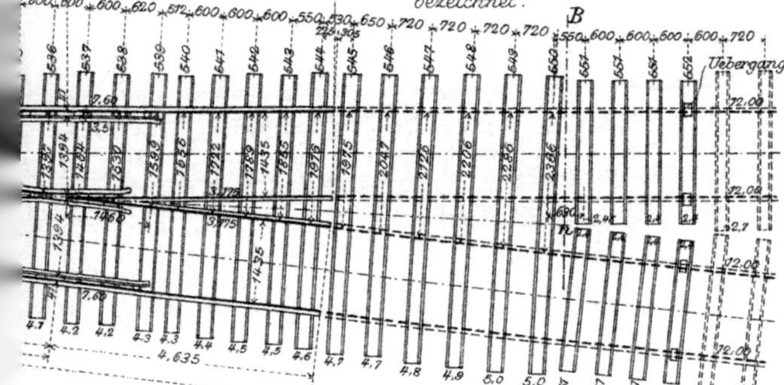

Maaßstab 1:150

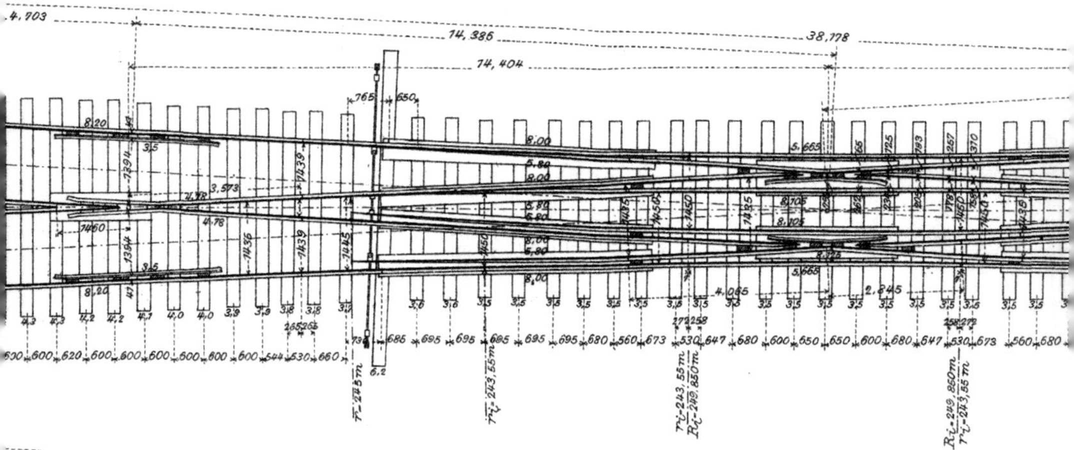

Abb. 25. b. Eiserne Schwe

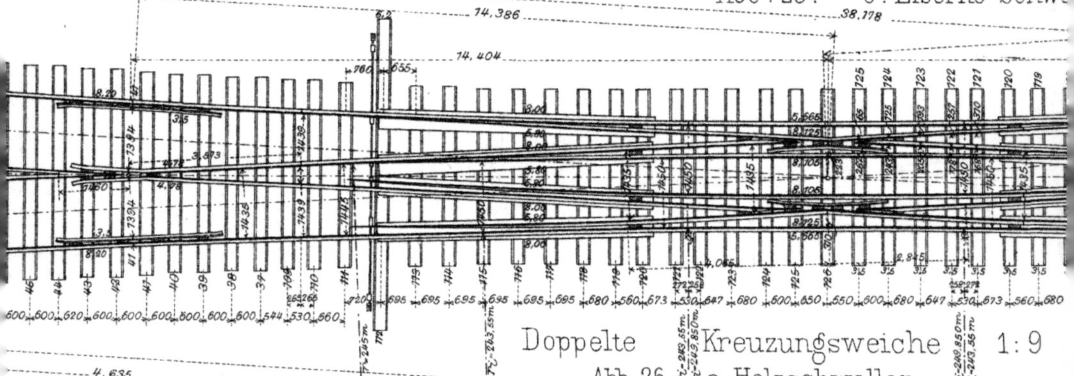

Doppelte Kreuzungsweiche 1:9

Abb. 26. a. Holzschwellen.

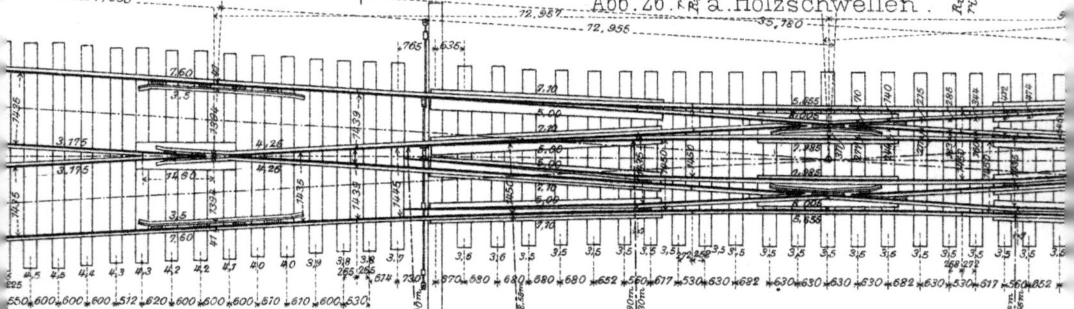

Abb. 27. b. Eiserne Schwellen.

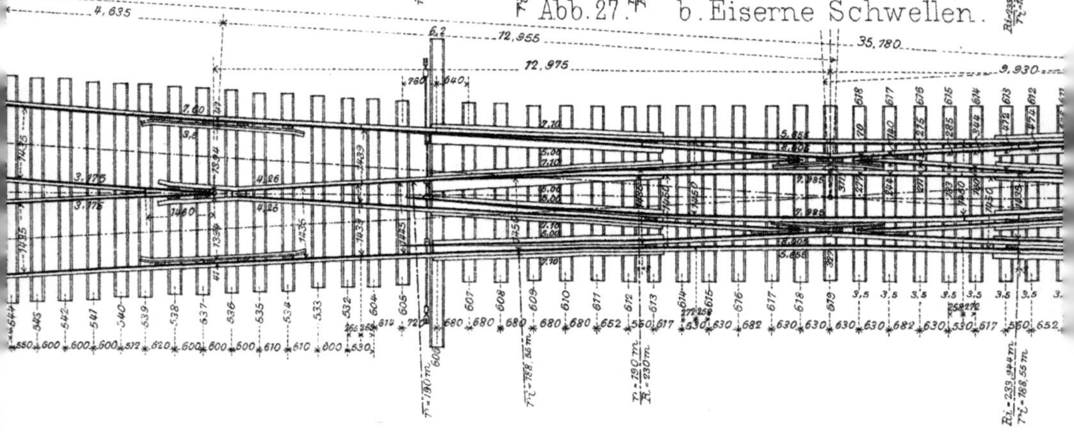

[D]oppelte Kreuzungsweiche 1:10.

Taf. V.

a. Holzschwellen.

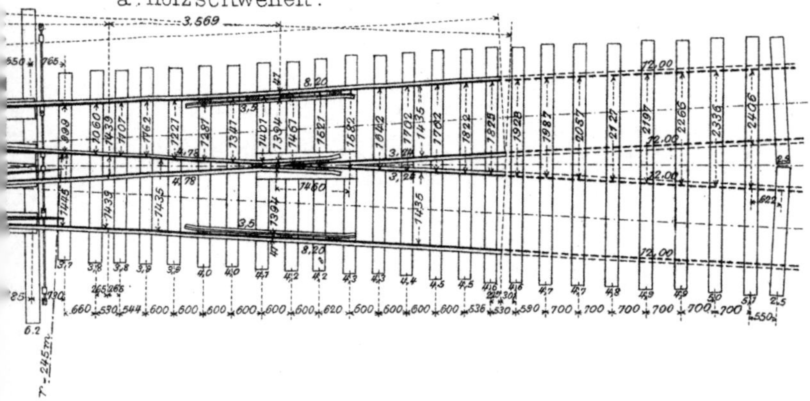

Die eisernen Schwellen der Weiche mit Schienen No 6 d sind außer der Nummer mit dem Buchstaben d bezeichnet.

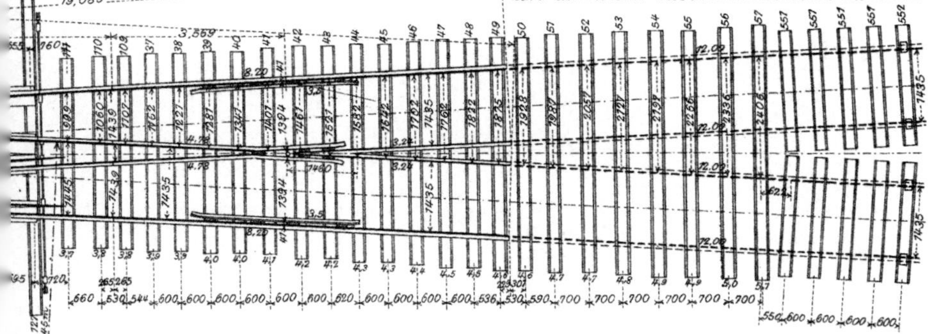

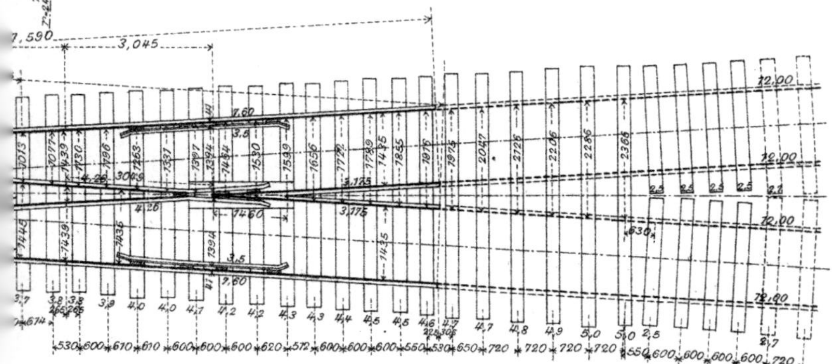

Die eisernen Schwellen der Weiche mit Schienen No 6 d sind außer der Nummer mit dem Buchstaben d bezeichnet.

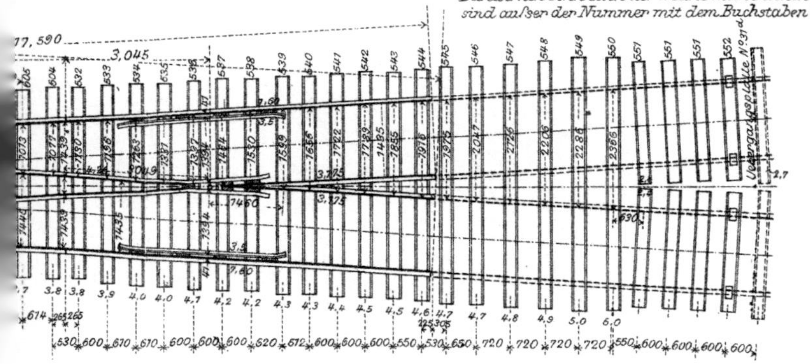

Lith. Anst. v. F. Wirtz, Darmstadt.

Anzeigen

über

Eisenbahn-Bedarf und Eisenbahn-Betriebsmittel

zu

Schubert-Susemihl's Eisenbahn-Bauwesen.

Sechste Auflage.

Der Geske'sche Spurrichter

ist der beste Apparat zur Regulierung der Gleisspurweite.

Der Bauer'sche Schienenrücker,

verschafft gegen die bisherige Methode, die Schienen durch Stoß oder Schlag zu verschieben, folgende Vorteile:

Das Geleise bleibt fahrbar.
Die Regulierung geht viel schneller von statten.
Die Arbeit ist leichter und gefahrloser.
Sie erfordert weniger Arbeiter.
Das Material wird wesentlich geschont.

Der Lomach'sche Gleisheber

hebt das Gleis bis 300 mm Höhe und hält es selbstthätig in jeder beliebig gewünschten Höhe fest. Zur Bedienung ist nur 1 Mann erforderlich, welcher zugleich das Unterstopfen bewirken kann.

Nur zu beziehen durch

Richard Lüders in **Görlitz,**

Special-Bureau zur Einführung von Erfindungen auf dem Gebiete der Eisenbahntechnik und Fabrikation solcher Artikel.

Schienennagelzangen,
Schienenkaltsägen,
Bahnsteigwalzen,
Temperaturbleche 2c.

Profil-No.	Breite b	Hohe h	Ungefähres Gewicht pro qm	Querschnitt einer Welle in	Tragheits-moment einer Welle	Widerstands-moment einer Welle	Zulassige, gleichmässig vertheilte Belastung in kg auf das qm bei einer Freilage von Meter.								
	mm	mm	kg	qmm	bez. auf mm		1,000	1,250	1,500	1,750	2,000	2,500	3,000	3,500	4,000
			A. Flache Wellbleche.												
1	60	20	10	76	4100	410	490	314	217	163	125	78	54	40	—
2	75	25	9,25	95	6250	500	480	307	213	160	120	77	53	38	—
3	80	25	9,5	110	7625	610	510	326	226	170	127	82	56	41	—
4	122	29	8,8	140	11130	780	460	294	204	150	115	74	50	37	—
5	[illegible]	35	9,1	150	18725	1070	575	368	255	191	144	92	63	46	35
6	150	40	9,2	176	28320	1416	675	432	300	225	191	144	92	63	46
7	250	75	9,9	290	170400	1544	1435	918	637	478	359	230	158	115	85
			B. Trager-Wellbleche.												
8	68	34	12,5	106	14280	840	865	552	383	280	210	134	92	67	50
9	90	45	12,5	141	[illegible]	1350	1240	794	550	410	320	198	125	100	75
10	90	50	13	151	[illegible]	[illegible]	1468	940	652	489	367	235	162	118	90
11	90	55	14	161	57887	[illegible]	1700	1088	755	570	425	272	189	136	102
12	90	60	15	171	[illegible]	2440	1952	1249	866	650	490	312	215	156	117
13	90	65	15,5	183	[illegible]	2700	2208	1413	980	770	552	353	245	176	132
14	90	70	16	191	[illegible]	[illegible]	2504	1602	1112	834	626	400	278	200	150
15	90	75	16,5	201	[illegible]	[illegible]	2832	1812	1257	944	708	453	313	226	170
16	100	50	12,5	157	47000	1880	1355	867	602	452	340	217	146	108	80
17	100	60	14,25	177	78510	2617	1885	1206	837	602	471	302	209	150	113
18	100	65	15	187	[illegible]	[illegible]	2090	1338	928	700	502	334	232	167	125
19	100	70	15,8	197	[illegible]	[illegible]	2400	1536	1066	800	600	384	266	192	144
20	100	75	16,6	207	[illegible]	[illegible]	2600	1664	1154	870	650	416	289	208	156
21	100	80	17,5	217	[illegible]	[illegible]	2916	1866	1295	972	734	476	324	233	175
22	100	85	17,7	227	[illegible]	[illegible]	3204	[illegible]	1422	1070	800	513	356	256	192
23	100	90	18,4	237	[illegible]	4840	3490	[illegible]	1550	1163	872	558	387	279	209
24	100	95	19,5	247	[illegible]	[illegible]	3795	2429	1685	1265	944	607	420	303	228
25	100	100	20,5	257	[illegible]	[illegible]	4104	2626	1822	1370	1026	657	455	328	246
26	120	80	14,64	228	178440	4461	2680	1715	1190	893	670	424	297	214	161
27	120	90	16,55	248	[illegible]	[illegible]	3230	2067	1434	1080	807	517	358	258	194
28	120	100	17,50	268	[illegible]	[illegible]	3830	2451	1700	1280	960	613	425	306	[illegible]
29	120	110	19,4	288	407275	[illegible]	5100	[illegible]	[illegible]	1700	[illegible]	816	566	408	[illegible]
30	160	80	12,5	251	176000	4900	2200	1408	977	734	550	352	244	176	132

Die Tragfahigkeit bombirter Wellbleche beträgt, je nach der Pfeilhohe des Bogens, das 3- bis 6-fache der vorstehend angegebenen Werthe. Ausser den vorstehend aufgeführten Profilen werden noch sammtliche sonst in den Handel kommenden Profile angefertigt.

Für 40 Bahnen mehr als 600 Apparate geliefert.

Das neue

„Komet"-Licht

(„Komet"-Gasfackel)

Betrieb mit gewöhnlichem Lampenpetroleum.

Besondere Vorzüge:

Bisher unerreicht leichte Beweglichkeit der Lampen.

(Ein Mann trägt bequem ein Licht bis zu 2500 Normalkerzen.)

Unauslöschlich durch Sturm u. Regen.

Absolut **rauchlose weiße** Flamme bei vollkommener Verbrennung, daher größter Lichteffekt mit **geringstem** Petroleumverbrauch.

Vollkommen gefahrloser einfacher und sicherer Betrieb.

Vielfach prämiirt mit goldenen und silbernen Medaillen.

Unter Anderen Eingeführt bei vielen Betriebsstellen der Preussischen Staatseisenbahnen, von denen eine in den letzten 3 Jahren 19 „Komet"-Licht-Apparate mit zusammen über 50 000 N.-K. erhielt, worunter 3 mal Nachbestellungen.

Illustrirte Preislisten bereitwilligst.

H. Maihak, Hamburg

Ingenieurbureau und Apparate-Bauanstalt.

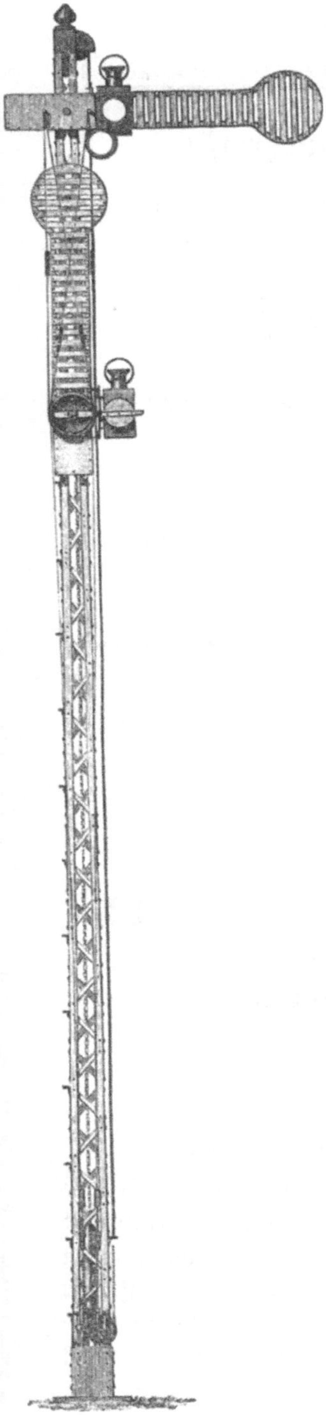

Der „Eisenbahntechnik der Gegenwart" II Bd IV. Th.
(Der Eisenbahn-Bau IV)

Signale und Sicherungsanlagen.

Bearbeitet von

Scholkmann, Berlin.

Mit Abbildungen im Text und lithographirten Tafeln.

Umfang ca. 20 Druckbogen. Preis ca M. 10 —.

I. **Einleitung. Allgemeine Einrichtung der Eisenbahnsignale.**

II. **Die Stellwerke und ihre Zubehörtheile in ihrer allgemeinen Einrichtung.** a) Einfache Signalwerke. b) Bahnhofssicherung durch Signalwerke, Abhängigkeit dieser unter einander und von den Fahrstraßen. c) Weichensicherung. d) Streckensicherung durch elektrische Blockirung der Strecken und Bahnhofsignale.

III. **Einzelheiten der Stellwerke.** a) Weichenbedienung. b) Signale und deren Stellvorrichtungen. c) Mechanische Blockeinrichtungen. d) Elektrische Blockeinrichtungen. e) Abgrenzung der Fahrstraßen, Entgleisungs- und Ablenkungsweichen u s w. Sicherung von fern bedienter Weichen

IV. **Stellwerke mit Luft- und Wasserdruck, bezw. elektrischer Uebertragung.**

Brosius und Koch,

Der äußere Eisenbahn-Betrieb.

Zweite, vollständig umgearbeitete, nach den sämmtlichen Bestimmungen des Herrn Reichskanzlers vom 5. Juli 1892 verbesserte und ergänzte Auflage.

Jeder Band ist einzeln käuflich.

I. **Die Vorkenntnisse für den äußeren Eisenbahn-Betrieb.** Zeichnenkunde. Arithmetik. Geometrie. Physik. Mechanik. Mechanische Hilfsmittel der Eisenbahnen. Mit 278 Abbildungen. Zweite Auflage. Mk. **4.40.**

II. **Die Eisenbahn-Betriebsmittel.** Locomotiven und ihre Leistungsfähigkeit. Verbrauch an Locomotivmaterialien. Entfernung der Kohlen- und Wasser-Stationen. Selbstkosten der Züge. Die neueren Eisenbahn-Bremsarten. Personen-, Post-, Gepäck-, Vieh- und Güterwagen, Draisinen. Mit 265 Abbildungen und 6 Tafeln. Zweite Auflage. Mk. **5.60.**

III. **Bau und Unterhaltung der Eisenbahnen.** Projectiren von Bahnen. Feldmeßkunst. Baumaterialien. Erdarbeiten. Fundirungen. Handwerkerarbeiten. Gebäude und bauliche Anlagen. Wasserstationen. Herstellung und Unterhaltung des Oberbaues. Drehscheiben und Schiebebühnen. Weichen und Signalstellwerke. Mit 376 Abbildungen. Zweite Auflage. Mk. **5.40.**

IV. **Der Eisenbahn-Zugförderungsdienst.** Signaldienst. Stationsdienst. Wagendienst. Betriebsmaschinendienst. Locomotiv-Fahrdienst. Streckendienst. Mit 169 Abbildungen und 2 Tafeln. Zweite Auflage. Mk. **5.60.**

C. W. Kreidel's Verlag, Wiesbaden.

Elektrische Licht- und Kraft-Anlagen.

Gesichtspunkte für deren Projectirung.

Von

Dr. Ludwig Fischer,

Chefingenieur des Technischen Centralbureaus der Exportvereinigung deutscher elektrotechnischer Fabriken (Fred C. Jenkins) Hamburg.

Mit zahlreichen Abbildungen im Text.

Preis 6 M. 60 Pf., gebunden 8 M.

In großen Zügen in den Geist der Sache einzuführen, durch eine kurze übersichtliche Zusammenstellung der wichtigsten Gesichtspunkte bei der Projectirung elektrischer Licht- und Kraftanlagen, die für den projectirenden Ingenieur maßgebend sind, — das ist die Absicht dieses Werkes. Es wendet sich an die Studirenden und angehenden Ingenieure, denen es mancherlei Anregungen und Anhaltspunkte geben wird. Es wendet sich ferner an alle nicht speciell fachmännisch gebildeten Interessenten, die gelegentlich Dispositionen fur elektrische Anlagen zu treffen haben oder sich über solche Dispositionen ein allgemeines Urtheil bilden müssen: also Maschinen-Ingenieure, Architecten, Besitzer elektrischer Anlagen oder solche, die eine Anlage erwerben wollen.

Das Bedürfniß nach einer zusammenhängenden Behandlung der Frage: „Nach welchen allgemeinen Gesichtspunkten hat man die Maschinen und Apparate zu wahlen und zu combiniren, um einen bestimmten Zweck zu erreichen?" ist besonders in den letzten Jahren stark fuhlbar geworden.

Um zu zeigen, in welcher Weise diese Principien bei thatsächlicher Ausführung von Anlagen in die Erscheinung treten, ist eine Reihe von Beispielen ausgeführter Anlagen ausgewählt worden und eine Fülle von instructiven Abbildungen, zumeist nach photographischen Aufnahmen in ausgeführten Anlagen, dem Texte beigefügt, nebst erlauternden Bemerkungen. Hierdurch wird jedenfalls eine viel lebendigere, unmittelbare Anschauung vermittelt, als es durch die umständlichsten Beschreibungen möglich ist

GPSR Compliance

The European Union's (EU) General Product Safety Regulation (GPSR) is a set of rules that requires consumer products to be safe and our obligations to ensure this.

If you have any concerns about our products, you can contact us on ProductSafety@springernature.com

In case Publisher is established outside the EU, the EU authorized representative is:

Springer Nature Customer Service Center GmbH
Europaplatz 3
69115 Heidelberg, Germany

Batch number: 10704707

Printed by Printforce, the Netherlands